Walter J. Spielberger
Hilary L. Doyle
Thomas L. Jentz

Panzer IV und seine Abarten

Motor buch Verlag
spezial

Einbandgestaltung: Luis dos Santos.

Bildnachweis:
Bundesarchiv / Militärarchiv (49), B.W.B. (4), Byrden, David. (4), Chamberlain, Peter (1), Doyle, Hilary L. (3), Fransen, Peter. A. (6), Foto-Archiv / Dörfler (1), Foto Archiv / Vogg (1), Jentz, Thomas L.(7), Jentz, David (6), Kliment, Charles K. (1), Lalak, Zbigniew (1), Leistmann, Kurt (1), Mathieu, Axel (1), Münch, Karl-Heinz (9), Munin Verlag (1), National Archives (7), Schneider, Oberstlt. Wolfgang (2), Schmidt, F. / Knittel, Hartmut (2) Spielberger, Walter J. (107), Tank Museum Bovington (14), Turina, Peter (1), Yust, Charles H. (5).

Die teilweise geminderte Bildqualität ist auf das Alter der Fotos und die Umstände ihres Entstehens zurückzuführen.

Die von Hilary Louis Doyle gefertigten Zeichnungen im Maßstab 1:24 wurden grundsätzlich verkleinert und dem Maßstab 1:35 angenähert.

Bilder aus dem Bundesarchiv werden auf den entsprechenden Seiten nachgewiesen.

ISBN: 978-3-613-04170-7

1. Auflage 2019

Sie finden uns im Internet unter www.motorbuch-verlag.de

Lektorat: Joachim Köster
Innengestaltung: Tebitron, 70839 Gerlingen
Druck und Bindung: Conzella, 85609 Aschheim-Dornach
Printed in Germany

Inhaltsverzeichnis

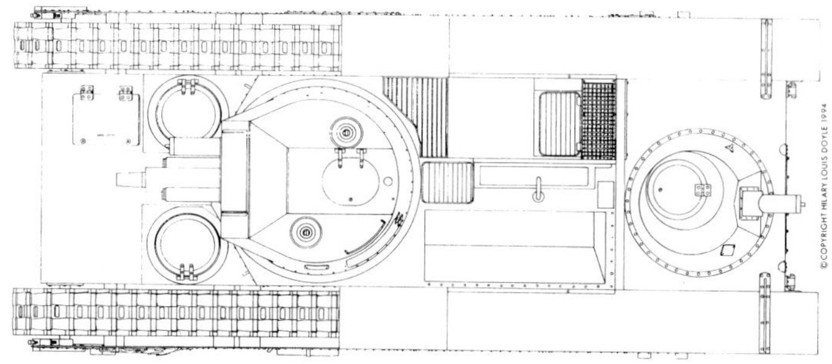

Krupp-Großtraktor mit geändertem Laufwerk (ab 1933).
Seite 11

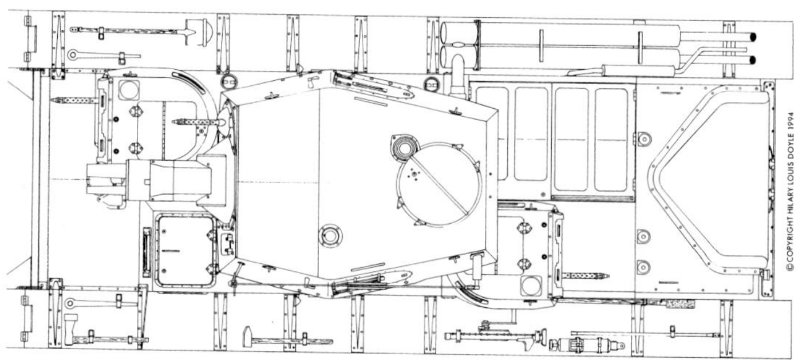

Neubau-Fahrzeug Nr. 3 bis 5.
Seite 42

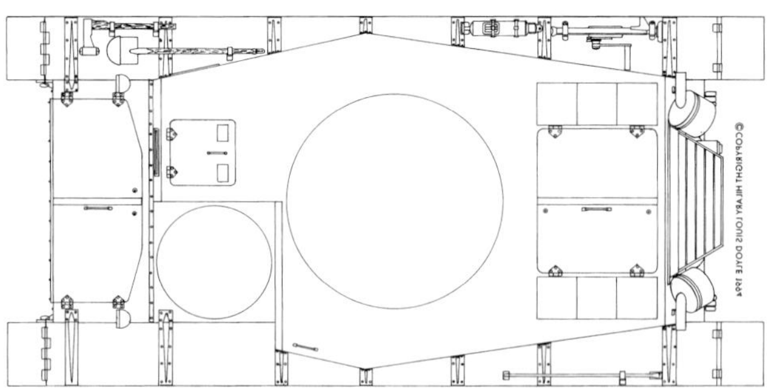

B.W.-Versuchsfahrgestell (Rheinmetall).
Seite 60

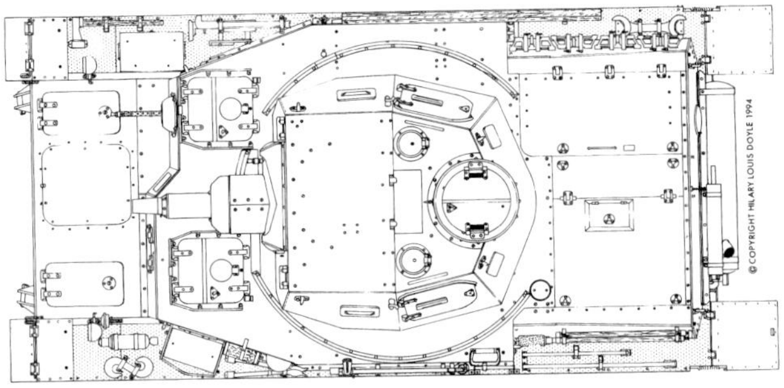

Panzerkampfwagen IV (7,5 cm), (Vs.Kfz 622),
Ausführung A.
Seite 74

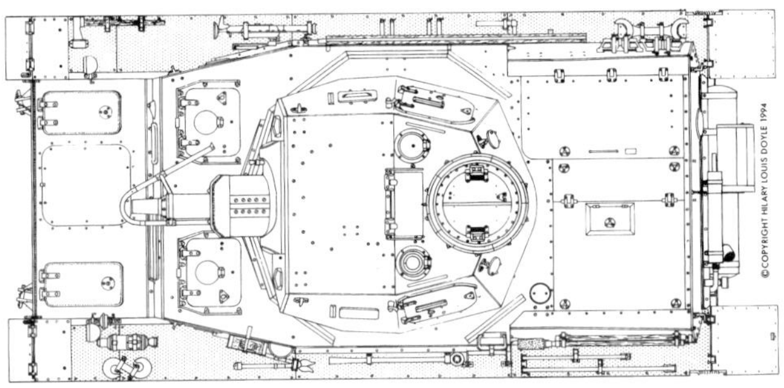

Panzerkampfwagen IV (7,5 cm), (Vs.Kfz 622)
Ausführung B.
Seite 100

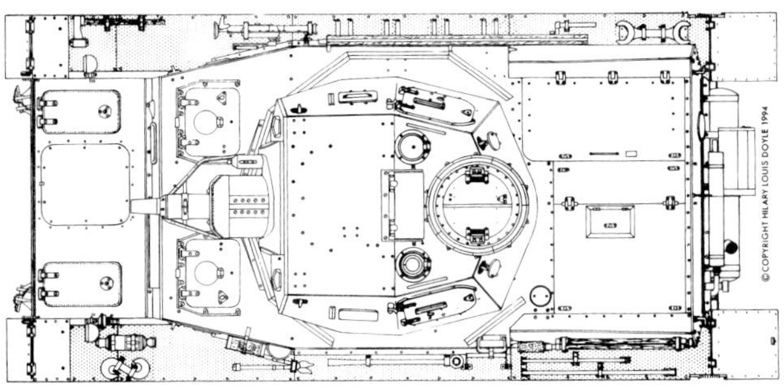

Panzerkampfwagen IV (7,5 cm), (Vs.Kfz. 622)
Ausführung C.
Seite 114

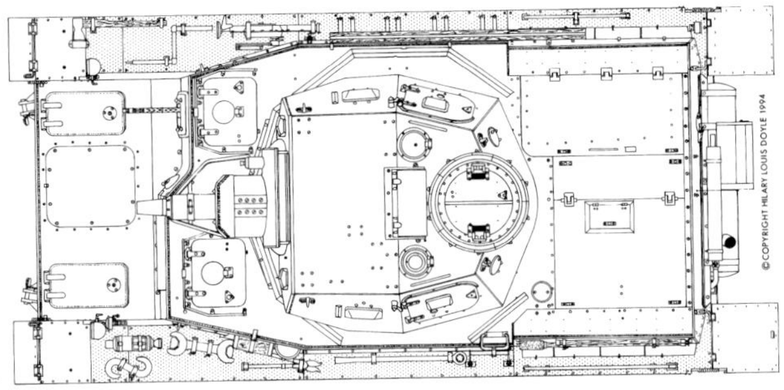

Panzerkampfwagen IV (7,5 cm), (Sd.Kfz.161),
Ausführung D.
Seite 125

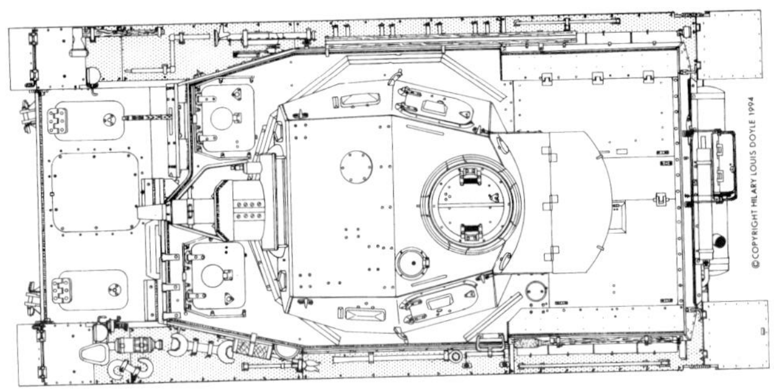

Panzerkampfwagen IV (7,5 cm), (Sd.Kfz.161),
Ausführung E.
Seite 145

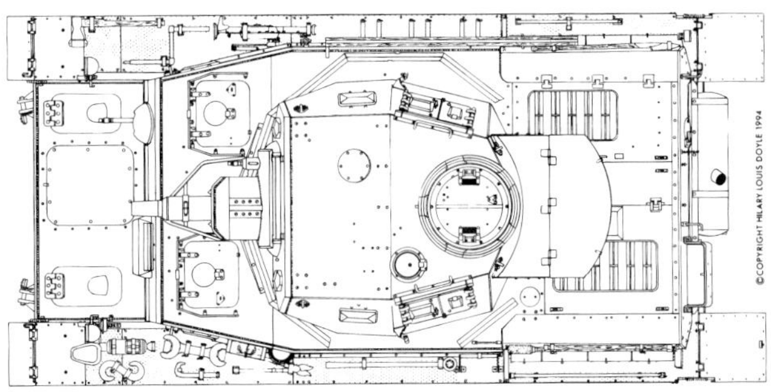

Panzerkampfwagen IV (7,5 cm), (Sd.Kfz.161)
Ausführung F.
Seite 155

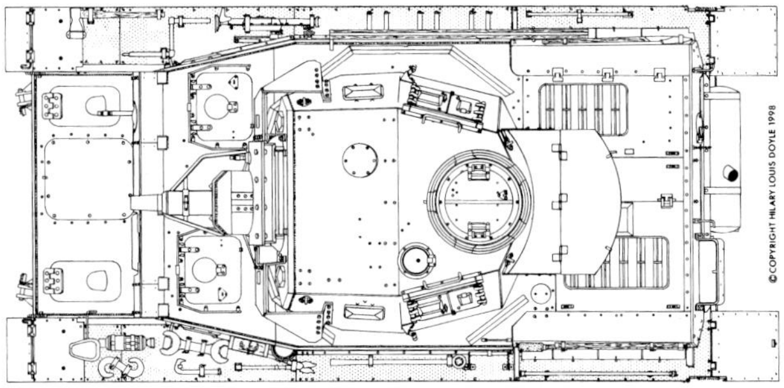

Panzerkampfwagen IV, Ausf. F, mit Vorpanzer.
Seite 165

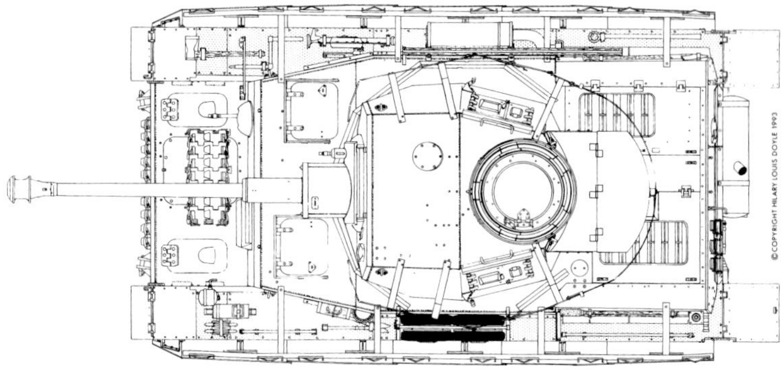

Panzerkampfwagen IV (7,5 cm) (Sd.Kfz.161/2)
Ausführung H,
Fertigung ab Dezember 1943. Seite 201

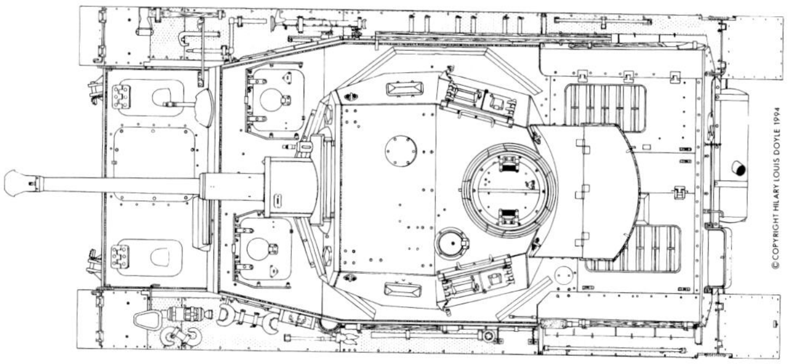

Panzerkampfwagen IV, Ausführung G,
(früher als Ausf. F2 bezeichnet).
Seite 176

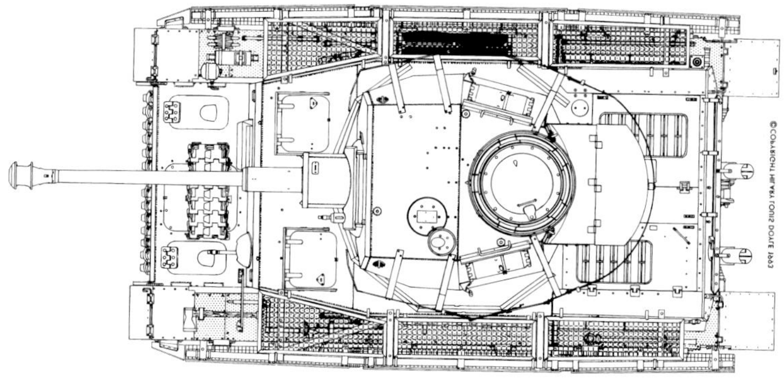

Panzerkampfwagen IV (7,5 cm) (Sd.Kfz.161/2)
Ausführung J, wie 1945 im Nibelungen-Werk gefertigt.
Seite 216

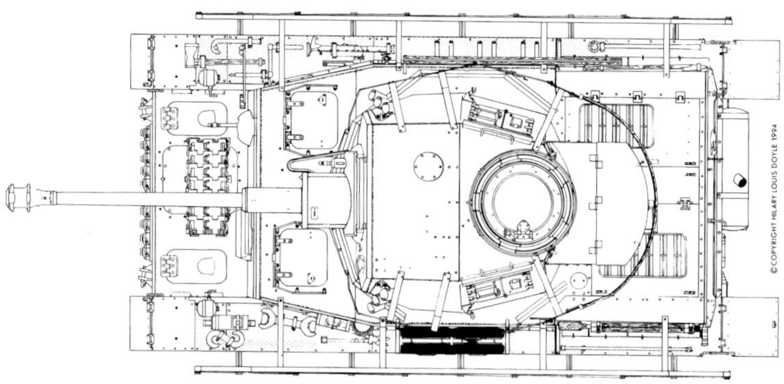

Panzerkampfwagen IV (7,5 cm), (Sd.Kfz.161),
Ausführung G, mit geschweißter Zusatzpanzerung,
Fertigung April 1943. Seite 189

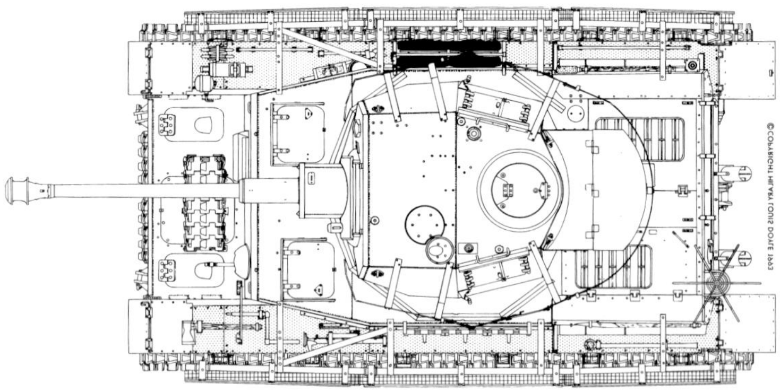

Pz.Kpfw.IV Ausf. J,
umgebaut in einen Panzerbeobachtungswagen.
Seite 226

EINFÜHRUNG

Zwanzig Jahre intensiver Forschung, vorallem durch Thomas L. Jentz, finden ihren Niederschlag in der nun vorliegenden abschließenden Geschichte über die Entwicklung der B.W. (Begleitwagen) – Baureihe. Der genaue, chronologische Ablauf dieser Entwicklung, sowie die Entdeckung vieler bisher unbekannter und richtungsweisender Versuchsfahrzeuge sind das Ergebnis einer langen und äußerst intensiven Forschung in Firmenunterlagen und Akten, die bis heute erhalten geblieben sind. Besonders wichtig zeigten sich dabei folgende Unterlagen:

- Fried.Krupp A.G., Akten der Abteilung Artillerie, Konstruktion (AK),
- Fried.Krupp A.G., Geschäftsberichte,
- Generalinspekteur der Panzertruppen, Akten,
- Dienstvorschriften des Deutschen Heeres, D653 Serie,
- Gesammelte Akten der Prozesse von Nürnberg.

Diese Original-Unterlagen ermöglichten einen intimen Einblick in die faszinierenden Entwicklungsvorgänge der Jahre 1925 bis 1945, beginnend mit der Entstehung der Großtraktore (ursprünglich bekannt als Armeewagen 20) zum Neubau-Fahrzeug, bis hin zu den abschließenden Versuchen 1944, die hervorragende 7,5 cm Kw.K.42 L/70 des Panther im Panzerkampfwagen IV unterzubringen.

Der Weg durch diesen Entwicklungs-Prozess ist in dem folgenden Ablaufschema über die Entwicklung der B.W.-Serien aufgezeichnet und innerhalb der einzelnen Kapitel eingehend beschrieben.

Der Schlüsselfaktor für die Darstellung dieser Entwicklung, der bis heute übersehen wurde, ist die Zuweisung von Gruppen-Nummern durch das Heereswaffenamt für jedes neu zu entwickelnde Fahrzeug. Diese Gruppen-Nummern liefern den Schlüssel zur genauen Reihenfolge der Entwicklungs-Frequenzen und den Zusammenhang zwischen den Serienfahrzeugen und den zahlreichen Versuchsfahrzeugen, die vorgeschlagen wurden. Die Gruppen-Nummern waren besonders wichtig für die Identifizierung der tatsächlichen Vorgänge bei der Entwicklung der VK 2001-Baureihe und des Panzerkampfwagen III/IV.

Ursprünglich wurden die Gruppen-Nummern zur Bezeichnung aller Zeichnungen von kompletten Fahrzeugen, Komponenten oder Teilen herangezogen und bei den betreffenden Teilen in Guss oder Gravur wiederholt. Um Fehler auszuschalten, wurden die relevanten Gruppen-Nummern im Zeichnungssatz sowie in Beschreibungen wiederholt. Die Gruppen-Nummer identifiziert genau das Fahrzeug, für welches ein Teil ursprünglich gedacht und später verbessert wurde. Alle Gruppen-Nummern für gepanzerte Fahrzeuge begannen mit der Vorzahl 021.

Die relevanten Gruppen-Nummern, die für die Fahrzeuge in diesem Buch von Interesse sind, lauten wie folgt:

Baureihe	Bezeichnung	Gruppen-Nummer
B.W.I u.II Kp.	Versuchsserie	021Gr8400
1./B.W.	Pz.Kpfw.IV Ausf.A	021Gr14700
2./B.W.	Pz.Kpfw.IV Ausf.B	021Gr33000
3./B.W.	Pz.Kpfw.IV Ausf.C	021Gr8700
4.u.5/B.W.	Pz.Kpfw.IV Ausf.D	021Gr8800
6./B.W.	Pz.Kpfw.IV Ausf.E	021Gr33800
6./B.W. mit Schachtellaufwerk		021Gr1200
VK 20.01(K)		021Gr300
VK 20.01(D)		021Gr10800
7./B.W.	Pz.Kpfw.IV Ausf.F	021Gr100
8./B.W.	Pz.Kpfw.IV Ausf.G	021Gr48100
9./B.W.	Pz.Kpfw.IV Ausf.H	021Gr48400
10./B.W.	Pz.Kpfw.IV Ausf.J	021Gr55000
	Pz.Kpfw.III/IV	021Gr82400

Der Text ist insofern beachtenswert, als er sich nicht mit oberflächlichen Bezeichungen und Namen befaßt. Wenn aber die Grundlage für Schlüssel-Entscheidungen auf dem Spiel stand, wichtige Gründe herausgestellt werden mußten oder Einzelheiten wichtiger Besprechungen in den Original-Unterlagen auftauchten, wurden sie im Text eingefügt. Diese Zusätze brachten Gewissheit über das bis heute in vielen Fällen noch Ungewisse. Es klärt nicht nur das »Warum«, sondern auch »wann« und »wie« gewisse Entscheidungen getroffen werden mußten.

Und noch ein Hinweis über die Sprache in diesem Buch. Man merkt deutlich, daß sich den letzten 70 Jahren auch die Ausdrucksweise beachtlich verändert hat. Fügt man dazu noch die Besonderheit der Behördensprache und die Verkehrssprache zwischen Amt und Industrie, so fühlt man sich oft verloren in diesem Überangebot an Kommunikation. Der Leser möge hierfür bitte Verständnis aufbringen. Der genaue unveränderte Inhalt von Original-Dokumenten wurde in dieses Buch mit einbezogen, um kein verzerrtes Bild entstehen zu lassen. Die Schreibweise der Original-Dokumente wurde beibehalten, um Meinungen und Vorhaben der Zeit darzustellen.

Es erwies sich auch als notwendig, die Organisation und die Persönlichkeiten dem Leser näherzubringen, die für die

Entwicklung und Fertigung der B.W.-Baureihe verantwortlich waren. Sie treten immer dann auf, wenn Entwicklungs-Entscheidungen näher beleuchtet werden. Während viele Teilnehmer an wichtigen Sitzungen gewiß ihren Beitrag zu diesem Bauprogramm leisteten, muß herausgestellt werden, daß Oberingenieur Erich Woelfert von der Fried. Krupp AG. direkt verantwortlich für den Entwurf und die Entwicklung der B.W.-Baureihe zeichnete.

Ein Original-Dokument aus den Jahren 1943/44 weist wie folgt auf Woelferts Verdienste bei der Entwicklung von Panzerkampfwagen für das deutsche Heer hin:

ENTWICKLUNG VON KAMPFWAGEN DURCH HERRN OBERING. ERICH WOELFERT

Herr Obering Woelfert ist seit 1928 im deutschen Kampfwagenbau tätig. Zunächst wurde von Herrn Woelfert der Großtraktor entworfen und versuchsweise gebaut. (Erprobung in Russland und Nachbau als T 28).

Unter seiner Leitung wurde der La.S. (Pz.Kpfw.I Ausf.A und B) entwickelt. Dieser wurde als erster neuzeitlicher deutscher Serienkampfwagen 1935 in der Öffentlichkeit gezeigt. Aus seiner Erprobung im spanischen Bürgerkrieg wurden viele Erfahrungen gesammelt und auch im jetzigen Kriege hat der La.S. gute Dienste geleistet. Man kann sagen, daß der La.S. eine wesentliche Grundlage für den deutschen Kampfwagenbau gebildet hat, zumal die Firmen M.A.N., Daimler-Benz und Henschel als Nachbaufirmen ihre neuen Pz.Kpfw. darauf aufbauen konnten.

Vor allem stammt von Herrn Woelfert die Konstruktion des B.W. (Pz.Kpfw.IV), der entscheidend zum Blitzkrieg in Polen, im Westen, auf dem Balkan und im Osten beigetragen hat. Ohne den B.W. wären die grossen Umfassungsschlachten nicht möglich gewesen. Vor allem dem B.W. ist es zu verdanken, daß das deutsche Heer bis zur Atlantikküste und bis weit zum Osten vorgedrungen ist. Endlich bildete der auch heute noch bestens bewährte B.W. die Grundlage für die ***Hummel, Hornisse,*** *verschiedene Flakwagen und sonstige Sonderausführungen.*

Ausser den genannten Serienausführungen wurden unter Leitung von Herrn Woelfert zahlreiche Versuchskettenfahrzeuge gebaut, unter anderem Selbstfahrlafetten, die sich im Osten bestens bewährt haben. Von den Versuchskonstruktionen wurden die Entwürfe des 8,8 Panzerjägers von der MIAG für den Serienbau übernommen.

Aus dem Vorstehendem dürfte hervorgehen, dass Herr Woelfert grundlegende und entscheidende Pionierarbeit auf dem Gebiete des Panzerkampfwagenbaus geleistet hat.

Den Verfassern ist es ein Bedürfnis, den Herren Loos und Meyer vom Bunderarchiv/Militärarchiv in Freiburg für jahrelange Unterstützung beim Auffinden und Studium relevanter Akten zu danken. Dasselbe trifft auf Herrn Nielges zu, der früher im Bildarchiv in Koblenz uns immer wieder zur Verfügung stand. Unser Dank gilt auch dem Stab des Krupp-Archivs für die Beschaffung von Kopien der Geschäftsberichte, die in unseren Unterlagen noch fehlten. Die Unterstützung unserer guten Freunde, Colonel Aubry vom französischen Panzermuseum Saumur, Oberstleutnant Grundies von der Lehrsammlung Gepanzerte Kampftruppen der Panzertruppenschule, Munster, Hauptmann Kosinski von der Wehrtechnischen Studiensammlung, Koblenz, und Dave Fletcher vom britischen Tank Museum, wird dankbar bestätigt. Ihre Bereitschaft, uns großzügig Zugang zu Panzerfahrzeugen der früheren Deutschen Wehrmacht zwecks Untersuchung und Vermessung zu gewähren, trug viel dazu bei, das vorliegende Buch so vollständig zu gestalten.

Walter J. Spielberger
Hilary L. Doyle
Thomas L. Jentz

1. GROSSTRAKTOR (Gr.Tr.)

Vormals durch Wa Prw 4 Armeewagen 20 (A.W.2) benannt.

1.1 ENTWICKLUNG

1.1.1 KONSTRUKTIONSBEDINGUNGEN

Die ältesten, noch aufgefundenen Dokumente über die Entwicklung der Großtraktoren (ursprünglich bekannt als **»Armeewagen 20«**) finden sich in einem Brief vom 12. April 1926, der an Dr. Ritter der Fried. Krupp AG. gerichtet war. Er enthielt eine Anlage, datiert 10. April 1926, der Abteilung 4 der Inspektion für Waffen und Gerät. Dieser Brief mit Anlage gibt Aufschluß über die ersten Aktivitäten in Bezug auf Entwurf und Beschaffung und vermittelt bisher kaum bekannte Einzelheiten über Grundsatzentscheidungen.

Die Jwg. baut z.Zt. ein Holzmodell eines Armeewagens 20 durch das die Frage der Ausmasse und der inneren Einrichtung geklärt werden soll.

Diesem Modell soll auch ein Holzmodell eines Geschützes eingebaut werden, dessen Original-Ausführung beiliegenden Forderungen entsprechen soll.

Die Abteilung bittet, gemäß beiliegender Forderungen die Zeichnungen für das Geschütz-Holzmodell in grossen Zügen festlegen und alsbald hierher übermitteln zu wollen.

Der Abteilung ist daran gelegen, diese Zeichnungen, durch die noch keineswegs alle Einzelheiten der Geschützkonstruktion geklärt sein müssen, in 4-6 Wochen bekommen zu können. Der Bau des Holzmodelles wird bei der Jwg. erfolgen.

Die entstehenden Kosten wollen in Sonderrechnungen angefordert werden und brauchen nicht in die für die Konstruktionsbüros zur Verfügung gestellten Summen eingerechnet zu werden.

Die Konstruktion wolle als besonders vertraulich innerhalb des engsten Kreises der Bearbeiter behandelt werden.

J.W.G.4/I **Berlin, den 10.April 1926**
Bd.Nr.71/26 Jwg.4/1 geheim

Konstruktions Bedingungen für ein 7,5 cm Geschütz in Armeewagen 20.

A. Allgemeines.

1) *Armeewagen Holzmodell wird einem mittleren Typ von 15 t Gewicht vorstellen. Die Auflagefläche wird eine Standlänge von ca. 6 m und eine Standbreite von ca. 2,40 m haben.*
2) *Der Wagen soll neben der M.G.-Bewaffnung ein 7,5 cm Geschütz in einem Drehturm erhalten*
3) *Der Turm muß möglichst nieder gehalten werden, größte Höhe darf keinesfalls über 1,80 m betragen, von der Auftrittfläche ab gerechnet.*
   Bei den derzeit in Aussicht genommenen Wagenformen wird der Turm ca. 60 cm über die Umrißlinien des Wagens herausragen. Der Durchmesser des Turmes ist so klein wie möglich zu gestalten, es wird zur Zeit ein Durchmesser von 1,20 m als nötig erachtet. Der Turm soll seitlich eine um 360° schwenkbare Oberkuppe haben, durch die in einer Scharte das Geschützrohr geht; das Geschützrohr soll mit der Kuppe schwenkbar sein.
   Vorschlag für Form des Turms einschl. beweglicher Oberkuppe wird erbeten. Bei der Formgebung ist auf gute Beweglichkeit und bleibende Abdichtung der Schießscharten und auf eine für die Herstellung erträgliche Form Rücksicht zu nehmen.
   Panzerstärke der über den Wagenumriß herausragenden Turmwände 10 mm, der Turmdecke 6 mm.

B. Geschütz

1) *Rohr: Kaliber 7,5 cm*
   Rohraufbau angelehnt an das Rohr der künftigen Gebirgskanone, Leistung: Vo = 400 m/sek, G = 6,3 kg. zulässiger Höchstgasdruck – 3000 Atm. bei +10° Pulvertemperatur,
   Rohrlänge: möglichst kurz, jedoch so lange, daß der Mündungsgasdruck nicht über 600 Atm. beträgt. Vorkommen einer grossen Feuererscheinung als Folge eines kurzen Rohres ist unbedenklich.
   Verschluß mit Halbautomatik.
2) *Rohrrücklaufbremse mit Luftvorholer: Rücklauflänge unter Berücksichtigung des verfügbaren Raumes und des Umstandes, daß die Kartuschhülsen noch innerhalb des Turmes ausgeworfen werden; andererseits Rohrrücklauf so lang als möglich, um allzugrosse Erschütterungen des Turmes beim Schuß zu vermeiden. Die Bauteile der Rohrrücklaufbremse, die über den Panzerturm hinausragen, müssen besonderen Schutz gegen Gewehrtreffer und kleinere Sprengstücke bekommen (5 mm Panzer).*
   Links des Rohrrücklaufes ein Abweiser.
3) *Munition: Patronenmunition. Geschoßarten sind später zu bestimmen. Aushilfsweise soll auch die getrennte Munition der künftigen Geb.Kan. und Feldkanonen mit den entsprechend geringeren Ladungen Verwendung finden können.*
4) *Feuergeschwindigkeit: 15 Schuß in der Minute.*
5) *Feuerhöhe: über der Auftrittplatte des Turmes so hoch als möglich, um den oberen Teil der Panzerkuppe, durch*

Daimler-Benz-Großtraktor Nr. 41 und 42.

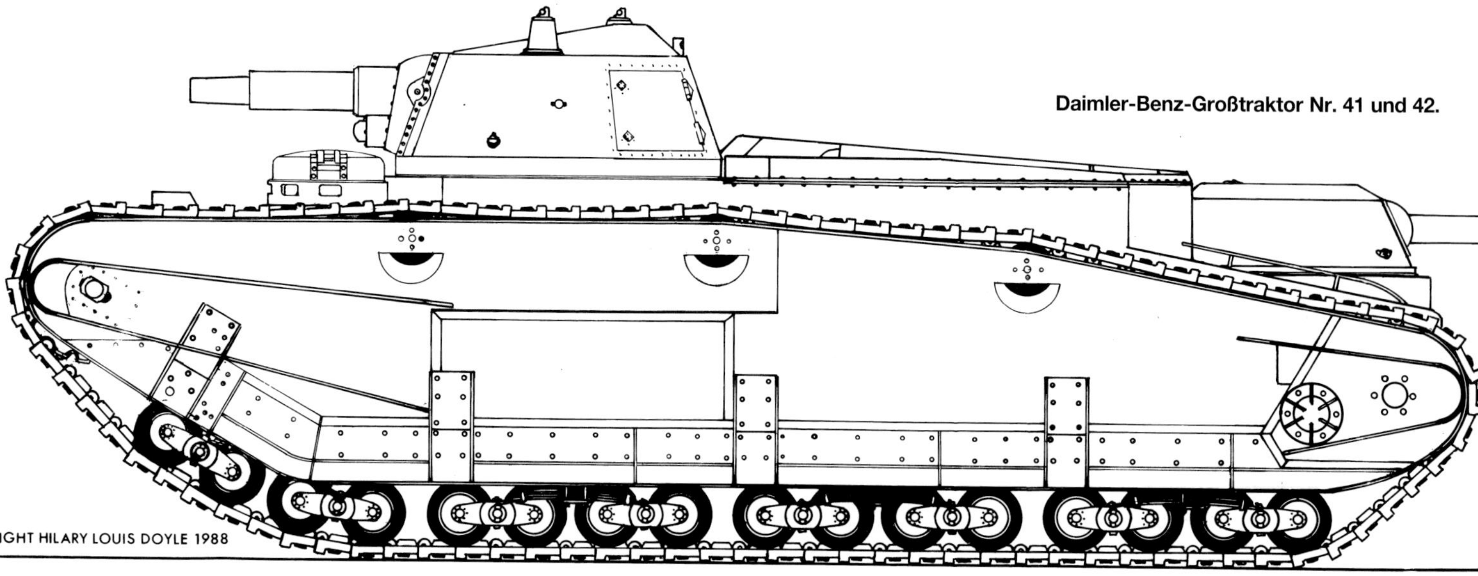

Krupp-Großtraktor Nr. 43 und 44, ursprüngliches Laufwerk.

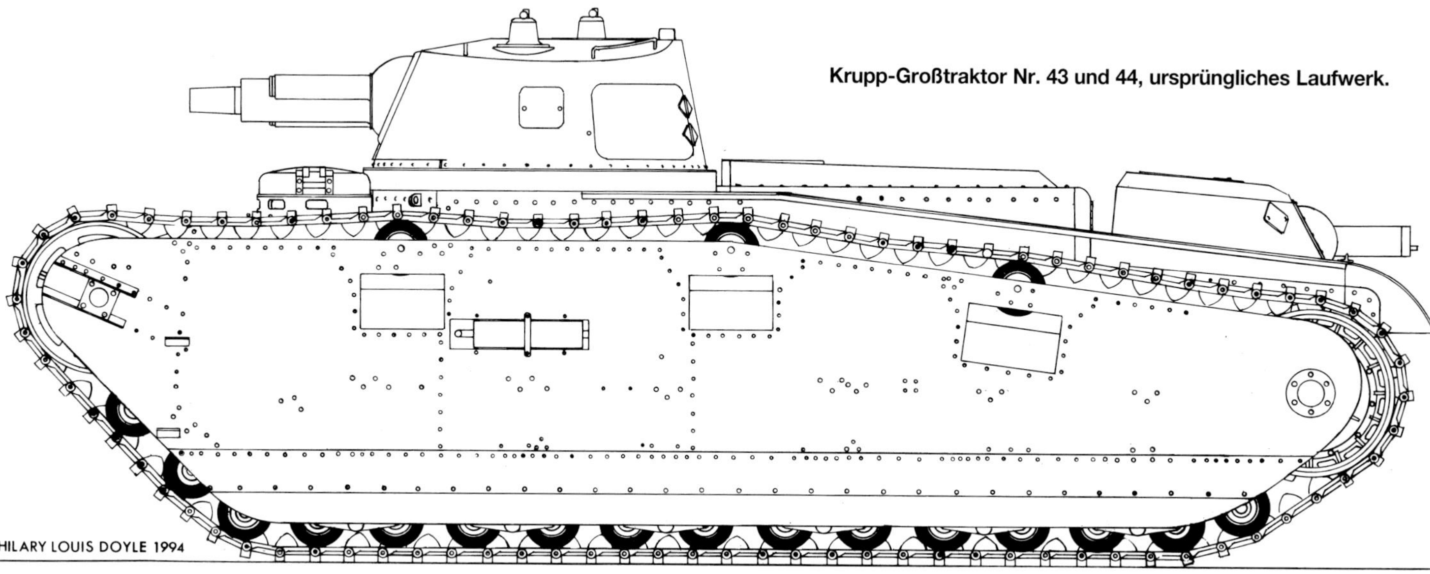

Rheinmetall-Großtraktor Nr. 45 und 46, ursprüngliches Laufwerk.

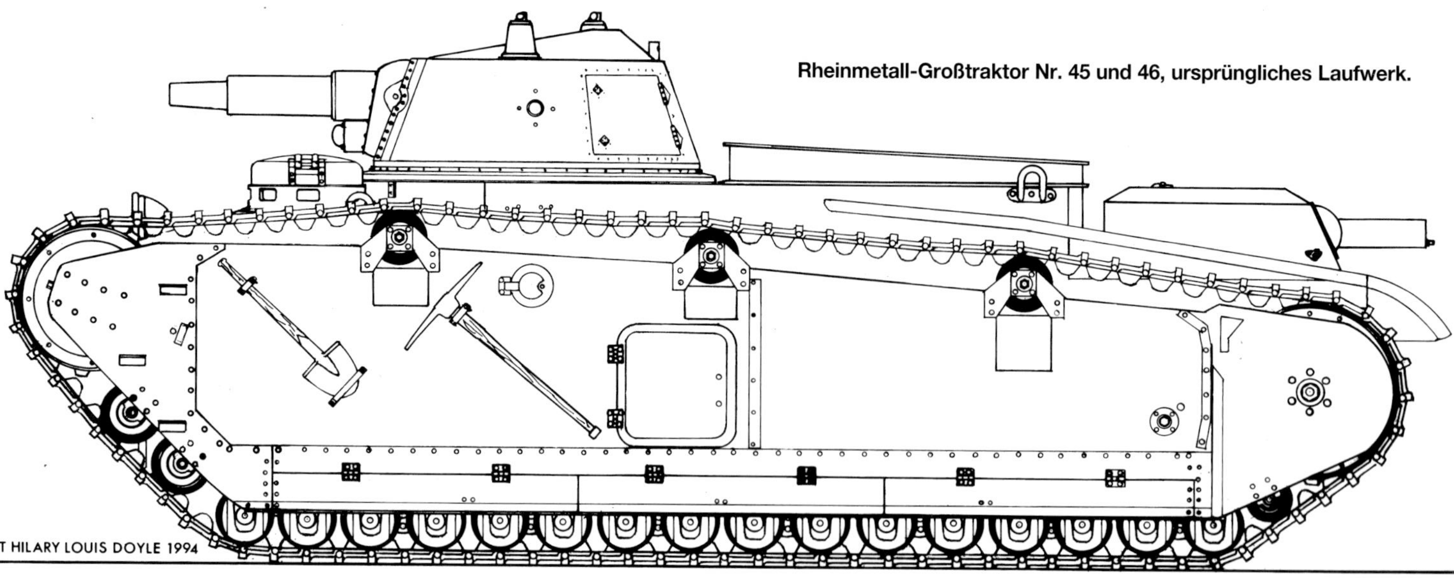

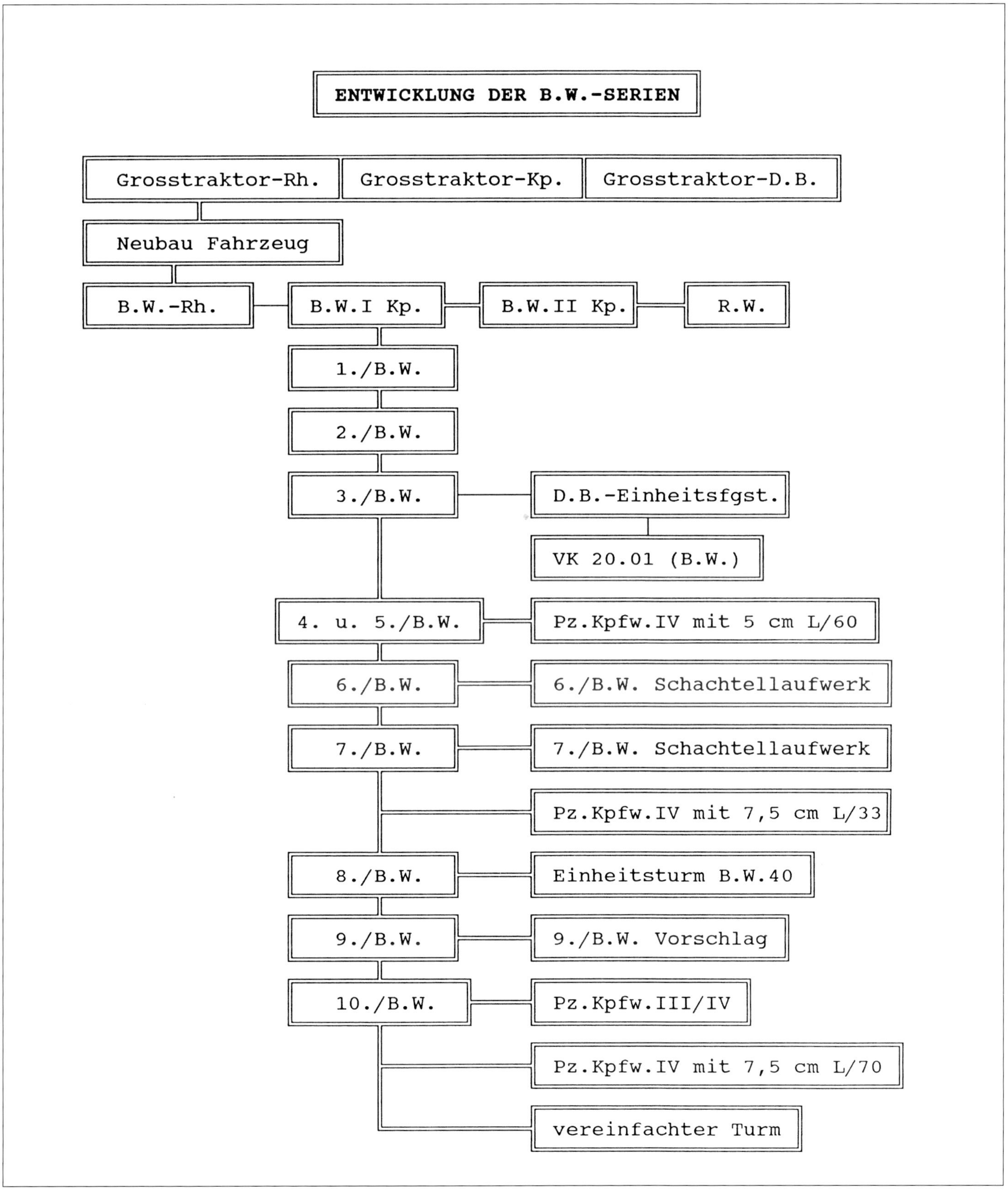
ENTWICKLUNG DER B.W.-SERIEN
Grosstraktor-Rh.
Grosstraktor-Kp.
Grosstraktor-D.B.
Neubau Fahrzeug
B.W.-Rh.
B.W.I Kp.
B.W.II Kp.
R.W.
1./B.W.
2./B.W.
3./B.W.
D.B.-Einheitsfgst.
VK 20.01 (B.W.)
4. u. 5./B.W.
Pz.Kpfw.IV mit 5 cm L/60
6./B.W.
6./B.W. Schachtellaufwerk
7./B.W.
7./B.W. Schachtellaufwerk
Pz.Kpfw.IV mit 7,5 cm L/33
8./B.W.
Einheitsturm B.W.40
9./B.W.
9./B.W. Vorschlag
10./B.W.
Pz.Kpfw.III/IV
Pz.Kpfw.IV mit 7,5 cm L/70
vereinfachter Turm

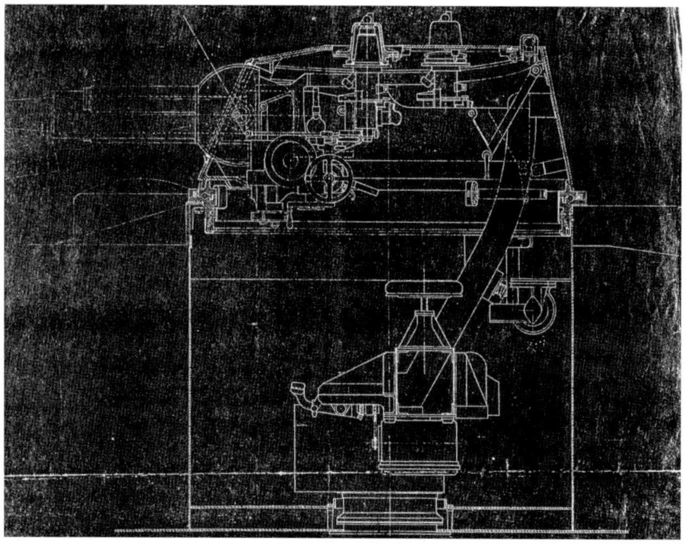

Krupp-Turm, Inneneinrichtung, Einzelheiten.

den das Rohr geführt werden soll, so niedrig und damit so leicht als möglich halten zu können.

6) *Einbau einer Rohr-Ausblas-Vorrichtung: Preßluft wird vom Wagenkonstrukteur zur Verfügung gestellt und bis zur Auftrittfläche herangeführt. Der Geschützkonstrukteur sorgt für Weiterleitung der Preßluft von da bis in das Rohr und für Anbringung der Ausschalte-Vorrichtung. Automatische Ausschaltung ist erwünscht. Saugluft ist nicht verfügbar.*
7) *Es ist erwünscht, daß dem Geschützrohr 1–2 leichte Dreyse-Maschinengewehre Kaliber 7,9 mm in festen Lagern angefügt werden. Diese Maschinengewehre und das Geschütz sollen wahlweise verwendet werden können. Ausbaumöglichkeit bei Unbrauchbarwerden der Gewehre muß gegeben sein. Falls 2 Gewehre eingefügt werden können, ist deren Parallelstellung, gekoppelte Richtung und Abfeuerung, jedoch getrennte Ladung vorzusehen.*
8) *Lafettierung: ist der Geschützfirma zu überlassen. Sie sorgt, daß der sonstige Rohrteil möglichst wenig weit in das Turminnere hineinragt. Es ist zu berücksichtigen, daß die Scharte für das Rohr, die ein Höher– und Tieferschwenken innerhalb des geforderten Höhenrichtfeldes erlauben muß, so klein wie möglich gehalten werden muß. Dies wird bedingen, daß der Drehpunkt des Rohres möglichst in die Turmwand gelegt wird.*
9) *Höhenrichtfeld: für Geländewinkel von -15° bis +40°*
   für schußtafelmäßige Rohrerhöhung von 0 bis +10°
   Seitenrichtfeld: unendlich, sowohl nach rechts wie nach links.
10) *Richtmaschinen: Für Höhen- und Seitenrichtmaschine wird sehr leichte Gängigkeit gefordert. Für etwaigen maschinellen Antrieb kann Preßluft oder elektr. Kraft zur Verfügung gestellt werden. Zuleitung der Preßluft bezw. elektr. Kraft bis zur Auftrittfläche regelt der Wagenkonstrukteur, von da ab Regelung der Weiterleitung und Art der Verwendung durch den Geschützkonstrukteur. Bei Verwendung von maschinellen Antrieben, ist Handantrieb als Reserve vorzusehen.*
11) *Abdichtung der Scharte: Es ist gasdichte Abdichtung der Scharte vorzusehen; die Abdichtung muß in jeder Höhenstellung des Rohres gewährleistet sein.*
    Art der Abdichtung: Entwickelt der Wagenkonstrukteur gemeinsam mit dem Geschützkonstrukteur, Scharten-Größe und Form der Geschützkonstrukteur.
12) *Visier-Einrichtung*
    a) *Für direktes Richten Visierung parallel der Rohrseele mit entsprechend einstellbaren Erhöhungswinkeln Direkte Übertragung der Visierbewegungen auf die Rohrbewegung (keine Zeigerzieleinrichtung). Visierung optisch so anordnen, daß der Panzerschutz keine Lücke erleidet.*
    b) *Suchervisier über dem Turm*
    c) *Ausschaltung von Verkantungsfehlern bei Querabschiessen aus einem bis zu 33° schräg stehenden Wagen.*
       Die Visierung für die direkte Richtung muß auch für das M.G. benutzbar sein, wenn anstelle des Geschützes mit dem angegliederten M.G. geschossen werden soll. Für das zweite M.G. ist keine besondere Visierung notwendig. Parallelstellung des zweiten M.G.'s mit dem 1. M.G. muß erreicht werden, um gemeinsam gegen das gleiche Ziel verwendet werden zu können.
13) *Als Bedienung für Geschütz einschl. angegliedertem M.G. sind 2 Mann (ein Richt– und 1 Ladekanonier) vorgesehen. Munitionsausrüstung für das Geschütz: 100 Schuß, Lagerung der Munition regelt der Wagenkonstrukteur im Einvernehmen mit Jwg.4. M.G. Munition = 6000 Schuß für alle M.G.'s, Lagerung regelt der Wagenkonstrukteur.*
14) *Ausgleich der Erschütterung beim Fahren regelt der Wagenkonstrukteur. Endziel: so soll möglich sein, während er Fahrt gezieltes Feuer abzugeben.*
15) *Zurrung des Rohres für die Fahrstellung außerhalb des Gefechtes ist vorzusehen; während des Gefechts muß Fahren ohne Zurrung möglich sein.*
16) *Richt– und Ladesitze sind vorzusehen. Anordnung der Sitze evtl. in Gurten, falls diese als zweckmäßig erscheinen.*
17) *Gesamtgewicht des Geschützes einschl. Lafettierung und Wagenpanzerung so gering als möglich, Höchstgewicht 600 kg.*

Konstruktionsbedingungen, welche die Einzelheiten und Forderungen für das Fahrgestell festlegten, mußten im gleichen Zeitraum erarbeitet werden. Leider ließen sich bis heute darüber keine Unterlagen finden. Nachweise aus Original-Dokumenten der Firmen Daimler-Benz und Rheinmetall beweisen aber, daß beide Firmen sich 1926 mit vorläufigen Entwicklungsarbeiten beschäftigten.

In der von Krupp 1935 veröffentlichten *Entwicklungsgeschichte des Gr.Tr.* erscheint die folgende chronologische Aufstellung der ersten Aktivitäten:

1926: **Ausführung von Vorentwürfen.**
01.03.1927: **Vorbesprechung und Vertragsentwurf.**
25.03.1927: **Angebot auf Konstruktion und Fertigung. Holzmodell in Krawa gezeigt (General Ludwig).**
30.03.1927: **Vertrag auf Konstruktion und Fertigung von 2 Fahrzeugen. Anschließend Entwurf und Durcharbeitung.**
28.04.1927: **Besprechung der Hauptentwürfe**
Aug. 1927: **Beginn der Vorversuche und Fertigung.**

Mit Auftrag vom 26. März 1927 erhielt die Daimler-Benz AG. ebenfalls das grüne Licht für Konstruktion und Fertigung von zwei dieser Fahrzeuge. Es kann angenommen werden, daß Rheinmetall zur gleichen Zeit den Auftrag für Konstruktion und Fertigung von zwei dieser Fahrzeuge und auch für vier Türme für Rheinmetall- und Daimler-Benz-Fahrzeuge erhielt.

1.1.2 KRUPP KONSTRUKTIONSDATEN

Am 19. März 1927 überreichte die Abteilung A.K., Krupp, Essen, die von ihr in Aussicht genommenen Konstruktionsdaten an das Reichswehrministerium, Heereswaffenamt, Prüfwesen 4 I:

7,5 cm Geschützturm A.W.20 Konstruktionsdaten

Rohrlänge L/20 = 1500 mm	
Vo = 400 m/sek	
G = 6,3 kg	
Turmgewicht mit Geschütz	*1660 kg*
Geschützgewicht	*570 kg*
Rohrgewicht mit Verschluß	*230 kg (270)*
Gewicht der rücklaufenden Massen	*250 kg (285)*
Rücklauflänge, normal	*500 mm*
größte Erhöhung	*60°*
Senkung über Mittellinie	*12°*
Senkung über Fahrer-Stroboskop	*12°*
Senkung nach Seite	*12°*
Senkung nach rückwärts	*6°*
M.G. Schwenkbereich, Höhe	*±5°*
M.G. Schwenkbereich, Seite	*0°*
Seitengeschwindigkeit	
mit Hand	*3° pro Sek*
mit elekt. Zusatzantrieb	*4, 8 u.12° pro Sek*
Höhenrichtgeschwindigkeit m. Hand	*2° (3,3)*
Panzerstärke Seite	*18 mm (15)*
Panzerstärke oben	*18 mm (8)*
Neigung der Seitenwände	*82° (78)*
Aussendurchmesser der Laufkranzes	*1590 mm (1610)*
Innendurchmesser der Panzerkuppe	
unten	*1500 mm (1550)*
oben	*1344 mm (1350)*
Höhe der oberen Panzerkuppenkante	
über Erdboden	*2368 mm (2330)*
über Wagen	*618 mm (587)*
Höchster Punkt der Panzerkuppe	*2463 mm (2430)*
Höhe Auftrittfläche über Erdboden	*500 mm*
Feuerhöhe des Geschützes	
über Boden	*2115 mm*
über Wagendecke	*365 mm*
Geschützmunition im Turmraum	*100 Schuß*
M.G. Munition	*3000 Schuß*

Die Angaben in Klammern ( ) sind handschriftliche Eintragungen, welche die ersten Abweichungen von den ursprünglichen Konstruktionsdaten festhalten.

1.1.3 ENDGÜLTIGE KONSTRUKTIONSBEDINGUNGEN

Am 10. Juni 1927 schickte das Heereswaffenamt, Prüfwesen 4, eine Kopie der *Endgülitigen Konstruktionsbedingungen für den Geschützturm im A.W. 20* an Krupp. Beiliegend in vollem Umfang zeigt dieses Dokument in erstaunlichen Einzelheiten die Fortschritte, welche die Panzerturm-Entwicklung bis 1927 erzielt hatte. Viele der grundsätzlichen Forderungen, wie Abführung der Treibladungsgase, ausreichende Sicht für die Besatzung und die Verhinderung des Eintritts von Giftgas sind Probleme, die auch heute noch den Entwicklungsingenieur beschäftigen.

A. Allgemeines.

Bezüglich Vereinheitlichung des Gerätes, Rücksicht auf Massenfertigung, Austauschprinzip und leichte Instandsetzungsmöglichkeit, Beschränkung in Sparmetallen, Anwendung des metrischen Gewindes und Berücksichtigung der Heeresgeräts– und D.I.N.-Normen gelten die bei den Konstruktionsbedingungen der Gebirgskanone.

B. Turm.

1) *Für allgemeine Anordnung und Lage des Turmes sind die unter Nr.80/27 Wa.Prw.6 geh.Kdos. übermittelten Einbauskizzen maßgebend.*
2) *Bewaffnung: 1 – 7,5 cm Geschütz und 1 M.G.*
3) *Der Aufriß des Turmes ist möglichst niedrig zu halten unter dem Gesichtspunkte, daß mit einer Senkung von –12° über das vordere Ende der Raupe gefeuert werden kann. Für das Feuer nach rückwärts über den Hinterteil des Wagens genügt eine Senkungsmöglichkeit von 6°.*

4) Die lichte Höhe: Auftrittsfläche – Turmdecke soll 1800 mm betragen. Der Turmdurchmesser ist so klein als möglich zu gestalten, Höchstmaß 1500 mm.
5) Der Turm soll eine seitlich unendlich schwenkbare Oberkuppe haben, durch die in einer Scharte das Geschützrohr geht; das Geschütz soll mit der Kuppe schwenkbar sein. Zur Erzielung einer leichten Drehbarkeit ist der Laufkranz möglichst hoch anzuordnen.
6) Bei der Formgebung des Turmes ist auf schräge Flächen, auf gute Beweglichkeit und bleibende Abdichtung der Schießschartenblende und auf eine für die Herstellung erträgliche Panzerplattenform Rücksicht zu nehmen.
Panzerstärke der über den Wagenumriß herausragenden Turmwände 15 mm, der Turmdecke 8 mm.
Turmbeleuchtung regelt der Wagenkonstrukteur.
7) In der Turmwand sind 6 verglaste Sehschlitze mit verschiebbarer Blende anzuordnen, die für das freie Auge einen raschen Überblick über das gesamte Umgelände erlauben. Die Blenden müßen aus 10 mm Panzerblech sein und dürfen in allen Stellungen den gasdichten Abschluß nicht beeinträchtigen.
8) Im Turm sind Lüftungsklappen vorzusehen.
9) Die Außenwände des Turmes sind mit Vorrichtungen zum Aufstecken von Tarnungsmitteln zu versehen.
10) Sämtliche Turmdurchbrechungen sind gasdicht abzuschliessen.
11) Für den Richtkanonier ist ein verstellbarer Richtsitz, für den Ladekanonier ein umklappbarer Notsitz und Handgriffe an den Turmwänden zum Festhalten während des Fahrens und Feuerns vorzusehen.
12) (Nur für Rh.M.) Die für die Minuserhöhungen vorgesehene Ausweichbahn in der Turmdecke muß für Zeiten außerhalb der Gefechtstätigkeit von Hand auf die höchste Einstellung festgelegt werden können.

C. Geschütz und M.G.

1) Rohr: Kaliber 7,5 cm
Rohraufbau angelehnt an das Rohr der künftigen Gebirgskanone, zum mindesten muß der Ladungsraum einheitlich sein.
Leistung: Vo = nicht unter 400 m/sek., G. = 6,3 kg.
Gebrauchsgasdruck: 2400 Atm. bei + 10°
Pulvertemperatur. Rohrlänge: ca. L/20 = 1500 mm.
Verschluß: halb-automatisch, d.i. nach dem Schuß selbständiges Öffnen und nach dem Laden selbständiges Schließen erforderlich. Das Auswechseln des Geschützrohres in Ruhestellung muß mit den Mitteln des Waffenmeisters möglich sein.
2) Rohrrücklaufbremse mit Luftvorholer.
Rohrrücklauf unter Berücksichtigung des verfügbaren Raumes so lang wie möglich, um allzu große Erschütterungen des Turmes beim Schuß zu vermeiden.
Teile der Rücklaufbremse, die über den Panzerturm hinausragen, müßen besonderen Schutz gegen Gewehrtreffer und kleinere Sprengstücke haben (10 mm Panzer).
Links und rechts des Rücklaufweges sind Abweiser zum Schutz der Kanoniere anzubringen, die jedoch die Bedienung des Geschützes nicht stören dürfen.
3) Munition. Patronenmunition.
Die Kartuschhülse ist der Einheitshülse für die neuen 7,5 cm Geschütze gemäß Zeichnung Zwg 13 E 6321 anzupassen.
Aushilfsweise soll auch die getrennte Munition der künftigen Gebirgskanone und Feldkanone mit den entsprechend geringeren Ladungen Verwendung finden können. Behelfsmäßige Einführung dieser Munition muß möglich sein.
Die Munitionsausstattung im Einzelnen bleibt späteren Beschlüssen vorbehalten. Gesamtmunitionsausstattung: zur Hand ca 100 Schuß, im Wagen liegend; nach verfügbarem Raum.
4) Feuergeschwindigkeit: 15 Schuß in der Minute.
5) Feuerhöhe: über der Auftrittplatte des Turmes so hoch als möglich, um den oberen Teil der Panzerkuppe, durch den das Rohr geführt werden soll, so niedrig und damit so leicht als möglich halten zu können.
6) Auf Einbau einer Rohrausblasevorrichtung wird verzichtet. Das Einströmen der Pulver- und Giftgase wird durch Überdruck im Turminnern verhindert.
7) Dem Geschützrohr ist auf der rechten Seite ein schweres Dreyse – M.G. anzukuppeln. Ein Sonderhöhenschwenkbereich des M.G. von ±5° ist vorzusehen. Beherrschung dieses Bereiches durch den linken Kanonier (Richtkanonier). Abfeuern des M.G. durch den Richtkanonier. Das M.G. darf beim Laden des Geschützes nicht hinderlich sein. Munitionszuführung mittels der eingeführten Trommeln, die erst beim Schießgebrauch eingesetzt werden. Die Beseitigung von M.G.-Ladehemmungen wird dem Ladekanonier übertragen. Ausbaumöglichkeit bei Unbrauchbarwerden und Ersatz durch Truppen-M.G. muß möglich sein.
Für das M.G. müssen 3000 Schuß, in Trommeln als Handmunition greifbar, mitgeführt werden.
8) Zur Lafettierung von Geschütz und M.G. dient die Turmwand.
Es ist zu berücksichtigen, daß die Scharte für das Rohr, die ein Höher- und Tieferschwenken innerhalb des geforderten Höhenrichtfeldes erlauben muß, so klein als möglich gehalten werden muß. Dies bedingt, daß der Drehpunkt des Rohres möglichst in die Turmwand gelegt wird.
9) Höhenrichtfeld:

Größte Erhöhung:	+60°
Senkung über Mittellinie	–12°
Senkung über Fahrerbeobachtungsturm	–12°

Senkung nach Seite –12°
Senkung nach rückwärts –6°
M.G. Sonderschwenkbereich Höhe ±5°
Seitenrichtfeld: unendlich
M.G. Sonderschwenkbereich Seite 0°
Falls der Führer– und Fahrer-Beob.Turm niedriger als 300 mm wird, ist entsprechend größere Senkung erwünscht.

10) Richtmaschine.
Für Höhen- und Seitenrichtmaschine wird leichte Gängigkeit gefordert. Vorzusehen ist für Seitenrichtung: elektrischer Antrieb in verschiedene Geschwindigkeitsstufen und Handantrieb; gegenseitige Additionsmöglichkeit erwünscht.
Höhenrichtung: elektrischer Antrieb und Handantrieb, ersterer mit größerer Geschwindigkeit als Handantrieb.
Die Vorrichtung zum Abfeuern ist derart auszubilden, daß der Richtkanonier das Geschütz sowohl wie das M.G. während des Richtens und ohne die Hände von den Richtmaschinen wegzunehmen, beim Abfeuern betätigen kann.

11) Abdichtung der Scharte. Es ist gasdichte Abdichtung der Scharte vorzusehen, die Abdichtung muß in jeder Höhenstellung des Rohres gewährleistet sein.

12) Als Visiereinrichtung ist ein Periskop durch die Turmdecke gehend, ohne Stroboskop vorzusehen. Ihre Entwicklung im Benehmen mit Wa Prw.4 und 6 und der Firma Zeiss ist von Wa.Prw.1 übernommen.

a) Der aus dem Turm herausragende Teil ist mit einem Panzerschutz zu versehen. Das leicht verletzbare Prisma soll durch einfachen Handgriff ersetzbar sein.

b) Das Gesichtsfeld des Periskopes soll ca 58 bis 60° betragen. 1 1/4 fache Vergrößerung genügt.

c) Das Periskop muß mittels Handrad seitlich unendlich schwenkbar sein. Für die erreichte Nullstellung (d.i. parallel mit dem Geschützrohr) ist eine deutlich fühlbare Rast vorzusehen. Die Rast soll auch fühlbar sein, wenn der Turm dem Periskop nachgeschwenkt wird.

d) Der Höhe nach muß die Schwenkbarkeit des Ausblickes derart angeordnet sein, daß Ziele innerhalb eines Geländewinkels von –12 bis +30° anvisiert werden können. Nach rechts über die Turmdecke hinweg genügt eine Senkung bis –6°.

e) Für Berücksichtigung des Aufsatzwinkels ist eine Verstellbarkeit des Fadenkreuzes bis zu –7° vorzusehen. Dies entspricht bei Vo = 400 und G = 6,3 kg etwa einer Schußweite von 3000 Metern. Für 100 zu 100 m sind Gefühlsrasten erwünscht, damit der Richtkanonier seine Schußabweichungen gefühlsmäßig korrigieren kann, ohne auf die Entfernungseinteilung blicken zu müssen.

f) Für das Schießen mit M.G. ist eine besondere Entfernungsskala, bis 2000 m gehend, anzubringen.

g) Mit dem Periskop ist das Prinzip des Rundblickfernrohrs zu vereinen, das außer dem Seitenvorhalt auch ein indirektes Richten gestattet.

h) Auf eine Vorrichtung zum Ausschalten des schiefen Radstandes wird verzichtet, jedoch ist an geeigneter Stelle im Turminnern eine Radstandlibelle und Korrekturtafel für den Ausgleich des Radstandfehlers anzubringen.

i) Das Periskop muß als Ganzes leicht auswechselbar sein. Auswechseln von innen heraus. Einsetzen abgeschossener Prismen muß von der Bedienung vorgenommen werden können.

k) Für Luftbeobachtung ist ein zweites, austauschbares Periskop mit einem Höhenrichtfeld bis zu 60° zu entwickeln. Wegen seiner größeren Verwundbarkeit soll es jedoch für den Tankkampf gegen das Erdzielperiskop ausgetauscht werden. Erdziel- und Luftzielperiskop müssen gleichen Durchmesser bekommen, damit sie in die gleiche Turmöffnung passen.

l) Als Notvisier ist zu entwerfen:
1. Ein horizontal liegendes Fernrohr, für Geländewinkel ±10°, Aufsatzwinkel +2° (entsprechend ca 1000 m Schußweite). Gesichtsfeld etwa 40°. Ausblick abblendbar mittels Scharte. Bei Nichtgebrauch wegzuschwenken oder zusammenzuschieben.
2. Ein seitlich aus dem Turm herausgehendes optisches Visier unter gleichen Bedingungen wie vor. Abblendung wird hier jedoch nicht erreicht werden können. Das Notvisier muss mit einem einfachen Handgriff gebrauchsfertig gemacht werden können. Die Entscheidung, welches von beiden Notvisieren zur Einführung gebracht wird, wird später getroffen.

m) Sämtliche Visierungen sind mit kräftigem Augenpolster, das Periskop auch mit Stirnpolster zu versehen.

n) Für den Ladekanonier wird auf eine optische Visierung verzichtet, er soll die Möglichkeit haben, durch die Sehschlitze einen Teil des Geländes zu beobachten.

13) Als Bedienung für Geschütz einschließlich angegliedertem M.G. sind 2 Mann (ein Richt- und ein Ladekanonier) vorgesehen.

14) Verschossene Kartuschhülsen sollen in kürzester Zeit aus dem Turm entfernt werden können. Durch die Anordnung sich selbsttätig schließender Klappe der Hülsenauswurfsvorrichtung darf die Bodenfreiheit des Wagens nicht beeinflußt werden. Sie dürfen demnach über die Auftrittfläche nicht hinunter reichen.

15) Auf die Notwendigkeit rascher Munitionierung wird hingewiesen, hierfür kann die Ausstattung von Muntionsfahrzeugen mit einer Rutschbahn, die bei der Munitionierung einzuführen ist, vorteilhaft sein.

16) *Zwischen Kommandanten und Richtkanonier muß für Bezeichnung des Zieles etwa im Gefechtslärm einwandfreie und eindeutige, jedoch einfache Verständigungsmöglichkeit unter Benutzung von Teilstrichwahlen geschaffen werden. (Handschriftliche Eintragung: Warum nicht Telefon?)*
17) *Ausgleich der Erschütterung beim Fahren regelt der Wagenkonstrukteur. Endziel: Es soll möglich sein, während der Fahrt gezieltes Feuer abzugeben.*
18) *Zurrung des Rohres für die Fahrstellung außerhalb des Gefechtes ist vorzusehen; während des Gefechtes muß Fahren ohne Zurrung möglich sein.*
19) *Gesamtgewicht des Geschützes einschließlich Lafettierung und Wagenpanzerung so gering wie möglich. Höchstgewicht des Turmes einschließlich Geschütz ca 1650 kg.*
20) *Die Beobachtungstürme des Führers und Fahrers müssen zum Schutz gegen den Druck der austretenden Pulvergase voraussichtlich mit Schutzblenden versehen werden.*
Anm.: Für die ersten Versuchstürme ist Ausführung in Eisenblech vorzusehen. Hierbei jedoch gleiche Gewichte, wie beim späteren Panzerturm.

1.1.4 RÜSTUNGSPROGRAMM

Eine Besprechung im Truppenamt (Generalstab) am 14.3.1928 über das Kraftfahr-Rüstungsprogramm ergab bei den Großtraktoren folgende Situation: Die Lieferung von sechs Großtraktor-Prototypen (15 t) sollte im Sommer 1928 erfolgen. Die Erprobung wurde von 1929 bis 1930 geplant. Die Beschaffung der Serie sollte 1931 beginnen. Zunächst war die Ausrüstung für eine Kompanie (17 Wagen) vorgesehen, weitere nach Freigabe vorhandener Mittel. Der Beschaffungspreis für eine Kompanie war mit etwa 2,5 Millionen RM angesetzt.

1.1.5 ANDERE VERWENDUNGSZWECKE ALS BAGGER

Aus einer Besprechung am 25.4.1928 bei Fa.Krupp, Essen-Ruhr, mit Gaissert, Austmann, Pirner, Kniepkamp (von Wa Prw 6) und Ritter, Hagelloch, Woelfert (von Krupp):

Die Firma teilt mit, daß die Untersuchungen bezgl. der Verwendung der Gr.Tr.-Fahrgestelle als Bagger ergeben hätten, daß diese viel zu leicht seien und daher für derartige Verwendungszwecke nicht in Betracht kommen. Jedoch ist nach Ansicht der Firma das Fahrgestell brauchbar für Zwecke des Reichseisenbahn-Zentralamtes. Bei einer Orientierung über den Stand der Fertigungsarbeiten zeigt die Firma ein vollständiges Panzergehäuse.

1.1.6 GEHEIMHALTUNG UND TARNUNG ALS KETTENSCHLEPPER

Von Oberstlt. Gaissert, Abteilungsleiter Wa Prw 6, an den Leiter Wa Prw, den 8. September 1928, Betrifft: Gr.Tr.:

Die wiederholten Besprechung mit mehreren Stellen des gesamten Hauses und der Vortrag beim Herrn Chef der Heeresleitung am 28.8.1928 haben mich bezüglich der weiteren Entwicklung der Frage Gr.Tr. zu nachstehenden Überlegungen und anschließenden Vorschlägen geführt:

Der Zweck der Konstruktion und des Baues der Gr.Tr. war, Modelle zu schaffen, aus denen nach eingehender Erprobung ein endgültiges Muster für spätere Einführung und Massenfertigung entstehen sollte.

Bei dem Umfang der in viele Teile zerfallenden Aufgabe kann dieses Ziel nur erreicht werden, wenn die Versuche mit den jetzt in Arbeit befindlichen Modellen in engster Zusammenarbeit aller von Wa Prw beteiligten Personen, sowie der Konstrukteure der verschiedenen Firmen vorgenommen werden. Das wird aber bei der jetzt beabsichtigten Erprobung im Ausland (R.) in keinem Falle – sei es nun Kama, Lgrd. oder Mak. – möglich sein. Die Begründung hierfür liegt in folgenden Punkten:

1.) *Personal des Wa Prw kann aus politischen Gründen nicht ununterbrochen so lange oder wiederholt auf kürzere Zeit in R. tätig sein wie erforderlich. Abgesehen davon würde solche lange Abwesenheit – z. B. von Angehörigen der Wa Prw 6 – die Forderung anderer wichtiger Aufgaben (Motorisierung) erheblich hemmen.*
2.) *Es scheint mehr als fraglich, ob alle Firmen – und in diesen wieder die einzelnen Personen – sich nach den letzten Vorgängen in R. bereitfinden werden zur Beteiligung an der Erprobung in R.*
3.) *Es ist sehr fraglich, ob immer die Personen gemeinsam in R. sein können, deren Zusammenarbeit notwendig ist.*
4.) *Der Transport der Fahrzeuge nach R. dürfte nicht einfach werden und birgt manche Gefahren innen- und außenpolitischer Natur in sich.*
5.) *Teilversuche, Abänderungen und Neukonstruktion einzelner Teile werden nur bei den deutschen Herstellungsfirmen oder Konstruktionsstellen ausgeführt werden können. Häufige Transporte und erheblicher Zeitverlust werden die Folge sein.*
6.) *Wir geben unsere geheimsten und neuesten technischen Probleme R. preis, ohne die Gewähr zu besitzen, daß wir selbst den genügenden Nutzen haben.*
7.) *Da die gesamten Reise– und Aufenhaltskosten- auch für das Personal der verschiedenen Firmen – vom Rw. Min. zu tragen wären, würde eine Erprobung in R. ganz außergewöhnlich hohe Kosten verursachen, wenn sie sachgemäß durchgeführt werden soll.*

Wie können wir nun unter der innen- und außenpolitischen Zwangslage die besten Ergebnisse aus der bisherigen Arbeit und der eingesetzten hohen Mittel, erzielen?

Von den vielen bei den Gr.Tr. mitspielenden Problemen ist und bleibt eines die Grundlage und Hauptsache – das Lauf-

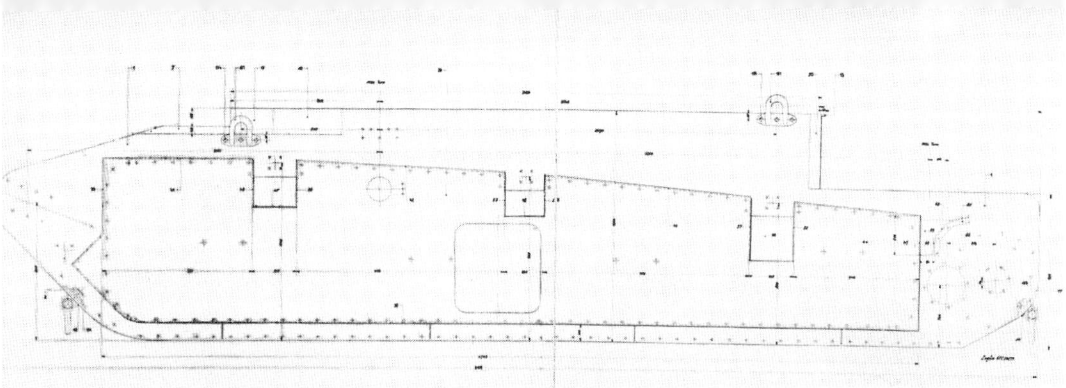

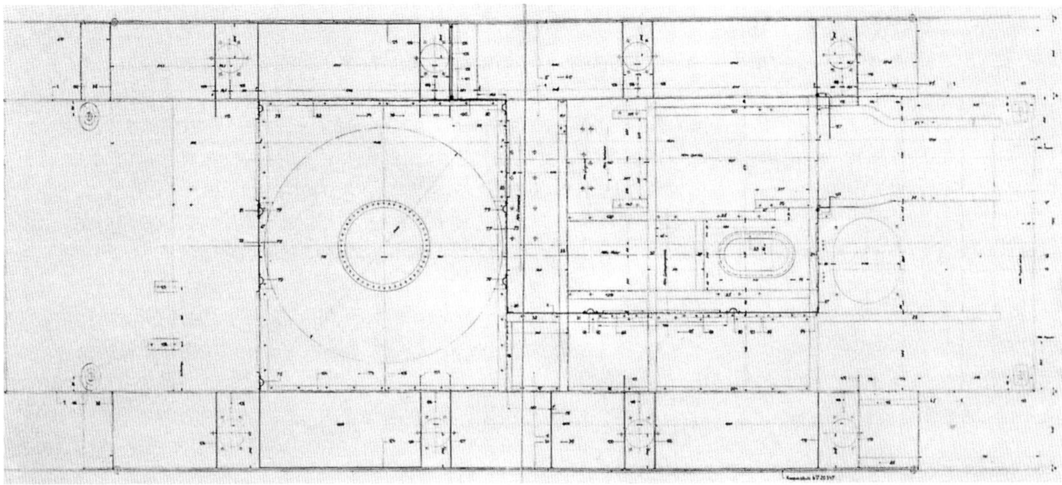

Konstruktionszeichnungen der Wanne des Rheinmetall-Großtraktor.

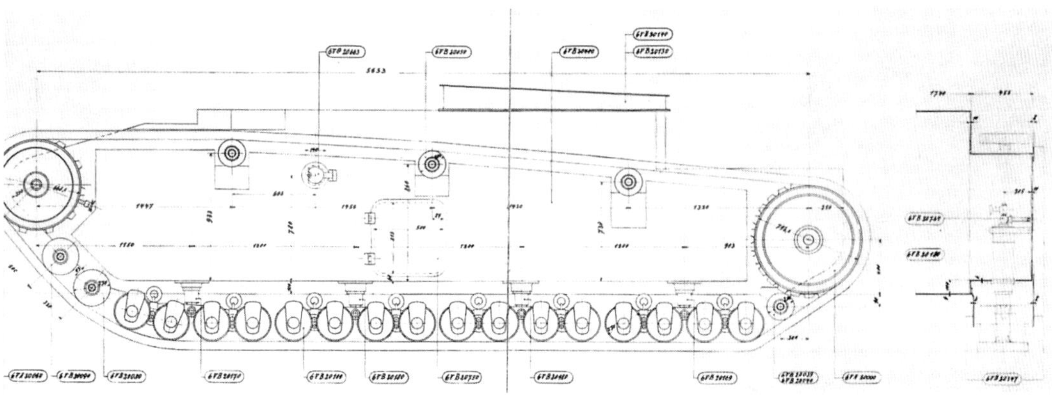

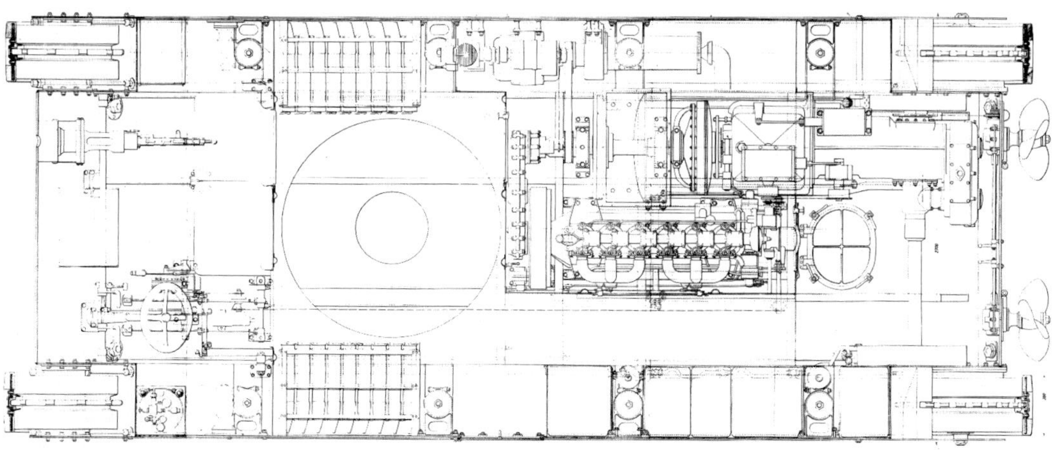

Konstruktionszeichnungen der Fahrgestelle des Rheinmetall-Großtraktor.

Das fertig montierte Fahrgestell des Daimler-Benz-Großtraktor. Am Fahrzeugbug befindet sich ein gegen Beschuß geschützter Scheinwerfer.

Daimler-Benz-Großtraktor von hinten mit angebauten Triebrädern. Auf dem oberen Heckblech die Öffnung für den hinteren MG-Turm.

Stand der Montage des Daimler-Benz-Großtraktor Mitte Januar 1929 in Unterlüß bei Celle (Munster-Lager).

Ansicht von vorne auf den Daimler-Benz-Großtraktor. Das Bug-MG wurde nachträglich eingebaut.

Die Abdeckung des Motorraumes mit dem Seitengang - von vorne nach hinten gesehen – beim Daimler-Benz-Großtraktor.

Daimler-Benz-Großtraktor nach Beendigung der Montage in Unterlüß.

werk. Alle anderen Aufgaben – Geschütztürme, M.G.-Türme, Beobachtungsmittel, F.T. Anlage, Gassicherheit, Luftzuführung, Panzerung usw. – bleiben wertlos, wenn das Hauptproblem – Laufwerk – nicht gelöst ist. Auch im Ausland ist diese Lösung bis heute noch nicht gefunden und wird als wichtigste Aufgabe allen anderen Problemen gegenüber in den Vordergrund gestellt. Die übrigen genannten Aufgaben sind zwar schwierig, bilden aber noch nicht Hauptprobleme in dem Sinne wie das Laufwerk.

Das führt mich zu folgenden Vorschlägen:

Von den drei Modellen (je 2 Stück) wird je eines in Unterlüß fertig montiert. Keines verläßt die Montagehallen. Sie sollen lediglich zur Erprobung des gesamten Zusammenbaues dienen, soweit dieses in den Hallen möglich ist. Nachdem der allgemeine Eindruck gewonnen ist, können die drei aufgebauten Modelle baldigst wieder auseinander genommen werden. Einzelne Stücke bilden keine Gefahr. Die Sicherung in Unterlüß ist als gut zu bezeichen.

Die Montage der anderen drei Modelle wird sofort eingestellt. Es wird alles abmontiert bis auf das Laufwerk. Von jedem dieser Fahrzeuge wird der Panzerrumpf in der Längsrichtung aufgeschnitten. Es bleibt lediglich ein Laufwerk übrig, das oben offen ist und das nur die Motoren und Getriebeanlagen enthält. Das Fahrzeug hat dann das Aussehen eines Kettenschleppers, wie sie beim Ausbildungskommando Wa Prw 6 in Kummersdorf seit langer Zeit laufen, mit etwas größeren Ausmaßen. Es stellt dann eine schwere Zugmaschine für Scheibenzug dar.

Beim Betrieb werden tatsächlich Scheiben gezogen. Außerdem bildet das Fahrzeug ein Gegenstück zum festen Kettenprüfstand, indem es als fahrbarer Kettenprüfstand für Schlepperversuche Verwendung findet. Im Kraftfahrversuchsbetriebe der Wa Prw 6 in Kummersdorf fallen die Fahrzeuge nicht auf, während dies in Unterlüß – wo so ein solcher Betrieb nicht ständig ist – der Fall sein könnte.

Alle übrigen Teile werden in Unterlüß – teilweise auch in Kummersdorf – einzeln abgestellt. Die Fahrzeuge selbst werden verpackt nach Kummersdorf überführt. So kann das Laufwerk am besten, schnellsten und billigsten erprobt werden. Die Weiterentwicklung der übrigen Teile läßt sich unauffällig durch Einzelversuche weitgehendst fördern. Für Schwimmversuche müßten zunächst zurückgestellt werden, was aber im Vergleich zur Lösung des Gesamtproblems unbedenklich in Kauf genommen werden kann in Anbetracht der abgeschlossenen Kleinmodellversuche in Hamburg.

Ich glaube, daß wir auf diese Weise zu dem bestmöglichen Ergebnis gelangen, das unter den jetzigen Verhältnissen überhaupt möglich ist. Die Gefahrenquellen in innen- und außenpolitischer Beziehung dürfen nicht größer als bisher und eher geringer sein als bei der Erprobung in R.

Da nach den letzten Weisungen zur Zeit die Montage in Unterlüß mit möglichster Beschleunigung betrieben wird, bitte ich um Herbeiführung baldigster Entscheidung und Anweisung an Wa Prw 6, zunächst ein Fahrzeug in der vorbezeichneten Form herrichten zu lassen, damit es möglichst bereits Anfang Oktober dem Herrn Chef der Heeresleitung in Unterlüß zwecks weiterer Entscheidung vorgeführt werden kann.

1.1.7 FERTIGMONTAGE IN UNTERLÜß

Die folgenden Angaben der Firma Krupp, aufgezeichnet 1935 in der *Entwicklungsgeschichte des Gr. Tr.*, zeigen die Entscheidung, das »getarnte Fahrzeug« in der ursprünglichen Form wiederherzustellen und erwähnen den Zeitpunkt, zu dem die *Großtraktoren* von Wa Prw 6 vollendet und abgenommen wurden:

1.8.1928: Beginn der Fertigmontage in Unterlüß.
15.09.1928: Auftrag, ein Fahrgestell als Handelsfahrzeug zu tarnen. (Durch Fortfall der Decke bessere Zugängigkeit bei der Erprobung.)
31.01.1929: Auftrag, getarntes Fahrzeug wieder zurückzuändern.
08.02.1929: Erster Fahrversuch in der Halle.
23.06.1929: Abnahme der zwei Fahrzeuge.

Alle sechs *Großtraktoren* (je zwei der Firmen Daimler-Benz, Krupp und Rheinmetall) wurden unter größter Geheimhaltung in den Rheinmetall-Anlagen in Unterlüß zusammengebaut. Die Abnahme der Gr. Tr.-Geschütztürme der Firma Rheinmetall erfolgte am 8. Mai 1929 durch Wa Prw 4 in Unterlüß.

Der Bericht der Abt. Artillerie-Konstruktionen der Fried. Krupp AG. über die *Entwicklung von Heeresgeschützen von November 1918 bis 1933* beschreibt die Entwicklung des 7,5 cm Geschützes L/20 für den *Großtraktor* durch Firma Krupp:

Im Zusammenhang mit dem vollständigen Kampfwagen »Großtraktor« wurde ein 7,5 cm Geschütz L/20 mit der Leistung 6,65 kg Geschoßgewicht und Vo = 425 m/s entwickelt. Halbselbsttätiger Fallblockverschluß, 2 Rohrbremsen in diagonaler Anordnung, in der anderen Diogonale ein Vorholer und ein starres M.G. in der Wiege. Elektromagnetische Abfeuerung von Handrad der Höhenrichtmaschine. Sicherheitsschalter für den Ladekanonier. Nach vorhergehenden Studien wurde der Entwurf April 1927 vorgelegt und das Geschütz mit Turm bis November 1928 durchkonstruiert. Das Versuchsgerät wurde im Juli 1929 abgeliefert.

1.2 GERÄTEBESCHREIBUNG

Dieses Dokument beschreibt die *Großtraktoren* zum Zeitpunkt der Fertigstellung und Abnahme durch Wa Prw 6 im Juni 1929.

Verbesserungen und Änderungen, ausgeführt nach 1929, werden später beschrieben. An gesonderten Baugruppen wurden den einzelnen Firmen Auflagen gemacht, um sicherzustel-

Rechte Seite des Daimler-Flugmotors D IV b (Typ 182 206), Gewicht ohne Räderkasten und Hilfsmotor: 604 kg.

Linke Seite des Daimler-Flugmotors D IV b (Typ 182 206).

Ansicht des offenen Planeten-Wechselgetriebes des Daimler-Benz-Großtraktor.

Planeten-Wechselgetriebe des Daimler-Benz-Großtraktor in geschlossenem Zustand.

len, daß selbst auf der Basis von nur sechs Fahrzeugen ein Optimum an Erfahrung bei der Gestaltung einzelner Aggregate erzielt werden konnte. Die Hauptunterschiede zwischen den Daimler-Benz-, Krupp– und Rheinmetall-*Großtraktoren* werden bei allen Komponenten beschrieben.

Der *Großtrakor* besteht aus dem Fahrgestell mit Hauptturm und einem dahinterliegenden M.G.-Turm. Im Hauptturm stehen eine 7,5 cm Kanone und ein Dreyse-M.G. zur Verfügung.

Die Besatzung besteht aus sechs Mann mit Richtschützen und Ladeschützen (oder Kommandant) im Turm, der Fahrer vorne links, der Funker vorne Mitte, der Kommandant vorne rechts im Fahrgestell und ein M.G.-Schütze im M.G.-Turm. Für den Ein– und Ausstieg sind eine Klappe rechts vorne am Gehäuse, sowie Öffnungen in den Stroboskopen, im Geschützturm, am Boden des hinteren Raumes und in der Decke des hinteren M.G.-Turmes vorgesehen.

1.2.1 FAHRGESTELL

Das Fahrgestell besteht aus folgenden Hauptteilen: Panzerwanne, Motor mit Kühlanlage, Querantrieb, Hauptkupplung, Schaltgetriebe, Lenkgetriebe, Laufwerk, Kraftstofflagerung und Munitionslagerung.

1.2.1.1 PANZERGEHÄUSE

Zur Aufnahme der Hauptteile dient das Panzergehäuse, das beiderseits mit Raupenkästen versehen ist, um welche die Ketten herumlaufen und an denen Trieb– und Leiträder sowie

Schema der Schaltung und Lenkung des Daimler-Benz-Großtraktor.

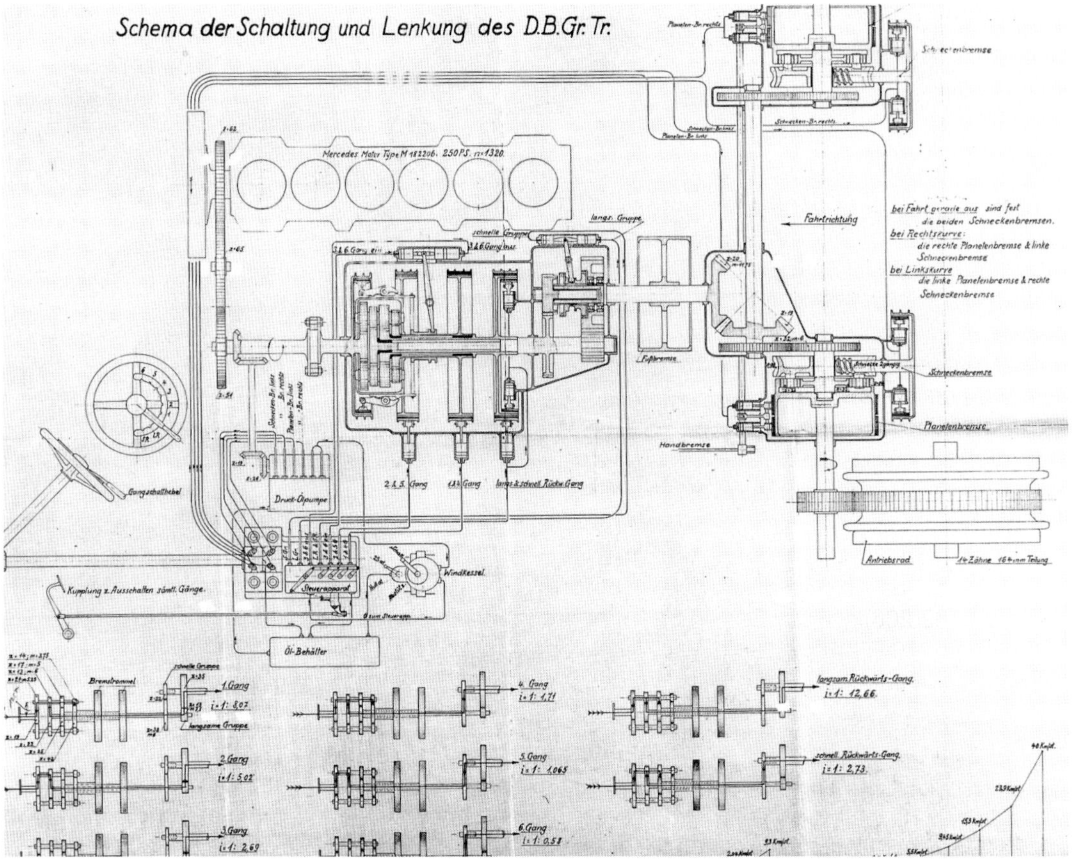

Schema der Lenkung des Krupp-Großtraktor.

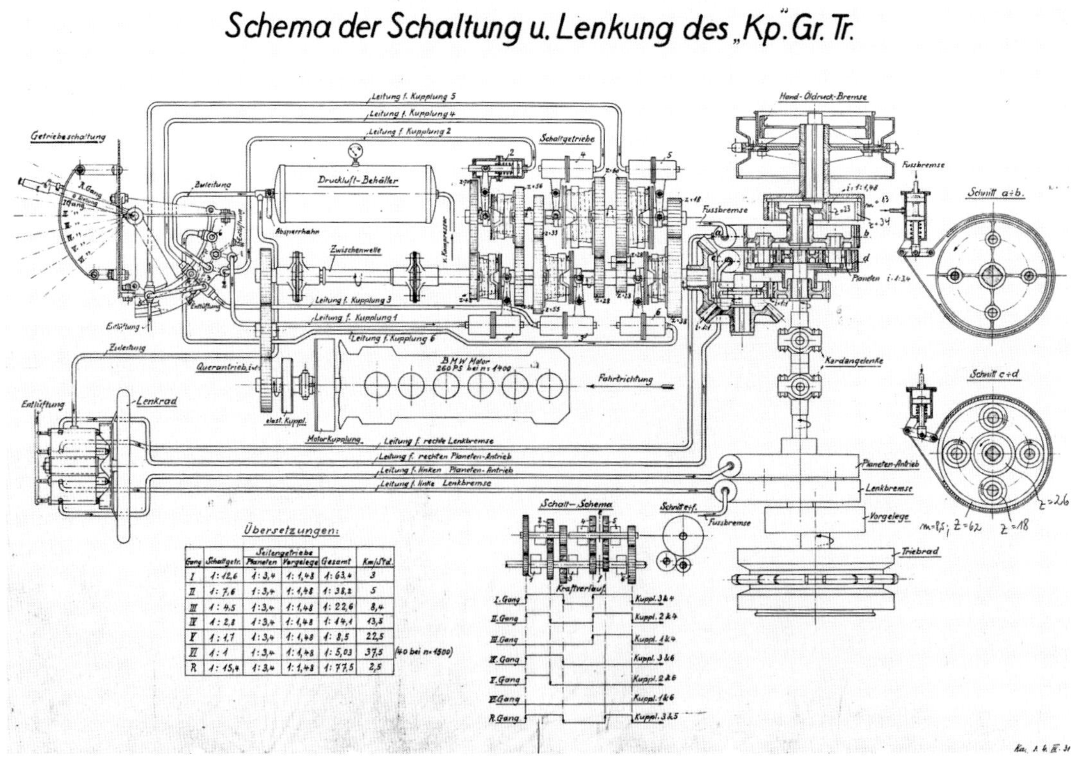

Lauf– und Stützrollen mit ihren Aufhängesystemen angebracht sind. Am vorderen Ende des Panzergehäuses sitzen 3 Mann nebeneinander und zwar Kommandant, Funker und Fahrer. Der Kommandant hat vor sich ein M.G. in wasserdichter Kugellagerung.

Der Geschützturm liegt 775 mm vor der mittleren Trennungswand. Hinter dieser liegt der Motor- und Getrieberaum, der gegenüber dem Mannschaftsraum luftdicht abgeschlossen ist und unter Unterdruck steht. Auf einem hinteren Absatz des Panzergehäuses ruht ein drehbarer M.G.-Turm. Links vom Motorraum ist ein Verbindungsgang zwischen Kampfraum und hinterem M.G. Raum, von dem aus der Motor nachgesehen werden kann. Die 6 Prototypen wurden aus Weicheisenblechen zusammengeschweißt. Nach Spezifikation sollte die Panzerung aus 6 bis 13,5 mm dicken Blechen gegen Stahlkerngeschosse (S.m.K.) sicher sein.

1.2.1.2 MOTOR

Daimler-Benz baute einen ehemaligen Daimler-Flugmotor DIVb (Typ 182 206) ein, der bei 1450 Umdr./min. eine Höchstleistung von 260 PS aufwies. Dieser 6-Zylinder-Ottomotor mit stehenden Einzelzylindern hatte einen Hubraum von 31,2 Liter. Ein DKW 2-Zylinder-Zweitaktmotor mit 10 PS war als Anlaßaggregat vorgesehen. Krupp und Rheinmetall bauten den wassergekühlten BMW-Va Benzin-Flugmotor mit Trockensumpfschmierung ein. Es handelte sich um einen 6-Zylinder-Reihenmotor, der bei einem Hubraum von 22,9 Liter bei 1400 Umdrehungen/Minute 250 PS leistete.

1.2.1.3 KÜHLANLAGE

Wasser- und Luftkühlung waren getrennt. Zur Abführung der Kühlwasserwärme diente ein zweiteiliger Kühler mit dazwischen liegendem Ventilator, während zur Abführung der Strahlungswärme des Motors eine besondere Entlüftung vorgesehen war, die Frischluft über den Motor saugte.

1.2.1.4 WECHSELGETRIEBE

Daimler-Benz baute ein Planetengetriebe mit Bandbremsen und Dreigang-Vorgelege (6 Gänge vorwärts, 2 Gänge rückwarts) ein.

Krupp verwendete Federband-Kupplung und Gruppengetriebe mit Druckluftschaltung (6 Gänge vorwärts, 1 Gang rückwärts).

Rheinmetall hatte ein Gruppengetriebe mit Vorwählschaltung, elektrische Übertragung (8 Gänge vorwärts, 1 Gang rückwärts) eingebaut.

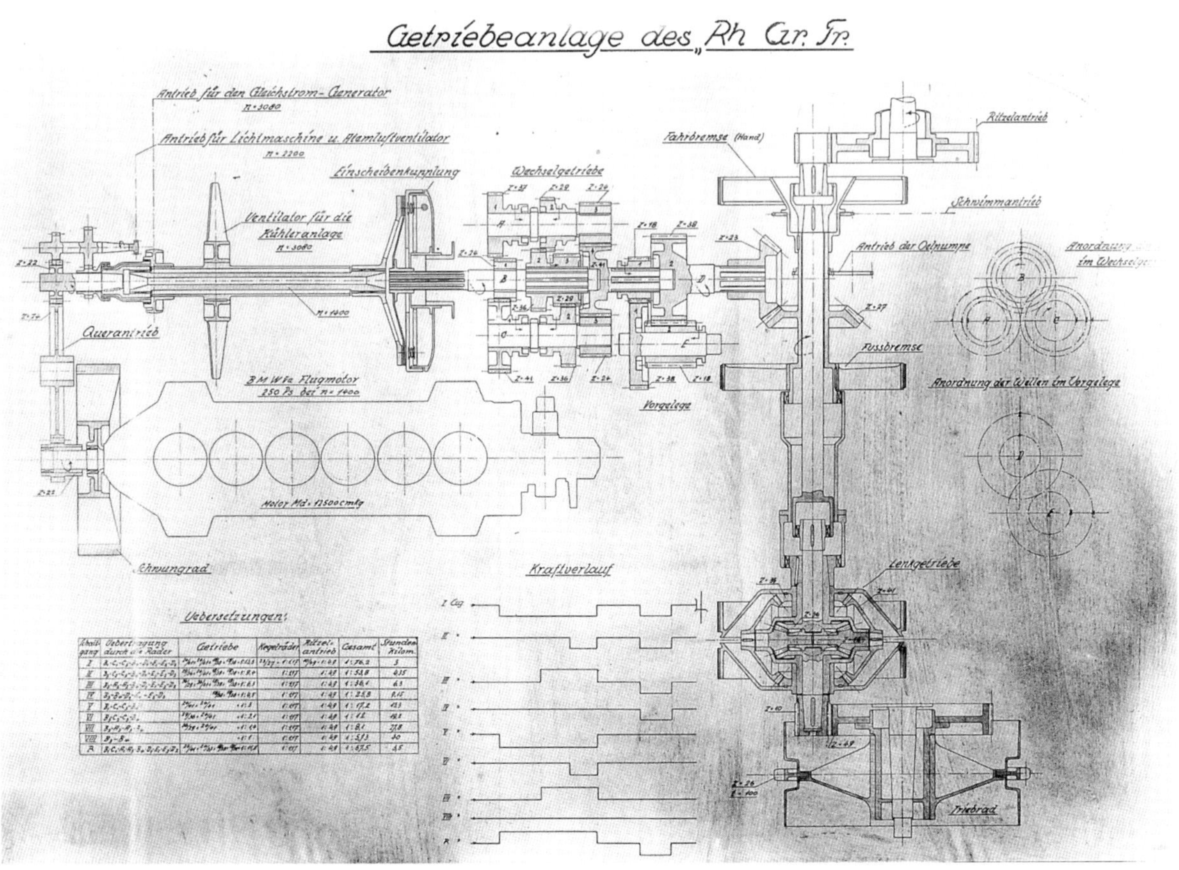

Getriebeanlage des Rheinmetall-Großtraktor.

Wirkungsweise des Planeten-Lenkgetriebes im Krupp-Großtraktor.

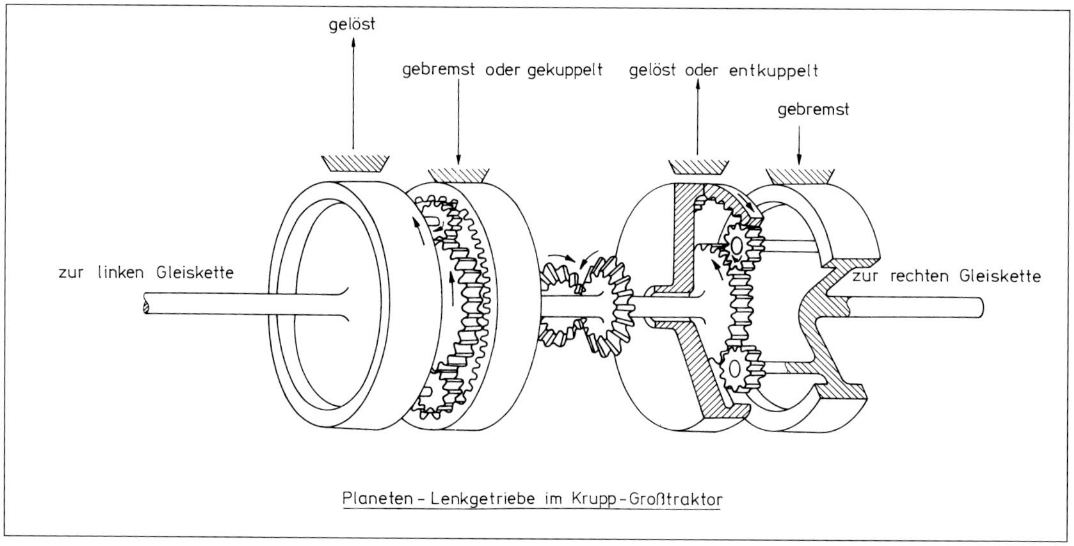

Schematischer Aufbau des für den Rheinmetall-Großtraktor in Erwägung gezogenen P.I.V.-Getriebes für stufenlose Lenkung.

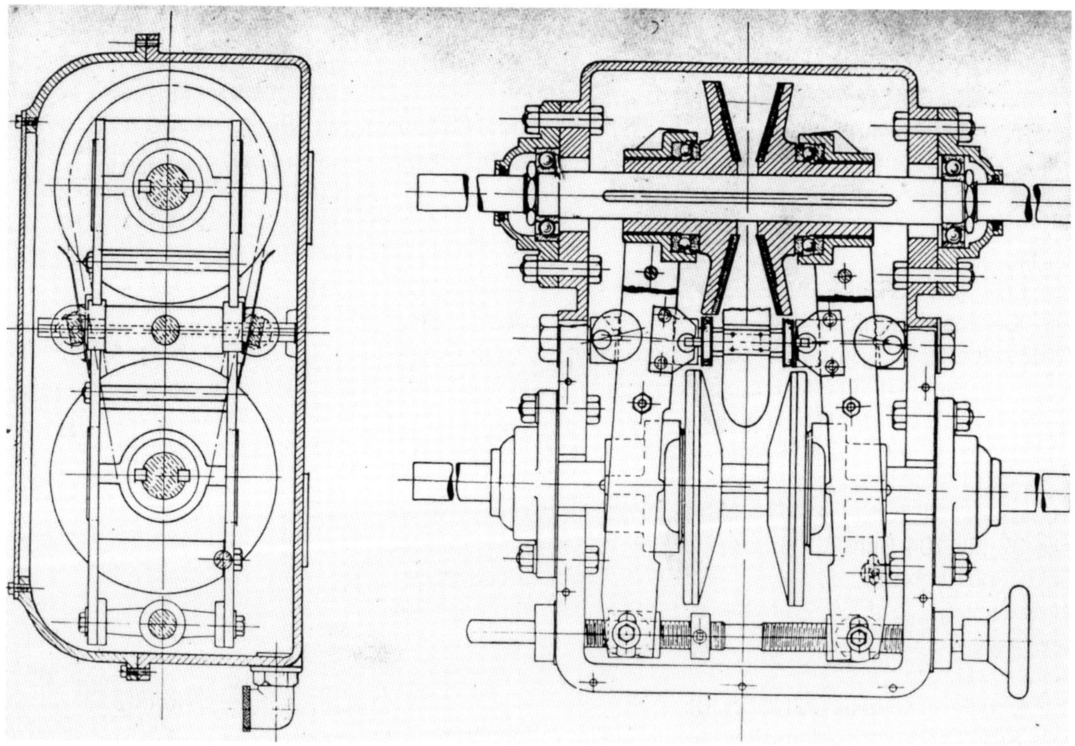

1.2.1.5 LENKGETRIEBE

Daimler-Benz baute ein Planetengetriebe mit Öldruckbremsen, Prinzip Kupplungslenkung, ein.

Krupp verwendete Planetengetriebe mit Bandbremse, Prinzip Kupplungslenkung, Druckluftbetätigung.

Rheinmetall hatte eine Differentiallenkung mit stufenloser Steuerung durch P.I.V.-Getriebe eingebaut. Das P.I.V.-Getriebe war ein Kettengetriebe mit stufenlos veränderlicher Abtriebsdrehzahl.

1.2.1.6 LAUFWERK

Daimler-Benz: Jede Seite der Wanne war abgestützt durch hydraulische Abstützzylinder in Verbindung von je 4, durch Blattfedern abgefederte Laufrollensysteme mit 4 vollgummibereiften Laufrollen (Laufrollengröße [300] 90-203). Antrieb der Gleisketten eigener Konstruktion durch hinten liegendes Antriebsrad. Führung der Kette in Mitte durch je eine Laufrolle, wodurch eine größere Geländegängigkeit erzielt werden sollte. Schubaufnahme durch Karosserie. Die 380 mm breiten Ketten wurden mit einzelnen Gliedern aus gepreßtem Stahlblech konstruiert.

Krupp: Auf jeder Seite waren 3 obere Stützrollen und 16 Laufrollen angeordnet, von denen 12 Rollen auf einer Länge von 4 m auflagen. Diese Länge ermöglichte das Überschreiten von 2 m breiten Gräben. Je 2 Rollen waren kugelig an Schwinghebeln aufgehängt und stützten sich mit einer Führung an einer Schraubenfeder ab. Diese leitete die Kräfte über Hülsen auf das Schwinghebelsystem weiter. Zum Nachspannen der Ketten waren die gefederten Leiträder verstellbar. Da sie 1,20 m über dem Boden angebracht waren, war das Überklettern von 1 m hohen Hindernissen möglich. Die 380 mm breiten Gummiketten mit Drahtseil hatten Einstegführung.

Rheinmetall: Jede Seite der Wanne war abgestützt durch zwei Guppen mit je 2x4 Laufrollenpaaren, in jeder Gruppe je 2x4 Laufrollenpaare mit hydraulischem Ausgleich, vier Aufnahmen für Rollenwagen an der Panzerwanne. Die 380 mm breiten Gummiketten mit eingelegter Gliederkette hatten Doppelstegführung.

1.2.1.7 WASSERANTRIEB

Für den Wasserantrieb wurden 2 Propeller eingebaut, die vorwärts und rückwärts laufen konnten und bei einer Trimmlage von ca 7fi° eine Schwimmgeschwindigkeit von etwa 5 km/Std ermöglichten.

1.2.1.8 KRAFTSTOFFLAGERUNG

Die Brennstoffbehälter für etwa 370 Liter in dem Krupp-Großtraktor ermöglichten 6 Stunden Fahrt mit 25 km/h Durchschnittsgeschwindigkeit. Der Rheinmetall-Großtraktor hatte einen Brennstoffbehälter mit 480 Liter Inhalt und 400 Liter Kraftstoffverbrauch für 100 km.

1.2.1.9 MUNITIONSLAGERUNG

Die 99 bis 104 Schuß 7,5 cm Munition lagen im Kampfraum links und rechts in Einzelverpackung, während 6000 Schuß M.G.-Munition auf den Kampf– und hinteren M.G.-Raum verteilt waren.

1.2.1.10 FUNKGERÄT UND ZUBEHÖR

Das Funkgerät war gedämpft vor dem Funker aufgehängt. Der Nebelapparat lag rechts vom Kommandanten. Bordtelefon, Signaltafel, Blinkgerät, Verbandskasten, Feuerlöscher, Werkzeug, Zubehör waren handgerecht eingebaut.

1.2.2 TURM

Der Geschützturm war mit seiner Kugelbahn, auf der er seitlich um 360° verschwenkt werden konnte, etwa im mittleren Drittel des Fahrzeugs auf der versteiften Fahrzeugdecke angeordnet. Die Seitenwände des Turmes waren 78° gegen die Horizontale geneigt und 12 mm stark; die Turmdecke war 8 mm stark. Sämtliche Durchbrechungen im Turm durch Wiege, Periskope, Ausstiegsöffnungen und Kugelbahn waren durch besondere Dichtungen gasdicht abgeschlossen. Das Gewicht des Turmes mit Geschütz einschließlich Hülsenschleuse, Schwenkmotor, Schwenkgetriebe, Zieleinrichtung, M.G. betrug rund 1900 kg.

Um zusätzlich Raum beim Rücklauf der 7,5 cm Kanone im untersten Höhenrichtbereich zu bekommen, wurde das Turmdach des Krupp-Turmes erhöht und eine Ausweichbahn in der flachen Decke des Rheinmetall-Turmes vorgesehen. Der Rheinmetall-Turm war auf den Rheinmetall- und Daimler-Benz-Fahrzeugen aufgesetzt, der Krupp-Turm nur auf den Krupp-*Großtraktoren.*

1.2.2.1 BEWAFFNUNG

Die Bewaffnung bestand aus einem 7,5 cm Rohrrücklaufgeschütz und einem normalen s.M.G. Das Krupp-Geschütz mit Fallblockverschluß und L/20 Kaliberlänge verfeuerte ein Geschoß von 6,65 kg Gewicht mit Vo 425 m/sek auf 9200 m. Das Rheinmetall-Geschütz mit Seitenkeilverschluß verfeuerte ein Geschoß von 6,65 kg Gewicht mit Vo 428 m/sek auf 8500 m. Das Rohr und das parallel zu ihm angeordnete s.M.G. waren in einer walzenförmigen Wiege gelagert, deren Schildzapfen in einem Rahmen der Panzerkuppel befestigt war, so daß die Walze die Öffnung in der Kuppel bei allen Erhöhungen abdeckte. Die Erhöhung betrug –2, +60°, die Senkung nach hinten nur -6°. Das s.M.G. hatte gegenüber dem Rohr einen Sonderschwenkbereich nach der Höhe von ±5°.

1.2.2.2 RICHT– UND BEOBACHTUNGSMITTEL

An Richt– und Beobachtungsmitteln waren vorhanden: Ein durch die Turmdecke tretendes Periskop und ein an der

P.I.V.-Getriebe für stufenlose Lenkung des Rheinmetall-Großtraktor.

Fertig eingebaute Rollenwagen am Daimler-Benz-Großtraktor (Stand Januar 1929).

Einer der Laufrollenwagen des Daimler-Benz Großtraktor-Laufwerks.

Links ein äußerer Kettenspanner, Mitte eine Antriebs-Ritzelwelle, rechts ein innerer Kettenspanner des Daimler-Benz-Großtraktor.

Seitenwand gelagertes Notvisier für den Richtwart, ferner ein weiteres gleiches Periskop zum Beobachten durch die Ladenummer bezw. den Kommandanten. Die beiden Periskope waren völlig gleich, hatten feststehenden Einblick und beweglichen Ausblick, der unabhängig vom Rohr nach der Höhe bis 90° und nach der Seite 360° verschwenkt werden konnte. Für Erdziele diente die T.R.F.3 und für Indirekt- und Luftziele das S.Z.F.2. Die aus der Turmdecke herausragenden Periskopköpfe konnten durch kleine Öffnungen in der Decke bequem ausgewechselt werden. Der Ausblick des Notvisiers in der Seitenwand war nur mit dem Rohr beweglich. Aufsatz– und Vorhaltewinkel wurden durch Verstellen der Visiermarken eingestellt. Für Geschütz und s.M.G. waren zwei getrennte Aufsatzteilungen vorgesehen.

Links das Leitrad und rechts das Triebrad des Daimler-Benz-Großtraktor.

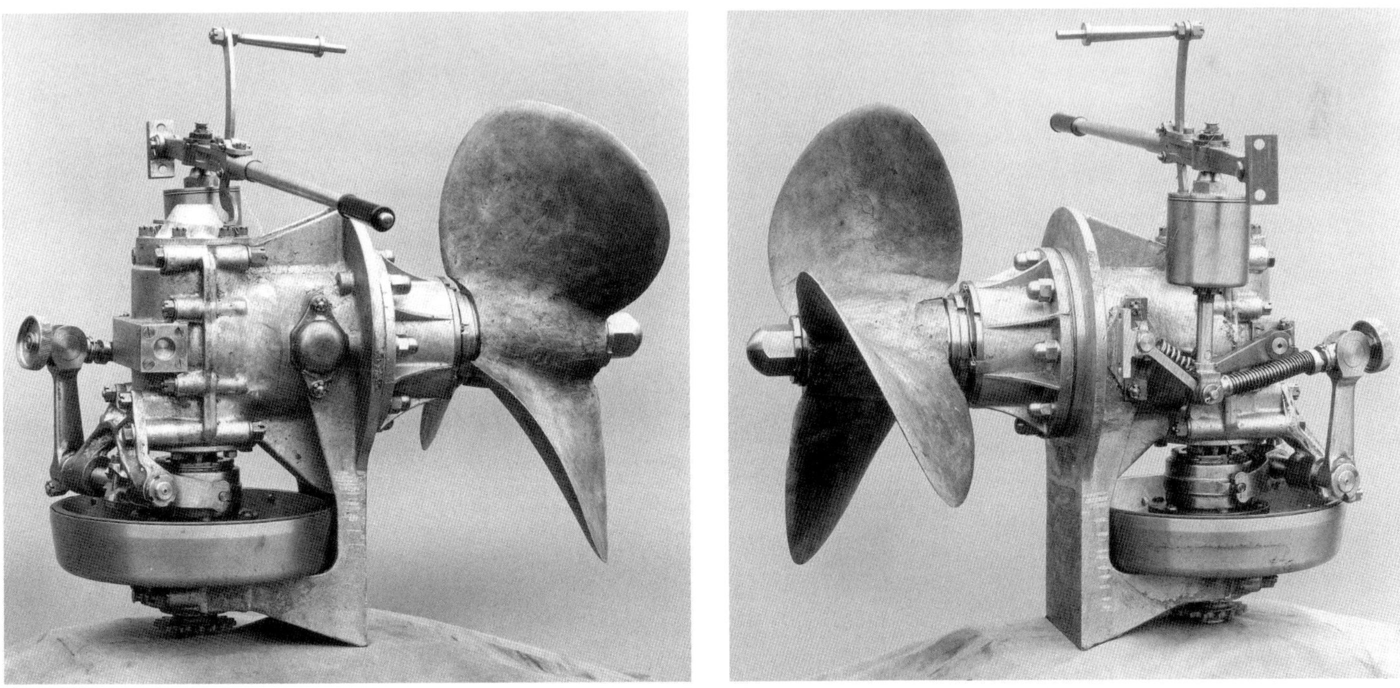

Abschaltbarer Schwimmantrieb für den Daimler-Benz-Großtraktor.

Krupp - Großtraktor (1932)

Auslegung der Antriebsaggregate im Krupp-Großtraktor.

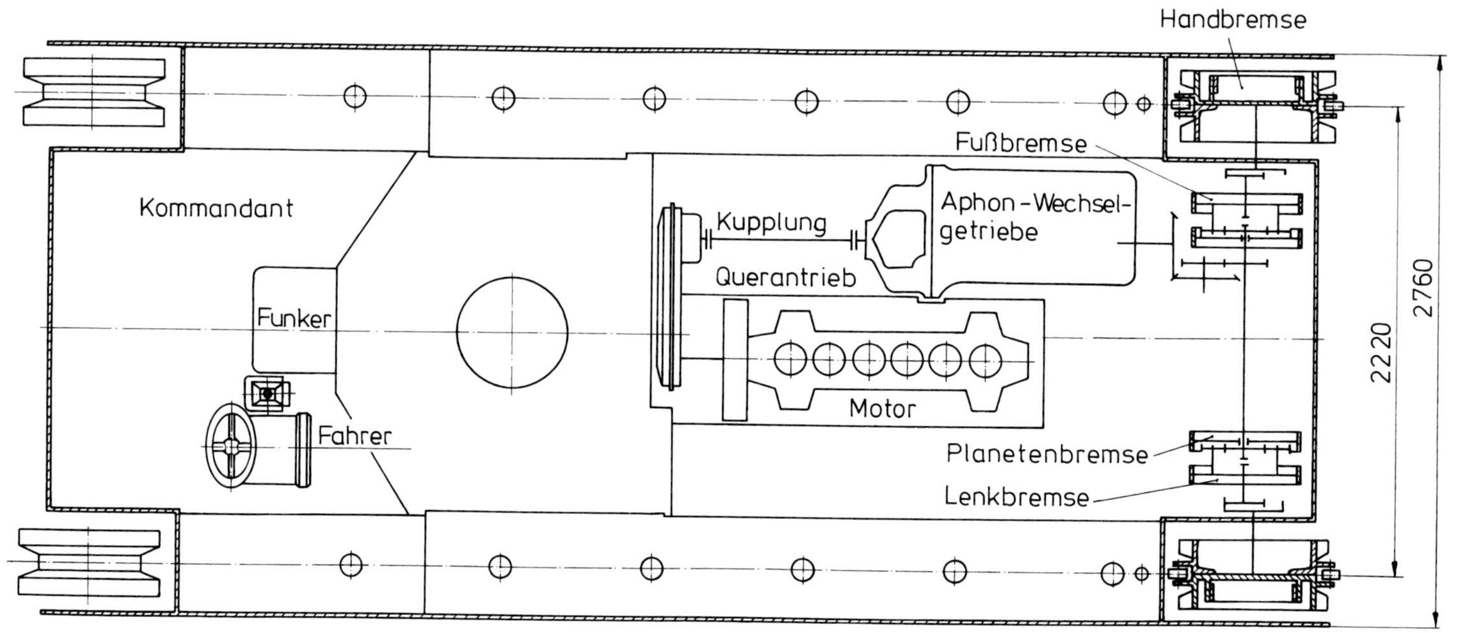

Auslegung der Antriebsaggregate im Rheinmetall-Großtraktor.

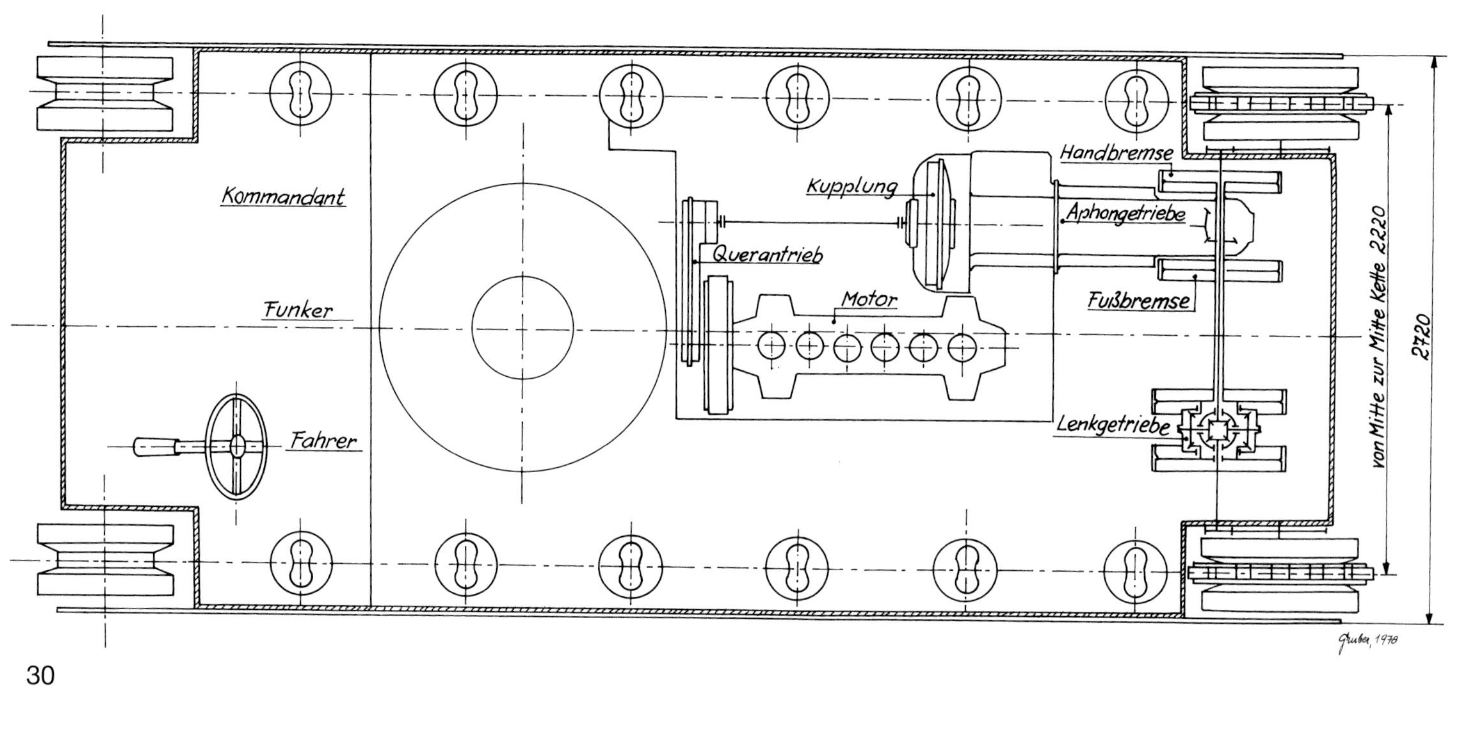

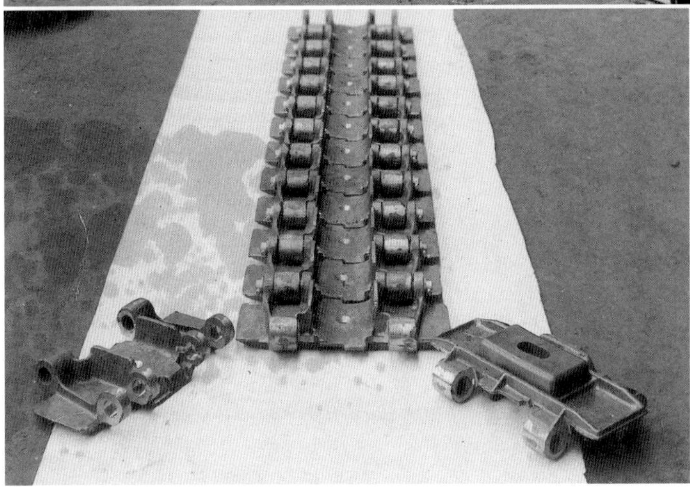

Gleiskette des Daimler-Benz-Großtraktor, Kettentyp MK 6/380/160, mit Gummipolstern.

1.2.2.3 SCHWENKWERK

Die Höhenrichtmaschine wurde von Hand bewegt, die Seitenrichtmaschine von Hand oder elektrisch. Der elektrische Antrieb der Seitenrichtmaschine hatte 12 Geschwindigkeitsstufen und wurde mit 2 Fußpedalen gesteuert. Differenzen in der Seitenrichtgeschwindigkeit wurden, falls notwendig, durch gleichzeitiges Zu- oder Gegendrehen am Handrad ausgeglichen.

1.2.2.4 GESCHÜTZABFEUERN

Die Abfeuerung des Geschützes wurde elektrisch durch einen Kontaktgeber am Handrad der Höhenrichtmaschine oder von Hand am feststehenden Linksabzug betätigt. Das s.M.G. wurde ebenfalls vom Richtwart durch einen am Höhenrichthebel des s.M.G. angeordneten Bowdenzug abgefeuert. Die vom Verschluß automatisch ausgeworfene Patronenhülse glitt in einem Hülsenfang zu der im Boden des Wagens angeordneten Hülsenschleuse, deren beide Klappen elektrisch angetrieben wurden, so daß die Hülsen ohne größeren Luftverlust sofort aus dem Wagen entfernt werden konnten.

1.3 ERPROBUNG

Am 24. Juni 1929 wurden die Fahrzeuge in seefeste Kisten verpackt und zur Erprobung und Ausbildung auf dem Seewege über Stettin und Leningrad nach Kasan in Russland (Hauptstadt der Tatarischen Republik) überführt, wo sie im Juli 1929 eintrafen. Dort wurden sie vom Bahnhof Kasan zur 6 km entfernten Unterkunft **Kama** geschleppt.

Nach vier Jahren bei *Panzererprobung Kama* wurden im Laufe des Monats August 1933 die sechs Großtraktoren im Bahnhof Kasan seefest verladen und nach Leningrad geleitet. Von dort wurden sie auf je einem russischen Frachtdampfer nach Stettin gebracht, wo der letzte Transport am 21.9.1933 einlief.

Die *Großtraktoren* wurden zur Firma Daimler-Benz in Berlin-Marienfelde transportiert, wo sie für die weitere Verwendung im folgenden Jahr vorbereitet wurden. Nur die vier Krupp– und Rheinmetall-*Großtraktoren* wurden weiter verändert, erprobt und verwendet. Die Daimler-Benz-Fahrzeuge wurden ausgemustert und als Denkmalstücke an die Standorte der neuen Panzertruppe abgegeben.

Im November 1933 wurden im Rahmen des Kraftfahrlehrstabes Berlin-Moabit u.a. die Schießlehrgänge vorbereitet, die im April 1934 mit den aus Kama zurückgebrachten *Groß– und Leichttraktoren* und dem entsprechenden Personal als *Kraftfahrsonderlehrgang Wustrow* tätig wurden. Dort wurde die zweite Hälfte des in Kama 1933 begonnenen Lehrganges für die deutschen Kursanten fortgeführt. Die Halbinsel Wustrow in der Nähe des Ostseebades Alt Garz in Mecklenburg wurde 1934 als Flakschießschule eingerichtet. Bei ihr waren die Schießlehrgänge zu Gast. Der Transport der Fahrzeuge erfolg-

Daimler-Benz-Großtraktor.

te unter strenger Geheimhaltung in den Kama-Seekisten per Bahn nach Kröpelin und von dort mit Culemeyer-«Haus-zu-Haus«-Tiefladern der Deutschen Reichsbahn nach Wustrow.

Während des Winterhalbjahrs 1934/35 waren die *Traktoren* auf dem Truppenübungsplatz Döberitz-Elsgrund zur Vorbereitung des Einsatzes bei der großen Panzerversuchsübung im Sommer 1935 auf dem Truppenübungsplatz Munster-Lager. Nach Abschluß dieser Übung wurden sie zur neugebildeten Panzerschießschule Putlos bei Oldenburg/Holstein verlegt.

Bei der Panzerschießschule Putlos leisteten die *Groß- und Leichttraktoren* noch einige Jahre bei der Ausbildung und bei Vergleichsversuchen Dienste. So versahen diese Fahrzeuge bis zu ihrer Ausmusterung wertvolle Dienste im Rahmen der weiteren Entwicklung von Panzerfahrzeugen.

1.4 VERBESSERUNGEN NACH ABNAHME

1.4.1 DAIMLER-BENZ-GROßTRAKOR, Nr.41 und 42

Wegen eines Konstruktionsfehlers in den Planeten-Wechselgetrieben, der kurzfristig nicht behoben werden konnte, mußten beide Daimler-Benz-Fahrzeuge stillgelegt werden. Die ursprüngliche Gliederkette aus gepreßtem Stahlblech wurde durch die Mk 6/380/160 Kette mit einschiebbaren Gummipolstern ersetzt. Die Laufleistung der beiden Daimler-Benz-*Großtraktoren* war in den darauffolgenden Jahren unbedeutend. 1930 wurden 25 km und 1931 31 km gefahren. Es ist heute unverständlich, warum sich Daimler-Benz nicht mehr einsetzte, die offensichtlichen Konstruktionsfehler mit Nachdruck zu beheben. Die Fahrzeuge wurden nach 1931 nicht mehr in Betrieb genommen.

Krupp-Großtraktor (ab 1933).

Krupp-Großtraktor von hinten (ab1933).

Krupp-Großtraktor als Ausstellungsstück in der Kaserne des Panzer-Regiments 5 in Wünsdorf bei Berlin.

Krupp-Großtraktor mit geändertem Laufwerk (ab 1933). Neues Laufwerk, größere vordere und hintere Laufrollen, vergrößerte Stützrollen, verbesserte Ventilation über dem Motor.

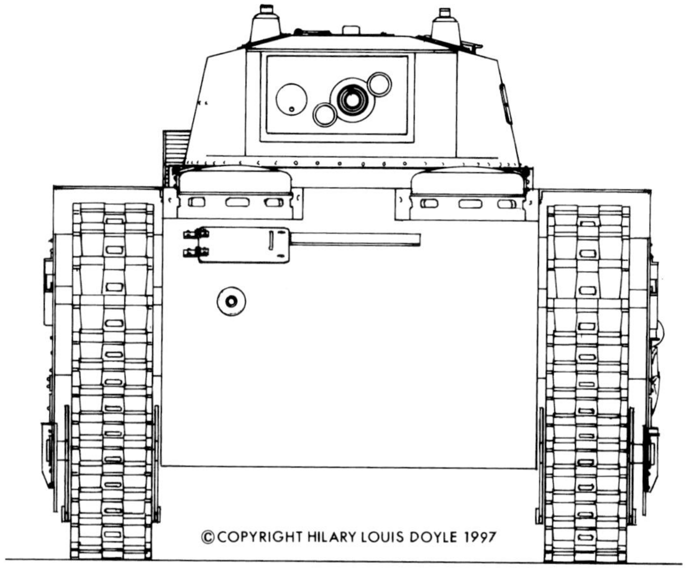

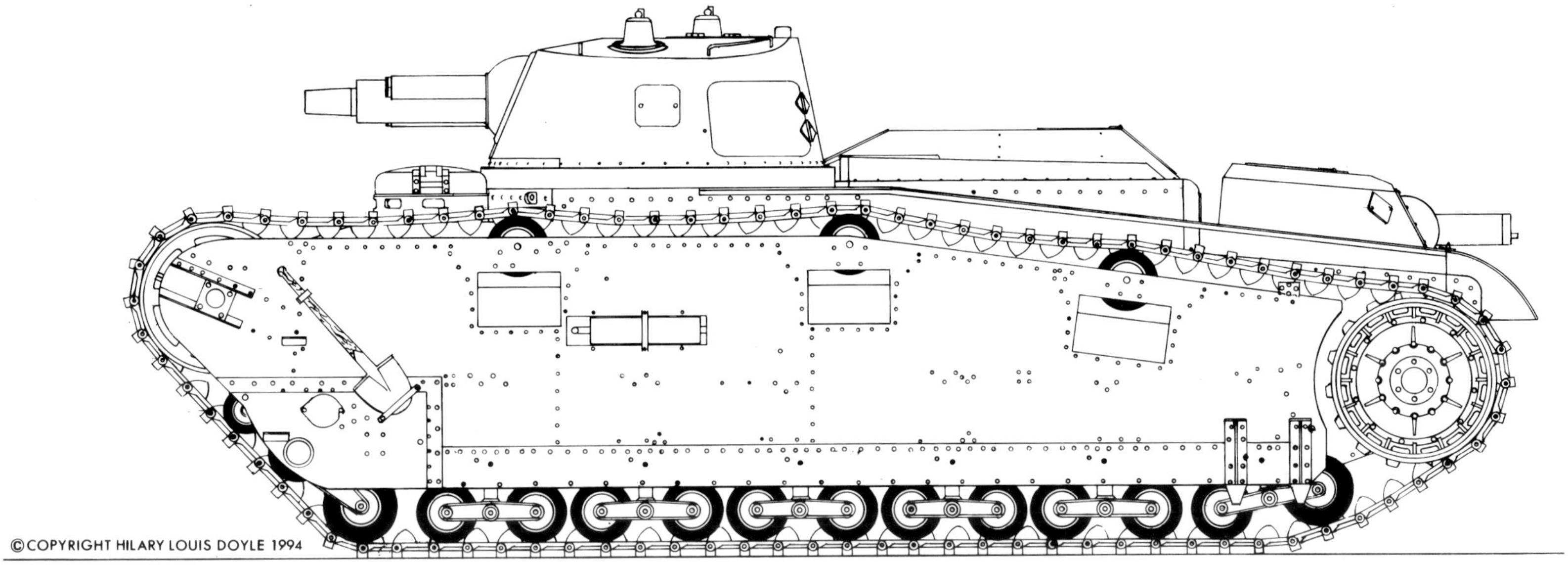

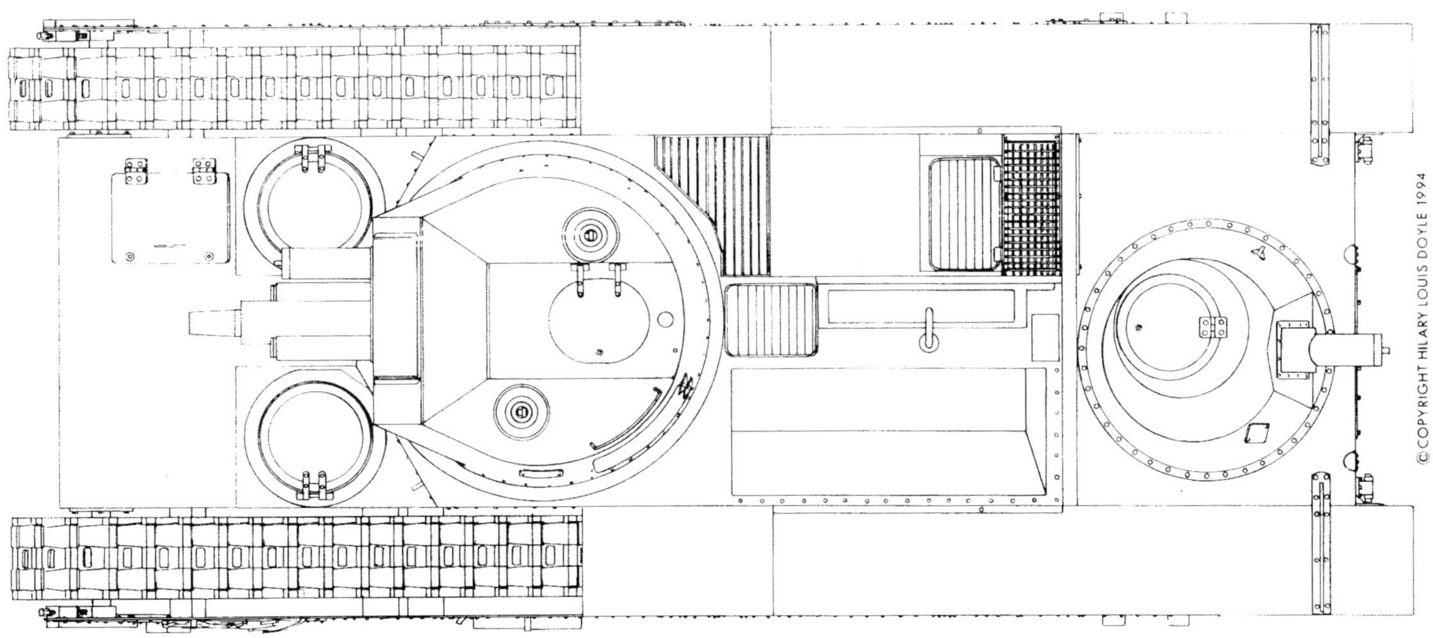

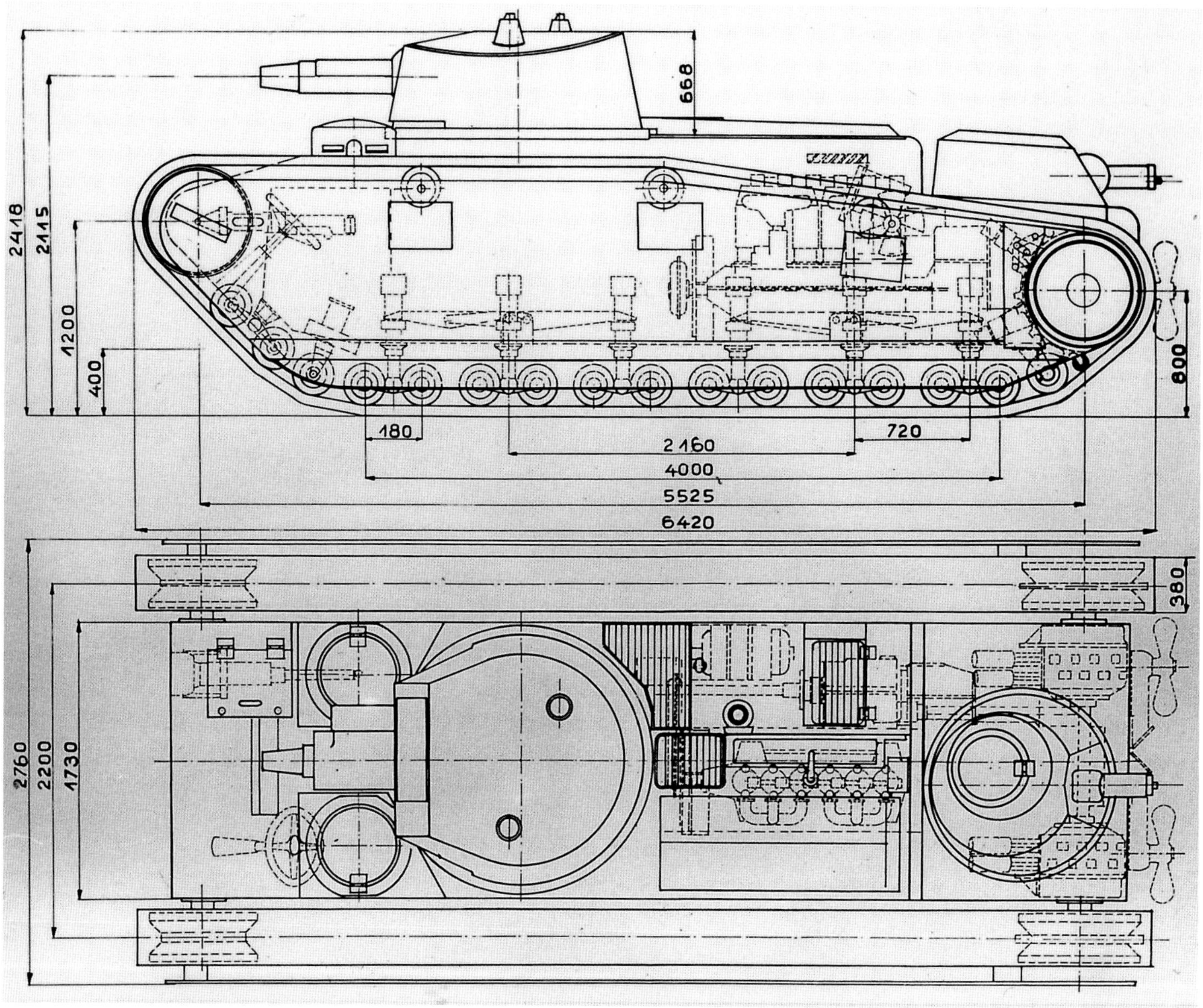

Krupp-Großtraktor, Inneneinrichtung, Einzelheiten.

1.4.2 KRUPP-GROßTRAKTOR, Nr.43 und 44

Sept. 1929: Beginn der Fahrversuche in Ka.
Dort konnten in jedem Herbst nur einige km zurückgelegt werden, da die übrige Jahreszeit für Konstruktion und Fertigung der Verbesserungen in Essen, den langen Transportweg und für Einbau in Ka. verloren ging. Schwierigkeiten mit der Druckluftanlage verzögerten die Versuche. Fahrversuche ergaben einen ruhigen Lauf der Maschinenanlage, gute Lage des Laufwerkes und sanfte Schaltung. Druckluft reichte nicht aus. Bei den Krupp-Großtraktoren zeigten sich starke Verschleißerscheinungen an den Federband-Kupplungen der Wechselgetriebe. Dazu kam, daß der Druckluftverbrauch für Schaltung und Lenkung erheblich größer war als erwartet.

1930: Fahrversuche von 1929 ergaben Verbesserung und Verstärkung der Kompressor- und Kühlanlage, sowie der Schalldämpfung.
Einbau der Verbesserungen.

Okt. 1930: Besuch von Obering. Hagelloch in Ka.

1931: Fahrversuche 1930 brachten folgende Verbesserungen: Neue Kette (Kgb 60/376/160 mit Wälzlagern), dazu Triebräder und Laufrollen.

Änderung der Hebellagerung des Laufwerkes, Verbesserung der Kompressoranlage. Einbau von Hartgußmuffen und neuen Federbändern in das Wechselgetriebe. Weitere Fahrversuche.

Sept. 1931: Besuch von Herrn Obering. Woelfert in Ka.

1932: Fahrversuche von 1931 ergaben: Änderung der Kompressoranlage. Entwürfe für neues Laufwerk. Vorübergehende Unterbrechung der Fahrversuche.

Okt. 1932: Instandsetzung und Fahrversuche.
Besuch von Herrn Obering. Hagelloch in Ka. Die bis 1932 registrierten Fahr-Kilometer der Krupp-Großtraktoren betrugen:

	1929	1930	1931	1932	Gesamt
Nr. 43	3	–	33	154	190 km
Nr. 44	60	10	39	–	109 km

1933: Fahrversuche von 1932 ergaben: Einbau des Hilfskompressors im Raupenkasten. Einbau neuer Ketten und Laufwerkteile. Verbesserung der Kühlanlage. Einbau des synchronisierten 5-Gang Aphon-Getriebes SFG 280. Verlegung der Kupplung vor das Getriebe.
Auflösung von Ka., Rücktransport von Ka. nach Berlin.

1934: Fahrversuche von 1933 ergaben den Einbau folgender Verbesserungen bei der Firma Daimler-Benz in Berlin-Marienfelde: Begrenzung des Hubs der Federsäule. Einbau einer Schwungscheibe am Motor. Verstärkung der Getriebeschaltung und der Lenkbremsen. Überholung der Aphon-Getriebe durch Z.F.
Firma Knorr verbessert Luftbetätigung der Lenkbremsen.

21.8.1934: Versand nach Wustrow.

22.8.1934: Fahrversuche; gutes Ergebnis aber Schwierigkeiten mit Ketten und Laufrollen.

2.10.1934: Besuch der Herren
Obering. Hagelloch und Woelfert in Wustrow.

29.10.1934: Rücktransport nach Berlin.

Nov. 1934: Vorschläge für neues Lenkgetriebe.

1935: Überholung bei der Firma Borsig. Fahrversuche von 1934 ergaben folgende Verbesserungen: Lagerung der Triebräder auf Rollenrädern. Einbau verstärkter Bremszylinder und Bremsbänder, sowie neuer Laufrollen.
Versand nach Putlos.

1.4.3 RHEINMETALL-GROßTRAKTOR, Nr.45 und 46

Das in dem Rheinmetall-*Großtraktor* dem Differential-Lenkgetriebe zugeordnete P.I.V.-Getriebe war den auftretenden

Gesamtansicht des Rheinmetall-Großtraktor mit ursprünglichem Laufwerk.

Rheinmetall-Großtraktor mit geändertem Laufwerk (ab 1932). Sechs Federeinheiten mit größeren Laufrädern.

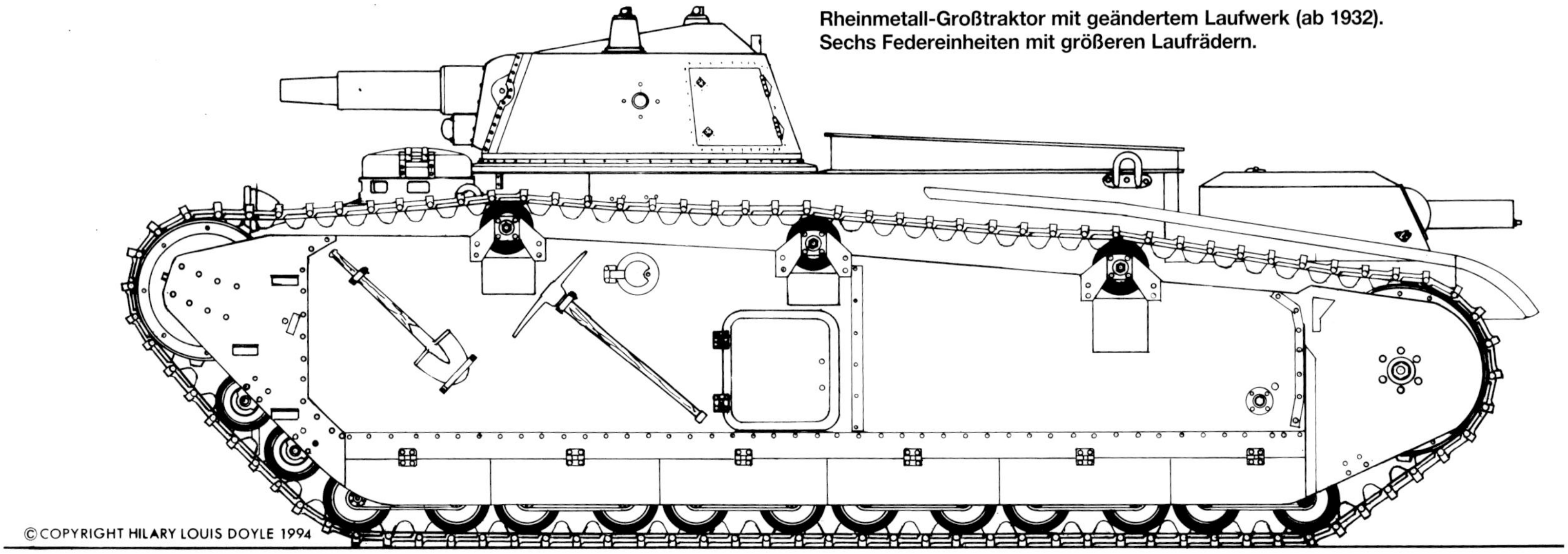

Rheinmetall-Großtraktor-Turm auf Rüttelstand für Schießübungen.

Lenken zum Aufklettern an den Triebrädern und zum Entgleisen neigten. Sie wurden 1931 durch Stahlgliederketten Kgw 60/350/160 mit Wälzlagern ersetzt.

Bereits 1930 wurden die ursprünglichen Laufwerke durch eines mit 4x4 Laufrollengruppen pro Seite ersetzt. Sie wurden 1932 durch neue Laufwerke mit 6x2 Laufrollengruppen von 320 mm Durchmesser abgelöst. Die Wanne wurde dadurch an sechs Punkten mit Schraubenfederung abgestützt.

Die bis 1932 gefahrenen Kilometer der Rheinmetall-*Großtraktoren* betrugen:

	1929	1930	1931	1932	Gesamt
Nr. 45	52	–	215	230	497 km
Nr. 46	81	215	181	290	767 km

In einer Besprechung in Kama am 12.10.1932 berichtete General Lutz, daß der Rheinmetall-*Großtraktor* das Rennen gemacht habe und Fa.Rheinmetall die Bestellung über weitere Fahrzeuge erhalten würde. Lutz wollte auch alle Drehtürme bei Rheinmetall bestellen, um bei Reklamationen nur einen Hersteller verantwortlich machen zu können.

Vier Großtraktor-Fahrzeuge (zwei Krupp und zwei Rheinmetall) und ein Neubau-Fahrzeug bei der neu aufgestellten Mittleren Panzerkompanie anläßlich der ersten Übung einer deutschen Panzer-Division in Munster im August 1935.

2. NEUBAU FAHRZEUG (Nb.Fz.)

Vormals durch Wa Prw 6 *mittlerer Traktor, Gr.Tr. Nachbau, M.Tr.Neubau* und *Gr.Tr.Neubau* benannt. Ab 1935 als *3,7 und 7,5 cm Pz.Kpf.Wg.* bezeichnet.

2.1 ENTWICKLUNG

Der erste Hinweis, daß eine neue Konstruktionsklasse von Panzerkampfwagen durch Wa Prw 6 geplant wurde, ist im folgenden Auszug des Briefes von Herrn Hagelloch (Abteilung A.K.) an Hauptmann Steich (Wa Prw 6) vom 13. Juli 1932 enthalten:

Kürzlich sprach Herr Blasberg (Wa Prw 6) von einem Turm mit seitlich liegendem Geschütz und in der Mitte liegendem M.G. Ich habe mir die Sache überlegt und auch mit unseren Artilleristen durchgesprochen. Ein 7,5 cm Geschütz wäre zu groß und schwer. Wenn ein solcher Turm entworfen werden soll, würde ich empfehlen, ein Geschütz zu nehmen, das maximal 3 kg Geschoßgewicht hat. Das würde, soviel ich im Bilde bin, ein 6 cm Geschütz sein. Dieses Geschütz würde sämtliche Panzerungen der Tanks durchschlagen und Sie hätten mindestens die doppelte Anzahl Schuß zur Verfügung, als bei einem 7,5 cm. Leider kann ich einen solchen Entwurf nicht machen lassen, ohne eine Bestellung dafür zu haben. Vielleicht ist es Ihnen möglich, mit Rücksicht auf den kommenden mittleren Tank bei einer Abteilung eine Summe zum Entwurf eines solchen Turmes frei zu bekommen.

Weitere Besprechungen betreffend Entscheidungen über Hauptkomponenten folgten, bevor Vorentwurf-Aufträge an die Konstruktionsfirmen von Wa Prw 6 erteilt wurden. Am 12. Oktober 1932 entschied Herr Dr. Stadie (Wa Prw 6) in Besprechungen mit den Firmen Krupp und Zahnradfabrik Friedrichshafen in Essen bezüglich der M.Tr. Hauptgetriebe:

Für den der Firma Krupp übergebenen luftgekühlten NAG-Motor von 250 PS erfolgt zwischen Krupp und Z.F. eine Zusammenarbeit hinsichtlich des hierfür verwendbaren Getriebes. Erwünscht ist eine Gesamtübersetzung von 1:8 – 1:9.

In einer Besprechung mit General Lutz (In.6) in Kama, Russland, am 12. Oktober 1932 hat Herr Dr. Hagelloch berichtet: *Der Turm-Bau Gr.Tr. und Geschütz ist noch ganz offen. Vorzüge von 5 cm wurden erklärt. Auch hierüber will General Lutz mit Dr. Ritter (Krupp) sprechen. Für Weiterentwicklung M.Tr. will General Lutz möglichst mehrere Firmen heranziehen, aus Konkurrenzgründen.*

Zwei Firmen (Krupp und Rheinmetall) hatten diesen Konkurrenzkampf aufgenommen. Leider ist diese Geschichte nur teilweise durch Akten von Krupp und teilweise durch Zeichnungen/Bilder von Rheinmetall belegt.

2.1.1 GRUNDLEGENDE GESICHTSPUNKTE

Am 15. Oktober 1932 setzte Wa Prw 6 die weitere Entwicklung der mittleren Panzerkampfwagen durch folgendes Angebot an Firma Fried.Krupp A.G., Abteilung A.K., Essen, fort:

Die Firma Krupp wird hiermit aufgefordert, nach den in der Anlage beigefügten Gesichtspunkten in die konstruktive Untersuchung über einen neuen Traktor – in Zukunft benannt: »Mittlerer Traktor« (M.Tr.) – einzutreten.

Grundlegende Gesichtspunkte für den Entwurf sind:

1) *Steigerung der Bewaffnung auf 1 Kanone und 4–5 M.G.*
2) *Gesamtgewicht nicht über 15 t.*
3) *Panzer möglichst gegen 2 cm-Waffen sicher.*
4) *Schaffung eines Fahrzeuges etwa von der Auflagelänge des bisherigen Gr.Tr., im übrigen Verringerung des Aufzuges, um kein großes Ziel zu bieten und Panzerflächen klein zu halten.*

Bevor in Einzelfragen (über die in den Anlagen aufgeführten hinausgehend) eingetreten wird, wäre zu untersuchen, ob bzw. wie weit sich vorstehende Hauptforderungen verwirklichen lassen (Raum- und Gewichtsfragen). Um Herreichung eines Konstruktionsangebotes wird gebeten.

Die folgenden Anlagen vom 12. Oktober 1932 waren diesem Angebot beigefügt:

Auf Grund der bisherigen (noch nicht abgeschlossenen) Beschußversuche von Panzerplatten bieten gegen 2 cm-Beschuß Schutz:

Plattenstärke mm	Festigkeit: kg/mm²	Entfernung m	Winkel Grad
40	130	100	75
40	120-140	500	90
30	120-130	100-500	70
30	120-130	800	90
20	120-130	100	40
20	120-130	500	60
20	120-130	800	65
15	180	800	90

Da die Festigkeit der Platten von Krupp auf einem anderen Wege als durch die Deutsche Edelstahlwerke (DEW) ermittelt wird, ergeben sich für Platten gleicher Festigkeit verschiedene Werte, z.B. scheint die Festigkeit von 120 kg/mm² von Krupp einer Festigkeit von 130 kg/mm² bei DEW zu entsprechen.

Neubau-Fahrzeug Nr. 3 bis 5 mit Rheinmetall-Fahrgestell und Krupp-Turm.

Über Platten anderer Stärken und Festigkeiten liegen z.Zt. noch keine Ergebnisse vor.

Gesichtspunkte für die erste Untersuchung zum Entwurf eines M.Tr.

1.	*Gewicht:*	*Nicht über 15 t.*
2.	*Länge:*	*vorauss. etwas kürzer als Gr.Tr. aber länger als L.Tr.*
3.	*Breite:*	*ergibt sich evtl. aus dem Turm-Durchm., sofern nicht Gewichtsfragen einschneidend; im übrigen begünstigt große Breite die Lenkfähigkeit.*
4.	*Bauchhöhe:*	*40 cm*
5.	*Motor:*	*250 PS, luftgekühlt.*
6.	*Geschwindigkeit:*	*Höchstgeschw. 35 km; günstige Durchschnittsgeschw. erwünscht.*
7.	*Schaltgetriebe:*	*synchr. Aphongetriebe, mechan. betätigt.*
8.	*Lenkgetriebe:*	*Kupplungslenkung wie bei Gr.Tr.Kp.?*
9.	*Laufwerk:*	*Einzelheiten noch nicht geklärt. Vergl. Kama-Protokoll vom September 1932.*
10.	*Antrieb:*	*2 Projekte 1) Vorderradantrieb 2) Hinterradantrieb*
11.	*Kletterfähigkeit:*	*Wird sich den Hauptfragen unterordnen müßen.*

Anzustreben: Nicht wesentlich unter den Gr.Tr. Leistungen.

12. Isolierung: *Maschinenraum von Gefechtsraum feuer-, wärme- und lärmisolierend angeordnet. Brennstoffbehälter vom Gefechtsraum getrennt.*

13. Bestückung: *Turm: Kanone (7,5 bezw. kl.Kal. 2 Projekte!) und 1 M.G. vergl.Ka-Protokolle.*
Nach vorn und hinten je Zwillings-MG. (Schwenkbereich bis 200° anzustreben)

14. Bemannung: *Von der Bestückung abhängig:*
Turm: Kdt., Kan., M.G.-Schütze.
1 Fahrer, 1-2 M.G.-Schützen
(1 davon evtl. als Funker?)
sonst: 1 Funker / 6 Mann (7?)

15. Panzer: *Anzustreben: Sicherheit gegen 2 cm Automat, mindestens Bug und Turm.*
Vergl. Sonderaufstellung.

Allgemein: *Einfachheit der Anordnungen, Zugänglichkeit und leichte Ausbaumöglichkeit der einzelnen Aggregate sind wichtig.*

Im übrigen können die Besprechungen in Ka. für viele Punkte als Anhalt dienen.

Weiter hat Wa Prw 6 am 25. Oktober 1933 betreffend M.Tr.-Untersuchung bei Krupp erklärt:

Nach Vortrag beim Herrn Abteilung-Leiter wurde fernmündlich an Krupp (Dipl.-Ing. Woelfert) heute folgende Auftragserweiterung gegeben. Die Raum- und Gewichtsuntersuchungen bezgl. des M.Tr. sind zu erweitern, sodaß neben der Untersuchung im Rahmen von 15 t das Gesamtgewicht bis zu 22 t hinaufgesetzt werden kann, ohne daß sich an den anderen Gesamtforderungen etwas ändert. Das höhere Gewicht könnte bedingt sein, erstens dadurch, daß in den gedrängten Abmessungen nicht die vorhandene Bewaffnung voll wirksam (Seitenrichtfeld) untergebracht werden könnte und zweitens, daß das Gewicht für die völlige 2 cm-Sicherheit nicht ausreichen würde.

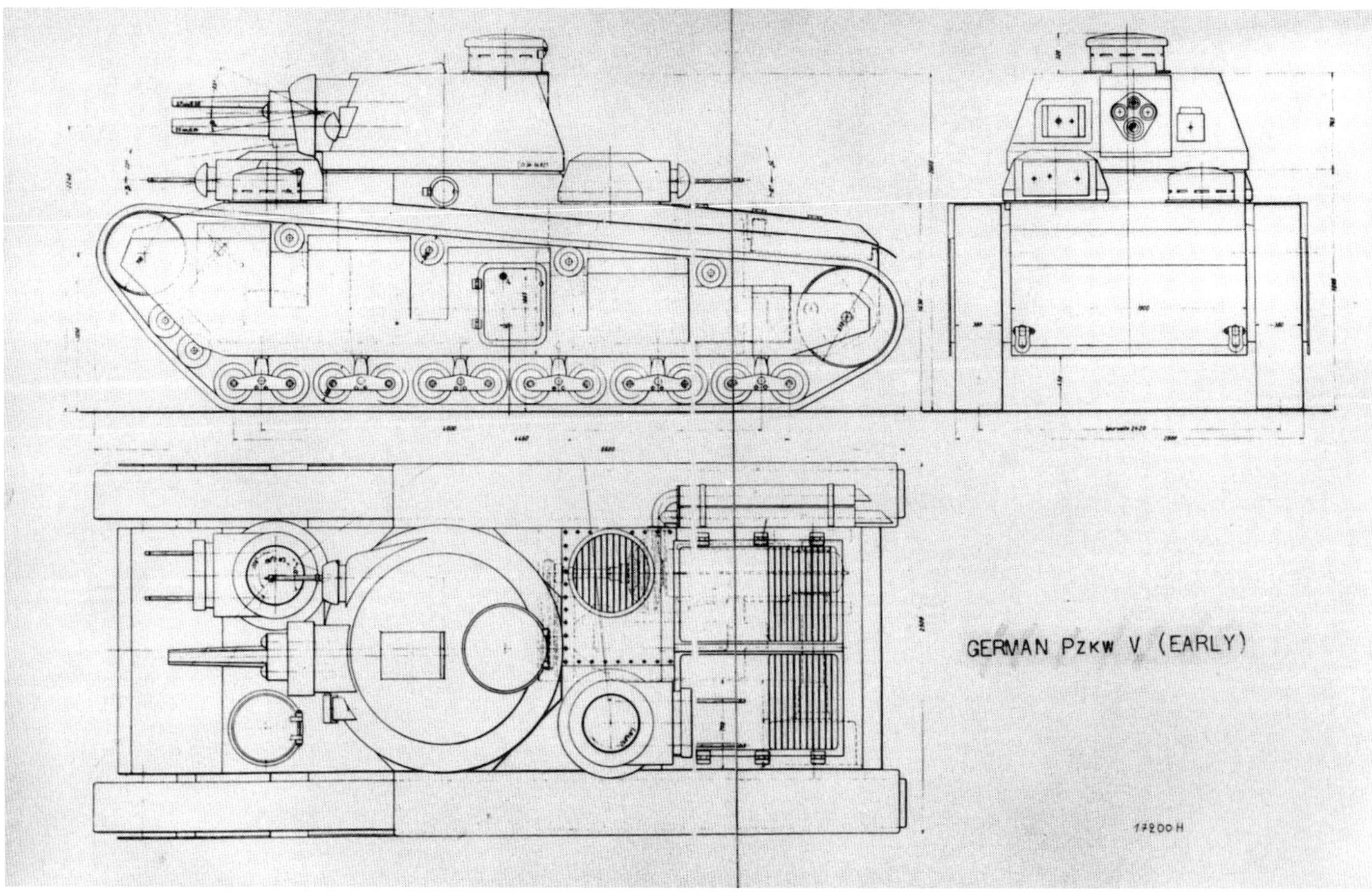

Rheinmetall-Entwurfskizze des Laufwerks, übernommen vom Großtraktor.

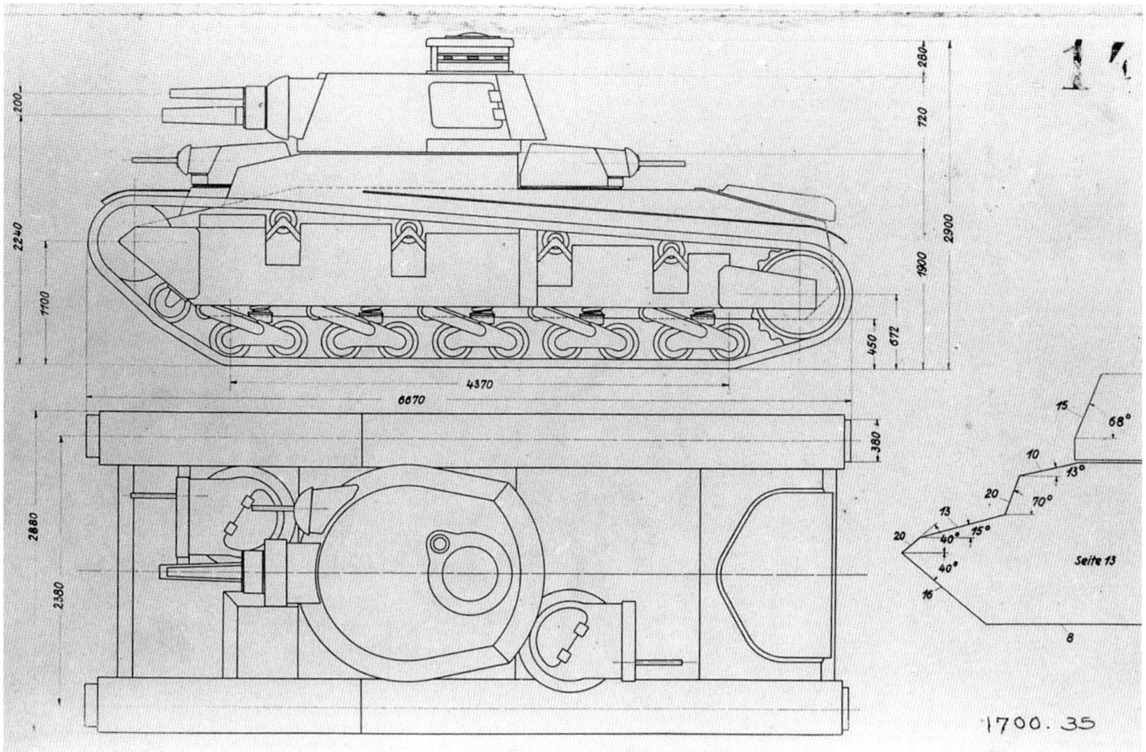

Entwurfskizze mit Rheinmetall-Turm und geändertem Laufwerk.

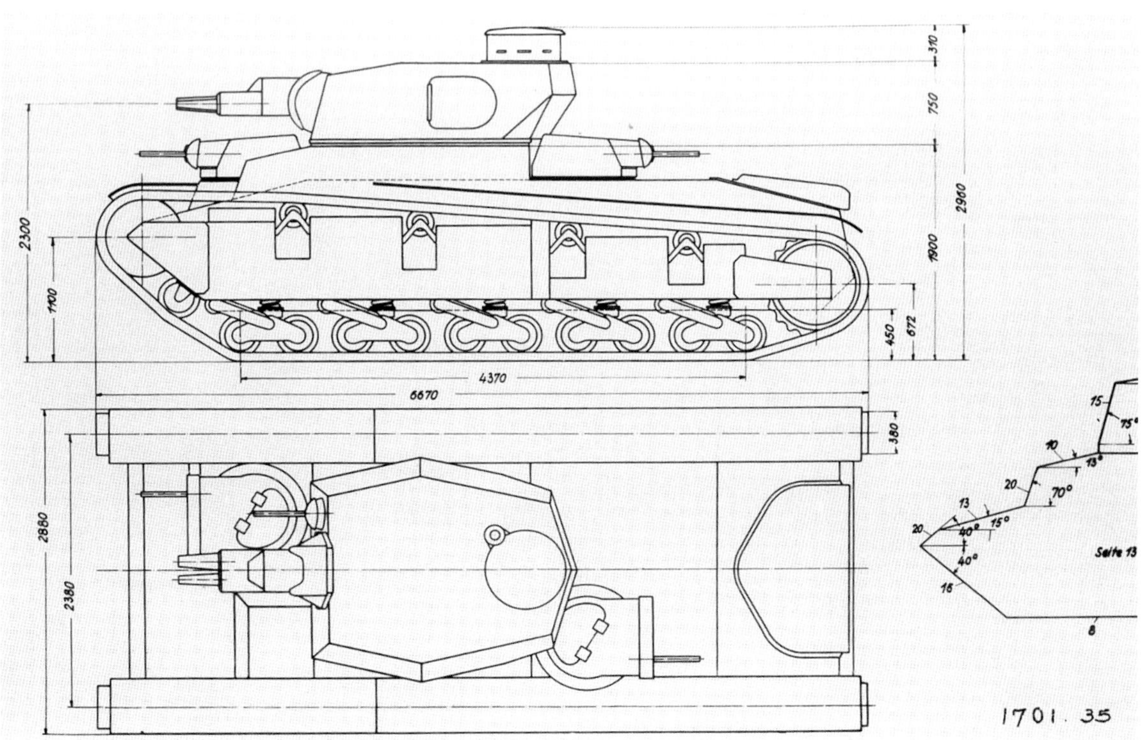

Entwurfskizze mit Krupp-Turm und geändertem Laufwerk.

Neubau-Fahrzeug Nr. 1 mit Rheinmetall-Fahrgestell und Rheinmetall-Turm.

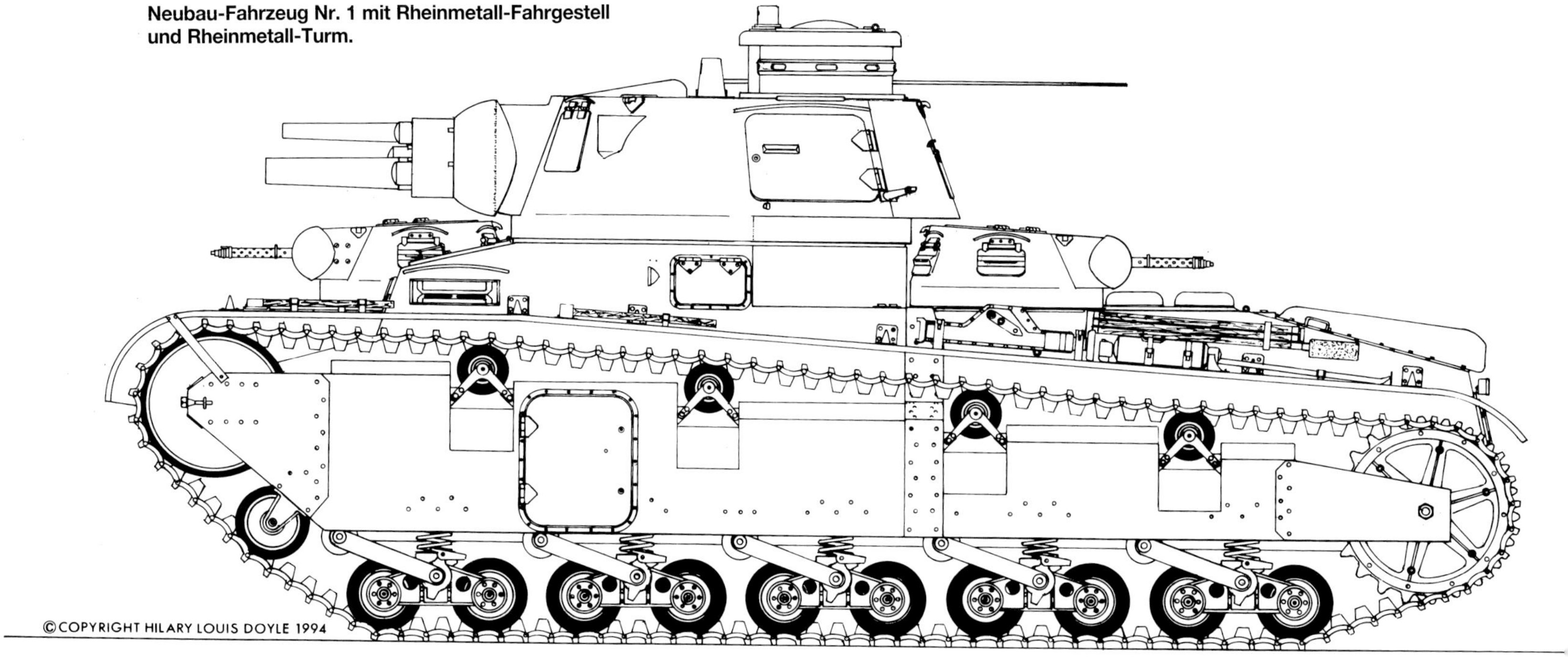

Neubau-Fahrzeug Nr. 2 mit Rheinmetall-Fahrgestell und Krupp-Turm. Geänderte MG-Türme.

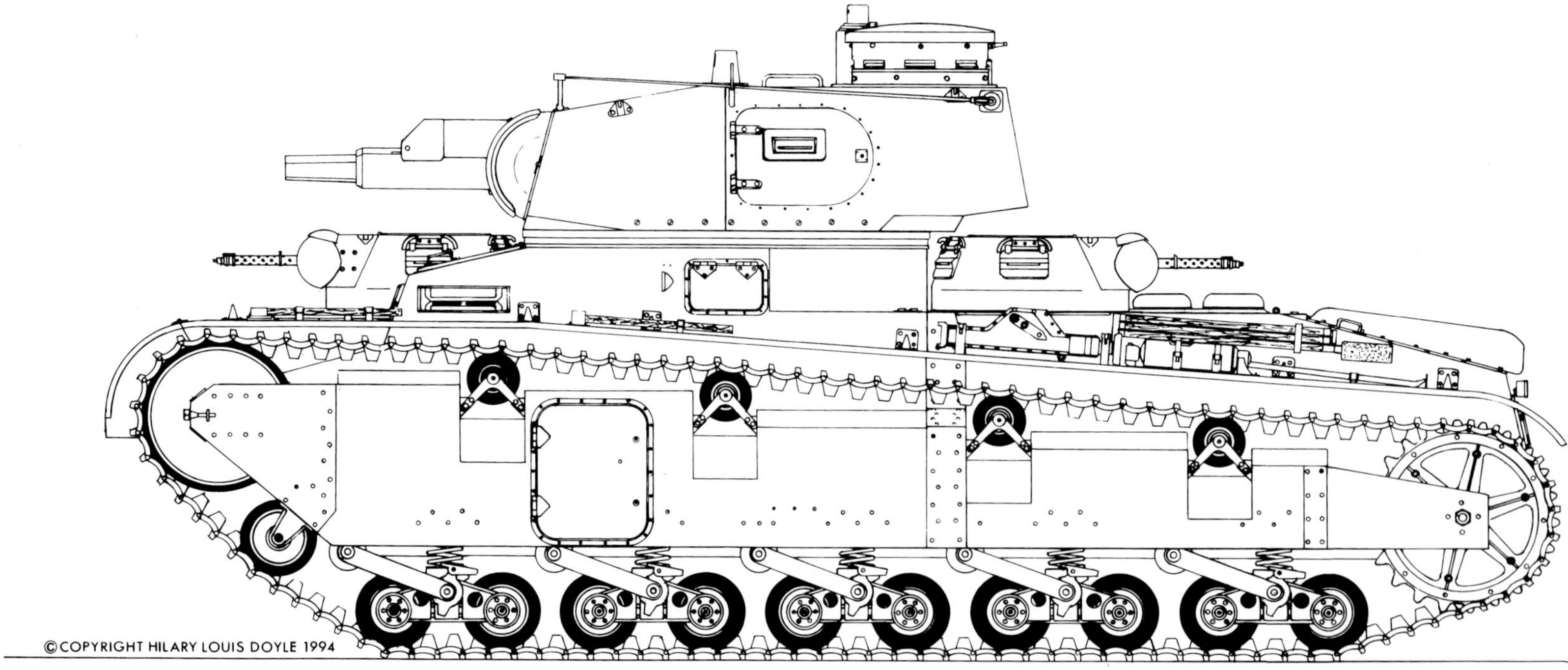

Es wäre darüber hinaus zu untersuchen, welches Gewicht bei einer Sicherheit gegen 3,7 cm Kaliber ausreichen würde: a. des ganzen Fahrzeuges, und b. hauptsächlich des Turmes und der Vorderfront (rein gewichtsmäßige Feststellung). (Anmerkung: Nach den bisherigen Ergebnissen schützen gegen 3,7 cm Platten von 120 kg/mm² auf 100 m: 40 mm bei 70°, 30 mm bei 35°)

2.1.2 WEITERE ENTSCHEIDUNGEN AUS DER ENTWICKLUNGSZEIT

In einer Besprechung am 28. Februar 1933 zwischen Herrn Dr. Ritter (Krupp) und Hauptmann Streich (Wa Prw 6) betreffend den M.Tr. wurde entschieden:

Bezüglich der Waffen besteht, wie ich auch bei Zwengauer hörte, nunmehr volle Klarheit, daß wir den Turm mit 7,5 cm, Vo 450 m, und der eingeführten 3,7 cm mit 760 m Vo auszurüsten haben. Beide Stellen, Zwengauer und Streich, betonten, es wäre ihnen lieb, wenn wir so konstruieren könnten, daß sich später das 3,7 cm Rohr gegen das 5 cm Rohr auswechseln läßt. A.1 hat aber erklärt, daß die Entwicklung des 5 cm Rohres so lange dauert, daß der M.Tr. nicht darauf warten kann. Während Zwengauer ganz für 5 cm eingestellt ist, hielt Streich die größere Leistung für überflüßig. Wir müßen also sorgen, daß der A.6 im Laufe der Zeit die Überlegenheit nachgewiesen werden kann.

Bezüglich des Aufbaus des M.Tr. macht die In 6 (Inspektion der Kraftfahrtruppen) immer noch Schwierigkeiten. Man stützt sich auf die langen Lieferfristen, die Rheinmetall verlangt, und versucht immer noch, den Bau des Gr.Tr.Rhm durchzudrücken. Wesentlich ist dabei, daß wir bei unseren kurzen Lieferfristen bleiben und sie auch innehalten.

Streich empfahl also, mit dem grundsätzlichen Aufbau des M.Tr. schon stark anzufangen und vorläufig Unterlagen von der A.6 zu fordern, damit wir für die Arbeiten bis zum 1. April schon einigermassen sicher gehen.

Dazu müßte zu allererst mit den Edelstahlwerken Krefeld gesprochen werden, in welcher Weise sie den Panzeraufbau nach ihrer Ansicht verlangen. Ich habe Streich gesagt, daß wir aus drei Teilen zusammensetzen wollen: Vorder- u. Hinterende geschweißt, Mittelstück angeschraubt, dessen Platte sich gegen den starken Stützrahmen für den Turm abstützt. Die Edelstahlwerke müßen vor allem gefragt werden, wie die vorderen Rammflächen ausgebaut werden sollen, damit hier später keine Nackenschläge kommen. Streich meinte, man müßte die vorderste Fläche, die Rammstöße aufnimmt, verschrauben, um sie auswechseln zu können.

Zum Gewicht bemerkte Streich:

Bei der ersten Berechnung der Panzerstärken ist 17,5 t Gesamtgewicht zu Grunde zu legen, voll ausgerüstet; dabei könnten nach seiner Rechnung vorn 20 mm, an den Seiten 13 mm Stärke erreicht werden, während Decke und Boden dünner zu halten sind.

Hiernach rechnet er mit 5% Reserve: 500 kg – 18 t. Die bis 18,5 t dann verbleibenden 500 kg sollen bis zuletzt aufgehoben werden, wenn das Gesamtgewicht endgültig und sicher zu übersehen ist und Überschüsse in Plattenverstärkungen hineingebaut werden, vor allem am Mittelteil, also in die Seitenwände und Turmpanzer. Um die Seitenplatten später stärker geben zu können, muß für das Laufwerk also Platz gelassen werden. Er rechnet sich aus, daß dazu vielleicht 10–15 mm in Frage kämen. Die Verstärkungen könnten dann bei dem Gehäuse aus einem aufgeschweißt werden.

Am 20. April 1933 wurde durch Wa Prw 6 weiter erklärt:

Bei Traktoren der Gewichtsklasse des M.Tr. bereitet das Übersetzen über Flußläufe Schwierigkeiten, weil das Gewicht der Fahrzeuge die Tragfähigkeit von Kriegsbrücken überschreitet. Ausreichende Fähren bedürfen zahlreicher Fahrzeuge zum Antransport. Es ist deshalb der Gedanke aufgetaucht, die M.Tr., für die ein Watvermögen von 1,20 m Tiefe vorgesehen ist, unter Ausnutzung ihres Eigenauftriebes durch irgendwie angehängte Schwimmkörper schwimmfähig zu machen.

Am 16. Mai 1933 berichtet Wa Prw 6:

Die Untersuchungen über einen »Gr.Tr. Nachbau« bezw. »M.Tr.Neubau« sollen nunmehr einheitlich bezeichnet werden mit »Gr.Tr.Neubau«.

In einer Besprechung mit Wa Prw 6 am 16. Mai 1933 betreffend das E.M.G. (*Einheits-Maschinengewehr,* später *M.G. 34* benannt) im Hauptturm für Gr.Tr.Nb. wurde entschieden:

Zwei Holzmodelle: Ein Modell mit Gurtzuführung, ein Modell mit Magazinzuführung des E.M.G. werden beschleunigt nach Krupp-Essen übersandt. Nach Fertigstellung des ersten E.M.G. am 1.6.1933 wird eine eingehende Besichtigung der Waffe bei Wa Prw 6 vorgeschlagen werden.

Aus den Besprechungen mit Oberst Kuehn (Wa Prw 6) am 30. Juni 1933 wurde von Herrn Dr. Ritter (Krupp) folgendes notiert:

Beim M.Tr. muß der Aufbau, genau wie beim Kl.Tr., auch abnehmbar gemacht werden, sodaß ohne den Aufbau ein für Friedenszwecke gut brauchbares Fahrzeug über bleibt. Abnehmen vielleicht in drei Teilen: vorn, Mitte und hinten.

Am 14. Juli 1933 berichtete Herr Griessmann (Krupp):

Ich habe Herrn Oberst Kuehn (Wa Prw 6) besonders dafür gedankt, daß er in so liebenswürdiger Weise, obwohl von anderer Seite das eine große Fahrzeug an Rheinmetall gegeben worden wäre, an uns gedacht hatte.

Es sei uns eine ganz besondere Freude, das große Fahrzeug auszuführen. Oberst Kuehn erwiderte, daß die Entscheidung über die Ausführung des großen Versuchsfahrzeuges erst im Herbst fallen werde.

Am 2. Oktober 1933 hatte Wa Prw 6 von Krupp eine Gewichtsberechnung für einen M.Tr. in der 13 t Klasse mündlich angefordert. Fried.Krupp A.G., Abteilung A.K. antwortete am 7. Oktober, daß das Gefechtsgewicht für diese Ausführung des *M.18,* einschließlich fünf Mann Besatzung und 7,5 cm Geschützturm mit 13.000,00 kg ausgerechnet wurde.

Bereits am 3. Oktober 1933 hatte Wa Prw.6 entschieden:

In Zukunft statt »Gr.Tr.Nb.« die Bezeichung »Nb.Fz. (Neubau Fahrzeug)« bei sämtlichem Schriftwechsel und auf den Zeichnungen erscheinen.

2.1.3 ZWEI ERPROBUNGSFAHRZEUGE IN EISENBLECH

Wa Prw 6 hatte die Firma Rheinmetall in die weitere Entwicklung des mittleren Panzerkampfwagens einbezogen und einen Auftrag für Konstruktion des gesamten Fahrzeugs mit Turm und Hauptbewaffnung erteilt. Der Rheinmetall-Turm hatte die 3,7 cm und 7,5 cm Geschütze in einer Blende übereinander gelagert. Das M.G. war neben der Geschützblende in einer Kugelblende angeordnet. Der erste Entwurf von Rheinmetall hatte den Heckantrieb und das 6 Rollenpaar-Schraubenfederlaufwerk vom Rheinmetall-*Großtraktor* übernommen. Wa Prw 6 hatte den Entwurf für ein Krupp-Fahrgestell abgelehnt und nur Auftrag Nr. 66.825 vom 27. Juni 1933 an Firma Fried.Krupp A.G., Essen für Konstruktion von Hauptturmaufbau, Rohren und Verschluß für 7,5 cm und 3,7 cm für den Gr.Tr.Nb erteilt. Die Krupp-Turmkonstruktion mit den 7,5 cm- und 3,7 cm-Geschützen nebeneinander wurde durch *Abteilung Artillerie Konstruktion* im November 1933 gefertigt.

Aufträge für Fertigung von zwei Erprobungsfahrgestellen und eines Geschützturmes in Eisenblech wurden an Rheinmetall erteilt.

Ein Auftrag für Fertigung eines Hauptgeschützturmes in Eisenblech nach den Krupp-Hauptkonstruktionsdaten von 1933 für das zweite bei Rheinmetall gefertigte Erprobungsfahrgestell erging an Krupp, Essen. Das *Neubau Fahrzeug* Nr.1 mit Rheinmetall-Turm wurde 1934, das *Neubau Fahrzeug* Nr.2 mit dem Krupp-Turm 1935 gefertigt.

2.1.4 DREI VERSUCHSFAHRZEUGE IN PANZERBLECH

Wa Prw 6 erteilte weitere Aufträge für die Montage von drei Fahrgestellen an Rheinmetall. Am 17. April 1935 sandte Wa Prw 6 an Fried.Krupp, Abteilung A.K., ein Angebot für einen Geschützturm-Auftrag mit folgenden Erklärungen:

Es soll die Teilfertigung und Montage von 3 Nb.Fz.-Geschütztürmen nach vorliegenden Konstruktionsbedingungen, in Hartblech freihändig vergeben werden.

Ein Turm besteht aus:

Ein 7,5 cm und ein 3,7 cm Rohr mit halbautomatischen Verschlüßen und elektrischer Abfeuerung,
Wiege mit Rohrbremse und Luftvorholer,
Zubehörteile für Geschütz, Bremsen und Vorholer, für jeden Turm ein kleiner Zubehörkasten, für alle 3 Türme zusammen 1 weiterer Zubehörkasten,
Turmanschluß,
Elektrischem Turmschwenkwerk mit zusätzlichem Handbetrieb, Höhenrichtmaschine mit Handbetrieb,
Vollständiger MG-Lagerung,

Neubau-Fahrzeug Nr. 1 mit Rheinmetall-Fahrgestell und Rheinmetall-Turm.

Lagerungen und Antrieben für Zielfernrohr, Kommandantenoptik und für die Zielschiene,
Gemeinsamer vollständiger Zielschiene für beide Geschütze, Sitze für Richtschützen mit 3,7 cm Handmunitionskasten und für Kommandanten, Klappsitz für Ladeschützen,
Zurrungen nach Höhe und Seite,
Bowdenzug für MG-Abfeuerung (Fußabfeuerung), Lagerung für die gesamte F.T.-Anlage im Turm und 2 m Stabantenne, Lagerung für Bordsprechanlage, soweit sie den Geschützturm betrifft, Turmbeleuchtung, Hülsenrutsche, Drehbühne, Hülsenschleuse mit Fußbedienung und Schleifringkörper, Elektrischer Maschinenanlage mit Benzolmotor einschließlich Lagerböcken,

Neubau-Fahrzeug Nr. 2 mit Rheinmetall-Fahrgestell und Krupp-Turm.

Neubau-Fahrzeug Nr. 1 mit Rheinmetall-Fahrgestell und Rheinmetall-Turm.

Sämtlichen Kabeln und Anschlüssen zum Turmantrieb, F.T.-Gerät, Bordsprechanlage und Turmbeleuchtung, Antrieb zum 12 Uhr-Zeigersystem und Innenausstattung der Kommandantenkuppel,
Riegeln, Klappen, Scharnieren, Glaskombinationen und Abpolsterung aller Art für Sehklappen, Luken, Deckel, Lagerungen für Zubehörteile soweit im Geschützturm vorhanden, Feuerfestem Anstrich.

Hierzu werden angeliefert:
Sämtliche Hartblechteile, bearbeitet, montagefertig.
Vollständige Optik für Geschütz und Kommandant, mit Zubehörteilen wie beim ersten Flußeisenturm.
M.G.'s, F.T.-Gerät und Bordsprechanlage,
ohne Werks- und Abnahmebeschuß.

Dieser Auftrag zur Teilfertigung und Montage von 3 Nb. Fz.-Geschütztürmen in Hartblech mit Lieferfrist vom 1. Januar 1936 wurde von Wa Prw 6 an Fried.Krupp A.G., Abteilung A.K., Essen, am 17. April 1935 erteilt. In dem Krupp-Auftrag wurde bestimmt:

Werden nur Fahrgestelle – die Aufbauten aber bei anderen Firmen beschafft, so werden die Fahrgestelle durch die Kraftfahrzeugfirma frei Fabrikhof der Aufbaufirma angeliefert. Diese hat in Benehmen mit der Fahrgestellfirma, die ihr in Auftrag gegebenen Aufbauten so weit vorzubereiten, daß sie in der Lage ist, das fertige Fahrzeug 14 Tage nach Eingang der Fahrgestelle auszuliefern. Die Fahrgestelle werden bei der Herstellerfirma ohne Aufbau Probe gefahren und falls sie den Bedingungen entsprechen, zum Aufsetzen der Aufbauten freigegeben. Die Fahrgestelle sind der Aufbaufirma durch Übergabeverhandlung ordnungsgemäß zu übergeben, um Fehlen von Teilen und Ausrüstung bei Abgabe an den Empfänger zu vermeiden. Nach Aufsetzen der Aufbauten behält sich das Heereswaffenamt vor, die Gesamtfahrzeuge einer kurzer Probefahrt zu unterziehen, die sich nur noch auf das Zusammenwirken von Fahrgestell und Aufbau erstreckt.

Neubau-Fahrzeug Nr. 2 mit Rheinmetall-Fahrgestell und Krupp-Turm.

Neubau-Fahrzeug Nr. 1 mit Rheinmetall-Fahrgestell und Rheinmetall-Turm.

Neubau-Fahrzeug Nr. 3 bis 5, Einzelheiten des Hecks.

Diese drei *Neubau Fahrzeuge* Nr. 3, 4 und 5 mit Fahrgestellen von Rheinmetall und Haupttürmen von Krupp wurden erst 1936 gefertigt. Bei einer Besprechung zwischen Krupp und Wa Prw 6 am 21. und 22. Februar 1936 wurde festgestellt:

Beim Nb.Fz. wäre er beim Rheinmetall-Turm entschieden billiger weggekommen, leider lägen dort aber beide Rohre übereinander, sodaß bei größter Erhöhung die Sicht von der Kommandantenkuppel weggenommen werde.

2.2 GERÄTEBESCHREIBUNG

Das *Neubau Fahrzeug* bestand aus dem Fahrgestell mit Hauptturm und zwei M.G.-Türmen. Im Hauptturm standen eine 7,5 cm-Kanone mit einer Vo von 400 m/s und eine 3,7 cm-Kanone mit einer Vo von 760 m/s und ein M.G. 34 zur Verfügung.

Die M.G.-Türme wurden vorne rechts und hinten links mit je einem M.G. aufmontiert. Die Besatzung bestand aus sechs Mann mit Kommandant, Richtschützen, und Ladeschützen im Turm, Fahrer vorne links im Fahrgestell und je einem M.G.-Schützen in beiden M.G.-Türmen.

2.2.1 FAHRGESTELL

Das Fahrgestell umfaßte folgende Hauptteile: Panzerwanne, Motor mit Kühlanlage, Querantrieb, Hauptkupplung, Schaltgetriebe, Lenkgetriebe, Laufwerk, Kraftstofflagerung und Munitionslagerung.

Neubau-Fahrzeug Nr. 1 mit Rheinmetall-Fahrgestell und Rheinmetall-Turm.

Kühlwasserumlauf im BMW-Va-Motor.

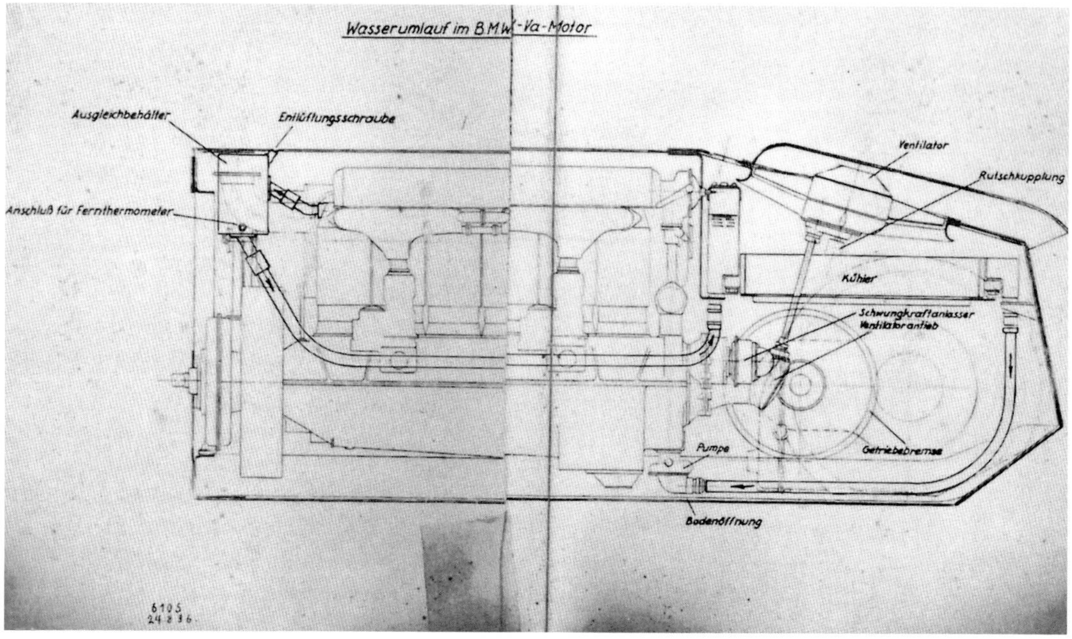

2.2.1.1 PANZERWANNE

Die Panzerwanne war der Träger des Fahrgestells. Sie bestand aus miteinander verschweißten Panzerplatten mit folgenden Stärken und Neigung (zur Horizontalebene geneigt).

Platte	Stärken	Neigung
Decke	10 mm	13 und 0°
Fahrerfront	20 mm	70°
Stirnwand, obere	13 mm	15°
Stirnwand, vordere	20 mm	40°
Stirnwand, untere	16 mm	40°
Seitenwand	13 mm	90°
Rückwand	13 mm	
Boden	8 mm	0°

Die Panzerung sollte vorne sicher gegen 2 cm Pz.Gr. und seitlich sicher gegen 7,92 mm S.m.K. Geschoße von Gewehren oder M.G. aus Entfernungen ab 30 m und 90° Neigung sein.

In der Panzerwanne wurden die Motoren- und Triebwerksgruppen gelagert. Der Motorenraum wurde vom Mannschaftsraum durch eine Zwischenwand getrennt.

2.2.1.2 MOTOR

Für den wassergekühlten BMW-Va Benzin-Flugmotor wurde eine Trockensumpfschmierung eingebaut. Es handelte sich um einen 6 Zylinder-Reihenmotor, der bei einem Hubraum von 22,9 Liter mit Regler bei 1400 Umdrehungen/Minute 290 PS, und bei abgeschaltetem Regler bei 1600 Umdrehungen/ Minute 320 PS leistete. Die Zylinderkonstruktion zeigte sich in Form einer gezogenen Stahlbüchse, Wassermantel und aufgeschweißtem Ein- und Auslaßventilgehäuse. Die Ventile waren unter 60° hängend im Zylinder untergebracht. Pro Zylinder gab es je ein Ein- und Auslaßventil. Die Kurbelwelle war achtfach in Weißmetall gelagert, das Kurbelgehäuse bestand aus Leichtmetall. Für je drei Zylinder stand ein Vergaser zur Verfügung.

Das Anlassen des Motors erfolgte entweder mit Druckluft oder von Hand (Schwungkraftanlasser). Eine Lichtmaschine war nicht vorhanden. Für die Kraftstoffzufuhr waren A.M.-Pumpen vorgesehen, der Kraftstoffverbrauch belief sich auf 220 g/PS/h. Die Ölführung des Motors lief durch die hohle Kurbelwelle, die Pleuellager hatten Düsen für das Öl, welches durch das hohle Pleuel zum Kolbenbolzen geführt wurde. Die gesamte Ölmenge wurde in der Minute 2,5mal umgewälzt, der Ölverbrauch lag bei etwa 3 kg/h.

2.2.1.3 KÜHLANLAGE

Die Kühlung erfolgte durch Wasser, dessen Umwälzung durch eine Kreiselpumpe. Es war ein zweiteiliger Elementenkühler vorhanden, wobei ein Element für die Kühlung des Öls herangezogen wurde. Der Ventilator war mittels Rutschkupplung zwangsläufig angetrieben. Der Kühllufteintritt lag im vorderen Teil des Motorraums, der Austritt oberhalb des Ventilators. Die Kühler wurden durch Grätings geschützt. Durch Unterdruck im Motorraum ergab sich die Entlüftung des Kampfraumes.

2.2.1.4 QUERANTRIEB UND HAUPTKUPPLUNG

Die Übersetzung war so ausgelegt, daß bei einem Kegelrad am Ende des Wechselgetriebes mit 22 Zähnen eine Geschwin-

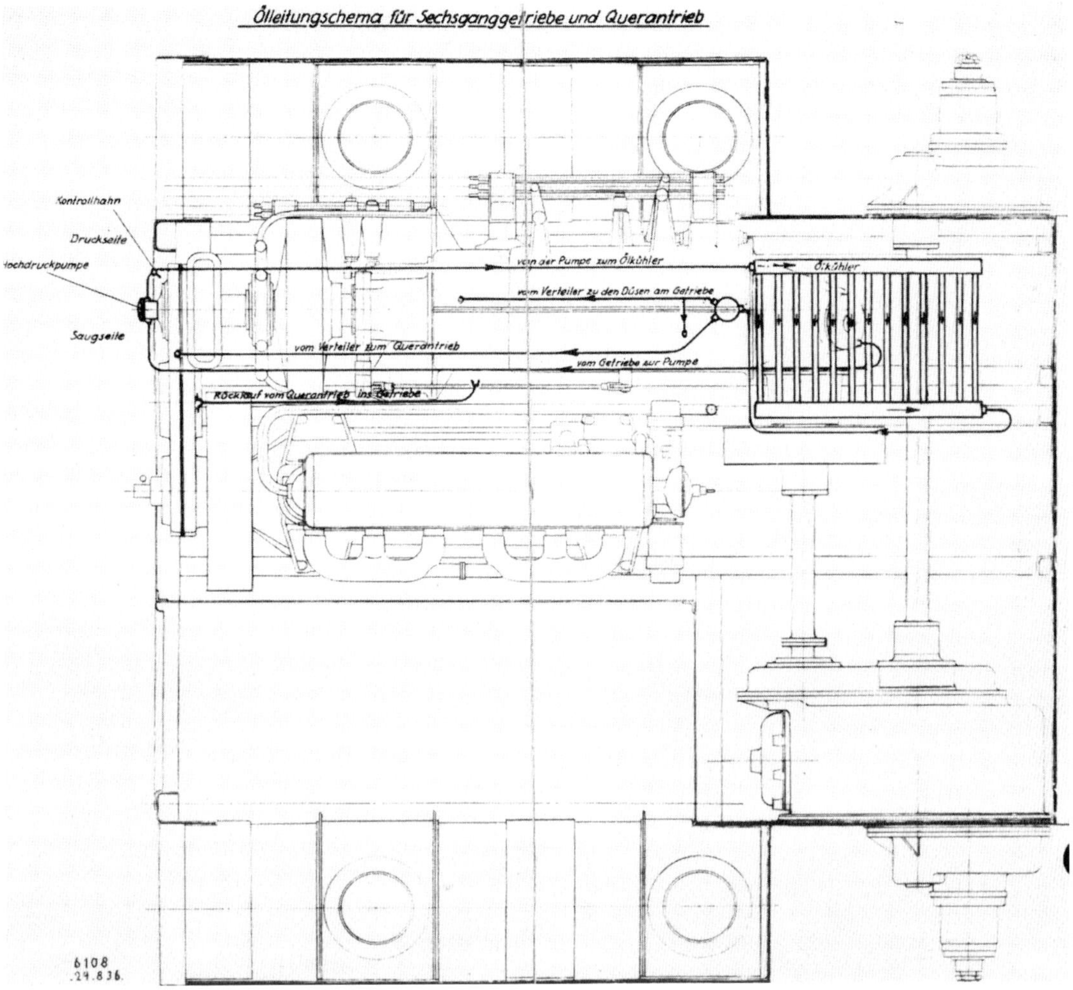

Ölleitungsschema für 6-Gang-Getriebe und Querantrieb.

digkeit von 30 km/h bei n = 1400 Umdr./min. erreicht wurde. Vom Querantrieb aus ging der Antrieb einer Ölpumpe zur Schmierung sämtlicher Getriebe. Die Kupplung war als Zweischeibenkupplung mit reichlicher Bemessung ausgelegt.

2.2.1.5 SCHALTGETRIEBE

Das SFG 280 Wechselgetriebe der Zahnradfabrik Friedrichshafen hatte folgende Untersetzungen: 1. Gang: 7,75 / 2. Gang: 4,1 / 3.Gang: 2,62 / 4. Gang: 1,75 / 5. Gang: 1,3 / 6. Gang: 1 und Rückwärtsgang: 7,75. Die Gänge 2-6 waren synchronisiert. Das Kegelrad mit 22 Zähnen (v max 30 km/h) ließ sich gegen eines mit 25 Zähnen (v max 34 km/h) austauschen.

2.2.1.6 LENKGETRIEBE UND BREMSEN

Das Wilson-Lenkgetriebe (in Nb.Fz. Nr.1, 3, 4, und 5 eingebaut) hatte eine mechanische Betätigung. Die Berechnung des Kettenzuges für 15.000 kg erfolgte mit 1,2 facher Sicherheit. Die Lenkbremsen mußten auch bei leichter Verölung wirksam bleiben. Der Anbau der Lenkgetriebe erfolgte an die Seitenwände der Wanne, ihre Schmierung durch eine Pumpe am Querantrieb. Das Lenkrad sollte durch Lenkknüppel ersetzbar sein. Versuchsweise wurde ein Cletrac-Lenkgetriebe (Doppeldifferential) im Nb.Fz. Nr.2 eingebaut. Entsprechend der Übersetzung im Cletrac-Getriebe (3) lief die Außenkette um ein bestimmtes Maß schneller, die Innenkette im gleichen Verhältnis langsamer, kam aber nicht zum Stehen. Zwei voneinander unabhängige Fahrbremsen waren vorhanden, welche nach vor- und rückwärts gleichmäßig wirkten.

2.2.1.7 LAUFWERK

Der hinten liegende Antrieb erfolgte über ein Seitenvorgelege. Das schraubengefederte Laufwerk bestand aus 10 paarweise an der Wanne angelenkten Laufrollen mit Gummibandagen, Material DA der Firma Continental. Zwischen der ersten Laufrolle und dem Leitrad war eine ungefederte Rolle eingeschoben, das Triebrad lag hinten. Der Federweg der Laufrollen betrug 150 mm nach oben und 100 mm nach unten. Die Leitradhöhe lag bei 1100 mm.

Wilson-Lenkgetriebe mit angeflanschtem Triebrad.

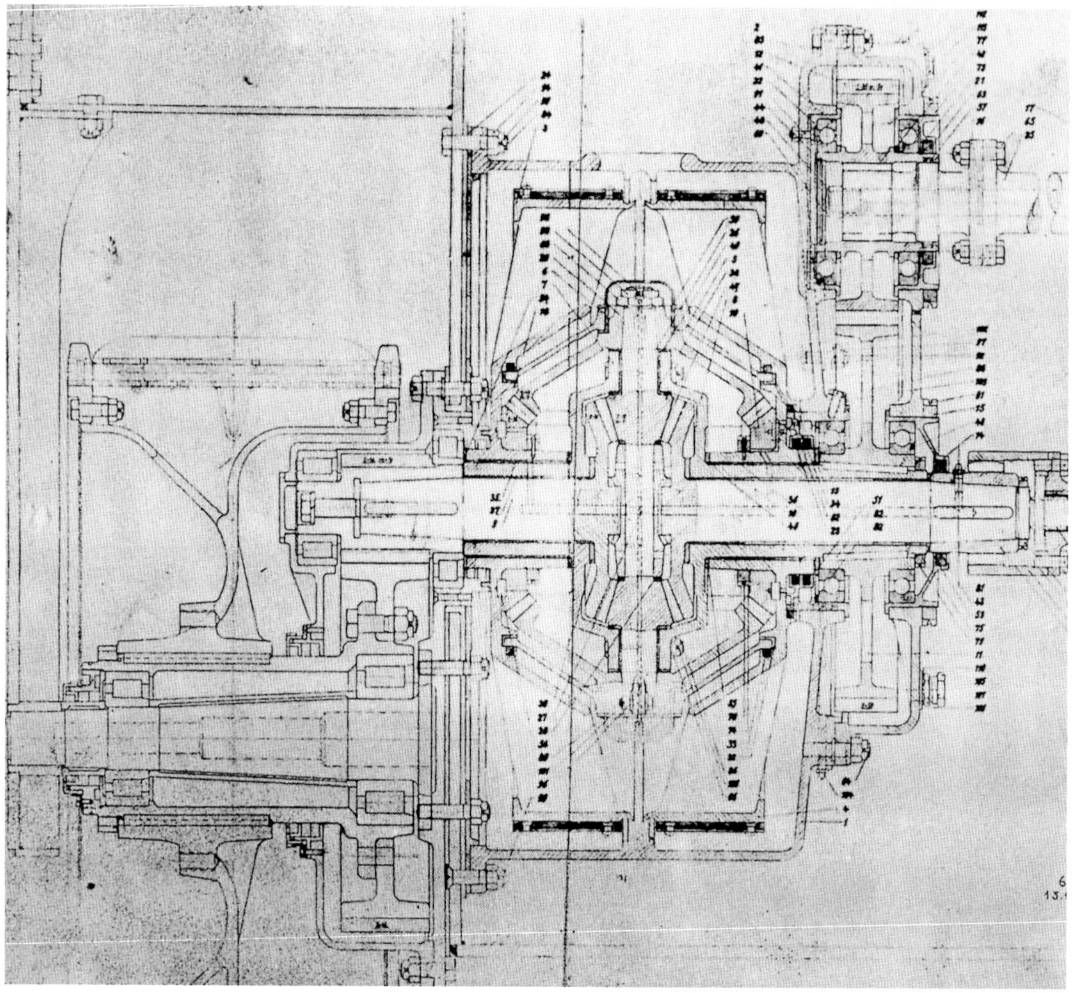

Ölleitungsschema zum Lenkgetriebe.

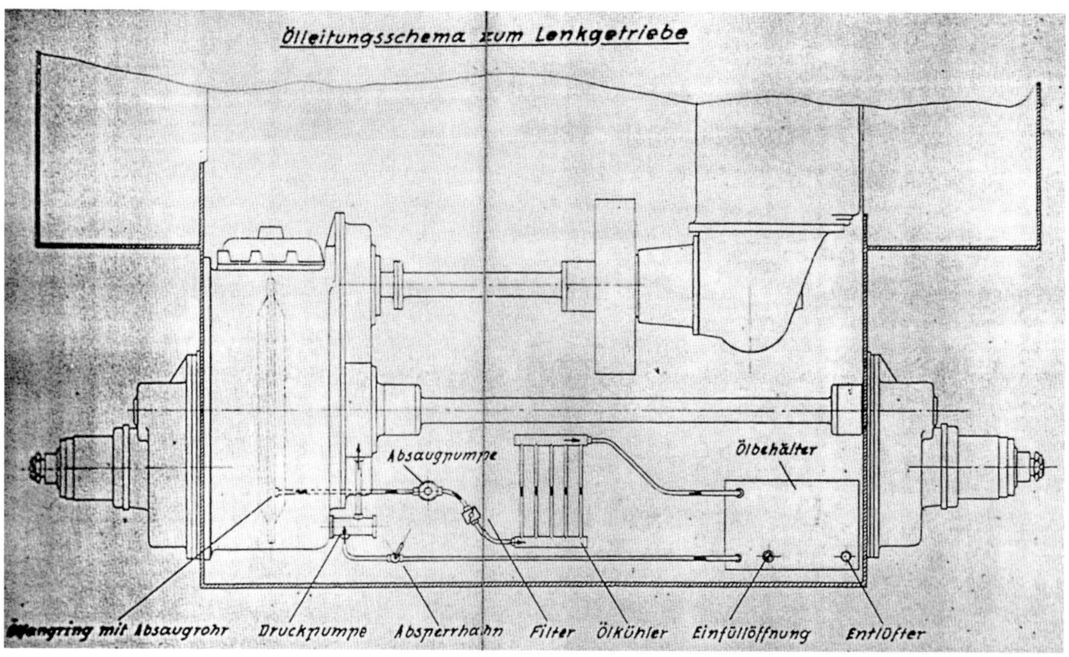

Neubau-Fahrzeug beim Einsatz in Norwegen.

3. BEGLEITWAGEN (B.W.)

3.1 ENTWICKLUNG

Die erste Andeutung, daß sich Wa Prw 6 für einen Nachfolger für das *Neubau Fahrzeug* interessierte, wurde deutlich in einem Brief vom 14. November 1934 des Wa Prw 6/Vb, der an Direktor Dr. Ritter von der Fried. Krupp AG. in Essen gerichtet war:

Vorgang: *Direktor Dr. Ritter erbittet bei dem Referenten 6/Vb Entlastung von Tr.-Aufbau-Aufträgen mit der Begründung, daß auf Grund der umfangreichen Aufträge für Wa Prw 4 und Wa Prw 5 die notwendige Zahl Konstrukteure nicht mehr zur Verfügung stehen würde.*

Stellungnahme Wa Prw zu dieser Bitte:

In Anbetracht der unbedingt notwendigen kurzen Entwicklungszeit kann augenblicklich auf die Mitarbeit der Firma Krupp nicht verzichtet werden, zumal ein großer Teil wichtiger Konstruktionselemente nach den Truppenerfahrungen in Zusammenarbeit mit Wa Prw 6 bei der Firma Krupp verankert ist.

Ein Ausschalten der Firma Krupp aus dem Traktor-Bau läßt sich nur auf weite Sicht ins Auge fassen, muß aber im Interesse

Das B.W.-Versuchsfahrzeug (Rheinmetall) mit ursprünglichem Laufwerk und Leitrad-Aufhängung.

der Landesverteidigung augenblicklich zurückgestellt werden.

Die augenblicklichen Vorhaben beziehen sich, abgesehen von den Fahrgestellen, auf die Konstruktion der Geschütz-Türme des Z.W. und verbesserten Nb.Fz. (B.W.)

Der Bitte um Entlastung von der Z.W.-Konstruktion hätte vor 4 Monaten entsprochen werden können; ihr kann zurzeit aus Termingründen nicht entsprochen werden.

Da die Konstruktionselemente zum verbesserten Nb.Fz.-Geschützturm (B.W.) im Z.W.-Turm und im Nb.Fz.-Turm bereits in weitestem Umfange vorliegen, muß sich die Abteilung auch auf dem Entwicklungsgebiete des B.W.-Geschützturmes die Entscheidung noch vorbehalten.

Sollte der Geschützturm des B.W. bei einer anderen Firma gebaut werden, so müßte mit Rücksicht auf eine unbedingt notwendige Vereinheitlichung und mit Rücksicht auf die bisher getätigten Konstruktionen um die folgenden Konstruktionszeichnungen gebeten werden:

a) des vollständigen elektr. Turmantriebes vom Nb.Fz.,
b) Kommandantenkuppel vom Z.W.,
c) des Geschützes mit Rohrwiege, Vorholer und Bremse,
d) Turmform des Z.W.,
f) Lukendeckel vom Z.W.,
g) M.G.-Hilfslagerungen zum Z.W.

Die Entscheidung über die Wünsche der Firma Krupp ist nicht allein von der Auffassung der Wa Prw 4 abhängig, sondern müßte in diesem Sonderfalle aus Gründen der Landesverteidigung höheren Orts entschieden werden.

Es wird daher nochmals um schriftliche Stellungsnahme der Firma Krupp zu dem Vorgang gebeten.

In dem Bericht über den *Stand der Konstruktion Panzerkampfwagen* teilte Wa Prw 6 mit, daß der offizielle Beginn der Konstruktion des *B.W.* und die Genehmigung der Konstruktion am Holzmodell am 25. Februar 1935 stattgefunden hatte. Ein Foto des *B.W.*-Holzmodells (Rheinmetall) zeigt die handschriftliche Bemerkung, daß der Auftrag für seine Herstellung an Rheinmetall am 26. Februar 1935 erfolgt war. Krupp fertigte ebenfalls ein *B.W.*-Holzmodell (Fahrgestell und Oberteil) unter Auftrags Nr. 41/1952 Wa Prüf 6/Va Nr. 67025/35.

Beide Firmen, Rheinmetall und Krupp, wurden von Wa Prw 6 aufgefordert, einen vorläufigen Entwurf über einen *B.W.* mit Vorderantrieb, anstelle des vorher am *Großtraktor* und *Neubau Fahrzeug* verwendeten Hinterantriebs, einzureichen.

Anstelle der früher verwendeten Flugmotoren wurde für die Z.W.- und *B.W.*-Versuchsfahrzeuge ein neuer wassergekühlter Motor von der Firma Maybach verlangt, Typ *HL 100 TR*. Dieser Motor war der erste Maybach'sche Scheibenwellenmotor, mit dessen Konstruktion laut Datum der Zeichnungen 1933/34 begonnen wurde. Der Vorteil der rollengelagerten Kurbelwelle in Bezug auf die Motorabmessungen (daher für den Einbau in gepanzerten Fahrzeugen) wird beim Vergleich des HL 100 TR mit dem »konventionellen« Maybach DSO 8 Spez. deutlich:

B.W.-Holzmodell (Rheinmetall).

Maybach-Motor, Typ HL 100 TR.

Typ		DSO 8 Spez.	HL 100 TR
Bohrung	mm	92	100
Hub	mm	100	106
Zyl.-Zahl	–	12	12
Leistung	kW	110	220
Zyl.-Sprung	mm	144	127
Zyl.-Sprung/Bohrung	–	1,56	1,27
Hubvolumen	dm^3	7,97	9,99
Bauvolumen	dm^3	815	738
Bauvolumen/ Hubvolumen	–	102	74
Gewicht	kg	510	800
Gewicht/Bauvolumen	dm^3/kg	0,6135	1,084

Zwei Werte verdienen Beachtung: Der relative Zylindersprung (Zylindersprung/Bohrung), der beim HL 100 TR nur noch 81% des DSO 8-Wertes ausmacht, und das spezifische Gewicht der Motoren (Gewicht/Bauvolumen) als Maß für die Ausnützung des vom Motor eingenommenen Volumens, das beim HL 100 auf 176% des DSO 8 angehoben werden konnte. Vom HL 100 TR sollten zum Einbau in die Z.W.- und *B.W.*-Versuchsfahrgestelle 10 Versuchsmotoren hergestellt werden. Der HL 100 TR leistete 300 PS bei 3000 Umdr./min.

3.1.1 ENTWURF EINES BEGLEITWAGEN

Krupp reagierte rasch auf die Aufforderung über Konstruktionsbedingungen von Wa Prw 6, indem sie am 13. April 1935 den folgenden *Entwurf eines B.W.* vorlegte. Dieses Dokument ist außergewöhnlich in der seltenen und präzisen Liebe zum Detail, mit der die Gründe der Komponenten-Entwicklung und die Vorteile ihrer Auswahl festgelegt sind.

Anlage zu A.K.Nr.51239 vom 13.April 1935

Entwurf eines *B.W.*

I. Kurze Kennzeichnung.

Die Entwürfe W823 und W824 stellen im Maßtab 1:10 ein Raupenfahrzeug von 17.2 bis 18.5 t je nach Panzerung dar. Das Fahrzeug hat Vorderantrieb der Kette und hinten liegenden Motor. Die Höchstgeschwindigkeit beträgt 30 km/Std. Der Hauptturm mit 7,5 cm Kanone und 1 MG liegt etwa in der Mitte des Fahrzeuges, etwas links seitlich, zum Ausgleich der rechts liegenden Triebwerksteile. Er ist mit einer Sehkuppel für den Kommandanten ausgerüstet. Vorn rechts ist ein MG-Turm vorgesehen. Die Besatzung besteht aus 6 Mann, und zwar:

dem Kommandanten im Panzerturm,
dem Fahrer vorne links,
dem Richtschützen und dem Ladekanonier im Panzerturm,
dem MG-Schützen in der vorderen rechten MG-Kuppel,
dem Funker hinter dem Fahrer.

Für die Panzerung sind 2 Möglichkeiten vorgesehen, und zwar bei einem gerechneten Gesamtgewicht von

	17,2 t	***18,5 t***
Gehäuse		
Stirnfläche, oben	*14*	*20*
Stirnfläche, Mitte	*20*	*30*
Stirnfläche, unten	*14*	*20*
Seitenwand	*14*	*20*
Rückwand	*14*	*15*
Boden	*6*	*8*
Panzerkasten-Oberteil		
Stirnwand vor Fahrer	*20*	*30*
Seitenwand	*14*	*20*
Rückwand	*14*	*20*
Decke	*10*	*10*
Turm		
Vorderwand	*14*	*20*
Seitenwand u. Rückwand	*14*	*20*
Kommandantenkuppel	*14*	*20*
Vord. MG Turm	*13*	*20*

II. Fahrgestell.

Auf Grund der vorliegenden Erfahrungen ist der Motor nach hinten und der Gleiskettenantrieb nach vorn gelegt. Als Hauptvorteile dieser Anordnung betrachten wir:

1) gleichmäßige Lastverteilung,
2) Hauptturm Mitte Fahrzeug,
3) geringere Neigung zum Überklettern der Kette bei Wendungen, 4) kürzester Weg vom Fahrer zum Schalt- und Lenkgetriebe sowie zur Kupplung,
5) übersichtlicher und leichter Ein- und Ausbau der gesamten Maschinenanlage,
6) gute Übersicht des Fahrers über das Gelände,
7) keine Belästigung des Fahrers durch Motorwärme und Auspuffgase.

a) Panzergehäuse

Das Panzergehäuse von widerstandsfähiger Bauart ist aus Spezialstahlblech verschiedener Wandstärken zusammengeschweißt mit entsprechenden Versteifungen und Querwänden im Innern. Kräftige Zughaken vorn und hinten dienen zum Schleppen.

Durch einige mit Deckel verschließbare Öffnungen ist das Getriebe zur Montage und Überwachung zugänglich.

Der Gehäuse-Boden ist mittels durchgehender Träger versteift. Eine große, gut abgedichtete Öffnung im Boden, unterhalb der MG-Kuppel, dient zum Aussteigen bei Gefahr und Herauslassen von Meldegängern.

Als äußere Beleuchtung hat das Gehäuse 2 Positionslampen auf der Kettenabdeckung, 1 großen Scheinwerfer auf der vorderen Schräge und 1 Schlußlampe mit Stopp-Licht hinten.

Motor- und Kühlanlage sind durch gepanzerte Grätings abgedeckt.

b) Motor mit Kühlanlage.

Zum Antrieb ist der wassergekühlte 12 Zylinder-Maybach-Motor HL 100 von max. 300 PS vorgesehen. Er ist am Ende des Fahrzeuges mit der Kühlanlage und dem elektrischen Aggregat zum Turmschwenken in einem vom Geschützraum abgeschlossenen Raume untergebracht. Zum Anlassen dient außer dem elektrische Anlasser ein Schwung-Kraftanlasser mit Handbetätigung. Von dem Auspuff-Sammelrohr am Motor gehen auf dem kürzesten Wege zwei biegsame Leitungen zum Schalldämpfer, der quer an der Rückwand aufgehängt ist. Da der Motor mit Trockensumpf-Schmierung ausgerüstet ist, arbeitet er in Verbindung mit einem zusätzlichen Ölbehälter einwandfrei bei größeren Schräglagen.

Besonderer Wert wurde auf eine ausreichende Kühlanlage mit großen Querschnitten für den Ein- und Austritt der Kühlluft gelegt. Der Kühler ist schräg seitlich neben dem Motor eingebaut. Um ein Eindringen warmer Motorenluft in den Gefechtsraum zu vermeiden, wurde die Luftführung so gewählt, daß im Motorenraum Unterdruck entsteht. Die Luft wird durch ein Gräting über den Motor hinweg von 2 Ventilatoren von 500 mm Durchmesser gesaugt und durch ein anderes Gräting hinausgedrückt. Nach Lösung des Riemenantriebes können die Ventilatoren mit den Grätings hochgeklappt werden, wodurch der rechte Zylinderkopfdeckel zugänglich wird. Der Bedienungsgeschützraum kann durch eine Klappe in der Querwand entlüftet werden.

Es sind 3 Brennstoffbehälter von zusammen 480 Ltr. unter der Turmplattform eingebaut; und zwar sind sie aus Gründen der Feuersicherheit durch besondere Schutzbleche abgeschlossen. Die Einfüllöffnungen liegen auf der Außenseite des Fahrzeuges. Der Inhalt reicht für etwa 200 km Fahrbereich.

Vom Motor geht die Kraft über eine schwingungsfreie Welle mit 2 Gelenken zur Zweischeibenkupplung. Motor und Gelenkwelle liegen etwas seitlich von der Turmmitte, um Platz für Stromzuführung und Hülsenschleuse zum Turm zu gewinnen.

c) Schaltgetriebe und Kupplung.

Die Kupplung ist nicht unmittelbar am Schaltgetriebe, sondern in einigem Abstand angeordnet, um den Bedienungskreis des MG-Turmes nicht zu behindern. Dabei sind die zu beschleunigenden Massen beim Schalten noch verhältnismäßig gering; ebenso ist das Gestänge zur Betätigung kurz.

Vorn im Gehäuse liegt das Schaltgetriebe SSG 75, das zunächst mit 6 Vorwärtsgängen (Höchstübersetzung 1:9) und 1 Rückwärtsgang, endgültig jedoch nur mit 5 Vorwärtsgängen (Höchstübersetzung 1:6) ausgeführt wird. Das Getriebe ist aphonisiert und synchronisiert und wird durch eine doppelte Gelenkwelle von der Kupplung angetrieben. Das Getriebe baut mit seinen übereinanderliegenden Wellen schmal und läßt sich unmittelbar von dem daneben sitzenden Fahrer bedienen, ohne daß Gestänge, welche leicht zum Klemmen neigen, erforderlich sind.

An das Schaltgetriebe ist ein Kegelradantrieb mit Spiralverzahnung (Übersetzung 1:1,2) angeflanscht, von dem die Kraft über doppelte Gelenkwellen auf das rechte und linke Lenkgetriebe übertragen wird.

d) Lenkgetriebe und Seitenvorgelege

Als Lenkgetriebe ist ein Wilson-Planetengetriebe eingebaut, das 2 Arten Zahnräder besitzt:

1) *Zahnkranz mit Innen- und Außenverzahnung, der von der vornliegenden Querwelle des Kegelrad-Vorgeleges angetrieben wird.*
2) *Ein zentrales Sonnenrad, das mit einer Bremstrommel I verbunden ist.*
3) *Vier Planetenräder, die über einen Armatern mit dem Vorgelege-Antriebsritzel und einer Bremstrommel II verbunden sind.*

Bei Geradeausfahrten werden die Bremstrommeln I und damit die Sonnenräder auf beiden Seiten festgehalten. Die Planetengetriebe wirken nur als Vorgelege und treiben beide Ketten an. Zum Fahren einer Kurve wird auf der Innenseite zunächst der Antrieb durch Lösen der Bremse I und Freigabe des Sonnenrades ausgeschaltet; dann wird die Innenkette durch Anziehen der Bremse II gebremst. Die Auswechselung der Bremsbänder ist leicht möglich. Es sind zunächst Handhebel zum Lenken vorgesehen, welche infolge der gewählten Übersetzungen ohne Zusatzaggregate zu handhaben sind. Es kann aber auch ein Handrad eingebaut werden. In beiden Fällen sind die Übertragungsorgane wegen der benachbarten Lage der Lenkgetriebe sehr kurz.

Das Seitenvorgelege mit 1:3,5 Übersetzung ist an der Außenwand angebracht; es ist durch Panzerung geschützt und treibt das Triebrad von 726 mm Teilkreis an.

e) Fahrerraum.

Der Fahrer sitzt zwischen dem linken Lenkgetriebe und dem Schaltgetriebe, und zwar so weit nach vorn, daß er das Gelände vor dem Fahrzeug gut übersehen kann. Er kann über das vordere Ende der linken und rechten Kettenabdeckung hinwegsehen. Er beobachtet nach vorn entweder nach Öffnen einer einfachen Klappe durch eine Glaskombination oder bei geschloßener Klappe durch ein Knickfernrohr, das er von links nach der Mitte schiebt. Auf der linken Seite des Fahrers ist eine normale Sehklappe mit Glaskombination vorgesehen. Ferner ist gut sichtbar ein Richtungskreisel eingebaut. Der Fahrer hat vor sich in üblicher Anordnung die Fußhebel für Kupplung, Gas und Fußbremse. Die Lenkhebel können auch zum Bremsen und Feststellen des Fahrzeuges verwandt werden. Oberhalb des Fahrers ist eine Luke zum Ein- und Aussteigen angebracht. Vor dem Fahrer ist gut sichtbar ein Armaturenbrett mit den erforderlichen Instrumenten eingebaut.

f) Laufwerk mit Antrieb und Kette

Das Fahrzeug läuft auf Ketten von 380 mm Breite; bei einem Verhältnis von 1,44:1 zwischen der Auflagelänge von 3450 mm und der Spurweite von 2390 mm ist das Fahrzeug leicht zu lenken. Das vorn liegende Triebrad hat 726 mm Teilkreis-Durchmesser.

Wir schlagen Versuche mit 2 verschiedenen Laufwerken vor, und zwar mit einem 8-Rollen-Laufwerk und mit einem 6-RollenLaufwerk. Beide Ausführungen haben ihre Vorteile.

1) *8-Rollen-Laufwerk nach Zeichnungen W 823 und 824.*

Vier Rollenpaare von 420 mm Durchmesser sind an U-förmigen Lenkern aufgehängt, die zur Aufnahme der Seitenkräfte beim Lenken besonders kräftig ausgebildet sind. Die Lenker sind in Aufhängebecken gelagert, die an der Seitenwand angeschraubt und außen durch schräge Blechwände versteift sind. Jedes Rollenpaar stützt sich über eine Schraubenfeder an der Seitenwand ab. Die Rollen sind derart aufgehängt, daß sie möglichst senkrecht zur Kette schwingen, um ein Radieren am Umfang und stärkere Erwärmung zu verhindern. Bei diesem Laufwerk sind Doppelrollen mit Innenführung der Kette vorgesehen. Der obere Kettenteil wird durch 4 Stützrollen von 300 mm Durchmesser getragen. Die Kette wird durch ein großes Leitrad von 700 mm Durchmesser gespannt, das an einer leicht nachstellbaren Kurbel aufgehängt ist.

2) *6-Rollen-Laufwerk nach Zeichnungen W 825.*
Drei Rollenpaare sind an fliegenden Kurbeln derart aufgehängt, daß sich eine Rolle um den Kurbelzapfen dreht, an dem 2 Blattfedern angeschraubt sind, die die zweite Rolle tragen. Der obere Kettenteil wird von 3 Stützrollen von 300 mm Durchmesser getragen. Die Kette wird durch ein Leitrad von 600 mm Durchmesser gespannt, das wie bei dem anderen Laufwerk an einer leicht nachstellbaren Kurbel aufgehängt ist. Da sich bei den bisherigen Versuchen mit breiten Ketten und Innenführung der Doppelrollen die Gummibandagen der Rollen nach kurzer Zeit und ungleichmäßig abnutzten, haben wir bei diesem Laufwerk einfache breite Rollen und Außenführung der Kette vorgeschlagen. Dabei wird auch das Laufwerk leichter. Ein Versuch mit einfachen Rollen dürfte zu empfehlen sein.

III. Aufbau

a) *Panzerkastenoberteil.*

Die Grundform ist bedingt vorne links durch die Unterbringung des Fahrers, rechts durch den MG-Turm bedingt; die seitlichen Austragungen dienen zur Unterbringung der Munition. Die Decke des Panzerkastenoberteiles, die den Turm trägt, ist durch kräftige Träger gegen die Seitenwände und den Fahrgestellboden abgestützt, um den Rückstoß der 7,5 cm Waffe aufzunehmen. In der Decke ist vorn links eine Luke zum Ein- und Aussteigen des Fahrers und dahintersitzenden Funkers eingebaut. Das hintere Teil des Panzerkastenoberteils ist für sich abnehmbar, um größere Reparaturen am Motor und der Kühlanlage ausführen zu können.
Die schrägen Seitenwände tragen klappbare Grätings für den Ein- bzw. Austritt der Kühlluft. Die Grätings können vom Gefechtsraum aus geöffnet und geschloßen werden. In der Decke ist eine Klappe zum Nachfüllen von Kühlwasser vorgesehen und zum Überwachen der Vergaser. In der vorderen linken Seitenwand ist die Stabantenne gelagert. Diese liegt heruntergeklappt auf der Kettenabdeckung und ist dadurch gut geschützt.

b) *Hauptturm*

Der Turm ist als Schweißkonstruktion durchgebildet. Rückwand und Seitenwände haben eine Neigung von 65° gegen die Horizontale. Die Stirnwand ist unter 70° geneigt. Zur Orientierung sind in der Stirnwand 2 Klappen, in den beiden Seitenwänden je 1 Klappe ohne Sehschlitz mit außen aufliegenden Rändern eingesetzt. Die beiden Einstieg-Lukendeckel für Richt- und Ladeschützen tragen einen Sehschlitz in fest eingeschraubter Klappe. In der Rückwand des Turmes sind 2 kleinere Öffnungen eingeschnitten, um ein in einfacher Lagerung gehaltenes MG 34 zum Feuern über Kimme und Korn hindurch stecken zu können. Die Kommandantenkuppel auf dem hinteren Teil des Turmes hat 8 der Höhe nach verstellbare Sehschlitze sowie einen Ziffernring für 12 Uhr-Zeigersystem. Der vordere Sehschlitz in der Kuppel ist mit einer Visiereinrichtung versehen, zur behelfsmäßigen Kontrolle der Seitenrichtung des Geschützes. Zur Entlüftung und Befehlsübermittlung sind im Deckel der Kommandantenkuppel eine, auf dem Turmdach zwei Signalklappen eingesetzt.
Der Gefechtsraum ist nach unten durch eine mittels 3 Säulen am Tragring des Turmgehäuses aufgehängten Drehbühne abgeschloßen. Der Durchmesser der Drehbühne beträgt 1400 mm, der Durchmesser des lichten Bedienungkreises im Turm 1600 mm.
Der Turm dreht sich auf einer Kugelbahn rundum; die Waffen sind in einer Blende in der Stirnwand des Turmes vertikal bewegbar gelagert. Der Richtbereich beträgt –10° +20°.
Die Bewaffnung besteht aus einem 7,5 cm Rohr, das in einer Jackenwiege mit beiderseits vom Rohr gelagerter Rohrbremse und Luftvorholer geführt ist, sowie aus einem fest mit der Wiege verbundenen MG 34. Zum Feuern durch die rückwärtigen Turmfenster ist ein Reserve-MG 34 mit Doppeltrommelmunition vorgesehen.
Das 7,5 cm Rohr hat die Länge L/24 und ergibt eine Vo = 440 m/sek bei 6,62 kg Geschoßgewicht. Der Fallblockverschluß ist halbautomatisch. Der normale Rohrrücklauf beträgt 420 mm.
Als Richtmittel sind vorgesehen 1 einfache Winkeloptik mit Aufsatzeinstellung durch Strichplattenverschiebung. Als Hilfsziel-Einrichtung dient eine 50 cm lange Richtschiene.
Die Seitenrichtmaschine greift in den auf dem Panzerkasten-Oberteil aufgeschraubten Zahnkranz ein und ist durch einfache Schalthebel von Handantrieb auf elektrischen Antrieb umschaltbar, derart, daß nach dem Umschalten durch Seitenrichthandrad der elektrische Steuerapparat betätigt wird.

Schreiben Sie uns und gewinnen Sie!

Unter den Einsendern werden jeden Monat 10 Büchergutscheine im Wert von jeweils € 50,– verlost.

Lieber Leser,

vielen Dank für Ihre Antwort.
Nur durch Ihre Anregungen und Ihre Kritik können wir uns ständig verbessern.
Bitte schreiben Sie uns doch auf dieser Antwortkarte, wie Ihnen das Buch gefallen hat.

Autor und Titel des Buches:

Meine Meinung zu diesem Buch:

☐ sehr gut ☐ gut ☐ weniger gut ☐ nicht so gut

Kommentar:

Die Höhenrichtmaschine ist nur für Handbetrieb vorgesehen. Zur Überwindung von Totpunktlagen kann das Höhenrichthandrad in 4 Stellungen auf der Handradwelle eingerastet werden. In Verbindung mit der Seitenrichtmaschine steht eine Ziffernscheibe des 12 Uhr-Zeigersystems.

Die Abfeuerung des Geschützes ist elektrisch. Der Abzug liegt am Handgriff der Seitenrichtmaschine. MG 34 wird durch Fußpedal am Richtsitz vermittels Bowdenkabel abgefeuert.

Über einen Schleifringkörper in der Mitte der Drehbühne ist der Kommandant an die Funk- und Bordsprechanlage angeschlossen.

c) Vorderer MG-Turm.

Dieser kann nicht näher beschrieben werden, da er von einer anderen Firma geliefert wird.

d) Munitionsunterbringung.

Die Geschützmunition ist derart untergebracht, daß in jeder Stellung des Turmes Munition greifbar ist. 10 Schuß Bereitschaftsmunition sind im Turm untergebracht, in dem rechten Ausbau sind ....., im linken Ausbau ..... gelagert. 30 weitere Schuß stehen rechts. Mit den anderweitig untergebrachten ..... Schuß sind 150 Schuß insgesamt verfügbar Die waagerecht liegende Munition ist gegen Herausfallen gesichert. Aufrollbare Decken schützen gegen Staub und Sand.

4000 Schuß MG-Munition für den vorderen MG-Turm und das Turm MG sind teilweise vor dem vorderen Schützen, der Rest zwischen MG-Turm und Hauptturm, für beide MG-Bedienungen greifbar.

e) Sonstige Ausrüstung

Weitere militärische Ausrüstung des Fahrzeuges bilden: Gasmasken, die in der Nähe der Arbeitsplätze greifbar hängen; Telefon, Funkeinrichtung mit Sender und Empfänger, sowie Stabantenne links seitlich vom Panzerkastenoberteil; Lichtanlage mit einer besonderen Sicherungstafel, auf der die Hauptlichtquellen getrennt gesichert sind, um bei Verletzung unabhängig zu sein. Schanzzeug, auf der Kettenabdeckung untergebracht, ferner Werkzeug und Zubehör für Geschütz, MG's und Funkanlage, Flaggen und Gepäck leicht zugänglich im Innenraum.

B.W. Allgemeines

Länge		*5520 mm*
Breite		*2900 mm*
Höhe (bis Turmauflage)		*1635 mm*
Höhe (m.Turm ohne Sehkuppel)		*2240 mm*
Höhe (m.Turm mit Sehkuppel)		*2520 mm*
Feuerhöhe		*1915 mm*
Raupenauflagelänge		*3450 mm*
Raupenbreite		*380 mm*
Spez. Bodenbelastung		*0,71 bezw. 0,66 kg/cm^2*
Spurbreite		*2390 mm*
Raupenauflage:Spurweite		*1,44:1*
Motorleistung		*300 PS*
Größte Geschwindigkeit		*30 km/Std.*
Bodenfreiheit		*400 mm*
Größte Steigung		*35 bezw. 40 Grad*
Gesamtgewicht		*18,5 bezw. 17,2 t*
Bewaffnung:	*Kanone*	*1 (7,5 cm)*
	MG	*2 (+ 1 Reserve)*
	Masch. Pistole	*2*
Panzerung	*vorn*	*30 mm bezw. 20 mm*
	Seite	*20 mm bezw. 14 mm*
Besatzung		*6 Mann*

3.1.2 AUFTRÄGE FÜR VERSUCHSFAHRZEUGE

In dem Bericht über das Ergebnis des Geschäftsjahres 1934/35 der *Kriegs-Material Abteilung* von Krupp ist festgehalten:

B.W.-Versuchsfahrzeug (Rheinmetall) mit geändertem Laufwerk und geänderter Aufhängung des Leitrades.

B.W.-Versuchsfahrzeug (Rheinmetall) mit Abdeckung über dem vorgesehenen Platz für den MG-Drehturm.

B.W.-Versuchsfahrzeug (Rheinmetall) mit geänderter Auspuffanlage und Abluftgräting.

B.W.-Versuchsfahrzeug (Rheinmetall) bei Erprobungen mit Stahlbeton-Hindernissen.

*Neu in Auftrag gegeben sind zwei B.W. (**Begleitwagen**) von etwa 18 t Fahrzeuggewicht, die noch in Konstruktion und Fertigung sind. Tanktürme sind uns zur Konstruktion und Fertigung in Auftrag gegeben: für eigene Tankkonstruktionen ein Geschützturm für B.W. mit 7,5 cm K. L/45, hierzu Entwurf für einen M.G.-Turm zum B.W.*

Wa Prw 6 erteilte folgende Aufträge an Krupp, Essen, für Konstruktion und Fertigung von Versuchsfahrzeugen:

Wa Prw 6/Va Auftrag Nr. 67096/36 v. 13.7.1935
für 1 *B.W.*-Fahrgestell »B.W. I Kp.« in Flußeisen (Versuchsausführung)
Wa Prw 6/Va Auftrag Nr. 67252/35 v. 14.10.1935
für 1 *B.W.*-Fahrgestell »B.W. II Kp.« in Flußeisen (Versuchsausführung)
Wa Prw 6/Vb Auftrag Nr. 67941/35 v. 3.1.1936
für 1 *B.W.*- Hauptturm mit Panzerkastenoberteil und M.G.-Turm in Flußeisen (Versuchsausführung)

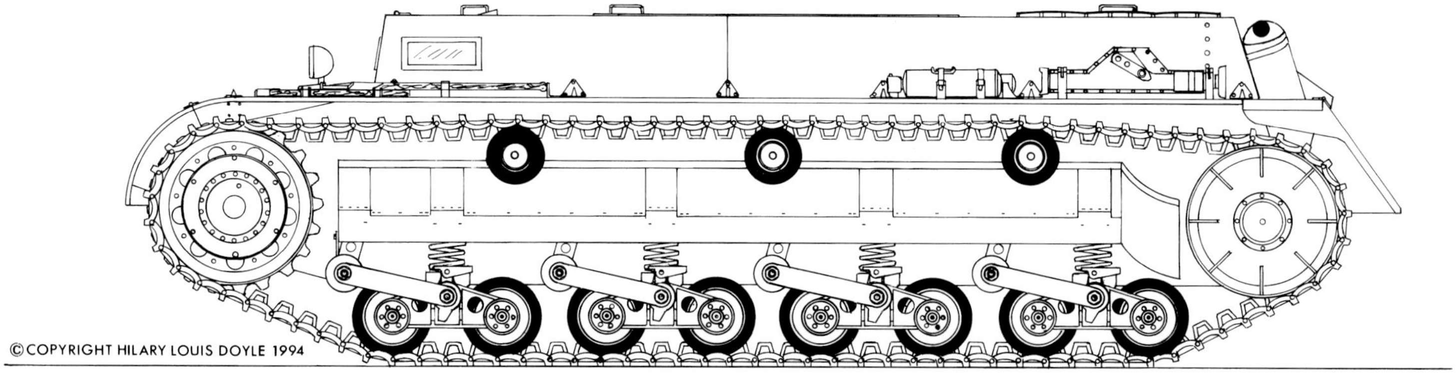

B.W.-Versuchsfahrgestell (Rheinmetall). Laufwerkskomponenten vom Neubau-Fahrzeug übernommen, Draufsicht auf Turmdrehlager für den vorgesehenen Hauptturm sowie den vorderen MG-Turm.

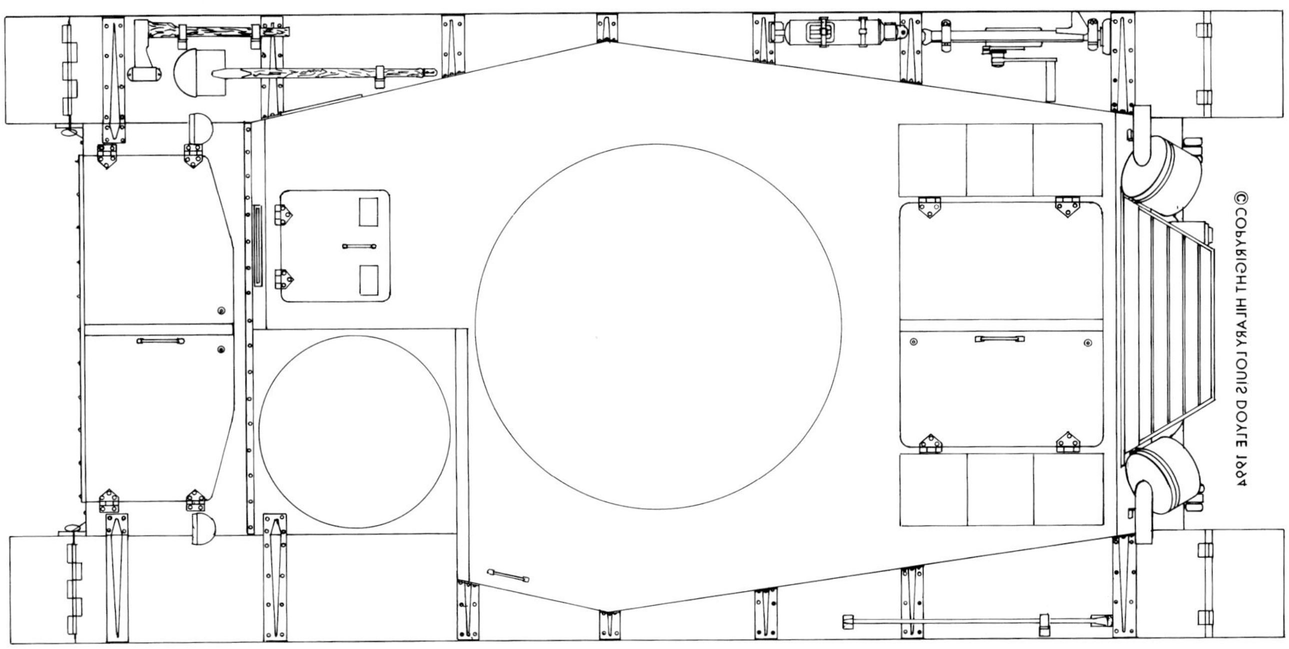

Wa Prw 6/Vb Auftrag Nr. 68046/36 v. 13.7.1936
für Panzerkastenoberteil in Flußeisen für »B.W. II Kp.«

Wa Prw 6 vergab ebenfalls Aufträge an Rheinmetall für Konstruktion und Fertigung von mindestens einem, wahrscheinlich aber zwei Versuchsfahrgestellen. Die Rheinmetall-*B.W.*-Versuchsfahrgestelle sind durch Fotos bekannt, aber zusätzliche Dokumentation bezüglich ihrer Entwicklung und Erprobung ist bis heute noch nicht aufgetaucht.

Im *Stand der Panzerkonstruktion* vom 15. Januar 1936 berichtet Wa Prw 6:

Das 1. Versuchsstück sollte im Mai 1936 gefertigt sein. Aufträge für eine 0-Serie wurden noch nicht erteilt.

Bei einer Besprechung mit Wa Prw 6 am 21. u. 22.Februar 1936 bei Krupp, Essen, wurde berichtet:

Major Dr. Olbrich stellte uns für das Jahr 1937 mehr an Aufträgen im Aussicht.

Es ist ein größerer Auftrag auf Z.W. zu erwarten, da das beabsichtigte Verhältnis Z.W. zu B.W. 3:1 sei. Der bestellte B.W.-Turm muß am 1.5.1936 stehen, am 2.5.1936 soll der Abnahmebeschuß sein.

Am 30. April 1936 berichtet Krupp für Auftrag 41/2203-*B.W.*I Fahrzeug: *Das vorstehend aufgeführte Fahrzeug ist heute nach Ablauf der 2. Schicht, wie zugesagt, fertiggestellt und fahrbereit.*

Am 21. Juli 1936 teilte Wa Prw 6 (Va) der Firma Fried. Krupp, Abteilung A.K. im folgenden Brief mit, daß Krupp als einzige Firma mit der Konstruktion und Montage des Pz. Kpfw.IV. beauftragt sei. Die Firma Rheinmetall wurde schon vor Mitte 1936 von der Konstruktion des *B.W.* ausgeschieden:

Versuchs-Geschützturm für B.W. mit 7,5 cm K. L/24 wurde fertiggestellt und abgeliefert.

Das 8-Rollen-Blattfeder-Laufwerk wurde am Krupp-Versuchsfahrgestell *B.W. I* aufgebaut. An jeder Seite des Fahrzeuges wurden acht Laufrollen (470 mm Durchmesser) zu vier Paaren vereinigt. Jedes Paar war fliegend mit Kurbelhebeln an der Wanne gelagert. In dem vorderen Kurbelhebel jedes Rollenpaares war eine Blattfeder eingespannt. Das freie Ende dieser Blattfeder wälzte sich auf einer Rolle des anderen Kurbelhebels ab. Beim Durchfedern der Laufrolle wurde hierdurch die wirksame Federlänge größer und die Federung stetig weicher. Wegen der Eigendämpfung der Blattfedern wurden keine Stoßdämpfer eingebaut. Die Durchfederung der Blattfeder war durch einen Anschlag begrenzt. Für die vordere und hintere Laufrolle wurde zum Begrenzen des Rollenhubes ein Anschlag an der Fahrzeugwanne angebracht. Nach Erprobung von fünf verschiedenen Laufwerktypen wurde dieses Blattfederlaufwerk als das Beste erklärt und bis zu Kriegsende weiter auf alle *B.W.*-Produktionserien-Fahrgestelle gebaut.

Ein 6-Rollen-Laufwerk mit Drehstabfederung wurde am Krupp-Versuchsfahrgestell *B.W. II* aufgebaut. Jede Laufrolle wurde auf einen Schwingarm mit einer Drehstabfeder montiert. Zum Dämpfen der Nickschwingungen wurde ein Kniehebelstoßdämpfer auf jeden Schwingarm gelenkt. Die Erfahrungen mit dieser Drehstabfederung waren so schlecht, daß Krupp-Abteilung A.K. gegen eine weitere Konstruktion von Panzerkampfwagen mit drehstabgefedertem Laufwerk bis zum Kriegsende kämpfte.

Wie entschieden durch Wa Prw 6/Va am 14. Juli 1936, wurde das *B.W.*-Fahrgestell durch die Fa. Krupp in Alten-Grabow weiter erprobt.

Bis 3. Oktober 1936 hatte das *B.W.* Fgst.Nr.1 bei Fahrversuchen bereits 2043 km zurückgelegt. Bei Fahrversuchen während der letzten drei Tage wurde eine Tagesleistung von 127 km bei einer Durchschnittgeschwindigkeit von 24-25 km/Std geschafft.

Am 9. Dezember 1936 berichtete Krupp:

Betrifft: Abnahme (Übernahme) des B.W. I Fahrgestells. Bekanntlich soll das B.W. I Fahrgestell in Anschluß an die Fahrversuche in Münsingen von Amt endgültig übernommen werden.

Lieferschein: Auftrag Nr. 67096/36 WaPrw6/Va v. 13.7.1935
Auftrag Nr. 67280/36 WaPrw6/Va v. 26.8.1936
Bz.Nr.67463/36 WaPrw6/Va v.15.10.1936

Wir lieferten an das Versuchskdo des Heereswaffenamtes Prw 6/Vc z.Zt. Truppenübungsplatz Münsingen 1 ***B.W.*** *Fgst.Krupp mit HL 100 Motor (300 PS), Fgst.-Nr. 1, Motor-Nr. 14003.*

3.5 WEITERE VERWENDUNG

Das Heereswaffenamt hatte nur die beiden Versuchsfahrzeuge *B.W.I* und *B.W. II* für weitere Erprobung bis Juli 1940 zur Verfügung gestellt. Dann wurde ein *Pz.Kpfw.IV Ausf.D*, Fahrgestell Nr. 80625, an Wa Prüf 6 von In 6 für Versuchszwecke abgegeben. Bekannte Versuche mit beiden Versuchsfahrzeugen waren:

- Die Versuchs-Bugpanzer und Inneneinrichtung für 2./*B.W.* wurden zwischen 6. Januar und 30. März 1938 in das Versuchsfahrgestell *B.W. II* montiert.
- Zwischen April und November 1938 wurde der B.W.-Turm mit Munitionslagerung auf das Versuchsfahrgestell *B.W. II* aufgesetzt.
- 1939 und 1940 wurde das Versuchsfahrgestell *B.W. II* zur Erprobung verschiedener Konstruktionen der Brückenlegergeräte verwendet.
- Im Dezember 1939 und Januar 1940 stand nur das Versuchsfahrgestell *B.W. I* aus Kummersdorf dem Wa Prüf 6 für Winterversuche zur Verfügung. Das *B.W. I* Fahrzeug für diese Winterversuche wurde mit vollständig neuem 4./*B.W.*-Laufwerk ausgerüstet (auch mit 10 Anschlagböcken).
- Am 20. Juni 1940 bestätigte Wa Prüf 6, daß die Gehäuse für Bremsentlüfter des Versuchsfahrzeuges *B.W. I* der 1./*B.W.*-Serie entnommen werden können.

4. Panzerkampfwagen IV (7,5 cm) (Vskfz.622) Ausführung A, (1./B.W.)

Fahrgestell-Nummer-Serie 80101 – 80135

Die 35 *Pz.Kpfw.IV Ausf.A* wurden zwischen November 1937 und Juni 1938 gefertigt und abgenommen.

Die *Ausführung A* (Gruppen Nr. 021St14700) war in der Konstruktion dem Versuchsfahrzeug *B.W. I* (Gruppen Nr. 021St8400) mit 8-Rollenlaufwerk sehr ähnlich. Wegen vieler kleinerer Einzelheiten wurde fast jede Baugruppe neu gezeichnet. Nur die folgenden unveränderten Teile wurden vom Versuchsfahrzeug übernommen:

021St8404 Zwischenwand (zwischen Motor- und Kampfraum)
021St8442 Bremsen
021St8446 Fußbremsbetätigung
021St8447 Kupplungbetätigung
021St8450 Hebellenkung
021St8456 Spannrolle
021St8457 Kühler

Die folgende Gerätebeschreibung erläutert eingehende Besonderheiten in der Konstruktion des Pz.Kpfw.IV.

4.1 GERÄTEBESCHREIBUNG

Der *Panzerkampfwagen IV (7,5 cm) (Vskfz.622), Ausführung A* bestand aus dem Fahrgestell, dem Panzerkastenoberteil und dem Turm. Fahrgestell und Panzerkastenoberteil waren durch die »Trennfuge« geteilt.

4.1.1 PANZERUNG

Die Panzerung bestand aus homogenem, nickel-freien Panzerstahl PP694 mit 153 ±5 kg/mm Festigkeit. Die Panzerung war sicher gegen 7,92 mm S.m.K. Geschosse von Gewehren oder M.G. aus Entfernungen ab 30 m und 90 Grad Neigung.

4.1.2 FAHRGESTELL

Das Fahrgestell umfaßte folgende Hauptteile: Panzerwanne, Motor mit Kühlanlage und Luftfilter, Gelenkwellen mit Bremsentlüftung, Hauptkupplung, Schaltgetriebe, Kegeltrieb, Lenkgetriebe, Laufwerk, Kraftstofflagerung und elektrische Ausrüstung.

4.1.2.1 PANZERWANNE

Die Panzerwanne war der Träger des Fahrgestells. Sie bestand aus miteinander verschweißten Panzerplatten mit folgenden Stärken und Neigung (zur Horizontalebene geneigt).

Platte	Stärken	Neigung
Stirnwand, obere	10 mm	18°
Stirnwand, vordere	14,5 mm	76°
Stirnwand, untere	14,5 mm	29°
Seitenwand	14,5 mm	90°
Rückwand, obere	14,5 mm	80°
Rückwand, untere	10 mm	16°
Boden	8 mm	0°

In der Panzerwanne waren die Motoren- und Triebwerksgruppen gelagert. Der Motorenraum wurde vom Mannschaftsraum durch eine Zwischenwand getrennt.

Der Boden der Wanne war im Bug- und Heckteil durch je einen kräftigen Querträger und im Mittelteil durch den kastenförmigen Einbau für die Kraftstoffbehälter versteift.

Zum Bedienen bzw. zum Ein- oder Ausbau von Maschinenteilen waren folgende Deckel vorgesehen:

- Abschraubbarer Deckel im Bug zum Ein- oder Ausbau des Schaltgetriebes, zur Überwachung der Ölpumpe für das Lenkgetriebe, des Kilometerzählers und der Fußbremse mit Bremslichtschalter.
- Zwei Klappen über den Lenkgetrieben für die Lenk- und Stützbremsen waren verstellbar zur Belüftung des Bugraumes.
- Abschraubbarer Deckel im Heck zur Bedienung von Lüfter- und Lichtmaschinenriemen.
- Schnappdeckel über der Öffnung für die Kurbel des Schwungkraftanlassers.
- Notausstieg unter dem Pz.-Funkersitz.
- Zwei abschraubbare Deckel unter den Lenkgetrieben zum Prüfen der Öleinspritzdüsen und Ölleitungen.
- Zwei abschraubbare Deckel im Motorenraum zum Ölablaß und zum Ausbau der Spaltfilterglocke.
- Handbetätigte Bodenventile unter Schaltgetriebe und Motor.
- Abschraubbare Bodenplatte zum Ausbau der Kraftstoffbehälter nach unten.
- Zwei abschraubbare Deckel in der Bodenplatte unter den Kraftstoffbehältern als Zugang zu den Ablaßschrauben der Kraftstoffbehälter.
- Zwei durch Schraubknebel lösbare Deckel in der linken Seitenwand zum Einfüllen des Kraftstoffes.
- Am Bug waren 2 Zugvorrichtungen angeschraubt zum Anhängen eines Zugseiles in waagerechter und senkrech-

ter Richtung oder zum Abschleppen mit Zugstangen. Die Fahrzeugwinde konnte unter der Zugvorrichtung angesetzt werden. Am Heck waren 1 Anhängegabel und 2 Zughaken angebracht.
- Auf beiden Seiten der Wanne waren geriffelte Kettenabdeckbleche angebracht, deren vordere und hintere Enden beim Befahren von Trichtergelände hochgeklappt wurden.

4.1.2.2 MOTOR

Der Maybach 12 Zylinder-Vergasermotor HL 108 TR hatte eine Trockensumpfschmierung. Die Zylinder waren in V-Form angeordnet. Der Motor war ausgerüstet mit 2 mechanischen Kraftstoffpumpen, 1 Solex-Handhilfspumpe, 2 Solex-Zweistufengeländevergasern, 1 elektrischen Anlasser und 1 Schwungkraftanlasser.

Der 10,8 Liter Motor hatte eine Leistung von 230 PS bei 2600 Umdrehungen/min mit einem Motordrehmoment von 63,5 m/kg.

Durch die zwei Solex-Zweistufengeländevergaser wurde erreicht, daß der Motor bei allen vorkommenden Schräglagen des Fahrzeuges genügend Kraftstoff erhielt. Jeder Geländevergaser hatte 2 Stufen, d.h. zwei Düsen wurden nacheinander je nach Belastung des Motors eingeschaltet. Jede Stufe hatte 2 Schwimmer, die 2 Ventilnadeln von einer gemeinsamen Welle aus betätigten. Bei Waagerechtfahrt wurde die Welle von bei-

Panzerkampfwagen IV, Ausführung A, im Krupp-Grusonwerk, Magdeburg. Der Tarnanstrich wurde im Werk aufgebracht.

den Schwimmern gedreht; bei seitlichen Schräglagen des Fahrzeuges bewegte nur der tiefer liegende Schwimmer die Welle und hielt den richtigen Kraftstoffstand in der Düse.

Ein besonderer Anlaßvergaser, der mit dem Hauptvergaser in einem Gehäuse angeordnet war, ermöglichte ein gutes Anspringen des kalten Motors.

Zum besseren Vergasen wurde das Saugrohr des Vergasers mit einer vom Auspuffrohr abgezweigten Leitung durch Abgase vorgewärmt.

4.1.2.3 KÜHLANLAGE

Zwei Kühler waren im Motorraum links von Motor schräg unter der Decke des Heckpanzers aufgehängt. Zwei Lüfter waren im Raum rechts vom Motor an der Lüfterklappe des Heckpanzers aufgehängt und wurden über eine Rutschkupplung durch Keilriemen vom Motor angetrieben. Die Kühlluft trat durch seitliche Öffnungen unter dem dachförmigen Heckpanzer an der linken Seite ein, durchströmte die Kühler und wurde über den Motor hinweg von den Lüftern durch Öffnungen an der rechten Seite des Heckpanzers hinausgedrückt. Der Unterdruck im Motorenraum verhinderte, daß Kraftstoff und Motorenabgase in den Mannschaftsraum eindringen konnten.

Die Lüfterklappe konnte nach Ausrücken der Rutschkupplung mit den angehängten Lüftern geöffnet werden. Für den Sommer war die Klappe über den Kühlern aufstellbar, sodaß die Kühlluft diesen unmittelbar zufließen konnte.

4.1.2.4 LUFTFILTER

Drei VB3 Delbag-Luftfilter standen an der rechten Seite des Motorenraumes. Die Luft konnte durch seitliche Öffnungen im Aufbau von außen (Giftgasgefahr) bzw. bei sehr starkem Staubanfall nach Betätigen einer Drehklappe im Luftansaugkanal aus dem Mannschaftsraum angesaugt werden. Die Filter waren zum Reinigen nach Öffnen der Lüfterklappe von oben zugängig.

4.1.2.5 ZWISCHENWELLE

Das Drehmoment wurde vom Motor zur Hauptkupplung durch zwei hintereinanderliegende Gelenkwellen übertragen. Zwischen den beiden Gelenkwellen war in der vorderen Querwand eine Lagerstelle angebracht. Die vordere Welle trug den Läufer des Gebläses zum Kühlen der Bremsen. Dieses saugte durch Rohrleitungen Luft aus den Bremsgehäusen und drückte sie durch ein Rohr und eine schußsichere Öffnung an der linken Seite des Bugpanzers aus dem Fahrzeug hinaus.

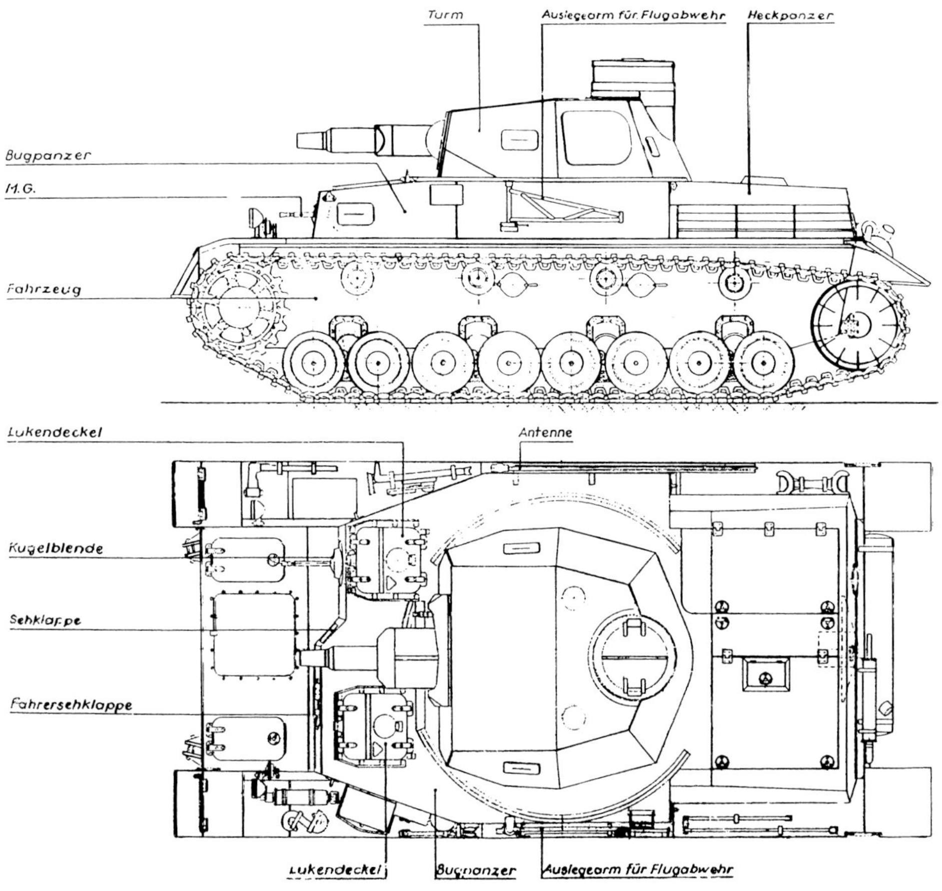

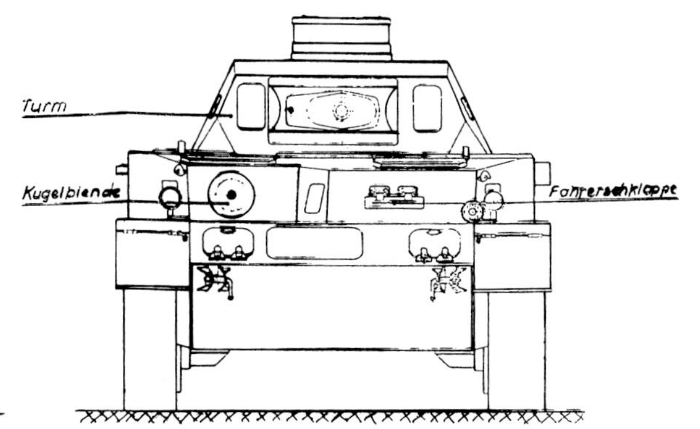

Pz.Kpfw.IV Ausf.A (Zeichnung Nr. 021 A 14700).

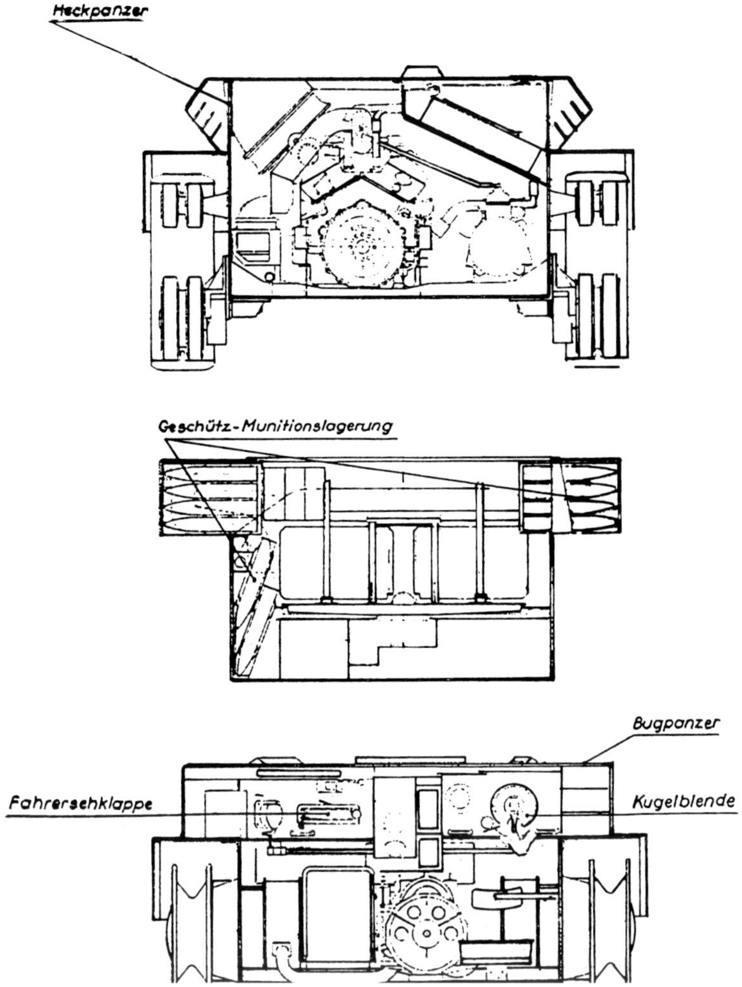

Pz.Kpfw.IV Ausf.A (Zeichnung Nr. 021 A 14700, Bl.2), Schnitte.

4.1.2.6 HAUPTKUPPLUNG

Die Hauptkupplung war eine 3 Scheiben-Trockenkupplung mit Asbestbelag. Das Gehäuse war mit dem Schaltgetriebe verschraubt.

4.1.2.7 SCHALTGETRIEBE

Das Getriebe war für eine Leistung von 300 PS und ein größtes Drehmoment von 75 mkg bestimmt. Es hatte die Bezeichnung SFG 75; synchronisiertes Fünfganggetriebe für 75 mkg. Das Getriebe hatte 5 Vorwärtsgänge und einen Rückwärtsgang mit folgenden Übersetzungen der einzelnen Gänge:

		Geschwindigkeit	
1. Gang	1 : 6,75		4,8 km/Std.
2. Gang	1 : 3,36		9,7
3. Gang	1 : 2,12		15,3
4. Gang	1 : 1,42		22,8
5. Gang	1 : 1		32,4
R. Gang	1 : 6,4		5,1

Alle Gänge, mit Ausnahme des 1. und des Rückwärtsganges, waren synchronisiert. Die Synchronisierungseinrichtung gestattete ein leichtes und geräuschloses Schalten.

Am Schaltgetriebe war der Kegeltrieb mit einer Übersetzung von 1:1,05 angeflanscht. Er übertrug den Antrieb auf die beiden Lenkgetriebe.

4.1.2.8 LENKGETRIEBE UND BREMSEN

Die beiden Lenkgetriebe, als Planetengetriebe ausgebildet, waren in Verbindung mit Seitenvorgelegen von außen in die Wanne eingesetzt. Der Träger für die Bandbremsen war an die Gehäuse der Lenkgetriebe angeschraubt. Das Planetengetriebe diente als Kupplung, um beim Lenken den Antrieb von der gebremsten Kette zu lösen. Das Seitenvorgelege war ein Untersetzungsgetriebe und mit einer Bremse zum Abbremsen der Kette beim Lenken und zum Stillsetzen des Fahrzeuges verbunden. Die außerhalb der Wanne liegenden Seitenvorgelege wurden durch aufgeschraubte Panzerplatten geschützt.

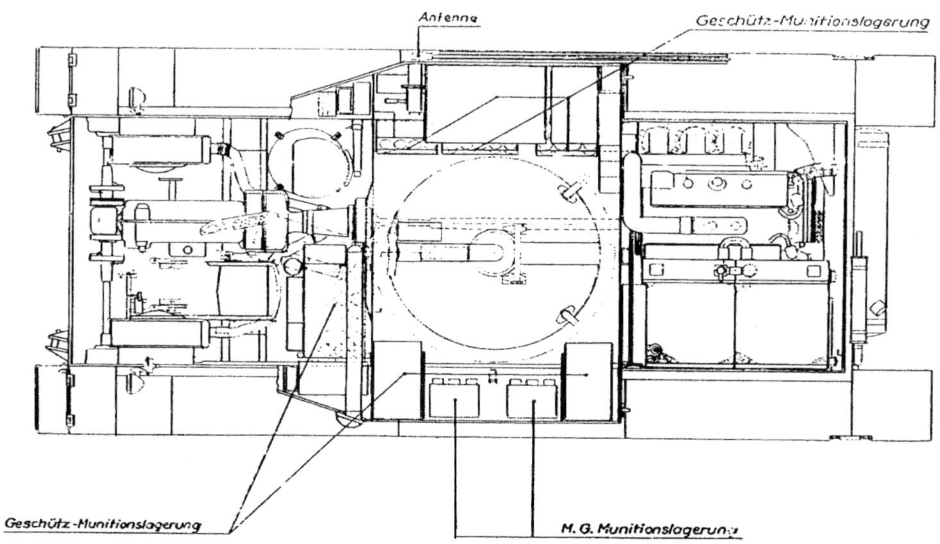

Übersetzungen:

Vorgelege, Rad	1 : 2,09
Planetengetriebe	1 : 1,43
Seitenvorgelege	1 : 4

Mit den Stützbremsen und den Lenkbremsen waren die Lenkhebel rechts und links vom Fahrer verbunden. Beim Anziehen eines Lenkhebels öffnete sich zunächst die Stützbremse. Der Kraftfluß zum Triebrad wurde dadurch unterbrochen. Beim weiteren Anziehen des Lenkhebels trat die Lenkbremse in Tätigkeit, die die Kette verzögerte. Nach dem Grad des Kettenabbremsens richtete sich die Größe des gefahrenen Bogens. Bei kleinen Lenkbewegungen wurde mit leichtem Anziehen der Lenkhebel nur die Stützbremse gelöst, wobei der Fahrwiderstand die Kette verzögerte, ohne daß die Lenkbremse angezogen wurde.

4.1.2.9 LAUFWERK

An jeder Seite des Fahrzeuges waren 8 Laufrollen (470 mm Durchmesser) zu vier Paaren vereinigt. Jedes Paar war fliegend mit Kurbelhebeln an der Wanne gelagert. In dem vorderen Kurbelhebel jedes Rollenpaares war eine Blattfeder eingespannt. Das freie Ende dieser Blattfeder wälzte sich auf einer Rolle des anderen Kurbelhebels ab. Beim Durchfedern der Laufrolle wurde hierdurch die wirksame Federlänge größer und die Federung stetig weicher. Wegen der Eigendämpfung der Blattfedern wurden keine Stoßdämpfer eingebaut. Die Durchfederung der Blattfeder war durch einen Anschlag begrenzt. Für die vordere und hintere Laufrolle war zum Begrenzen des Rollenhubes ein Anschlag an der Fahrzeugwanne angebracht.

4.1.2.10 GLEISKETTE UND KETTENSPANNER

Das Fahrgestell lief auf zwei ungeschmierten Ketten vom Typ Kgs 6110/380/120. Jede Kette bestand aus etwa 99 einzelnen ineinandergreifenden Kettengliedern, die durch Bolzen verbunden waren. Ihre geschlossene Lauffläche war so groß, daß der spezifische Bodendruck bei vollem Fahrzeuggewicht ungefähr 0,68 kg/cm^2 betrug.

Die Kette wurde vom vornliegenden Triebrad mit Doppelzahnkranz angetrieben. Sie wurde von den Spurkränzen der Laufrollen, zwischen denen die Kettenzähne laufen, geführt.

Am hinteren Ende des Fahrzeuges wurde die Kette am Leitrad nach vorn umgelenkt. Um ein Kettenabwerfen zu verhindern, bestand die Lauffläche des Leitrades aus Stahl. Den Durchgang verringerten vier Stützrollen, über die die Kette zum Triebrad zurücklief.

Als Kettenspanner wirkte das Leitrad, das auf einer Kurbel gelagert war. Diese wurde in ihrer jeweiligen Lage durch zwei Zahnscheiben gehalten, die durch Mutter und Gegenmutter gesichert war.

Zum Vergrößern der Griffigkeit besaßen die Kettenglieder Greiferleisten. Zur Selbstreinigung waren die Glieder durchbrochen ausgeführt.

Auf trockenem, gewachsenen Boden (Grasnarbe) betrug die Steigfähigkeit bis zu 35 Grad, sank aber bei nassem Boden, Sand und Geröll. Die Kletterfähigkeit (Mauerüberschreitungen) war von der Scherfestigkeit des Bodens und vom Hindernis abhängig.

4.1.2.11 KRAFTSTOFFLAGERUNG

Der Kraftstoff befand sich in den 3 Behältern I, II und III. Behälter I und III wurden durch Einfüllstutzen gefüllt. Behälter II füllte sich durch den Verbindungsschlauch gleichzeitig mit Behälter III. Der Schlauch diente zur Belüftung von Behälter II. Die 3 Behälter ließen sich durch den Ventilsatz absperren bzw. wahlweise an die beiden Kraftstoffpumpen des Motors anschließen. Fassungsvermögen der Behälter: Behälter I etwa 140 l, Behälter II etwa 110 l, Behälter III etwa 220 l, zusammen

Panzerkasten-Oberteil des Pz.Kpfw.IV Ausf.A.

470 Liter. Der Fahrbereich (mit einer Kraftstoff-Füllung) war 210 km auf guter ebener Straße oder 130 km in mittlerem Gelände.

4.1.2.12 ELEKTRISCHE AUSRÜSTUNG

Zur Beleuchtung der Fahrbahn dienten abblendbare Scheinwerfer auf den Kettenabdeckungen. Am Heck des Fahrzeuges befand sich eine Halt-Schlußleuchte. Im Innern des Fahrzeuges waren zwei Lampen an der Schalttafel rechts neben dem Fahrer angebracht. Der Funker hatte über sich eine durch Drehen ausschaltbare Leuchte.

Für eine Handleuchte mit 3 m langem Kabel befanden sich Steckdosen im Motorraum und an der Schalttafel.

Eine 12 Volt-Bosch-Lichtmaschine von 600 Watt lud die Sammler auf. Die vier Sammler von je 6 Volt und 105 Amp.Std. waren paarweise zur Erzielung von 12 Volt Spannung hintereinander geschaltet.

Der elektrische Bosch-Anlasser für den Motor benötigte eine Spannung von 24 Volt. Diese Spannung wurde durch Hintereinanderschalten der vier Sammler im Fußschalter zum Anlasser erreicht.

4.1.3 PANZERKASTENOBERTEIL

Das Panzerkastenoberteil bestand aus dem Bugpanzer und dem Heckpanzer. Der Heckpanzer konnte unabhängig vom Bugpanzer ausgebaut werden, der Bugpanzer nur nach Abnahme des Heckpanzers.

Das Panzerkastenoberteil war mit einem M.G. bestückt, das in einer Kugelblende untergebracht war. Für den Fahrer waren eine besondere Optik und drei Sehklappen, für den Funker, der gleichzeitig M.G.-Schütze war, waren eine Optik in der Kugelblende und eine Sehklappe vorgesehen. An der rechten Seite war eine abklappbare Stabantenne, an der linken Seite ein Auslegearm für Flugabwehr angebracht. Die Innenräume wurden für die Lagerung von Munition und Zubehör benutzt. Die Hauptgruppen des Panzerkastenoberteils waren: Bugpanzer, Heckpanzer, Kugelblende, Fahrersehklappe und Fahreroptik, Sehklappen und Luken, Antenne und Funkgerät, Auslegearm für Flugabwehr, Munitionslagerung, und Zubehörlagerung.

4.1.3.1 BUGPANZER

Der Bugpanzer schützte den Gefechtsraum und einen Teil des Raumes für den Fahrer und Funker. Er bestand aus miteinander verschweißten Panzerplatten mit folgenden Stärken und Neigung (zur Horizontalebene geneigt).

Platte	Stärken	Neigung
Stirnwand	14,5 mm	81°
Seitenwand	14,5 mm	90°
Decke	11 mm	0 und 5°
Rückwand	14,5 mm	90°
Bodenplatte	8 mm	0°

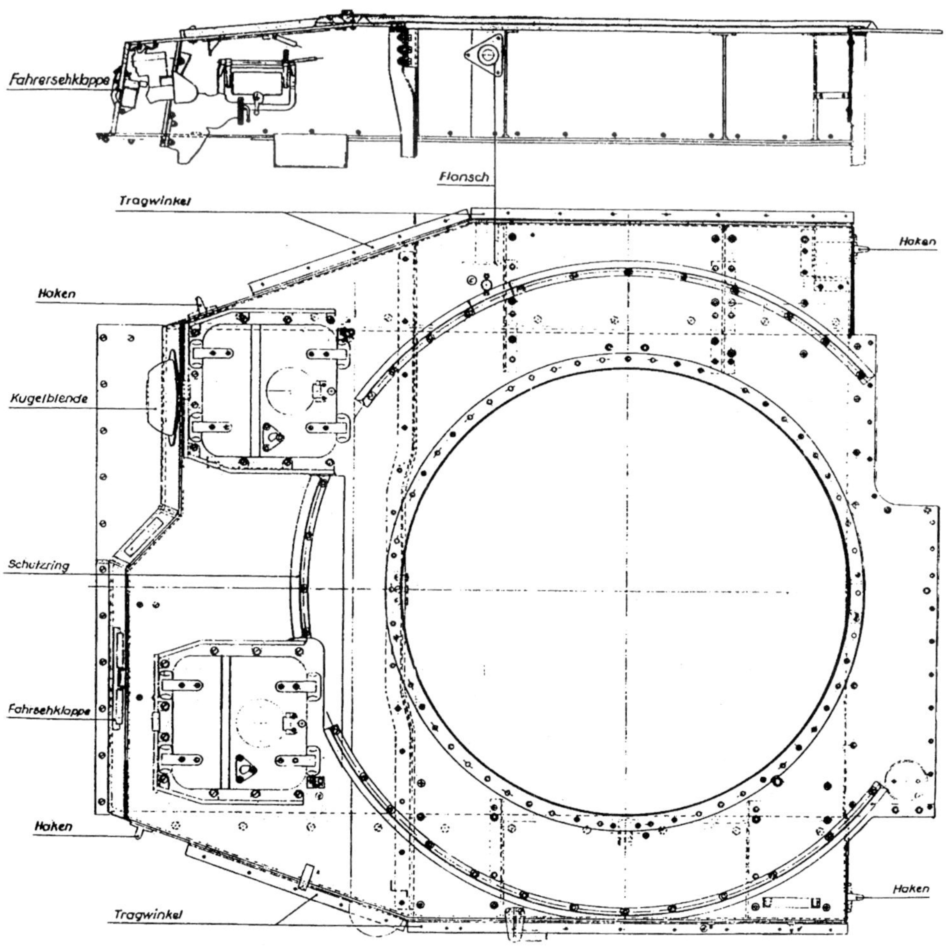

Bugpanzer (Zeichnung Nr. 021 A 14786 U1) für Pz.Kpfw.IV Ausf.A.

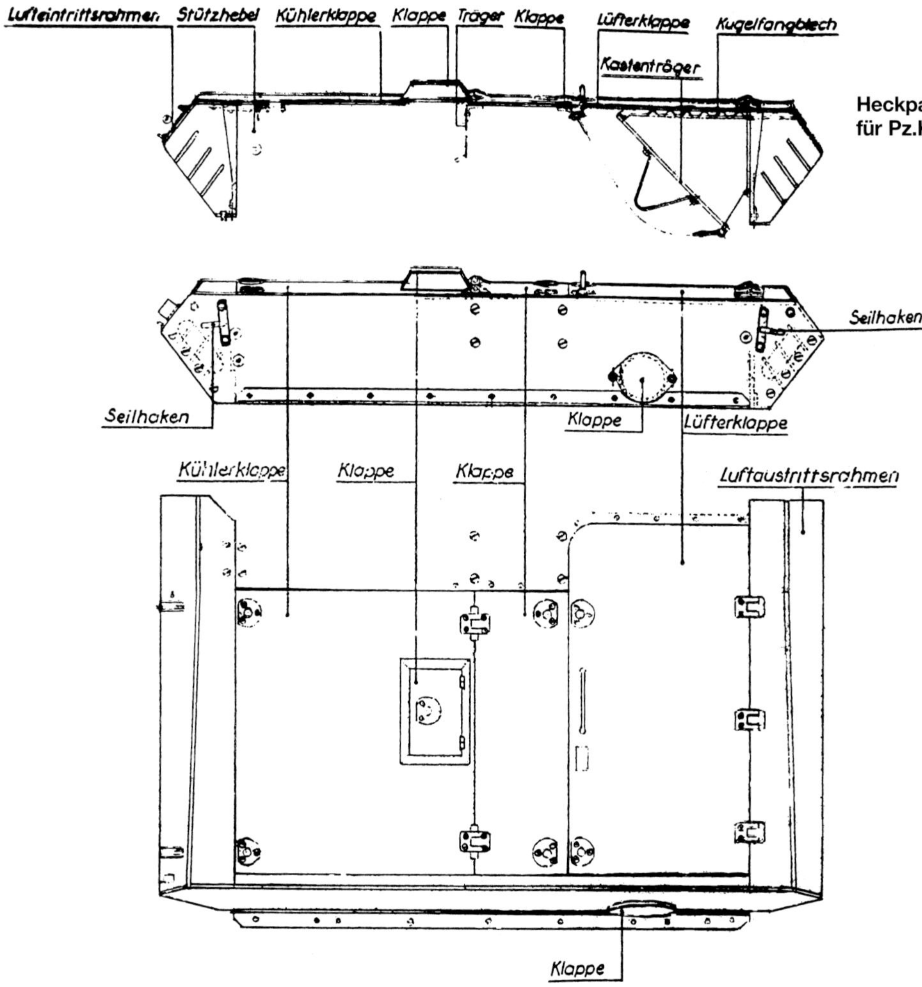

Heckpanzer (Zeichnung Nr. 021 A 14787) für Pz.Kpfw.IV Ausf.A.

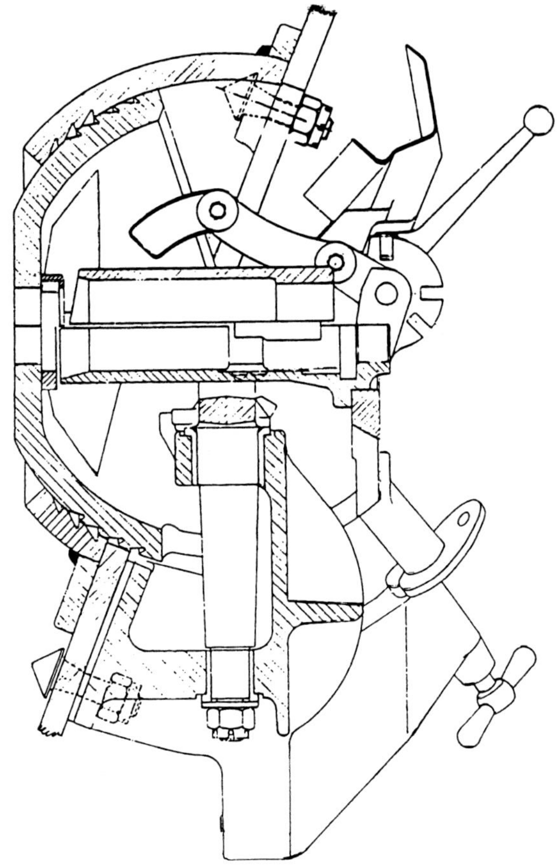

Kugelblende für Pz.Kpfw.IV Ausf.A, Schnittbild.

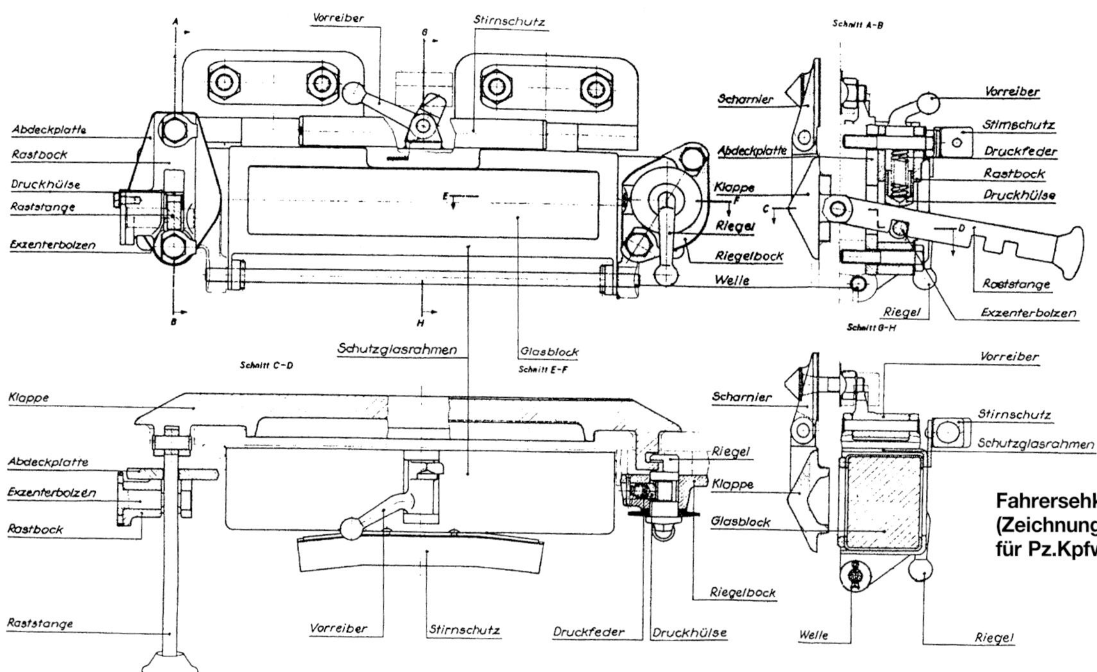

Fahrersehklappe (Zeichnung Nr. 021 B 8960) für Pz.Kpfw.IV Ausf.A.

Auf dem Umfang des Bugpanzers waren vier Sehöffungen eingeschnitten. Eine war durch die Fahrersehklappe und die anderen drei durch Sehklappen verschlossen. In die Stirnwand war die Kugelblende eingebaut. Der Funker konnte diese öffnen und so auch als Sehöffnung benutzen.

Vorn links war eine schußsichere Öffnung für die Bremsentlüftung, hinten rechts eine solche für die Ansaugluft des Motors vorgesehen.

Auf dem Dach des Bugpanzers war ein Paßring für die Aufnahme des Turmanschlusses aufgenietet. Dicht am Paßring befand sich hinten links die Bohrung für die Turmzurrung.

Zum Abdecken der Fuge zwischen Turm und Panzerkastenoberteil diente der dreiteilige Schutzring. Vor diesem Ring waren für den Fahrer und Funker Einstiegluken vorgesehen, die durch zweiteilige Lukendeckel verschlossen wurden. Hinten links war eine Öffnung zum Einfüllen von Kraftstoff für den D.K.W.-Motor vorgesehen, die durch einen Deckel verschlossen wurde.

An den Seitenwänden waren Tragwinkel für die Kettenabdeckung angenietet. Der Bugpanzer war innen durch Träger, Stege und Stützen versteift. Er ragte an den Seiten über die Wannenbreite hinaus; die dadurch entstehenden Räume wurden zur Munitions- und Zubehörlagerung ausgenutzt. An der rechten Seitenwand war vorn ein Flansch für die Aufnahme der Antennenlagerung angeschweißt, hinten war ein Luftkanal für die Ansaugluft des Motors eingebaut.

An der Stirnwand waren in der linken Ecke der Richtungskreisel und vor dem Fahrer, seitlich nach rechts verschiebbar, die Fahreroptik befestigt.

Zwischen Fahrer und Funker hing unter der Decke ein Rahmen für die Sender- und Empfänger-Aufhängevorrichtung.

Zum Abheben und Aufsetzen des Bugpanzers waren an den Seitenwänden vier Haken vorgesehen.

4.1.3.2 HECKPANZER

Der Heckpanzer schützte den Motorenraum. Er bestand aus miteinander verschweißten Panzerplatten mit folgenden Stärken und Neigung (zur Horizontalebene geneigt).

Platte	Stärken	Neigung
Decke	10 mm	2°
Seitenwand (schräg)	10 mm	55°
Seitenwand	14,5 mm	90°
Rückwand	14,5 mm	80°

An der linken Seite war der Lufteintrittsrahmen, an der rechten der Luftaustrittsrahmen befestigt. Das Kugelfangblech sollte Bleispritzer und kleine Sprengstücke auffangen.

Die Decke des Heckpanzers wurde von der Kühlerklappe, der Motorklappe und der Lüfterklappe gebildet. Die Kühlerklappe konnte, wenn keine Schußgefahr bestand, zur besseren Zuführung von Frischluft aufgestellt werden. Sie wurde dann von dem unter Federdruck stehenden Stützhebel, der in den oberen Rand des Heckpanzers einsprang, gehalten. Auf die Kühlerklappe war eine Klappe aufgesetzt, die zum Einfüllen von Wasser in den Kühler und zum Bedienen des Ventils für die Kühlerentlüftung diente. Vor dem Öffnen der Lüfterklappe mußte durch eine runde Klappe an der Rückwand des Heckpanzers der Ventilatorantrieb ausgekuppelt werden.

An zwei Seilhaken wurde das Drahtseil zum Abschleppen des Fahrzeuges mitgeführt. Unter der Heckpanzerdecke war der Träger zum Befestigen des Kühlers angebracht. Unter der Lüfterklappe hing der Kastenträger zur Aufnahme der Lüfter.

4.1.3.3 KUGELBLENDE

Die Kugelblende bestand aus einer allseitig beweglich gelagerten Blendenkugel aus Panzerwerkstoff, die außen durch eine Kugelabdeckung aus Panzerwerkstoff abgedeckt war. Sie enthielt im Inneren Lagerungen für ein M.G.34 und ein Zielfernrohr. Die Blendenkugel war in der Mitte waagerecht in zwei Teile geteilt; sie war zum Einlagern der Waffe und zum freien Ausblick ins Gelände aufklappbar ausgebildet. Das M.G. konnte durch ein Höhenrichtfeld von –10 Grad bis +20 Grad und ein Seitenrichtfeld von ±20 Grad bewegt werden. Das Kugelzielfernrohr (K.Z.F.2) hatte eine 1,8 fache Vergrößerung von 1,8 x und ein Sichtfeld von 18 Grad.

4.1.3.4 FAHRERSEHKLAPPE UND FAHREROPTIK

Für den Fahrer war in der Stirnwand eine durch einen Glasblock geschützte Sehklappe zur unmittelbaren Beobachtung vorgesehen. Mußte während des Gefechts die Sehklappe geschlossen bleiben, wurde durch zwei Löcher oberhalb der Sehklappe mit der Fahreroptik beobachtet.

Die Fahrersehklappe war eine Sehklappe ohne Sehschlitz. Die Klappe war mit zwei Scharnieren außen an der Stirnwand des Panzerkastenoberteils befestigt. Die Klappe deckte die Öffnung vollständig ab und wurde von innen durch die Raststange bedient. Hinter dem Sehschlitz war der Glasblock aus Sicherheitsglas eingebaut, der von dem Schutzglasrahmen gehalten wurde. Der Glasblock schützte nicht gegen Durchschuß. Der Schutzglasrahmen war um eine Welle klappbar an der Stirnwand befestigt.

Die in Serien laufende Fahreroptik K.F.F.1 (frühere Bezeichnung K.F.F.III) der Firma Askania hatte an den beiden Knickstellen Ausbauten für Pantaprismen. Die K.F.F.1 hatte eine 1,15 fache Vergrößerung und ein Sichtfeld von 50 Grad. Die Fahreroptik bestand aus der Führungsschiene, dem Lagerschlitten mit Optik und dem Schutzschlitten. Die Fahreroptik war an der Decke des Panzerkastenoberteils befestigt.

4.1.3.5 SEHKLAPPEN UND LUKEN

Die in das Panzerkastenoberteil eingebauten Sehklappen waren ausgeführt wie die Sehklappen im Turm.

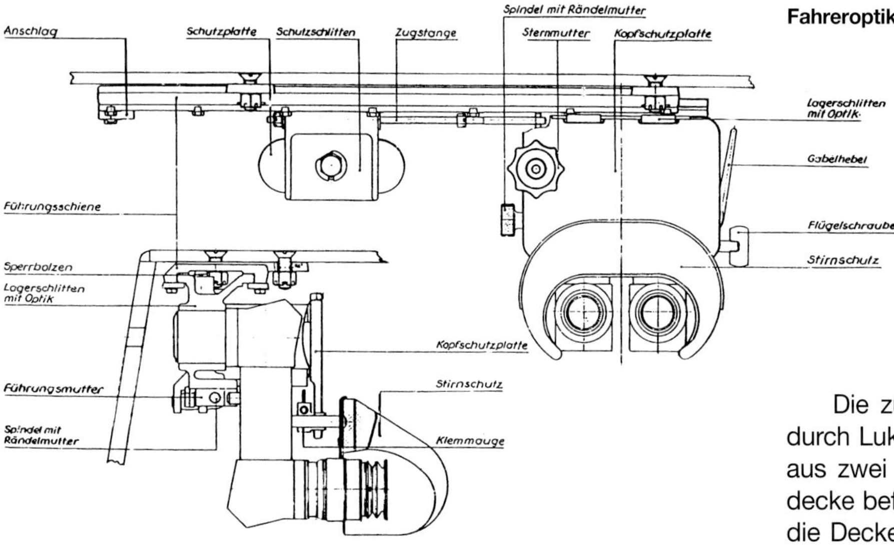

Fahreroptik (Zeichnung Nr. 021 B 8966) für Pz.Kpfw.IV Ausf.A.

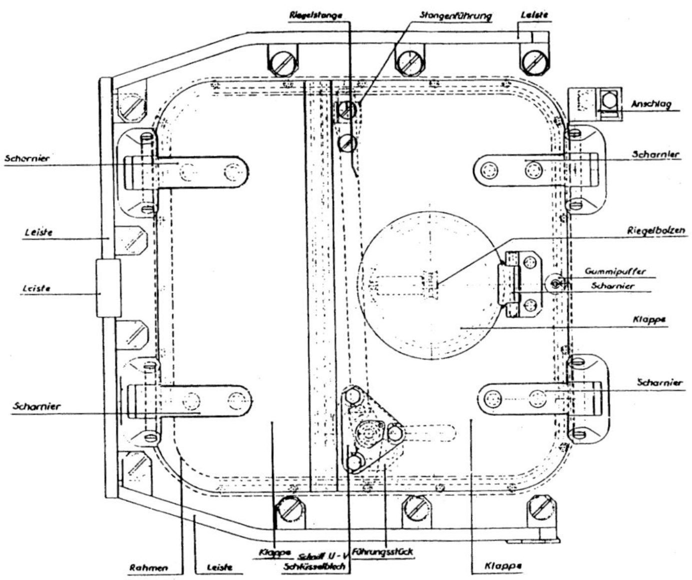

Lukendeckel (Zeichnung Nr. 021 A 14786 Bl.2) für Pz.Kpfw.IV Ausf.A.

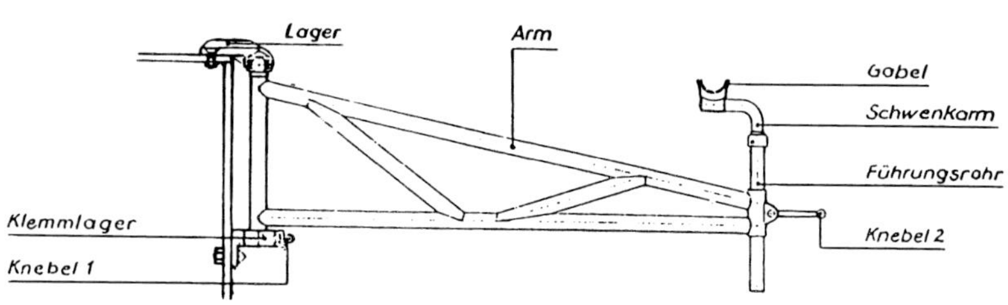

Auslegerarm für MG (Flugabwehr).

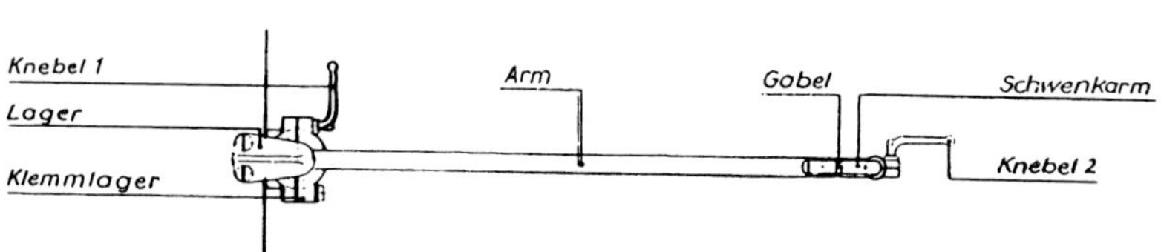

Die zum Aus- und Einsteigen dienenden Luken wurden durch Lukendeckel geschlossen. Jeder Lukendeckel bestand aus zwei Klappen, die durch Scharniere an der Bugpanzerdecke befestigt waren. Die Klappen lagen auf Rahmen, die in die Decke des Bugpanzers eingenietet waren. Die Fuge zwischen Lukendeckel und Bugpanzerdecke wurde durch Leisten abgedeckt.

Bei geschlossenem Verschluß griff ein gabelförmiger Doppelhebel des Griffhebels unter den Klapprahmen; bei Entlüftungsstellung griff die Gabel des Doppelriegels in den Rahmen. In dieser Stellung war die hintere Klappe ca. 30 mm geöffnet, diese Stellung war bei beschränkter Schußsicherheit zur Entlüftung vorgesehen.

Auf der hinteren Klappe war zur Entlüftung eine runde Klappe mit einem Scharnier angebracht.

Zur Dauerentlüftung diente ein Spalt von 3 mm zwischen Klappe und Auflage. Die geöffnete Klappe stützte sich auf einem Gummipuffer ab.

4.1.3.6 ANTENNE UND FUNKGERÄT

Die Antenne war als Stabantenne für Sende- und Empfangsbetrieb ausgebildet und an der rechten Seite des Panzerkastenoberteils umlegbar angeordnet. Der Antennenstab war ein kegelförmiges Rohr, das in Ruhestellung um 90 Grad umgelegt, in einer an der rechten Seite des Panzerkastenoberteils befestigten Holzrinne ruhte.

Bei Berührung durch Hindernisse oder durch das Geschützrohr beim Drehen des Turmes konnte sich die aufgerichtete Antenne nach hinten oder nach vorne umlegen. Eine Drehungsfeder richtete die Antenne nach Freigabe durch das Hindernis wieder auf.

Rechts vor dem Sitz für den M.G.-Schützen war der Halter für den Sender- und Empfängerumformer gelagert. Links über dem Schaltgetriebe waren die Rahmen für die Sender- und Empfänger-Aufhängevorrichtung gelagert. Die Ausstattung als Kompanie- oder Zugführer Pz.Kpfw. hatte ein Funkgerät, ein *Fu 6 (SE 20 U),* bestehend aus einem 20 Watt Sender und einem Ultrakurzwellen-Empfänger. Das Funkgerät *Fu6 (SE 20 U)* hatte eine Reichweite von 4 bis 6 km (stark vom Gelände abhängig).

Die Ausstattung für einen »normalen« Pz.Kpfw. hatte nur einen Ultrakurzwellen-Empfänger *Fu 2 (EU)* montiert, ohne einen Sender.

4.1.3.7 AUSLEGEARM FÜR FLUGABWEHR

Der Auslegearm für Flugabwehr diente beim haltenden Fahrzeug zur Auflage eines M.G. für die Abwehr von Fliegerangriffen. An der linken Seite des Panzerkastenoberteils waren ein Lager und ein Klemmlager angeschraubt, in denen der Arm drehbar gelagert war.

4.1.3.8 GESCHÜTZMUNITIONSLAGERUNG

In den Seitenräumen des Bugpanzers waren 68, im Fahrgestell 54, insgesamt 122 Stück 7,5 cm Patronen gelagert. Im rechten Seitenraum des Bugpanzers waren 2 Munitionskästen zur Aufnahme von 32 bzw. 12, im linken Seitenraum 2 Munitionskästen zur Aufnahme von je 12 Patronen angebracht. Die Patronen wurden in diesen Kästen liegend gelagert.

Im Fahrgestell waren an der rechten Wand drei Munitionskästen für 26 und hinter dem Fahrersitz ein Munitionskasten für 28 Patronen untergebracht. Die Patronen waren in diesen Kästen schräg bzw. senkrecht mit der Spitze nach unten gelagert.

Sämtliche horizontalen und schrägen Munitionskästen wurden durch Segeltuchvorhänge abgedeckt. Der senkrechte Munitionskasten hatte einen zweiteiligen Blechdeckel.

4.1.3.9 M.G.-MUNITIONSLAGERUNG

Zur Aufnahme von Trommelmagazinen für M.G.-Munition waren im Panzerkastenoberteil 8 Kästen angebracht.

Davon waren an der linken Seitenwand 3 Kästen, links vom M.G.-Schützen 1 Kasten, an der rechten Seitenwand 2 Kästen, unter der Decke hinter der vorderen Zwischenwand 1 Kasten und an der hinteren Zwischenwand rechts 1 Kasten für insgesamt 38 Doppeltrommeln untergebracht. Ein weiterer Kasten mit 2 Doppeltrommeln befand sich auf der Plattform des Turmes.

4.1.3.10 ZUBEHÖRLAGERUNG

Außen am Bug- und Heckpanzer sowie auf der Kettenabdeckung waren folgende Lagerungen für Zubehör angebracht:

Auf der rechten Seite für: 1 Axt, 1 Werkzeugkasten III, 1 Wagenwinde, 1 Spaten, 1 Vorratsantenne (unter der Antennenlagerung), 1 Andrehkurbel, 1 Doppelschraubenschlüssel, 4 Vorrats-Kettenglieder.

Auf der linken Seite für: 1 Feuerlöscher, 2 Zughaken, 1 Zubehörkasten für Flugabwehr, 1 Windenklotz, 1 Drahtschere, 1 Schlüssel für Leitradnachstellung, 1 Kettenspanner, 2 Brechstangen, 1 Wischer mit Stock.

An der Rückwand wurde an 2 Haken 1 Drahtseil zum Abschleppen des Fahrzeuges mitgeführt.

Im Fahrgestell und im Panzerkastenoberteil waren folgende Lagerungen für Zubehör und Ausrüstungen untergebracht:

Munitionslagerung an der rechten Seite im Pz.Kpfw.IV Ausf.A , Fgst.Nr.80113 (gefertigt Februar 1938).

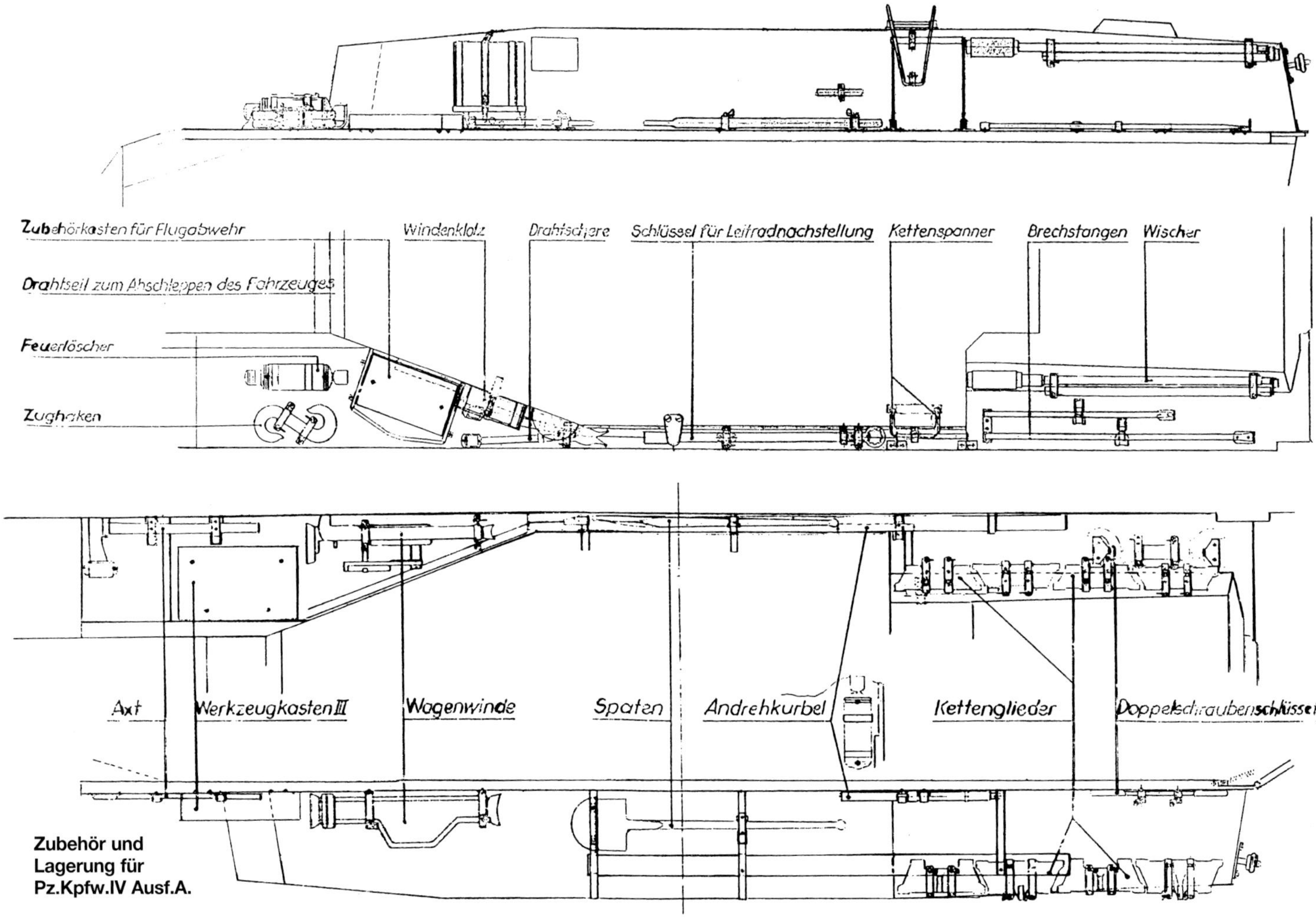

Zubehör und Lagerung für Pz.Kpfw.IV Ausf.A.

Rechts vor dem Sitz für den M.G.-Schützen der Halter für den Sender und Empfängerumformer, links die Halter für den M.G.-Lauf-Behälter und 1 Gasmaskenhalter.

Hinter dem Sitz für den M.G.-Schützen 1 Ölkannenhalter, rechts neben dem Sitz 1 Halter für die M.G.-Zubehörtasche, 1 Kasten für Vorrats-Glaskombinationen und Sehschlitzpanzer, 1 Kopfhörerkasten, 1 Behälter für Ersatzgläser und unten 1 Feldflaschenhalter.

Auf der Rückseite des Rahmens für die Sender- und Empfänger-Aufhängevorrichtung befanden sich die Lagerung der Vorrats-Glaskombinationen für die Fahrersehklappe, die Halter für den Verbandskasten und für die Tasche des Teilrohres, neben dem Rahmen 1 Feldflaschenhalter und hinter dem Fahrersitz 1 Gasmaskenhalter.

Links neben dem Fahrersitz war eine Platte zur Befestigung von Sicherungskasten, Magnetlampe und Umformer für Richtungskreisel, in der oberen linken Ecke ein Halter für Richtungskreisel und an der vorderen Wand des M.G.-Munitionskastens ein Kasten für Kopfhörer angebracht.

4.1.4 TURM

Der mit einer 7,5 cm Kw.K. sowie mit einem M.G. 34 bestückte Turm war in der Mitte des Fahrzeuges angeordnet. Das Rohr mit Bodenstück, Rohrbremse und Luftvorholer war in der Rohrwiege gelagert. Die 7,5 cm Kw.K. und das MG lagen nebeneinander in einer Walzenblende, die mit seitlichen Schildzapfen in der Turmstirnwand gelagert war. Die Walzenblende wurde über einen Zahnbogen durch die Höhenrichtmaschine mit Handantrieb bewegt; das Höhenrichtfeld erstreckte sind von –10 bis +20 Grad.

Der Turm konnte durch die Seitenrichtmaschine mittels eines Elektromotors oder von Hand auf einer Kugelbahn rundum geschwenkt werden. Er war mit einem Zielfernrohr *(T.Z.F.5 b)* und einer Zielschiene (7,5 cm und MG.34) ausgerüstet. Mit Hilfe des Zwölfuhr-Zeigersystems konnten dem Richtschützen vom Kommandanten Seitenrichtbefehle übermittelt werden.

Die Hauptgruppen des Turmes waren: Turm und Turmanschluß, Blende, Geschütz, M.G.-Lagerung, Zielfernrohrlagerung, Zielschienenlagerung, Turmschwenkwerk (Seitenrichtmaschine), Höhenrichtmaschine, Abfeuerungseinrichtungen, Kommandantenkuppel, Sehklappen und Luken im Turm, Sitze und Zubehörlagerungen.

4.1.4.1 TURMGEHÄUSE

Der Turm war rundum drehbar auf einem Hochschulter-Kugellager gelagert. In der Turmstirnwand waren die walzenförmige Blende sowie links und rechts je eine Sehklappe angeordnet. Die Turmpanzerung bestand aus miteinander verschweißten Panzerplatten mit folgenden Stärken und Neigung (zur Horizantelebene geneigt).

Platte	Stärken	Neigung
Stirnwand	14,5 mm	80°
Blendenabdeckung	14,5 mm	Rund
Seitenwand	14,5 mm	65°
Rückwand	14,5 mm	65 und 90°
Decke	10 mm	0 und 7°
Kommandantenkuppel	14,5 mm	90°

Turm des Pz.Kpfw.IV Ausf.A.

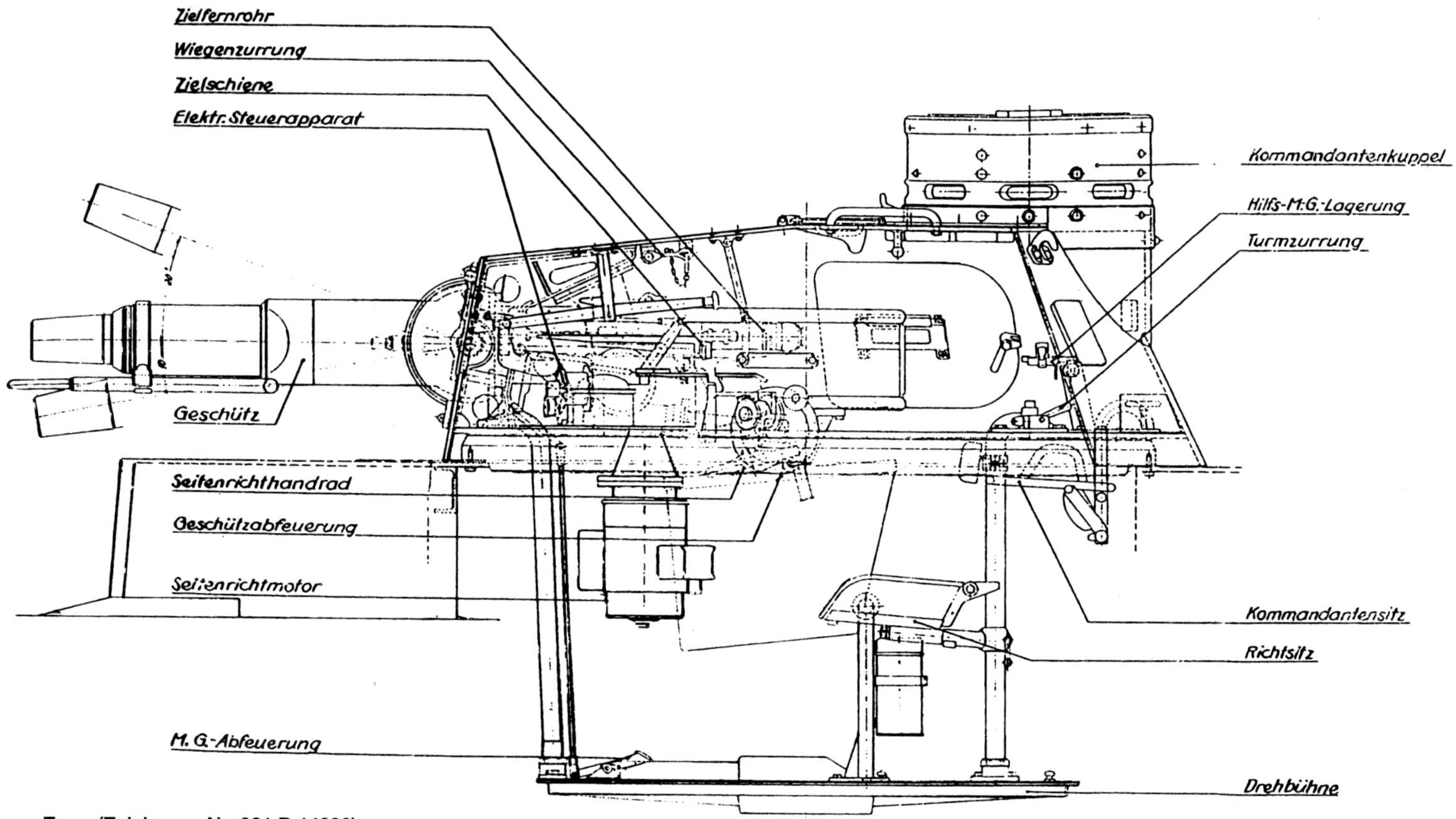

Turm (Zeichnung Nr. 021 B 14800)
für Pz.Kpfw.IV Ausf.A.

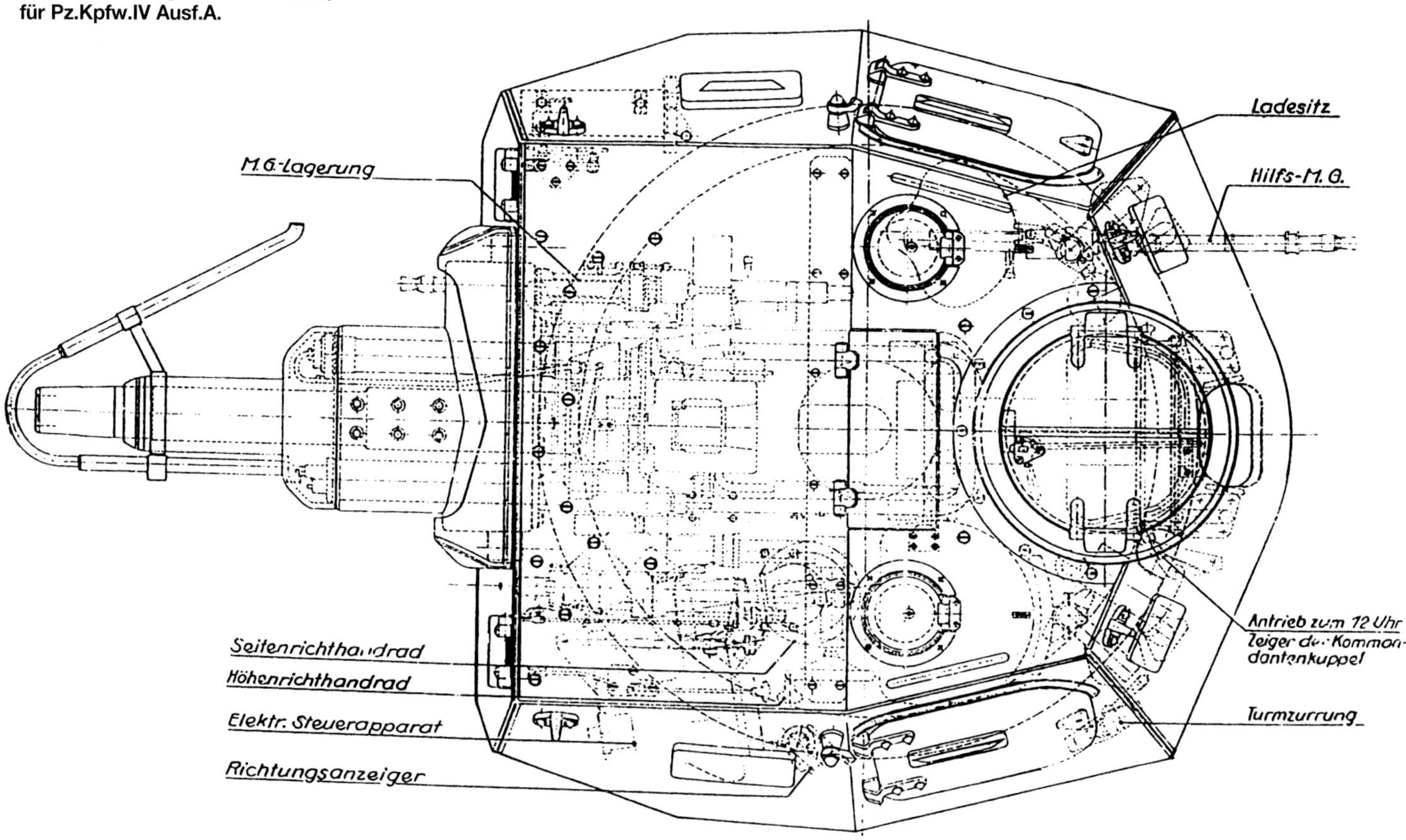

Über die walzenförmige Blende war die Blendenabdeckung geschraubt; sie deckte die Fuge zwischen Blende und Turmstirnwand allseitig ab. Zwischen Blendenabdeckung und Turmstirnwand war die Abdichtungseinlage aus Leder und Blech eingeklemmt.

Nach oben war der Turm durch das Dach abgeschlossen, auf das hinten die Kommandantenkuppel aufgeschraubt war. Unter dem Dach war der Haltegriff für den Kommandanten angeschraubt. An der Rückwand des Turmes war die Rückenlehne für den Kommandanten angebracht.

In der Mitte des Daches war eine Entlüftungsklappe vorhanden. Rechts und links davon war je eine runde Signalöffnung eingeschnitten; die Signalöffnungen wurden durch die verschließbaren Signalklappen abgedeckt.

In die Seitenwände waren je eine Einsteigluke und je eine Sehöffnung eingeschnitten. Die Einsteigluken waren durch die Lukendeckel, die Sehöffnung in der rechten Seitenwand durch die Sehklappe mit Sehschlitz und die Sehöffnung in der linken Seitenwand durch die Sehklappe ohne Sehschlitz verschlossen. Über jeder Einsteigluke war außen ein Haltegriff angeordnet. In geöffnetem Zustand wurden die Lukendeckel durch je einen Drehriegel an den vorderen Seitenwänden gehalten. Über jeder Einsteigluke war eine Regenrinne angebracht.

Zwei weitere Sehöffnungen befanden sich in der Rückwand; sie wurden durch zwei Sehklappen ohne Sehschlitz verschlossen.

Der Turmmantel wurde am unteren Rand rundum durch den Tragring versteift und vorn durch zwei Träger abgestützt.

Zum Abheben und Aufsetzen des Turmes waren außen am Turmmantel vier Haken (Montageösen) vorgesehen, die gleichzeitig zur Befestigung von Tarnungsmitteln dienen konnten.

4.1.4.2 TURMANSCHLUSS

Die Verbindung des Turmes mit dem Panzerkasten-Oberteil wird als Turmanschluß bezeichnet. Zum Turmanschluß gehörten:

Der Zahnkranz, das Kugellager mit Abdeckblech, der Tragring, die Turmzurrung, die Richtungsanzeiger (Zwölfuhr-Zeiger), die Hilfs-M.G.-Lagerung und die Drehbühne.

Der Richtungsanzeiger war mittels Kugellager im Gehäuse gelagert. Die Ziffernscheibe war, wie der Zahnkranz in der Kommandantenkuppel, mit einer von 0–12 reichenden Teilung versehen, die an dem am Gehäuse angebrachten Zeiger abgelesen werden konnte.

Die Hilfs-M.G.-Lagerungen waren hinter den beiden rückwärtigen Sehklappen auf den Tragring aufgeschraubt.

Die Drehbühne bestand aus dem aus Winkeleisen zusammengesetzten Kranz, der mit einer Platte aus Riffelblech belegt war. Die Platte hatte hinten einen Ausschnitt, der durch eine Klappe geschlossen wurde. Die Drehbühne war vorne mit einer Stütze, hinten mit zwei Stützen am Tragring des Turmes aufgehängt.

In der Mitte wurde die Drehbühne durch den Zentrierring am Schleifringkörper geführt und zum Schutze von Führung und Schleifringkörper durch die Kappe und das Schutzblech abgedeckt. Hinter der Haube war die Fußstütze für den Kommandanten angeschraubt.

4.1.4.3 BLENDE

Die Blende (Walzenblende) diente zur Aufnahme der Rohrwiege mit 7,5 cm Rohr, Rohrbremse und Luftvorholer, sowie des M.G. 34. Die Blende bestand aus einem halbkreisförmig gebogenen Panzerblech, welches beiderseits durch angeschweißte Seitenwände, die die Schildzapfen trugen, abgeschlossen war. Hinten war eine Wand eingesetzt, die zum Befestigen der Wiege und der M.G.-Lagerung diente. Vor die Blende war die Blendenabdeckung aus Panzerstahl gelegt. Die Blendenabdeckung deckte die Fuge zwischen Blende und Turmstirnwand ab; sie war an der Turmstirnwand befestigt. Zur Erhöhung des Schutzes gegen Bleispritzer waren an der Blende das obere Schutzblech und das untere Schutzblech, am Turmdach die obere Abdeckleiste und am Tragring die untere Abdeckleiste angeschraubt.

4.1.4.4 GESCHÜTZ

Die 7,5 cm Kampfwagenkanone bestand aus folgenden Hauptteilen: Rohr mit Verschluß, Rohrwiege mit Rohrbremse und Luftvorholer, elektrischer Einrichtung, Zubehör- und Vorratssachen.

Die 7,5 cm Kw.K. hatte eine Rohrlänge von 1766,5 mm (L/24 in Kalibern). Eine Feuergeschwindigkeit bis zu 12 Schuß/Minute konnte erreicht werden. Wahlweise konnten die folgenden Munitionstypen verschossen werden

Typ		Geschoß-Gewicht (kg)	Vo (m/s)
Panzergranate	(K.Gr.rot Pz.)	6,8	385
Sprengranate	(Gr.34)	5,74	420

4.1.4.5 M.G.-LAGERUNG

Zum Einbau des M.G. 34 diente eine Waffenlagerung, die durch eine Justiervorrichtung einstellbar war. Der vordere Teil der Lagerschalen war bis dicht an die vordere Blendenwand gezogen; er diente zusammen mit dem Schutzdeckel zur Abschirmung der Gewehrdurchführung gegen Durchschuß.

Das M.G. 34 hatte eine Feuergeschwindigkeit bis zu 900 Schuß/Minute. Die Munitionladung bestand aus einer Mischung von S.m.K. und S.m.K.-Leuchtspur.

4.1.4.6 ZIELFERNROHR

Das Turm-Zielfernrohr *T.Z.F.5b* war ein knickbares Fernrohr, bei dem an der Knickstelle eine Panzerplatte als Schutz für den Richtschützen angeordnet war. Das Zielfernrohr diente zum direkten Richten der Waffen im Turm des Panzerkampf-

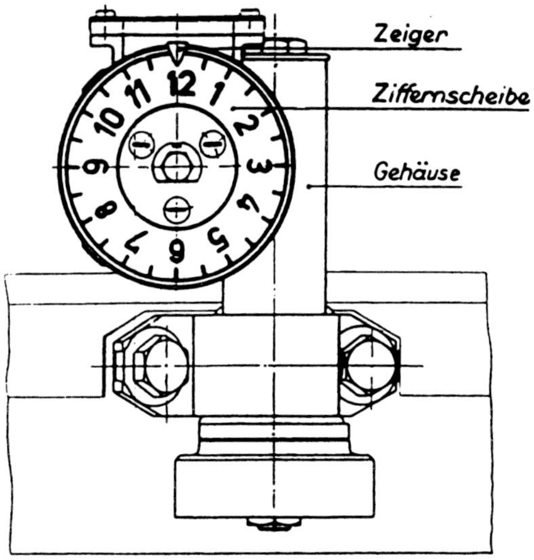

12-Uhr-Anzeiger (Zeichnung Nr. 021 C 14814) für Pz.Kpfw.IV Ausf.A.

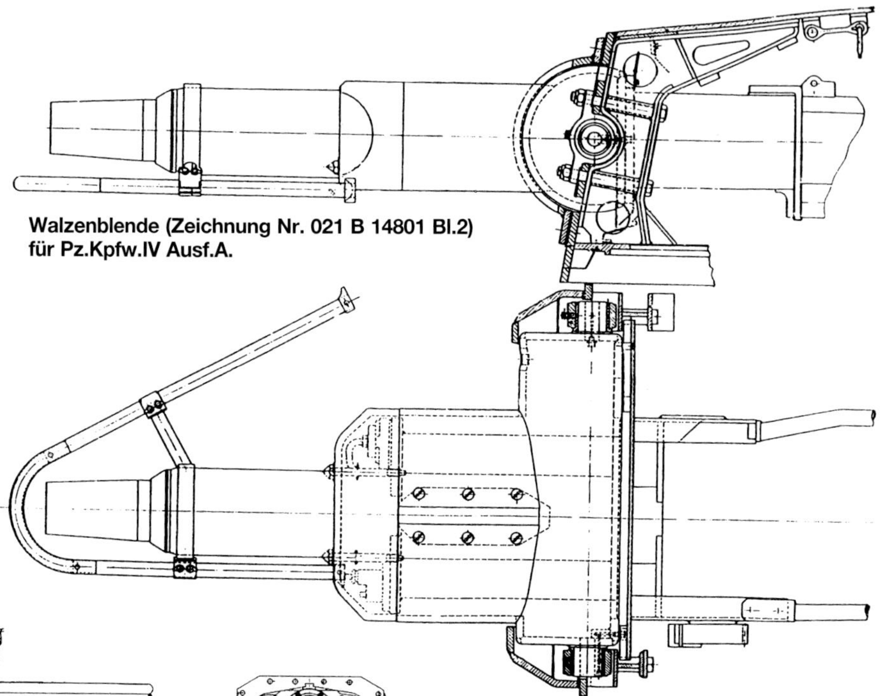

Walzenblende (Zeichnung Nr. 021 B 14801 Bl.2) für Pz.Kpfw.IV Ausf.A.

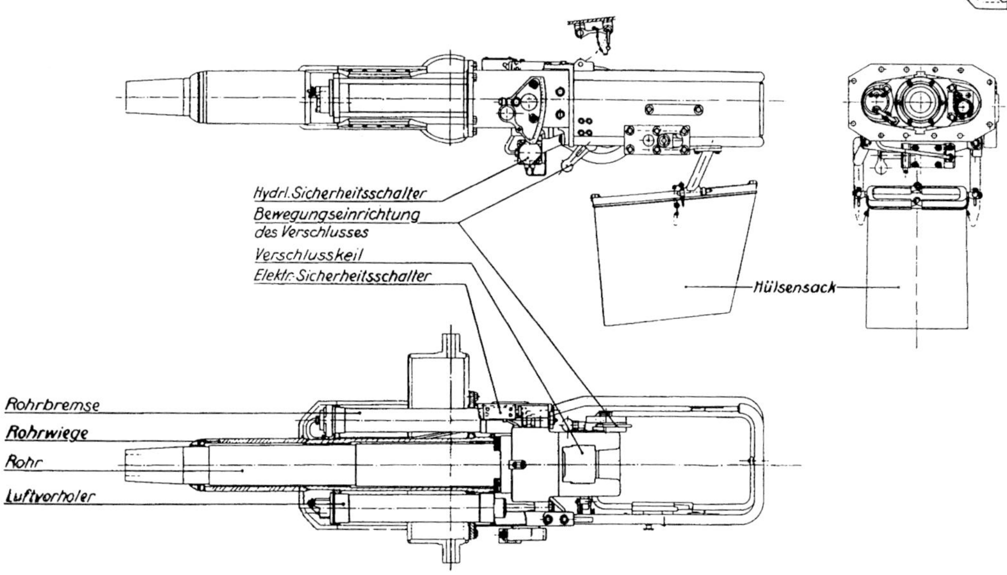

7,5 cm KwK. L/24 (Zeichnung Nr. 05 B 28) für Pz.Kpfw. IV Ausf.A.

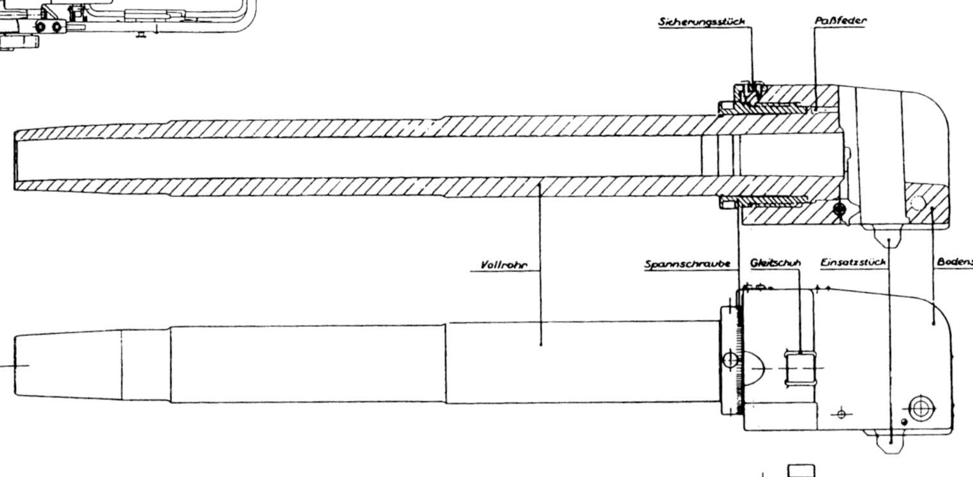

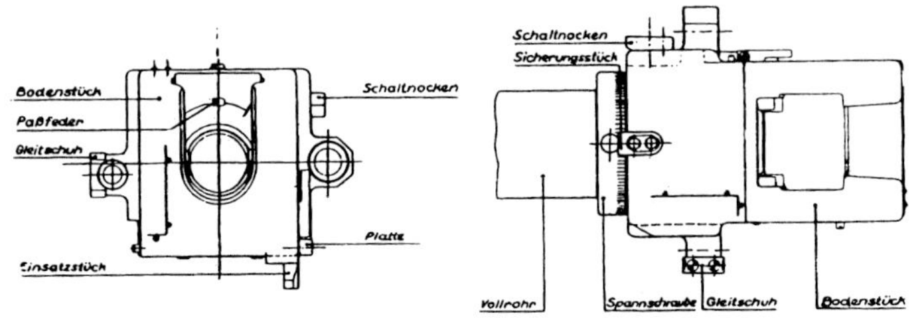

Rohr für 7,5 cm KwK. L/24 (Zeichnung Nr. 05 B 2801).

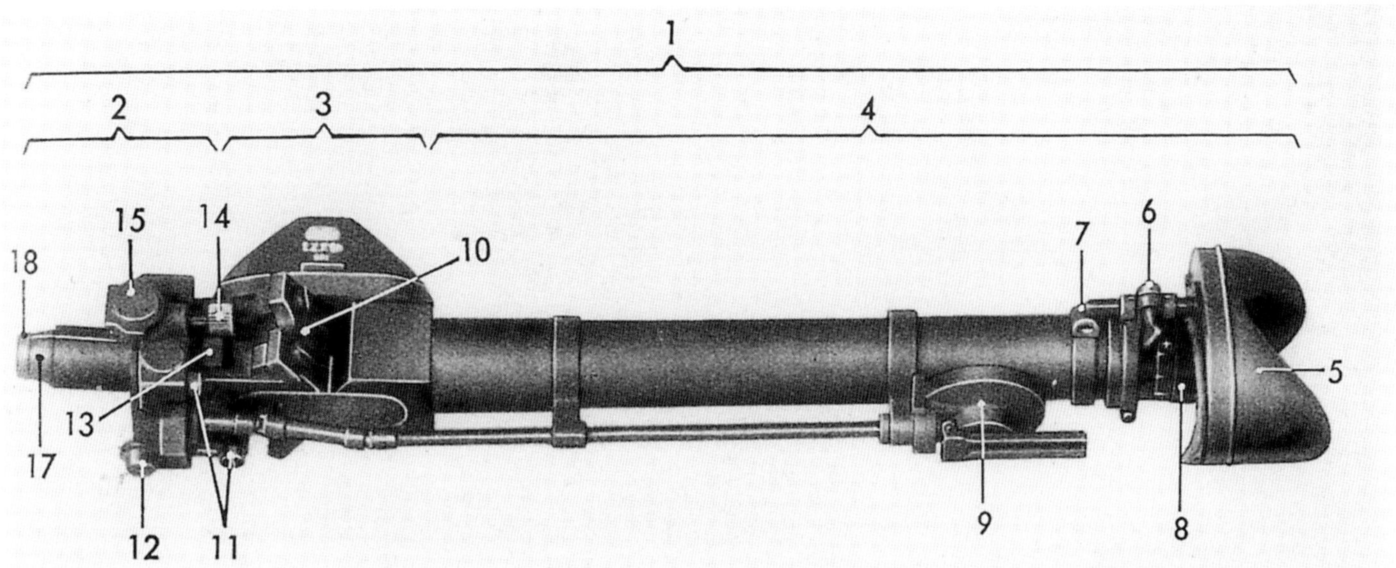

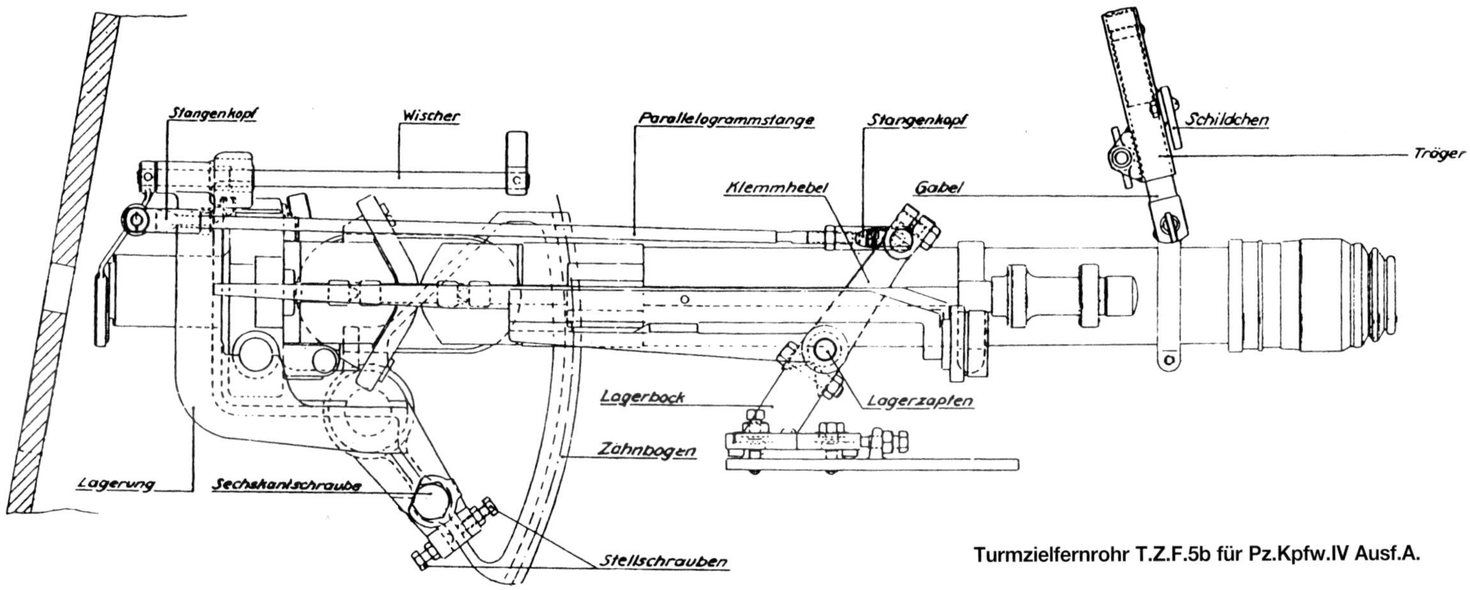

Turmzielfernrohr T.Z.F.5b für Pz.Kpfw.IV Ausf.A.

wagens. Das Turm-Zielfernrohr war mit dem Ausblickkopf in der Lagerung untergebracht; das Einblickrohr war am Träger an der Turmdecke schwingend aufgehängt.

Das *T.Z.F.5b* hatte eine 2,5fache Vergrößerung und ein Gesichtsfeld von 25 Grad (444 m auf 1000 m Entfernung).

Im Fernrohrkopf waren zwei Strichplatten angeordnet, nämlich eine drehbare Strichplatte und eine in der Höhe verschiebbare Strichplatte. Die drehbare Strichplatte trug für das Schießen mit Sprenggranaten kleine Kreise, von denen der erste und folgend jeder zweite beziffert war (bis 2000 m), sowie für das Schießen mit M.G. und Panzergranaten kleine Kreise, von denen der erste und in der Folge jeder zweite Kreis beziffert war (bis 800 m). Die höchste gezielte Schußweite für die 7,5 cm Kw.K. war 2000 m.

4.1.4.7 ZIELSCHIENE

Die Zielschiene *7,5 cm und M.G. 34* diente behelfsmäßig als Richtmittel bei Versagen des Zielfernzohres infolge Einschusses. Sie gestattete sowohl das Richten des Geschützes als auch des M.G. 34 auf Entfernungen von 200, 400, 600 und 800 m. Die Entfernung wurde am Einstellkopf eingestellt.

4.1.4.8 TURMSCHWENKWERK

Der Turm wurde durch das Turmschwenkwerk gedreht, welches von einem Schwenkmotor oder von Hand angetrieben werden konnte. Zum Schwenken des Turmes um 360 Grad waren 188 Umdrehungen des Handrades des Schwenkwerkes nötig. Der Turm war daher mit einem elektrischen Turmschwenkwerk ausgerüstet, welches das Schwenken des Tur-

Kommandantenkuppel (Zeichnung Nr. 021 D 15031) für Pz.Kpfw.IV Ausf.A.

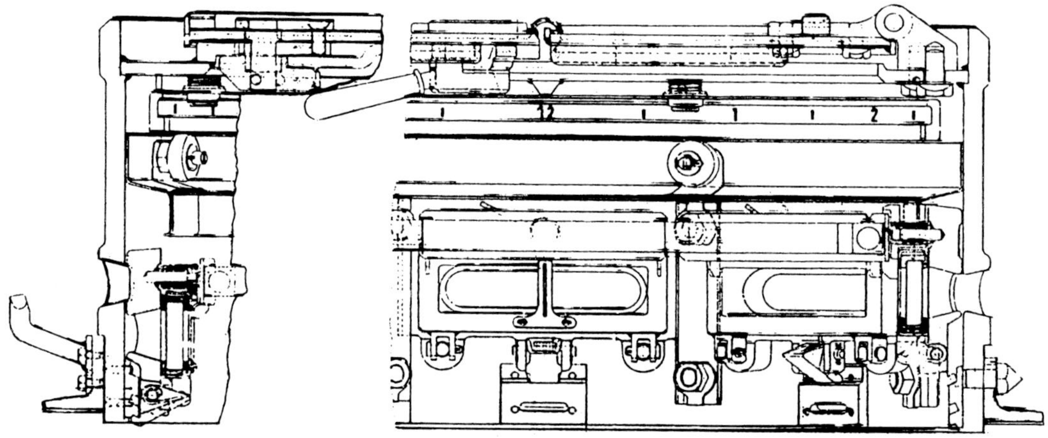

mes auch bei Schräglage des Panzerkampfwagens am Hang erleichterte, das schnelle Richten nach der Seite beschleunigte und für Feineinrichtung bzw. dauerndes Vorhalten auf bewegliche Ziele verwendet werden konnte. Durch Umlegen eines Schalthebels konnte elektrisch oder von Hand geschwenkt werden.

Die Hauptbestandteile des elektrischen Turmschwenkwerkes waren der Maschinensatz, der aus dem Antriebsmotor (Auto Union, DKW-Zweizylindermotor) und dem Mehrfach-Stromerzeuger bestand und sich im Motorraum des Panzerkampfwagen befand, ferner der Schwenkmotor, durch welchen der Turm elektrisch geschwenkt werden konnte, und der Steuerapparat, mit dem Schwenkrichtung und Schwenkgeschwindigkeit geregelt wurden.

Der DKW-Zweizylindermotor, Typ PZW 600, trieb den Generator an. Die Kupplung war durch Zwischenlage einer Gummischeibe elastisch ausgebildet. Als Vergaser war der Typ *Framo* VG-V verwendet worden. Da der Motor Wasserkühlung

Benzin-elektrischer Maschinensatz mit DKW-Zweizylinder-Zweitakt-Motor für Pz.Kpfw.IV Ausf.A bis D.

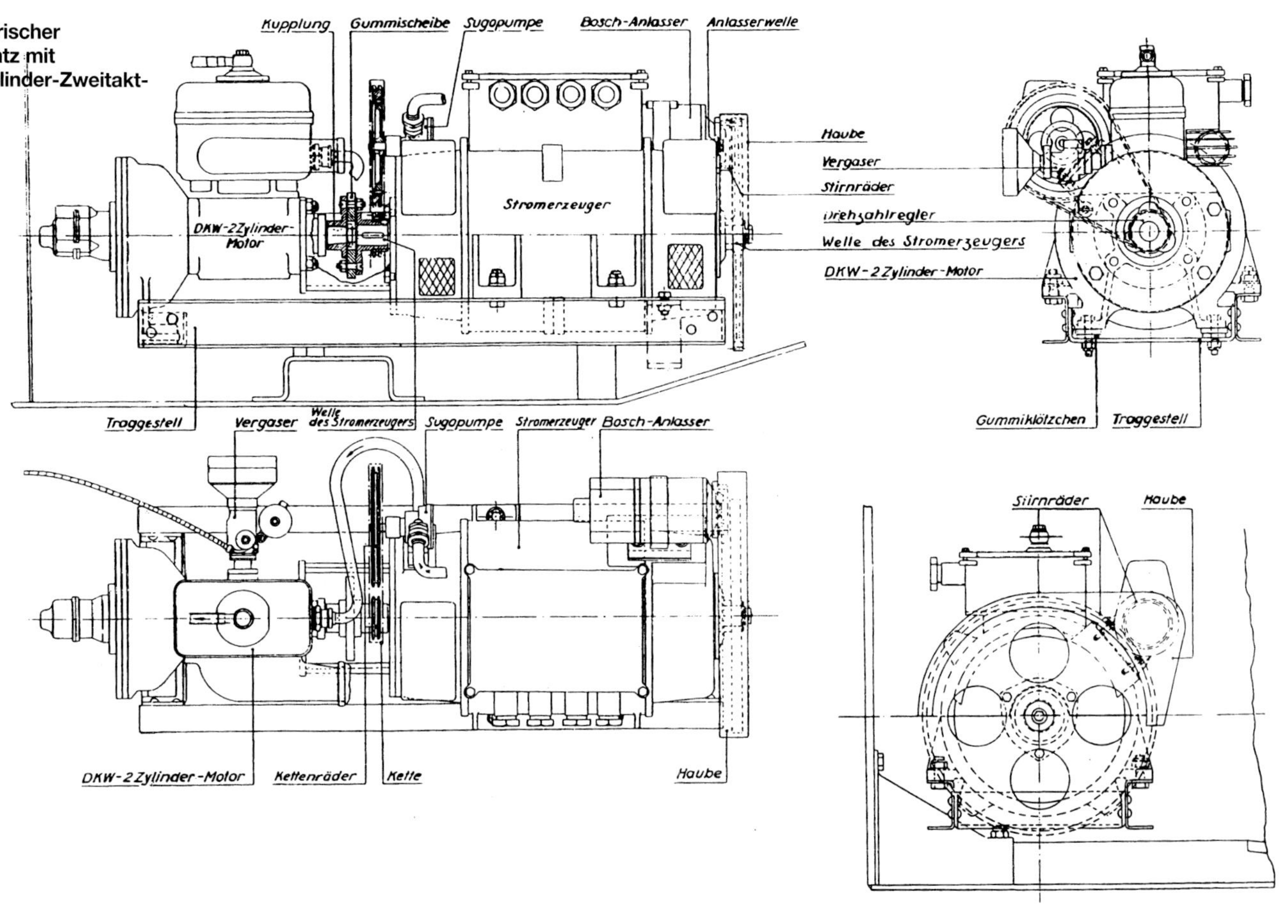

hatte, war eine Sugo-Pumpe der Firma Otto Hamel & Co., Mannheim, seitlich am Generator angeflanscht. Die Pumpe wurde durch das auf der Generatorwelle sitzende Kettenrad, Kette und Kettenrad angetrieben. Der Bosch-Anlasser, der seine elektrische Energie aus der Fahrzeug-Batterie erhielt, diente zum Anlassen des Aggregates.

Als Stromerzeuger wurde ein Mehrspannungs-Spezial-Generator in Eingehäuse-Ausführung verwendet. Er bestand aus dem Leonard-Generator und der Konstant-Spannungsmaschine. Der Leonard-Generator hatte bei 2800 U/min eine Leistung von 2 kW 20 Minuten lang. Die Ankerspannung betrug ±190 Volt. Die Erregung des Generators wurde mittels des Steuerapparates geregelt. Der Steuerapparat war auf der Seitenrichtmaschine angebracht.

Der Schwenkmotor war vertikal unter der Richtmaschine als Flanschmotor angeordnet. Seine Leistung betrug 1,2 kW. Falls beim Turmschwenken ein Besatzungsmitglied in Gefahr kam, eingeklemmt zu werden, konnte der Turm durch Betätigen des Notschalters augenblicklich stillgesetzt werden.

Der Steuerapparat war in einem Gehäuse aus Stahlblech untergebracht, das durch einen Deckel verschlossen war. Er war auf dem waagerechten Flansch des Gehäuses des Turmschwenkwerkes angebracht.

4.1.4.9 HÖHENRICHTMASCHINE

Die Blende wurde mit der Rohrwiege durch eine mechanische Höhenrichtmaschine bewegt. Eine Umdrehung des Handrades erbrachte etwa 2 Grad Höhenrichtung.

4.1.4.10 GESCHÜTZABFEUERN

Zum Abfeuern des Geschützes war am Handgriff des Handrades der Seitenrichtmaschine ein Pistolengriff angeordnet. Durch Anziehen des Pistolengriffes mit dem Zeigefinger wurde die Führungsbuchse und mit ihr Hebel und Bolzen nach oben bewegt. Der Hebel schloß den Kontakt und damit den Stromkreis der Abfeuerung.

Die M.G.-Abfeuerung wurde mit einem am Fußhebel angelenkten Abfeuerungsgestänge durchgeführt.

4.1.4.11 KOMMANDANTENKUPPEL

Die Kommandantenkuppel war auf dem hinteren Teil des Turmes aufgeschraubt. Sie diente dem Panzer-Führer als Einstieg und Ausblick.

Die Kommandantenkuppel bestand im wesentlichen aus dem zylindrischen Mantel, den acht Schiebern, dem Ziffernkranz und dem zweiteiligen Deckel. Der zylindrische Mantel hatte acht Sehschlitze, die durch der Höhe nach verstellbare Schieber ganz oder teilweise verdeckt werden konnten. Der Schieber war eine rechteckige, dem Mantel angepaßte Platte mit seitlich schrägen Anlageflächen. Im unteren Drittel war ein 138 mm breiter, nach hinten größer werdender Sehschlitz, angeordnet.

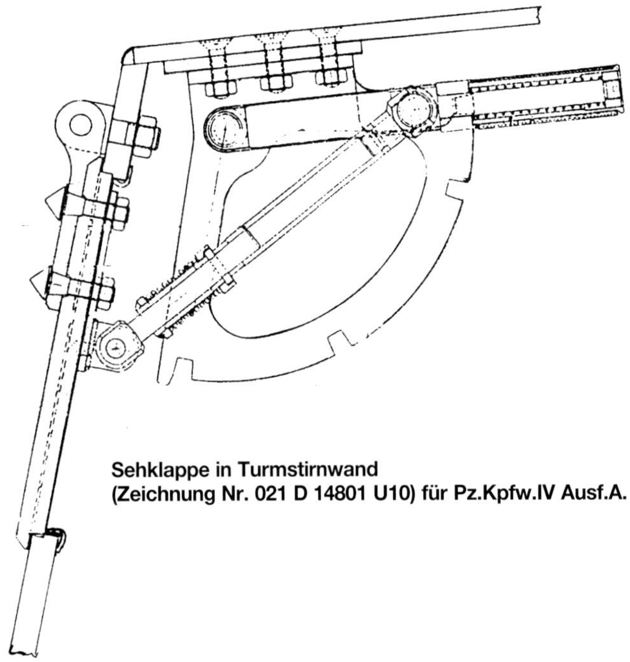

Sehklappe in Turmstirnwand (Zeichnung Nr. 021 D 14801 U10) für Pz.Kpfw.IV Ausf.A.

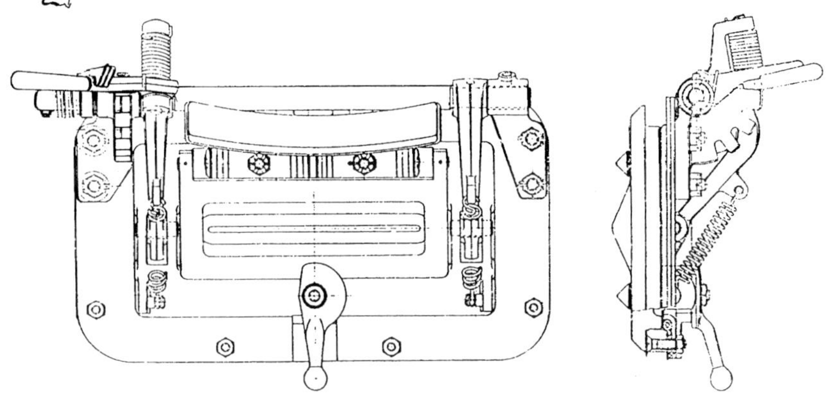

Sehklappe mit Sehschlitz in linker Turmseitenwand für Pz.Kpfw.IV Ausf.A.

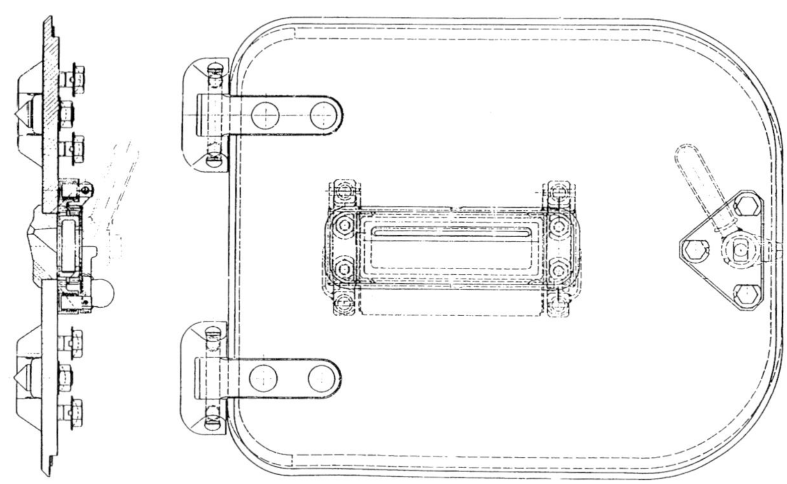

Lukendeckel in rechter Turmseitenwand (Zeichnung Nr. 021 D 14801 U22).

Zum Schutz der Augen gegen Bleispritzer und Splitter war hinter den Sehschlitz eine 12 mm starke durchsichtige Platte aus Sicherheitsglas, das Schutzglas (Glaskombination), gelegt. Das Schutzglas schützte nicht gegen Durchschuß durch den Sehschlitz.

Außen auf dem Mantel war in der Mitte vor dem vorderen Sehschlitz der Richtungszeiger aufgeschraubt. Durch diese Vorrichtung konnte der Kommandant die ungefähre Richtung des Turmes kontrollieren.

In der oberen Erweiterung des zylindrischen Mantels war ein Blechring eingeschweißt. Auf dem Blechring war in zwei seitlich aufgeschraubten Gelenken der zweiteilige Deckel gelagert. Unter jede Deckelhälfte war eine Platte aus Moosgummi als Kopfschutz für den Kommandanten geklebt.

Der Ziffernkranz war unter dem eingeschweißten Blechring auf vier unteren Gleitrollen und vier oberen Führungsrollen gelagert. Der Ziffernkranz hatte einen U-förmigen Querschnitt. Der untere Steg hatte 360 Zähne, der mittlere Steg eine mit 1–12 bezifferte Teilung.

4.1.4.12 SEHKLAPPEN, LUKENDECKEL UND KLAPPEN IM TURM

a) Sehklappen

Im Turm waren links und rechts in der Turmstirnwand sowie in der linken und rechten Seitenwand je eine Sehklappe eingebaut. Die Sehklappe in der rechten Seitenwand war mit Sehschlitz, alle übrigen ohne Sehschlitz ausgeführt.

Die Sehklappen waren mit je zwei Scharnieren an der Turmstirnwand angeschraubt. Innen war an der Turmstirnwand der Blechrahmen zum Schutz gegen Bleispritzer ange-

Zubehörlagerung im Pz.Kpfw.IV Ausf.A, Fgst.Nr. 80109, gefertigt im Krupp-Grusonwerk, Januar 1938.

Blick durch die linke Einstiegluke auf Turmschwenkwerk und Turmzielfernrohr des Pz.Kpfw.IV, Ausf.A.

Blick durch die rechte Einstiegluke auf Hauptbewaffnung und Lagerung für Turm-MG des Pz.Kpfw.IV Ausf.A.

schweißt. Die Sehklappe hatte gerade Auflageflächen, unter die zur Abdichtung Lederstreifen geklebt waren.

Die Sehklappen in der linken und rechten Seitenwand waren rechteckige Platten mit geraden Auflageflächen und außen überstehendem Rand. Jede Platte war an der Innenseite so ausgespart, daß sich auf dem Umfang eine schmale Dichtungsfläche bildete. Die Dichtungsfläche der Klappe legte sich beim Schließen gegen den Gummidichtungsrahmen.

In der rechten Seitenwand war in die Sehklappe ein 4 mm breiter Sehschlitz eingeschnitten; der Sehschlitz war außen durch Wulste begrenzt, die Bleispritzer und Geschosse ablenkten. Zum Schutz der Augen gegen Bleispritzer und Splitter war hinter den Sehschlitz eine 12 mm starke durchsichtige Platte aus Sicherheitsglas, das Schutzglas (Glaskombination), gelegt. Das Schutzglas schützte nicht gegen Durchschuß durch den Sehschlitz.

b. Turmlukendeckel

Die Turmluken dienten zum Ein- und Aussteigen; sie wurden durch die Lukendeckel verschlossen; diese waren mit zwei Scharnieren an den Seitenwänden befestigt; sie wurden durch den am Lukenrand angebrachten Blechrahmen gegen Bleispritzer abgedichtet. Der Lukendeckel war bei offener Turmluke um etwa 180 Grad umgelegt. In dieser Stellung wurde der Lukendeckel durch den unter Federdruck stehenden Drehriegel festgehalten.

Rastete der Riegel des Turmlukendeckel-Griffhebels mit seiner Gabel in die Seitenwand ein, war der Turmlukendeckel etwa 30 mm geöffnet. Diese Stellung war bei beschränkter Schußsicherheit zur Entlüftung vorgesehen.

In der Mitte der Lukendeckel war eine feste Sehschlitzplatte mit zwei Lagern angeschraubt. Das Schutzglas lag wie bei der Sehklappe in einem Blechrahmen und war mit diesem austauschbar.

c. Sehklappen in der Rückwand des Turmes

Die Hilfs-M.G. konnten hinter den beiden rückwärtigen Sehklappen gelagert werden. Diese Sehklappen waren rechteckige Platten mit geraden Auflageflächen und außen überstehendem Rand. Jede Platte war an der Innenseite so ausgespart, daß sich auf dem Umfang eine schmale Dichtungsfläche bildete; die Dichtungsfläche der Klappe legte sich beim Schließen gegen Gummidichtungsrahmen.

4.1.4.13 TURMSITZE

Hinten im Turm war der Kommandantensitz auf einem Tragring befestigt. Der Sitz konnte abgeklappt und in dieser Stellung festgerastet werden. Der Sitz bestand aus einem Stahlrohrgestell mit eingeschweißtem Sitzblech. Auf dem Sitz war ein Sitzkissen festgeschnallt.

Die linke hintere Stütze der Drehbühne trug oben die Rückenlehne des Richtschützensitzes. Der Richtschützensitz, ein Kübelsitz, war seitlich abklappbar auf dem Sitzträger gelagert. Auf dem Sitz war ein Sitzkissen festgeschnallt.

Die rechte hintere Stütze der Drehbühne trug oben die Rückenlehne des Ladeschützensitzes. Der Ladeschützensitz hatte Sattelform; er war auf eine Hülse aufgeschweißt, die um 90 Grad seitlich abklappbar auf dem Sitzträger gelagert war. Bei Nichtgebrauch konnte der Sitz seitwärts abgeklappt und unter den Kommandantensitz geschwenkt werden.

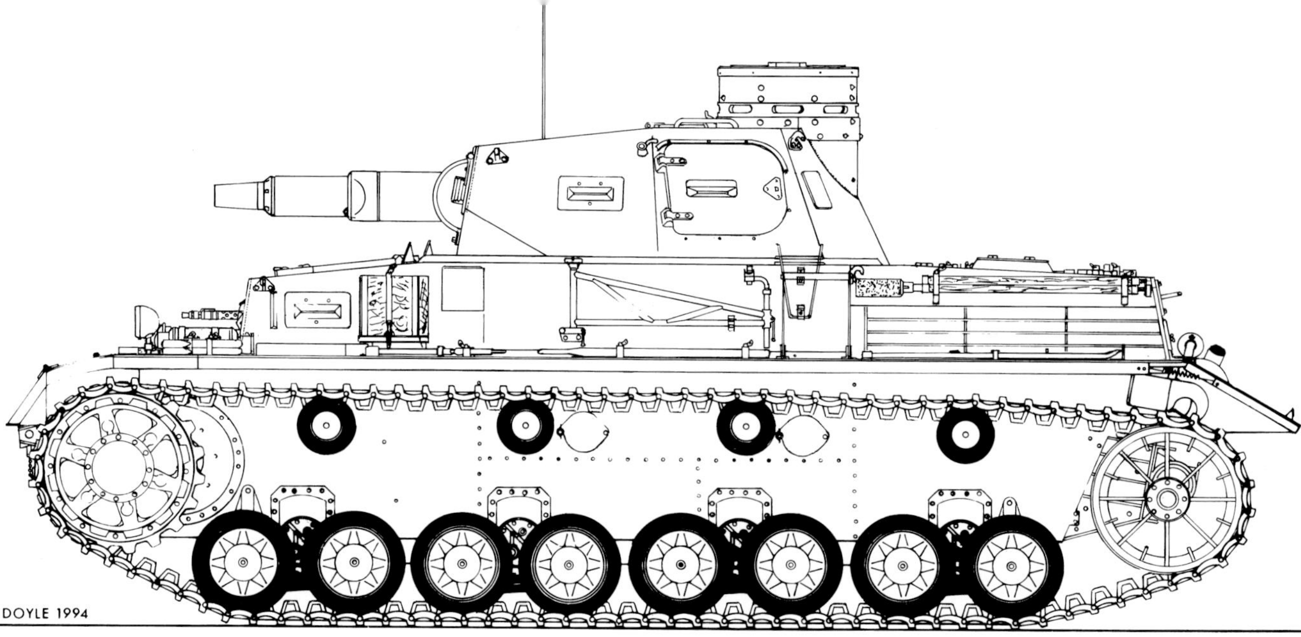

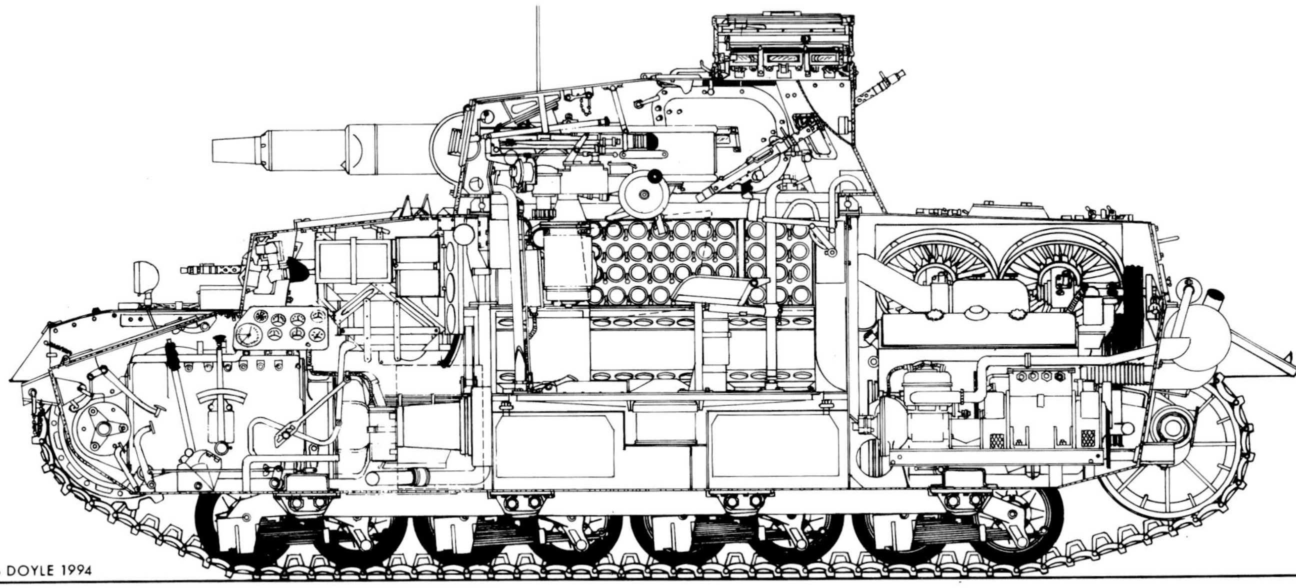

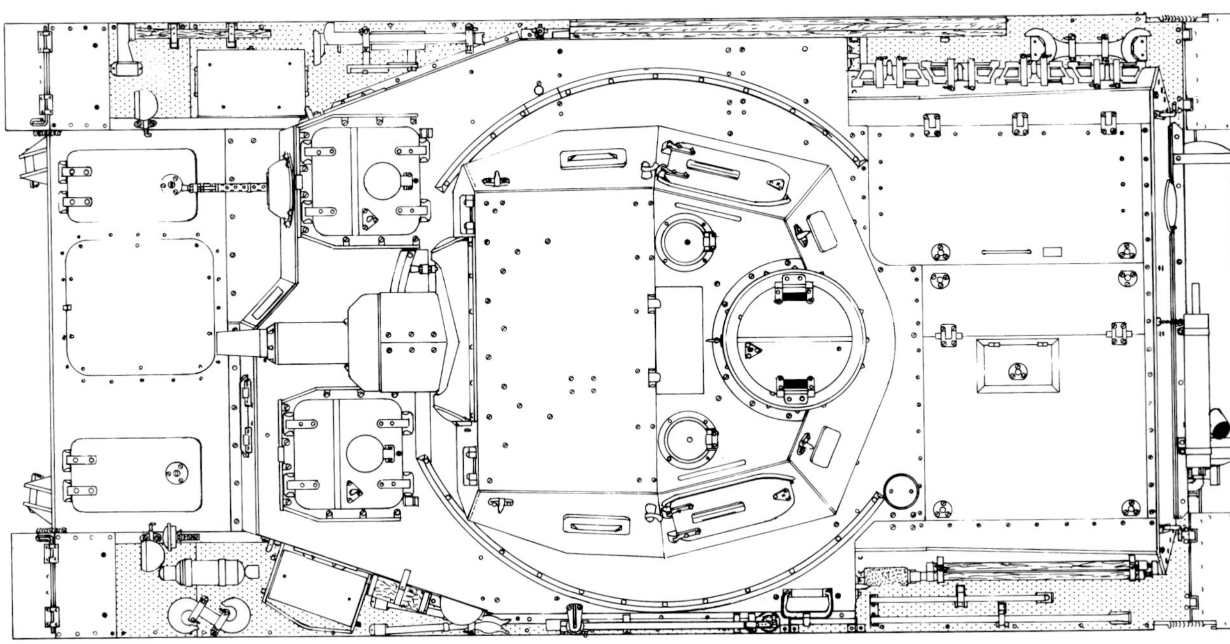

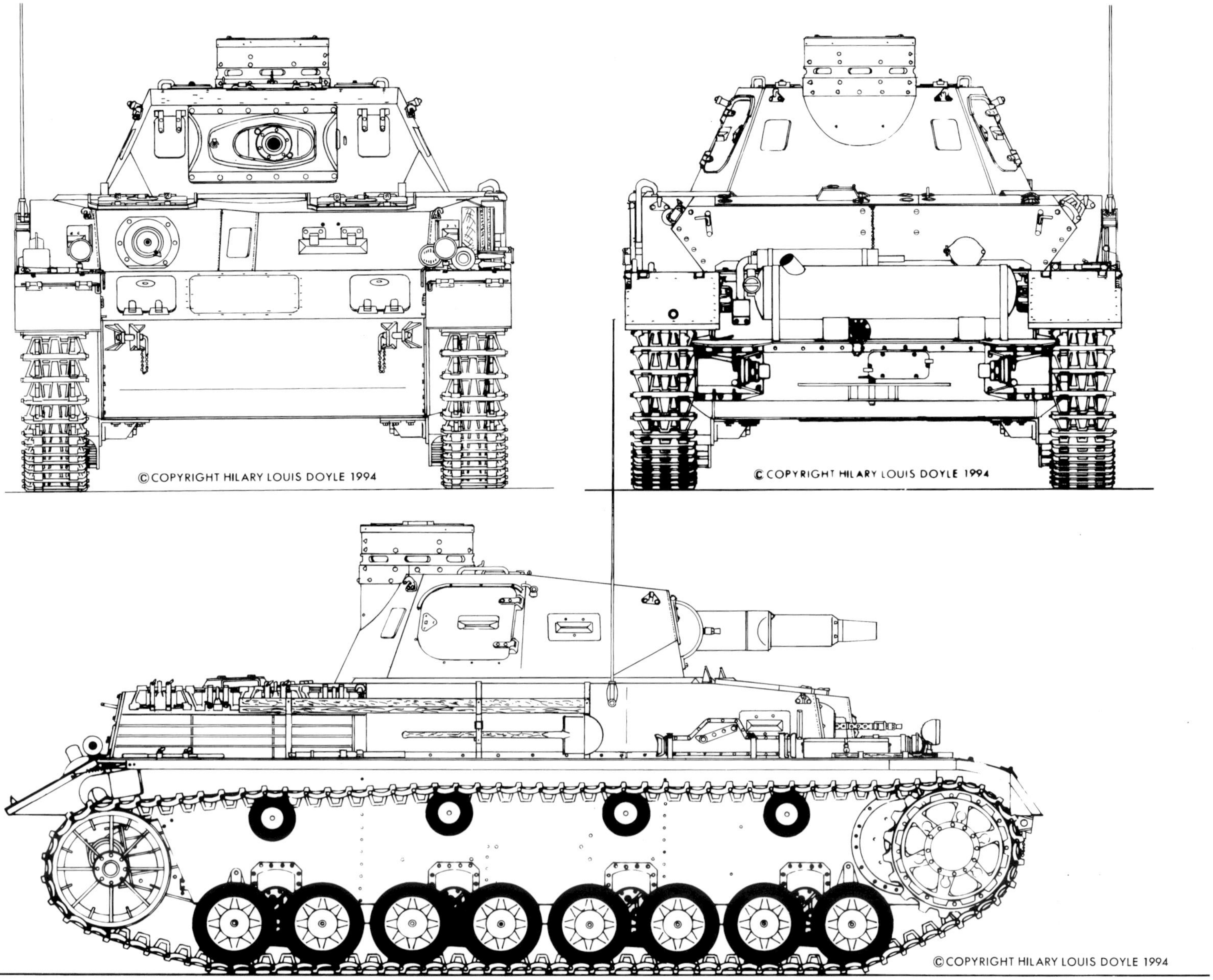

Panzerkampfwagen IV (7,5 cm), (Vs.Kfz 622), Ausführung A: Entwickelt aus Begleitwagen I mit Begleitwagen-II-Aufbau. Neuer Turm und Kommandantenkuppel. Der Längsschnitt zeigt das SFG 75-Getriebe. Lagerung für 122 Granaten, Kaliber 7.5 cm, ermöglicht durch den verbreiterten Aufbau. MG-Lagerung in der Rückseite des Turmes, DKW-Hilfsmotor für den Turmantriebs-Generator an der linken Seite des Maybach-HL 108-Hauptmotors.

4.1.4.14 ZUBEHÖRLAGERUNGEN

Im Turm waren folgende Lagerungen für Zubehör angebracht:

- An der rechten Seitenwand der Halter für den Entlader,
- darunter auf dem Tragring die Halter für M.G.-Ersatzläufe und die Behälter für Ersatzgläser.
- An der rechten hinteren Stütze der Drehbühne, oberhalb des Ladesitzes, ein Halter für eine Gasmaske,
- oberhalb an der Rückwand, Halter für zwei Feldflaschen,
- zwischen den Haltern, auf dem Tragring, der Riemen für die Hilfs-M.G.-Lagerung,
- hinter dem Kommandantensitz, auf dem Tragring, der Behälter für Kopfhörer,
- an der Fußstütze für den Kommandanten vorn der Halter für die M.G.-Zubehörtasche und hinten die Halter für zwei Gasmasken,
- zwischen Kommandanten- und Richtschützensitz, auf dem Tragring, der Kasten für Leuchtmunition und darüber, an der Rückwand, der Halter für die Leuchtpistole,
- an der linken hinteren Stütze der Drehbühne hinter dem Richtschützensitz der Halter für eine Feldflasche und der Fahnenhalter,
- vorn links unter der Decke der Halter für die Zielschiene,
- vorn rechts auf der Drehbühne zwei Kästen für die Trommelmagazine des M.G.

4.2 FORMÄNDERUNGEN WÄHREND DER PRODUKTION

4.2.1 VERBESSERUNGEN, GEFORDERT NACH BESICHTIGUNG DER ERSTEN FAHRZEUGE

Wie berichtet in der folgenden Niederschrift des Herrn Woelfert über Abnahme und Besichtigung von 2 *Begleitwagen* beim Grusonwerk in Magdeburg am 30.Nov.1937, wurden schon damals Formänderungen von Wa Prw 6 verlangt.

Nach Abnahme der beiden Fahrzeuge am 29.11.37 durch die Abnahmebeamten in Gegenwart von Saloman und Giesecke von Prw.6 wurden die Fahrzeuge am 30.11.37 von Fichtner, Olbrich, und den übrigen Herren eingehend besichtigt:

Fahrersitz-Auslegung beim Pz.Kpfw.IV Ausf.A.

Munitionslagerung an der linken Seite des Kampfraumes beim Pz.Kpfw.IV Ausf.A.

Anerkannt wurde besonders die sorgfältige Fertigung des Grusonwerks; auf die gute Zugängigkeit des Motors im hinteren Raum nach Öffnen der oberen Klappen, ferner der elektrischen Anlage von der Zwischenwand aus, wurde hingewiesen. Von Olbrich wurden bei einzelnen mit ihm und seinem Mitarbeiter früher vereinbarten Ausführungen folgende Änderungswünsche geäußert:

1) *Anbringung einer zusätzlichen Zurrung an der Kugelblende des Bug-M.G.s (von Daimler Benz) zur Erleichterung des Einsteigens.*
2) *Kreisel-Aufhängung verstärken und mehr in Ecke schieben.*
3) *Kasten für Fahrerkopfhörer höher verlegen, zum Schutz gegen eventuell eindringendes Wasser.*
4) *Der Staubschutz für die 7,5cm Munition ist nicht mehr zweiteilig und mit Riemen zu befestigen, sondern einteilig und mit Druckknöpfen von dem unteren bzw. Federzügen oder Druckknöpfen an dem oberen Staubschutz.*

Diese Wünsche wurden mit Biersack nach Abreise von Olbrich genauer durchgesprochen. Sie werden noch bei den ersten Fahrzeugen vor Ablieferung berücksichtigt.

Olbrich wies darauf hin, daß die Handgriffe für den Schützen und Fahrer nicht an der Stirnwand angeschweißt, sondern angeschraubt werden müssen, und daß zur Befestigung der Hubösen des Bugpanzers statt Nieten Kegelkopfschrauben zu verwenden sind. Letztere werden noch angebracht.

In Zukunft sind die auf Wunsch von Olbrich nachträglich am Bugpanzer angeschweißten Leisten vor den seitlichen Sehklappen vor dem Vergüten anzuschweißen.

Ferner schlug Olbrich vor, einen Teil der M.G.-Munition von der linken nach der rechten Seite des Bugpanzers für den Ladeschützen besser greifbar zu verlegen. Dies muß noch mit Prw.6 geklärt werden, da es ohne Fortfall von mehreren Schuß 7,5 cm bzw. M.G.-Munition wegen der geringeren Tiefe der linken Bugpanzerseite nicht möglich ist.

Wa Prw 6 (IId), Olbrich, war nicht so begeistert wie Herr Woelfert bei seiner Besichtigung der ersten beiden *1./B.W.*-Fahrzeuge und verlangte noch die folgenden 30 Verbesserungen von Krupp in einem Brief vom 1. Dezember 1937:

Die ersten beiden Fahrzeuge 1./B.W. wurden besichtigt. Es wurden noch folgende Mängel festgestellt:

1) *Die Halterung des Kurskreisels ist nur behelfsmässig ausgeführt. Es muß eine Halterung angebracht werden, welche zur Aufnahme des elastichen Zwischenrings zum Kurskreisel dient; außerdem ist der Kreisel um etwa 30 mm weiter nach vorn anzuordnen. (Ab 1./B.W.)*
2) *Über dem Umschaltkasten zur Bordsprechanlage (rechts vom Funker) muß ein Trittblech angebracht werden (Ab 1./B.W.)*
3) *Die Schutzdecken für die Munitionslagerungen müssen so befestigt werden, daß sie in geöffnetem Zustand nicht auf dem Fußboden aufliegen bzw. das Herausnehmen der Munition behindern. Anstelle von Riemenschnallen sind Druckknöpfe oder Federverschlüsse anzubringen. (Ab 1./B.W.)*
4) *Das Abfeuerkabel zwischen Sicherheitsschalter am Geschütz und Steckdose muß mit einem Metallschlauch versehen werden.*
5) *Der Querabschalter erfüllt nicht die gestellten Bedingungen. Es ist der Querabschalter der Fa. Daimler-Benz einzubauen (Ab 8. Fahrzeug 1./B.W. Für die ersten 7 Fahrzeuge werden die vorhandenen Schaltapparate von Krupp unter Einbau von 2 Schaltern pro Fahrzeug verwendet.)*
6) *Der Deckelring zur Kommandantenkuppel muß eine höhere Regenleiste erhalten und im Übergang scharf ausgedreht werden. Der überfallende Rand am Deckel zur Kommandantenkuppel darf nicht innen angeschweißt werden. (Ab 8.Fahrzeug 1./B.W.)*
7) *Der Antennenumlegebügel ist nach dem in Magdebrug ausgeführten Muster zu fertigen (Ab 1./B.W.)*
8) *Die Blattfedern auf dem Turmdeck zur Festlegung der Signalklappen können fortfallen (Ab 1./B.W.)*

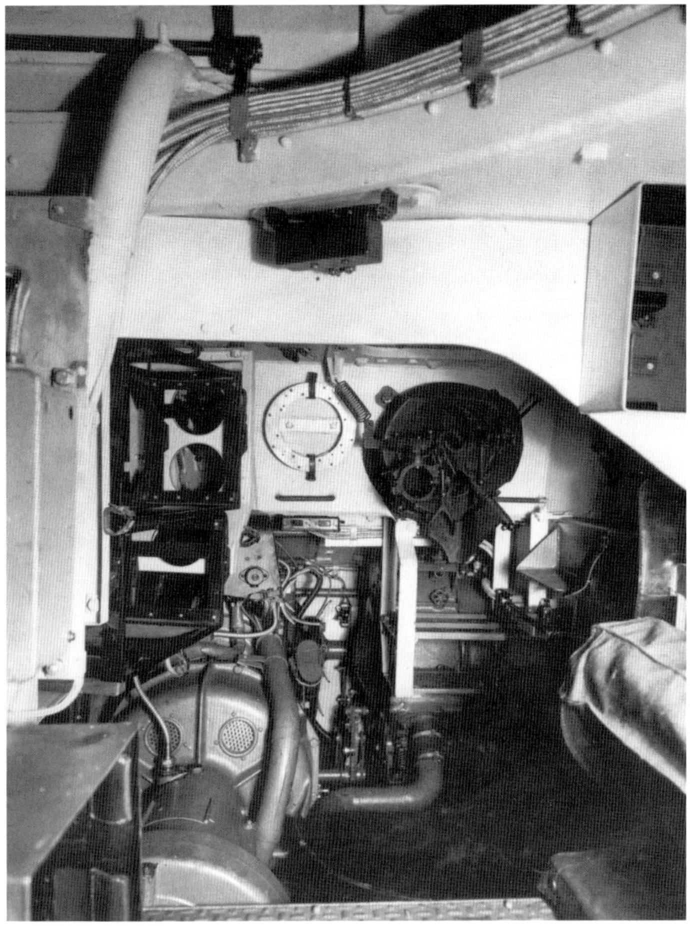

Funkersitz-Auslegung beim Pz.Kpfw.IV Ausf.A.

9) Der M.G.-Munitionskasten auf der Drehbühne ist zur Aufnahme von nur 2 Trommelmagazinen umzuändern und unter dem Geschützhülsensack zu lagern. Der bisher dort gelagerte Geschützzubehörkasten wird nach links an die Seitenwand verlegt. 2 Trommelmagazine sind rechts vorm im Turm unterzubringen (Ab 3. Fahrzeug 1./B.W.)
10) Der Ersatzlaufbehälter im Turm ist weiter nach vorn zu bringen (Ab 3.Fahrzeug 1./B.W.)

Pz.Kpfw.IV Ausf.A, taktische Nummer 101.

11) Die Kugelblende erhält eine zweite Zurrstellung, um den Einstieg durch die Funkerluke zu erleichtern. (Ab 1./B.W.)
12) Der Signallampenkasten für den Funker muß um etwa 10 mm nach rechts verschoben werden. (Ab 1./B.W.)
13) Der Kasten für den Kopfhörer des Fahrers ist höher zu legen. (Ab 1./B.W.)
14) Der Flansch zur Kugelblendenabdeckung ist als voller Kreis auszubilden (Abweichend von der D.B.-Zeichnung). (Ab 1./B.W.)
15) Die Montageösen am Panzerkastenoberteil sind mit Kegelkopfschrauben zu befestigen; annieten ist nicht zulässig. (Ab 2./B.W.)
16) Die seitlichen Rohrstützen am Kommandantensitz müssen mehr auseinandergebogen werden (Ab 2./B.W.)
17) Handgriffe dürfen innen am Panzer nicht angeschweißt werden (Ab 2./B.W.)
18) Die Abweisleisten aus Panzerstahl vor den Sehklappen sind vor dem Vergüten des Materials anzuschweissen (Ab 2./B.W.)
19) Die Entlüfterklappe im Turmdach ist vorn und seitlich abzupanzern (Ab 2./B.W.)
20) Die Deckel für Geschützmunitionskasten müssen sich im abgenommenem Zustand festlegen lassen, so dass sie nicht klappern können oder sind durch Scharniere am Munitionskasten zu befestigen, ähnlich wie Pz.Kpfw.III. (Ab 1./B.W.)
21) Am Steilkopf zur Zeigschiene ist das Zahlenfeld für die MG34 Einstellung mit Leuchtfarbe dauerhaft zu umranden. Die Bezeichnung »MG 34« ist mit Leuchtfarbe auszulegen. (Ab 5. Fahrzeug 1./B.W.)
22) Zur Schmierung des Turmkugellagers sind auf dem Turmtragring verteilt 3 Meyrel-Schmiernippel anzubringen. (Ab 3. Fahrzeug 1./B.W.)
23) Die Kabeltrommel an der Fahrzeugstirnwand des Panzerkastenoberteils ist nach Angabe von Prw.7 schmaler auszubilden. (Ab 1./B.W.)
24) Der fest verlegte Kabeleinbausatz zwischen Sender und Empfänger fällt fort. (Ab 1./B.W.)
25) Die Einschiebevorrichtung für Funktaste muß so weit nach unten verlegt werden, daß die Taste eingeschoben werden kann (Ab 1./B.W.)
26) Der Verlegung der Kabel rechts von der Einschiebevorrichtung für Taste ist nach Angaben von Prw.7 auszuführen (Ab 1./B.W.)
27) Es fehlten am Fahrzeug noch folgende Teile:
    a) Behälter für Zielschiene.
    b) Griffbügel für den Kommandanten.

    Die Teile sind umgehend nachzuliefern. (Ab 1./B.W.)
28) Für jedes Fahrzeug ist eine Reservestabantenne von der Montagefirma mitzuliefern. (Ab 1./B.W.)
29) Die Verrastungen der Sehklappen in der Turmstirnwand entsprechen nicht.

30) Die konstruktive Durchbildung des elektrischen Aggregates zum Turmantrieb ist ungenügend, betriebstechnisch entspricht das Aggregat den gestellten Bedingungen.

Grusonwerk antwortete am 20. Dezember, sie seien nicht in der Lage, für die B.W. Fahrzeuge Nr. 80103 (Abnahme geplant für 28.12.37) und Nr. 80104/7 (Abnahme geplant für 10.1.38) noch Änderungen anzunehmen und würden die Lieferung dieser Fahrzeuge ohne Berücksichtigung der Punkte 5, 7, 8, 9, 29 und 30 vornehmen.

4.2.2 WEITERE VERBESSERUNGEN

Grusonwerk berichtete am 8. Dezember:

Die Ablieferung der ersten beiden Fahrzeuge verzögerte sich, weil nachträglich auf Wünsche der Truppe der Ölablaß des Motors besser zugängig gemacht werden mußte.

Am 11. Januar 1938 berichtete Grusonwerk, daß die *...ersten beiden Fahrzeuge 80101 (Kraftfahrkampf-Truppenschule in Wunsdorf) und 80102 (Panzertruppenschule, Schießlehrgänge Oldenburg/Holstein) abgeliefert waren, als wir feststellten, daß eine Verbindungsöffnung zwischen dem Fahrzeuginneren und dem Aufnahmeraum für die Kraftstoffbehälter besteht.*

Wegen des Umverstauens eines Teils der M.G.-Munition von der linken nach der rechten Seite des Bugpanzers, die so für den Ladeschützen besser greifbar war, wurde am 10. Dezember entschieden, daß die *Munitions-Lagerung* des *Pz.Kpfw.IV Ausf.A von 140 auf 122* absinken sollte. Bis 23. Dezember hatte Grusonwerk an 2 Fahrzeugen die Abdeckung der Munitionskästen ausgeführt, einmal mit Federzügen nach Vorschlag A.K., des weiteren mit Druckknöpfen nach Vorschlag Grusonwerk. Am 11. Januar 1938 sollten diese beiden Fahrzeuge fertig sein und von Major Olbrich besichtigt werden.

Am 12. Februar 1938 hatte Wa Prw 6 befohlen: *Der Fliegerauslegearm fällt bei allen Fahrzeugtypen Pz.Kpfw.II, Pz.Kpfw.III, und Pz.Kpfw.IV in Zukunft fort. Bestelltes Material ist umgehend zu annullieren. Bereits gefertigte Auslegearme sind vorläufig noch anzubauen.*

4.2.3 FÜNF AUSFÜHRUNG A, GEBAUT MIT AUSFÜHRUNG B-WANNEN

Am 31. Januar 1938 berichtete Grusonwerk an Abteilung A.K. in Essen:

Für die letzten 5 Wagen der 1./B.W. Serie fehlt uns das Panzermaterial, welches jedoch für die 2./B.W. Serie zum Teil schon angeliefert worden ist. Um die 1.Serie zur Auslieferung zu bringen, möchten wir hierfür die Panzerteile der 2.Serie verwenden. Da die Aufbauten der 2.Serie gegenüber der 1.Serie geändert worden sind, fragen wir an, ob die Geschütze der beiden Serien die gleiche Ausführung haben, damit die Wannen der 2.Serie ohne Bedenken für die 1.Serie verwendet werden können. Dieses Problem war durch Mangel der rechtzeitigen Fertigung von 5 Panzerwannen durch andere Firmen enstanden. Die Firma Harkort Eicken sollte 3 Wannen bis Ende Februar und 2 Wannen bis Mitte März liefern, und zwar für Fertigungstermine von 3 kompletten Fahrzeugen im Mai und 2 im Juni von Grusonwerk. Da die Lieferungs-Termine der Wannen nicht eingehalten wurden, benützte Grusonwerk fünf *2./B.W.*-Wannen (gefertigt durch Fried.Krupp, Essen) für die letzten 5 *Pz.Kpfw.IV Ausf.A* (u.a. Wanne Nr.80206 für *Pz.Kpfw.IV Ausf.A*, Fgst.Nr.80134)

Eine weitere Frage von Grusonwerk an Krupp, Essen, vom 4. Februar lautete: *Sind Geschütze 1./B.W. verwendbar für 2./B.W.?* Abteilung A.K., Essen, antwortete am 5. Februar, daß *Geschütze für die 2./B.W. die gleichen sind als 1./B.W. Die Panzerabdeckung der Rohrwiege sowie des übrigen Turmes ist jedoch gegenüber 1./B.W. geändert, ebenso die Form des Panzerkastenoberteils.*

Diese Frage stammte von der verspäteten Anlieferung der abgenommenen 7,5 cm Kw.K. Die letzte 7,5 cm Kw.K. Nr.35 für die 1.Serie hatte ihren Prüfbeschuß in Meppen am 11. Mai 1938 hinter sich und wurde in einem *Pz.Kpfw.IV Ausf.A* im Juni 1938 eingebaut.

4.3 VERBESSERUNGEN NACH AUSLIEFERUNG

Eine Reihe von Verbesserungen wurde nach Auslieferung der *Pz.Kpfw.IV Ausf.A* an die Truppeneinheiten angeordnet. Unter anderem:

1) Ab August 1938 Aufsetzen einer *Nebelkerzenabwurfvorrichtung* auf den Abgasschalldämpfer am Heck des Fahrzeuges.
2) Bis September 1938 waren die *Kurskreisel* für die 1. und *2./B.W.*-Serie bis zum Ausstoß der Fahrzeuge nicht rechtzeitig geliefert worden, deshalb mußte die Kurskreisel-Firma nach Amtsanweisung diese Kreisel fertig an die Truppen senden.
3) Ab Frühjahr 1940 Anbringen des *Nachtmarschgeräts »Notek«* auf dem linken Kettenschutz.
4) Ab Juni 1940 Umstellen von *Trommel- auf Gurtzuführung* für M.G. und Einbauen von Patronensackhaltern für Gurtzuführung.
5) Ab Februar 1941 *Verstärkung der Wannenstirnwand* durch Anschweißen einer 30 mm starken Zusatzplatte vor die ursprüngliche 14,5 mm dicke Bugpanzerplatte.
6) Ab Februar 1941 Einbau der Änderungen der *Lüfteranlage und des Lüfterantriebs.*
7) Ab Februar 1941 Aufmontieren eines *Antennenabweisers* vorne am 7,5 cm Kw.K. Panzerschutzrohr.
8) Ab März 1941 Aufmontieren eines *Gepäckkastens* an der Turmrückwand.
9) Ab Juni 1941 Anbauen einer *Kupplung am Heck* für einen Kraftstoff-Anhänger.

5. Panzerkampfwagen IV (7,5 cm) (Vskfz.622) Ausführung B, (2./B.W.)

Fahrgestell-Nummer-Serie 80201 – 80242

Die 42 ***Pz.Kpfw.IV Ausf.B*** *wurden zwischen Mai und Oktober 1938 gefertigt und abgenommen.*

5.1 VERBESSERUNGEN GEGENÜBER AUSFÜHRUNG A

Von Wa Prw 6 wurden für jeden der Hauptteile des 2.Serie Panzerkampfwagen IV Veränderungen verlangt. Die wichtigsten Verbesserungen mit Gerätebeschreibungen sind in diesem Kapitel enthalten.

5.1.1 PANZERUNG

Zur erhöhten Sicherheit gegen 2 cm Panzergranatgeschosse aus näheren Entfernungen wurde die vordere Platte verstärkt. Die Panzerplatten bestanden aus homogenem, nickelfreien Panzerstahl PP694 mit 153 ±5 kg/mm^2 Festigkeit für Bleche bis zu 14,5 mm Stärke. Für Bleche über 14,5 mm Stärke wurde homogener, nickelfreier Panzerstahl PP694 mit 125 ±5 kg/mm^2 Festigkeit verwendet.

5.1.2 FAHRGESTELL

Die ursprüngliche Form der *Ausf.A* blieb erhalten mit der gleichen Auslegung der Hauptkomponenten. Nur geringfügige oder gar keine Änderungen wurden bei den Laufwerkteilen durchgeführt, aber andere Hauptkomponenten, wie Panzerwanne, Motor, Schaltgetriebe und Seitenvorgelege wurden verbessert.

5.1.2.1 PANZERWANNE

Die Panzerwanne bestand aus Panzerplatten mit folgenden Stärken und Neigung (zur Horizontalebene geneigt).

Platte	Stärken	Neigung
Stirnwand, obere	20 mm	18°
Stirnwand, vordere	30 mm	76°
Stirnwand, untere	20 mm	29°
Seitenwand	14,5 mm	90°
Rückwand, obere	14,5 mm	80°
Rückwand, untere	10 mm	16°
Boden	8 mm	0°

5.1.2.2 MOTOR

Für das erhöhte Gewicht des Fahrzeuges wurde in der *Ausführung B* ein kräftigerer Motor, der HL 120 TR, eingebaut. Als Weiterentwicklung des HL 108 TR für höhere Kraftleistung wurden die Zylinder von 100 auf 105 mm aufgebohrt. Ohne Vergrößerung der äußeren Masse oder Erhöhung des Gewichts des Motors erbrachte der neue gesamte Zylinderinhalt von 11.900 ccm eine Leistung von 285 PS bei 2800 U/min gegenüber 250 PS bei 2800 U/min beim HL 108 TR. Maybach Motorenbau GmbH lieferte 22 HL 120 TR Motoren und die Firma Nordbau (Norddeutsche Motorenbau GmbH) in Berlin-Niederschöneweide die letzten 20 HL 120 TR mit Motor Nr. 540001 bis 540020.

5.1.2.3 SCHALTGETRIEBE UND SEITENVORGELEGE

Ab *Ausf.B* wurde ein neues Schaltgetriebe mit der Bezeichnung SSG 76 (synchronisiertes Sechsganggetriebe mit einem Drehmoment von 76 mkg) eingebaut. Gegenüber dem Getriebe der *Ausf.A* hatte dieses Getriebe 6 Gänge und im Getriebegehäuse liegende Schaltschienen. Das Getriebe hatte 6 Vorwärtsgänge und einen Rückwärtsgang. Die Übersetzungen der einzelnen Gänge waren:

		Geschwindigkeit:
1.Gang	1 : 9,02	4,7 km/Std.
2.Gang	1 : 4,68	9,0
3.Gang	1 : 2,76	15,2
4.Gang	1 : 1,82	23,0
5.Gang	1 : 1,29	32,6
6.Gang	1 : 1	42,0
R.Gang	1 : 7,3	5,8

Der *2./B.W.* war schwerer zu lenken als der *1./B.W.*, da die Übersetzung des Seitenvorgeleges 1:3,23 statt 1:4 war (wegen der größeren Gesamtstufe des Sechsgang-Getriebes).

5.1.3 PANZERKASTENOBERTEIL

Am 20. November 1937, bei der Abnahme der ersten zwei B.W. beim Grusonwerk, wurde von Wa Prw.6 verlangt:

Fichtner gibt an, daß in einzelnen Fahrzeugen der 2.Serie anstelle der 20 Watt Funkanlage 10 Watt-Geräte mit einem zweiten Empfänger und Umformer einzubauen sind, um gleichzeitig mit verschiedenen Wellen empfangen zu können; dadurch ergeben sich größere Änderungen für die 2.Serie. Major Kutzki und Dr. Bruun, Wa.Prw.7, treffen am 6.Dezember 1937 in Essen ein, um am nächsten Tage das Unterbringen der Geräte in dem Modell des Funkerraumes 2./B.W. durchzusprechen. Modelle der Geräte sind vorzubereiten.

Panzerkampfwagen IV, Ausführung B.

Ein Auftrag an Abteilung AK in Essen wurde von Wa Prw 6 am 6. Januar 1938 erteilt für »Umarbeiten des flußeisernen Versuchmodells des Panzerkastenoberteils 1./B.W. auf die verkleinerte Form 2./B.W.«

Weitere Entscheidungen stammten von einer Besprechung mit Wa Prw 6 in Berlin am 29. Januar wie folgt:

AK Angebot Nr. 86 496/L vom 6.1.38 auf Änderung eines Versuchs-Bugpanzers vom Versuchsfahrgestell B.W.II auf den Stand der 2.Serie wird durchgesprochen. Auf Rückfrage bestätigt Prw 6, daß der unverstärkte Turmtragring bestehen bleibt und keine Schutzleiste für den Turmspalt angebracht wird. Eine horizontale 7,5 cm Munitions-Lagerung muß jedoch besonders gefertigt werden.

Am 30. März berichtete Abteilung AK:

Der B.W.II mit Inneneinrichtung 2./B.W. ist fertig. Er wurde am 12. April in Essen durch Major Dr. Olbrich und Dipl.Ing. Biersack besichtigt, mit folgenden Entscheidungen: *Die Munitionslagerung für 2./B.W. wird im Versuchsfahrgestell B.W.II besichtigt. Die Halterung für 2 Schuss 7,5 cm an der hinteren Zwischenwand ist mit Aluminium-Blech zu verkleiden. Vor den Geschoßlagerungen sind Vorhänge nach Versuchsausführung anzubringen, aber nicht vor den M.G. Munitionslagerungen. Prw 6 ist mit der Schußzahl (3000 Schuß M.G. und 80 Schuß 7,5 cm) sowie Anordnung der Munition einverstanden.* Diese und andere Besprechungen waren ausschlaggebend für die folgenden Hauptveränderungen am Panzerkastenoberteil der *Ausf.B*:

5.1.3.1 BUGPANZER

Der Bugpanzer besteht aus Panzerplatten mit folgenden Stärken und Neigung (zur Horizontalebene geneigt).

Platte	Stärken	Neigung
Stirnwand	30 mm	81°
Seitenwand	14,5 mm	90°
Decke	11 mm	0 und 5°
Rückwand	14,5 mm	90°
Bodenplatte	8 mm	0°

Schaltgetriebe SSG 76, Hersteller: Zahnradfabrik Friedrichshafen.

Die Stirnwand der Bugpanzer *Ausf.B* (und *Ausf.C)* war gerade ausgeführt, d. h. Fahrersehklappe, Sehklappe für den Panzerfunker sowie M.P.-Klappe lagen in derselben Ebene.

Bei *Ausf.B* (bis *Ausf. D)* war in der rechten Seitenwand hinten eine *Eintrittsöffnung für die Kühlluft des Motors* vorgesehen, die durch senkrechte und waagrechte Stege gegen Beschuß geschützt war.

Ab *Ausf.B* war die Fuge zwischen Turm und Panzerkastenoberteil durch *prismatische Schutzleisten* abgedeckt, die zum Schutze gegen Einschüsse in den Spalt zwischen Turmunterkante und Bugpanzerdach dienten.

Unter der Fahrersehklappe war ein Lampenblech zur Aufnahme der *blauen Warnlampen des Querabschalters* angeschraubt. Der Querabschalter schaltete die Warnlampe links bzw. rechts vor dem Panzerfahrer ein, wenn die 7,5 cm KwK links bzw. rechts die Kettenabdeckung überragte.

5.1.3.2 FAHRERSEHKLAPPE 30

Der Fahrersehklappe für die *Ausf.B* (bis *Ausf.D)* bestand aus zwei übereinandergreifenden Schiebern. Der untere Schieber griff mit seiner vorderen Wange bei geschlossener Stellung über die Unterkante des oberen Schiebers. Zum Schutze der Augen gegen Bleispritzer, Splitter und Gewehrgeschosse, die in die Sehöffnung bei geöffneter Fahrersehklappe eindringen konnten, war hinter der Fahrersehklappe das 90 mm starke Schutzglas leicht auswechselbar angeordnet. Zum Auffangen von Bleispritzern war im Zwischenraum zwischen Schutzglasfassung und Bugpanzerstirnwand ein Abdeckrahmen angeordnet.

5.1.3.3 MP-KLAPPE

In die Bugstirnwand war beim *Pz.Kpfw.IV Ausf.B* (und *Ausf.C)* rechts neben der »Sehklappe vor dem Pz-Funker« eine M.P.-Klappe eingebaut. Die M.P.-Klappe verschloß die zum Schießen mit der M.P. dienende Schießöffnung, die gleichzeitig als Auflage für die M.P. beim Schießen diente. Die M.P.-Klappe hatte die Form eines abgestumpften schiefen Kegels.

5.1.3.4 SEHKLAPPEN

Die Sehklappe mit Sehschlitz war nur bei *Ausf.B* (und *Ausf.C)* an Stelle der Kugelblende in der Bugpanzerstirnwand angeordnet; sie diente dem Panzerfunker zum Ausblick nach vorn. Sie war eine rechteckige Platte mit stufenförmig abgesetztem Rande, mit dem die Klappe auf der Panzerwand auflag. Zum Schutze gegen Bleispritzer war die Klappe um einige Millimeter in die Panzerwand eingelassen. In die Sehklappe war ein 8 mm breiter Sehschlitz eingeschnitten. Außen war sie dachförmig ausgebildet, so daß Bleispritzer und auftreffende Geschosse weitgehend vom Eindringen in den Sehschlitz abgelenkt wurden. Zum Schutze der Augen gegen Bleispritzer, Splitter und Gewehrgeschosse, die durch den Sehschlitz dringen konnten, war hinter dem Sehschlitz ein 90 mm dickes

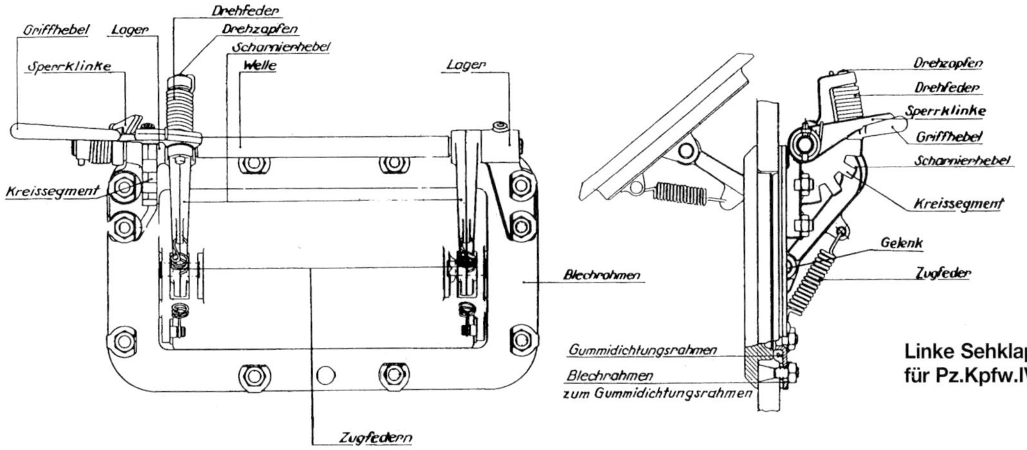

Linke Sehklappe ohne Sehschlitz für Pz.Kpfw.IV Ausf.B und C.

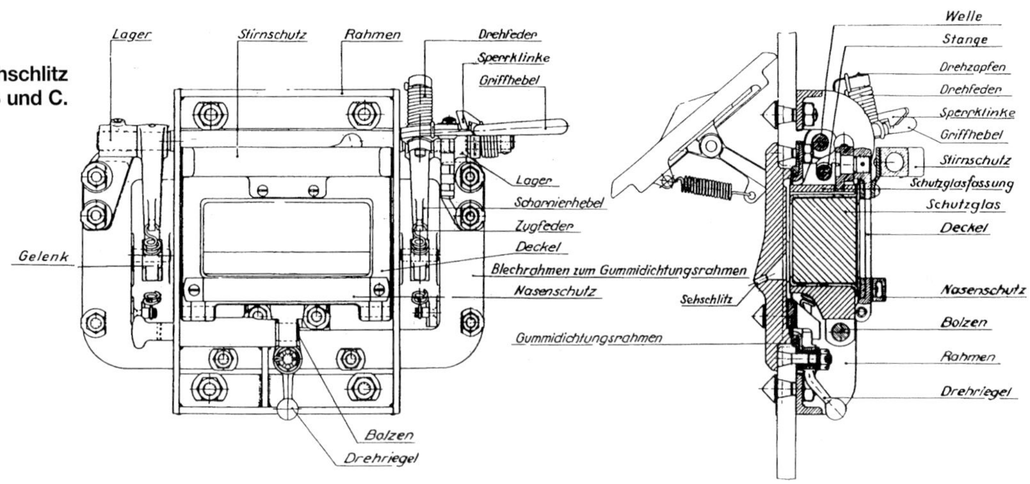

Rechte Sehklappe mit Sehschlitz für Pz.Kpfw.IV Ausf.B und C.

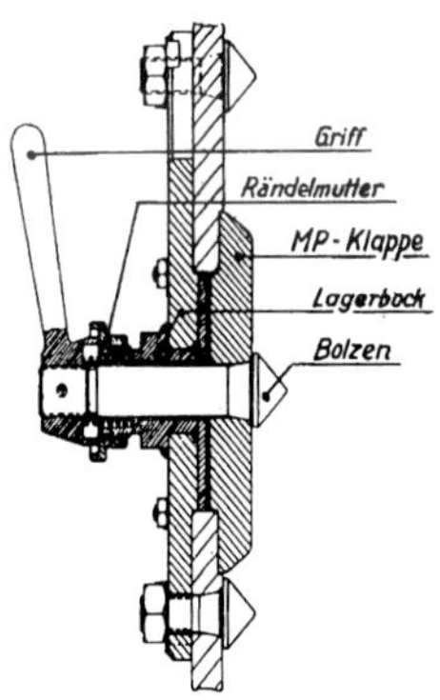

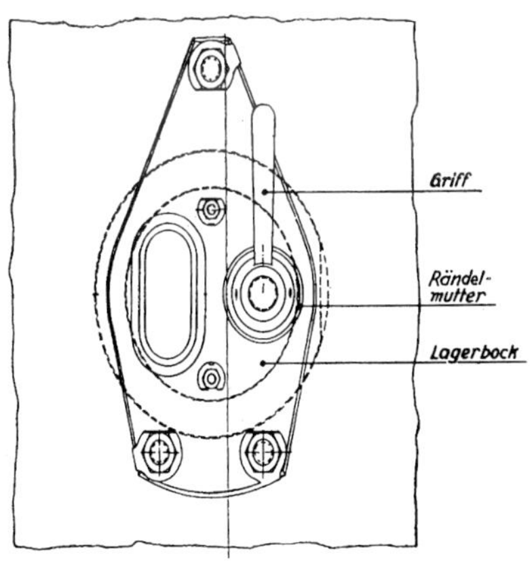

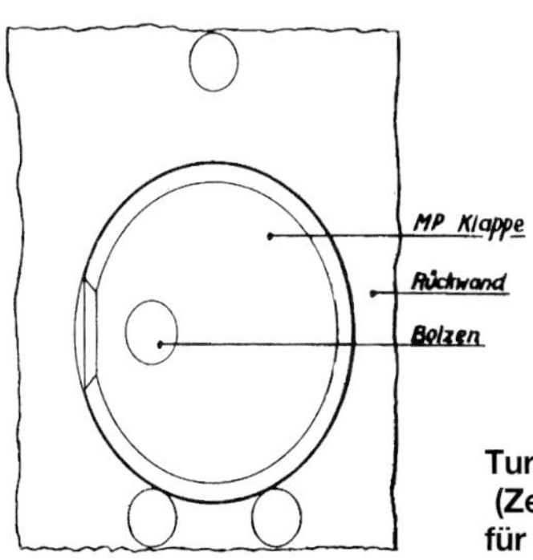

Turm-M.P.-Klappe (Zeichnung Nr. 021 B 14851 U24) für Pz.Kpfw.IV Ausf.B und C.

- an der Fußstütze für den Kommandanten vorn der Halter für die MG-Werkzeug- und Zubehörtasche und hinten zwei Gasmasken,
- zwischen Kommandanten- und Richtschützensitz auf dem Tragring der Kasten für Leuchtmunition und darüber, an der Rückwand, der Halter für die Leuchtpistole,
- an der linken hinteren Stütze der Drehbühne hinter dem Richtschützensitz der Halter für eine Feldflasche und der Signalflaggenhalter,
- vorn links unter der Decke der Halter für die Zielschiene,
- vorn rechts auf der Drehbühne zwei Kästen für die Patronentrommeln des M.G.

5.2 FORMÄNDERUNG WÄHREND DER PRODUKTION

5.2.1 KLEINIGKEITEN SCHAFFEN TRUPPENREIFE FAHRZEUGE

Die Niederschrift des Herrn Heerlein über Besprechungen im Grusonwerk am 9. und 11.5.1938 erklärte, daß bei den ersten gefertigten Hauptteilen kleinere Formänderungen erforderlich waren, bevor diese 2. Serie Truppenreife bekam:

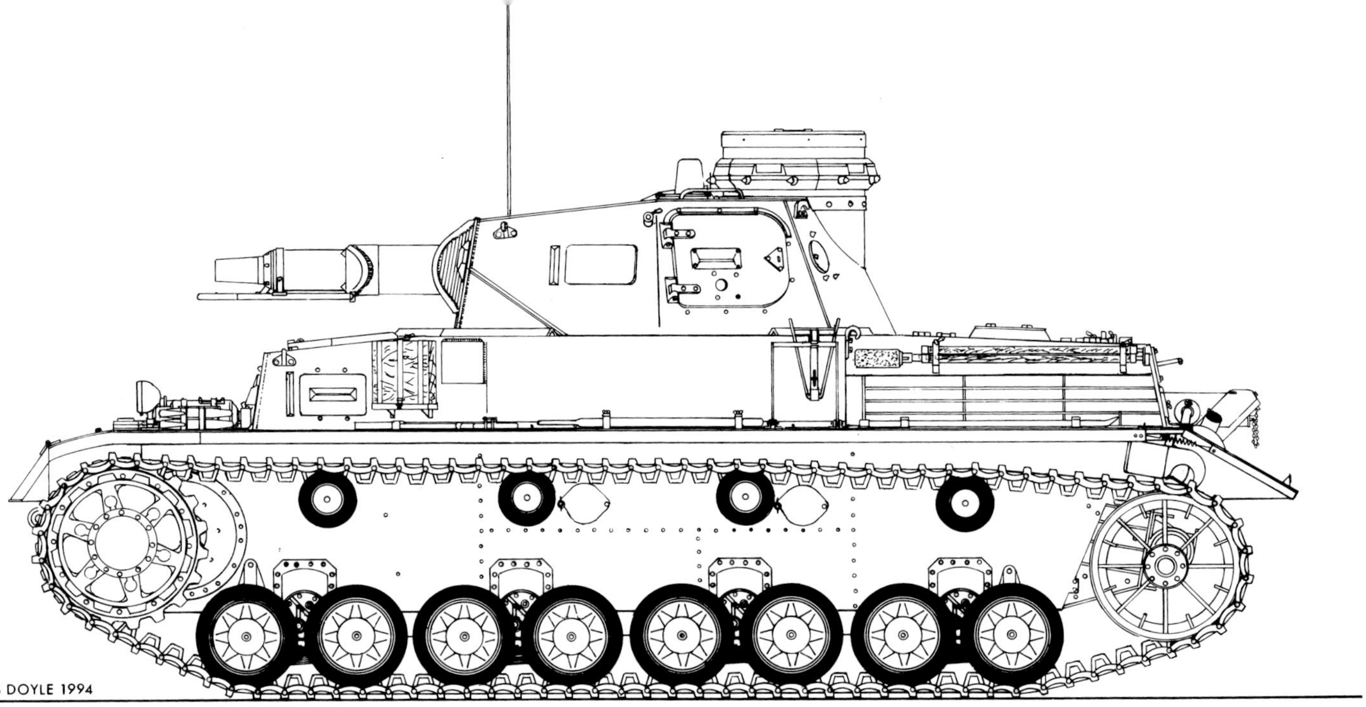

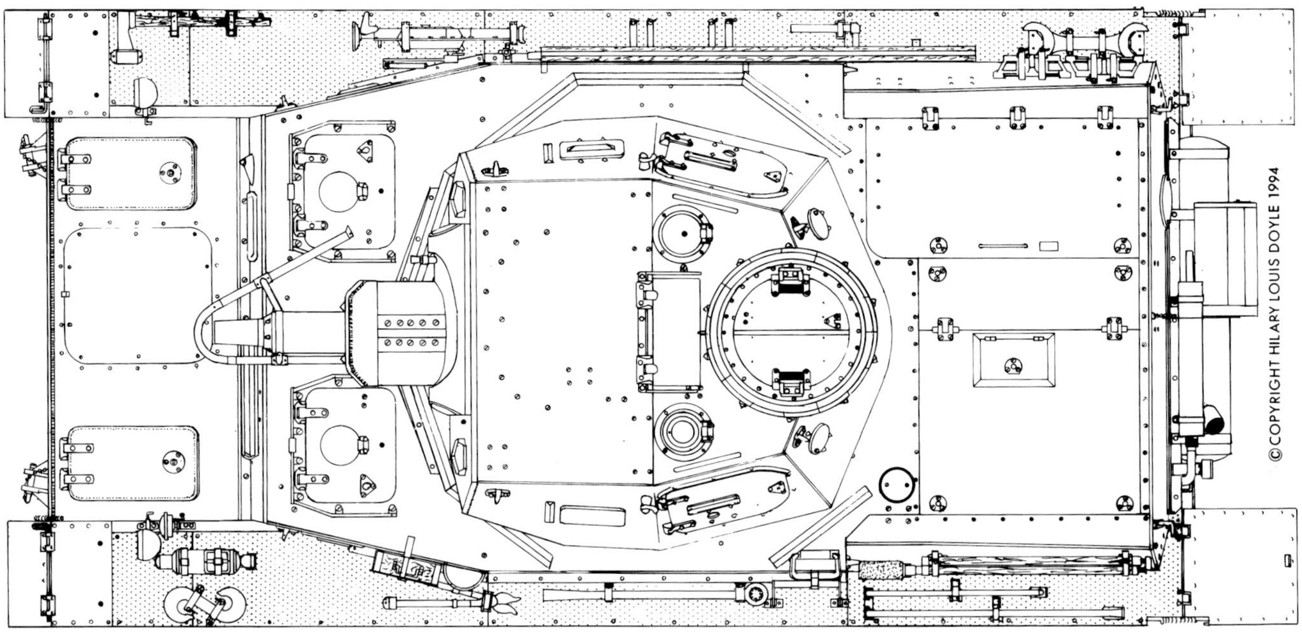

Panzerkampfwagen IV (7,5 cm), (Vs.Kfz 622) Ausführung B:
Die bei der Ausführung A abgestufte Fahrersichtplatte wurde durch eine gerade durchgehende Platte ersetzt. Der Aufbau wurde verschmälert. Pistolenöffnung anstelle der M.G.-Kugelblende, Luftauslaß hinten rechts und räumlich versetzte Funkantenne. Neuer Turm mit verbesserten Sichtverhältnissen, Pistolenöffnung in der Rückseite des Turmes, zusätzliche Pistolenöffnungen in den Turmeinstieg-Klappen, neue Kommandantenkuppel, neue innenliegende Walzenblende am Rohr der Hauptbewaffnung. Nebelwurfgerät auf dem Auspufftopf montiert, zwei Ersatz-Kettenglieder auf der Kettenabdeckung untergebracht.

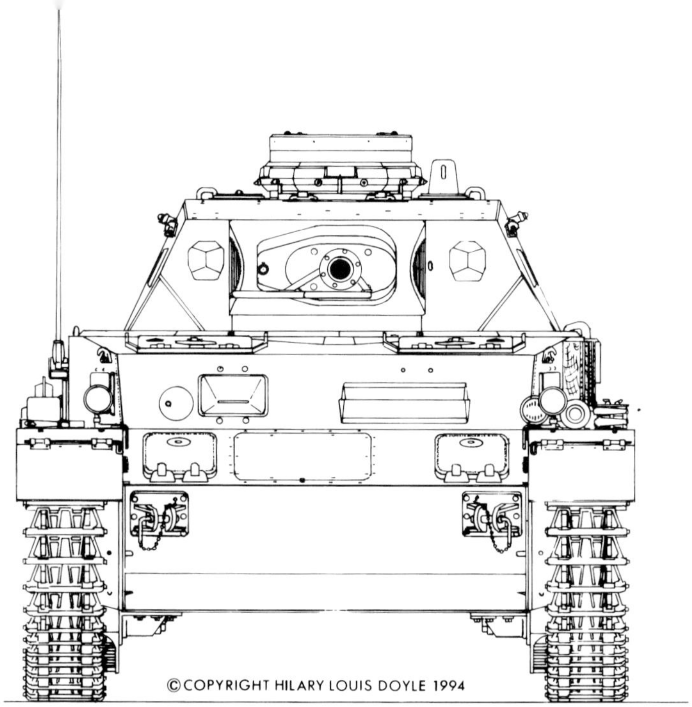

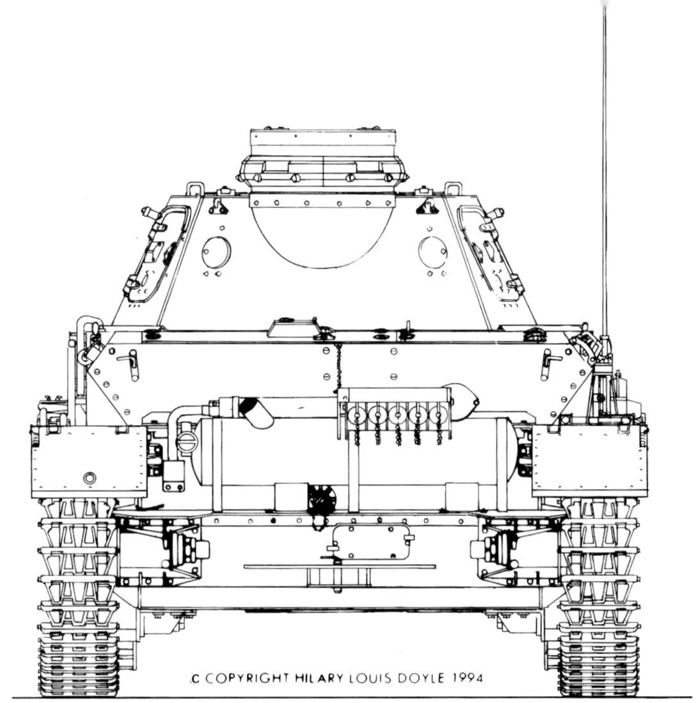

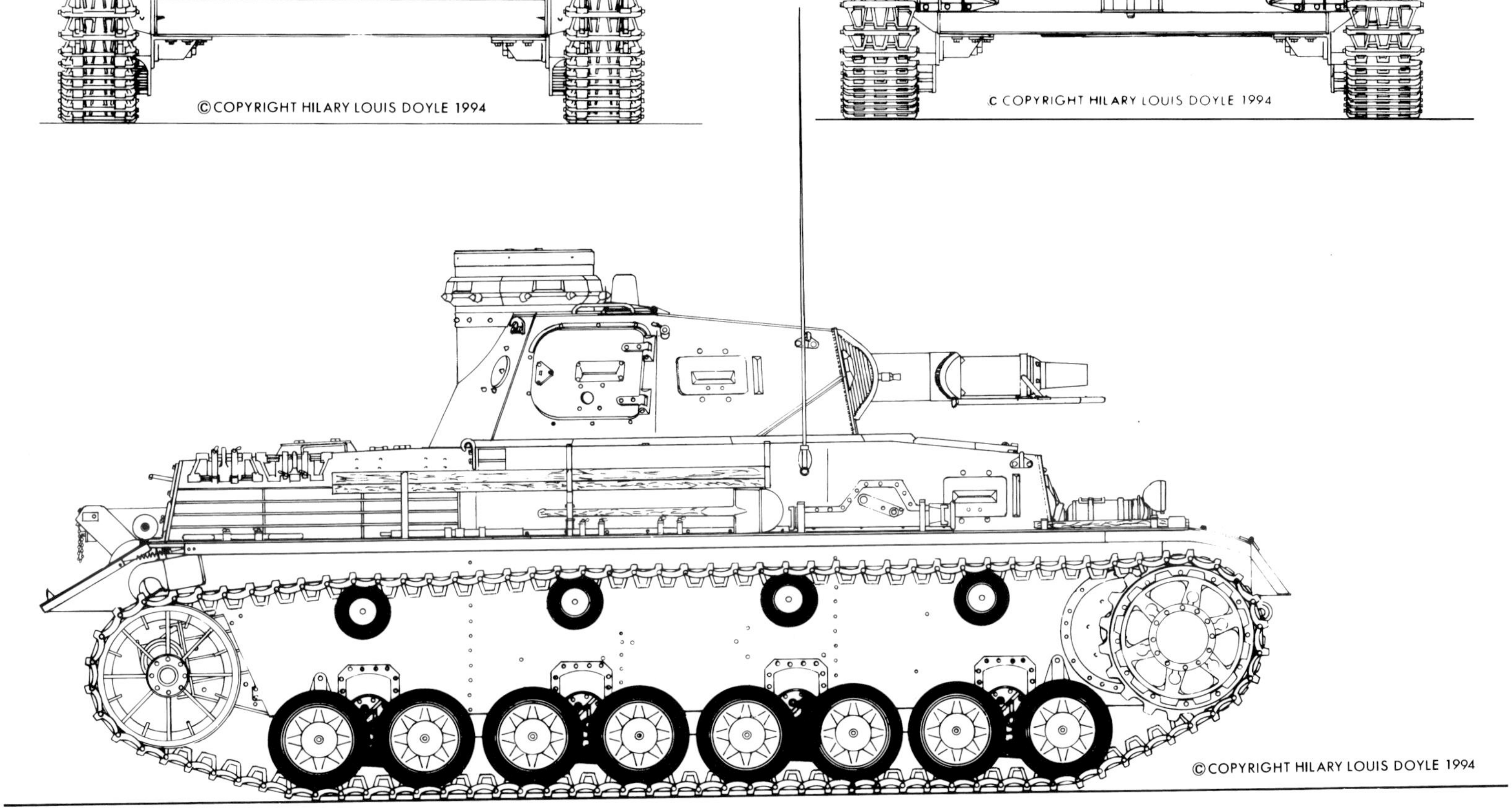

Bei der Überprüfung der ersten gefertigten 2./B.W. Türme zeigten sich folgende Änderungen als erforderlich:

1) *Unterer Bock der vorderen rechten Sehklappe erhält 3 statt 4 Befestigungsschrauben, größere Durchgangslöcher.*
2) *Oberer Bock der vorderen Sehklappen erhält Vermerk: »Löcher bei Montage gebohrt.« Hinterdrehung der Lagerbohrung fällt fort. Bohrung erhält Schmiernippel.*
3) *Rastbogen der linken vorderen Sehklappe 20 mm weiter nach links versetzen.*
4) *Rastbolzen an der vorderen Sehklappe 10 mm verlängern.*
5) *Panzerleiste für Lüftungsklappe im Turmdach anpassen oder Vermaßung ändern.*
6) *M.P. Klappe im linken Teil der Turmrückwand spiegelbildlich zu derjenigen im rechten Teil ausführen.*
7) *Rückenlehne für Kommandanten etwa 25 mm weiter vorschieben.*
8) *Glasblockrahmen der vorderen Sehklappen erhält mehr Spiel in den Bohrungen für die Halteschrauben.*
9) *Sicherung der Halteschrauben fällt fort.*

10) *Die in den beiden von APPA III gelieferten Türmen durch verschweißte Kegelschrauben geschlossenen je 4 Bohrungen können nach Rücksprache mit Dipl.Ing. Biersack belassen werden.*
11) *Kopfhöreranschlußkasten an Turmrückwand muß seitlich verschoben und höher gesetzt werden wegen M.P.-Klappe. Bisheriges Befestigungsloch abschneiden und Platte an Turmrückwand anheften. Ab 3./B.W. zwei schmale Leisten anstelle der Platte.*

5.2.2 AUSFÜHRUNG B, GEBAUT AUF AUSFÜHRUNG A- UND C-WANNEN

Wie schon in Kapitel 4 berichtet, wurden wegen Verzögerung der Lieferung von Panzerwannen bei anderen Firmen 5 *Ausf.A* mit *Ausf.B*-Panzerwannen gefertigt. Deshalb waren 5 *Ausf.B* mit *Ausf.A*-Panzerwannen versehen.

Das Gleiche geschah erneut, wie am 14.September 1938 berichtet:

Da die Firmen Harkort Eicken und Eisen- und Hüttenwerke die für 2./B.W. vorgesehenen Wannen nicht rechtzeitig liefern konnten, wurden auf dortige Anregung statt dieser Wannen solche vom hiesigen Appa III aus der 3./B.W. Fertigung für 2./B.W. verwendet. Infolgedessen mußten die bei den obigen Stahlfirmen zu fertigenden Wannen nach 3./B.W.-Ausführung geändert werden.

Firma Eisen- und Hüttenwerke hatte einen Auftrag für 12 Panzerwannen Nr. 80213 bis 80224 und Firma Harkort Eicken einen Auftrag für 18 Panzerwannen Nr. 80225 bis 80242. Statt dieser Panzerwannen mußten *Ausf.C*- Panzerwannen Nr. 80301 bis 80330 für *Pz.Kpfw.IV Ausf.B* Fahrgestell Nr. 80213 bis 80242 verwendet werden.

5.2.3 VERBESSERUNGEN, DIE VON TRUPPENERFAHRUNGEN STAMMTEN

Am 23. September 1938 hatte Wa Prüf 6 (IId) an Abteilung AK weitere Wünsche wie folgt geäußert:

Auf Grund von Truppenerfahrungen haben sich am B.W. folgende Änderungen als notwendig erwiesen:
1) *Für den Ladeschützen muß eine Rückenlehne an der Sitzstütze angebracht werden.*
2) *Der Signallampenkasten ist vom Kommandanten schlecht zu sehen und muß weiter zur Mitte der Kommandantenkuppel hin verlegt werden.*
3) *An dem Lagerbock für die Einblickstützen des Zielfernrohres (am Turmdach) muß der Splintbolzen zur Halterung des Zielfernrohres schnellstens durch einen Vorstecker mit Klappsicherung und Kette ersetzt werden, wie bereits für 4./Z.W. (Pz.Kpfw.III Ausf.E) vorher vorgeschlagen wurde. Es ist wünschenswert, das beim B.W. und 4./Z.W. möglichst derselbe Vorstecker Verwendung findet. Der Vor-*

stecker ist auch für die bereits ausgelieferten Fahrzeuge bereitzustellen.

4) *Die Kommandantenkuppel muß mit einer Visiereinrichtung an der vorderen Sehöffung versehen werden. Die Änderung wird von hier durchgeführt. Die Zeichnungen werden von Firma Daimler-Benz übersandt.*
Es wird gebeten, die o.a. Änderungen sobald möglich schon bei den nächsten zur Ablieferung gelangenden Fahrzeugen durchzuführen.

Die Visiereinrichtung wurde wie folgt gestaltet: Auf dem Anschlußring des Mantels war in der Mitte vor dem vorderen Sehschlitz der Zielstachel aufgeschraubt. Die Kimme war auf dem Deckel des vorderen Schutzglases befestigt. Durch diese Vorrichtung konnte der Panzerführer die Zielrichtung der Turmwaffen erkennen und den Richtschützen bei der Zieleinweisung berichtigen.

Ab Juli 1938 wurde eine Nebelkerzen-Abwurfvorrichtung auf dem Abgasschalldämpfer am Heck des Fahrzeuges aufmontiert.

5.3 VERBESSERUNGEN NACH AUSLIEFERUNG

Eine Reihe von Verbesserungen wurde nach Auslieferung der *Pz.Kpfw.IV Ausf.B* an die Truppeneinheiten angeordnet. Unter anderem:

1) Ab August 1938, Aufsetzen einer *Nebelkerzenabwurfvorrichtung* auf den Abgasschalldämpfer am Heck des Fahrzeuges.
2) Ab Frühjahr 1939, Anbringen einer *Regenrinne* über der Fahrersehklappe.
3) Ab Frühjahr 1940, Anbringen des *Nachtmarschgeräts »Notek«* auf dem linken Kettenschutz.
4) Ab Juni 1940, Umstellen von *Trommel- auf Gurtzuführung* für M.G. und Einbau von Patronensackhaltern für Gurtzuführung.
5) Ab Februar 1941, *Verstärkung der Wannenstirnwand* durch Anschweißen einer 30 mm starken Zusatzplatte vor die ursprüngliche 30 mm dicke Bugpanzerplatte.
6) Ab Februar 1941, Einbau von Änderungen für die *Lüfteranlage und den Lüfterantrieb.*
7) Ab März 1941, Aufmontieren eines *Gepäckkastens* an der Turmrückwand.
8) Ab Juni 1941, Anbau einer *Kupplung* am Heck für einen Kraftstoff-Anhänger.

Linke Seite: Seitenansicht Pz.Kpfw.IV Ausf.B.

Pz.Kpfw.IV Ausf.B mit Besatzung, Fgst.Nr. 80209, gefertigt im Juli 1938.

6. PANZERKAMPFWAGEN IV (7,5 cm) (Vskfz.622) Ausführung C, (3./B.W.)

Fahrgestell-Nummer-Serie 80301 – 80440

Von den bestellten 140 *Pz.Kpfw.IV Ausf.C* wurden zwischen Oktober 1938 und August 1939 134 gefertigt und abgenommen. Gemäß Verfügung AHA In 6 (IVd) Nr.156/39, geheime Kommandosache vom 22. Februar 1939, wurden die letzten 6 *Ausf.C*-Fahrgestelle (Fgst.Nr.80435 bis 80440) für eine besondere Brückenleger-Versuchsserie bei Wa Prüf 5 im Juni gefertigt und abgeliefert.

6.1 URSPRÜNGLICHE PLANUNG

Am 1. Juni 1937 hatte Ober.Ing. Kniepkamp (Wa Prw 6 (Gr.3) in einem Brief an Krupp die weitere Entwicklung der Pz.Kpf.Wg.-Fahrgestelle *(B.W.)* durch Abteilung A.K. wie folgt abgeschlossen: *Die Notwendigkeit, auch die Fahrgestelle der Panzerkampfwagen zu vereinheitlichen, zwingt dazu, die von Ihnen entwickelte Konstruktion des Fahrgestells B.W. mit dem Auslauf der Serie 2./B.W. aufzugeben. Für 3./B.W. ist das Fahrgestell des in der Entwicklung befindlichen Z.W., Baumuster 4 (Panzerkampfwagen III Ausf.E), mit einer entsprechenden Panzerwanne vorgesehen. Infolgedessen erübrigt sich die Abschließung eines besonderen Entwicklungsvertrages für Fahrgestell B.W.*

Auf Grund von Problemen mit der rechtzeitigen Herstellung von Versuchsfahrzeugen wären unhaltbare Verzögerungen in der Produktion eingetreten, wenn das Daimler-Benz-Einheitsfahrgestell eingeschaltet worden wäre.

Schon in einer Besprechung im Waffenamt am 21. Juni wurde erwähnt, daß *nach Auslieferung der Serie 2./B.W. sofort weitere B.W. in möglichst grosser Stückzahl gefertigt werden sollen.*

6.2 VERBESSERUNGEN GEGENÜBER AUSFÜHRUNG B

Krupp hatte keine Erlaubnis von Wa Prw 6 bekommen, wichtige Konstruktionsänderungen für das *B.W.*-Fahrgestell durchzuführen. Krupp bekam nur Aufträge für Produktion von weiteren Pz.Kpfw.IV auf *B.W.*-Fahrgestellen. In Endform entstand der *Pz.Kpfw.IV Ausf.C* von einem Auftrag für den Bau von mehreren grundsätzlich unverbesserten *Ausf.B*-Fahrzeugen. Das Wa Prw 6 ließ nur die folgenden einfachen Änderungen zu:

6.2.1 MOTOR

Am 9.Dezember 1937 meldete die Firma Maybach:

Bei der Typenbezeichung HL 120 TRM bedeutet der Buchstabe »M«, daß die Motoren mit Schnappermagnet ausgerüstet sind. Dieser Typ kommt erstmals bei den von uns zu liefernden 100 Motoren für Serie 3./B.W.

Die ersten 40 *Ausf.C* (Fgst.Nr.80301 bis 80340) sollten mit dem HL 120 TR Motor (Nummerserie 540021 bis 540060 von Nordbau) gebaut werden. Der Rest der *Ausf.C* (ab Fgst. Nr.80341) sollte mit dem verbesserten HL 120 TRM Motor (Nummerserie ab 33501, gefertigt bei Maybach) hergestellt werden. Dies wurde hauptsächlich wie geplant durchgeführt. Jedoch zwei *Pz.Kpfw.IV Ausf.C*, Fgst.Nr.80338 (mit Motor Nr.33533) und Fgst.Nr.80340 (mit Motor Nr.33530) wurden mit HL 120 TRM statt HL 120 TR gefertigt.

6.2.2 FAHRGESTELL

Weitere Änderungen am Fahrgestell bestanden aus Verbesserungen beim

1) Ausstiegluken-Deckel unter dem Funker
2) vollständige Motorträger
3) Rohrverbindungen mit dem Luftfilter bei HL 120 TRM Motoren
4) Lüfteranlage
5) Schlösser für Kühlerklappe und Lüfterklappe am Heckpanzerdach.

30 *Ausf.C*-Fahrgestelle wurden mit *2./B.W.*-Panzerwannen (Nr.80213 bis 80242) gebaut. Diese sollten durch die Panzerherstellerfirmen nach *3./B.W.*-Konstruktionszeichnungen nachgebaut werden.

6.2.3 TURM

Am 4. Februar 1938 hatte Grusonwerk bei Abteilung A.K. angefragt: *Welche Teile am Turm ändern sich für 3./B.W.?* A.K. antwortete: *Gegenüber 2./B.W. ändern sich M.G.-Lagerung und neue Turmzurrung.* Bei *Ausf.C* wurden für die M.G.-Lagerung im Turm die Lager an der Blende befestigt.

Eine weitere Veränderung erfolgte beim Turm-M.G., wie berichtet während einer Besprechung in Berlin bei Prüfwesen 6 am 22.April 1938: *Entgegen unserem in der Vorgangsbesprechung am 24.März 1938 gemachten Vorschlag, den aus der Walzenblende herausragenden Teil des M.G. mit einer Schale abzupanzern, beabsichtigen wir, diesen Teil durch ein Panzerrohr vollständig zu schützen. Das Panzerrohr ist ausrei-*

chend weit bemessen und erhält im vorderen Abschnitt oben und unten eine grosse Bohrung zum Abzug des Mündungsfeuers.

Zum besseren Schutz der Fuge zwischen Walzenblende und Blendenabdeckung wurde der vordere Rand V-förmig konstruiert. Die Erlaubnis dafür war in einer Besprechung beim Wa Prw 6 in Berlin am 3. Juni 1938 wie folgt gegeben worden:

Das Profil des Blendenausschnittes für die Blendenabdeckung 3./B.W. kann nach vorgelegter Zeichnung 021 B-14861-5(a) ausgeführt werden.

6.3 Pz.Kpfw.IV Ausf.C Fertigung mit Brückenleger-Fahrgestellen

Nach vorläufigen Versuchserprobungen bei Wa Prüf 5 kehrten die sechs Brückenleger-Fahrgestelle zum Grusonwerk zurück. Zwei davon wurden vorschriftsmäßig von der Heeres Abnahmestelle II (K) durchgeprüft und an Grusonwerk zum Aufsetzen der Aufbauten, wie nachstehend berichtet, freigegeben:

Am 7.März 1940 fand die Freigabe von 2 Stück Pz.Kpfw.IV, Fgst.Nr.80435 und 80436, aus dem Grusonwerk aufgrund der am 7.März 1940 auf dem Truppenübungsplatz Altengrabow vorgenommenen Probefahrt statt (151 km Werksleute, 20-21 km bei Inspektor).

Das eine Fahrgestell (Nr.80435) wurde für Versuchszwecke mit einem Infanterie-Sturmsteg-Aufbau aufmontiert, weiterbenützt. Das zweite Fahrgestell (Nr.80436) hatte das Geschütz Nr.209 auf einen *Ausf.C*-Turm montiert und wurde als vollständiger *Pz.Kpfw.IV Ausf.C* gefertigt und zum Heereszeugamt Magdeburg-Buckau am 1. April 1940 versandt.

Wie gemeldet im Abnahmebericht, fand die Freigabe von 4 Stück Pz.Kpfw.IV, Fgst.Nr.80437, 80438, 80439 und 80440, aus dem Grusonwerk am 23. Februar, 29. Februar und 7. März 1940 statt. Der vorläufige Empfänger wurde Grusonwerk zum Aufsetzen der Leiterbauwerke für *Brückenleger IV* nach Verfügung OKH Wa Prüf 6 IIf 76g 1015 Bd.Nr.5501/39 vom 27.6.1939.

Der nächste Empfänger der gefertigten *Brückenleger IVb* wurde die Pionier-Vorstelle Wa Prüf 5 Sperenberg (Kreis

Panzerkampfwagen IV, Ausführung C.

Maybach-HL 120 TRM-Motor, Lichtmaschinen-Seite.

Maybach-HL 120 TRM-Motor, Ölkühlerseite.

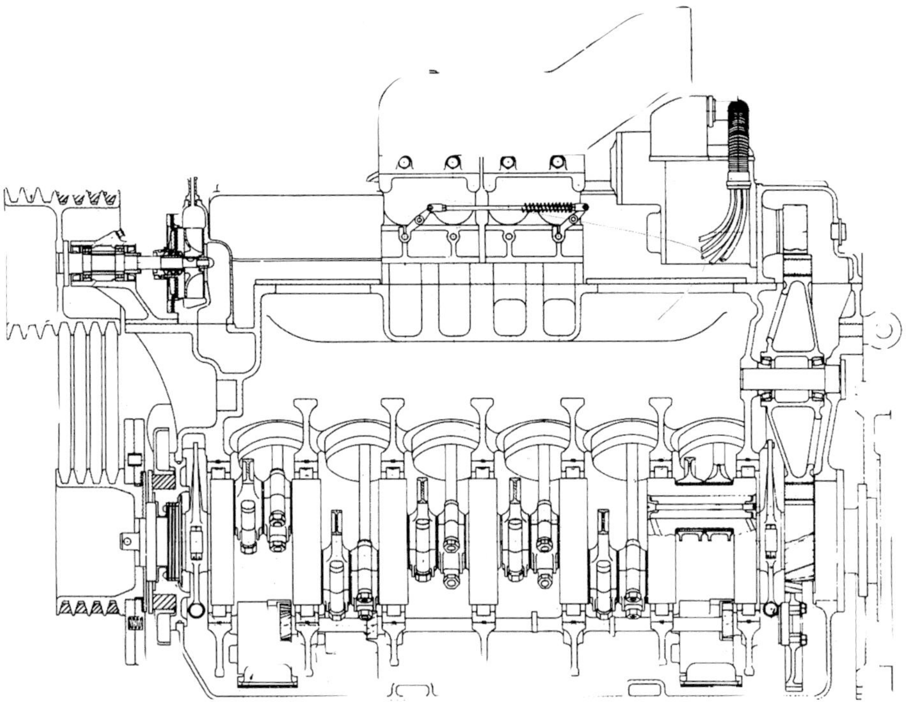

Längsschnitt durch den Maybach-Motor HL 120 TRM.

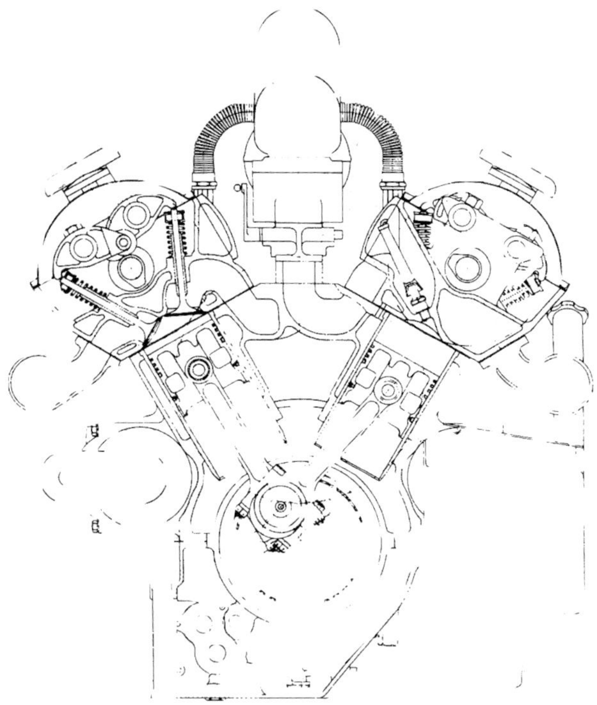

Querschnitt durch den Maybach-Motor HL 120 TRM.

Teltow) für Versuchserprobungen und zur weiteren Verwendung bei einem Panzer-Pionier-Bataillon.

Nach Gefechtserprobung der *Brückenleger IVb* im Westfeldzug hatte das Waffenamt im Juni 1940 den Umbau von einigen Brückenlegern in normale Pz.Kpfw.IV entschieden. Drei *Pz.Kpfw.IV Ausf.C* wurden gefertigt und an das Heereszeugamt Magdeburg-Buckau wie folgt abgeliefert:

- Geschütz Nr. 205 auf Fgst.Nr.80439 am 29. Juli 1940
- Geschütz Nr. 207 auf Fgst.Nr.80437 am 1. August 1940
- Geschütz Nr. 208 auf Fgst.Nr.80436 am 30. August 1940.

Der vierte Brückenleger mit Fgst.Nr.80438 wurde bei Versuchs- und Gefechtserprobungen mit einem Infanterie-Sturmsteg-Aufbau weiter verwendet.

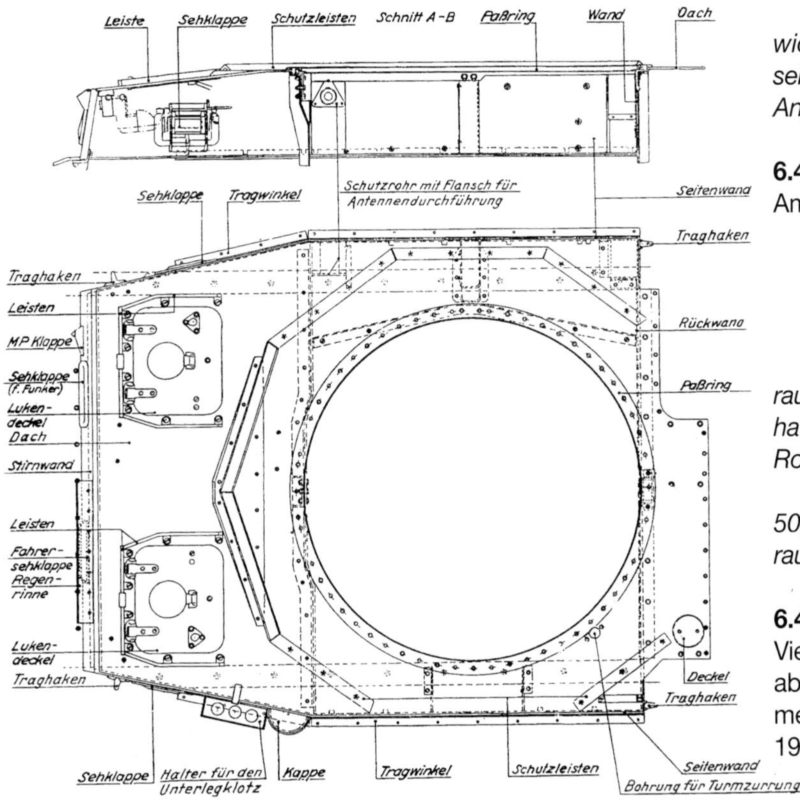

Bugpanzer (Zeichnung Nr. 021 A 8786 U1) für Pz.Kpfw.IV Ausf.C mit Regenleiste über der Fahrersehklappe.

6.4 FORMÄNDERUNG WÄHREND DER PRODUKTION

6.4.1 KOMMANDANTENKUPPEL

Prüfwesen 6/IId meldete am 5. April 1938 an Krupp:

Ordnungshalber weisen wir darauf hin, daß die Wegmann-Kommandantenkuppel für Serie 3./B.W. nach dem Zieleinsatz wie 2./B.W. und 3./Z.W. ausgeführt werden. Für weitere Serien sollte die überarbeitete 4./Z.W. Kommandantenkuppel 021St 9261 verwendet werden.

Am 27.Mai antwortete Krupp:

Wegmann Kommandantenkuppel für die Z.W. Fertigung nochmals umgearbeitet und unter 021St9261 an die Aufbaufirmen verteilt. Es wäre uns möglich, die Panzerteile ab 31. Gerät (3./B.W.) beizustellen.

Am 3. Juni wurde in einer Besprechung in Berlin zugesagt:

Prüfwesen 6/IId ist einverstanden, bei Serie 3./B.W., sobald wie möglich neue Kommandantenkuppel 021B9261 zu verwenden.

6.4.2 REGENLEISTE ÜBER FAHRERSEHKLAPPE

Krupp berichtete am 15. Dezember 1938, daß *Wegmann-Fahrersehklappe nach Verschmälerung des Panzerausschnittes nicht mehr wasserdicht ist. Die von Daimler-Benz entwickelte Regenleiste wird ab 3./B.W. Bugpanzer Nr.58 vorgesehen. Für bereits fertige Fahrzeuge ist bei Grusonwerk Angebot auf Formänderung zu beantragen.*

6.4.3 7,5 cm KAMPFWAGENKANONE LADUNGSRAUM

Am 14. März 1939 berichtete Krupp:

Die Serie 1./B.W. umfaßt die Rohre lfd.Nr. 1-35
2./B.W. 36-77
3./B.W. 78-217

Bis laufende Nr.157 hatten die Rohre den alten Ladungsraum. Die Rohre der Serie 3./B.W., Nr.113, 115, 116, 125-157, hatten bereits den neuen, nachgearbeiteten Ladungsraum. Die Rohre ab lfd. Nr. 158 erhielten sofort den neuen Ladungsraum.

Von der Truppe waren die Rohre Nr. 8, 10, 30, 32, 41, 43, 50, 52, 54 und 61 eingegangen und mit dem neuen Ladungsraum versehen wieder zurückgesandt worden.

6.4.4 ANTENNENABWEISER

Viele *Pz.Kpfw.IV Ausf.C* wurden ohne einen Antennenabweiser abgenommen und an die Truppe abgeliefert. In dem Abnahmebericht (für Fgst.Nr.80390, 80391 und 80393) vom 29. April 1939 wurde erklärt:

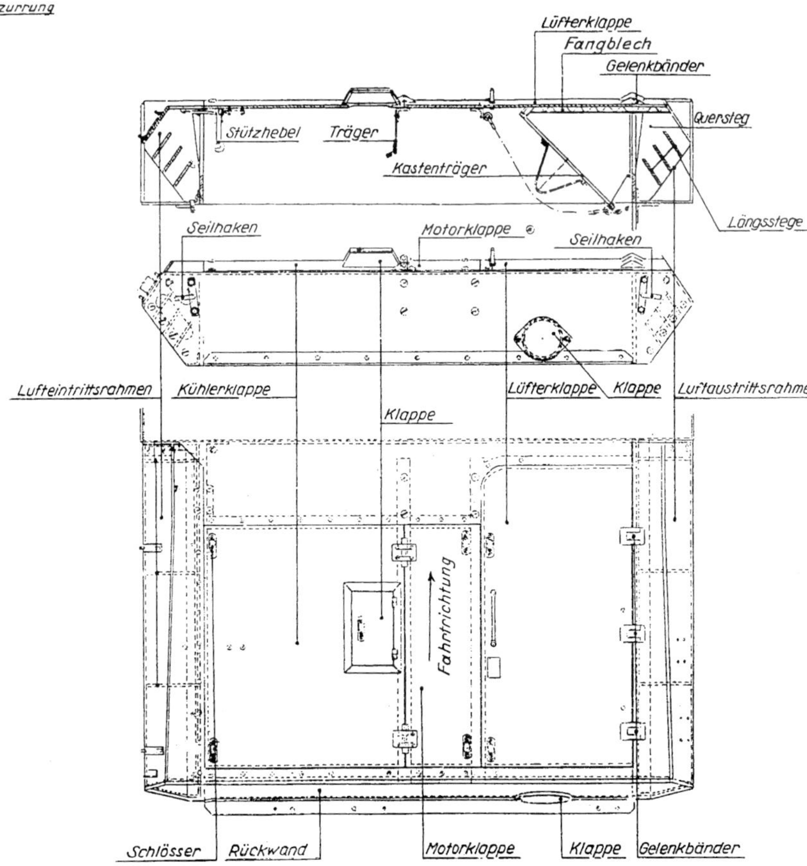

Heckpanzer (Zeichnung Nr. 021 A 8787) für Pz.Kpfw.IV Ausf.C.

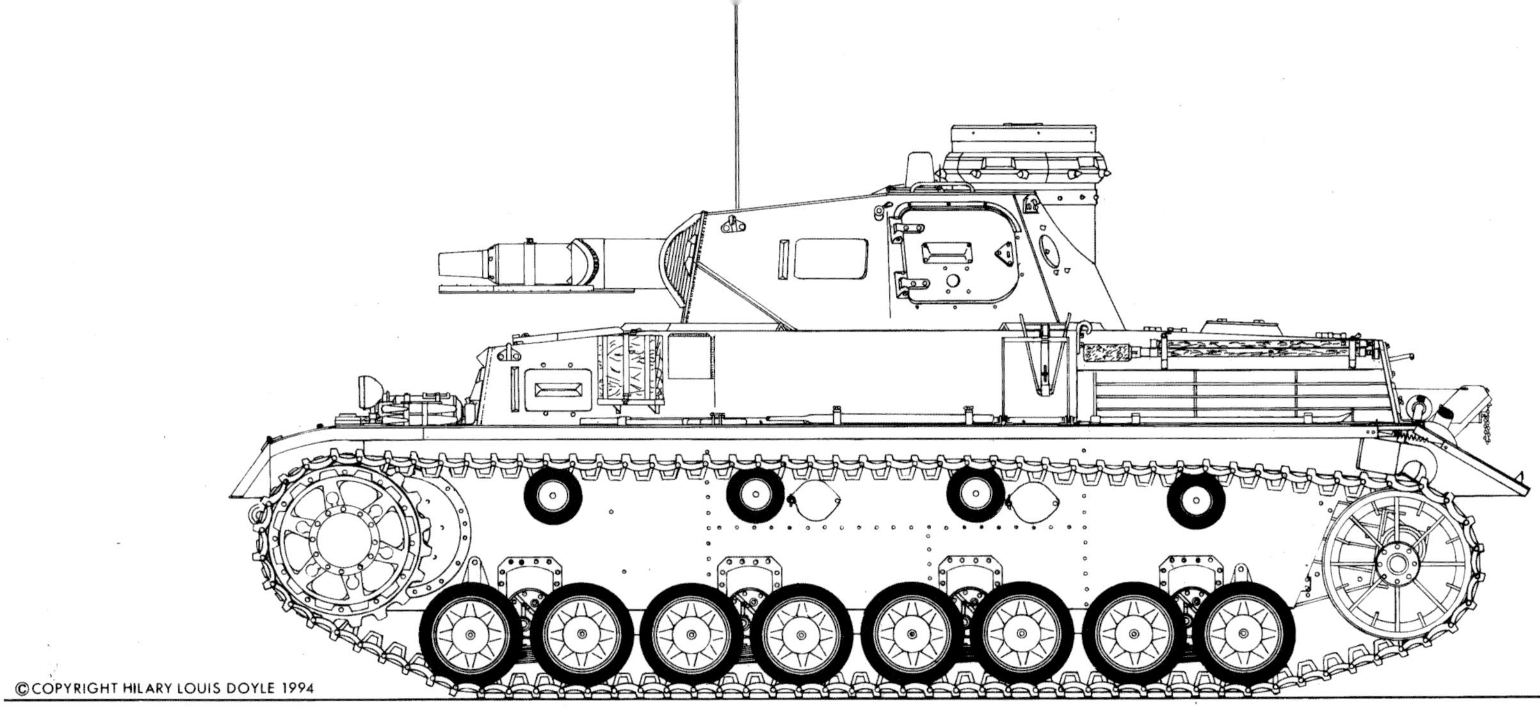
©COPYRIGHT HILARY LOUIS DOYLE 1994

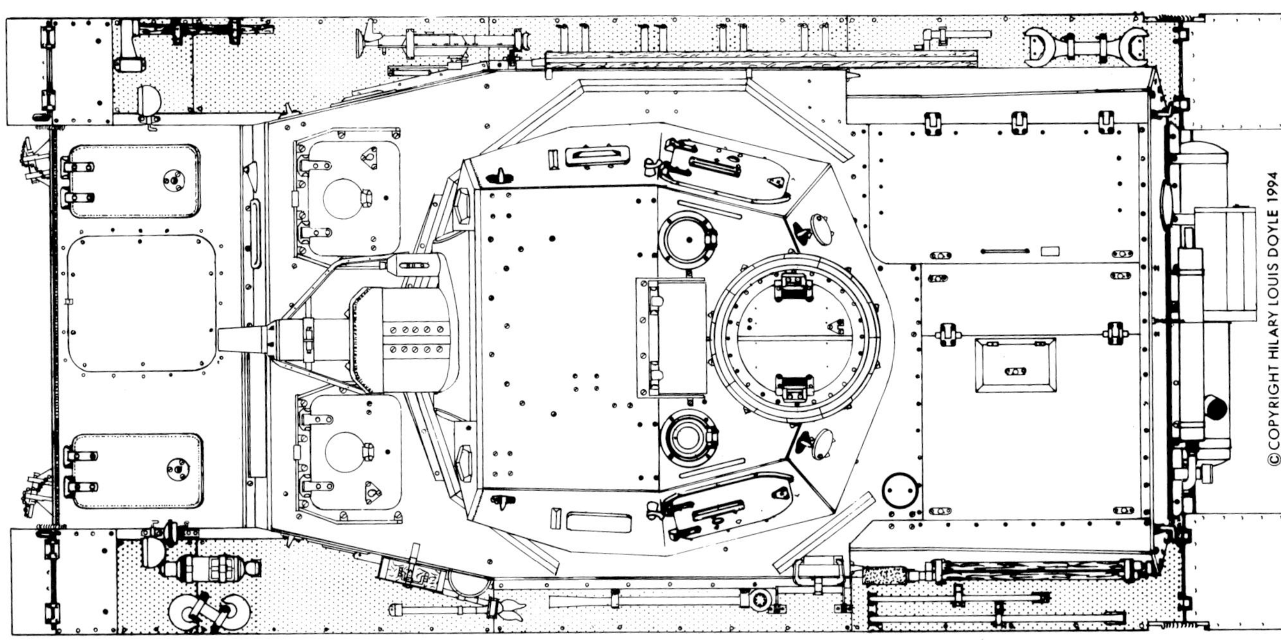
©COPYRIGHT HILARY LOUIS DOYLE 1994

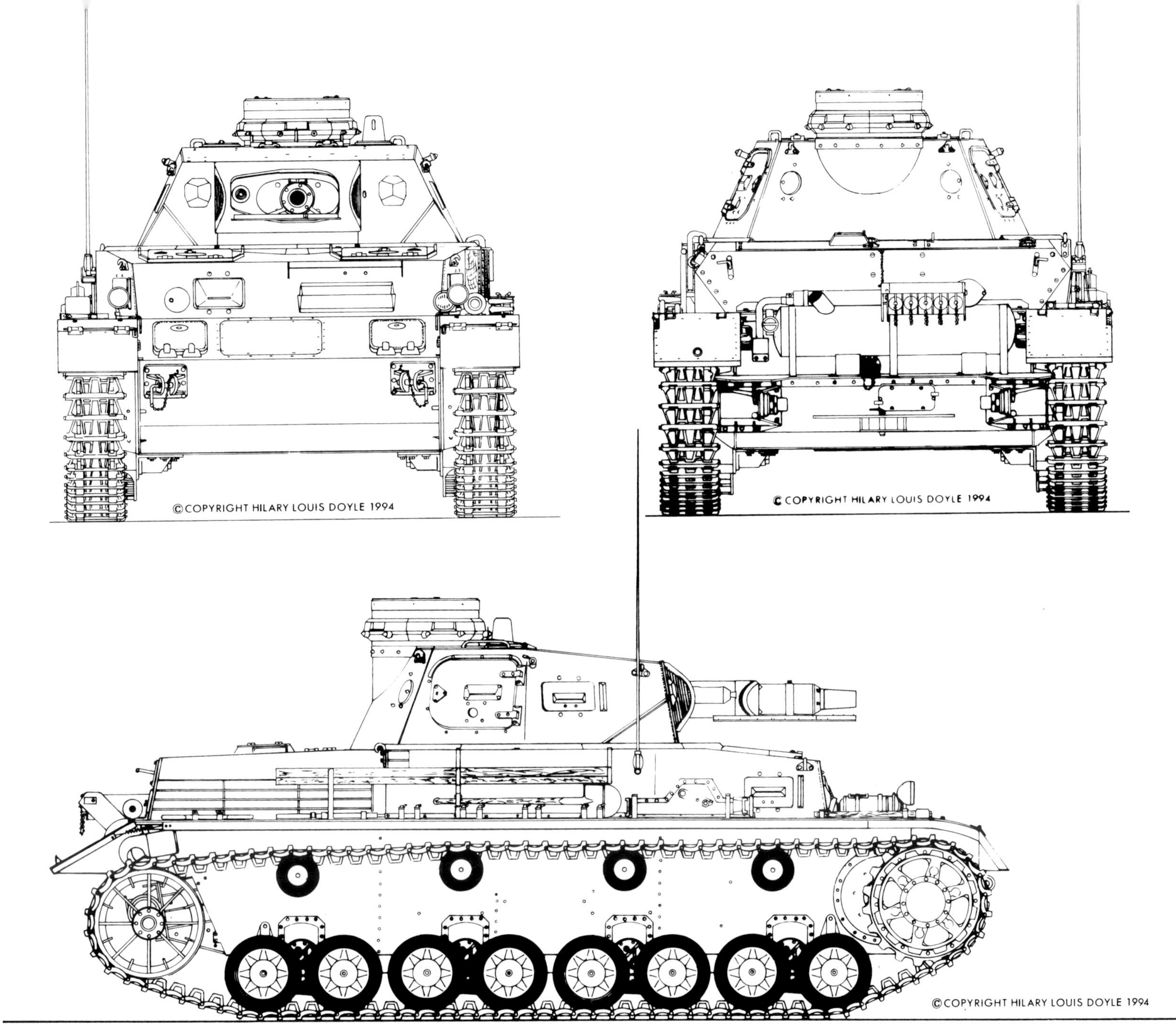

Panzerkampfwagen IV (7,5 cm), (Vs.Kfz. 622) Ausführung C: Verbesserte innenliegende Walzenblende, gepanzerte Schutzhülle für das Blenden-MG, neuer Antennenabweiser am Rohr der Hauptbewaffnung. Verbesserter Luftabzug im Turmdach. Geänderte Verschlüsse in der Motorraum-Abdeckung. Neue Ablage für Werkzeuge auf der Ketten-Abdeckung.

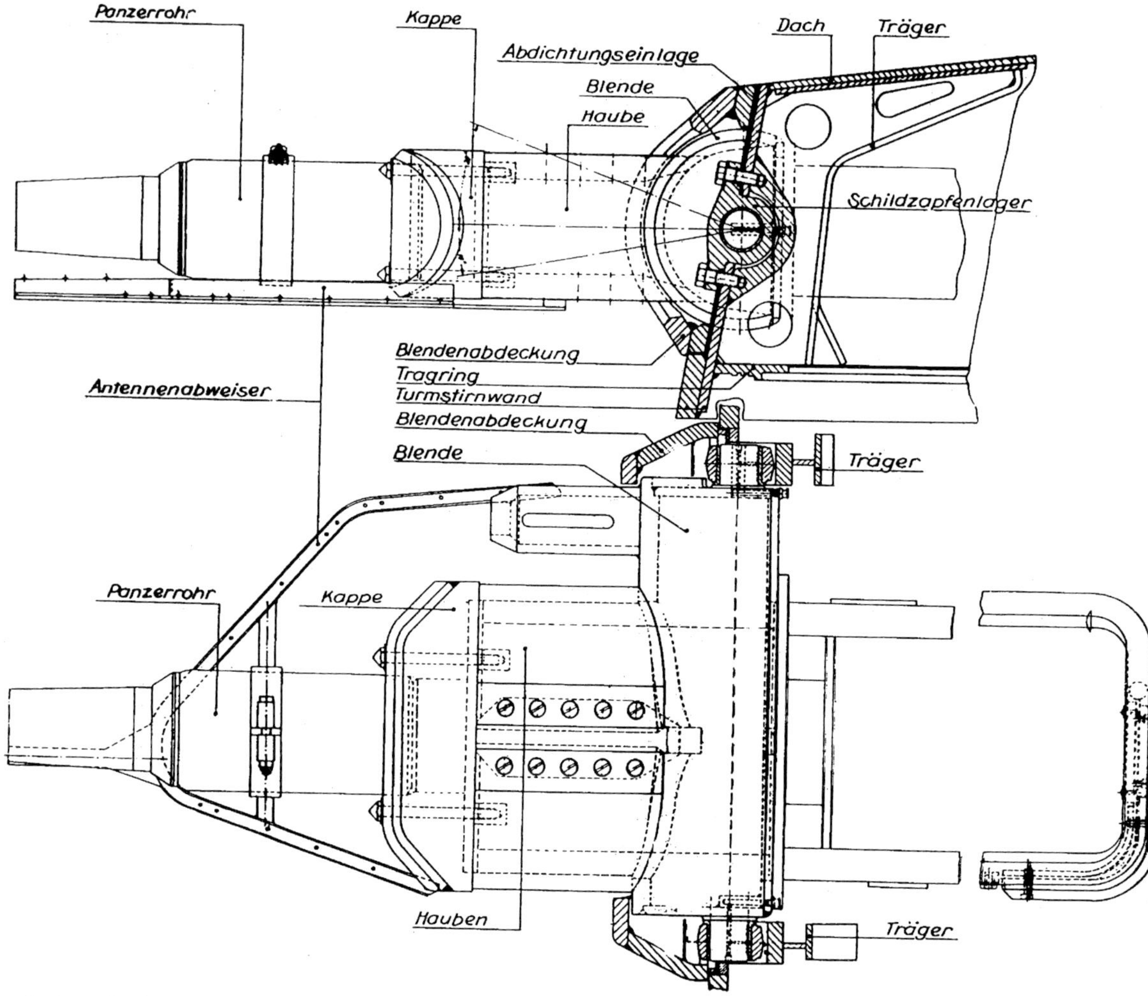

Walzenblende
(Zeichnung Nr. 021 B 14861 U2) für Pz.Kpfw.IV Ausf.C.

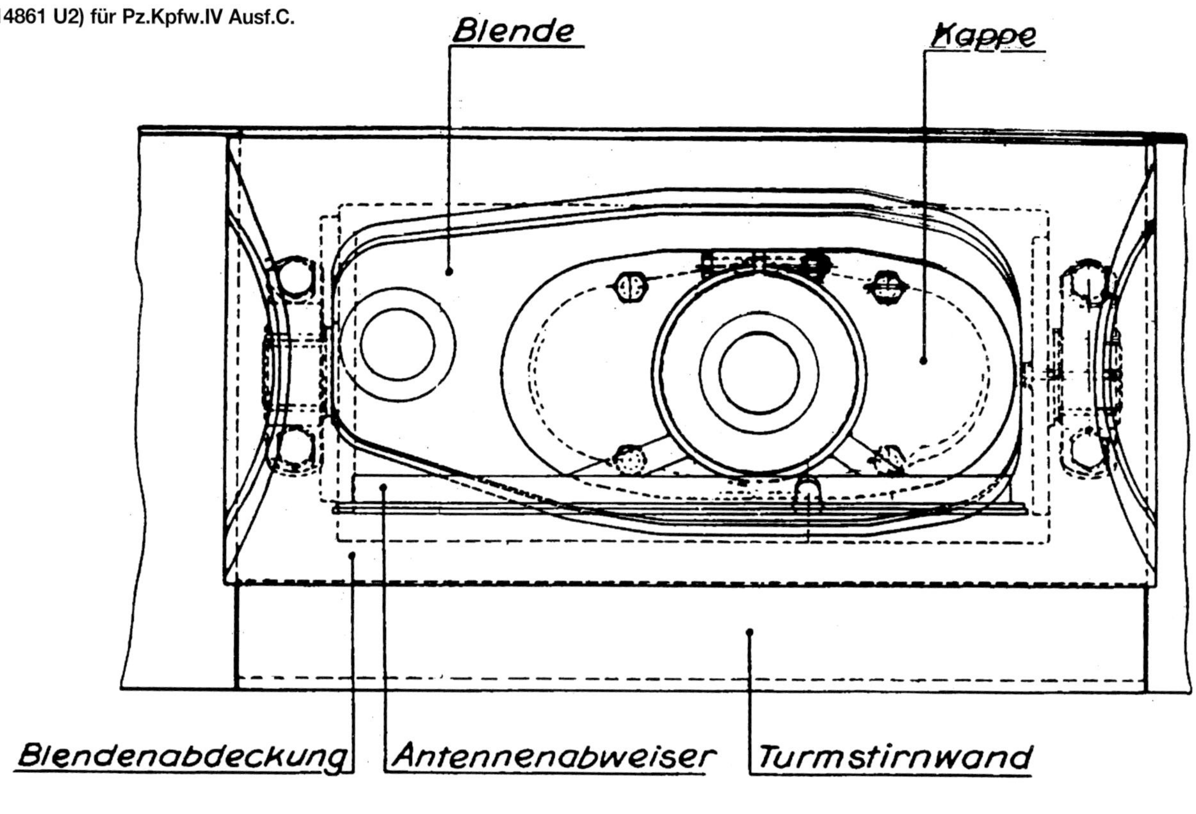

Infanterie-Sturmsteg-Aufbau auf Pz.Kpfw.IV-Fahrgestell, Ausf.C.

Pz.Kpfw.IV Ausf.C, Fgst.Nr. 80420, gefertigt im Juli 1939. Übung des Panzer-Regiment 11 der 6. Panzer-Division im Februar 1940.

Wagen 623, Pz.Kpfw.IV Ausf.C, Fgst.Nr. 80383, aufgenommen im April 1941 bei der 6. Kompanie, Panzer-Regiment 3 (2. Panzerdivision) während des Balkan-Feldzuges in Griechenland.

80383
623

623

Es fehlt je Fahrzeug ein Antennenabweiser; dieselben werden wegen Konstruktions-Änderung später nachgeliefert (Zeitpunkt unbestimmt).

6.4.5 UMGEBAUTE BRÜCKENLEGER MIT AUSF.E-BUGPANZER

Am 24.Juni 1940 fragte Grusonwerk Abteilung A.K., *...ob auf 3./B.W. Fahrgestell, die für Leiterbauwerke verwendet waren, 6./B.W. Bugpanzer nach Austausch einer Leiste an der Wanne, verwendet werden können?.* Die Antwort am 25. Juni lautete: *6./B.W. Bugpanzer können auf 3./B.W. Fahgestell aufgesetzt werden unter Verwendung einer neuen Leiste nach Sk 3890 anstelle der Leisten 021 D 33001-39 von der Wanne. Apparatebau III liefert 3 Leisten und schickt Schweißer.*

Der Einbau neuer Bugpanzer war erforderlich, da bei den letzten 6 Stück *3./B.W.*-Bugpanzer mit den Nummern 80435-80440, schon verwendet als Brückenleger-Aufbau, Aufnahmen für den Drehturm fehlten. Schließlich bestanden drei *Pz.Kpfw.IV Ausf.C* aus einer ungewöhnlichen Mischung von *3./B.W.*-Geschütz und Turm, *6./B.W. (Ausf.E)* Bugpanzer, mit *3./B.W.*-Heckpanzer und umgebautem *3./B.W.*-Brückenleger-Fahrgestell.

6.5 VERBESSERUNGEN NACH AUSLIEFERUNG

Eine Reihe von Verbesserungen wurde nach Auslieferung der *Pz.Kpfw.IV Ausf.C* an die Truppeneinheiten angeordnet. Unter anderem:

1) Ab Februar 1939, *7,5 cm Kw.K. Ladungsraum* nachgebohrt.
2) Ab Frühjahr 1939 Anbringen einer *Regenrinne über der Fahrersehklappe.*
3) Ab Frühjahr 1940 Anbringen des *Nachtmarschgeräts »Notek«* auf dem linken Kettenschutz.
4) Ab Juni 1940 Umstellen von Trommel- auf *Gurtzuführung für M.G.* und Einbau von Patronensackhaltern für Gurtzuführung.
5) Ab Februar 1941 *Verstärkungen der Wannenstirnwand* durch Anschweißen einer 30 mm starken Zusatzplatte vor die ursprüngliche 30 mm dicke Bugpanzerplatte.
6) Ab Februar 1941 Einbau von Änderungen für die *Lüfteranlage und den Lüfterantrieb.*
7) Ab März 1941 Aufmontieren eines *Gepäckkastens* an der Turmrückwand.
8) Ab Juni 1941 Anbau einer *Kupplung* am Heck für einen Kraftstoff-Anhänger.

Pz.Kpfw.IV Ausf.C: Weißes Balkenkreuz und weißes Flugzeug-Erkennungszeichen am Heckpanzerdach, aufgetragen im Heereszeugamt 1939 vor Auslieferung an die Truppe. Diese Art Hoheitsabzeichen wurde nur im Polen-Feldzug verwendet.

7. PANZERKAMPFWAGEN IV (7,5 cm) (Sd.Kfz.161) Ausführung D, (4.u.5./B.W.)

Fahrgestell-Nummer-Serie 80501 – 80748

Von den bestellten 248 *Pz.Kpfw.IV Ausf.D* wurden zwischen Oktober 1939 und Oktober 1940 immerhin 231 gefertigt und abgenommen. 16 *Ausf.D*-Fahrgestelle wurden für eine besondere Brückenleger-Versuchsserie im März und April 1940 und ein Pz.Kpfw.IV Fgst.Nr. 80625 wurde für Versuchszwecke im Juni 1940 gefertigt und abgeliefert.

7.1 VERBESSERUNGEN GEGENÜBER AUSFÜHRUNG C

Wa Prw 6 wollte ein Einheitsfahrgestell, welches für beide Fahrzeuge, Pz.Kpfw.III und Pz.Kpfw.IV, verwendbar war. Aber dagegen meldete Herr Woelfert (Abteilung A.K., Krupp) in einem Aktenvermerk vom 2. Mai 1938, Probleme mit neuen Ideen ließen keine Zeit, diese Hauptveränderung in das Produktionsprogramm aufzunehmen:

Ursprünglich sollte sich an die 2./B.W. Serie serienmäßig das Daimler-Benz-Einheitsfahrgestell anschließen. Durch die Verwendung neuer Konstruktionsteile, die für Kampfwagen nicht genügend erprobt sind, ergaben sich Rückschläge, unter anderem bei dem von Zahnradfabrik mit drei Stufen gebauten Lenkgetriebe, dem Maybach Schaltgetriebe mit halb-automatischer Schaltung, und den geschmierten Ketten. Die mit Getrieben und Ketten bei Zugkraftwagen gemachten Erfahrungen ließen sich nicht ohne weiteres auf Kampfwagen übertragen. Da das erste Versuchsfahrzeug erst in diesen Tagen nach Kummersdorf zur Erprobung kommt, ist in absehbarer Zeit mit Serien-Ausführung nicht zu rechnen. Anstelle des Daimler-Benz Einheitsfahrgestells sind daher für die 3., 4., und 5. Serie größere Aufträge auf B.W. erteilt.

Die wichtigsten Verbesserungen mit Gerätebeschreibung sind in diesem Kapitel aufgeführt.

7.1.1 PANZERUNG

Am 10. März 1938 wurden bei Prw.6 in Berlin Vorschläge über Erhöhung der Panzerstärke der 4./B.W. wie folgt durchgesprochen:

In Anschluß an Schreiben A.K.Nr.89812/L. von 21.2.1938 übergibt AK neuen Vorschlag W871 an Wa Prw 6 (IId) und Wa Prw 6 (IIIg) für wahlweise Verstärkung der Wanne, bzw. der Wanne mit Aufbau, oder mit Aufbau und Turm. Nach Vorschlag AK wurden zum besseren Schutz von Munition, Brennstoff und Motor zunächst folgende Verstärkungen vorgesehen:

Seitenwand Wanne und Bugpz. von	*14,5 auf 30 mm*
Rückwand Wanne	*14,5 auf 25 mm*
Bugpz.	*14,5 auf 30 mm*
Heckpz.	*14,5 auf 20 mm*

Bei Abteilung A.K. wurde in einer Besprechung mit Major Dr. Olbrich (Wa Prw 6 (IId) und Dipl.Ing. Biersack am 12. April 1938 entschieden:

Die Panzerverstärkung 4./B.W. wird nach W 874 durchgesprochen. Vorschlag 1 ist durchzuführen, jedoch mit einem Wannendom von 10 statt 8 mm Stärke, der Bugpanzer mit Seitenwänden und vorderer Bodenplatte von 20 mm und der Heckpanzer mit 20 mm Seitenwänden. Dabei ergibt sich eine Gewichtserhöhung von 1265 kg gegenüber 2. und 3./B.W.

Zur erhöhten Sicherheit gegen Panzergranatgeschosse war die vordere Platte aus oberflächengehärtetem, zementierten PP494 Panzerstahl. Wenn weichere Panzergranaten (mit genügend Kraft, dickere, homogene Panzerplatten durchzuschlagen) gegen diese hoch gehärtete Panzerplatte trafen, würden die Panzergranaten versagen und auseinanderbrechen.

Die drei Arten von Panzerung, verwendet beim Bau der *Ausf.D*, waren:

1) Bleche bis 14,5 mm Stärke aus homogenem nickelfreien Panzerstahl PP694 mit 153 ±5 kg/mm^2 Festigkeit,
2) Bleche über 14,5 mm Stärke aus homogenem nickelfreien Panzerstahl PP694 mit 125±5 kg/mm^2 Festigkeit,
3) Vordere Bleche mit 30 mm Stärke aus oberflächengehärtetem, zementierten Panzerstahl PP494 mit 2,5 (+0,5) mm Einsatztiefe, einer Vorderfestigkeit über 60 Rockwell C und einer Kernfestigkeit von 125 ±5 kg/mm^2.

7.1.2 FAHRGESTELL

7.1.2.1 PANZERWANNE

Die Panzerwanne bestand aus Panzerplatten mit folgenden Stärken und Neigung (zur Horizantelebene geneigt).

Panzerkampfwagen IV, Ausführung D.

Platte	Stärken	Neigung
Stirnwand, obere	20 mm	18°
Stirnwand, vordere	30 mm	76°
Stirnwand, untere	20 mm	29°
Seitenwand	20 mm	90°
Rückwand, obere	20 mm	80°
Rückwand, untere	14,5 mm	16°
Boden	11 mm	0°

7.1.2.2 KETTEN

Am 28. April 1938 ermittelte Wa Prw 6, daß ab *4./B.W.* neue Ketten Kgs 6111/380/120 mit höheren Zähnen zu bestellen sind.

7.1.2.3 ANSCHLAGBOCK

Bis *Ausf.C* wurde zum Begrenzen des Rollenhubes für die vordere und hintere Laufrolle ein Anschlag an der Fahrzeugwanne angebracht. Ab *Ausf.D* waren fünf Anschlagböcke an der Fahrzeugwanne angebracht, einer vor jedem Laufrollenpaar-Aufhänger, und der fünfte hinter dem letzten Laufrollenpaar-Aufhänger.

7.1.3 PANZERKASTENOBERTEIL

In einem Brief an Abteilung AK vom 18. Januar 1938 verlangte Wa Prw 6 eine grundsätzliche Änderung der Bugpanzer:

Ab 4./B.W. wird wieder eine Kugelblende (30mm) für den Funker eingebaut. Zeichnung von Daimler-Benz. In Fortfall kommen damit die Sehklappe und die MP Öffnung vor dem Funker.

Diese Veränderung wurde in einer Besprechung mit Wa Prw 6 am 29. Januar 1938 erweitert:

Bei Einbau einer Kugelblende in 4./B.W. empfiehlt Abteilung AK abgesetzte Vorderwände, da seitliche Sicht für den Fahrer wesentlich ist. Schwierigkeit macht aber die Unterbringung einer genügend kräftigen 30 mm Sehklappe bei der geringen verfügbaren Breite. Wa Prw 6 macht noch Angaben über Drehsehklappe für diesen Zweck.

Am 10. März wurde in einer Besprechung bei Wa Prw 6 entschieden:

Ab 4./B.W. wird Optik K.F.F.2 mit einfachen Prismen eingebaut.

In bezug auf Vereinfachung und vereinheitlichte Komponenten, verwendet in beiden Pz.Kpfw.III und Pz.Kpfw.IV, wurde am 20.Mai 1938 entschieden:

Die 30 mm Daimler-Sehklappe 30 – 0° rechts und links ist aus Nachschubgründen bei 4./B.W. ungeändert zu übernehmen, obwohl der Pz.Kpfw.IV Ausf.D nur 20 mm Panzer hat. Abteilung A.K. erhält bis zum 23.5. durch Daimler sämtliche Zeichnungen obiger Klappen. Ferner Zeichnung von Fahrersehklappe und Kommandantenkuppel.

Pz.Kpfw.IV Ausf.D bei der 10. Panzer-Division.

Pz.Kpfw.IV Ausf.D beim Panzer-Regiment 7 (Baumholder, 2. April1940).

Pz.Kpfw.IV Ausf.D, aufgenommen vor März 1940.

Pz.Kpfw.IV Ausf.D, taktische Nr. 333, beim Marsch irgendwo im Osten.

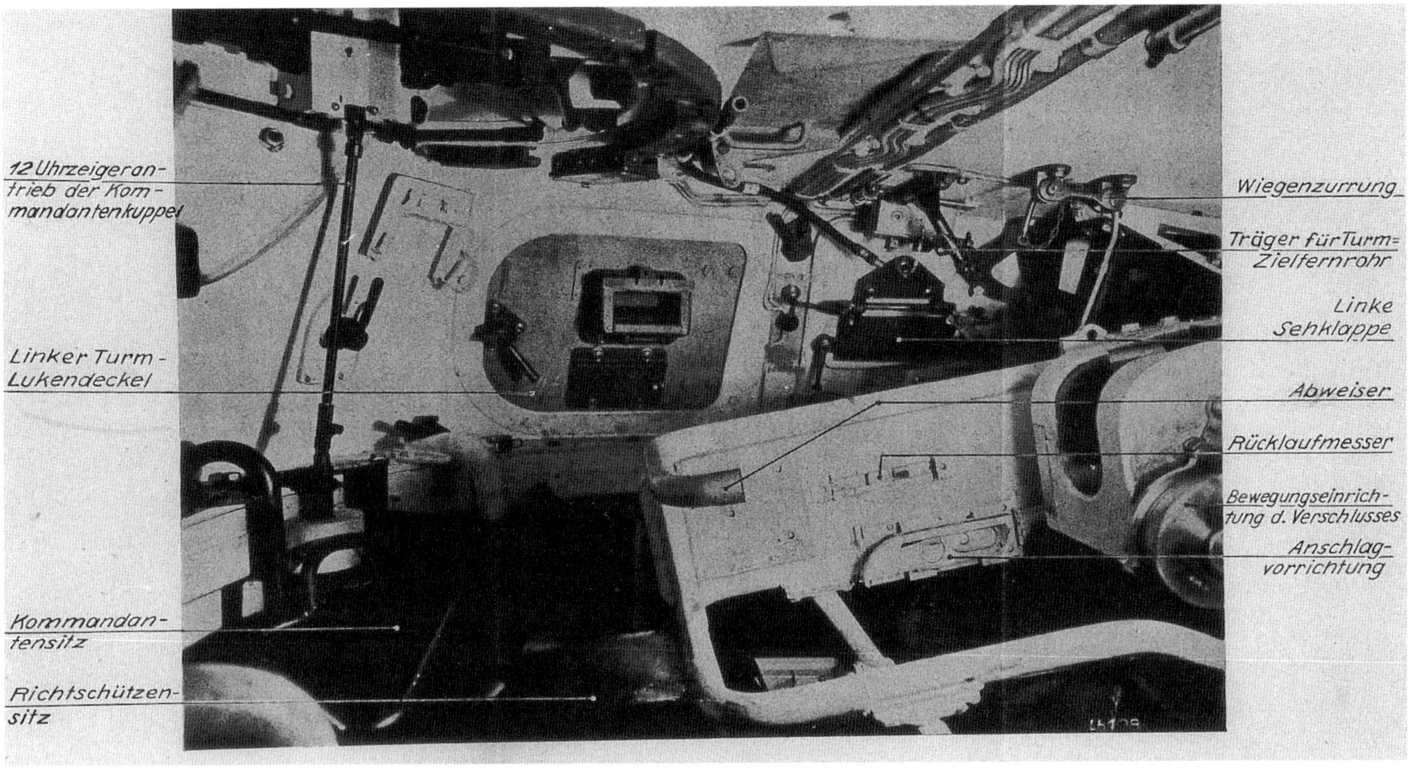

Pz.Kpfw.IV Ausf.D: Inneneinrichtung des Turmes, Turm Nr. 80705. Blick durch die rechte Luke auf Richtschützen- und Kommandantensitz.

Pz.Kpfw.IV Ausf.D: Inneneinrichtung des Turmes, Turm Nr. 80705. Blick durch die rechte Einstiegluke auf die Waffenanlage.

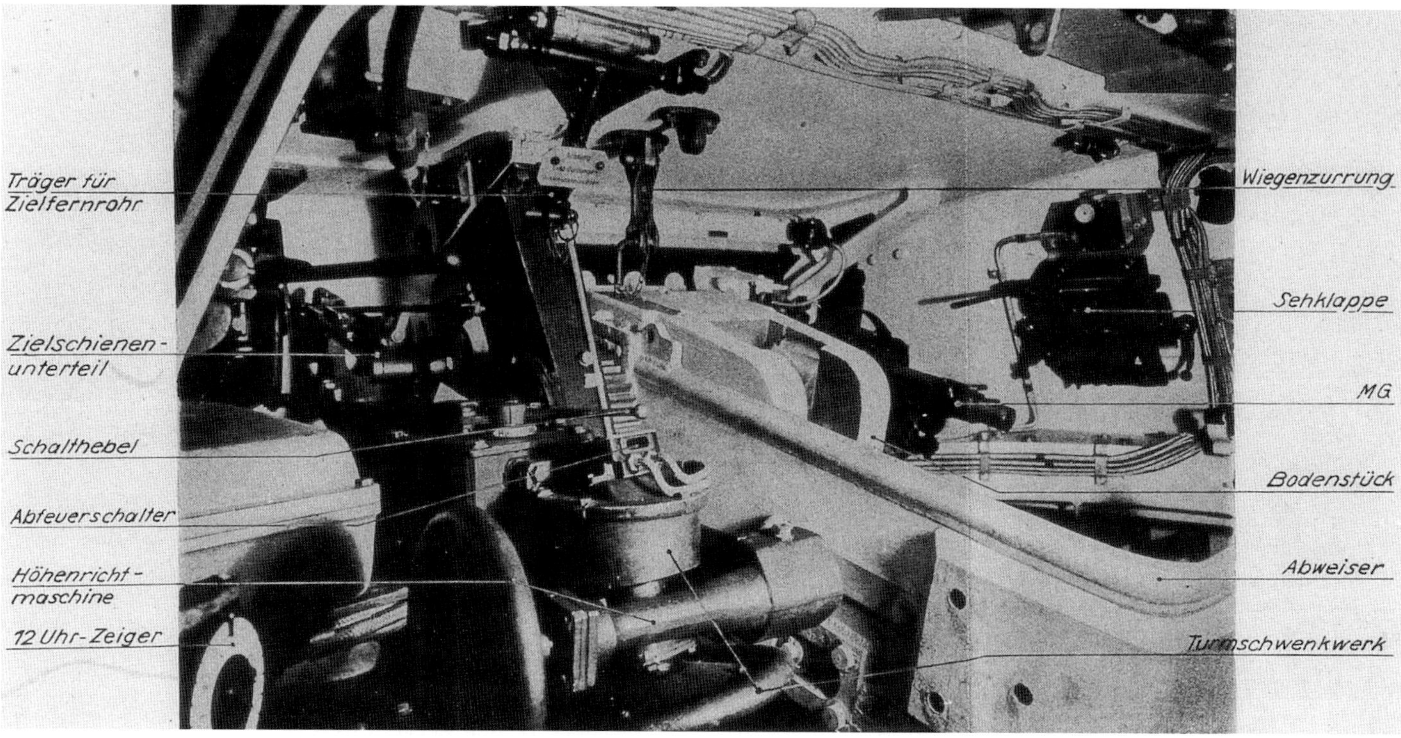

Pz.Kpfw.IV Ausf.D: Inneneinrichtung des Turmes, Turm Nr. 80705. Blick durch die linke Einstiegluke auf die Waffenanlage.

- auf dem Boden der Drehbühne ein Behälter für Patronentrommeln,
- an der Fußstütze für den Pz.-Führer zwei Halter für Gasmasken,
- an der Rückwand rechts ein Halter für Feldflasche, hinter dem Kommandantensitz ein Behälter für Doppelfernhörer und links ein Halter für Leuchtpistole,
- hinten links auf dem Tragring ein Behälter für Leuchtmunition und der Halter für Zielschienenbehälter,
- an der linken hinteren Stütze der Drehbühne ein Signalflaggenhalter und ein Halter für Feldflasche,
- an der rechten hinteren Stütze der Drehbühne der Schutzglasbehälter mit einem Halter für Feldflasche, ferner ein Halter für Gasmaske und ein Halter für Entlader.

7.2 FORMÄNDERUNG WÄHREND PRODUKTION

7.2.1 MOTOR

Der Anschlußflansch des Auspuffrohrs wurde an dem an Grusonwerk im September 1939 gelieferten Maybach-Motor 120 TRM geändert (angeschweißte Schrauben). Aus Montagegründen war diese Änderung nicht möglich. Grusonwerk bat dringend um Einsendung von neuen Zeichnungen über die Änderungen von Anschlußteilen.

7.2.2 PANZERVERSTÄRKUNG

Aus den Erfahrungen beim Feldzug in Polen hatte die Panzertruppe schon im September 1939 um Verstärkung der Panzerplatten als Schutz gegen Panzerabwehrkanonen gebeten. Es war gar nicht einfach, solche Wünsche zu erfüllen. Die Automotiv- und Laufwerk-Konstruktion des Pz.Kpfw.IV basierte auf einem Fahrzeuggewicht von 18 Tonnen. Es mußte nochmals geprüft werden, ob die Pz.Kpfw.IV das zusätzliche Gewicht von dickeren Panzerplatten aushalten konnten. Bereits am 24. Oktober 1938 wurde ein Versuch mit Fahrgestell Nr.80315 mit 20 t Belastungsgewicht 460 km gefahren. Für weitere Versuchserprobungen stand am 15. November 1939 in Altengrabow ein Fahrgestell mit Aufbau ohne Turm von 20 t und mit Panzerverstärkung zu Fahrversuchen bereit. Bei einer Besprechung am 14/15. Juni wurde ermittelt, daß der Fahrversuch von 1967 km auf der Autobahn mit *Ausführung D*, 21,4 t mit Panzerverstärkung, bei 25 km/Std ohne Beanstandungen verlief. Am 8. Juli 1940 wurde berichtet:

Versuchsfahrten in Kummersdorf mit auf 21.4t gebrachtem Fahrzeug ergaben keine Schwierigkeiten mit den Gummibandagen im Gelände. Geschwindigkeit auf der Strasse wird voraussichtlich auf 25 km/std beschränkt werden.

Am 18. Dezember 1939 verlangte Wa Prüf 6 von Krupp, Essen:

Stirnwände der letzten 68 Wannen für 4. und 5. Serie, 50 mm Stärke homogene Wand aus PP794 zu verwenden. Die ersten 180 Wannen der 4. u. 5./B.W. werden mit 30mm zementierten Wänden PP494 geliefert.

Weitere Einzelheiten über Verstärkungen wurden am 15. Mai 1940 durchgesprochen:

1) *Bei der 4. u. 5./B.W. Serie ist bereits eingeleitet Verstärkung des Wannenbugs.*
2) *Untersucht wurde:*
   a) *Die Verstärkung der Bugfrontplatte durch Vorsetzen von zwei Stück 30 mm oberflächengehärtete Platten.*
   b) *Verstärkung der Bugseite mit 20 mm Homogen-Platten*
   c) *Verstärkung der Wannenseite mit 20 mm Homogen-Platten*
3) *Durch die Anbringung der Zusatzplatten in der laufenden Fertigung wird der Ausstoß der Fahrzeuge sich nicht verringern. Wenn Grusonwerk ab Juli die Neufertigung mit Zusatzplatten ausliefert, verbleiben 185 Stück der bisherigen Lieferungen ab 4./B.W. Serie, die nachträglich bei der*

Pz.Kpfw.IV Ausf.D, gefertigt ab Juli 1940. Verstärkung der Fahrerfrontplatte durch zwei zusätzlich vorgesetzte 20 bzw. 30 mm dicke Panzerplatten.

Pz.Kpfw.IV Ausf.D, gefertigt ab Juli 1940. Verstärkung der Seitenwände durch 20 mm dicke Panzerplatten.

Pz.Kpfw.IV Ausf.D, Fgst.Nr. 80597, gefertigt im April 1940, mit nachträglicher Aufdickung der Wannenstirnwand. Wannenseitenwände und Bugpanzer (Vorder- und Seitenwände) mit Zusatzpanzerplatten.

8. PANZERKAMPFWAGEN IV (7,5 cm) (Sd.Kfz.161) Ausführung E, (6./B.W.)

Fahrgestell-Nummer-Serie 80801 – 81006

Am 10. Mai 1939 wurde bei einer Besprechung mit Wa Prüf 6 festgelegt: 6./B.W. ist als Ausführung E zu bezeichnen.

Von den bestellten 206 Pz.Kpfw.IV Ausf.E wurden zwischen Oktober 1940 und April 1941 200 gefertigt und abgenommen. Vier Ausf.E-Fahrgestelle wurden für eine besondere Brückenleger-Versuchsserie im Januar 1941 gefertigt und abgeliefert. Die letzten beiden Ausf.E (Fgst.Nr. 81005 und 81006) sollten ein Schachtellaufwerk bekommen.

8.1 VERBESSERUNGEN GEGENÜBER AUSFÜHRUNG D

Im Geschäftsjahresbericht 1938/39 (1. Oktober bis 30. September) der Kriegsmaterial Abteilung, Fried.Krupp AG, wurde bestätigt, daß die Konstruktion und Aufgabe *B.W.*-Fahrgestell, Aufbau und Türme mit Panzerstärke 30/20 mm *(6./B.W.*-Serie) für das Heereswaffenamt abgeschlossen wurde:

Der B.W. hat sich im Polenfeldzug besonders gut bewährt und soll in größeren Mengen weiter gebaut werden, eventuell auch bei einer Ausweichfirma. Als Weiterentwicklung sind Entwürfe für einen B.W.40 mit 6 Rollenlaufwerken und geändertem Motorraum in Arbeit. (Siehe Kapitel 14 über Versuchsfahrzeuge)

Die *6./B.W. (Ausf.E)* hatte grundsätzlich die Form und Komponenten der *Ausf.D*, mit Verbesserungen u.a. der Panzerung, Fahrersehklappe, Mantel für NKAV, Turmrückwand, Aufbaulüfter und Kommandantenkuppel. Die wichtigsten Verbesserungen mit Gerätebeschreibungen sind in diesem Kapitel aufgeführt.

8.1.1 PANZERUNG

Vier Arten von Panzerung wurden beim Bau der *Ausf.E* benützt:

1) Bleche bis 14,5 mm Stärke aus homogenem nickelfreien Panzerstahl PP694 mit 153 ±5 kg/mm² Festigkeit,
2) Bleche über 14,5 mm Stärke aus homogenem nickelfreien Panzerstahl PP694 mit 125 ±5 kg/mm² Festigkeit,
3) Vordere Bleche mit 30 mm Stärke aus oberflächengehärtetem, zementierten Panzerstahl PP494 mit 2,5 (+0,5) mm Einsatztiefe, einer Vorderfestigkeit über 60 Rockwell C und einer Kernfestigkeit von 125 ±5 kg/mm².
4) Bleche mit 50 mm Stärke aus homogenem Panzerstahl PP794.

8.1.2 FAHRGESTELL

8.1.2.1 PANZERWANNE

Die Panzerwanne bestand aus Panzerplatten mit folgenden Stärken und Neigung (zur Horizontalebene geneigt).

Platte	Stärken	Neigung
Stirnwand, obere	20 mm	18°
Stirnwand, vordere	50 mm	76°
Stirnwand, untere	30 mm	29°
Seitenwand	20 mm	90°
Seitenwand (Mitte)	20 & 20 mm	90°
Rückwand, obere	20 mm	80°
Rückwand, untere	14,5 mm	16°
Boden	10 mm	0°

Ab *Ausf.E* waren die zwei Klappen über den Lenkgetrieben für die Lenk- und Stützbremsen in der gleichen Höhe wie die Oberfläche der oberen Stirnwandplatte eingelegt.

8.1.2.2 LAUFWERK

Ein neuer Zahnkranz (ohne Seitenlöcher) für die Kettenbewegung wurde aufmontiert. Verbesserte Laufrollen mit neuer Kappe für Fettschmierung wurden eingeführt.

8.1.3 PANZERKASTENOBERTEIL

8.1.3.1 BUGPANZER

Der Bugpanzer bestand aus Panzerplatten mit folgenden Stärken und Neigung (zur Horizontalebene geneigt).

Platte	Stärken	Neigung
Stirnwand	30 & 30 mm	81°
Seitenwand	20 & 20 mm	90°
Decke	11 mm	0 und 5°
Rückwand	20 mm	90°
Bodenplatte	8 mm	0°

8.1.3.2 FAHRERSEHKLAPPE 30 MIT DREHSCHIEBER

Am 10. Mai 1939 wurde entschieden: *Für 6./B.W. ist aus Beschußgründen nicht die neue Fahrersehklappe mit Schieber vorzusehen, sondern die 6./Z.W. (Pz.Kpfw.III Ausf.G) Drehsehklappe.*

Panzerkampfwagen IV, Ausführung E, gefertigt 1941 im Krupp-Grusonwerk, Madgeburg.

Die Fahrersehklappe für *Ausf.E* bestand aus einem an der Stirnwand des Bugpanzers angeschraubten Gehäuse, welches von einem Drehschieber überdeckt wurde. Hinter dem Drehschieber war zum Schutze der Augen gegen Bleispritzer, Splitter und Gewehrgeschosse im Gehäuse das nach rückwärts herausnehmbare 90 mm starke Schutzglas angeordnet. Zum Auffangen von Bleispritzern waren links und rechts am rückwärtigen Ende des Gehäuses Schutzplatten zwischen Gehäuseseitenwand und Schutzglas eingebaut.

8.1.3.3 HECKPANZER

Der Heckpanzer bestand aus miteinander verschweißten Panzerplatten mit folgenden Stärken und Neigung (zur Horizontalebene geneigt).

Platte	Stärken	Neigung
Decke	10 mm	2°
Seitenwand (schräg)	20 mm	55°
Seitenwand	20 mm	90°
Rückwand	20 mm	80°

Ab *Ausf.E* war links an der Heckpanzerrückwand eine *Nebelkerzen-Abwurfvorrichtung* (NKAV) mit einem Schutzmantel befestigt.

8.1.4 TURM

Der *Ausf.E*-Turm hatte nur links im Dach eine Signalöffnung, während auf der rechten Seite vorn eine runde Öffnung für den Aufbaulüfter eingeschnitten und durch eine Panzerscheibe abgedeckt war. Die Entlüftungsklappe und die Haube auf der linken Signalklappe waren beim *Ausf.E*-Turm nicht vorhanden. Das Bogenstück an der Rückwand unter der Kommandantenkuppel war fortgefallen. Die Turmrückwand für *Ausf.E* war aus einer gebogenen Platte geformt.

Die Lukendeckel der *Ausf.E* wurden in geöffnetem Zustand durch je eine Deckelzurrung festgelegt.

8.1.4.1 TURMGEHÄUSE

Die Turmpanzerung bestand aus miteinander verschweißten Panzerplatten mit folgenden Stärken und Neigung (zur Horizontalebene geneigt).

Pz.Kpfw.IV Ausf.E mit drehbarer Fahrersehklappe 30 ohne Verstärkungsplatten. Man beachte die Einschüsse rechts des Funker-M.G. in der Wanne.

Pz.Kpfw.IV Ausf.E, gefertigt 1941 im Krupp-Grusonwerk, Magdeburg. Verstärkte Panzerung an Wannen- und Aufbauseiten sowie am Bug.

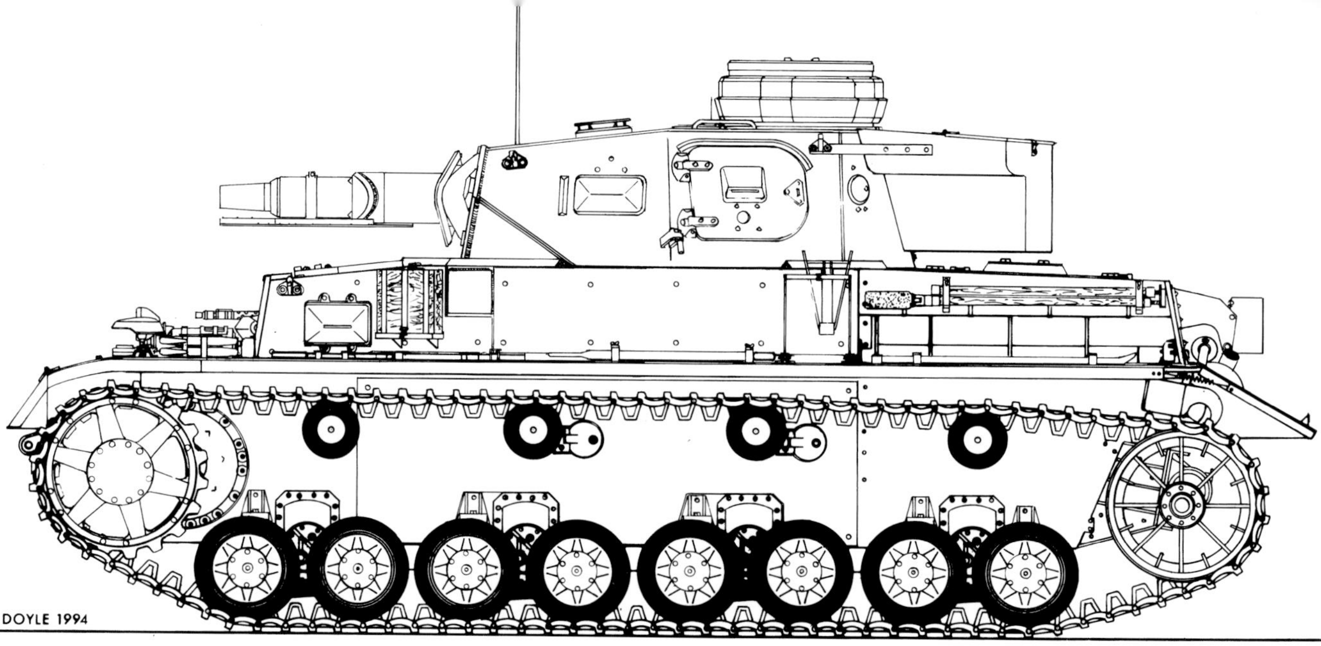

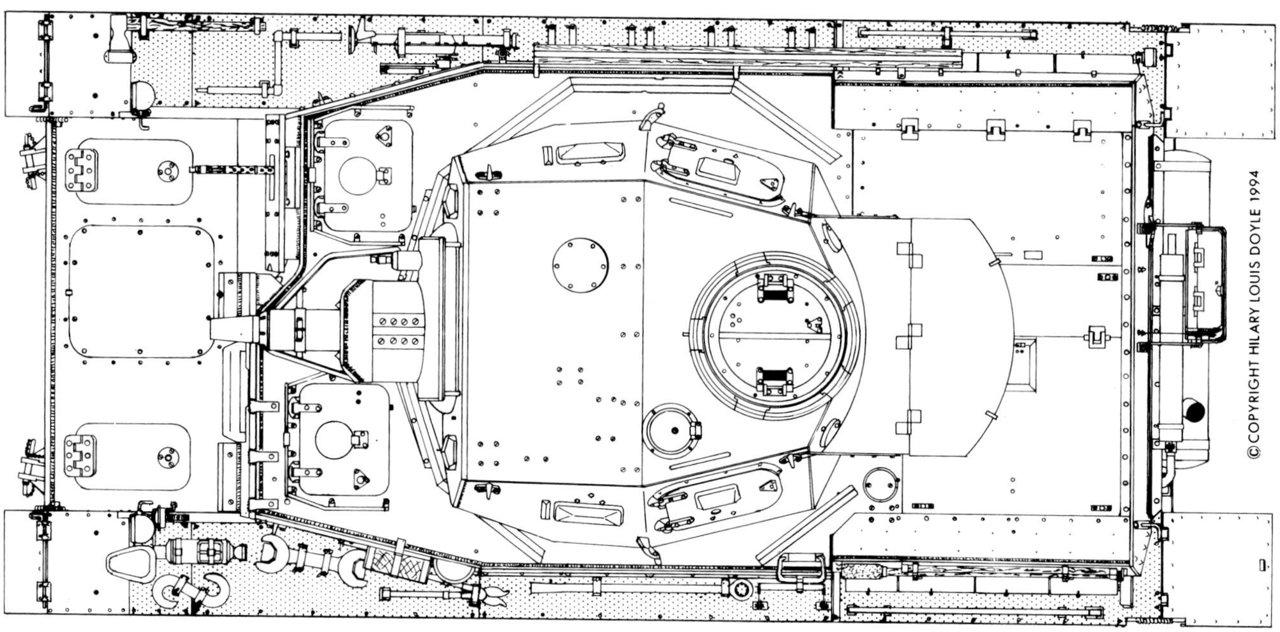

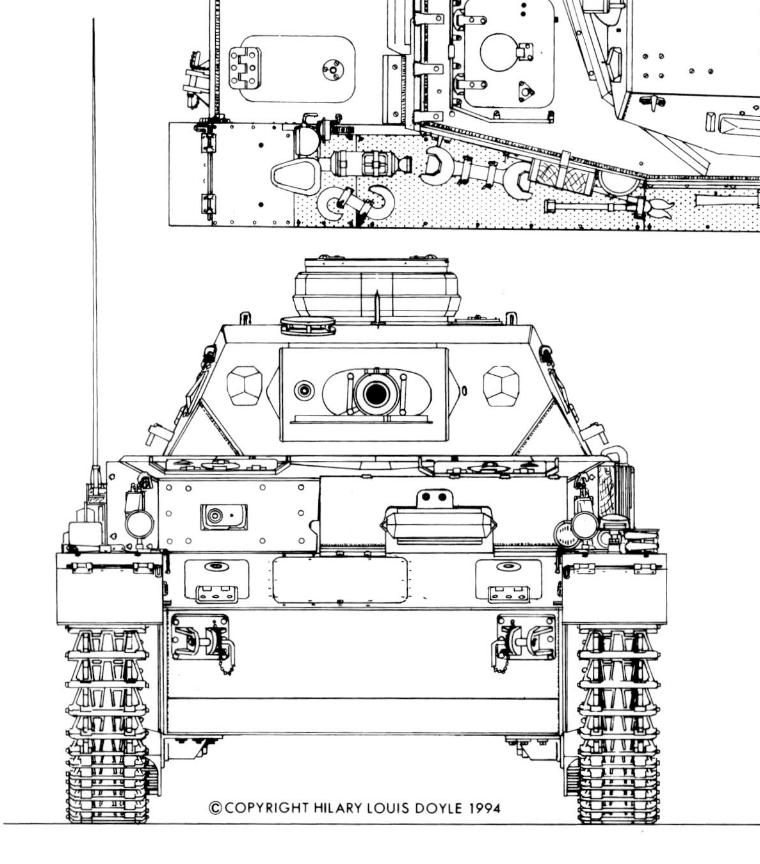

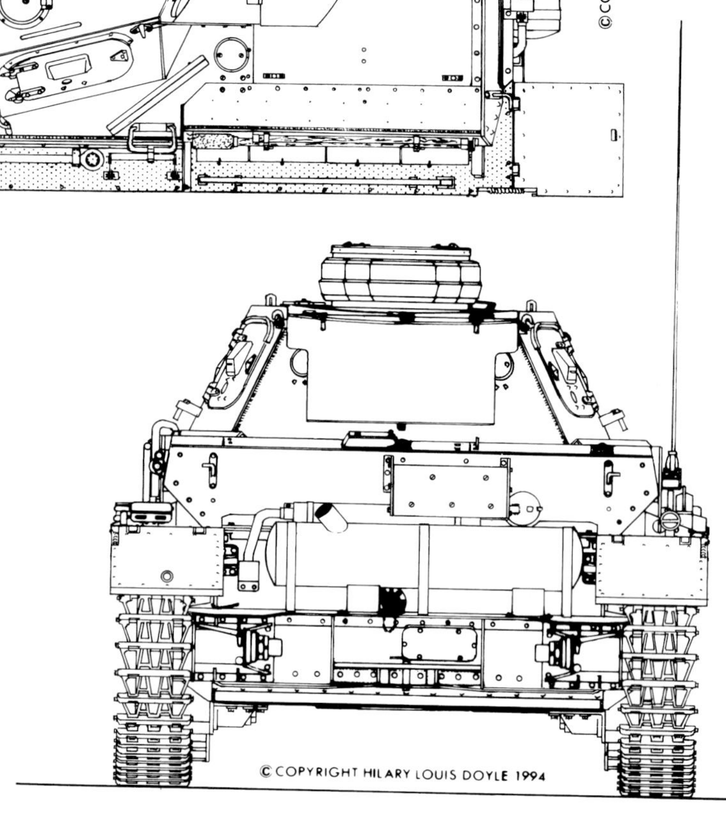

Panzerkampfwagen IV (7,5 cm), (Sd.Kfz.161), Ausführung E:
Neue Wanne mit eingepaßten und mit einteiligen Scharnieren versehenen Wartungsklappen für die Lenkbrems-Einstellung. Aufbau mit neuer Fahrer-Sichtklappe und Panzerschutz für die Nebelwurfanlage. Zusätzliche geschraubte Panzerung an den Wannenseiten und Aufbau an einigen Pz.Kpfwg. IV Ausf E. Neuer Turm mit einer aus einem Stück gebogenen Rückwand. Öffnung für Signalmittel in der rechten Turmdachseite entfiel. Ein elektrischer Rauchabzug-Ventilator wurde im Turmdach eingebaut. Neue Kommandantenkuppel und Verstauungsbehälter am Turmheck. Neue Antriebsräder und gegossene Stahldeckel für Laufrad-Naben.
Die im Fahrzeug durchgeführten Verbesserungen betrafen u.a. den benzin-elektrischen Maschinensatz mit DKW-Motor und Generator. Notek-Nachtsichtleuchten wurden ebenfalls eingeführt.

Blende erhalten und waren fahrgestellmäßig auf neuesten Stand zu bringen.

8) *Ab September 1942 Einbau eines Kühlwasserheizgerätes (Bauart Fuchs)*
9) *Ab Oktober 1942 Einbau der Anschlüsse und Ventile für Warmwasserübertragung.*
10) *Ab Mai 1943 Montage von Schürzen an Turm- und Wannenseiten.*

8.3.2 EIGENMÄCHTIGE FORMÄNDERUNGEN VERBOTEN

Aus den Allgemeinen Heeresmitteilungen vom 7. Januar 1941, Formänderungen an Pz.Kpfw.:

Entgegen des häufig wiederholten Verbots eigenmächtiger Formänderungen an Panzerkampfwagen werden truppenseitig sogenannte »Verbesserungen« am Gerät vorgenommen, die nicht vom O.K.H. angeordnet sind.

In einem Sonderfalle wurden durch eine Panzerdivision Panzerkampfwagen IV durch Aufschweißen von 15 bis 30 mm Platten an der Stirnseite panzermäßig verstärkt.

Werden solche Panzerschweißungen nicht in einem Panzermontagewerk vorgenommen, so besteht keinerlei Gewähr für die Güteerhaltung des Panzers; darüber hinaus kann das Aufschweißen nicht geeigneter Panzerplatten oder etwa gar Eisenplatten, wie praktische Versuche ergaben, zu einer Minderung der Schußsicherheit führen.

Nicht vom O.K.H. angeordnete Formänderungen sind und bleiben verboten; solche Formänderungen werden auch nicht nachträglich genehmigt.

Aufträge auf Geräteverbesserungen infolge besonders begründeter Erfahrungen sind wie bisher dem O.K.H. vorzulegen.

Pz.Kpfw.IV Ausf.E mit Verstauungsbehälter.

Pz.Kpfw.IV Ausf.E
mit verstärkter Panzerung.

Pz.Kpfw.IV Ausf.E, umgebaut als Tauchpanzer mit Dichtungen für Unterwasserfahrt.

9. PANZERKAMPFWAGEN IV (7,5 cm) (Sd.Kfz.161) Ausführung F, (7./B.W.)

Fahrgestell-Nummer-Serie 82001 – 82393, 82501 – 82564 und 82601 – 82613

Im Geschäftsjahresbericht 1939/40 (1. Oktober 39 bis 30. September 40) der Kriegsmaterial Abteilung, Fried.Krupp AG, wurde bestätigt, daß die Konstruktion und Aufgabe der *B.W.*-Türme mit Panzerstärke 50/30 mm (*7./B.W.*-Serie) für das Heereswaffenamt abgeschlossen wurde. Weiter: *Der B.W. hat sich in Polen und im Westen sehr gut bewährt und wird in steigenden Stückzahlen weitergebaut. Bei der Vomag und Steyr (Nibelungenwerk) wird die Fertigung serienmäßig vorbereitet.*

Zwischen Mai 1941 und Februar 1942 wurden 470 *Pz.Kpfw.IV Ausf.F*-Fahrgestelle gefertigt und abgenommen (393 von Krupp, 64 von Vomag und 13 von Nibelungenwerk). Einige davon wurden als Munitionsschlepper für *Karl-Gerät* und verschiedene Versuchszwecke gefertigt und abgeliefert.

9.1 VERBESSERUNGEN GEGENÜBER AUSFÜHRUNG E

In einer Besprechung im Grusonwerk am 15. Juni 1940 wurde erklärt: *7./B.W. (Ausf.F) sind von 6./B.W. nur in wenigen Punkten (ca. 30%) zu unterscheiden.*

Die *7./B.W. (Ausf.F)* hatten grundsätzlich die gleiche Form und Komponenten der *Ausf.D,* mit Verbesserungen, die hauptsächlich von dickerer Panzerung (50 mm vorne, 30 mm seitlich) stammten, wie u.a. breitere Ketten, Fahrersehklappe 50 und Kugelblende 50. Die wichtigsten Verbesserungen mit Gerätebeschreibungen sind in diesem Kapitel aufgeführt.

9.1.1 PANZERUNG

In bezug auf erhöhten Panzerschutz des *7./B.W.* entschied Wa Prüf 6/IId, dies nicht nur durch dickere Panzerung, sondern auch durch Oberflächenhärtung für fast alle vorderen und seitlichen Panzerplatten und Panzerteile zu erreichen. Aus einer Besprechung mit Herrn Baurat Rau (Wa Prüf 6/IId) und Herrn Korkhaus (Krupp Apparatebau 3) am 13. September 1940, betreffend Oberflächenhärtung der Serie *7./B.W.:*

Von den Blechen, die bei der Serie 7./B.W. oberflächengehärtet werden sollen, sind für die untere Querwand der Wanne, die Vorderwand des Turms, den Schild der Blende und die rechten und linken Eckbleche des Turms Materialien mit zu niedrigem Kohlenstoffgehalt bestellt und bereits geliefert worden.

Herrn Baurat Rau wurde mitgeteilt, daß die beim Oberflächenhärten erreichten Festigkeiten nicht den Vorschriften seiner Abnahmebedingung entsprechen.

Er wurde gebeten, sein Einverständnis dazu zu geben, daß diese Bleche entweder homogen oder mit einer Oberflächenfestigkeit, die unter seinen Vorschriften liegt, eingebaut werden. Es handelt sich dabei um folgende Stückzahlen:

Untere Querwand der Wanne,	*30 mm dick,*	*200 Satz,*
Vorderwand des Turms,	*50 mm dick,*	*164 Satz,*
rechtes und linkes Eckblech des Turms	*40 mm dick, je*	*200 Satz,*
Schild der Blende,	*50 mm dick,*	*171 Satz.*

Herr Baurat Rau konnte sich nach diesen Angaben nicht sofort damit einverstanden erklären, daß die Bleche verwandt werden. Er bat darum, von den drei vorkommenden Blechstärken 30, 40 und 50 mm je 10 Bleche oberflächenzuhärten und ihm die erreichten Vorderfestigkeiten in einem Schreiben über die Vertretung Berlin mitzuteilen. Nach Eingang des Schreibens in Berlin soll in einer neuen Besprechung über die Verwendung der Bleche entschieden werden.

Weitere Entscheidungen wurden am 9. Oktober 1940 in einer Besprechung mit den Herren Baurat Rau und Mann (Wa Prüf 6) und den Herren Lanz und Heerlein (Krupp) getroffen:

...hatte den Zweck, diejenigen Positionen von Blechen und Formteilen in Einzelheiten durchzusprechen, die bei der Serie 7./B.W. oberflächengehärtet werden sollen. Die Härtebilder wurden für die einzelnen Teile besprochen und können nunmehr schnellstens, soweit noch vorhanden, zeichnerisch festgelegt werden. Die von Appa 3 mit Schreiben vom 28.September angegebenen Teile für Oberflächenhärtung wurden von Baurat Rau genehmigt, mit Ausnahme des Gehäuses der Fahrersehklappe, das auch in Zukunft homogen bleibt. Bei der Wanne soll sobald als möglich die Oberflächenhärtung der Seitenwand ausgeführt werden. Ferner sollen Härteversuche mit der Rückwand des Turmes in der bisherigen Form ausgeführt werden, um festzustellen, ob bei dieser Form im kegeligen Mittelteil eine einwandfreie Oberflächenhärtung durchführbar ist. Ferner sind im Turm zusätzlich die Lukendeckel oberflächen zu härten. Für den Drehschieber der Fahrersehklappe ist das Härtebild bereits festgelegt worden.

Panzerkampfwagen IV, Ausführung F, gefertigt 1941 bei Krupp-Gruson.

Ob vom Heck noch einzelne Bleche oberflächen zu härten sind, wurde in der Besprechung nicht entschieden. Die Einzelzeichnungen vom Heck sollen später daraufhin noch geprüft werden.

Die nickelfreien Panzerbleche PP 782 entstanden aus einer prozentualen Mischung von: 0.4 C, 0.5 Si, 0.45 Mn, 0.02 P, <0.01 S, 2.0 Cr und 0.2 Mo.

9.1.2 FAHRGESTELL

9.1.2.1 PANZERWANNE

Die Panzerwanne bestand aus Panzerplatten mit folgenden Stärken und Neigung (zur Horizontalebene geneigt).

Platte	Stärken	Neigung
Stirnwand, obere	20 mm	18°
Stirnwand, vordere	50 mm	76°
Stirnwand, untere	30 mm	29°
Seitenwand	30 mm	90°
Rückwand, obere	20 mm	80°
Rückwand, untere	14,5 mm	16°
Boden	10 mm	0°

Am 16. Mai 1940 forderte Wa J Rü 6:

Ab Ausf.F sollten die Seitenklappen für Lenkbremsen im Bugoberteil während der Fahrt geschlossen bleiben und Entlüftungsstutzen erhalten.

9.1.2.2 KETTEN UND LAUFWERK

Wegen des erhöhten Gewichtes entschied Wa Prüf 6, daß die Ketten für die *Ausf.F* von 380 mm auf 400 mm verbreitert werden sollten. Dadurch enstand der Kettentyp Kgs.61/400/120.

Zuerst, am 27. Mai 1940, hatte die Firma Continental für die *7./B.W.* verbreiterte Reifen an Laufrollen mit 470 mm Durchschnitt und 95 mm Breite ausgewählt. Später, am 13. Juni 1940, entschied Wa Prüf 6 für 7./B.W. Laufwerkverbreiterung: *90 mm statt 95 mm breite Bandage an Laufrollen.* Die Laufrollen, die von den Firmen Continental und Vorwerk bestellt worden waren, hatten eine Größe von 470/90-360, die Stützrollen hatten eine Größe von 250/65-135. Auch das Stirnrad wurde verbreitert, um den neuen Kettentyp Kgs.61/400/120 anzupassen. Zur Vereinfachung der Fertigung wurde das neue Leitrad aus Rohrstücken zusammengeschweißt.

9.1.2.3 SCHALLDÄMPFER

Am 11. April 1940 entschied Wa Prüf 6:

Für Ausf.F ist der große Abgas-Schalldämpfer zu verkürzen und für den DKW-Motor ein neuer flacher Schalldämpfer vorzusehen, damit die NKAV zweckmäßiger am Heckpanzer befestigt werden kann.

Die Schalldämpfer für den DKW-Motor wurden statt als langes Rohr in einer kompakten Schachtelform gebaut. Um Platz für die neuen DKW-Motor-Schalldämpfer an der Panzerwannenrückwand zu schaffen, wurde ein gekürzter Abgasschalldämpfer für den Maybach-Motor HL 120 TRM mit kleinerem Inhalt auf der Rückwand montiert.

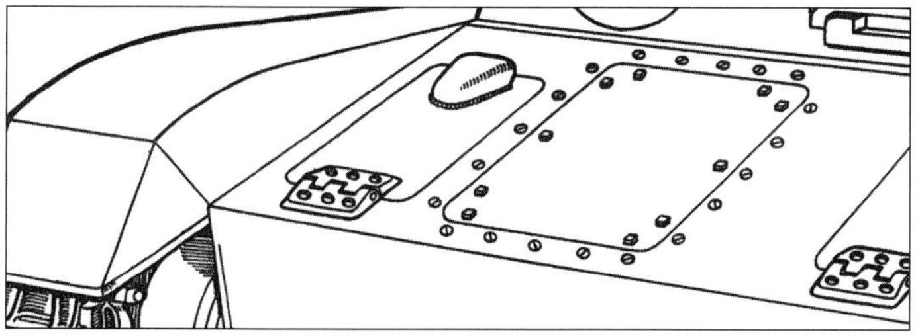

Entlüftungshutzen auf Wartungsklappen für die Lenkbremsen auf dem Bugoberteil.

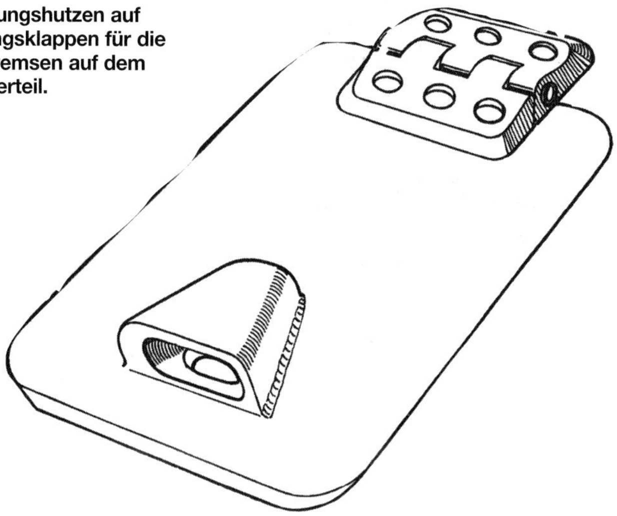

Leitrad aus geschweißten Rohren für Pz.Kpfw.IV Ausf.F.

Neuer Kettentyp Kgs.61/400/120, fabrikneue Ausführung F2(G), mit neuen Antriebsrädern und Laufrollen für Pz.Kpfw.IV Ausf.F.

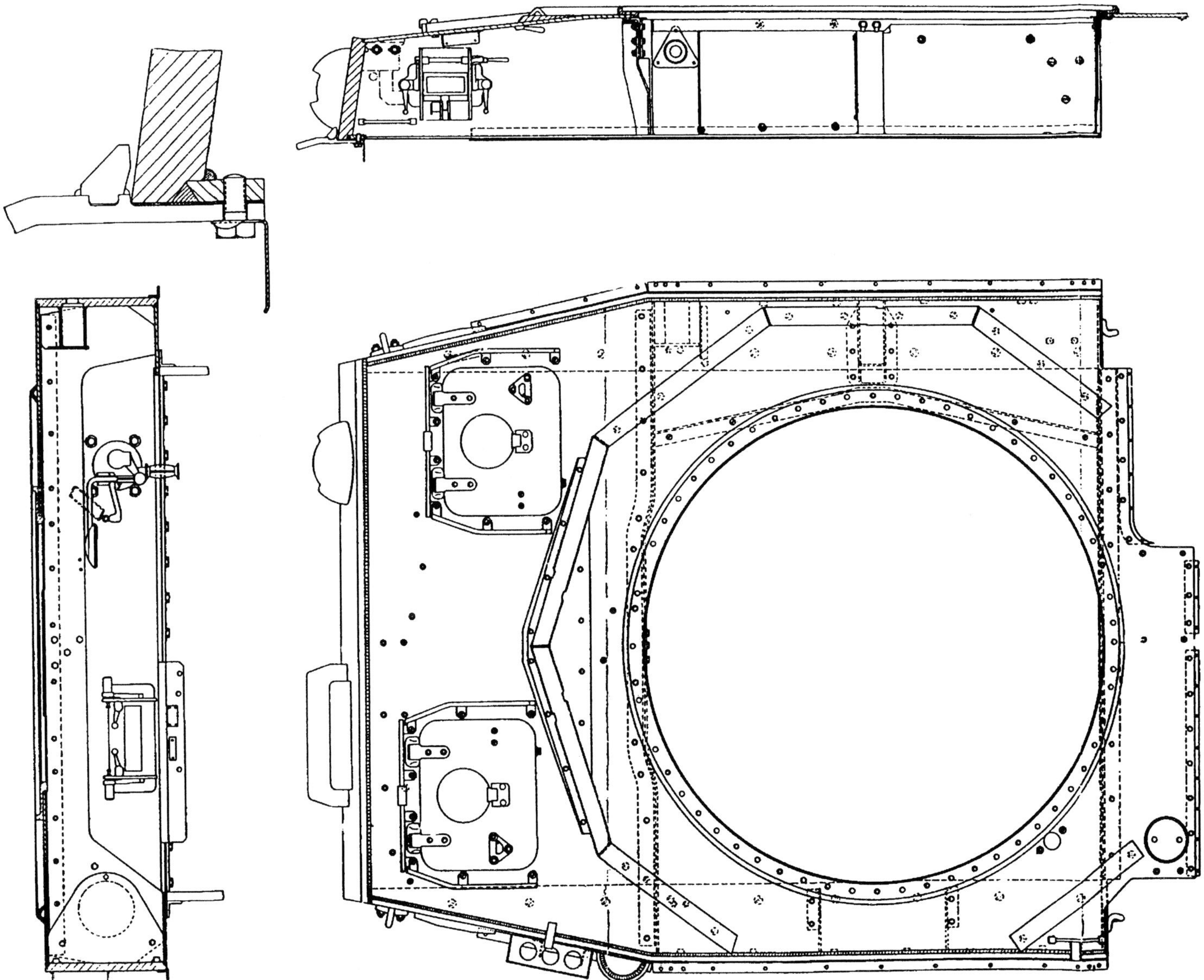

Bugpanzer
(Zeichnung Nr. 021 A 170 U1)
für Pz.Kpfw.IV Ausf.F.

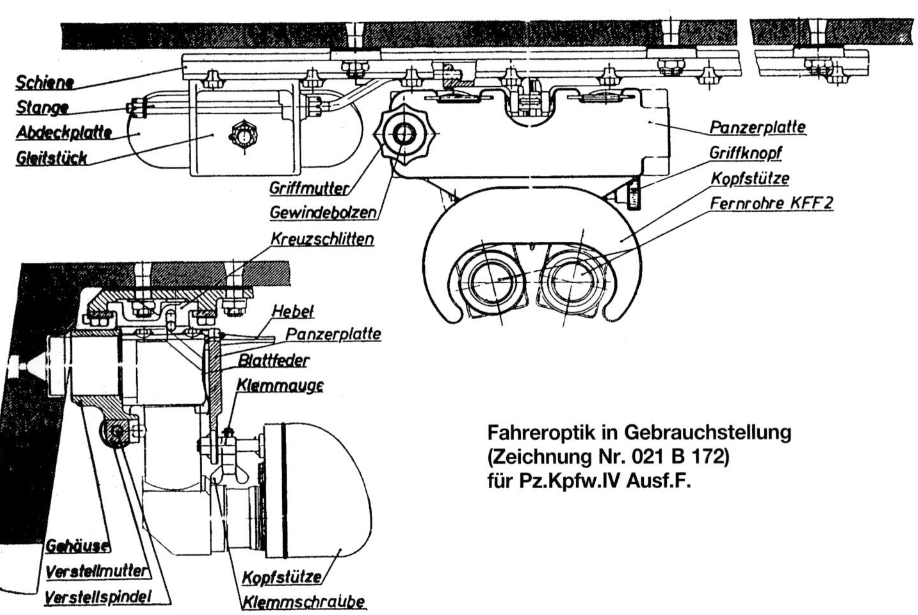

Fahreroptik in Gebrauchstellung
(Zeichnung Nr. 021 B 172)
für Pz.Kpfw.IV Ausf.F.

Pz.Kpfw.IV Ausf.F, Fgst.Nr. 82023, gefertigt im Juni 1941, mit Fahrersehklappe 50 und Kugelblende 50.

9.1.3 PANZERKASTENOBERTEIL

9.1.3.1 BUGPANZER

Der Bugpanzer bestand aus Panzerplatten mit folgenden Stärken und Neigung (zur Horizontalebene geneigt).

Platte	Stärken	Neigung
Stirnwand	*50 mm*	*81°*
Seitenwand	*30 mm*	*90°*
Decke	*11 mm*	*0 und 5°*
Rückwand	*20 mm*	*90°*
Bodenplatte	*8 mm*	*0°*

Ab *Ausf.F* bestand die Stirnwand des Bugpanzers aus einer geraden Panzerplatte. Gegenüber *Ausf.D* und *Ausf.E* wurde die seitliche Sicht auf der rechten Seite des Fahrers weggenommen. Die am Dach befindlichen zwei Einsteigluken blieben in ihrer früheren Stellung.

9.1.3.2 FAHREROPTIK, K.F.F.2

Am 19. Juni 1940 übersandte Daimler-Benz AG Werk 40, Berlin-Marienfelde, auf Anordnung des OKH Wa Prüf 6 IId für *7./B.W.* an Krupp, Essen, eine Skizze 6019 über den Raumbedarf der von Daimler-Benz neu entwickelten, verschiebbaren Fahreroptik für die 50 mm-Stirnwand.

Bei der 50 mm-Stirnwand wurden die zwei Ausblicklöcher der Fahreroptik mit ovalen Außenlöchern für 65° Seitenblickfeld ausgebohrt.

9.1.3.3 FAHRERSEHKLAPPE 50

Am 14. Juni 1940 wurde ermittelt, daß die sPak- (Sturmgeschütz) *Fahrersehklappe 021 St 33918* für *Ausf.F* (7./B.W.) in eine eingeschraubte statt angeschweißte Form geändert wird.

Die *Fahrersehklappe 50* bestand aus einem an die Bugpanzerstirnwand angeschraubten Gehäuse, welches von einem Drehschieber überdeckt wurde. Hinter dem Drehschieber war zum Schutze der Augen gegen Bleispritzer, Splitter

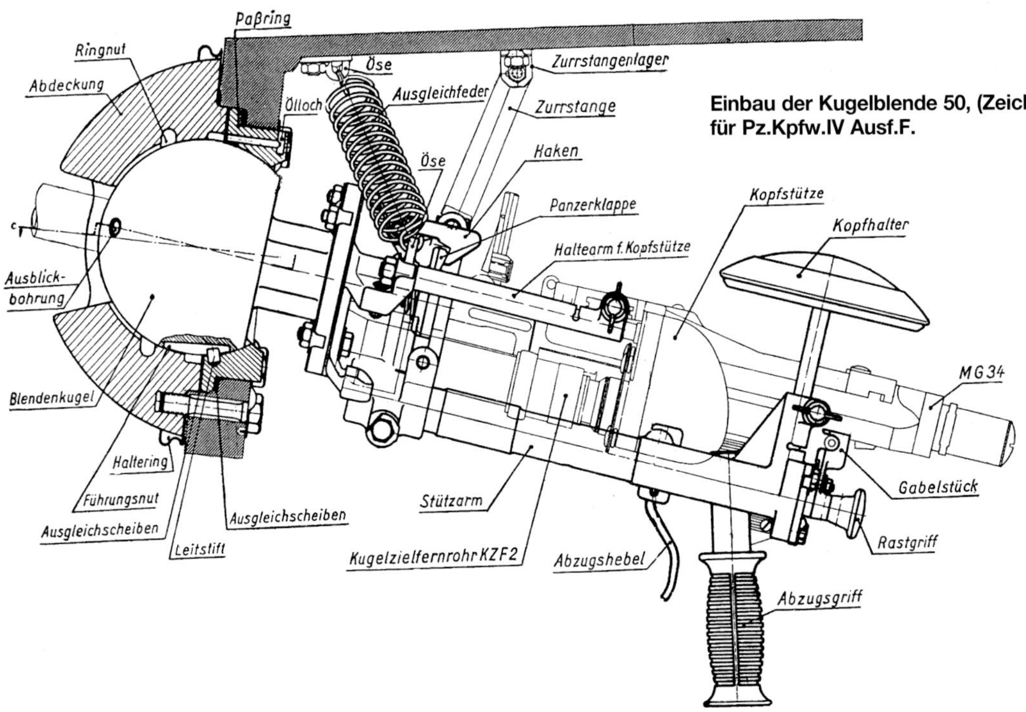

Einbau der Kugelblende 50, (Zeichnung Nr. 021 B 173) für Pz.Kpfw.IV Ausf.F.

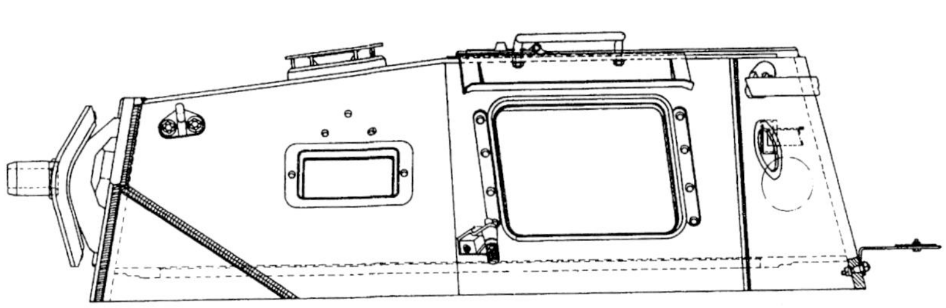

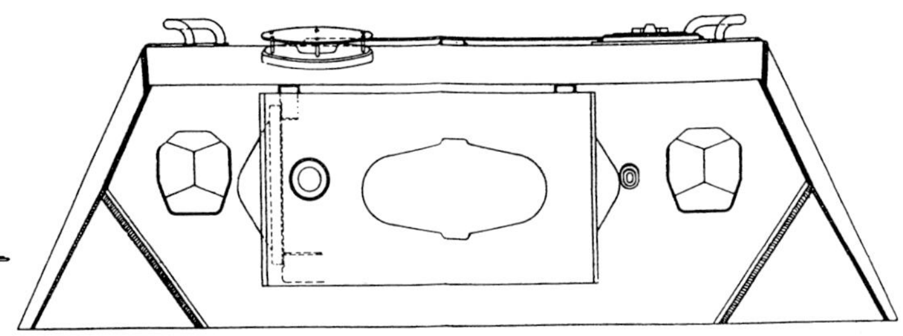

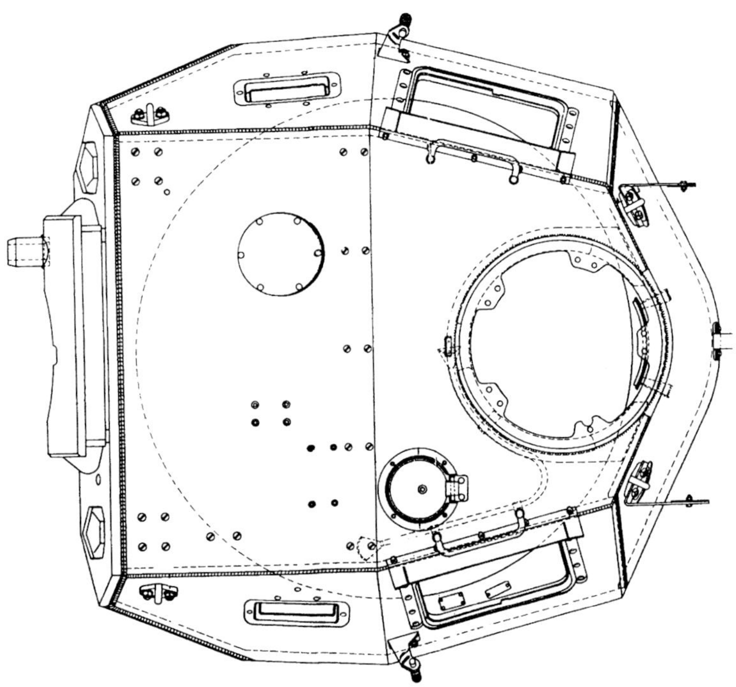

Turm (Zeichnung Nr. 021 B 181 U1) für Pz.Kpfw.IV Ausf.F.

und Gewehrgeschosse im Gehäuse das nach rückwärts herausnehmbare 90 mm starke Schutzglas angeordnet.

9.1.3.4 KUGELBLENDE 50

Die *Kugelblende 50* bestand aus der Blendenkugel, der Abdeckung und dem Paßring. Die Abdeckung und der Paßring überdeckten den zwischen Blendenkugel und Panzerwand vorhandenen Spalt, umschlossen die Blendenkugel und bildeten zugleich das Lager für die Blendenkugel. Die in diesem Lager allseitig bewegliche Blendenkugel diente als Lagerung für ein M.G. 34 mit Panzermantel und Gurtzuführung und ein *Kugelzielfernrohr K.Z.F.2.* Der Schwenkbereich der Blendenkugel betrug nach der Seite ±15° aus der Mittellage und nach der Höhe +20°; -10° gegen die Waagerechte.

9.1.3.5 HECKPANZER

Die Heckpanzer waren fast unverändert von der früheren Ausführung übernommen worden.

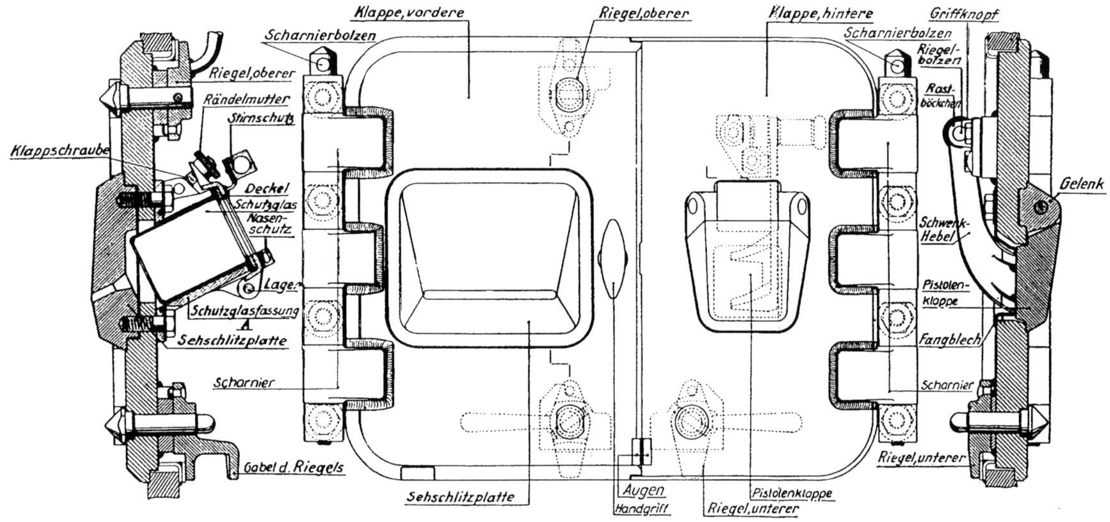

Turmlukendeckel (Zeichnung Nr. 021 B 9293) für Pz.Kpfw.IV Ausf.F.

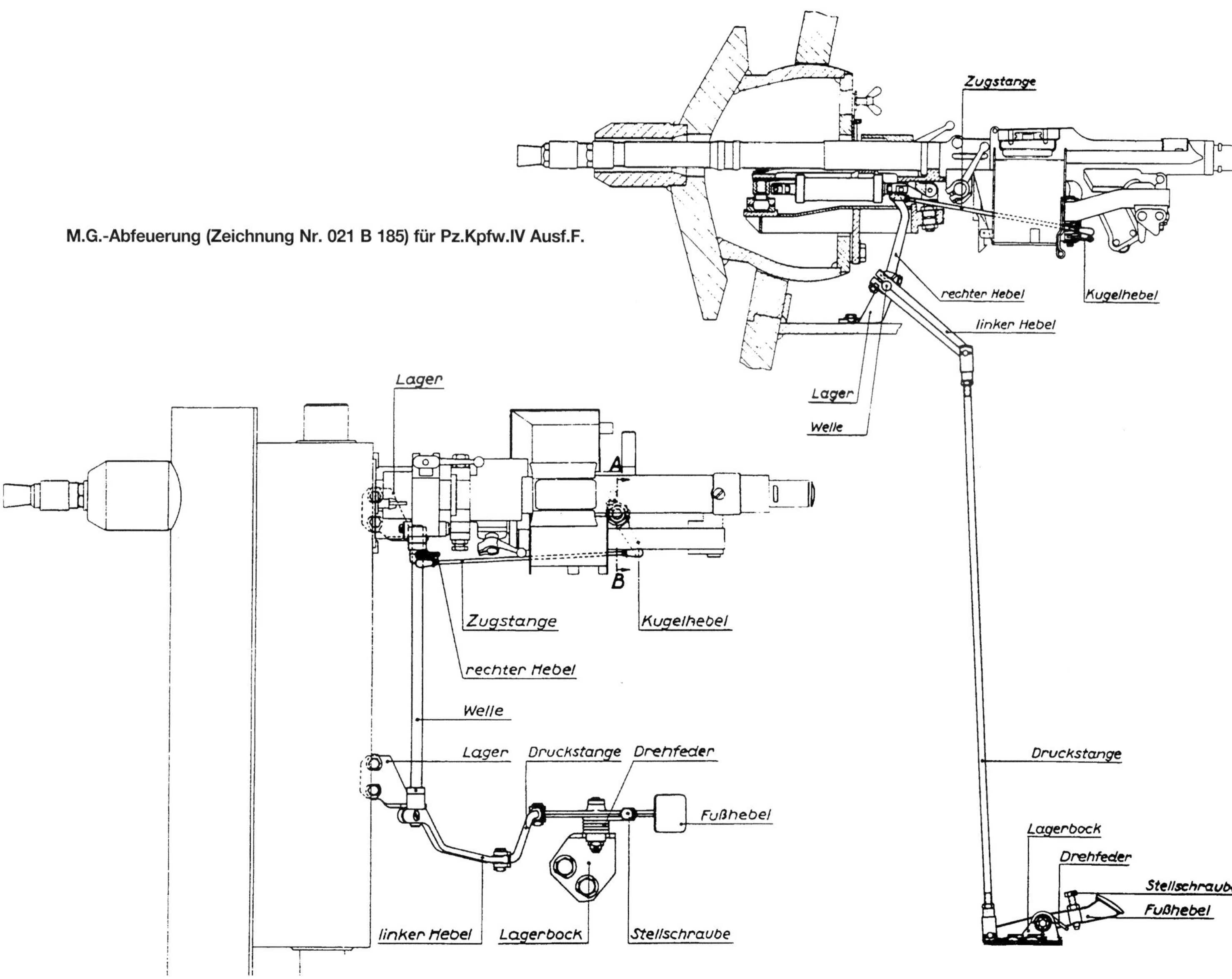

M.G.-Abfeuerung (Zeichnung Nr. 021 B 185) für Pz.Kpfw.IV Ausf.F.

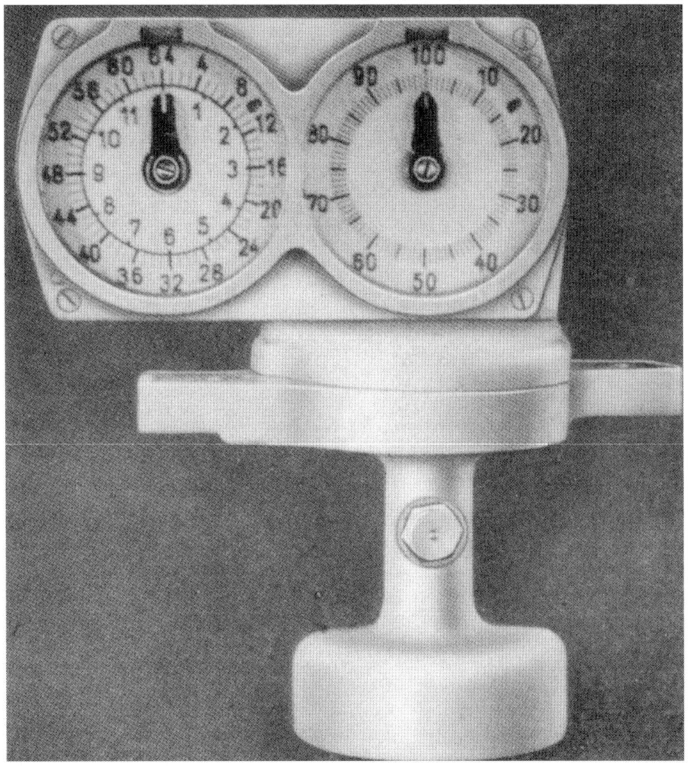

12-Uhr-Anzeigezeiger (neue Bauart) mit zwei Zifferblättern für Pz.Kpfw.IV Ausf.F.

9.1.4 TURM

9.1.4.1 TURMGEHÄUSE

Die Turmpanzerung bestand aus miteinander verschweißten Panzerplatten mit folgenden Stärken und Neigungen (zur Horizontalebene geneigt).

Platte	Stärken	Neigung
Stirnwand	50 mm	80°
Blendenabdeckung	50 mm	Gebogen
Seitenwand	30 mm	65°
Rückwand	30 mm	75°
Decke	10 mm	0 und 7°
Kommandantenkuppel	30 mm plus gegoßener Schieber	

9.1.4.2 M.G.-LAGERUNG (neue Bauart)

Ab *Ausf.F* wurde eine neue gefederte M.G.-Lagerung auf der Hinterwand der Walzenblende montiert.

9.1.4.3 ZWÖLFUHRZEIGER (neue Bauart)

Ab *Ausf.F* wurde ein neuer Zwölfuhrzeiger mit zwei Zeigern links auf dem Turmtragring angeordnet. Ziffernscheibe 1 auf Zeiger 1 war von 0 bis 100 markiert und Ziffernscheibe 2 auf Zeiger 2 von 0 bis 64 und 0 bis 12.

Offener Turmlukendeckel.

Pz.Kpfw.IV. Ausf.F: Turm mit Vorpanzer.

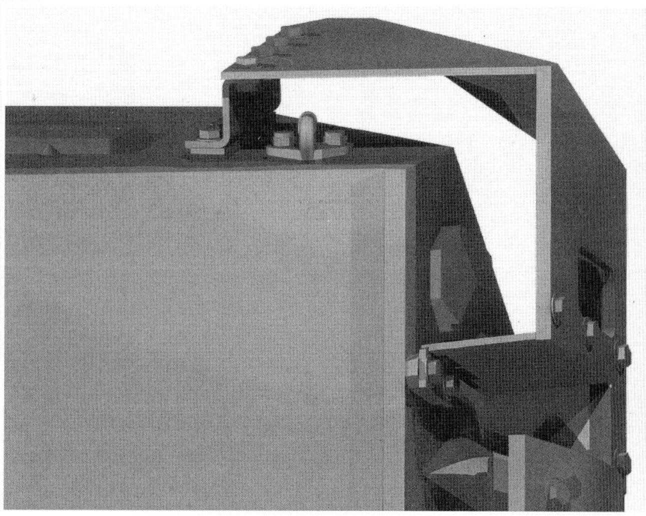

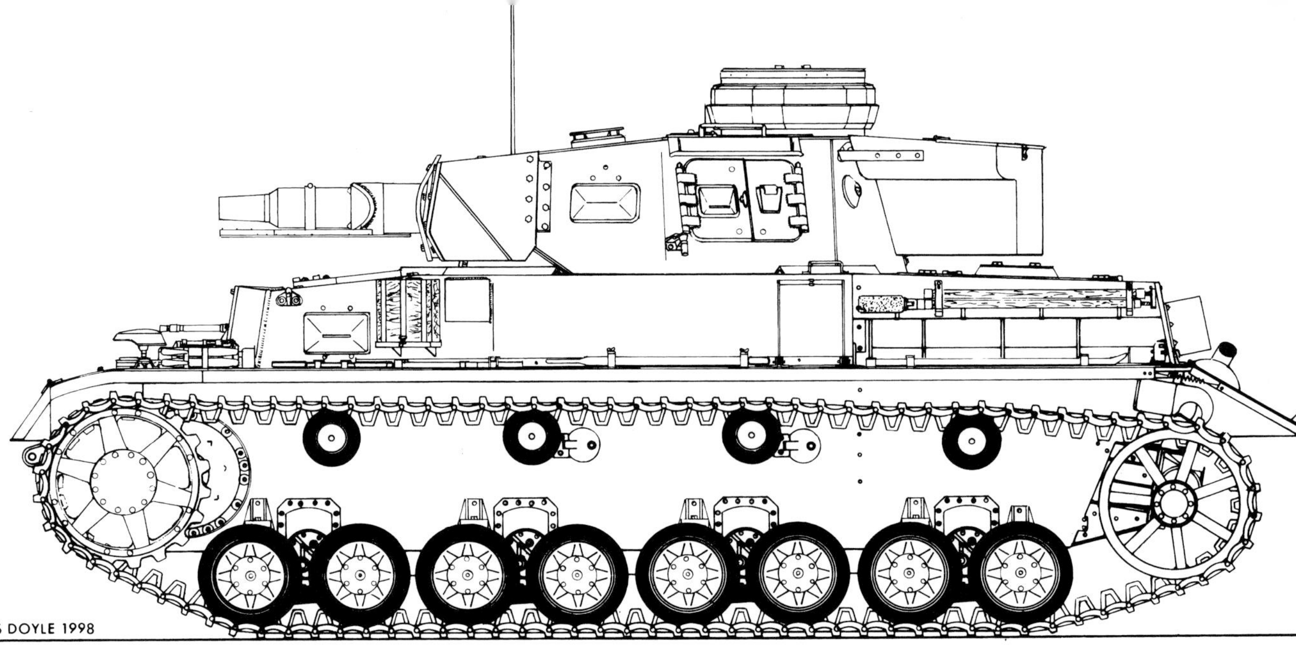

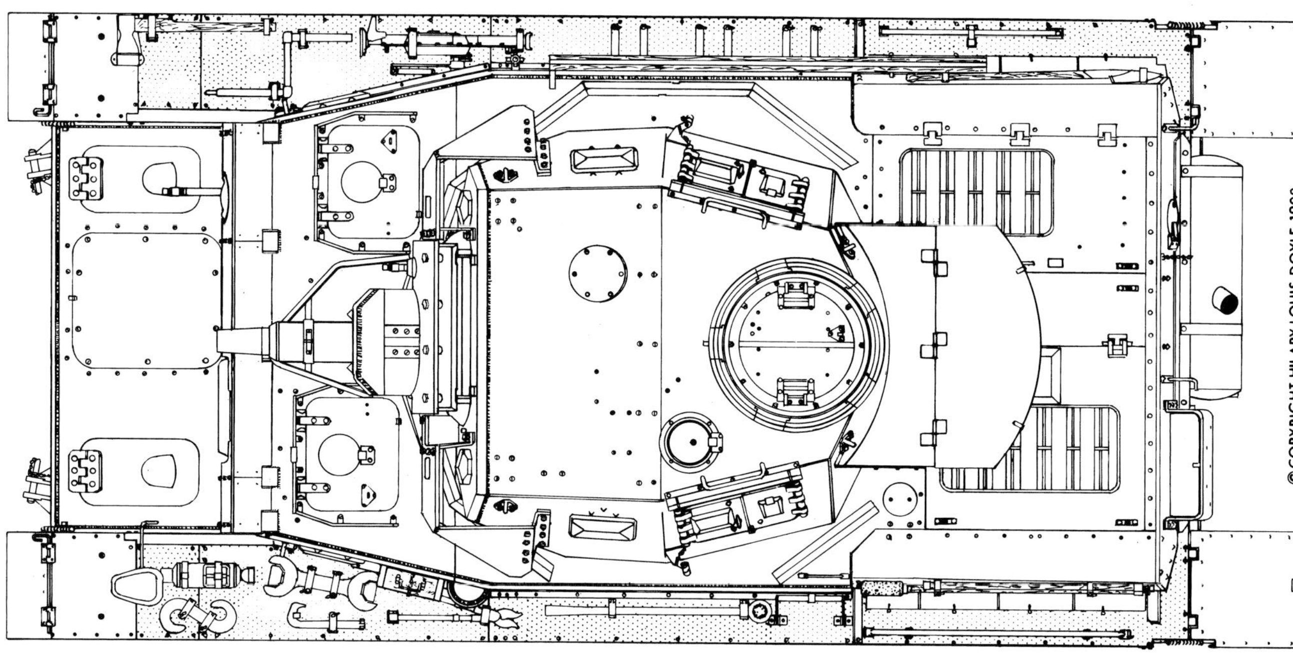

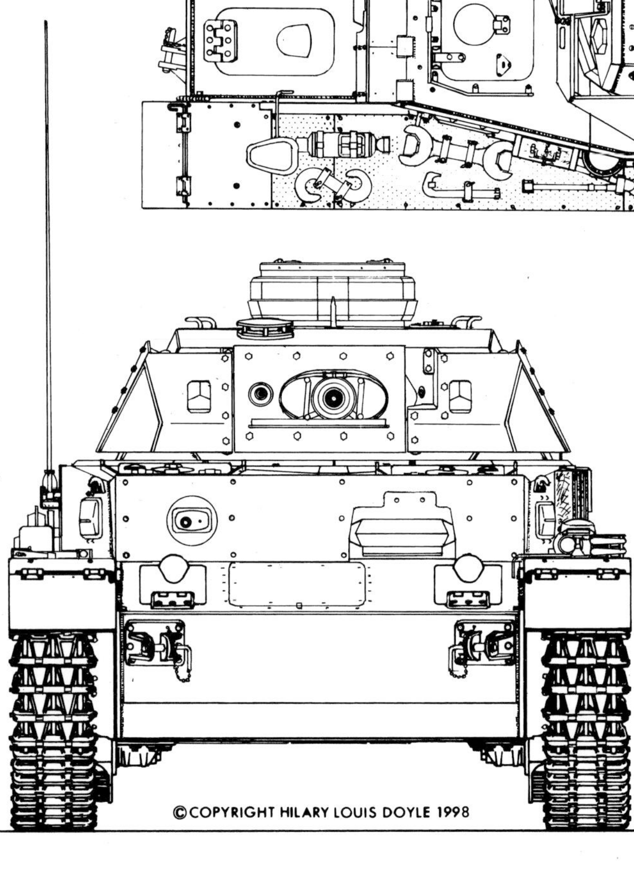

Panzerkampfwagen IV, Ausführung F, mit Vorpanzer. Zusätzliche, 20 mm dicke Panzerplatten sind der Turm- und Aufbau-Panzerung vorgesetzt.

Außerdem ist die Frage, ob der Turm mit oder ohne Vorpanzer geliefert werden soll, noch immer nicht geklärt. Wir machen darauf aufmerksam, daß wir auch ab Anfang Februar nicht in der Lage sein werden, Turm-Vorpanzer zu liefern, falls wir nicht umgehend über diesen Punkt eine Entscheidung erhalten. Der Lieferbeginn der Bugvorpanzer ist für Anfang Februar vorgesehen.

In der Besprechung in Berlin am 27. Oktober war mit den Herren der Firma Böhler vereinbart worden, daß *...außer den Vorpanzern für die Pz.Kpfw.IV-Lieferung der Firma Krupp auch der Pz.Kpfw IV Ausstoß der Firma Böhler von Essen aus mit Vorpanzern beliefert werden soll. Der Umfang dieser Lieferung beträgt 8 Satz Vorpanzerungen. Wir weisen darauf hin, daß die Lieferung dieser Vorpanzer ebenso wie die Lieferung der Vorpanzer für die eigene Fertigung nicht im Januar 1942 erfolgen kann. Die Firma Böhler wurde von uns entsprechend unterrichtet.*

Die folgenden Zeichnungen von Pz.Kpfw.IV-Vorpanzer wurden von Abteilung A.K. an Wa Prüf 6 am 2. Januar 1942 abgesandt:

St AKF 31293 — Vorpanzer für 4./ bis 6./B.W. Turm
021 St 193 — Vorpanzer für 7./B.W. Turm.

Wa Prüf 6/Pz. war nicht zufrieden und schrieb am 17. Januar 1942 an Firma Fried.Krupp A.-G., Abteilung A.K.:

Nach mündlicher Mitteilung Ihrer Berliner Vertretung sollen letzte Zeichnungen für Vorpanzer 7./B.W. am 15. Januar an Deutsche Röhrenwerke abgeliefert sein. Um schriftliche Bestätigung dieser Mitteilung wird gebeten.

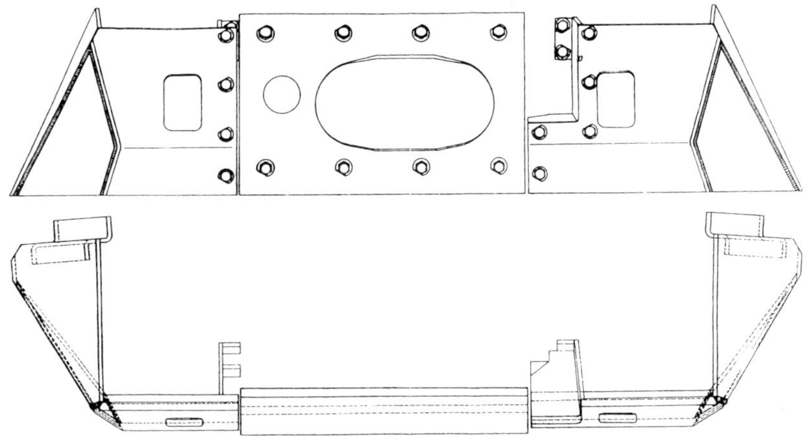

Vorpanzer (Zeichnung Nr. 021 B 183) für Pz.Kpfw.IV Ausf.F

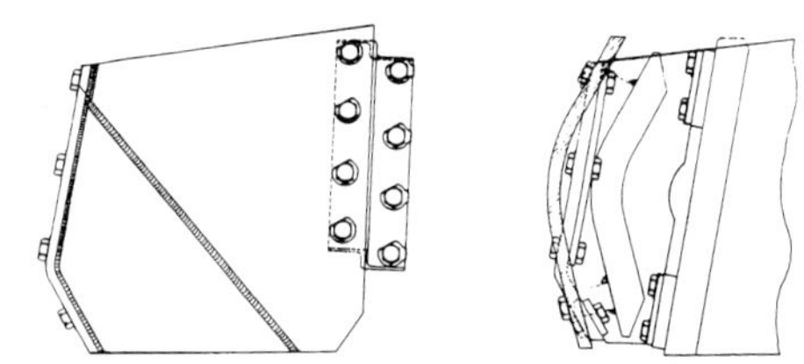

Weiter wurde zur Begründung für die Nichteinhaltung des längst abgelaufenen Liefertermins mitgeteilt, daß das entsprechende Konstruktionsbüro durch Arbeiten am Turm mit 7,5 cm Kw.K.44 so belastet gewesen sei, daß der zugesagte Termin für die Vorpanzerzeichnungen nicht eingehalten hätte werden können. Von diesem Tatbestand hat Wa Prüf 6 erst auf Grund der Anmahnung vom 9.Januar 1942 Mitteilung erhalten.

Eine Kompanie Panzerkampfwagen IV mit Vorpanzer im Frankreich des Jahres 1942.

Pz.Kpfw.IV Ausf.F, Fgst.Nr. 82175, gefertigt im September 1941.

Wa A, Wa Prüf 6 muß feststellen, daß ein derartiges Verfahren nicht tragbar ist. Wa Prüf muß fordern, daß es sogleich benachrichtigt wird, wenn sich bei der Firma die Wahrscheinlichkeit abzeichnet, daß ein zugesandter Termin aus irgendwelchen Gründen nicht eingehalten werden kann.

Am 26. Januar antwortete Abteilung A.K.:

Zum Vorgang teilen wir mit: Die Fertigungszeichnungen für Vorpanzer 4. bis 6./B.W. waren gefordert bis 5. November 1941. Sie wurden durch Sonderboten mit Schreiben AKH am 13.November abgeliefert. Die Gruppenzeichnung und einige Ergänzungen folgten am 15.November 1941.

Die Zeichnungen für Vorpanzer 7./B.W.-Serie, Gruppe 021 St 193, waren den Deutschen Röhrenwerken nicht zuzustellen. Nach der bei Prüf 6 am 12.November stattgefundenen Besprechung sollte für die bereits ausgelieferten Fahrzeuge 7./B.W. wegen ihrer oberflächengehärteten Schicht eine Sonderbefestigung des Vorpanzers 7./B.W. entwickelt werden. Die Zeichnungen hierfür waren bis 10. Dezember gefordert. Sie wurden am 16. Januar 1942 an Deutsche Röhrenwerke übersandt. Die Ausführung war, soweit uns bekannt, ursprünglich für nur 3 Fahrzeuge gedacht. Die Aufstellung der Zeichnungen wurde daher zu Gunsten des vordringlichen Einbaues der 7,5 cm Kw.K.44 etwas zurückgestellt.

9.2.3 NEBELKERZEN-ABWURFVORRICHTUNGEN

Wa J Rü (WuG6) VIIId bemängelte am 1. Februar 1942:

Auf Grund der bisherigen Erfahrungen hat sich gezeigt, daß die am Heck der Panzerkampfwagen angebrachten Nebelkerzenabwurfvorrichtungen (N.K.A.V.) nicht den Anforderungen entsprechen. Künftig sind daher N.K.A.V. in der bisherigen Form nicht mehr mitzuliefern. Neuaufträge an die Herstellerfirmen der N.K.A.V. sind nicht mehr herauszugeben. Soweit möglich sind laufende Aufträge zu annullieren. Vorhandene und bei den Herstellerfirmen noch in Fertigung befindliche N.K.A.V. können aufgebraucht werden. Auf alle Fälle ist eine Verschrottung von bereits bearbeitetem Material zu vermeiden.

Solange N.K.A.V. neuer Art noch nicht vorhanden und die alter Art ausgeliefert sind, können die Panzerkampfwagen ohne N.K.A.V. geliefert werden.

Krupp, Essen, antwortete auf eine Anfrage vom Wa J Rü (WuG6) VIIId, daß bisher 452 Satz Panzermäntel für N.K.A.V. ausgeliefert wurden, und zwar für *7./B.W.* Die Lieferung erfolgte mit 359 Stück an das Grusonwerk, 69 an die Firma Vomag und 25 an das Nibelungenwerk. Vom 453. Gerät an wurden von Krupp, Essen, die Panzerteile N.K.A.V. nicht mehr mitgeliefert.

9.3 VERBESSERUNGEN NACH AUSLIEFERUNG

Bei der 25. Panzer-Division wurden 10 *Pz.Kpfw.IV Ausf.F* mit 7,5 cm Kw.K. L/24 in der Zeit von März bis Juli 1943 auf 7,5 cm Kw.K.40 L/48 umgebaut. Wegen der Fgst.Nr. (u.a. 83552, 82612, 82613, 82389, 82391) dieser letzten gefertigten *Ausf.F*, wurde früher irrtümlich angenommen, daß *Ausf.F*-Fahrzeuge, schon bevor sie die Fabrik verlassen hatten, auf die 7,5 cm Kw.K.40 umgebaut worden waren.

Eine Reihe von Verbesserungen wurde nach Auslieferung der *Pz.Kpfw.IV Ausf.F* an die Truppeneinheiten angeordnet. Unter anderem:

1) Ab Juni 1941 Anbau einer *Kupplung* am Heck für einen Kraftstoff-Anhänger.
2) Ab April 1942 Einbau von Flanschrohren für *Warmluftheizung* für den Kampfraum.
3) Ab Juli 1942 sollten instandgesetzte Pz.Kpfw.IV mit 7,5 cm Kw.K. eine neue lange *7,5 cm Kw.K.40* mit verstärkter Blende erhalten und waren fahrgestellmäßig auf neuesten Stand zu bringen.
4) Ab September 1942 Einbau eines *Kühlwasserheizgerätes* (Bauart Fuchs)
5) Ab Oktober 1942 Einbau der Anschlüsse und Ventile für *Warmwasserübertragung.*
6) Ab November 1942 wurden zur Winterausrüstung *Wintergleisketten und Schneegreifer* für Ketten an die Truppenteile ausgeliefert.
7) Ab Mai 1943 Montage von *Schürzen* an Turm- und Wannenseiten.

Pz.Kpfw.IV Ausf.F, Fgst.Nr. 82273, gefertigt im Dezember 1941.

10. ENTWICKLUNG DER KAMPFWAGEN-KANONE FÜR PZ.KPFW.IV

10.1 7,5 cm KAMPFWAGENKANONE MIT ERHÖHTER DURCHSCHLAGSLEISTUNG

Die erste Erwähnung, daß eine 7,5 cm-Kanone mit erhöhter Durchschlagsleistung in Betracht kam, ist im Waffenamt-Bericht *Offensive Abwehr von Panzerwagen* vom 30. Oktober 1935 zu lesen:

Der Begleitwagen (B.W.)

Die 7,5 cm Kanone dieses Panzerwagens hat bei einer Rohrlänge L/24 eine Anfangsgeschwindigkeit von 430 m/sek. Mit dieser Leistung durchschlägt die 7,5 cm Pz.Gr. auf einer Entfernung von 700 m bei einem Auftreffwinkel von 60° Platten bis zu einer Stärke von 43 mm. Der B.W. ist demnach, was die reine Durchschlagswirkung anlangt, auch den neuen französischen Panzerwagen (bis Ende 1935 erfolgenden Bau von rund 1000 französischen Tanks mit verstärkter Panzerung bis herauf zu 40 mm) voll gewachsen.

Es ist allerdings nach theoretischen Erwägungen, die durch praktische Versuche in Putlos nachgeprüft werden sollen, möglich, daß bei der durch die kleine Anfangsgeschwindigkeit bedingten geringen Rasanz der Flugbahn die Trefferaussichten schlechter werden.

Immerhin bleibt festzuhalten, daß der B.W. allen zu erwartenden Kampfwagen mit Ausnahme der schwersten Char 2 C, 3 C und D wirkungstechnisch voll gewachsen ist.

Eine Steigerung der Anfangsgeschwindigkeit der 7,5 cm Kanone müßte im Hinblick auf ausreichende Rasanz und, was bei dieser Gelegenheit mit erreicht werden könnte, auf die

Pz.Kpfw.IV Ausf.F mit Holzattrappe für 5 cm KwK. L/60 mit Mündungsbremse.

Wirkungsmöglichkeit gegen die Char 2 C, 3 C und D sich auf ca. 650 m/sek. erstrecken. Eine derartige Steigerung bedingt einen völlig neu zu konstruierenden Panzerwagen, der nach überschlägigen Berechnungen bei einer Panzerung bis 20 mm Stärke (also nicht einmal völlig 2 cm-sicher) ein Gewicht von mindestens 30 t erreichen würde. Der Herr Ob.d.H. hat neuerdings sich gegen einen derartigen Kampfwagen ausgesprochen.

10.2 5 cm Kampfwagenkanone L/60

Um einen Pz.Kpfw. mit einer Waffe höherer Durchschlagsleistung zu erreichen, befahl Hitler am 19. Februar 1941 die sofortige Montage je eines Pz.Kpfw.III und IV mit langen 5 cm-Kanonen und nach Fertigstellung deren sofortige Vorführung vor ihm.

Betreffend die 5 cm Kw.K. L/60 für Pz.Kpfw.IV hat Krupp bis zum 13. März 1941 entschieden:

1) *Rohr mit Bodenstück und Verschluß ist sofort aufzugeben mit Inneneinrichtung Pak 38. Die Inneneinrichtung ist bei Wa Prüf 1 anzufordern.*
2) *Ein vollständiger Pz.Kpfw.IV ist sofort nach Essen zu überführen und bis 15. April systemmäßig für eine Vorführung herzurichten.*
3) *Als Termin für das erste Versuchstück (Turm und Wagen) ist intern der 15. Juli anzustreben.*

Am 19. März 1941 berichtete ein Direktor von Krupp über eine Besprechung in Berlin mit Wa Prüf 6:

Ich bat um Abgabe eines komplett ausgerüsteten B.W.-Fahrzeuges nach Essen, um den versuchsweisen Einbau einer 5cm L/60 Waffe mit Munitionslagerung sowie von zusätzlichen Kraftstoffbehältern und Zusatzmunition zu beschleunigen. Oberbaurat Kniepkamp veranlaßt sofort M.A.N., das B.W.-Fahrzeug an uns zu senden, das dieser Firma für mehrere Wochen zum Studium des Einbaus eines 7,5 cm Turmes von WaPrüf6 zur Verfügung gestellt war.

Am 31. März 1941 schickte M.A.N., Nürnberg, folgendes Telegramm an Krupp, Essen:

Zu Ihrem Schießplatz Drehscheibe B.W. Fahrzeug Nr. 80668 bei Bahn.

Am 4. Oktober 1941 wurde berichtet:

Der umbewaffnete Pz.Kpfw.IV mit 5 cm Kw.K. L/60 sollte an Wa Prüf 6 am 6. Oktober 1941 abgeliefert werden. Das Fahrzeug wurde mit neuer Waffe und Munitionslagerung (für 149 Patronen) in der Werkstatt besichtigt.

Pz.Kpfw.IV Ausf. D, Fgst.Nr. 80668, mit 5 cm KwK. L/60, eingebaut für Versuchszwecke

Pz.Kpfw.IV mit 7,5 cm KwK. L/33. Entwicklungsfahrzeuge auf der Basis Ausf.F. Fahrgestell mit Ausf.E-Turm.

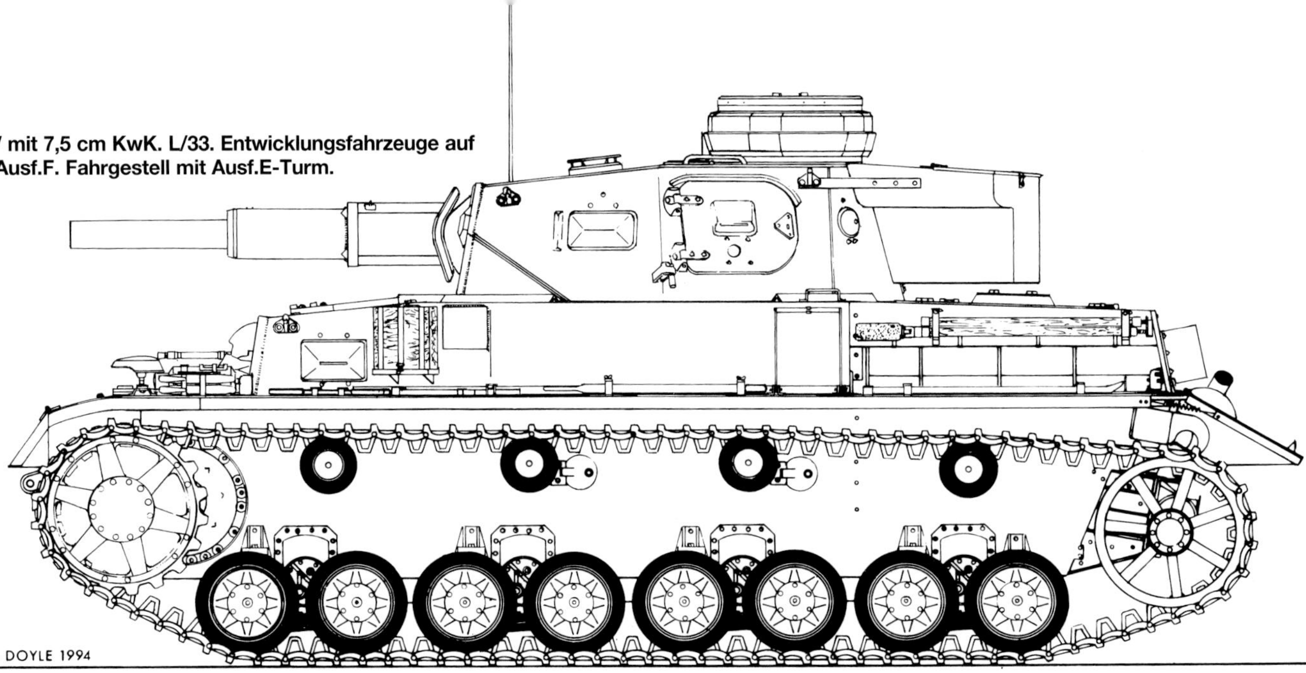

10.3 7,5 cm KAMPFWAGENKANONE L/33

Am 12. März 1941 wurde bei einer Besprechung in Abteilung A.K., Krupp, Essen, über die Entwicklung der 7,5 cm Kw.K. für Pz.Kpfw.IV entschieden:

A.) Die jetzige 7,5 cm Kw.K. L/24 hat folgende Leistung

Länge:	*1766,5 mm*
Geschoßgewicht:	*6,8 kg*
Vo:	*398 m/s*
Vz:	*378 m/s*
Durchschlag:	*39 mm (400 m 60°)*

B.) Die Leistung der 7,5 cm lg.s.Pak L/40 (für Sturmgeschütz) hat folgende:

Länge:	*3023 mm*
Geschoßgewicht:	*6,8 kg*
Vo:	*670 m/s*
Vz:	*634 m/s*
Durchschlag:	*70 mm (400 m 60°)*

C.) Wenn das Rohr mit Sicherheit hinter der Brechkante bleiben soll, so ist nur eine 7,5 cm Kw.K. L/33 langes Rohr zulässig. Das Rohr bleibt dann noch ca. 50 mm hinter der Kante. Die Leistung des Rohres ist folgende:

Länge:	*2470 mm*
Geschoßgewicht:	*6,8 kg*
Vo:	*580 m/s*
Vz:	*548 m/s*
Durchschlag:	*59 mm (400 m 60°)*
Patronenlänge:	*660 mm*

Dieses Rohr ist zur Entwicklung und alle Turmverhältnisse hierfür durchzuprüfen.

Für das zylindrische L/33 Rohr sind auch Treibspiegelgeschosse HK und StK zur Entwicklung. Es ergibt bei HK folgende Leistung:

Geschoßgewicht:	*2,7 und 0,3 kg*
Vo:	*875 m/s*
Vz:	*820 m/s*
Durchschlag:	*86 mm (400 m 60°)*

D.) Wie bei Pz.Kpfw.III ist auch hier ein einlegbares konisches Rohr 7,5/5,5 cm Kw.K. L/45 zur Entwicklung mit folgender Leistung:

Länge:	*2475 mm*
Geschoßgewicht:	*2,8 kg (HK)*
Vo:	*700 m/s*
Vz:	*650 m/s*
Durchschlag:	*68 mm (400 m 60°)*

Für Wa Prüf 4 wurde am 28./30. Dezember 1941 ein Funktionsbeschuß der 7,5cm Kw.K. L/34,5 durchgeführt. Am 13.1.42 wurde der Beschuß nach Einbau der Rohres Kw.K.44-Rhm. fortgeführt.

Über die Erprobung der Mündungsbremse für Pz.Kpfw.IV wurde berichtet:

Für die auf dem Rohr L/34,5 am 30.12.41 in Essen beschossenen Mündungsbremsen waren bei der 5. vorweg die Wirkungswerte und Leistungsziffern wie folgt angegeben:

Mündungsbremse	Wirkungswert	Leistungsziffer
V1	*66,2*	*1,20*
V4	*58,5*	*1,02*
V5	*56,5*	*0,98*
V6	*48,7*	*0,69*

Verschossen wurde K Gr rot Pz 6,8 Kg (blind).

Mündungsbremse V1; G = 25 kg, Zweikammer-Mündungsbremse Eichelform mit 4 Lappen
V4; 21,5 kg erleicherte Zweikammer-Mündungsbremse, Eichelform ohne Lappen
V5; 23 kg Form wie Nr. V4 =
V6; 15 kg Einkammer-Mündungsbremse, Kugelform mit 2 grossen Fenstern

		V1	V4	V5	V6	Ohne
Rücklauf gemessen	*kg*	*1027*	*1023,5*	*1025*	*1017*	*1002*
Rücklauf gemessen	*m/s*	*4.08*	*4.48*	*4.58*	*5.35*	*7.15*
Massenreduziert	*m/s*	*4.03*	*4.48*	*4.57*	*5.35*	*7.10*

Rücklf. Massen						
Vo = 689	*kg/sek*	*211*	*234*	*239*	*277*	*363*
Geschoß Vo = 680	*kg/sek*	*236*	*236*	*236*	*236*	*236*
Wirkungswert		*66,2*	*58,5*	*56,5*	*41,7*	–
Leistungsziffer		*1.20*	*1.02*	*0.98*	*0.69*	–

Am 19. Januar 1942 meldete Krupp an Wa Prüf 4 betreffend der 7,5 cm Kw.K. L/33 für Pz.Kpfw.IV:

Von den für obigen Auftrag von Dortmund Hörder Hüttenverein AG, Dortmund, vorgearbeitet und vergütet angelieferten 4 Vollrohren haben wir 2 für die Fertigung der Versuchsrohre RV1 n.A. und RV2 n.A. verwendet. Für die weiteren beiden Rohteile besteht keine Verwendung, da 7,5 cm Rohre L/33 nicht gefertigt werden.

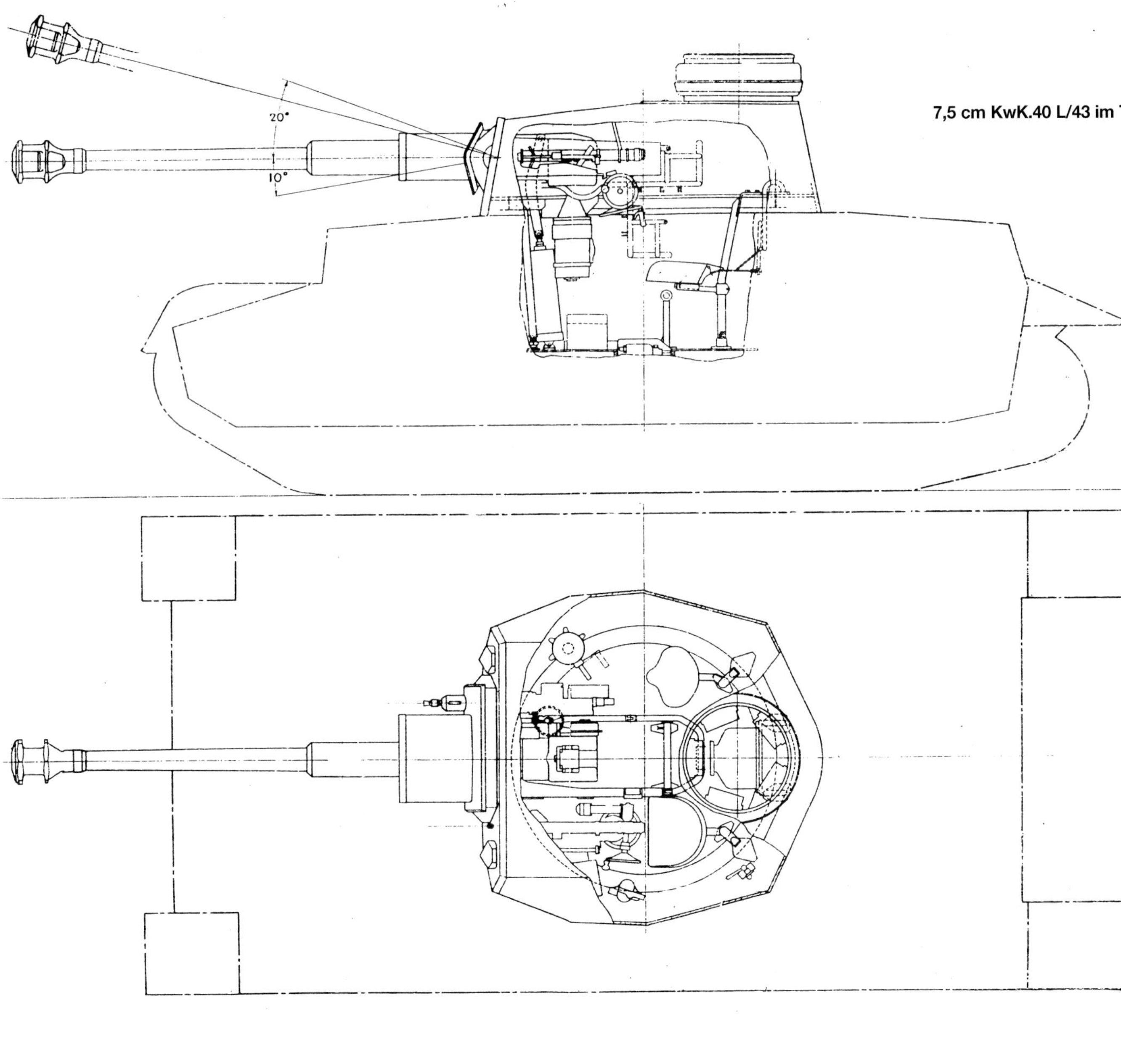

7,5 cm KwK.40 L/43 im Turm.

Am 23. April 1942 entschied Krupp: *Einbau der 7,5 cm KwK L/38 (34,5) in den Turm Nr. 80979 und Einbau dieses Turms (in Austausch gegen der Turm Nr. 82127) in dem uns von der Fa.Alkett zugesandten Pz.Kpfw.IV Ausf.F Fgst.Nr. 82091.*

10.4 7,5 cm KAMPFWAGENKANONE 40

Die Entwicklung einer 7,5 cm Kw.K.40 (ursprünglich 7,5 cm Kw.K.44 genannt) von gleicher Leistung wie die 7,5 cm Pak 40 L/46 (Rheinmetall) wurde durch Heeres-Waffenamt von Wa Prüf 4 am 18. November 1941 gefordert. Wa Prüf 4 erteilte Aufträge an Fried.Krupp A.G. (in Zusammenarbeit mit Rheinmetall-Borsig A.G.) für die Entwicklung des Geschützes. Rheinmetall-Borsig war für die Innenballistik und Krupp für die Konstruktion verantwortlich. Eine Durchschlagsleistung von 80 mm sollte auf 1000 m Entfernung bei 60° Neigung erreicht werden.

Das Rohr der 7,5 cm Pak 40 (ursprünglich *Pak 44* genannt) mit Verschluß konnte wegen der Rücklauflänge und der Länge der Patronen nicht in den Pz.Kpfw.IV-Turm direkt eingebaut werden. Der gezogene Teil (2470,5 mm Länge) des 7,5 cm Pak 40-Rohres wurde unverändert für die 7,5 cm Kw.K. L/43 übernommen. Zur einfachen Ladung der Kampfwagenkanone und um mehr Patronen im Pz.Kpfw. lagern zu können, wurden neue kurze und dicke Patronen sowie der dazugehörige Ladungsraum durch Krupp konstruiert.

Unterschiede in Massen und Leistung zwischen der 7,5 cm Kw.K.40 L/43 und L/48 und der 7,5 cm Pak 40 waren:

Benennung:		Kw.K.40	Kw.K.40	Pak 40
Rohrlänge in Kaliber		L/43	L/48	L/46
Rohrlänge				
ohne Mündungsbremse	(mm)	3233	3615	3450
Länge des gezogenes Teils	(mm)	2470,5	2852,5	2470,5
Länge des Ladungsraums	(mm)	507,5	507,5	729,5
Inhalt Ladungsraum	(Liter)	3,17	3,17	3,5
Rücklauf, normal	(mm)	485	485	900
Feuerpause	(mm)	505	505	915
Patronenhülse, Länge	(mm)	495,1	495,1	716
Patronenhülse, Durchmesser	(mm)	102,2	102,2	89
7,5 cm Pzgr.Patr.39, Länge	(mm)	748,3	748,3	969

Die erste Erwähnung, daß die 7,5 cm Kw.K. L/24 durch eine neue Kw.K. ersetzt werden sollte, erschien in dem Heeres-Waffenamt Fertigungsvorschau-Bericht vom 2.Dezember 1941:

Monat:	Dez 41	Jan 42	Feb 42	Mär 42	Apr 42	Mai 42
7,5 cm Kw.K. L/24	55	55	60	20	35	—
7,5 cm Kw.K.44 L/46	—	—	—	30	70	90

Monatliche Heeres Waffenamt-Berichte über gefertigte und abgenommene Waffen haben die folgenden Produktionszahlen gezeigt:

Monat:	Feb 42	Mär 42	Apr 42	Mai 42	Jun 42	Jul 42
7,5 cm Kw.K. L/24	54	29	25	15	—	—
7,5 cm Kw.K.40 L/43	—	18	104	56	87	114

Über eine Besprechung betreffend die Mündungsbremsen für die 7,5 cm Kw.K. L/43 mit Wa Prüf 4/VI in Berlin am 16. Januar 1942 berichtete Herr Theermann (Krupp):

Das Rohr des Pz.Kpfw.IV L/43 erhält für die ersten Serien eine Mündungsbremse kugeliger Form mit zwei großen Ausströmfenstern, die bei weiteren Serien gegen eine Zweikammer-Mündungsbremse mit Eichelform ausgewechselt wird. Auf meine Frage, weshalb anstelle der stärker wirkenden Eichelform nun doch die Einkammer-Kugelform ausreicht, wurde mir keine zufriedenstellende Antwort erteilt. Ich glaube, daß hier irgendwelche internen Kompetenzstreitigkeiten beim Amt vorliegen.

Das 7,5 cm Kw.K.40 L/43-Rohr hatte einen ungleichmäßigen Drallwinkel von 6° am Anfang und 9° am Ende. Zur Vereinfachung der Fertigung wurde dieses L/43 Rohr durch ein verlängertes Rohr 7,5 cm Kw.K.40 L/48 mit gleichmäßigem Drallwinkel von 7° ersetzt. Mit gleicher Pulverladung in der Patrone schaffte das längere Rohr höhere Leistung, wie bei einem Versuchsschießen am 19. März 1942 in Meppen gemessen wurde:

Rohr L/43 (Nr.F12) Panzergranate Vo = 790 m/s
Rohr L/48 (Nr.F13) Panzergranate Vo = 820 m/s

Die Entscheidung durch Wa Prüf 4, ab wann die 7,5 cm Kw.K.40 L/48 serienmässig gebaut werden sollte, stammte vom 15. August 1942. Die 7,5 cm Kw.K.40 L/43 wurden im Pz.Kpfw.IV bis April 1943 weiter eingebaut, bevor sie durch die 7,5 cm Kw.K.40 L/48 Anfang April 1943 ersetzt wurden.

10.5 7,5 cm KAMPFWAGENKANONE L/70

Auf die Frage von Wa Prüf 6, ob die 7,5 cm Kw.K. L/70 (vom *Panther)* in einen Pz.Kpfw.IV-Turm eingebaut werden könnte, antwortete Krupp am 4. September 1943:

Einbau der 7,5 cm Kw.K. L/70 im Turm des Pz.Kpfw.IV ist aus folgenden Gründen unmöglich:

1) Turm zu niedrig
2) Turmfront zu niedrig
3) Waffen zu schwer für Turm Schwenklager
4) Richtmaschine zu schwach

Ob es möglich ist, die Geschützausgleicher und den notwendigsten Raum zum Laden in den dem Fahrzeug zur Verfügung stehenden Bedienungsraum unterzubringen, erscheint unwahrscheinlich.

Pz.Kpfw.IV Ausf.F mit Holzattrappe für 7,5 cm KwK. L/70.

11. PANZERKAMPFWAGEN IV (7,5 cm) (Sd.Kfz.161) Ausführung G, (8/B.W.)

Fahrgestell-Nummer-Serie: 82396-82500, 82565-82600 und 82614-84400

Zwischen März 1942 und Juni 1943 wurden 1930 *Pz.Kpfw.IV Ausf.F2* und *Ausf.G* gefertigt und abgenommen (907 von Krupp, 436 von Vomag und 587 von Nibelungenwerk).

Ausführung G war die offizielle Bezeichnung für alle *7./B.W.*- und *8./B.W.*-Serien Pz.Kpfw.IV mit der 7,5 cm Kw.K 40. Die Bezeichnung *Ausführung F2* war eine Zwischenlösung, die nur drei Monate galt, und dann durch *Ausführung G* ersetzt wurde. Die fallengelassene Bezeichnung *Ausführung F2* ist bis heute durch die Dienstvorschrift 653/7 vom 1. April 1942 und das Vorläufige K-Gerätverzeichnis vom Juni 1942 bekannt. Die Zeichnungen für die Pz.Kpfw.IV mit längerer Kanone hatten sich wie folgt entwickelt:

13. Jan. 42: 7./B.W.-Umbau
03. Mär. 42: Pz.Kpfw.IV Ausf.F-Umbau
21. Mär. 42: Statt Ausführung F:
Ausf.F1 (7./B.W.) (mit 7,5 cm Kw.K. L/24) Ausf.F2 (7./B.W. Umbau) (mit 7,5 cm Kw.K. L/43)
22 .Mai. 42 Pz.Kpfw.IV (7,5cm Kw.K.40) (Sd.Kfz.161), 7./B.W., Ausf.F2
05. Jun. 42: Laut Schreiben von Wa J Rü (WuG6) VIII d Bd.Nr. 4299/42g vom 5.6.1942 erhält der Pz.Kpfw.IV mit Kw.K.40 das Kennwort »8./B.W., (Ausf.G)«
01. Jul. 42: Laut Besprechung mit Herren von Wa Prüf 6 II, Wa Prüf 6 IId, Wa J Rü (WuG 6/VIII) und Wa Prüf 6 IIIg, hiernach sind zu benennen:
Die Pz.Kpfw.IV mit 7,5 cm Kw K mit 7./B.W. statt 7./B.W. F1, und
Die Pz.Kpfw.IV mit 7,5 cm Kw K 40 mit 8./B.W. statt 7./B.W. F2.

11.1 VERBESSERUNGEN GEGENÜBER AUSFÜHRUNG F

Jede Verbesserung gegenüber der *Ausführung F* stammte vom Einbau des neuen langen Geschützes *7,5 cm Kw.K.40 L/43* anstelle der kurzen 7,5 cm Kw.K. L/24. Mit dieser neuen Kampfwagenkanone kamen eine veränderte *Haube vor die Walzenblende,* neue Form und Stellung unter dem Turmdach für die *Geschütz-Zurrung,* und eine neue Geschützwiege mit *Höhenrichtmaschine.*

Vorführung eines Pz.Kpfw.IV Ausf.F2 (G) vor Hitler im April 1942.

Panzerkampfwagen IV, Ausführung G (früher als Ausf.F2 bezeichnet), Fgst.Nr. 82574, gefertigt bei Vomag im April 1942. Die Sehklappe an der rechten Turmseitenwand entfiel.

Wegen des schwereren Geschützes wurde ein Hilfsschwenkwerk rechts auf dem Turmtragring eingebaut. Der Richtschütze konnte beim Schwenken des Turmes von Hand vom Ladeschützen unterstützt werden. Eine Handradumdrehung = 1,89° Seitenrichtungsänderung. Wie bei früheren Ausführungen war der kleinste Schwenkwinkel beim elektrischen Schwenken des Turmes 0.08°/s, der größte Schwenkwinkel bei elektrischem Schwenken des Turmes war 16°/s. Für die längere Kanone mit höheren Leistungen kam ein neues *Turmzielfernrohr T.Z.F.5f* zum Einbau. Wie das frühere *T.Z.F.5b,* war das *T.Z.F.5f* ein knickbares Fernrohr, bei dem an der Knickstelle eine Panzerplatte als Schutz für den Richtschützen angeordnet war. Das *T.Z.F.5f* hatte eine 2,5-fache Vergrößerung und ein Gesichtsfeld von 25 Grad (444 m auf 1000 m Entfernung). Die drehbare Strichplatte im Fernrohrkopf trug für das Schießen mit Sprenggranate 34 kleine Kreise, von denen der erste und folgend jeder zweite beziffert waren (bis 3000 m), für das Schießen mit Panzergranate 39 kleine Kreise, von denen der erste und folgend jeder zweite beziffert war (bis 2500 m), sowie für das Schießen mit Sondermunition Panzergranate 40 kleine Kreise, von denen der zweite und in der Folge jeder zweite Kreis beziffert war (bis 1500 m).

Die höchste gezielte Schußweite für die 7,5 cm Kw.K.40 war 3000 m.

Für die größeren Patronen der 7,5 cm Kw.K.40 wurde die Munitionslagerung verändert und mehr Patronen (87 statt 80

Fabrikneuer
Pz.Kpfw.IV Ausf.F2(G), gefertigt
im April 1942.

Die Turmrückwand mit
Kommandantensitz und
Kommandantenkuppel.

wie bei früheren *Ausf.B* bis *F*) gelagert. Die Unterbringung der Geschützmunition erfolgte in den Seitenräumen und vorn im Bugpanzer 32, im Fahrgestell 55, insgesamt also 87 Stück, 7,5 cm Kw.K.40 Patronen.

Diese verteilten sich wie folgt: Im linken Seitenraum des Bugpanzers waren 2 Munitionskästen für je 9 Patronen, im rechten Seitenraum 1 Munitionskasten für 6 Patronen und 1 Munitionskasten für 2 Patronen, sowie hinter dem Fahrersitz 3 Munitionskästen für je 2 Patronen untergebracht. Im Fahrgestell befanden sich rechts 3 Munitionskästen für je 8 Patronen, hinter dem Fahrersitz 1 Munitionskasten für 23 Patronen, auf der Drehbühne 1 Munitionskasten für 4 Patronen und an der hinteren Wand des Bugpanzers 2 Munitionskästen für je 2 Patronen.

Strichplatten für Turmzielfernrohr T.Z.F.5f.

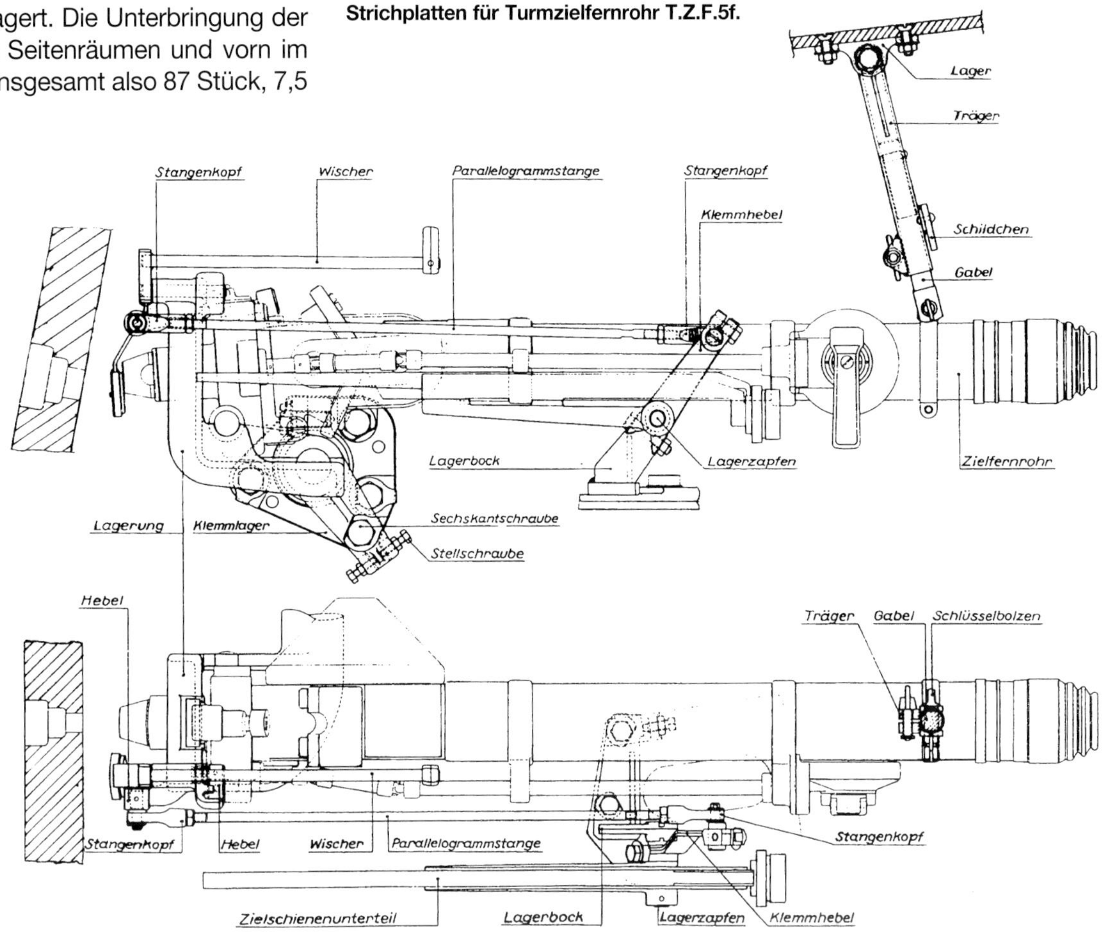

Der Kampfraum des Pz.Kpfw.IV Ausf.G mit Munitionslagerung.

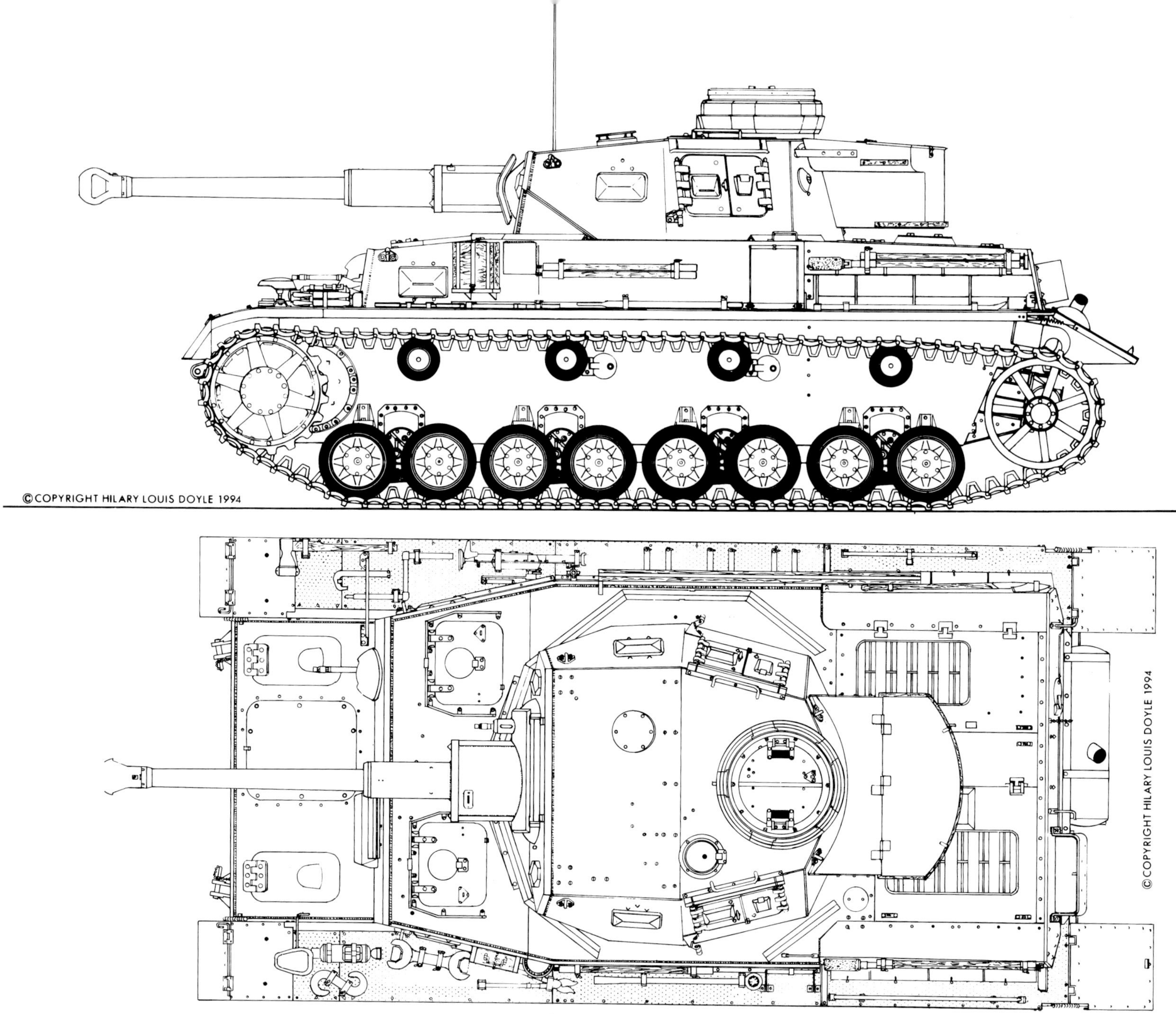

Panzerkampfwagen IV, Ausführung G, (früher als Ausf.F2 bezeichnet), April 1942: Einkammer-Mündungsbremse für die 7.5 cm KwK. 40 (L/43), Antennenabweiser entfielen bei einigen Fahrzeugen, andere wurden geändert. Die neue Auslegung der Stirnplatte vermied die Verwendung eines Kugelfanges.

Blick durch die linke Einstiegluke auf die 7,5 cm KwK. 40 und Turmzielfernrohr.

Blick durch die rechte Einstiegluke auf die Waffenanlage.

Pz.Kpfw.IV Ausf.G, Fgst.Nr. 83072, gefertigt bei Vomag im September 1942. Versuchs-Mündungsbremse, noch Sehklappen an rechter Turmfront und Turmseitenwänden.

Pz.Kpfw.IV Ausf.G, Fgst.Nr. 82924, gefertigt bei Krupp im Oktober 1942. Man beachte die Zweikammer-Mündungsbremse.

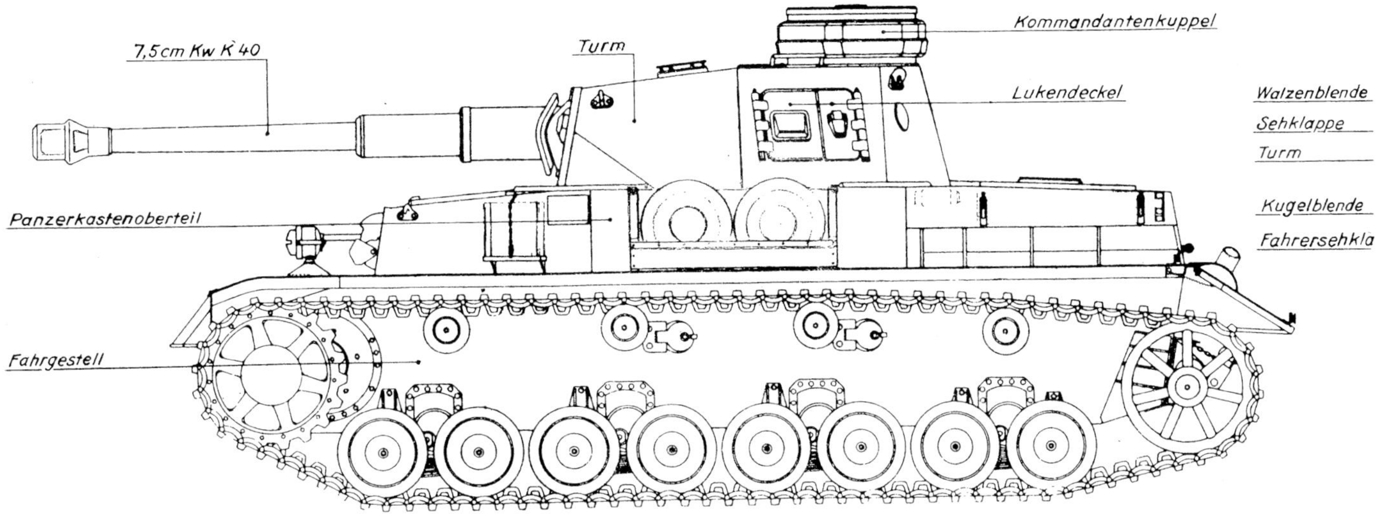

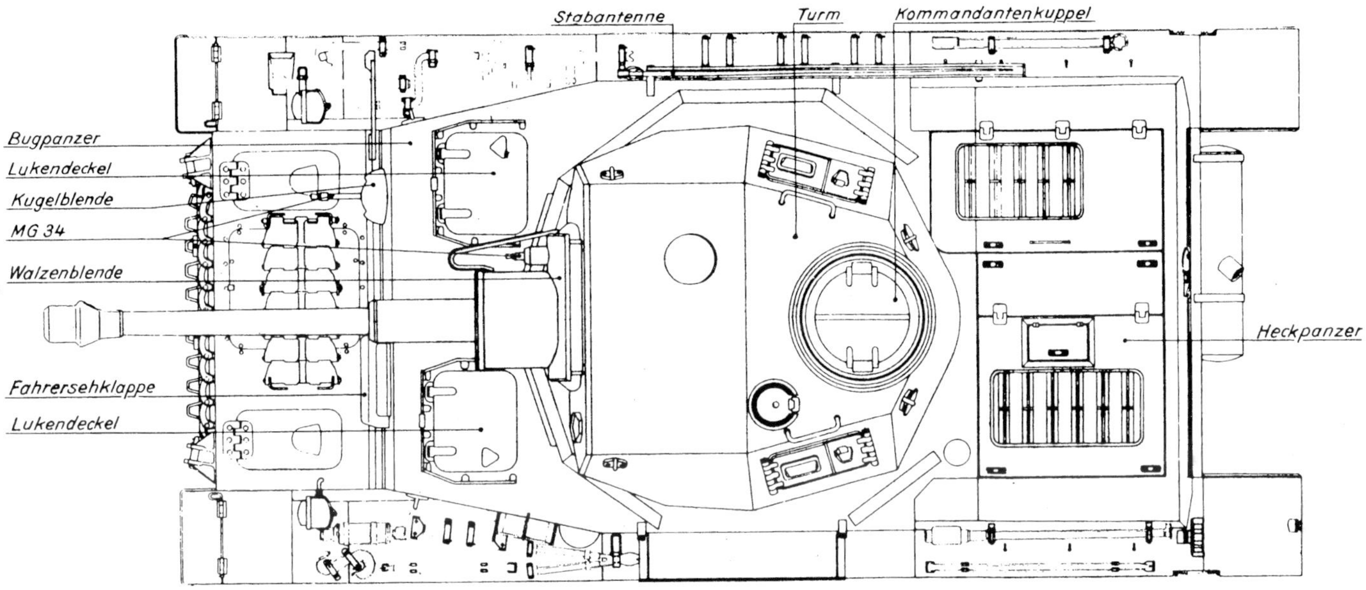

Pz.Kpfw.IV Ausf.G (Zeichnung Nr. 021 B 48100 Bl.2 vom 8. Oktober 1942), zeigt u.a. folgende Änderungen: Sehklappen an rechter Turmfront und Turmseiten sowie Signalklappen am Fahrer- und Funker-Lukendeckel sind fortgefallen. Zweikammer-Mündungsbremse, Antennenabweiser für Turm-M.G., Halterungen für 7 Ersatzkettenglieder an der oberen Stirnwand, druckfeste Scheinwerfer mit Tarnvorsatz auf beiden Kettenabdeckungen, Halter für zwei Ersatzlaufrollen auf der linken Kettenabdeckung, Kühlluftein- und Austrittgitter am Heckpanzerdach sowie Deckel für Kühlwasserheizgerät (Bauart Fuchs) an Heckwand eingeführt.

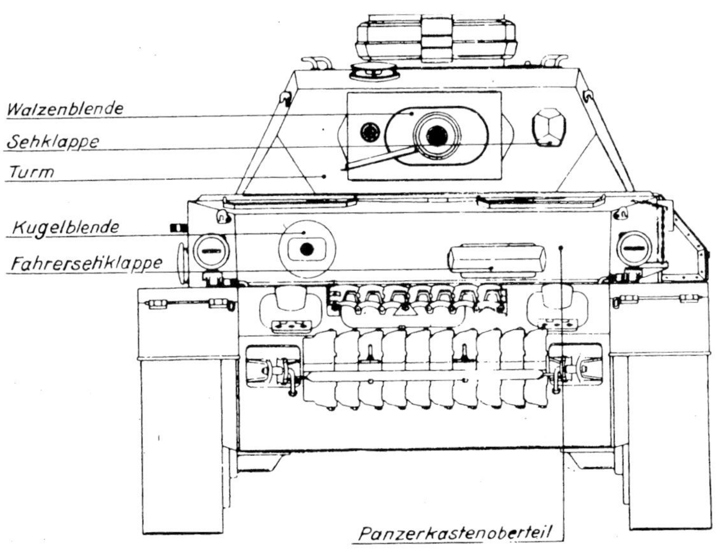

Rückansicht

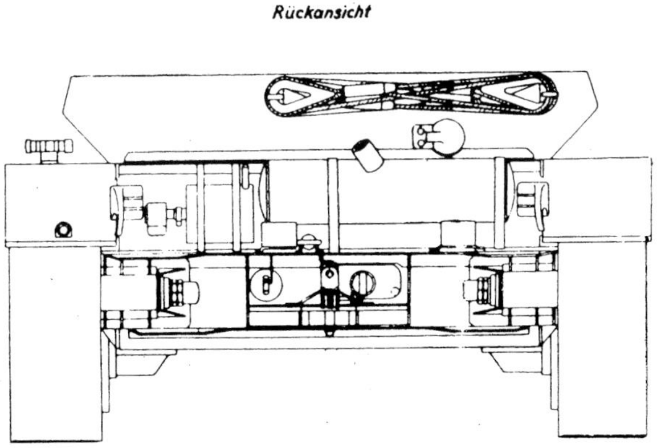

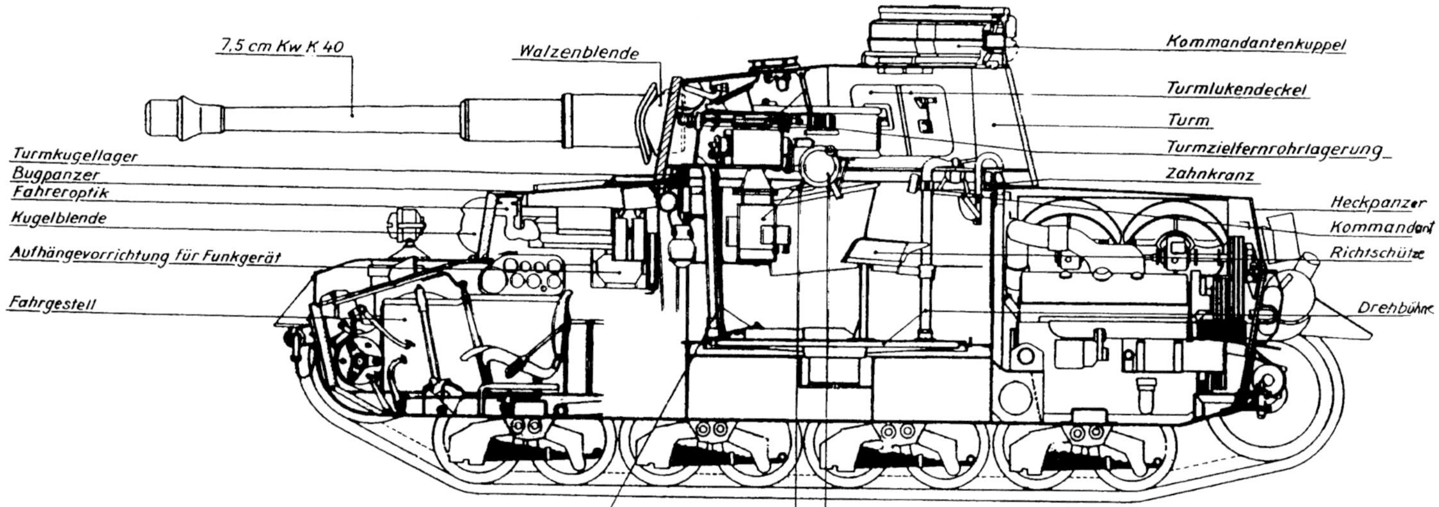

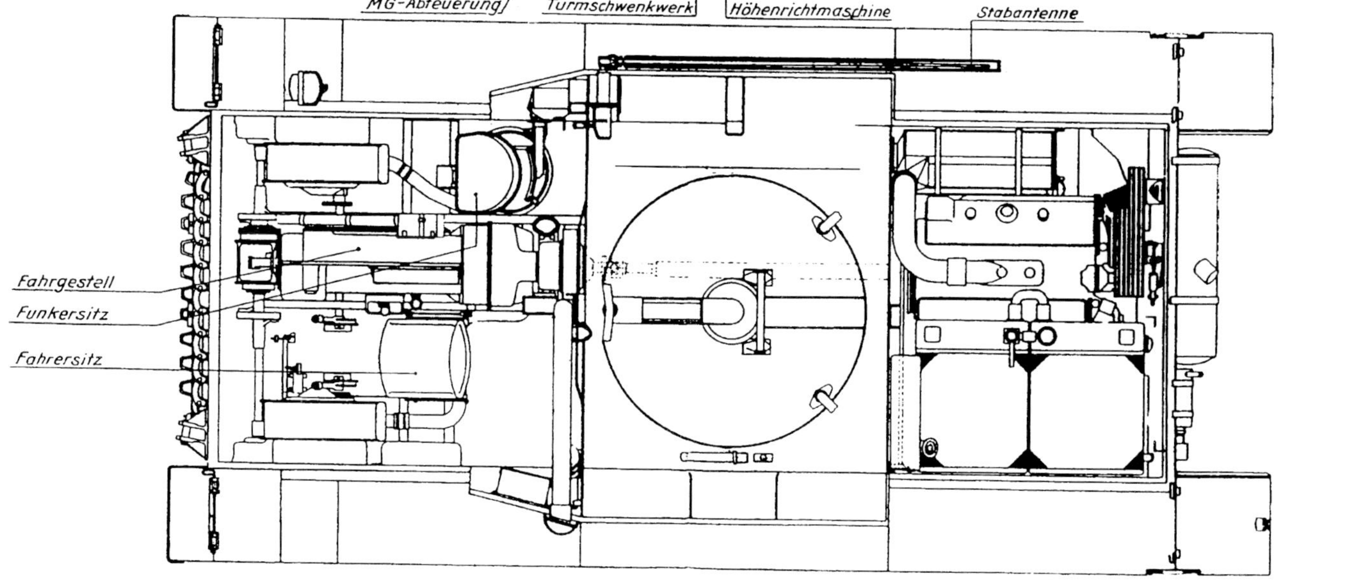

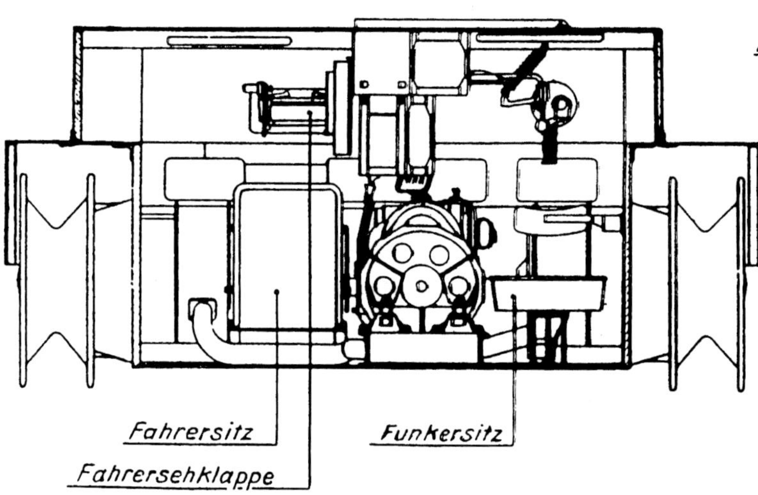

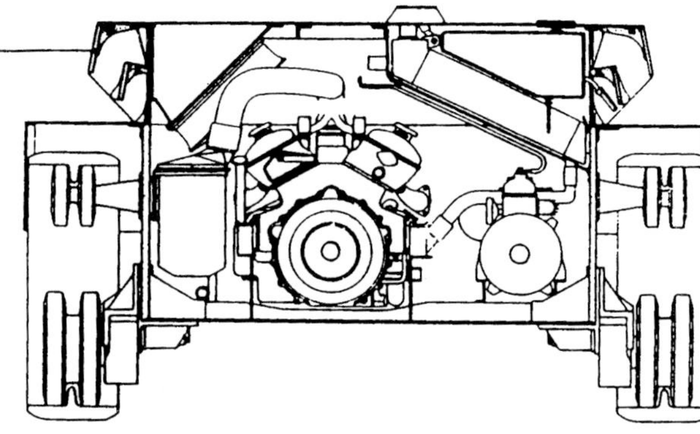

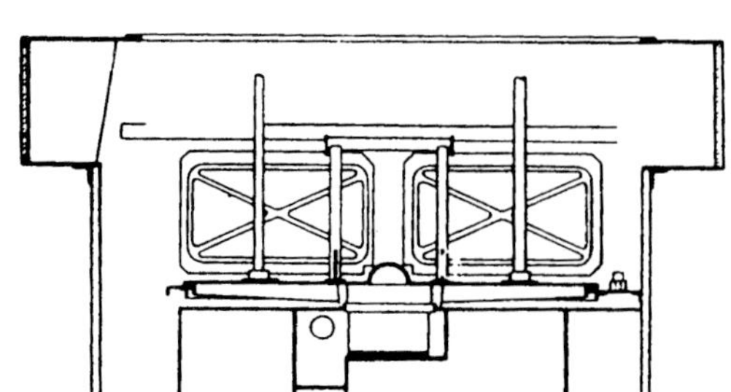

Schnittzeichnungen des Pz.Kpfw.IV Ausf.G
(Zeichnung Nr. 021 B 48100 Bl.1).

11.2 FORMÄNDERUNG WÄHREND DER PRODUKTION

11.2.1 KEGELTRIEB

Ab Fgst.Nr.83200 (ab November 1942 bei Krupp-Grusonwerk) wurden verstärkte Kegelräder (größerer Modul) im Kegeltrieb eingebaut, die Leitsitz-Pumpe war entfallen.

11.2.2 ZUBEHÖR

Bei der Gruppe Zubehör und Lagerung wurden folgende Verbesserungen und Änderungen eingeführt:

Für Fgst.Nr.82493 bis 82500 (Mai 1942) und ab Fgst.Nr. 82628 (ab Juni 1942), wurden *Halter für zwei Ersatzlaufrollen* auf der linken Kettenabdeckung aufmontiert.

Ab Juni 1942 wurden Halterungen für *7 Ersatzkettenglieder* an der oberen Stirnwand angeschweißt.

Ab August 1942 wurden bei der Gruppe Zubehör und Lagerung genormte Wagenwinden, Brechstangen sowie Lagerung ohne *Lederbekleidung* auf der Kettenabdeckung eingeführt.

Ab September 1942 wurden (zuerst teilweise) bei der elektrischen Anlage beiderseits vorn an den Kettenabdeckungen *druckfeste Scheinwerfer mit Tarnvorsatz* aufmontiert. Dieser neue Lampentyp ersetzte die *Notek*-Tarnleuchte. Ab September 1942 wurde zur Vereinfachung bei der Fertigung die *Signalklappe* am Fahrer- und Funker-Lukendeckel fortgelassen. Ab März 1943 entfiel die *Signalklappe am Turmdach* zur Vereinfachung der Fertigung.

11.2.3 ENTLÜFTUNGSCHIEBER AM HECKPANZER

Für die höheren Außentemperaturen wurden *Pz.Kpfw.IV Ausf.G* mit Tropenausrüstung gebaut, u.a. zusätzlich mit einem Kühllufteintritt in der Kühlerklappe und einem Kühlluftaustritt in der Lüfterklappe auf dem Heckpanzerdach. Ab Juni 1942 wurde jede *Ausf.G* mit Kühlluftein- und austrittgittern an der Kühler- und Lüfterklappe am Heckpanzerdach ausgerüstet.

11.2.4 FERTIGUNGSVEREINFACHUNG B.W. AUFBAU

Am 2. Januar 1942 verlangte Wa Prüf 6:

Zur Vereinfachung der Fertigung kommen ab sofort beim Turm B.W. die seitlichen vorderen Sehklappen rechts und links sowie die rechte Sehklappe für den Ladeschützen in der Turmfrontwand in Fortfall. Firma Krupp wird um sofortige Veranlassung der notwendigen Zeichnungen gebeten.

Abteilung A.K., Krupp, antwortete am 6. Januar:

Wir werden gemäß Vorgang die beiden vorderen Sehklappen der Turmseitenwände und die rechte Sehklappe in der Turmfront in Zeichnungsatz streichen. Die Firmen sind von uns benachrichtigt. Die Zielschiene hinter der linken Front-Sehklappe werden wir bei Änderung des Zielschienenbockes bei-

Pz.Kpfw.IV Ausf.G (vormals Ausf.F2), gefertigt bei Krupp im Mai oder Juni 1942. Eines der ersten Fahrzeuge mit Zusatzpanzerung an Aufbau- und Wannenbug.

Pz.Kpfw.IV Ausf.G, Fgst.Nr. 84274, bei der Überwindung eines Geländeeinschnittes. Gefertigt im Nibelungen-Werk im Mai 1943, erhielt die Ausf.G eine angeschweißte Zusatzpanzerung (ohne Ausschnitt für Fahreroptik).

Pz.Kpfw.IV Ausf.G, Fgst.Nr. 83884, in Süditalien. Gefertigt mit angeschraubter Zusatzpanzerung bei Krupp im Mai 1943.

Pz.Kpfw.IV Ausf.C, Fgst.Nr. 80353, mit Kühlwasser-Übertragung.

Pz.Kpfw.IV Ausf.G, Fgst.Nr. 83142, gefertigt bei Nibelungen-Werk im November 1942, mit rundem Deckel für Kühlwasser-Heizgerät (Bauart Fuchs).

Pz.Kpfw.IV Ausf.G mit Wintergleisketten.

Schottwand befestigt. Wenn zuviel Warmluft in den Mannschaftsraum geblasen wurde, konnte die hintere Lüfterklappe außerhalb des Fahrzeuges geöffnet werden.

Am 6. Juli 1942 hatte Wa Prüf 6 von Krupp, Essen, verlangt:

Folgende Änderungen an den Serien der von Ihnen entwickelten Pz.Kpfw.-Fahrgestelle sollen schnellstens berücksichtigt werden:
1) Warmluftheizung entsprechend der von Alkett übersandten Zeichnung für Pz.Kpfw.IV
2) Warmwasserumlaufheizung entsprechend der Alkett-Zeichnung für Pz.Kpfw.IV
3) Einbau des Fuchs-Anwärmgerätes entsprechend den von Fa. Daimler-Benz zugesandten Bildern.

Am 28. Juli 1942 schrieb OKH Wa J Rü, WuG 6, VIIId an Krupp-Grusonwerk, Vomag und Nibelungen-Werk:

OKH bittet, möglichst ab sofort, die Pz.Kpfw.IV mit den für den Winterbetrieb erforderlichen Hilfsgeräten und Einrichtungen auszustatten. Hierzu gehören:
1.) Warmwasserübertragungsgerät (Entwicklungsfirma Alkett) bestehend aus
a) eingebauten Rohren (für Anschluß an Kühlkreislauf)
b) Ventile dazu
c) Verschlußventile (System Arado)
d) Übertragungsschlauch
2) Fest eingebautes Kühlwasserheizgerät (Bauart Fuchs) Entwicklungsfirma Krupp-Essen
Lötlampen hierfür sind bei Firma Näbel, Herdersdorf/Erzgebirge, zu bestellen.
3) Einbau der Anlaßkraftstoffeinspritzanlage bestehend aus
a) SUM-Einspritzpumpe
b) Korcher-Düsen
c) Rohrleitungen
Es muß angestrebt werden, daß sämtliche ab 1.September fertiggestellten Fahrzeuge mit diesen Teilen versehen sind.

Weiter, am 31.Juli 1942, erklärte Baurat Kniepkamp (Wa Prüf 6/IIIa):

Die Fahrzeuge werden in der Neuserie, also nicht rückwirkend, bei der Truppe für den Kurbelwellen-Benzinanlasser eingerichtet. Hierzu erhalten die Motoren eine entsprechende Kuppelhülse. An den Fahrzeugen sind die Haltebolzen anzubringen.

Die Fahrzeuge werden mit einer Anlass-Kraftstoff-Einspritz-Anlage ausgerüstet, mit Rückwirkung auf die bei der Truppe befindlichen Fahrzeuge.

Am 5. August 1942 wurde in einer Besprechung in Magdeburg mit Wa Prüf 6/IIIg entschieden:

Nach einem Heizversuch mit Fuchs-Gerät (eingebaut von Grusonwerk in Fahrzeug Nr.80625), der in allen Teilen zufriedenstellend verlief, wurde von Wa Prüf bestimmt, die Grusonwerk-Ausführung als Formänderung durchzuführen.

Bei einer Vorführung der Wintergeräte in der Kaserne des Regiments »Großdeutschland« am 19. August 1942 wurden vorgestellt:

Pz.Kpfw.IV Fgst.Nr.80353 mit
- Kühlwasserübertragung
- Kampfraumheizung
- Schwungkraft-Anlassererwärmung
- Anwerfen mittels Kurbelwellenbenzinanlassers
- bzw. Krad-Kurbelwellenanlassers.

Pz.Kpfw.IV mit vorgebautem Keilpflug (Bauart Schmidt) zur Erhöhung der Schneefahrbarkeit.

Bei einer Besprechung in Essen am 30. Juli 1942 wurde bestimmt:

Wa Prüf 6 wird veranlassen, daß berichtigte Unterlagen für Kühlwasserübertragungsgerät beschleunigt von Alkett an A.K. gehen. Das Loch in der Wannenrückwand für das Anbringen des Fuchs-Geräts für Kühlwasserheizung ist sofort in der Serie vorzusehen. Serienzeichnungen ändern. Formänderungszeichnungen für Instandsetzungsfahrzeuge bis Ende August anfertigen.

Wie verlangt, wurden diese Geräte für Winterausrüstung ab September 1942 in Serienfahrzeuge bei den Montagefir-

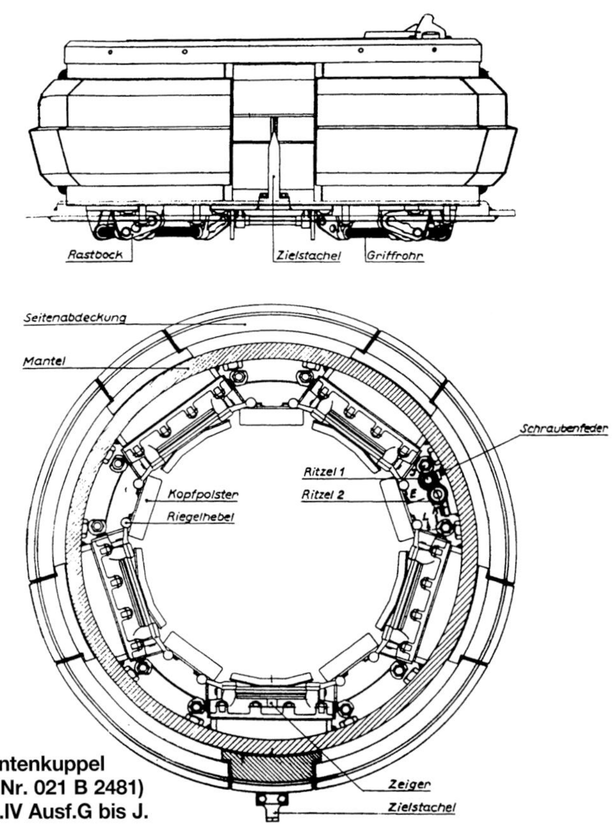

Kommandantenkuppel (Zeichnung Nr. 021 B 2481) für Pz.Kpfw.IV Ausf.G bis J.

Pz.Kpfw.IV Ausf.G, Fgst.Nr. 83672, gefertigt bei Nibelungen-Werk im März 1943, mit Kommandantenkuppel (Zeichnung Nr. 021 B 2481) und je einem Nebelwurfgerät an beiden Turmseiten.

men eingebaut.

11.2.8 NEBELWURFGERÄT

Von Februar bis Mai 1943 wurden die Pz.Kpfw.IV mit je zwei Nebelwurfgeräten ausgerüstet, die an beiden Seiten des Turmes angebracht waren. Jedes Gerät hatte drei gefächert angeordnete Wurfbecher, die von der Turmbesatzung betätigt wurden. Das Heereswaffenamt befahl die Einstellung der Ausstattung von Pz.Kpfw. mit diesen Geräten, nachdem Feldeinheiten berichteten, daß feindliche kleinkalibrige Geschosse die Wurfbecher durchschlugen, die Nebelkerzen in Betrieb setzten und so die eigene Besatzung blendeten.

11.2.9 KOMMANDANTENKUPPEL

Die neue Kommandantenkuppel mit einteiliger Klappe und dickerem Panzerschutz wurde von Oberst Fichtner (Wa Prüf 6) am 11. Juli 1942 wie folgt verlangt:

Lediglich die neue Kommandantenkuppel ist schnellstens in die Fertigung der B.W.Panzergehäuse zu übernehmen. Es soll geprüft werden, von welchem Termin an diese neue Kommandantenkuppel gefertigt werden kann. Vom Waffenamt ist ein Termin Ende September-Ausstoß der Panzerfirmen gewünscht worden.

Diese neue Kommandantenkuppel wurde ab Februar 1943 bei den *Ausf.G*-Serienfahrzeugen eingeführt.

11.2.10 FORTFALL DER FAHREROPTIK

Am 19. Februar 1943 wurde durch Wa Prüf 6 erklärt, daß die Fahreroptik entfallen sollte und: *Wa Prüf 6 ist mit dem Verschluß der nicht mehr benötigten Löcher der Fahreroptik mit einem Spitzkopfbolzen anstelle der an sich erwünschten Kegelkopfschrauben einverstanden.* Ab Februar 1943 fiel die Fahreroptik *K.F.F.2* fort. Zunächst wurden die Löcher in der vorderen Bugpanzerplatte, wie verlangt, mit Spitzkopfbolzen verschlossen, dann mit der 30 mm Zusatzpanzerung überdeckt, und schließlich kamen Bugpanzer ohne gebohrte Löcher zur Fertigung.

11.2.11 7,5 cm Kw.K.40 L/48

Aus unbekannten Gründen erfolgte die Einführung der 7,5 cm Kw.K.40 L/48 verspätet. Die 7,5 cm Kw.K.40 L/43 wurde in die Pz.Kpfw.IV *Ausf.G* bis zum April 1943 weiter eingebaut. Das gleiche L/43 Geschützrohr im Sturmgeschütz war schon im

Fabrikneuer Pz.Kpfw.IV Ausf.G mit 7,5 cm KwK.40 L/48, gefertigt mit Schürzen ab April 1943.

Pz.Kpfw.IV Ausf.G, gefertigt mit Schürzen ab April 1943.

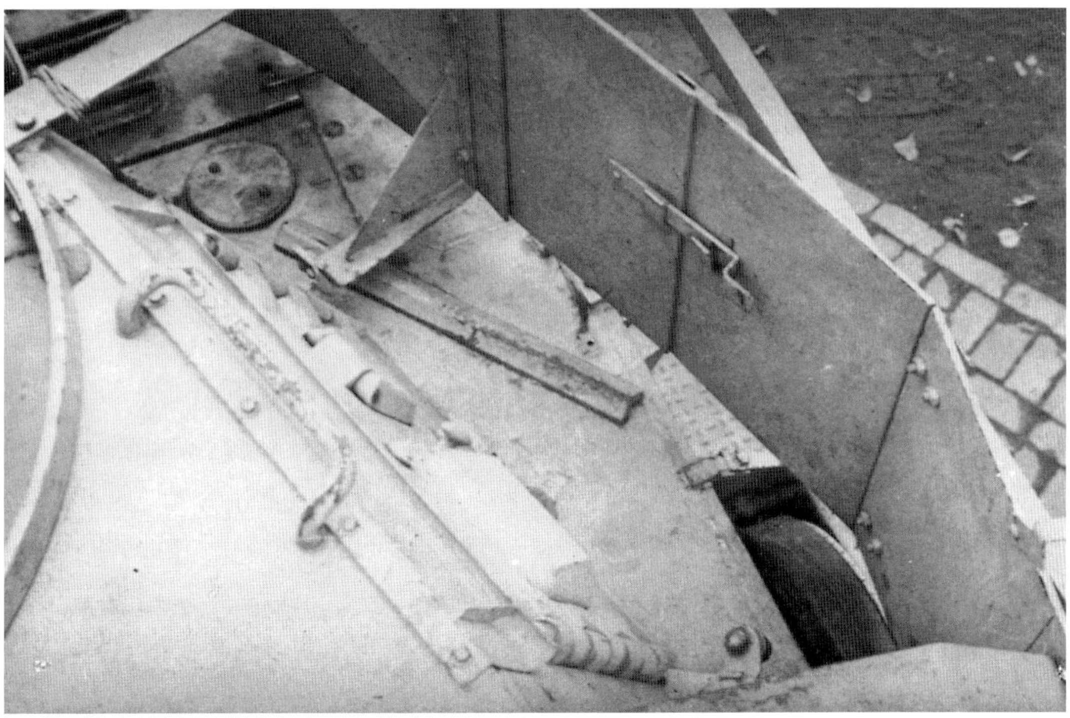

Um die Turmluken-Deckel öffnen zu können, wurden in den Turm-Zusatzschürzen entsprechende Öffnungen vorgesehen.

Juni 1942 durch das längere, leistungshöhere, einfachere L/48 Geschützrohr ersetzt worden. Beim Pz.Kpfw.IV wurde die L/43 durch die 7,5 cm Kw.K.40 L/48 bei allen drei Montagefirmen ab Anfang April 1943 ersetzt.

Ab September 1942 wurden die kugelförmigen Mündungsbremsen mit Zweikammer-Eichelform ohne Lappen-Mündungsbremsen ersetzt. Ab April 1943 wurde dieser zweite Typ durch eine neue Zweikammer-Eichelform mit vorderer Lappen-Mündungsbremse ersetzt.

11.2.12 SCHÜRZEN GEGEN PANZERBÜCHSEN-GESCHOSSE

Am 17. Februar 1943: *Die Panzerkommission beschließt dem Führer vorzuschlagen, einen Schutzpanzer seitlich und hinten vorzusehen. In Frage kommt die Versuchsausführung von Daimler-Benz mit 5 mm Platten vor dem Gehäuse und 10 mm Platten vor dem Turm (Gesamtgewicht etwa 600 kg). Die*

Pz.Kpfw.IV Ausf.G mit Schürzen, ab April 1943

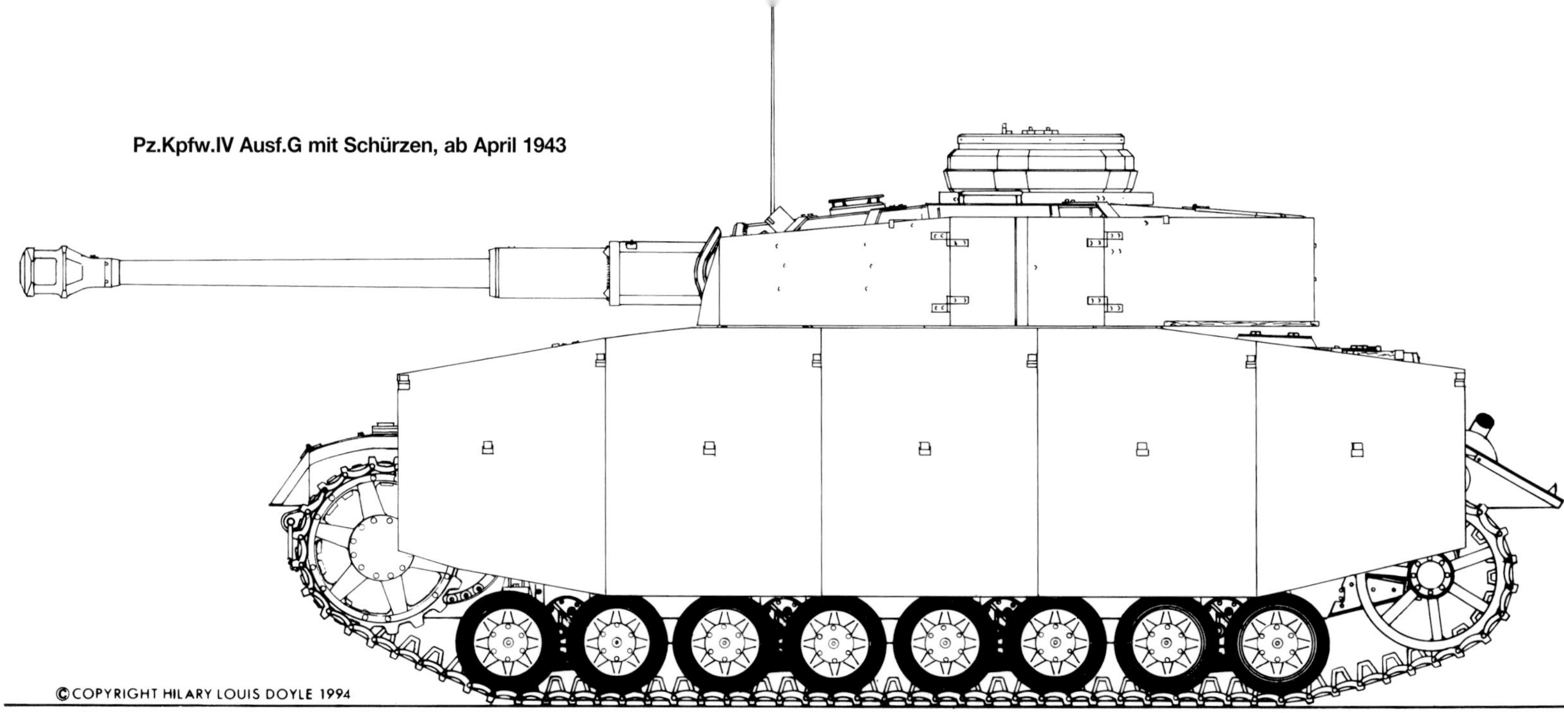

Versuchsausführung wird im Anschluß an kurze Fahrversuche am 20. Februar 1943 auf dem Versuchsplatz Kummersdorf beschossen und anschließend dem Führer vorgestellt.

Am 20. Februar 1943 wurden Schießversuche auf die Schutzabdeckung durchgeführt. Beschußversuche mit 14,5 mm russischer Panzerbüchse, Entfernung 100 m (90°) zeigten keinerlei Risse oder Durchschüsse der 30 mm Seitenpanzer, die entweder durch Drahtgeflecht oder Platten geschützt waren. Der Beschuß mit der 7,5 cm Sprenggranate A.Z. von einer Feldkanone mit 2. Ladung ergab keine Beschädigung der Wannenseite, wenn durch Draht oder Platten geschützt. Drahtgeflecht und Platten wurden zwar durchschlagen bzw. weggerissen, blieben jedoch weiter verwendbar. Die Entscheidung, Bleche anstelle von Drahtgeflecht zu verwenden (trotzdem beide sich bewährt hatten und das Drahtgeflecht leichter war), beruhte auf der Tatsache, daß die Drahtgeflechte eine neue, noch zu konstruierende Aufhängung verlangten, die Zeit zur Entwicklung brauchte.

Die Schürzen wurden nicht gegen den Beschuß mit Hohlladungsgranaten erprobt, sie waren nicht als Schutz gegen diesen Munitionstyp vorgesehen.

Nach der Führer-Konferenz am 6. März 1943 wurde berichtet:

Dem Führer wurde über den bisher günstigen Verlauf der Beschußversuche mit Schürzen berichtet. Außer der laufenden Ausstattung sämtlicher Sturmgeschütze, Pz.Kpfw.IV und Panther aus der neuen Produktion mit Schürzen muß in kürzestmöglicher Zeit eine volle Versorgung aller im Einsatz und in der Reparatur befindlichen Wagen dieser Gattung sichergestellt werden. Terminplanung für die volle Ausstattung ist beschleunigt vorzulegen.

Ab April 1943 wurden durch die Montagefirmen Schürzen an die *Ausf.G* Serienfahrzeuge anmontiert.

11.2.13 FILZBALGFILTER

Schon am 5. August 1942 entschied Wa Prüf 6/IIIg:

Für die Vorschaltung der Filzbalgfilter hatte Grusonwerk zwei Ausführungen nach SKB 5032 und SKB 5081 bereitgestellt. Wa Prüf ist einverstanden mit Ausführung nach SKB 5032 mit zusätzlichem Panzerschutz. Hiernach sind Formänderungszeichnungen anzufertigen.

Dieser Filzbalgvorschaltluftfilter wurde ab Mai 1943 durch die Montagefirmen auf der Kettenabdeckung an der rechten Seite des Aufbaus gelagert.

11.2.14 GUMMIFUßANTENNE AUF DEM HECK

In einer Besprechung am 4. März 1943 bei Abteilung A.K. erklärte Oberst v. Wilcke (Wa Prüf 6/IId): *Der Schutzpanzer behindert die Antenne. Es wird beschlossen, eine Gummifußantenne auf dem Heck des Panzers anzubringen. Der Antennen-Abweiser für das MG soll in Zukunft entfallen.*

Ab Mai 1943 wurde die Antenne während der Serienfertigung auf einen Gummifuß hinten links am Heckpanzer aufmontiert.

11.3 VERBESSERUNGEN NACH AUSLIEFERUNG

Eine Reihe von Verbesserungen wurde nach Auslieferung der *Pz.Kpfw.IV Ausf.G* an die Truppeneinheiten angeordnet. Unter anderem:

1) Ab April 1942, Einbau von Flanschrohren für *Warmluftheizung* für den Kampfraum.
2) Ab September 1942, Einbau eines *Kühlwasserheizgerätes*

Pz.Kpfw.IV Ausf.G, gefertigt im Juni 1943, mit Gummifuß für die Antenne hinten links am Heckpanzer.

Pz.Kpfw.IV Ausf.G, Fgst.Nr. 83920, gefertigt bei Krupp im Mai 1943, umgebaut in einen Panzerbefehlswagen, mit Antenne auf dem Turmdach und Sternantenne auf dem Heckpanzer.

(Bauart Fuchs).

3) Ab Oktober 1942, Einbau der Anschlüsse und Ventile für *Warmwasserübertragung.*
4) Ab November 1942 wurden *Wintergleisketten und Schneegreifer* für Ketten an die Truppenteile ausgeliefert.
5) Ab Mai 1943 Montieren von *Schürzen* an Turm- und Wannenseiten.
6) Ab Januar 1944 konnte *»Zimmerit-Schutzanstrich«* durch die Truppe auf die Panzerbleche aufgetragen und in Wellen geformt werden.
7) Ab Februar 1944 wurden *Filzbalg-Vorschaltluftfilter* samt den Luftleitungen bis zum Ölbadfilter abgebaut und die Luftleitungsdurchbrüche mit Blechen durch Heftschweißung verschlossen.
8) Ab Februar 1944 wurden instandgesetzte Pz.Kpfw.IV als *Pz.Bef.Wg.IV* umgebaut.
9) Ab Mai 1944 wurde für Pz.Kpfw.IV eine verbreiterte Gleiskette, genannt *»Ostkette«*, an die Truppenteile an der Ostfront ausgeliefert.
10) Ab Juli 1944 wurden *Pilze für Behelfskran 2t* auf dem Turmdach angeschweißt.

Pz.Kpfw.IV Ausf.G, Fgst.Nr. 83920, gefertigt bei Krupp im Mai 1943, umgebaut in einen Panzerbefehlswagen.

12. PANZERKAMPFWAGEN IV (7,5 cm) (Sd.Kfz. 161/2) Ausführung H, (9/B.W.)

Fahrgestell-Nummer-Serie: 84401 – ~86393 und 86601 – ~89540

*Zwischen Mai 1943 und Februar 1944 wurden 2322 **Pz. Kpfw.IV Ausf.H** gefertigt und abgenommen (379 von Krupp, 693 von Vomag und 1250 von Nibelungen-Werk).*

12.1 VERBESSERUNGEN GEGENÜBER AUSFÜHRUNG G

Am 11. Juli 1942 entschied Oberst Fichtner (Wa Prüf 6):

*Für die **Ausführung H** (9./B.W.) fällt die Tauchfähigkeit und der Turm B.W.40 (hydraulischer Antrieb und neue Optik) fort. Die Verstärkung des Kegeltriebs der Seitenwellen und des Planetengetriebes ist jedoch beschleunigt durchzuführen.*

Die *Ausf.H* wies eine von der bisherigen Ausführung abweichende Lagerung und Befestigung des Triebrades auf. Die gesamte Lagerung war hier in einem herausgezogenen Hals des Deckels des Seitenvorgeleges untergebracht. Ferner wurde bei *Ausf.H* der Endlaufring für den Simmerring des hinteren Dichtringes im Gegensatz zu den bisherigen Ausführungen nicht durch einen Keil auf dem Laufwerkhebel gehalten, sondern mit diesem nur durch Haftsitz verbunden.

Es wurde festgelegt, daß der neue Turm mit der Stahlgußfront nicht mehr gefertigt werden sollte, weil die Fertigung von *B.W.*-Panzergehäusen voraussichtlich Ende 1943 auslaufen würde. Die Turmform der Ausführung G wurde weiter verwendet, aber das Turmdach zum verbesserten Schutz gegen Tieffliegerangriffe verstärkt. Die Dicke der vorderen Turmdachplatte wurde von 10 mm auf 16 mm und die der hinteren Platte von 10 mm auf 25 mm erhöht.

Krupp stellte am 30. Juli 1942 fest: *Für verstärkten Kegeltrieb, Seitenwellen und Planetengetriebe ist die Nummernreihe 48400 und die Bezeichnung Ausführung H (9./B.W.) vorzusehen.*

12.2 FORMÄNDERUNG WÄHREND DER PRODUKTION

12.2.1 PLANETENGETRIEBE

Am 24.Februar 1943 erklärte Wa Prüf 6:

Der Planetengetriebedeckel (Nr.48440-1) ist an sich, da nur 20 mm stark und mit einer 14,5 mm Ringabdeckung versehen, ein Schwachpunkt. Wenn z.Zt. durch Verstärkung der Frontpanzerung und Anbringung von Vorpanzerschürzen die Panzerung des Pz.Kpfw.IV u.a. auch gegen die russischen Panzerbüchsen verstärkt wird, so erscheint es untragbar, den Planetengetriebedeckel durch Fertigung in Stahlguß 52.81 auch noch für den Beschuß durch SmK-Infanterie-Geschosse verletzlich zu machen. Es kann von Seiten der Wa Prüf 6 also der Fertigung dieser Deckel aus Stahlguß 52.81 nicht zugestimmt werden.

In einer Besprechung in Berlin mit Grusonwerk, WuG6 und Wa Prüf 6 am 1. März 1943:

Da für 369 Fahrzeuge die Deckel in Ausführung Panzerstahlguß nicht gedeckt werden können, wurde entschieden, die fehlenden Deckel in Stahlguß 52.81 auszuführen. Da auch für diese Stahlgußdeckel der Anlauftermin für den Ausstoß der Fahrzeuge bereits zu kurz ist, wurde vereinbart, daß die Vomag 60 Getriebe alter Ausführung aus einem Ersatzteilauftrag in die Fahrzeuge der Serie einbaut.

12.2.2 80 mm FRONTPANZERUNG

Zur Niederschrift über die Besprechung am 19. Februar 1943 in Magdeburg nahm Wa Prüf 6 wie folgt Stellung:

Der Übergang zur 80 mm organischen Panzerung bleibt baldigst anzustreben. Hierbei wird sich eine Übergangslösung wahrscheinlich nicht vermeiden lassen, wonach die Bugfront organisch 80 mm und die Fahrerfront durch vorgeschraubte 30 mm Platte gebildet wird, solange bis für Fahrersehklappe und Kugelblende eine organische Lösung von Krupp vorliegt.

Am 27. Februar 1943 schrieb Herr Lanz (Krupp) an Wa Prüf 6/II:

Wie in Besprechung mit WuG 6 am 19. Februar in Magdeburg vereinbart, haben wir der Eile halber am 26. Februar den Firmen Böhler, Oberdonau, und unserem Betrieb die Zeichnungen für 80 mm starke Bleche für Wannen- und Fahrerfront übersandt. Nach Beschluß der Panzerkommission am 17. Februar werden wir nachträglich die Oberflächenhärtung entfernen.

Die 3 Panzerfirmen ziehen die organische Ausführung der aufgeschraubten Ausführung vor, weil das Ausbrennen der zweiten Bleche, das Bohren und Konischreiben von 21 Löchern, das Härten der Bleche u.a. zu viel Zeit in Anspruch nimmt.

Krupp erklärte am 1. März für die Panzerwannen, daß *...ab Mai Ausstoss in homogener Ausführung geliefert werden kann.* Nach Mitteilung von WaPrüf 6 (9.März 1943) wurde die organische Ausführung der Frontplatten (80 mm) eingeführt.

Am 15. Juni 1943 – hatte der Ausstoß der Panzergehäuse für Pz.Kpfw.IV in der organischen Ausführung zu erfolgen.

Am 4. März ergab sich in einer Besprechung mit Abteilung A.K. und Oberst v. Wilcke (Wa Prüf 6/IId):

Firma Krupp legt zwei Zeichnungen über Abänderung an Sehklappe und Kugelblende vor. Sehklappe erhält Handhebel- und Segmentverlängerung, gegebenenfalls zunächst durch Anschweißen. Kugelblende bekommt anderes Schmiedestück und wird um 32 mm verlängert. Fa. Krupp hat Bedenken bezüglich der schnelleren Fertigung und schlägt vor, im Interesse der ungehemmten Fertigung es bei dem früheren Vorschlag des Ansenkens der 80 mm Platte zu belassen.

Es wird jedoch beschlossen, obige Änderungen durchzuführen; Bedingung: MG-Schwenkbereich nicht mehr als 3 Grad Einbuße nach beiden Seiten. Bei Sehklappe wird Sichtverminderung von ca. 2,5 Grad in Kauf genommen. Es darf keine Terminverzögerung eintreten!

Weitere Formänderungen bei der Frontverstärkung teilte Krupp am 10. März 1943 Wa Prüf 6 mit:

Da bei der Fahrersehklappe eine behelfsmässige Änderung der Rastensegmente und Hebel schwierig ist, sollten für diese schnellstens neue Gesenke beschafft werden. Bis zu diesem Zeitpunkt müßen wie bisher Platten auf die Fahrerfront aufgeschraubt werden. Nach unserem Vorschlag vom 4. März könnte sofort unter Beibehaltung der bisherigen Segmente und Hebel die organisch verstärkte Fahrerfront eingeführt werden, wenn die Stirnwand 30 mm tiefer eingesenkt wird.

Bei Einführung der organisch verstärkten Fahrerfront verringert sich, bei von außen aufgeschraubter Kugelblende infolge Behinderung durch das Optikgehäuse, das Seitenrichtfeld von 20 Grad auf 12 Grad. Außerdem müßten auf der Rückseite der Stirnwand vier Schraubenlöcher und eine Fläche von etwa 130 cm² im Bereich der Optik 30 mm tief angesenkt werden. Wir bitten stattdessen dringend um Einverständnis für unseren

Panzerkampfwagen IV, Ausführung H, Fgst.Nr. 84599, gefertigt bei Krupp im September 1943, mit Zimmerit-Schutzanstrich und geänderten Haltern für seitliche Schürzen.

Turm (Zeichnung Nr. 021 B 48193) für Pz.Kpfw.IV Ausf.H mit verstärktem Turmdach.

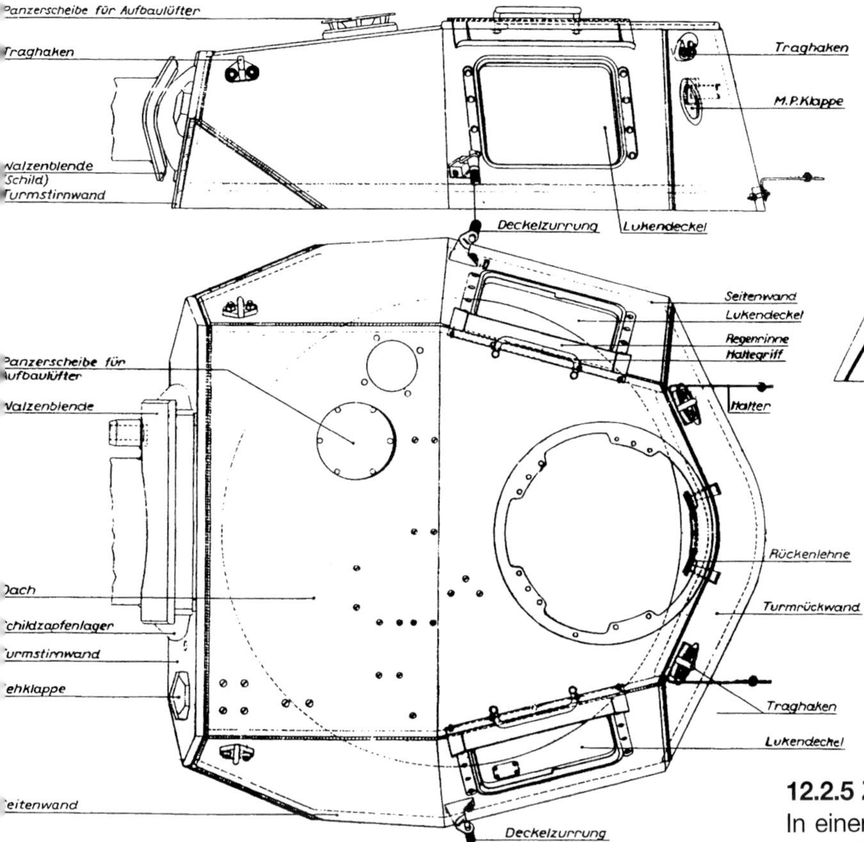

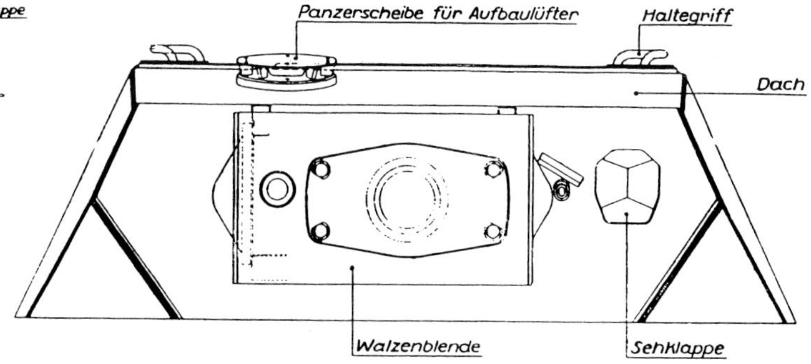

Vorschlag, die Auflagefläche für Fahrersehklappe und Kugelblende um 30 mm von außen anzusenken. In diesem Falle Beibehaltung des Seitenrichtfeldes, wesentliche Leistungssteigerung und größere Sicherheit.*

Nach Rückfrage ziehen die 3 Panzerfirmen organische Platten mit entsprechender Bearbeitung vor. Umgehende Entscheidung erforderlich, damit keine Terminverzögerung eintritt.

Am 11. März 1943 entschied Wa Prüf 6:

Sofort mit organischer Ausführung (Ansenkung) beginnen. Die bei der Besprechung bei Oberst v. Wilcke am 4. März festgelegten Änderungen an Sehklappe und Kugelblende gleichzeitig in Angriff nehmen und bis 31. März fertigstellen. Von diesem Zeitpunkt an muß organische Ausführung mit geänderter Sehklappe und Kugelblende gewährleistet sein.

12.2.3 SEITLICHE SEHKLAPPEN AM BUGPANZER

Schon am 4. März 1943 wurde in einer Besprechung zwischen Abteilung A.K. und Oberst v. Wilke (Wa Prüf 6/IId) erkannt:

Schutzpanzer verdeckt seitliche Sehklappe. Ob in Zukunft diese Sehklappen noch angebracht werden oder nicht, soll durch Truppenversuch geklärt werden.

Diese seitlichen Sehklappen wurden bei Pz.Kpfw.IV, gefertigt ab Juni 1943, teilweise fallengelassen und entfielen vollkommen ab September 1943.

12.2.4 WARMLUFTHEIZUNG

Am 2. März 1943 wurde Grusonwerk beauftragt, Versuche mit Einbau einer Warmluftheizung für den Fahrer in einen Pz. Kpfw.IV aus der laufenden Serie durchzuführen. Diese Warmluftheizung wurde in Pz. Kpfw.IV vor dem Winter 1943/44 eingebaut.

12.2.5 ZIMMERIT

In einer Besprechung am 1. März 1943 in Berlin mit Grusonwerk, WuG6 und Wa Prüf 6 wurde entschieden:

Die von Wa Prüf 6 angeordnete Anweisung, sämtliche Fahrzeuge mit einem Betonanstrich zu versehen, wird zurückgenommen. Das Amt führt bereits Versuche durch, die Fahrzeuge mit einem Kunstharzstoff zu bekleben. Die Ummantelung mit diesem Kunstharzstoff hat an dem ganzen Fahrzeug, auch an den Flächen zu erfolgen.

Ein Fernschreiben vom 30. Juni 1943 betreffend Schutzmasse gegen Haftladungen, Bezug: Vorführung Kummersdorf am 5. und 8.Juni 1943:

Für die Erprobung der Haltbarkeit von Schutzmasse gegen Haftladungen und Beschuß wird ein Truppenversuch mit Schutzanstrich der Firma Zimmer durchgeführt. Als Truppenversuch wird bei der Heeresgruppe Süd die 7.Pz.Div., bei der Heeresgruppe Mitte die 4.Pz.Div. befohlen.

Ab Ende September 1943 wurde an Pz.Kpfw.IV ein *Zimmerit-Schutzanstrich* aufgetragen, um das Anbringen magnetischer Haftladungen zu verhindern.

12.2.6 FERTIGUNGSVEREINFACHUNG

Zur Vereinfachung der Fertigung wurden ab September 1943 gegossene durch *geschweißte Anschlagböcke* für die Laufwerkhebel ersetzt.

Ab September 1943 wurden, ebenfalls zur Vereinfachung der Fertigung, gegossene durch *gepreßte Radkappen* für die Laufrollen ersetzt.

Pz.Kpfw.IV Ausf.H,
Fgst.Nr. 85384,
mit aufgesessenen Grenadieren.
Gefertigt bei Nibelungen-Werk
im Juni 1943 mit angeschraubter
Zusatzpanzerung.

Pz.Kpfw.IV Ausf.H,
Fgst.Nr. 85074,
gefertigt bei Vomag im
Juli 1943, mit angeschraubter
Zusatzpanzerung am Aufbau
und Wannenbug.

Gegossene Radkappe für Laufrollen-Nabe.

Geschweißte Anschlagböcke für Laufwerkhebel und gepreßte Radkappe für Laufrollen-Nabe.

Stützrolle mit Continental-250/65-135-Gummireifen.

Gummilose Stützrolle.

Leitrad aus zusammengeschweißten Rohrteilen.

Leitrad aus gegossenen Mittelstücken und angeschweißten gebogenen Rändern.

Ab Februar 1944 wurde der Filzbalg-Vorschaltluftfilter samt der Luftleitung bis zum Ölbadfilter fallengelassen und die Luftleitungsdurchbrüche mit Blechen durch Heftschweißung verschlossen. Die Luftansaugung geschah somit nur durch den Ölbadluftfilter vom Motorraum aus.

12.3 VERBESSERUNGEN NACH AUSLIEFERUNG

Eine Reihe von Verbesserungen wurde nach Auslieferung der *Pz.Kpfw.IV Ausf.H* an die Truppeneinheiten angeordnet. Unter anderem:

1) Zur Winterausrüstung wurden *Wintergleisketten und Schneegreifer* für Ketten an die Truppenteile ausgeliefert.
2) Ab Mai 1943 Montage von *Schürzen* an Turm- und Wannenseiten.
3) Ab Januar 1944 konnte *»Zimmerit-Schutzanstrich«* durch die Truppe auf die Panzerbleche aufgebracht und in Wellen geformt werden.
4) Ab Februar 1944 wurden *Filzbalg-Vorschaltluftfilter* samt der Luftleitung bis zum Ölbadfilter abgebaut und die Luftleitungsdurchbrüche mit Blechen durch Heftschweißung verschlossen.
5) Ab Februar 1944 wurden instandgesetzte Pz.Kpfw.IV als *Pz.Bef.Wg.IV* umgebaut.
6) Ab Mai 1944 wurde für Pz.Kpfw.IV eine verbreiterte Gleiskette, *»Ostkette«* genannt, an die an der Ostfront eingesetzten Truppenteile ausgeliefert.
7) Ab Juli 1944 wurden drei *Pilze für Behelfskran 2t* auf dem Turmdach angeschweißt.
8) Ab Ende Dezember 1944 wurde eine neue *Abschleppkupplung* mit horizontalem Bolzen in der Mitte des Wannenhecks montiert.
9) Ab Januar 1945 wurde der Deckel der *Kommandantenkuppel* geändert, um diesen etwa um 170° umlegen zu können.

Pz.Kpfw.IV Ausf.H, Fgst.Nr. 89435, gefertigt bei Nibelungen-Werk im Januar 1944 (Taktische Nr. 802).

Pz.Kpfw.IV Ausf.H, Fgst.Nr. 89435, gefertigt bei Nibelungen-Werk im Januar 1944 (rechts taktische Nr. 802), von hinten.

Pz.Kpfw.IV Ausf.H, Fgst.Nr. 89272, gefertigt bei Nibelungen-Werk im Januar 1944 mit Nahverteidigungswaffe im Turmdach.

Pz.Kpfw.IV Ausf.H,
Fgst.Nr. 86984, gefertigt bei
Nibelungen-Werk im
November 1943
(taktische Nr. 821).

1L
2L
3L

13. PANZERKAMPFWAGEN IV (7,5 cm) (Sd.Kfz. 161/2) Ausführung J, (10./B.W.)

Fahrgestell-Nummer-Serie: ~86394 – 86573, ~89541 – 93250 und ab 96751

*Zwischen Februar 1944 und April 1945 wurden 3150 Pz. Kpfw.IV **Ausf.J** gefertigt und abgenommen (180 von Vomag und 2970 von Nibelungen-Werk).*

13.1 VERBESSERUNGEN GEGENÜBER AUSFÜHRUNG H

Von Ausführung J des Pz.Kpfw.IV an entfiel das elektrische Turmschwenkwerk. Dafür enthielt der Pz.Kpfw. einen zusätzlichen Kraftstoffbehälter von 200 Liter Inhalt im Motorenraum. Die Seitenrichtmaschine wurde gleichzeitig abgeändert und mit einer zweiten Übersetzung versehen, die das Schwenken von Hand bei Schräglage des Wagens erleichterte. Der Umschalthebel für »Motor« und »Hand« schaltete dann auf Stellung »Hand« im direkten Handantrieb und in der Gegenstellung in der zweiten Übersetzung. Durch den Wegfall des elektrischen Schwenkwerkes entfielen die starkstromführenden Kabel und der dazugehörige Schaltkasten an der vorderen Drehbühnenstütze. Die induktive Notabfeuerung, die bisher am Schwenkmotor befestigt war, wurde jetzt an der Seitenrichtmaschine auf einer Stütze angeordnet.

Nach Angabe von Wa Prüf 6 sollte ab 1. Februar (für Fahrgestelle) bzw. 15. Februar 1944 (für komplette Fahrzeuge) das *DKW-Aggregat mit Schalldämpfer* fortfallen. Infolgedessen hatte Krupp in der Wanne am Heckteil anstelle des DKW-Aggregates einen Kraftstoffbehälter vorgesehen. Dadurch wurde die Gruppe Nr. 021St48101 in 021St55001 geändert.

Panzerkampfwagen IV, Ausführung J, gefertigt bei Nibelungen-Werk im August/September 1944.

Pz.Kpfw.IV Ausf.J, Fgst.Nr. 89589, gefertigt bei Nibelungen-Werk im Februar 1944.

Pz.Kpfw.IV Ausf.J, Fgst.Nr. 86432, gefertigt bei Vomag im Februar 1944. Nachträglich mit der Palme des Deutschen Afrikakorps versehen.

Pz.Kpfw.IV Ausf.J, ohne DKW-Aggregat und Schalldämpfer.

13.2 FORMÄNDERUNG WÄHREND DER PRODUKTION

13.2.1 KLAPPEN IM TURMLUKENDECKEL

Zwecks Fertigungsvereinfachung wurde am 14. April 1944 entschieden, daß die Sehklappen (Teil Nr. 021St9293U3) und die M.P.-Klappen (Teil Nr. 021St9267U6) im Turmlukendeckel entfallen sollten. Eingeführt ab Mai 1944, wurde diese Veränderung nicht 100%ig vor Kriegsende durchgeführt.

13.2.2 DECKEL FÜR KÜHLER-EINFÜLLSTUTZEN

Ab Mai 1944 wurden, um die Herstellung weiter zu vereinfachen, die Seiten der gepanzerten Abdeckung über dem Kühler-Einfüllstutzen an der Motorraumabdeckung nunmehr rechteckig ausgelegt. Bisher waren die Seiten geneigt.

13.2.3 LAUFROLLEN

Ab 9. Juni 1944 sollten die Laufrollen für die Serie 10./B.W. (Teil Nr.021Sk6267) nur mit einem Simmer-Ring ausgeführt werden. Die Simmer-Ringlaufbüchse war ungehärtet.

13.2.4 S-HAKEN STATT C-HAKEN

Aus Einheitlichkeitsgründen sollten nur noch S-Haken für Pz. Kpfw. unter 30 t verwendet werden. Am 10. Juni 1944 wurden die Firmen durch Wa Prüf 6 informiert, daß der Pz.Kpfw.IV in Zukunft statt der zwei C-Haken mit einem S-Haken auszurüsten ist.

13.2.5 PILZE FÜR BEHELFSKRAN AM TURMDACH

Am 14. Juni 1944 hatte Wa Prüf 6 die Montagefirmen angewiesen, daß drei Pilze für einen 2-t-Behelfskran auf dem Turm-

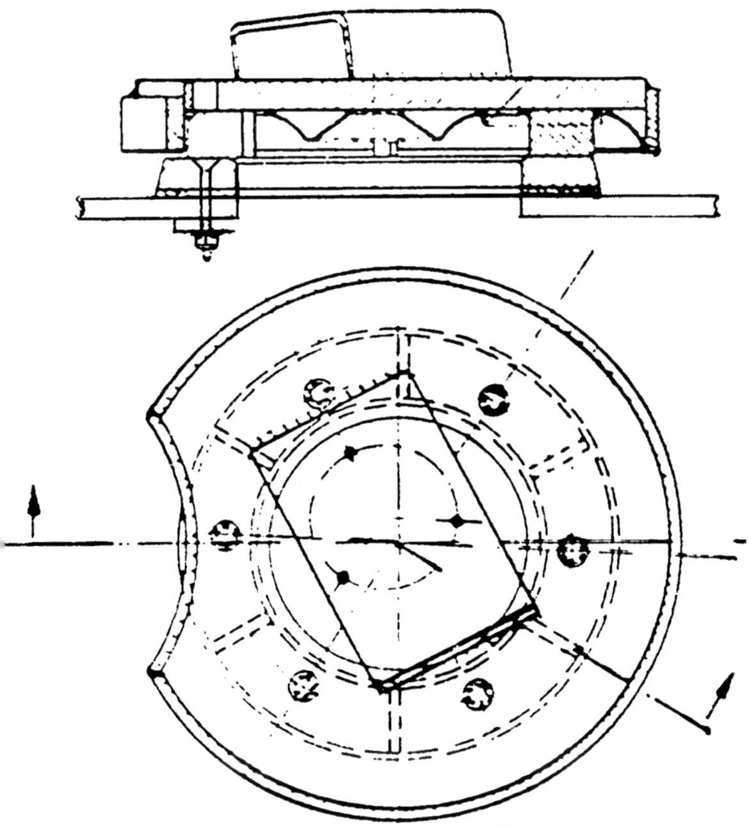

Entlüftungshaube vollständig mit Ständer für Gummifußantenne.

dach angeschweißt werden sollten: *Es wird darauf hingewiesen, daß die Ausführung und Anordnung nur wie in den beigefügten Zeichnungen dargestellt, durchgeführt werden darf.*

13.2.6 KRAFTSTOFFBEHÄLTER IM MOTORRAUM

An Stelle des Benzin-elektrischen Maschinensatzes für das Turmschwenkwerk wurde von Fgst.Nr.91501 an ein Kraftstoffbehälter eingebaut. Die Behälter hatten sich den Anforderungen nicht gewachsen gezeigt. Durch Undichtheiten entstand Kraftstoffverlust und damit verbundene Brandgefahr. Deshalb wurden bei den Fahrzeugen mit den Fgst.Nr.91865 bis 91949 die Anschlüsse der eingebauten Behälter verplombt und waren auch nicht von der Truppe anzuschließen. Von Fgst. Nr.91950 an wurden diese Behälter weggelassen, bis Anlieferung brauchbarer Behälter an die Montagefirmen erfolgte. Bei späteren Fahrzeugen kamen dann wieder Behälter serienmäßig zum Einbau. Bis zu diesem Zeitpunkt wurden für alle Fahrzeuge von Fgst.Nr. 91501 an Austauschbehälter nachgeschoben.

13.2.7 PRISMENKUPPEL

Am 24. Juli 1944 entschied Wa Prüf 6, daß *...durch die neue Programm-Situation, nach welcher in den nächsten Monaten der Pz.Kpfw.IV auf den Panzerjäger mit L/70 umzustellen ist, die Einführung einer Prismenkuppel (ähnlich wie bei Panther und Tiger) für den Pz.Kpfw.IV nicht mehr in Frage kommt.*

13.2.8 TEILWEISE HOMOGENE PANZERBLECHE

Am 13. Juni 1944 hatte Wa Prüf 6/IIIc für Krupp, Essen, wegen Bombenschäden, die die weitere Fertigung gefährdeten, entschieden, daß *...für den Pz.Kpfw.IV bis zum 1.8.1944 sämtliche Oberflächen-zu-härtenden Panzerbleche homogen eingebaut werden dürfen.*

Panzerbleche für die 80 mm Vorderwand, die Wanne und Aufbau wurden aus Material E22, für die 30 mm Seitenwände, den Turm, Wanne und Aufbau und Rückwand des Turmes aus Material E32 hergestellt.

13.2.9 VERSTÄRKTES BUGPANZERDACH

Wegen Rissen in mehr als 50% der Dachplatten wurde am 13. Juli 1944 entschieden, daß die Arbeiten zur Einführung der 16 mm anstelle der 11 mm Decke sofort in Angriff genommen werden sollten. Die Zeichnungen des Bugpanzers mit 16 mm gingen den Firmen am 19. Juli 1944 zu.

Am 19. Juli 1944 schlug Eisenwerke Oberdonau zur Erleichterung des Übergangs von der 11 mm auf die 16 mm Stärke der Decke eine Übergangslösung vor: *Die Fahrer- und Funkerluken werden bis zum Aufbrauch vorhandener Einzelteile in 10 mm Stärke verwendet. Eisenwerke Oberdonau beabsichtigt, die aus drei Teilen zusammengesetzte Decke zu verwenden.*

13.2.10 AUFBAULÜFTER IM TURMDACH

Durch die neue Panzerabdeckung (ab Juli 1944) des Aufbaulüfters war ein ungehinderter Gebrauch der Nahverteidigungswaffe nicht möglich. Ab Oktober 1944 wurde die Abdeckplatte schräg abgeschnitten und zugeschweißt.

13.2.11 AUSPUFFROHR FLAMMENTÖTER

Am 8. August 1944 berichtete das Nibelungen-Werk, daß die Auspuffrohr-Flammentöter-Entwicklung kurz vor dem Abschluß stehe. Die Konstruktion sollte Nachflammen, die das Fahrzeug nachts beleuchteten, verhindern. Diese Veränderung wurde noch vor Ende August 1944 eingeführt.

13.2.12 HANDSCHUTZ AM ABWEISER

Hülsenauswurf nach dem Schuß führte zu Verletzungen der Hände des Kommandanten, da dieser dazu neigte, sich am Abweiser festzuhalten. Ab Pz.Kpfw.IV Fgst.Nr.91851 (August 1944) wurde ein Handschutz aufmontiert.

13.2.13 SEITENVORGELEGE

Im Seitenvorgelege waren Schäden, wie Zahnbrüche, Nabenbrüche und Abscheren der Paßschrauben am Stirnrad, aufgetreten. Ab Pz.Kpfw.IV Fgst.Nr.92112 (August 1944) wurde die folgende Übergangslösung eingeführt: Verstärkung des Zahnfußes, Ausbildung des Überganges, Verstärkung der Paßschrauben von 14 mm auf 16 mm, Verstärkung einer Nabe und Sicherung der Paßschrauben durch Bleche.

Ab Pz.Kpfw.IV Fgst.Nr.92852 (November 1944) wurde die folgende Endlösung eingeführt: Verstärkung des Zahnfußes beim Zahn des Stirnrades. Nabe und Zahnkranz wurden aus einem Stück gefertigt.

13.2.14 EINHEITSHALTER FÜR SCHERENFERNROHR UND SEHSTAB

Ab Pz.Kpfw.IV Fgst.Nr.92181 (September 1944) wurden ein Halter zur Aufnahme des Scherenfernrohres bzw. Sehstabes, Ruhehalterung für Scherenfernrohr und Ruhehalter für Sehstab eingebaut.

Pz.Kpfw.IV Ausf.J, gefertigt im Nibelungen-Werk im August/September 1944 mit Flammentöter an den Auspuffrohren.

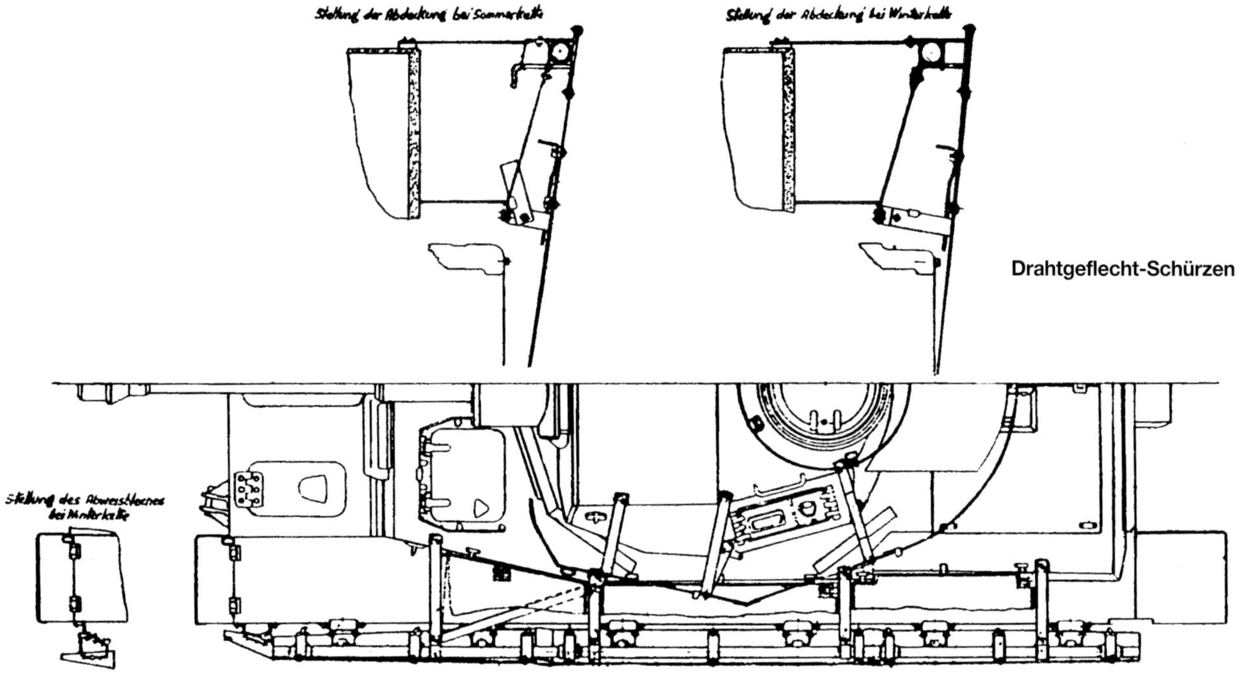

Drahtgeflecht-Schürzen für Pz.Kpfw.IV.

Stützrolle mit Gleitlager für Pz.Kpfw.IV.

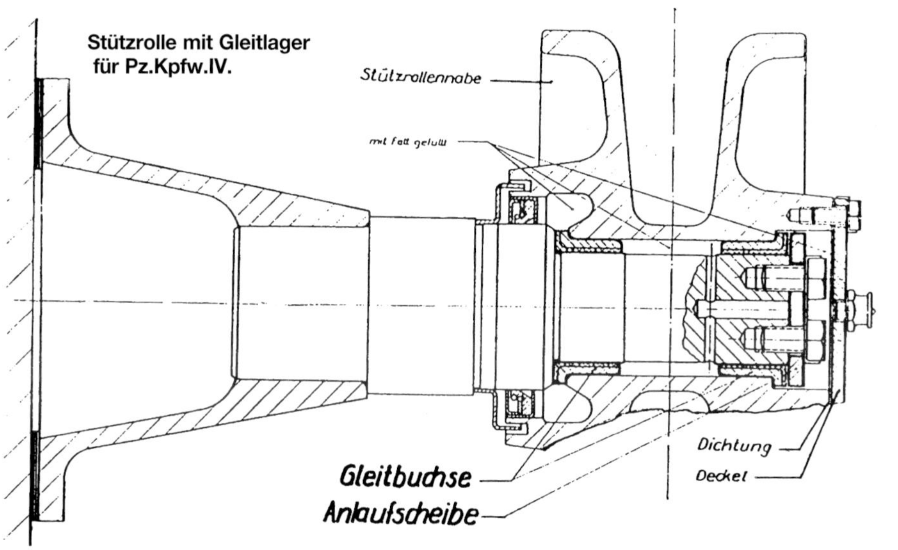

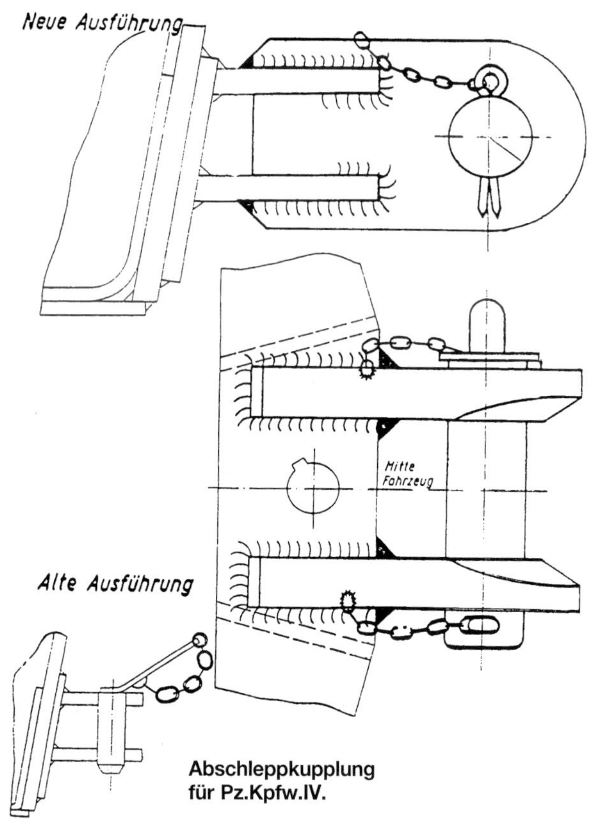

Abschleppkupplung für Pz.Kpfw.IV.

Sammlerheizung für Pz.Kpfw.IV.

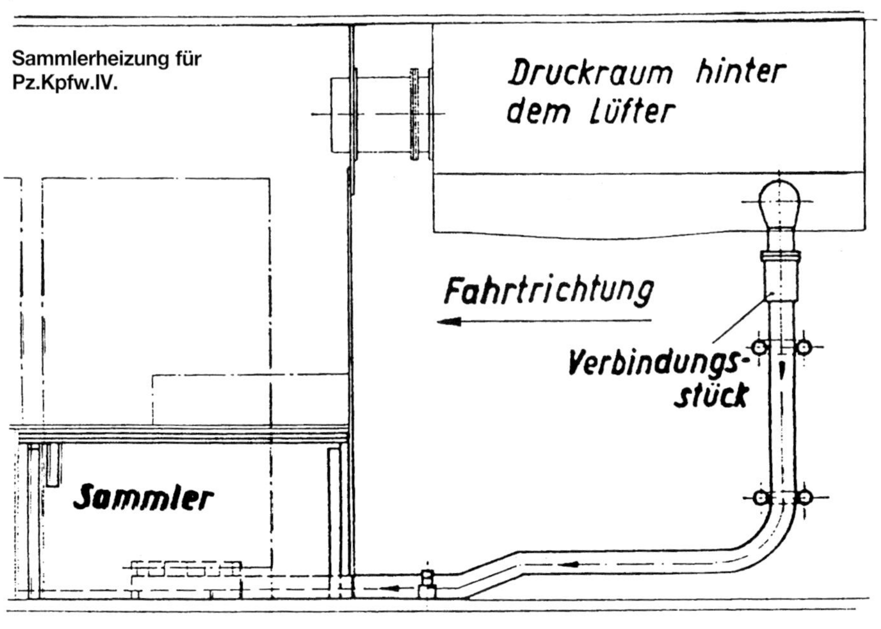

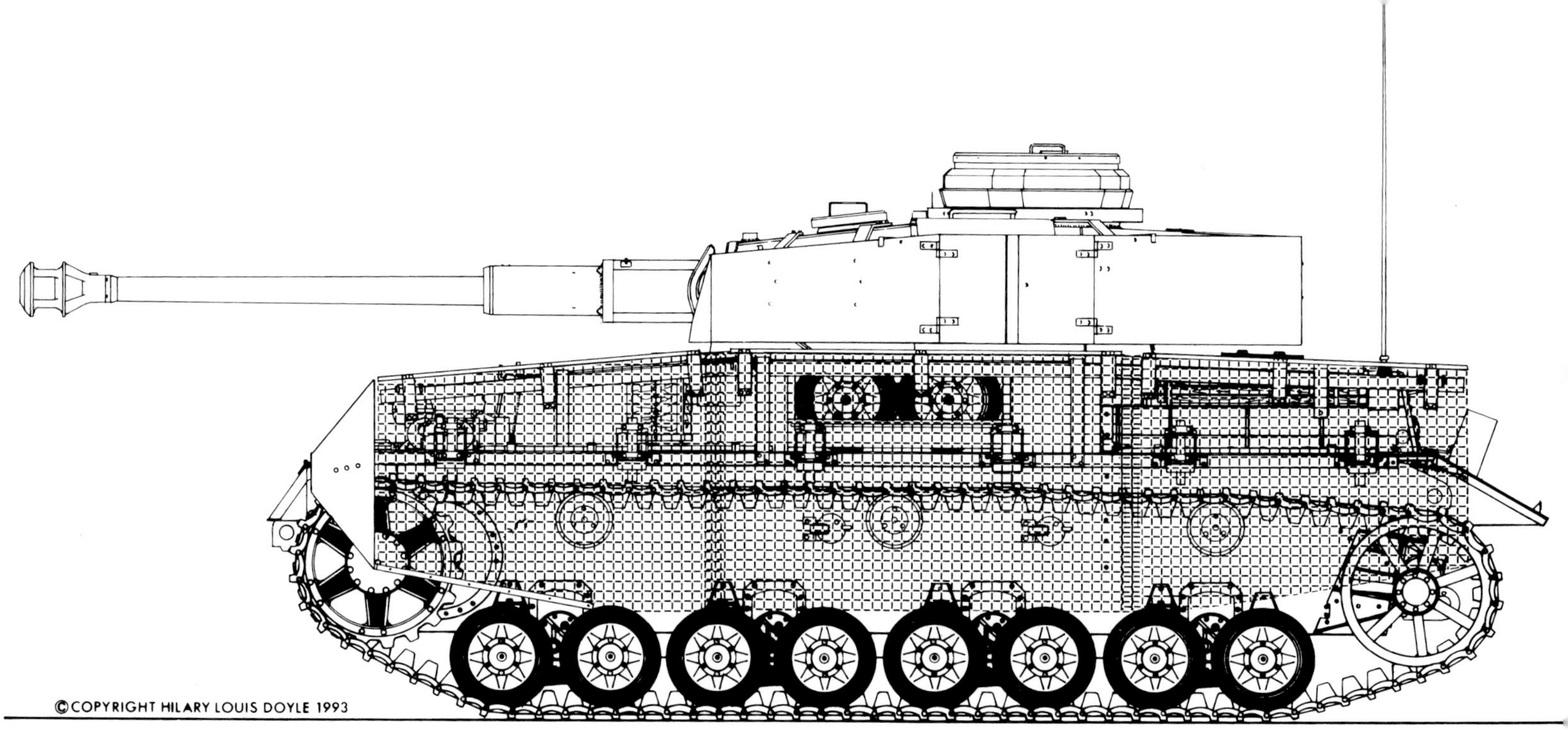
©COPYRIGHT HILARY LOUIS DOYLE 1993

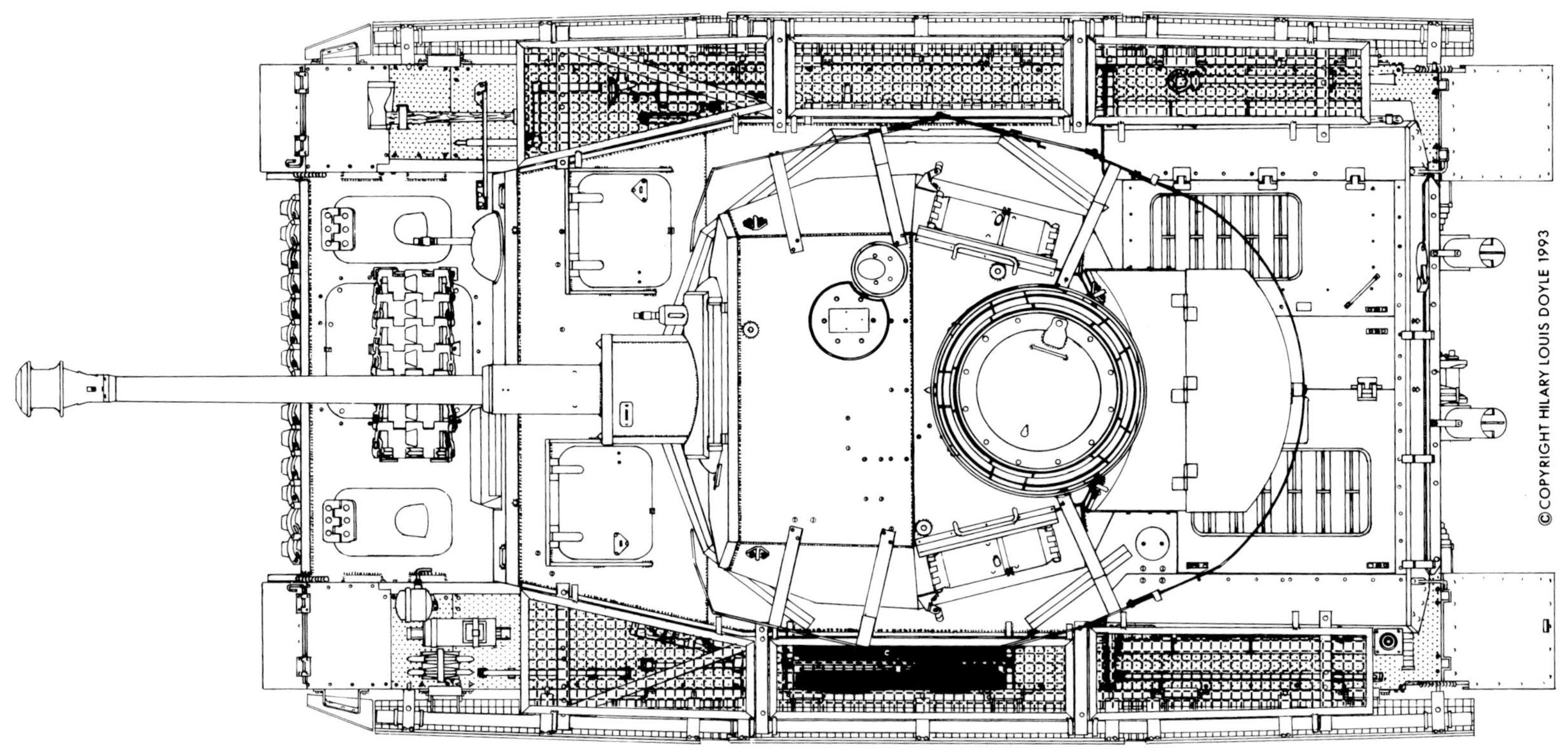
©COPYRIGHT HILARY LOUIS DOYLE 1993

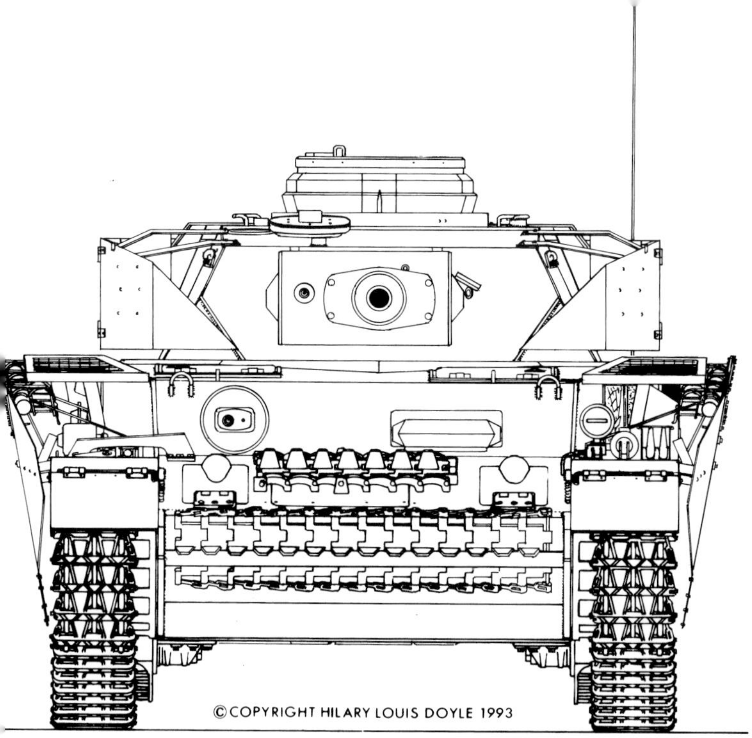

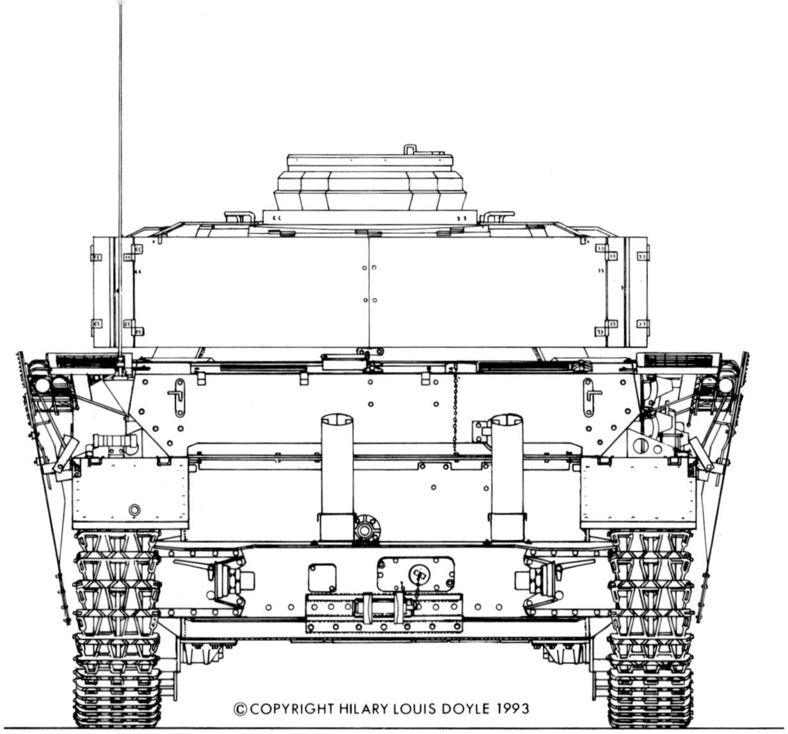

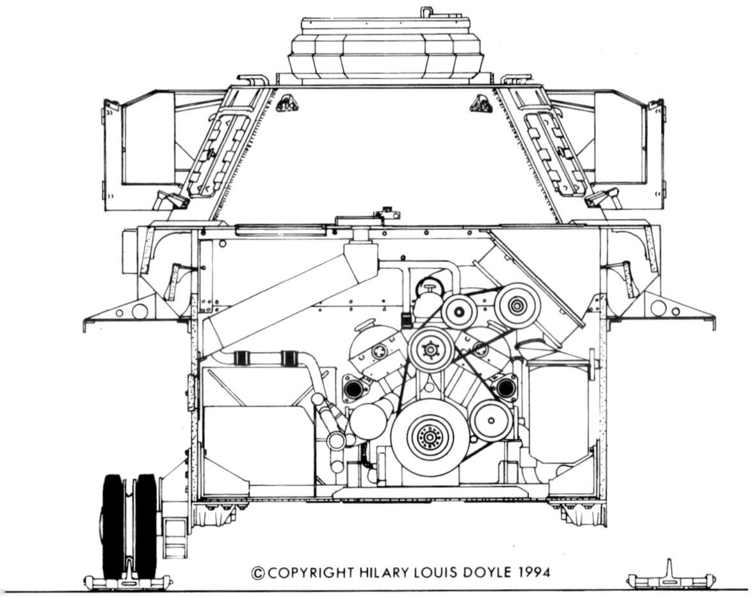

Panzerkampfwagen IV (7,5 cm) (Sd.Kfz.161/2) Ausführung J, wie 1945 im Nibelungen-Werk gefertigt. Neue Wanne mit Bodenblech nach hinten verlängert, Öffnung für Auspuff-Leitung des Hilfsmotors entfiel. Einige Panzer der Ausführung J mit Abschleppösen. Verlängerungen hierfür wurden den Wannenseitenwänden entnommen. Die zeitaufwendige Anordnung der vorderen Abschleppösen wurde später durch das Aufschweißen von U-förmigen Halterungen auf die obere Bugplatte ersetzt. Die normale Auslegung der Auspuffanlage wurde durch Flammentöter-Anordnung abgelöst. Schwere Abschlepp-kupplung am Fahrzeugheck. Neuer Turm mit verbesserter Ventilator-Abdeckung. Einbau einer Nahverteidigungswaffe im Turmdach, Sehschlitze und Pistolenöffnungen in den seitlichen Turmeinstiegsluken entfielen. Seitliche Schürzen aus Drahtgeflecht, die auch den Raum zwischen Panzeraufbau und Aufhängeschiene abdeckten. Der Schnitt zeigt den Kraftstoff-Behälter, der an Stelle des benzin-elektrischen Maschinensatzes mit DKW-Motor und Generator auf der linken Seite des Motors eingebaut war, sowie den Wegfall des elektrischen Turm-antriebes. Nur noch drei Stützrollen pro Seite bei einigen Fahrzeugen der Ausführung J, Rückkehr zum geschweißten Leitrad.

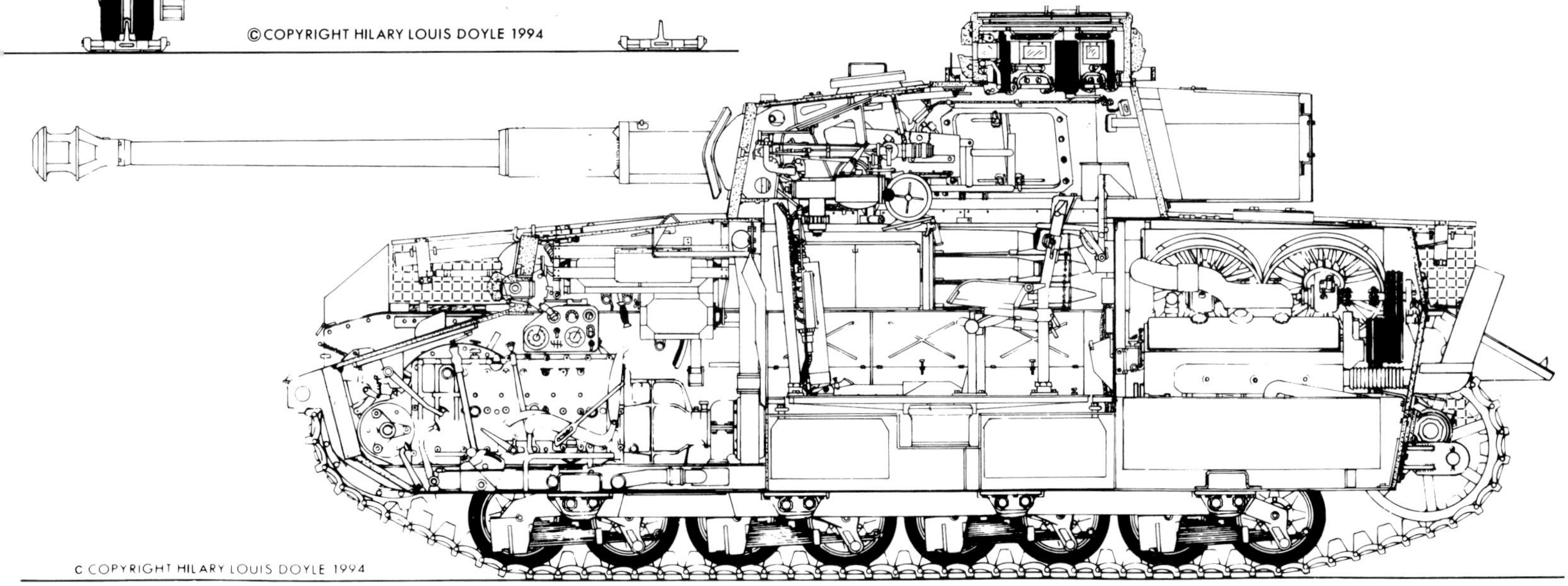

Versuchsweise aufmontierte Drahtgeflechtschürzen auf einem Pz.Kpfw.IV Ausf.H, 1943.

13.2.15 ZIMMERIT

Die Montagefirmen erhielten im September 1944 den Befehl, Zimmerit nicht mehr aufzutragen.

13.2.16 DRAHTGEFLECHTSCHÜRZE

Zur Gewichtersparnis, besseren Tarnmöglichkeit und Vermeidung der Staubsäule zwischen Schürze und Kettenabdeckung wurde die Drahtgeflechtschürze ab Pz.Kpfw.IV Fgst.Nr.92301 (September 1944) eingeführt.

13.2.17 STÜTZROLLEN MIT GLEITLAGER

Am 24. Mai 1944 wurde entschieden:

Die Umstellung auf Gleitlager erfolgt endgültig. Die Verwendung von Wälzlagern kommt nicht mehr in Frage. Die Stützrolle in neuer Form wird wahlweise in Stahl oder Temperguß gefertigt. Alle Firmen sollten überprüfen, wieviele Rollen in alter Ausführung noch auf Lager sind. Ausführung der Rolle nach Zeichnung 021C55018. Gleitlager für Laufrollen Ausf. nach Zeichnung 021C55014. Umstellung bevor 1.9.1944 kommt nicht in Frage.

Stützrollenlagerung mit Gleitlager wurde ab Oktober 1944 eingeführt. Nur die vollständige Gleitlagerstützrolle mit Halterung war gegen die Wälzlagerstützrolle mit Halterung austauschbar.

13.2.18 SCHWENKDECKEL FÜR KOMMANDANTENKUPPEL

Am 14. Juni 1944 wurde zwischen Wa Prüf 6 und Krupp, Essen, über die Fertigungsvereinfachung der Kommandantenkuppel (Zeichnung 021B41420) durch Änderung der Schwenkvorrichtung gesprochen. Bis 8. August 1944 waren die Konstruktion und Fertigung so weit, daß der Schwenkdeckel für die Kommandantenkuppel (021Sk41420) in drei Monaten zum Einbau kommen sollte, so daß noch etwa 400 Fahrzeuge damit ausgerüstet werden konnten.

Dieser Schwenkdeckel (ähnlich wie bei *Panther* und *Tiger*) für Kommandantenkuppel war ab Pz.Kpfw.IV mit Fgst.Nr. 92447, (Oktober 1944) im November 1944 noch nicht 100%ig eingeführt. Der bisherige Deckel bot ein großes Ziel bei Hinterhangstellung.

13.2.19 GASSCHUTZAUSRÜSTUNG

Ab November 1944 wurden folgende neue Halterungen für Gasschutzausrüstung eingebaut:

- 5 Halteklammern für Gasmaskenfilter und T-Stück,
- 3 Stück im Turm und je 1 Stück beim Fahrer und Funker,
- 1 Halter für Gasschutzkasten im Turm links bei der KwK,
- 1 Kasten für Lost-Erkennungstafeln
  in Nische an rechter Seite.

13.2.20 KETTENKRANZBEFESTIGUNG

Wegen unzureichender Sicherung der Kettenkranzbefestigung wurde ab November 1944 eine Sicherung mit Sicherungsblech über zwei Schrauben aus Bandeisen eingeführt.

13.2.21 SAMMLERHEIZUNG

Wegen geringer Leistung der Sammler bei Kälte wurde ab November 1944 eine Sammlerheizung eingebaut. Warmluft wurde durch den Kühlerlüfter zugeführt und der Sammler durch Holzverkleidung isoliert.

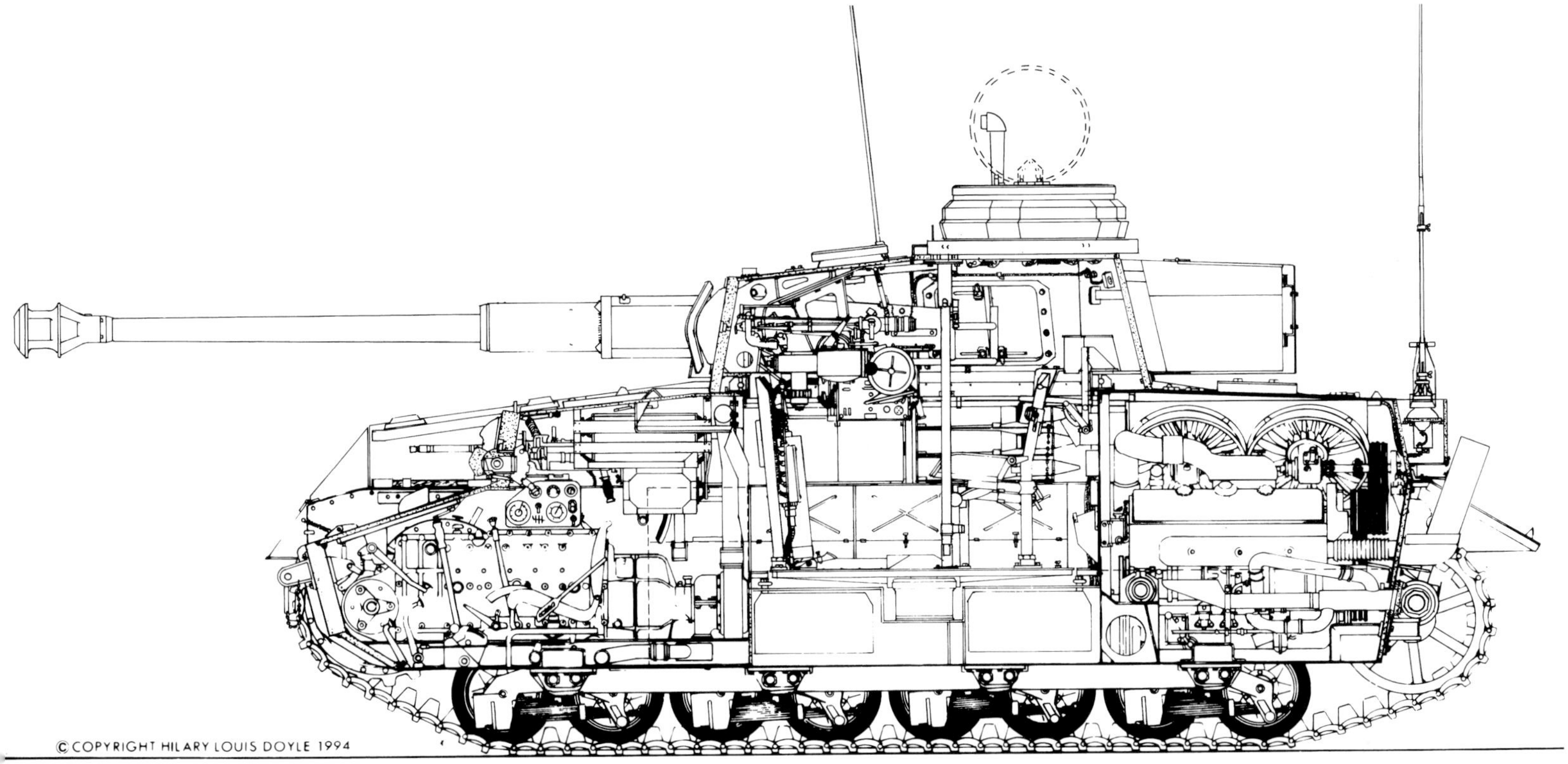

Panzerbefehlswagen IV, Ausführung J, (Fahrgestell Nr 92200), gefertigt bei Nibelungen-Werk in September 1944. Gesonderte Befestigung für die Sternantenne D für FuG 8 an der Rückseite der Wanne. Die 2 m-Antenne auf dem Turmdach war für das FuG 5 bestimmt, welches im Turm untergebracht war, die hinten links angebrachte Antenne war entfallen. Der Querschnitt zeigt die Unterbringung des FuG 5 an der rechten Turmseite durch Wegfall des koaxialen MG 34. Das FuG 8 ist in der Wanne untergebracht. Die Sternantenne kann durch Einfügen eines 0,7 m langen Zusatzstabes verlängert werden.

Pz.Kpfw.IV Ausf.J, umgebaut in einen Panzerbeobachtungswagen mit Sturmgeschütz-Kommandantenkuppel im Einsatz während der Ardennen-Offensive 1944.

Pz.Bef.Wg.IV Ausf.J, Fgst.Nr. 92200,
Innenseite der Wanne, links oben Platz für Generator CG 400.

die an der Ostfront eingesetzten Truppenteile ausgeliefert. Die *Ostkette* sollte das Einsinken der Panzerfahrzeuge im Schnee und weichem Gelände verringern. Sie war ausschließlich für die Ostfront vorgesehen und bei Verlegung nach dem Westen, nach Italien oder den Balkan vor dem Abrücken gegen normale Gleisketten auszutauschen.

2) Ab Juli 1944 sollten *drei Pilze für 2-t-Behelfskran* auf dem Turmdach angeschweißt werden.
3) Ab Ende Dezember 1944 wurde eine neue *Abschlepp-kupplung* mit horizontalem Bolzen in der Mitte des Wannenhecks aufmontiert.
4) Der *Deckel für Kommandantenkuppel* war nicht umlegbar und bot daher ein großes Ziel. Um ihn etwa 170° umlegbar zu gestalten, ließ die Truppe durchzuführende Veränderungs-Zeichnungen im Ht.V.Bl. vom Januar 1945 abdrucken.

Pz.Bef.Wg.IV Ausf.J, Fgst.Nr. 92200,
Innenseite in Richtung Richtmaschine für Höhen- und Seitenverstellung.

Pz.Bef.Wg.IV Ausf.J, Fgst.Nr. 92200,
Innenseite in Richtung Sehstab TSR1.

Pz.Bef.Wg.IV Ausf.J, Fgst.Nr. 92200, gefertigt bei Nibelungen-Werk im September 1944, mit drei Pilzen für Behelfskran, einem Sehstab TSR1 und einem Antennenfuß am Turmdach.

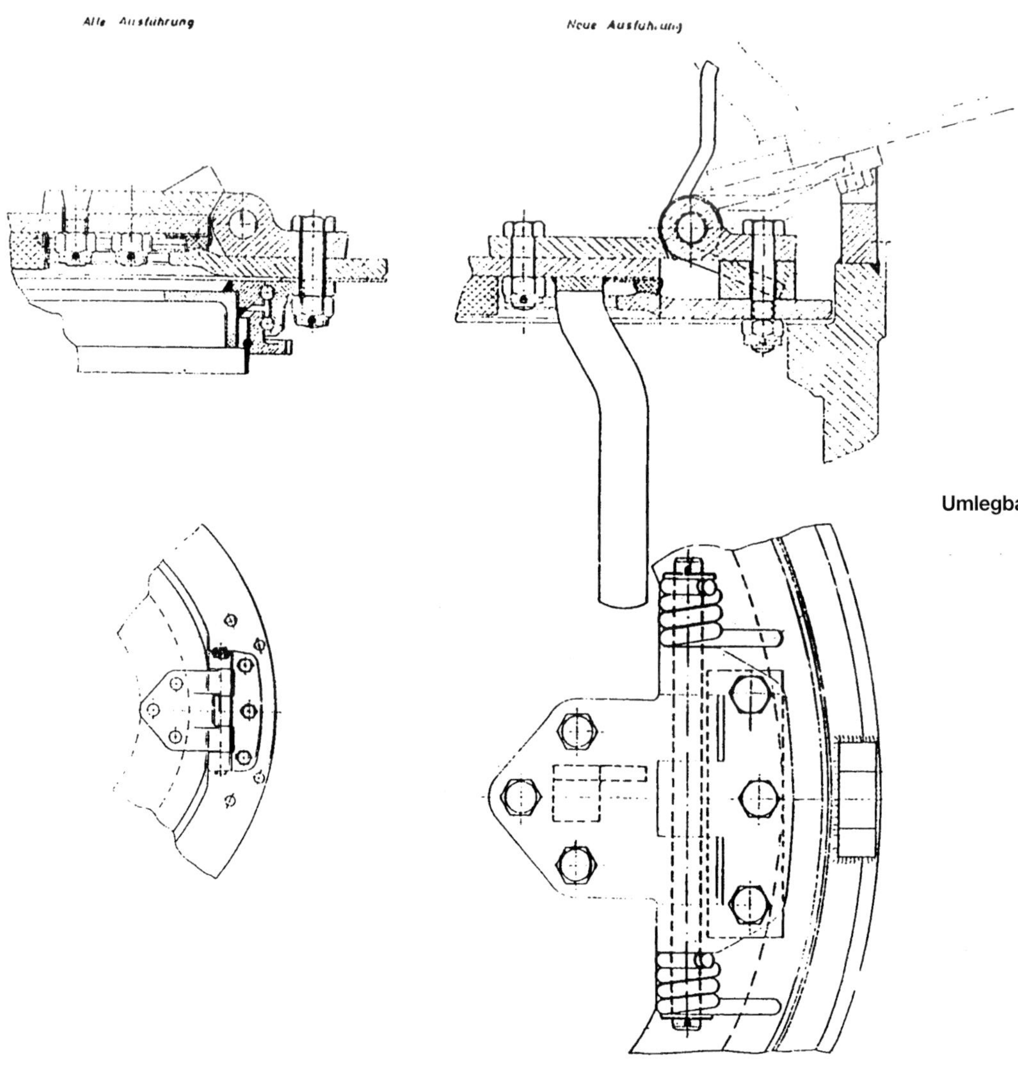

Umlegbarer Deckel für die Kommandantenkuppel.

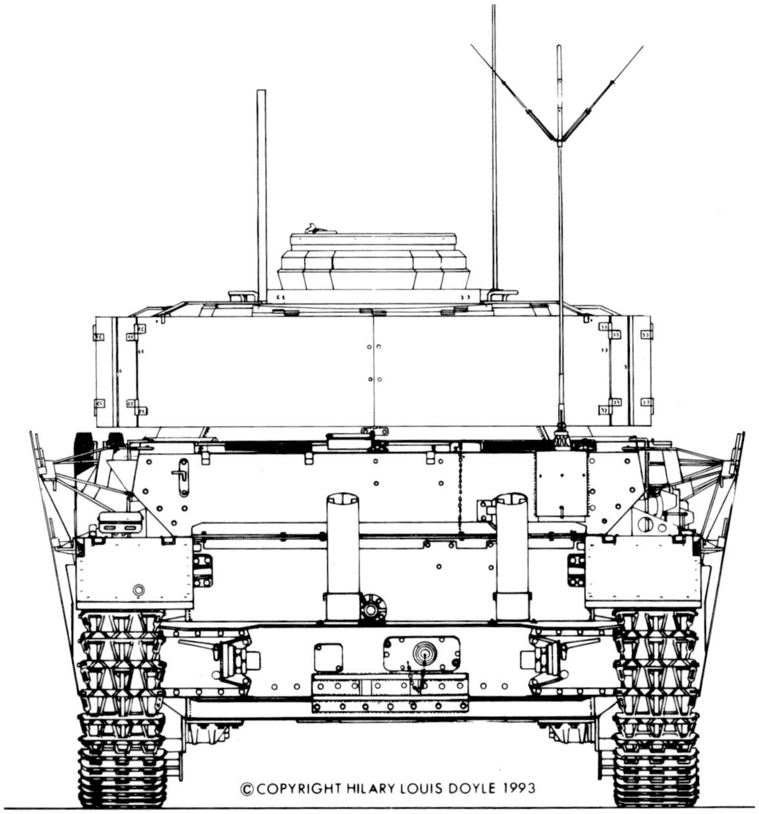

Pz.Bef.Wg.IV Ausf.J, Fgst.Nr. 92200.

Pz.Bef.Wg.IV Ausf.J, Fgst.Nr. 92200, Rückseite, rechts die Halterung für die Sternantenne D mit Verlängerungsstab 0,7 m.

Pz.Kpfw.IV Ausf.J ohne Zimmerit, mit seitlichen Drahtgeflecht-Schürzen. Umlegbarer Deckel für die Kommandantenkuppel.

Pz.Kpfw.IV Ausf.J ohne Zimmerit, mit schwenkbarem Deckel für die Kommandantenkuppel. Rahmen mit schwenkbarer Halterung auf der Kettenabdeckung für die Schürzen aus Drahtgeflecht. Links vor der Fahrersichtöffnung Teile der waagrechten Drahtgeflecht-Segmente der Schürzen.

14. FERTIGUNG

14.1 BEGLEITWAGEN VERSUCHSFAHRZEUGE

In dem Bericht über das Ergebnis des Geschäftsjahres 1934/35 der *Kriegs-Material*-Abteilung von Krupp wurde festgehalten:

Neu in Auftrag gegeben sind zwei B.W. (Begleitwagen) von etwa 18 t Fahrzeuggewicht, die noch in Konstruktion und Fertigung sind. Tanktürme sind uns zur Konstruktion und Fertigung in Auftrag gegeben: für eigene Tankkonstruktionen ein Geschützturm für B.W. mit 7,5 cm K. L/45, hierzu Entwurf für einen M.G.-Turm zum B.W.

Wa Prw 6 erteilte die folgenden Aufträge an Krupp, Essen, für Konstruktion und Fertigung von Versuchsfahrzeugen:

Wa Prw 6/Va Auftrag Nr. 67096/36 v. 13.7.1935 für 1 *B.W.*-Fahrgestell »B.W.I Kp.« in Flußeisen (Versuchsausführung)

Wa Prw 6/Va Auftrag Nr. 67252/35 v. 14.10.1935 für 1 *B.W.*-Fahrgestell »B.W.II Kp.« in Flußeisen (Versuchsausführung)

Wa Prw 6/Vb Auftrag Nr. 67941/35 v. 3.1.1936 für 1 *B.W.*-Hauptturm mit Panzerkastenoberteil und M.G.-Turm in Flußeisen (Versuchsausführung)

Wa Prw 6/Vb Auftrag Nr. 68046/36 v. 13.7.1936 für Panzerkastenoberteil in Flußeisen für *B.W. II* Kp.

Wa Prw 6 vergab ebenfalls Aufträge an Rheinmetall für Konstruktion und Fertigung von mindestens einem, wahrscheinlich aber zwei Versuchsfahrgestellen. Die Rheinmetall-*B.W.*-Versuchsfahrgestelle sind durch Fotos bekannt, aber zusätzliche Dokumentation bezüglich ihrer Entwicklung und Erprobung ist bis heute noch nicht aufgetaucht.

In *Stand der Panzerkonstruktion* vom 15. Januar 1936 berichtete Wa Prw 6: *Das 1. Versuchsstück sollte im Mai 1936 gefertigt sein. Aufträge für eine 0-Serie wurden noch nicht erteilt.*

Über eine Besprechung mit Wa Prw 6 am 21. und 22. Februar 1936 bei Krupp, Essen, wurde berichtet: *Major Dr. Olbrich stellte uns für das Jahr 1937 mehr an Aufträgen in Aussicht. Es ist ein größerer Auftrag auf Z.W. zu erwarten, da das beabsichtigte Verhältnis Z.W. zu B.W. 3 : 1 sei. Der bestellte B.W.-Turm muß am 1.5.1936 stehen, am 2.5.1936 soll der Abnahmebeschuß sein.*

Am 30. April 1936 berichtete Krupp zum Auftrag 41/2203 – *B.W. I* Fahrzeug: *Das vorstehend aufgeführte Fahrzeug ist heute nach Ablauf der 2.Schicht, wie zugesagt, fertiggestellt und fahrbereit.*

Am 21. Juli 1936 hatte Wa Prw 6 (Va) der Firma Fried. Krupp, Abteilung A.K. im folgenden Brief mitgeteilt, daß Krupp als einzige Firma mit der Konstruktion und Montage des Pz.Kpfw.IV. beauftragt sei. Die Firma Rheinmetall wurde schon vor Mitte 1936 von der Konstruktion des *B.W.* ausgeschieden.

Das O.K.H. (Wa Prw 6) bestätigte, daß in der Zeit von April bis August 1937 eine erste Versuchsserie von *B.W.*-Fahrgestellen im Grusonwerk gebaut werden sollte.

14.2 1./B.W., PANZERKAMPFWAGEN IV AUSF.A

14.2.1 AUFTRÄGE

Die Firma Fried.Krupp-Grusonwerk A.G., Magdeburg-Buckau, hatte die folgenden Aufträge von Wa Prw 6 (Va) für Fertigmontage von 35 kompletten *Panzerkampfwagen IV Ausführung A* bekommen:

Fahrgestell-Auftrag Nr. 67219/37 Wa Prw 6 Va (Besch.) vom 1.12.1936 und *Aufbau-Auftrag* Nr. 67336/37 Wa Prw 6 Va (Besch.) vom 22.12.1936.

Die Montagefirma war verantwortlich für den Zusammenbau der Fahrzeuge durch Einbau der Komponenten und Aggregate. Während die Montagefirma Teile in ihrem eigenen Werk herstellte, wurden die meisten Teile von anderen Firma gefertigt und zusammenbaufähig an die Montagefirma geliefert.

Für das *1./B.W.* wurden Aufträge auf mehr als 140 Unterlieferanten verteilt (von Accumulatoren Fabrik AG.-Abteilung Varta-, bis Zahnradfabrik, Friedrichshafen). Die folgenden Zulieferfirmen hatten die wichtigsten Komponenten für den *Panzerkampfwagen IV Ausführung A* hergestellt:

Ernst Leitz GmbH, Wetzlar	Zielfernrohre T.Z.F.5b
Askaniawerk	Fahreroptik K.F.F.I
Auto-Union AG, Zschoppau	DKW 2-Zyl.Motor PZW 600
Continental, Hannover	Gummi-Bereifungen
Conz Elektrizitäts GmbH, Altona	Leonard Motor und Generatoren
Daimler-Benz, Berlin-Marienfelde	M.G. Kugelblende
Deutsche Edelstahlwerke AG, Hannover-Linden	25 Panzerteile für Türme
Fried.Krupp AG, Essen	7,5 cm Kw.K. L/24, 30 Panzerwannen, 35 Panzerkastenoberteile, und 10 Panzerteile für Türme
Maybach Motorenbau GmbH	Motor HL 108 TR
Ritscher	Ketten
Hans Windhoff, Berlin-Schöneberg	Kühler für Motor
Zahnradfabrik Friedrichshafen	Schaltgetriebe SFG 75

14.2.2 HERSTELLUNGSPLAN UND FERTIGUNG

Am 21. Juli 1936 hatte Wa Prw 6 (Va) der Firma Fried.Krupp, Abteilung A.K. folgendes mitgeteilt: *Das O.K.H. (Wa Prw 6) bestätigt, daß in der Zeit vom April bis August 1937 eine erste Versuchsserie von B.W.-Fahrgestellen im Grusonwerk gebaut werden soll.*

Nach Verzögerungen in Konstruktion und Versorgung berichtete Wa Prw 6 am 8. Oktober 1936: *Die Lieferung der Panzerkampfwagen IV (7,5) an die Truppe setzt ein im August 1937, das sind die ersten Stücke der 0-Serie, die aus 35 Panzerkampfwagen besteht. Nach Auslieferung dieser 0-Serie im Januar 1938 schließt die Lieferung der 2. Versuchserie im Februar 1938 an.*

Nach weiteren Verzögerungen aus unbekannten Gründen war das erste *Ausführung A*-Fahrgestell (Fgst.Nr.80101) gefertigt, geprüft und zum Aufsetzen des Aufbaus am 26. Oktober 1937 freigegeben worden. Im November 1937 wurden drei weitere Fahrgestelle und im Dezember 1937 sechs Fahrgestelle gefertigt und freigegeben.

Die Abnahme der ersten zwei kompletten Fahrzeuge *1./B.W.* mit Panzerkastenoberteil und Geschütz-Turm durch Wa Prw 6 (IId) im Grusonwerk, Magdeburg-Buckau, erfolgte am 30. November 1937.

Zu diesem historischen Ereignis kamen folgende Herren, die hauptsächlich für Konstruktion, Entwicklung und Bau des Pz.Kpfw.IV. verantwortlich waren:

Vom Wa Prw 6:	Fichtner, Dr.Ing. Olbrich, Kutzki, Kreckel, Dr. Bruun, Dip.Ing. Biersack
Vom Grusonwerk:	Dr. Griessmann, C.L. v. Gohlen, Scheinig, Baier, v. Bergh, Janicke, Dr. Finkelnburg, Sternberg
Vom A.K.:	Dorn, Woelfert, Heerlein, Lanz

Geplant war die weitere Abnahme von 2 *B.W.* für den 7. Dezember und 5 *B.W.* für den 22. Dezember 1937. Jedoch traten Verzögerungen ein, und zwar auf Grund von Veränderungen, die Wa Prw 6 bei der Inspektion der ersten beiden Fahrzeuge beantragte.

Erst am 28. Dezember 1937 wurde das dritte Fahrzeug (Fgst.Nr.80103) abgenommen.

Sieben *Pz.Kpfw.IV Ausf.A* wurden im Januar 1938 abgenommen (jedoch wegen Abnahme der letzten beiden erst am 31. Januar wurden in diesem Monat nur fünf an die Truppe abgeliefert). Der Rest der *Ausführung A* wurde gefertigt, abgenommen und abgeliefert nach folgendem Plan des Wa Prw 6 vom 21. Februar 1938:

Die Fertigstellung der 1./B.W. wurde unter Bezugnahme auf die vorerwähnten Lieferungen zu folgenden Terminen festgelegt: 6 vollständige Fahrzeuge im Februar, 8 im März, 8 im April, 3 im Mai und die letzten 2 im Juni 1938.

14.3 2./B.W., PANZERKAMPFWAGEN IV AUSF.B

14.3.1 AUFTRÄGE

Das Waffenamt erteilte Fahrgestell-Auftrag Nr. 66801/38 (Vorbesch.) OKH Wa Prw.6 IIc 1 (Besch.) Nr.6516/37 vom 25.10.1937 und Aufbau-Auftrag Nr. 67257/37 Wa Prw.6, IId (Besch) an die Firma Fried.Krupp-Grusonwerk A.G., Magdeburg-Buckau, für 42 komplette 2./B.W. Fahrzeuge.

Weitere Unterlieferanten wurden einbezogen, unter anderem für Hauptteile:

Ardelt	Ketten
Eisen- und Hüttenverein, Bochum	12 Panzerwannen
Nordbau (Norddeutsche Motorenbau GmbH)	20 HL 120 TR Motoren
Stahlwerke Harkort Eicken GmbH, Hagen	18 Panzerwannen

Für diese 2. Serie hatte Krupp, Essen, Aufträge von Wa Prw 6 bekommen für 12 Panzerwannen, alle 42 Panzerkastenoberteile, aber nur für 2 Panzerturmgehäuse.

14.3.2 HERSTELLUNGSPLÄNE

Eine 2. Serie erwähnte Wa Prw 6 erstmals am 8. Oktober 1936: *Nach Auslieferung dieser 0-Serie im Januar 1938 schließt die Lieferung der 2. Versuchsserie im Februar 1938 an.* Die frühesten bekannten Aufträge für Komponenten wurden von Wa Prw 6 im April 1937 erteilt. Wie bei jeder neuen Serie traten Verzögerungen ein. Besprechungen über Änderung von Teilen waren im März 1938 immer noch im Gang.

Eine Besprechung bei Wa Prw 6 in Berlin am 21. Februar 1938 erklärte die Fertigungslage der *Ausf.B* wie folgt:

A.K., Essen, sagt zu, daß bis 28. Februar 5 Oberteile geliefert werden; die dazugehörigen Klappen allerdings erst ab 20. März bzw. 30. März 1938. Firma Edelstahl wird 4 Stück Türme und Kommandantenkuppeln bis Ende Februar liefern, die dazugehörigen Walzenblenden erst bis 10. März. Als Termin für weitere Lieferungen für Turm und K-Kuppel wurde festgelegt: 10 März, 10 April, 10 Mai.

Da die Wannenlieferung für der 2./B.W. auf jeden Fall sicher zu stellen ist, können aus der 3./B.W. folgende Stückzahlen vorgezogen werden, die A.K. Essen, wie folgt liefert: 3 Stück bis 15. März, 6 Stück bis 31. März, 4 Stück bis 15. April und 4 Stück bis 30. April. Insgesamt 17 Stück.

Dazu kommen von Mai bis Juli je 3 Wannen aus der Lieferung der Eisen- und Hüttenverein, Bochum. Über die Wannenlieferung der Firma Harkort Eicken folgt noch eine Mitteilung von Wa Prw 6.

Für die 2./B.W. konnten folgende Termine für vollständige Fahrzeuge festgelegt werden: 3 Mai, 4 Juni, 8 Juli, 9 August, 9 September und 9 Oktober.

14.3.3 FERTIGUNG

Die Fertigung kompletter, truppenfertiger Fahrzeuge war wegen Verzögerungen in der Abnahme-Schießprüfung in Meppen gefährdet. Am 22. und 23. April wurde berichtet:

7,5cm Rohre Nr. 36, 37, 40 und 41 geprüft und beschossen in Meppen. Am 27.Mai wurde berichtet: *Geschütze Nr.38 und 39 sind bereits in Magdeburg. Weitere 6 Geschütze können wegen anderer dringender Besetzung des Schießplatzes erst Ende Juni bzw. Anfang Juli beschossen werden.*

Zur Erleichterung dieser Lage verlangte Grusonwerk in folgendem Brief vom 30. Mai 1938 Unterstützung:

Gerechnet vom Eingang der beschossenen Geschütze in Magdeburg braucht unser Werk für die Abnahme der Kanone und für ihren Einbau in das Gerät insgesamt 3 Wochen. Geliefert sind bislang 6 Geschütze, sodaß wir auf Grund unserer Juni-Lieferung also dringend noch 1 Kanone benötigen. Wir brauchen 8 Geschütze für Juli, aber sie werden erst beschossen im späten Juni.

Bitten, Sie uns nicht im Stich zu lassen, und für eine frühere Ablieferung, mindestens der fehlenden Kanone für die Juni-Lieferung, Sorge zu tragen. Ein Austausch der Geschütze der 1.Serie gegen die der 2.Serie ist leider nicht möglich, da die Panzer bereits sämtlich angepaßt und die Geschütze mit den Panzern der Abnahme vorgestellt sind. Ein Austausch der fertigen Türme ist auch nicht möglich, da die Konstruktion der einzelnen Serien verschieden ist.

Am 2. Juni 1938 berichtete die Heeresabnahmestelle I beim Fried.Krupp-Grusonwerk für die *2./B.W.*-Serie: *Termin der vollständigen Geräte neu festgelegt wie folgt vorgesehen:*

3 im Mai 1938, 4 im Juni, 8 im Juli, 14 im August, und 13 im September 1938.

Fahrgestell Nr. 80226 war schon fertig und freigegeben zum Aufsetzen des Aufbaues am 29. Juli 1938. Weitere 12 Fahrgestelle Nr. 80227 bis 80239 (ohne 80236) wurden gefertigt und freigegeben bis Ende August.

Die letzten vier Fahrgestelle Nr. 80236, 80240, 80241 und 80242 wurden gefertigt und freigegeben bis 16. September 1938.

Am 10. September berichtete Grusonwerk: *Statt 12, würden nur 9 komplette Fahrzeuge im September fertiggestellt.* Weiter am 7. Oktober eine Notiz an Abteilung AK: *Grusonwerk benötigt bis heute nachmittag 16 Uhr Sender- und Empfänger-Aufhängevorrichtungen für 3 Fahrzeuge, anderenfalls die Entstörabnahme am 11.d.Mts und die Endabnahme am 18.10.1938 nicht stattfinden können.*

Soweit erklärende Unterlagen noch vorhanden sind, waren die *Pz.Kpfw.IV Ausf.B* gefertigt, geprüft und abgenommen, fast wie im Plan vom 21. Februar 1938 vorgesehen: *3 im Mai, 3 im Juni, 9 im Juli, 9 im August, 9 im September und die letzten 9 im Oktober.*

14.4 3./B.W., PANZERKAMPFWAGEN IV AUSF.C

14.4.1 AUFTRÄGE

Das Waffenamt erteilte Fahrgestell-Auftrag Nr. 66 801/38 (Vorbesch.) OKH Nr.6516/37 Wa Prw 6 IIc 1 (Besch.) vom 25.10.37 und Aufbau-Auftrag Nr. 66 807/38 (Vorbesch.) OKH Nr.5908/37 Wa Prw 6 IId 1 (Besch.) vom 14.10.1937 an die Firma Fried.Krupp-Grusonwerk A.G., Magdeburg-Buckau, für 140 komplette *3./B.W.*-Fahrzeuge.

Weitere Unterlieferanten wurden einbezogen, unter anderem für Hauptteile: 7,5 cm Kw.K bei Knorr Bremse, Berlin, und auch bei Firma Heidenreicht Harbeck, Hamburg.

Für diese 3. Serie hatte Krupp, Essen, von Wa Prw 6 Aufträge für 110 Panzerwannen, alle 140 Panzerkastenoberteile, und alle 140 Panzerturmgehäuse bekommen.

14.4.2 HERSTELLUNGSPLÄNE

Die Lage und Pläne für den weiteren Bau des Pz.Kpfw.IV wurden in der folgenden Niederschrift über eine Besprechung bei Krupp am 31. Mai 1937 erklärt:

Eine Fertigungslücke zwischen der 1. und 2./B.W.-Serie ist nicht zu befürchten. Bei den mit Schreiben A.K.Nr. 52183 vom 8.5.1937 und BM-Nr. 30085 vom 14.5.1937 angehaltenen Gruppen kann ohne weiteres die Materialbestellung aufrecht erhalten bleiben. Für die Teile, die vollkommen neu werden, hat Essen die Materialien und Abmessungen angegeben, mit Ausnahme von einigen Stahlgußteilen, die aber ohne weiteres nachbestellt werden können. Wesentlich schwieriger ist die Überbrückung von der 2. zur 3. Serie. Nach Angabe von Prw.6 sollten 2 Versuchsfahrzeuge im Januar fertig werden. Über diese Ausführung hat jedoch das Waffenamt noch keine endgültige Klärung getroffen, so daß sich voraussichtlich der Fertigungstermin dieser 2 Versuchsfahrzeuge nach Angabe von Essen bis April 1938 verschiebt. Da Grusonwerk mit der Fertigung der 2. Serie im August 1938 zum Auslauf kommt, müßte Grusonwerk die Konstruktionsunterlagen für die 3. Serie spätestens im Oktober 1937 zur Verfügung haben, um rechtzeitig in die Materialbeschaffung eintreten zu können. Dieser Termin ist aber nach der oben angeführten Sachlage für die Konstruktion nicht einzuhalten. Falls über die Konstruktion der 3. Serie vom Waffenamt bis Mitte Juni eine Entscheidung getroffen wird, können 2 Versuchsfahrzeuge April 1938 geliefert werden, so daß vor Juni mit einer Serienaufgabe nicht zu rechnen ist. Das würde jedoch eine Fertigungslücke für das Grusonwerk von 8 Monaten bedeuten. Das Grusonwerk müßte somit einen Zwischenauftrag auf B.W.-Fahrzeugen (Serie 2a) für diese 8 Monate erhalten.

In einer Besprechung im Waffenamt am 21. Juni 1937 wurde Krupp eröffnet, daß im Grusonwerk nach Auslieferung der Serie *2./B.W.* sofort weitere *Begleitwagen* in möglichst großer Stückzahl zu fertigen seien.

Wie groß diese neuen Aufträge für die *3./B.W.* sein sollten, war im Auftrag vom 21.September 1937 wie folgt festgelegt:

Am 6. September d.J. erhielten Krupp, Essen mit Nr. 66 806/38 einen Vorbescheid auf Lieferung von Panzerteilen für Panzerkasten-Oberteil und Turm für 40 Stück 3./B.W.-Aufbauten. Inzwischen ist die Stückzahl 40 auf 140 erhöht worden.

Die Termine wurden für gefertigte und freigegebene Fahrgestelle zum Aufsetzen des Aufbaues bei Grusonwerk wie folgend am 27. Oktober festgelegt: *8 Stück im Juli, 15 im August, 17 im September, und 20 jeden Monat von Oktober 1938 bis Februar 1939.* Einen Monat nach Fertigung des Fahrgestells sollten vollständige Fahrzeuge mit Turm gefertigt, abgenommen und abgeliefert sein. Am 12. November 1937 befahl Wa Prw 6, daß das *B.W.*-Fertigungsprogramm im April 1939 eingestellt werden sollte.

14.4.3 FERTIGUNG

Bis 30. September 1938, zwei Monate nach dem urprünglichen Termin, wurden die ersten *Ausf.C*-Fahrgestelle (Nr.80301 bis 80308) gefertigt und zum Aufsetzen des Aufbaues freigegeben. Dann folgte Fertigung von 12 im Oktober, 12 im November und 14 im Dezember 1938. Weitere 88 Fahrgestelle wurden zwischen Januar und Juli 1939 gefertigt und zum Aufsetzen des Aufbaues mit Turm freigegeben. Gemäß Verfügung AHA In 6 (IVd) Nr.156/39, Geheime Kommandosache vom 22. Februar 1939 für besondere *Brückenleger*-Versuchsserie bei Wa Prüf 5, wurden die letzten 6 *Ausf.C*-Fahrgestelle (Nr.80435 bis 80440) im Juni gefertigt und abgeliefert. Die ersten kompletten *Pz.Kpfw.IV Ausf.C* wurden im Oktober 1938 gefertigt, bei Heeres-Abnahmestelle II (K) abgenommen, und an die Truppeneinheiten ausgeliefert. Wie die folgende Tabelle zeigt, wurde das ursprüngliche Produktionsziel von 20 pro Monat nie erreicht. Verzögerungen entstanden teilweise durch verspätete Anlieferung der notwendigen Teile. Nach März 1939 wurde das monatliche Ziel absichtlich verkleinert, um das Loch im Produktionsprogramm bis zu Beginn der Fertigung des *Pz.Kpfw.IV Ausf.D* im September 1939 zu überbrücken.

Monat	Fertigungs-Vorschau	Gefertigt	Abgenommen und geliefert
Oktober 38	*	4	2
November 38	*	11	13
Dezember 38	*	17	14
Januar 39	*	15	16
Februar 39	16	17	17
März 39	16	16	18
April 39	12	12**	9
Mai 39	11	11	11
Juni 39	11	10	11
Juli 39	11	11	11
August 39	11	10	11

14.5 4. und 5./B.W., PANZERKAMPFWAGEN IV AUSF.D

14.5.1 AUFTRÄGE

Die Firma Fried.Krupp-Grusonwerk A.G., Magdeburg-Buckau, hatte die folgenden Aufträge von Wa Prw 6 (IIc/1) für Fertigmontage erhalten:

200 Stück *4./B.W.*-Fahrgestelle, Auftrag Nr. 210.3.5002/38 vom 13. Juli 1938
200 Stück *4./B.W.*-Aufbauten, Auftrag Nr. 210.3.5602/38
48 Stück *5./B.W.*-Fahrgestelle, Auftrag Nr. ?
48 Stück *5./B.W.*-Aufbauten, Auftrag Nr. 210.5901/39

Am 5. November 1938 bekam Krupp, Essen, von Wa Prüf 6, II c/1 den Auftrag Nr.210.3.5801/39 für 48 Stück Panzerwannen *5./B.W,* gefolgt am 9. November 1938 von Auftrag Nr. 210.3.5202/38 Wa Prüf 6, II c/1 für 200 Stück Panzerwannen *4./B.W.* und etwas später Auftrag Nr. 210.3.5602/38 für 200 Satz Panzerteile für Panzerkasten-Oberteile und Türme mit Kommandantenkuppel.

Die Firma Fried.Krupp A.G., Essen, hatte am 27. Dezember 1938 den Vorbescheid zum Auftrag Nr. 210.5401/39 Wa J Rü 6 VIII a (Heer) für 48 Satz Panzerteile für Panzerkasten-Oberteile und Türme (Kommandantenkuppel 30 mm) bekommen. Dieser letzte Auftrag stammte von Wa J Rü 6 VIIIa, statt wie bisher von Wa Prüf 6. Wa J Rü (Wu G 6), als neue Untergruppe des Heeres-Waffenamtes, verteilte und kontrollierte Aufträge, setzte monatliche Produktions-Ziele, und sammelte monatliche Produktions-Statistiken von Heeres-Abnahmestellen-Inspektoren, um herauszufinden, ob die Ziele erreicht wurden und wenn nicht, warum.

14.5.2 HERSTELLUNGSPLAN UND FERTIGUNG

Die erste Erwähnung, daß Pz.Kpfw.IV auf *B.W.*-Fahrgestell nach der 3. Serie weiter gebaut wurden, kam am 22. März 1938 in einer Notiz über Anschlußaufträge 4. und *5./B.W.* vom Chef der Abteilung A.K.:

Ich erklärte Hauptmann Wollenhaupt, daß wir, um die von ihm in Aussicht gestellten Aufträge auf 200 Stück 4./B.W.-Panzer und 80 Stück 5./B.W.-Panzer, die etwa im Januar 1940

* Die Fertigungs-Vorschau wurde zuerst am 1.März 1939 durch Wa J Rü (Wu G 6) berichtet.

** Der *Pz.Kpfw.IV Ausf.C* (Fgst.Nr.80392) wurde im April 1939 gefertigt, aber nicht abgenommen oder an die Truppe ausgeliefert. Er hatte der Abnahme-Prüfung nicht entsprochen, weil die Rückwand der Wanne (Nr.80408 Kr) 37 mm nach außen gebogen war. Dieses Fahrzeug stand am 12. September 1939 immer noch in Instandsetzung, als Grusonwerk berichtete, daß es im Grusonwerk durch Selbstreparatur gerichtet werden könne und nicht nach Essen müsse. Die Rückwand ging bei der Demontage von 37 mm Durchbiegung auf 10 mm zurück. Risse in der Panzerplatte waren nicht vorhanden, so daß dieses Fahrzeug im Grusonwerk truppenfertig gemacht wurde.

ausgeliefert werden sollen, rechtzeitig fertigzustellen, einen Ausbau unseres Apparatebau III vornehmen müßten. Die Stahlzuteilung sei auch bereits durch Wa B 4 erfolgt.

Der *Führer und Reichskanzler* Adolf Hitler hatte am 17. August 1938 in seinem Erlaß über die bewaffneten Teile der SS bestimmt, daß für die SS-Verfügungstruppe 4 Standarten, gegliedert wie Infanterie-Regimenter (motorisiert) des Heeres, aufgestellt werden sollten. Zusätzlich je Standarte:

1 Pionier-Zug
1 Panzerspähzug
1 Panzerkampfwagen-Kompanie
(Geschütz-Kampfwagen) in Gliederung
wie die 4. Kompanie der Panzer-Abteilungen des Heeres.

Laut Schreiben, *Adjutant der Wehrmacht beim Führer und Reichskanzler,* vom 17. Oktober 1938, Nr.13a/38, sollten für den *Führer* 48 Pz.Kpfw.IV ab Januar 1940 mit monatlich 5 Stück zur Auslieferung kommen. Um dies zu ermöglichen, wurde seinerzeit eine Erhöhung der Kapazität von 15 auf 20 Pz.Kpfw.IV monatlich veranlaßt.

Diese vom Führer geforderte Serie von 48 Pz.Kpfw.IV (für SS-Verfügungstruppe) wurde *5. Serie B.W.* benannt. Beide *B.W.*-Serien, 4. und 5., waren baugleich und beide wurden deswegen als *Ausführung D* bekannt. Die frühere 5. Serie (für das Heer) wurde in *6. Serie B.W. (Ausf.E)* umbenannt.

Am 20. Dezember 1938 schlug der Leiter von Fried.Krupp-Grusonwerk bei Wa Prüf 6, II d/2, vor, den Liefertermin aus folgendem Grund zu ändern:

Wir bestätigen die fernmündliche Unterredung ihres Herrn Major Kreckel mit unserem Herrn Jänicke und bitten sie um Genehmigung, zunächst die 4./B.W.-Serie und anschließend die 5./B.W.-Serie zur Auslieferung zu bringen, bei einer monatlichen Lieferung von 20 Stück ab Januar 1940. Der Grund unserer Bitte ist, daß wir von unseren Unterlieferanten die Teile für die 5./B.W.-Serie nicht so rechtzeitig hereinbekommen, daß wir mit der 5. Serie schon im Januar 1940 parallel zur 4. Serie beginnen können. Auch verwaltungstechnisch erfordert es in der Fertigung bedeutend mehr Arbeit, wenn 2 Serien gleicher Art und Ausführung parallel miteinander laufen. Um die 4. Serie mit monatlich 20 Stück ab Januar 1940 zur Auslieferung bringen zu können, wäre es erforderlich, daß die Termine für die reichseigenen Zulieferungen so gesetzt werden, daß zuerst die reichseigenen Teile für die 4. Serie geliefert werden und im Anschluß daran die der 5. Serie. Andernfalls müßte uns vom Amt die Genehmigung erteilt werden, bei Bedarf Teile der 5. Serie für die 4. Serie zu verwenden. Zur Zeit sind die Termine so gestaltet, daß parallel zu den reichseigenen Teilen der 4. auch die reichseigenen Teile der 5. Serie eingehen.

Zu Ihrer Übersicht führen wir Ihnen die Termine für die Panzertürme der 4. und 5. Serie an. Danach wird die 4. Serie Auftrag 210.3.5602/38 im Mai 1939 bis Mai 1940 mit 15 Stück und Juni 1940 = 5 Stück geliefert werden, während für die 5. Serie die Panzertürme ab September 1939 = 2 Stück, Oktober 1939 = 3 Stück, November 1939 bis Mai 1940 mit 5 Stück und im Juni 1940 mit 8 Stück geliefert werden. Diese Termine haben Gültigkeit, wenn die Fahrzeuge der 4. und 5. Serie parallel ab Januar 1940 zur Auslieferung kommen. Wenn aber unserem Wunsche gemäß zuerst die 4. Serie erledigt werden soll, so würden die letzen 12 Fahrzeuge dieser Serie im Juli 1940 zur Auslieferung kommen. Dies würde jedoch bedingen, daß die Auslieferung der Panzertürme nicht im Juni 1940, sondern bereits im April 1940 erfolgt. Andernfalls müßten wir vom Amt die Genehmigung erhalten, daß wir die Panzertürme der 5. Serie für die 4. Serie verwenden können.

Wa Prüf 6 war nicht mit der Veränderung der ursprünglichen Termine einverstanden und bestätigte, daß die *5./B.W.*-Serie termingemäß ab Januar 1940 ausgestoßen werden sollte. Erlaubt oder nicht, Grusonwerk hatte *4./B.W.*-Teile beim Bau der *5./B.W.*-Fahrzeuge benützt und umgekehrt.

Wa Prüf 6 IId versuchte, einen Engpaß in der Produktion am 9. März 1939 auszuschalten, mit dem Verlangen an Krupp, Essen, daß *...neue Terminfestsetzung für Lieferung von 50 Stück Steuerapparaten n.A. für 4./B.W., da 15.9.1939 keinesfalls tragbar ist. In Aussicht gestellt war der 15.6.1939.*

Krupp antwortete am 1. April:

Nachdem die Zeichnungen für den neuen funkentstörten Steuerapparat der Werkstatt am 24. März 1939 zugestellt worden sind, kann damit gerechnet werden, daß die ersten 8 Steuerapparate bis 1.8.39 durch bevorzugte Fertigung bereitgestellt werden können. Die weitere Lieferung kann in Raten von 25 Stück monatlich ab September erfolgen.

Auch Grusonwerk verlangte am 6. April 1939 noch frühere Liefertermine, da sie Steuerapparate wie folgt brauchten:

*1) 8 Stück am 15.7.1939
(zur Fahrzeuge-Fertigung für August),*
*2) 15 Stück je Monat bis 15.11.1939
(zur Fahrzeuge-Fertigung im Oktober bis Dezember),*
3) anschließend 20 Stück je Monat bis zur Auslieferung.

Krupp, Essen, antwortete wieder mit den gleichen Zahlen und Terminen wie am 1. April. Wegen dieses Engpasses wurde der Beginn der Auslieferung von *Ausf.D*-Fahrzeugen vom ursprünglichen Termin im Mai 1939 zu einem verspäteten Termin auf 10 Pz.Kpfw.IV im September verzögert. Auch dieses Ziel wurde im ersten Kriegsmonat wegen verspäteter Anlieferung (1 Steuerapparat durch Expreß am 8.9.1939, 9 Stück Eilgut am 19.9.1939) nicht erreicht.

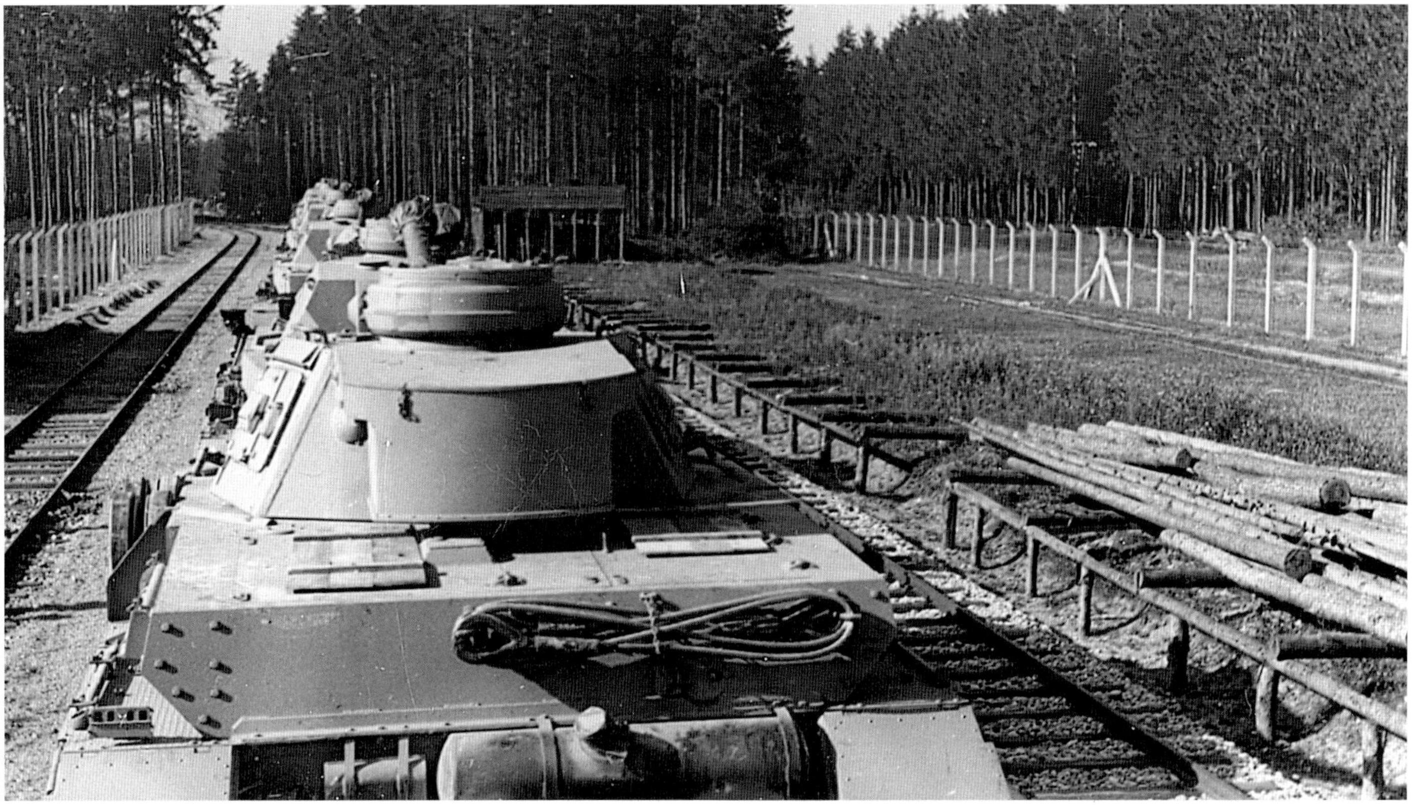

Nach Freigabe durch die Heeres-Abnahmestelle im Nibelungen-Werk wurden Pz.Kpfw.IV Ausf.G auf Bahnwaggons verladen und an das Heereszeugamt Linz überstellt (Herbst 1942).

Pz.Kpfw.IV Ausf.G mit Antennenabweiser für Turm-M.G., gefertigt im Nibelungen-Werk (Herbst 1942).

14.8 8./B.W., PANZERKAMPFWAGEN IV AUSF.G

14.8.1 AUFTRÄGE

Alle drei Fabriken, Krupp-Grusonwerk, Vomag und Nibelungen-Werk, sollten die Reste ihrer urspünglichen Aufträge für *Ausf.F* mit der längeren Kanone als *Ausf.G (F2)* wie folgt fertigen:

- 107 mit Fgst.Nr.Serie 82394–82500 bei Krupp-Grusonwerk
- 36 mit Fgst.Nr.Serie 82565–82600 bei Vomag und
- 87 mit Fgst.Nr.Serie 82614–82700 bei Nibelungen-Werk

Schon 1941 bis Frühjahr 1942 wurden weitere Aufträge an die Montagefirmen wie folgt verteilt:

- 300 mit Fgst.Nr.Serie 82701–83000 an Krupp-Grusonwerk
- 100 mit Fgst.Nr.Serie 83001–83100 an Vomag
- 100 mit Fgst.Nr.Serie 83101–83200 an Nibelungen-Werk
- 200 mit Fgst.Nr.Serie 83201–83400 an Krupp-Grusonwerk
- 150 mit Fgst.Nr.Serie 83401–83550 an Vomag
- 100 mit Fgst.Nr.Serie 83551–83650 an Nibelungen-Werk
- 300 mit Fgst.Nr.Serie 83651–83950 an Krupp-Grusonwerk
- 150 mit Fgst.Nr.Serie 83951–84100 an Vomag
- 300 mit Fgst.Nr.Serie 84101–84400 an Nibelungen-Werk

Zur Erhöhung des monatlichen Ausstoßes von Panzerteilen kamen die Ausweichfirmen Gebrüder Böhler & Co. A.G., Kapfenberg, und Eisenwerke Oberdonau, Linz, immer mehr ins Spiel. Aufträge für Panzerwannen und vollständige Panzerteile für *B.W.*-Aufbauten wurden wie folgt verteilt:

- 384 an Krupp-Gußstahl im Januar 1941
- 116 an Böhler im Februar 1941
- 50 an Eisenwerke Oberdonau im Juni 1941
- 230 an Krupp-Gußstahl vor September 1941
- 160 an Eisenwerke Oberdonau vor September 1941
- 200 an Böhler im September 1941
- 200 an Eisenwerke Oberdonau vor Januar 1942
- 175 an Krupp-Gußstahl im Januar 1942
- 325 an Böhler im Februar 1942.

14.8.2 HERSTELLUNGSPLAN UND FERTIGUNG

Einer der ursprünglichen Pläne für das *Adolf Hitler Programm II* stellte die folgenden monatlichen Ziele auf:

	1942									1943		
	Apr	Mai	Jun	Jul	Aug	Sep	Okt	Nov	Dez	Jan	Feb	Mär
Krupp	60	67	45	45	45	53	57	57	59	59	59	60
Vomag	15	17	13	13	20	22	26	31	36	39	41	41
Ni-Werk	5	8	14	10	16	19	23	32	37	42	51	52
Summe	80	92	72	68	81	94	106	120	132	140	151	153

Die erhöhten Ziele für April und Mai sollten die verlorene Produktion vom März ausgleichen, die durch Änderung auf die neue 7,5 cm Kw.K.40 verursacht worden war. Diese geplanten Zahlen sollten mit der folgenden Aufstellung der *Ausf.G* Fertigungs-Statistik verglichen werden.

FERTIGUNGS-STATISTIK
DES PANZERKAMPFWAGEN IV AUSFÜHRUNG G

Monat	Fertigungs-Vorschau	Gefertigte Ausf.G Krupp	Vomag	Nibel.-Werk	Summe
März 42			1		1
Apri 42	80	60	15	5	80
Mai 42	92	57	20	8	85
Juni 42	72	45	13	14	72
Juli 42	68	54	20	14	88
August 42	81	50	20	14	84
September 42	94	50	22	21	93
Oktober 42	106	50	26	23	99
November 42	120	50	31	32	113
Dezember 42	132	65	45	45	155
Januar 43	140	67	46	50	163
Februar 43	155	66	50	55	171
März 43	200	80	55	70	205
April 43	215	98	65	50	213
Mai 43	235	97	7	100	204
Juni 43		18		86	104

14.9 9./B.W., PANZERKAMPFWAGEN IV AUSF.H

14.9.1 AUFTRÄGE

Montageaufträge wurden für komplette *Pz.Kpfw.IV Ausf.H* von Wa J Rü (WuG 6) wie folgt verteilt:

- 500 von Krupp mit Fgst.Nr.Serie 84401-84900
- 450 von Vomag mit Fgst.Nr.Serie 84901-85350
- 400 von Ni-Werk mit Fgst.Nr.Serie 85351-85750
- 400 von Krupp mit Fgst.Nr.Serie 85751-86150
- 450 von Vomag mit Fgst.Nr.Serie 86151-86600
- 500 von Ni-Werk mit Fgst.Nr.Serie 86601-87100
- 500 von Krupp mit Fgst.Nr.Serie 88100-88600
- 500 von Vomag mit Fgst.Nr.Serie 88601-89100
- 1500 von Ni-Werk mit Fgst.Nr.Serie 89101-90600

Panzerteile wurden am Anfang wie vorher von Krupp, Eisenwerke Oberdonau und Böhler bestellt und ab Mitte 1943 von Eisen- und Hüttenwerke Bochum.

14.9.2 HERSTELLUNGSPLAN UND FERTIGUNG

Schon in einer Besprechung im Grusonwerk am 14./15. Juli 1942 wurde festgestellt, daß die Fertigung mit den verstärkten Kegeltrieben, Seitenwellen und Planetengetrieben für die *Ausf. H* im Juni bis Juli 1943 anlaufen konnte. Die ersten *9./B.W.*-

Drehautomaten für Geschützblenden-Fertigung.

Laufrollenbearbeitung.

Wannen für die *Ausf.H* wurden durch Krupp, Essen, im März 1943 gefertigt und abgeliefert.

Einer der ursprünglichen Pläne für das *Adolf Hitler Programm III* stellte die folgenden monatlichen Ziele auf:

	1943									1944		
	Apr	**Mai**	**Jun**	**Jul**	**Aug**	**Sep**	**Okt**	**Nov**	**Dez**	**Jan**	**Feb**	**Mär**
Krupp	60	60	60	70	80	80	80	80	80	80	80	80
Vomag	45	45	45	50	50	50	50	50	50	50	50	50
Ni-Werk	70	70	80	95	100	105	110	115	115	115	115	115
Summe	175	175	185	215	230	235	240	245	245	245	245	245

Wegen der Frontlage wurde Produktionssteigerung verlangt, wie das folgende monatliche *Fertigungs-Soll* zeigt:

	1943									1944	
	Apr	**Mai**	**Jun**	**Jul**	**Aug**	**Sep**	**Okt**	**Nov**	**Dez**	**Jan**	**Feb**
Summe	215	235	255	275	295	260	290	350	300	350	310

Produktionssteigerungen wurden teilweise durch Vomag aber hauptsächlich durch Nibelungen-Werk erzielt. Minderlieferungen von Krupp-Grusonwerk stammten von Schwierigkeiten durch den dauernden Programmwechsel während des Jahres 1943 wie folgt:

April 1943: Krupp erhält Befehl, Pz.Kpfw.IV-Fertigung aufzugeben und beschleunigt auf monatlich 150 *Panther I* bzw. *II* umzuschalten.

Mai 1943: Krupp erhält Mitteilung, daß *Panther II* nicht zur Ausführung gelangt, sondern nur *Panther I.*

Juni 1943: Anordnung, daß von 150 *Panther I* monatlich eine Anzahl als Bergewagen mit Hebe-Einrichtungen zu liefern ist.

12. Aug. 1943: Anordnung, *Panther I* sofort abzustoppen und auf Pz.Kpfw.IV monatlich 150 Stück umzuschalten.

20. Aug. 1943: Monatlicher Ausstoß wird auf 100 Stück begrenzt.

Dez. 1943: Sofortumschaltung auf Fertigung von 110 Stück *Sturmgeschütz IV* monatlich ab Februar 1944.

Dez. 1943: Auftragserteilung für *Panzerbefehlswagen.* Der Auftrag wird im Januar 1944 zurückgezogen.

Krupp-Grusonwerk rechnete aus, daß diese und andere Programmwechsel einen Gesamtausfall von 300.000 Arbeitsstunden im Wert von 150 Fahrzeugen kosteten. Krupp hatte vor der Umschaltung auf Sturmgeschütz IV-Fertigung im Dezember 1943 nur 379 Fahrzeuge (Fgst.Nr. 84401 – 84779) von ihrem ersten Auftrag für 500 *Ausf.H* fertiggestellt.

Die Fertigung der *Ausf.H* wurde im Febraur 1944 durch Umschaltung auf die *Ausf.J* beendet.

FERTIGUNGS-STATISTIK
DES PANZERKAMPFWAGEN IV AUSFÜHRUNG H

	Gefertigte Ausf.H			Abgenommen
Monat	**Krupp**	**Vomag**	**Ni-Werk**	**H.WaA**
Mai 43		68		68
Juni 43	49	67	34	150
Juli 43	54	65	125	244
August 43	67	75	141	283
September 43	64	75	150	289
Oktober 43	73	85	170&10*	338
November 43	50	68	120	238**
Dezember 43	22	90	210&30***	354
Januar 44	0	100	200&50*	300
Februar 44		0****	100****	100****

14.10 10./B.W., PANZERKAMPFWAGEN IV AUSF.J

14.10.1 AUFTRÄGE

Zuerst wurde *Pz.Kpfw.IV Ausf.J* durch Auslieferung der Reste der ursprünglich für *Ausf.H* geplanten Aufträge mit ca. 180 von Vomag – Fgst.Nr.Serie ~86394-86573 – und mit 1060 von Ni-Werk – Fgst.Nr.Serie ~89541-90600 – gefertigt. Als die letzte Pz.Kpfw.IV-Montagefirma hatte Nibelungen-Werk Aufträge für 1950 Pz.Kpfw.IV mit Fgst.Nr. 91300-93250 und danach weitere Aufträge für mindestens 2000 Pz.Kpfw.IV mit Fgst.Nr. ab 96751 bekommen.

Panzerteile wurden von Krupp, Essen; Eisenwerke Oberdonau, Linz; Böhler, Kapfenberg; und Eisen- und Hüttenwerke, Bochum, beigestellt.

14.10.2 HERSTELLUNGSPLAN UND FERTIGUNG

Bei Firma Vomag wurde die Fertigung des Pz.Kpfw.IV durch den *Jagdpanzer IV* ersetzt. Jeden Monat, von Januar bis Mai 1944, wurden mehr *Jagdpanzer IV* und weniger Pz.Kpfw.IV gefertigt, so daß ab Juni 1944 nur noch *Jagdpanzer IV* gefertigt wurden. Das Nibelungen-Werk sollte ab November 1944 mit der Fertigung der *Pz.Kpfw.III/IV* beginnen, um die Pz.Kpfw.IV nach und nach zu ersetzen. Am 18. Juli 1944 wurde bei Hitler entschieden, daß die Fertigung Pz.Kpfw.IV als Kampfwagen auch beim Nibelungen-Werk aufhören sollte und durch *Jagdpanzer* (zuerst *Panzer IV/70(A),* dann *Panzerjäger III/IV* und zuletzt *Panzer IV/70 (V)* ersetzt werde. Am Ende soll-

* Fahrgestelle gefertigt in Ni-Werk für Sturmpanzer.
** Fertigung wurde durch die versuchte und wieder fallengelassene Erhöhung der Bodenfreiheit gestört.
*** Fahrgestelle gefertigt im Ni-Werk für Sturmgeschütz IV.
**** Schätzung. Nach einem Bericht, daß am 1. bzw. 15. Februar 1944 die Fertigung von *Pz.Kpfw.Ausf.J* begann.

ten die Pz.Kpfw.IV durch die *Panther Ausf.F* ersetzt werden. Mit dem Ziel, Pz.Kpfw.IV durch leistungsfähigere Kampffahrzeuge zu ersetzen, wurden die Fertigungsprogramme sehr oft gewechselt:

Wasmuth-Programm vom 13.3.44:

	Apr	Mai	Jun	Jul	Aug	Sep	Okt	Nov	Dez	Jan	Feb	Mär
Pz.Kpfw.IV	280	290	300	310	310	310	310	300	290	260	210	130
Fahrgestelle	20	20	10									
Pz.Kpfw.III/IV								10	20	50	100	180

Wasmuth-Programm vom 8.4.44:

	Apr	Mai	Jun	Jul	Aug	Sep	Okt	Nov	Dez	Jan	Feb	Mär
Pz.Kpfw.IV	280	290	300	310	310	310	310	310	310	310	310	308
Fahrgestelle	20	20	10									
Pz.Kpfw.III/IV												2

Wasmuth-Programm vom 21.7.44:

	Jul	Aug	Sep	Okt	Nov	Dez	Jan	Feb	Mär	Apr	Mai	Jun
Pz.Kpfw.IV	300	300	250	200	150	100	50					
Fahrgestelle	20	20	20	20	20							
Pz.IV/70(A)		50	100	150	200	250	300	350	348	347	345	250
Pz.Jg.III/IV									2	3	5	100

Ministeriums-Programm vom 12.8.44:

	Jul	Aug	Sep	Okt	Nov	Dez	Jan	Feb	Mär	Apr	Mai	Jun
Pz.Kpfw.IV	300	300	250	200	150	100	50					
Fahrgestelle	20	20	20	20	20							
Pz.IV/70(A)		50	100	150	150	100						
Pz.IV/70(V)					50	150	300	350	350	350	350	350

Dr. Blaicher-Programm vom 7.9.44:

	Jul	Aug	Sep	Okt	Nov	Dez	Jan	Feb	Mär	Apr	Mai	Jun
Pz.Kpfw.IV	300	300	250	250	250	250	200	150	100	50		
Fahrgestelle	20	20	20	20	20	20						
Pz.IV/70(A)		50	100	150	150	100						
Pz.IV/70(V)					50	150	300	350	400	450	500	500

OKH-Programm vom 4.10.44:

	Jul	Aug	Sep	Okt	Nov	Dez	Jan	Feb	Mär	Apr	Mai	Jun
Pz.Kpfw.IV	300	300	250	250	250	250	200	250	50			
Fahrgestelle	20	20	30	30	30	30	30	30	30			
Pz.IV/70(A)		50	100	100	100	100	100					
Pz.IV/70(V)							20	50	200	200	150	100

Fernschreiben vom 6.10. und Schreiben vom 10.10.44 von WuG 6:

	Jul	Aug	Sep	Okt	Nov	Dez	Jan	Feb	Mär	Apr	Mai	Jun
Pz.Kpfw.IV	300	300	250	250	250	250	250	250	200	200	150	100
Fahrgestelle	20	20	30	30	30	30	30	30	30	30	30	30
Pz.IV/70(A)		50	100	100	100	100	100					
Panther								10	20	35	60	80

Programm-Vorschlag Dr.Blaicher lt.Rückspr m. H. Dr. Judtmann 24.10.44:

	Jul	Aug	Sep	Okt	Nov	Dez	Jan	Feb	Mär	Apr	Mai	Jun
Pz.Kpfw.IV				200	220	215	213	370	300	150		
Fahrgestelle				30	30	30	30	30	30	30		
Pz.IV/70(A)				50	100	120	157					
Pz.IV/70(V)									70	150	300	280
Panther										5	20	40

Programm laut Fernschreiben mit Herrn Wilhelm vom 2.11.44:

	Jul	Aug	Sep	Okt	Nov	Dez	Jan	Feb	Mär	Apr	Mai	Jun
Pz.Kpfw.IV					200	200	200	200	250	250	200	150
Fahrgestelle					30	30	30	30	30	30		
Pz.IV/70(A)					100	100	100	100	44			
Panther										5	20	40

Vorschau für Panzermontageprogramm Stand 30.1.1945:

	Jul	Aug	Sep	Okt	Nov	Dez	Jan	Feb	Mär	Apr	Mai	Jun
Pz.Kpfw.IV							180	250	250	250	200	150
Pz.IV/70(A)							50	60	60	60	60	8
Panther												

Turm der Ausführung 10./B.W.

Aufbau der Ausführung 10./B.W.

Wanne der Ausführung 10./B.W.

FERTIGUNGS-STATISTIK
DES PANZERKAMPFWAGEN IV AUSFÜHRUNG J

Monat	Fertigungs-Vorschau	Gefertigte Ausf.H Vomag	Ni-Werk	Abgenommen H.WaA
Februar 44	310	52	100	152+Ausf.H
März 44	270	60	250&10*	310
April 44	310	40	259&21*	299
Mai 44	310	28	274&21*	302
Juni 44	300		300&20*	300
Juli 44	300		300&20*	300
August 44	300		300&20*	300
September 44	250		180	180**
Oktober 44	250		187&30*	187***
November 44	200		200&30*	200
Dezember 44	200		195	195
Januar 45	170		170	170
Februar 45	200		150	150
März 45	180		55	55
April 45	200		50****	54****

* Fahrgestelle für Sturmpanzer wurden im Nibelungen-Werk gefertigt.
** Innerbetriebliche Schwierigkeiten.
*** Bombenschäden.
**** Fertigung im April 1945 wurde durch die folgenden Meldungen in den letzten Kriegstagen bekannt:
Vom Heereszeugamt Linz sind 8 Pz.Kpfw.IV am 11. Apr.45 für H.Gr.Süd abtransportiert (4 für 13.Pz.Div. und 4 für »Feldherrnhalle«).
Vom Heereszeugamt Linz sind 13 Pz.Kpfw.IV am 18. Apr.45 für 7.Pz.Div. abgerollt. Die nächsten anfallenden 10 Pz.IV werden H.Gr.Süd zugewiesen. Weitere anfallende Pz.Kpfw.IV bis zu 10 Stück werden der 7.Pz.Div. zugewiesen.
Notiz von Arbeitsstaffel/Abt.Org.K an Gen.Insp.d.Pz.Tr. vom 29. April 45: *Panzerverteilung seit 15.4. im Südraum:*
5 Pz.Kpfw.IV an 6.Pz.Div.
5 Pz.Kpfw.IV an 2.SS-Pz.Div.«Das Reich«
10 Pz.Kpfw.IV an 20.Pz.Div. (waren für 7.Pz.Div.bestimmt)
4 Pz.Kpfw.IV an H.Gr.Mitte (von Firma Raupach, Warnsdorf)
Weitere Pz.-Lieferung bis Ende April: Etwa 9 Pz.Kpfw.IV
Prognose Mai: 50 – 100 Pz.Kpfw.IV je nach Anfall fehlender Teile (Gußdeckel für Getriebe und Motore).

14.11 PANZERBEOBACHTUNGSWAGEN IV

Ab April 1944 sollte jeder 25. neu gefertigte Pz.Kpfw.IV als *Pz. Beob.Wg.IV* umgebaut sein.

FERTIGUNGS-STATISTIK
DES PANZERBEOBACHTUNGSWAGEN IV

	Zugewiesen für Umbau	Abgenommen bei Insp.	Geliefert an HZa	Abtransportiert an Einheiten
März 44	0	0	0	0
April 44	10	0	0	0
Mai 44	22	0	0	0
Juni 44	13	0	0	0
Juli 44	13	7	6	6
August 44	25	18	15	0
Sept. 44	25	21	15	12
Okt. 44	25	25	30	28
Nov. 44	20	20	23	23
Dez. 44	25	11	14	20
Januar 45	0	16	14	2
Februar 45	25	0	2	6
März 45	0	15	5	15

14.12 PANZERBEFEHLSWAGEN IV

Ab März 1944 wurden *Pz.Bef.Wg.IV* hauptsächlich aus instandgesetzten Pz.Kpfw.IV umgebaut, nur 17 *Pz.Bef.Wg.IV* stammten von neu gefertigten Pz.Kpfw.IV.

FERTIGUNGS-STATISTIK
DES PANZERBEFEHLSWAGEN IV

	Umgebaut von instandgesetzten Pz.Kpfw.IV	Geliefert an Heereszeugamt aus Inst.	Neu	Abtransportiert an Einheiten
Februar 44	0	0		0
März 44	15	11		0
April 44	30	21		18
Mai 44	30		9	18
Juni 44	9	33		5
Juli 44	4	5	0	23
August 44		0	8	11
September 44		0	9	10
Oktober 44		1	0	5
Januar 45		6		

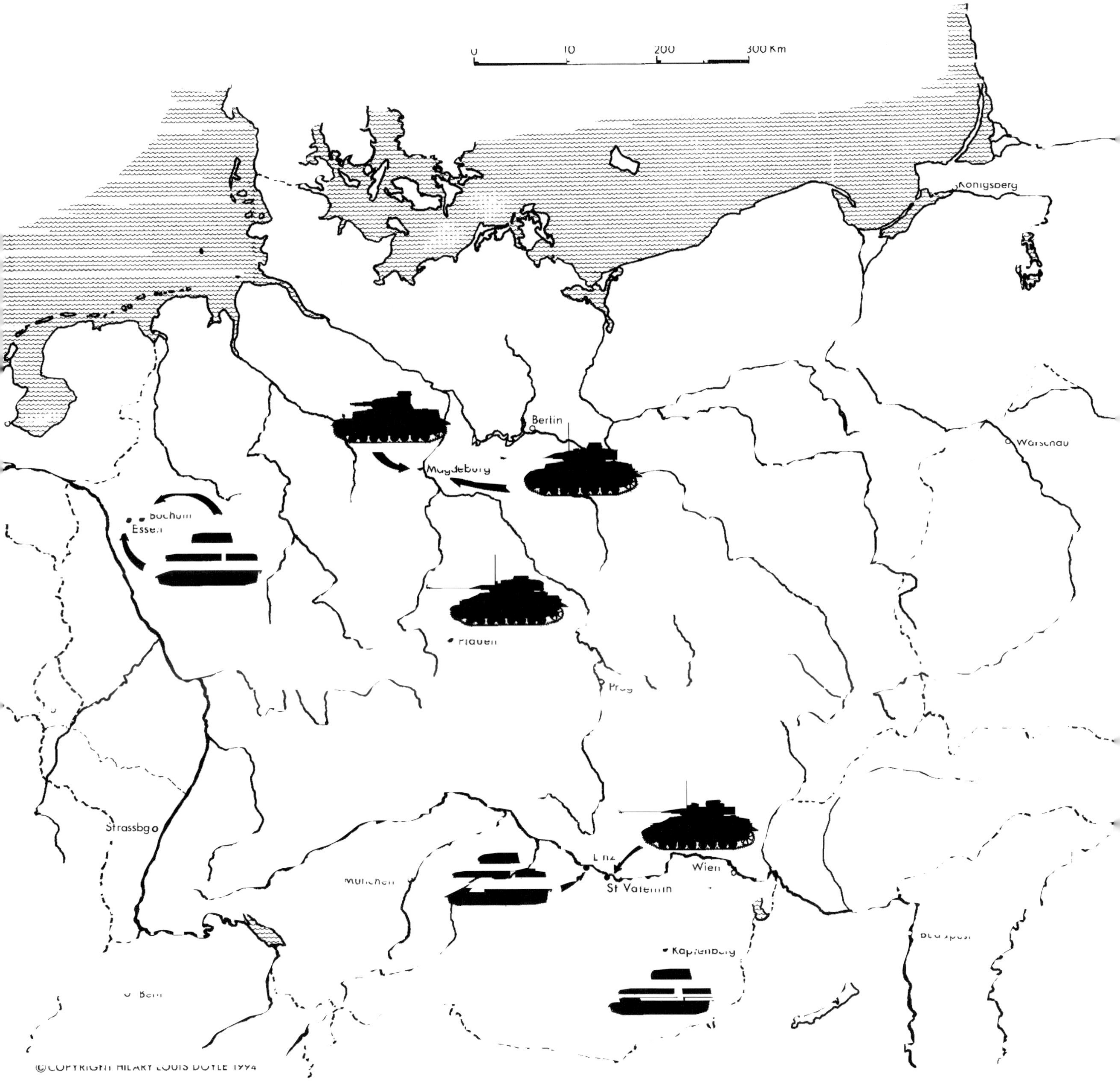

Standorte der Hersteller von Panzerkampfwagen IV.

W.1.

3

Schweißvorrichtungen für Wannen- und Turmpanzerung bei Eisenwerke Oberdonau, Linz.

15. VERSUCHSFAHRZEUGE

15.1 RAUCHWAGEN (R.W.)

Der erste Hinweis, daß ein solcher schwerer Pz.Kpfw geplant war, wurde im Bericht über das Ergebnis des Geschäftsjahres 1934/35 der Kriegsmaterial-Abteilung, Fried.Krupp A.G., Essen, entdeckt:

Tanktürme sind uns zur Konstruktion und Fertigung in Auftrag gegeben für eigene Tankkonstruktionen: Vorentwürfe für einen Nebelwerfer-Geschützturm des B.W. mit 10,5 cm Kanone L/16.

Weitere Erklärungen waren dem Heeres-Waffenamt-Bericht *Offensive Abwehr von Panzerwagen* vom 30. Oktober 1935 unter *Der 10,5 cm Panzerwagen (Nebeltank)* zu entnehmen:

Dieses Fahrzeug soll zwar in erster Linie zum Zwecke der Vernebelung der feindlichen Pak entwickelt werden; daneben soll es auch gegen geeignete Ziele mit der wirkungsvollen Feldhaubitze-Granate (Splittergranate) schießen. Der Wunsch, das gleiche Fahrgestell wie beim B.W. zu verwenden, hat zu einer Beschränkung der Leistung auf Vo = 230 m/sek. geführt, die für die genannten, ursprünglich nur ins Auge gefaßten Zwecke völlig ausreicht. Würde man neben der Nebel- und der Splittergranate eine dritte Geschoßsorte, die Panzergranate, vorsehen, was an sich vom Standpunkt der Mitführung und des Nachschubes nicht unbedenklich ist, so würde sich unter denselben Bedingungen wie früher (700 m, Auftreffwinkel 60°) eine Durchschlagsleistung von 25 mm ergeben. Wirkungstechnisch wäre demnach auch dieses Fahrzeug gegen alle französischen Panzerwagen mit Ausnahme der 40 mm stark gepanzerten Teile und der schwersten Tanks (2 C, 3 C und D) kampffähig.

Im Technischen Jahresbericht 1935/36 der Fried.Krupp A.G. wurde unter Kampfwagentürmen erklärt:

*Es wurden uns folgende Aufträge erteilt: Geschützturm für **R.W.** mit 10,5 cm Haubitze L/16. Versuchsstück ist im Bau.*

Einem Aktenvermerk des Herrn Woelfert (Krupp) über eine Besprechung mit den Herren Olbrich und Biersack (Wa Prüf 6) in Berlin am 29. Januar 1938, betreffend *R.W.* und *B.W. II,* ist zu entnehmen: *Die Arbeiten für die Änderung des Bugpanzers vom B.W.II nach Art der 2. Serie, sowie die anschliessende Versuchsausführung der Munitionslagerung für R.W. ist zu beschleunigen, damit möglichst April/Mai 1938 der R.W.-Turm auf B.W.-Fahrgestell gesetzt werden kann.*

Krupp berichtete am 17. November 1938:

Das Fahrzeug B.W.II mit R.W.-Turm ist am 16.11. in Essen eingetroffen. Der Turm ist abzunehmen und auf ein Schießgestell zu montieren. Das Fahrgestell mit Panzerkastenoberteil ist an das Grusonwerk zu senden und steht dort Wa Prüf 6 III für einen Umbau zur Verfügung.

Am 9. September 1939 berichtete Krupp:

Am 7. September 1939 wurde bei der Grusonwerk telefonisch von Wa Prüf 6 II d angefragt, ob für einen Sonderauftrag ein B.W.-Fahrgestell mit Aufbau bereit gestellt werden kann. Das Fahrgestell soll den R.W.-Turm, der am 8.9. von Kummersdorf angeliefert wird, erhalten. Fotos des Fahrzeuges sind am 8.9.1939 nach Berlin zu liefern.

15.2 4./Z.W. (PZ.KPFW.III AUSF.E) FAHRGESTELL FÜR 3./B.W.

Am 1. Juni 1937 wurde betreffend weiterer Entwicklung Pz. Kpf.Wg.-Fahrgestell *(B.W.)* Abteilung A.K., Fried.Krupp A.G. durch Wa Prw 6 informiert:

Die Notwendigkeit, auch die Fahrgestelle der Panzerkampfwagen zu vereinheitlichen, zwingt dazu, die von Ihnen entwickelte Konstruktion des Fahrgestells B.W. mit dem Auslauf der Serie 2./B.W. aufzugeben. Für 3./B.W. ist das Fahrgestell des in der Entwicklung befindlichen Z.W.-Baumusters 4 mit einer entsprechenden Panzerwanne vorgesehen. Infolgedessen erübrigt sich die Abschliessung eines besonderen Entwicklungsvertrages für Fahrgestell-B.W.

Über die Vertragsverhandlungen zwischen Abteilung A.K., Fried.Krupp A.G. und Oberbaurat Kniepkamp (Wa Prw 6), die dazu führten, daß Krupp von zukünftigen Aufträgen ausgeschlossen wurde, berichteten am 15. Dezember 1937 die Direktoren von Krupp wie folgt:

Der Fortfall neuer Konstruktionsaufträge auf Grund der Vertragsverhandlungen ergab sich wie folgt:

***AK-Nr.51548 vom 10.2.37:** Vertragsentwurf für Weiterentwicklung der Kampfwagen von Prw6 an AK übergeben.*

***AK-Nr.51548 vom 12.3.37:** Erledigung für zweite Hälfte März von AK zugesagt. In zahlreichen Besprechungnen in Berlin und Essen in den nächsten drei Monaten bedauerten die verschiedenen Bearbeiter von Prw6 sehr, daß die Zusammenarbeit von AK mit Prw6 aufhören würde, wenn nicht bald eine Einigung erzielt werde. Anschließend bat ich in Essen wiederholt die zuständigen Herren um baldige Stellungnahme.*

***AK-Nr.52340 vom 5.4.37:** AK bittet um Beibehaltung des bisherigen Vertrages.*

***AK-Nr.52592 vom 19.4.37:** Prw6 bittet um schriftliche Einreichung der Einsprüche. Es müßte auch mit AK den Vertrag abschließen, da dieser sonst auch mit den anderen Firmen hinfällig sei. (Bem.: Nach Angabe von Kniepkamp etwa*

10 Firmen.) Zum Schluß des Briefes von Prw6 wird bemerkt: »Im Weigerungsfalle schließen Sie sich von selbst aus einer Konstruktions-Gemeinschaft der Entwicklungsfirmen aus.«

***AK-Nr.52592 vom 30.4.37:** AK sagt Antwort in aller Kürze zu.*

***AK-Nr.52960 vom 7.5.37:** Bei einer Besprechung in Berlin wiederholte Kniepkamp, daß der Vertrag mit etwa 10 Firmen abgeschlossen sei und gab als letzten Termin für Klärung des Vertrages mit FK den 15.5.37 an, da die neuen Aufgaben drängten und er sonst gezwungen sei, Phillips eine andere Firma vorzuschlagen. Dadurch würde sich AK von der weiteren Entwicklung ausschließen und nicht mehr die wesentlichen Erfahrungen der Truppe erhalten. Bei Einigung könnte AK sofort mit der Konstruktion 3./B.W. beginnen (formaler Auftrag lag bereits vor). Ich sagte Übermittlung an unsere zuständigen Stellen zu.*

***AK-Nr.52978 vom 8.5.37:** Auch Olbrich legt dringend nahe, den Vertrag zu unterschreiben. Im Anschluß an diese Besprechungen machte ich sofort die zuständigen Stellen auf die Dringlichkeit aufmerksam. Wenn auch AK nicht ohne weiteres auf die Bedingungen von Prw6 wegen der Rückwirkung auf andere Lieferungen von Prw6 eingehen könne, müßten wir uns wenigstens schnellstens an den Verhandlungstisch setzen. Ich gab an: »Bei dem Personalwechsel in Prw6 (Fichtner-Kniepkamp statt Phillips-Blasberg) besteht für AK die große Gefahr, auf dem Gebiete der Kampfwagen den Anschluß und die bisherigen guten Beziehungen zu Prw6 zu verlieren. Der Umbau 3./B.W. ist für uns ein Überbrückungsauftrag bis zur Entscheidung über neue Konstruktionsaufträge. Bei 3./B.W. sollen die neuen Gedanken von Kniepkamp betreffend Lenkgetriebe und Laufwerk zum erstenmal an einem größeren Kampfwagen entwickelt werden. Es ist daher entscheidend, daß wir mit ihm ins Geschäft kommen. Wir können auf keinen Fall auf die Erfahrungen der Truppe verzichten, und auch für Auslandsaufträge brauchen wir, schon wegen der Kontrollnummern, das Einverständnis von Prw6.« Bis zu dem von Kniepkamp angegebenen äußersten Termin war unsere Verhandlungsbasis wesentlich günstiger, da die Weiterentwicklung des B.W. durch AK nach seinen neuen Gedanken aus Termingründen drängte.*

***AK-Nr.53051 vom 14.5.37:** Anruf Eberhard bei Kniepkamp mit der Bitte um Aufschub.*

***AK-Nr.53023 vom 21.5.37:** Bestätigung dieses Anrufes an Prw6.*

***AK-Nr.53347 vom 1.6.37:** Mitteilung von Prw6, daß die Weiterentwicklung des 18 to Kampfwagens der Firma Daimler-Benz übertragen sei, und daß sich dadurch der Abschluß eines besonderen Entwicklungsauftrages für B.W. mit AK erübrige.*

Anschließend zeigte Kniepkamp wenig Interesse an weiteren Verhandlungen über den Vertrag. (Vergl. AK 80239 vom 1.9.37). Allgemein ist zu bemerken, daß wir die Verbindung zum Waffenamt noch mehr als die Berliner Firmen Daimler-Benz und Rheinmetall pflegen müßen, da diese sich täglich persönlich und telefonisch mit Prw6 verständigen können und ausserdem bewegliche Versuchswerkstätten besitzen. Hinzu kommt, daß die Hauptreferenten Olbrich und Kniepkamp über unsere Auslandsgeschäfte mit Kampfwagen bezw. Schleppern verstimmt sind, besonders der erstere, der ungern die neuesten Erfahrungen preisgibt.

Aus dem Vorgehenden geht eindeutig hervor, daß durch die Verzögerung der Vertragsverhandlung AK von neuen Prw6-Aufträgen auf Kampfwagen-Fahrgestelle ausgeschaltet wurde. Dies ist im Zeitalter der Motorisierung besonders bedauerlich, da wir über die besten Einrichtungen zur Herstellung von Türmen und Fahrgestellen verfügen und auf diesem Gebiete die längsten Erfahrungen haben. Von uns laufen mehr Kampfwagen und mit besserem Erfolge als von den anderen Firmen. Diese Firmen wurden erst später zugezogen und haben zum großen Teil auf den von uns zur Verfügung gestellten La.S.-Zeichnungen aufgebaut.

Es ist zu hoffen, daß durch weitere Verhandlungen das Einvernehmen mit Prw6 wieder hergestellt wird.

Am 2. Mai 1938 erklärte Herr Woelfert (Abteilung A.K., Krupp), daß neue Fertigungsaufträge (aber kein Konstruktionsauftrag für das Fahrgestell) wieder an Krupp erteilt würden:

Ursprünglich sollte sich an die 2./B.W. Serie serienmäßig das Daimler-Benz-Einheitsfahrgestell anschließen. Durch die Verwendung neuer Konstruktionsteile, die für Kampfwagen nicht genügend erprobt sind, ergaben sich Rückschläge, unter anderem bei dem von Z.F. mit drei Stufen gebauten Lenkgetriebe, dem Maybach Schaltgetriebe mit halb-automatischer Schaltung, und den geschmierten Ketten. Die mit Getrieben und Ketten bei Zugkraftwagen gemachten Erfahrungen ließen sich nicht ohne weiteres auf Kampfwagen übertragen. Da das erste Versuchsfahrzeug erst in diesen Tagen nach Kummersdorf zur Erprobung kommt, ist in absehbarer Zeit mit Serienausführung nicht zu rechnen, anstelle des Daimler-Benz Einheitsfahrgestells sind daher für die 3., 4., und 5. Serie größere Aufträge auf B.W. erteilt.

Während Herr Blasberg bei Wa Prüf 6 die Fahrgestell-Abteilung leitete, war das *B.W.*-Fahrgestell fast ohne Mitarbeit des Waffenamtes entwickelt worden. Auch Herr Kniepkamp, der an die Stelle von Blasberg trat, kümmerte sich nicht um das *B.W.*-Fahrgestell, mit der Begründung, daß er sich für Blattfederlaufwerke und die bisherigen Getriebe nicht interessiere. Da sich die Neuentwicklung des 4./Z.W. dauernd verzögerte, erhielt Krupp die für Ende 1938 zugesagten Unterlagen für *B.W.*-Weiterentwicklung erst April 1939, und zwar unverbindlich. Infolgedessen mußte Wa Prüf ständig weitere *B.W.*-Serien bisheriger Bauart, bis zur 7. Serie, auflegen. Im August 1939 wurde die Entscheidung über die Richtlinien für Kampfwagen von Oberbaurat Kniepkamp auf Herrn Oberstlt. Olbrich übertragen.

15.3 B.W.40

Auch VK 2001 (IV) und *VK 2001 (B.W.* benannt.

Im Bericht über das Geschäftsjahr 1938/39 der Kriegsmaterial Abteilung, Fried.Krupp A.G. stand: *Als Weiterentwicklung sind Entwürfe für einen B.W.40 mit 6-Rollenlaufwerk und geändertem Motorraum in Arbeit*

Durch die Besprechung in Berlin am 15. September 1939 zwischen Baurat Kniepkamp von Wa Prüf 6/III und Herrn Woelfert von Krupp A.K. betreffend *VK 2001 (IV)* sollte die Weiterentwicklung der Pz.Kpfw.IV geklärt werden:

Zu verwenden ist der Motorraum des VK 2001 (III) mit Motor HL 116.

Höchstgeschwindigkeit wie bisher 42 km/Std. Das Laufwerk ist so zu wählen, daß bei einer lichten Breite des Gehäuses von 1820 mm wie bisher und einer größten Fahrzeugbreite von 2900 bis 2950 mm, ein Gesamtgewicht von 20 t nicht überschritten wird. Das Schachtellaufwerk nach S 3238 kommt nicht in Frage, da sich eine größte Breite von etwa 3040 mm und ein zu hohes Gewicht ergeben. A.K. untersucht Einbau des 6-Rollen-Drehstab-Laufwerkes ZW 40 (Rollendurchmesser 535 mm, Bandagenbreite 100 mm) nach Zeichnung S 3584, die von Wa Prüf übergeben wird. Der Rollendurchmesser ist entsprechend der größeren Auflagelänge zu erhöhen. Wa Prüf veranlaßt Einsendung einer Gewichtsaufstellung einschließlich Stoßdämpfer für das Laufwerk ZW 40 durch Daimler-Benz und des Normalblattes 021D38488 für Bandagen durch HZV. A.K. schlägt 6-Rollenlaufwerk nach Zeichnung SK 3413, SK 3414 und SK 3431 vor, die durchgesprochen werden. Bei diesem Laufwerk lassen sich, gegenüber einem Laufwerk mit durchgehenden Drehstäben, das elektrische Aggregat und die Munition für das 7,5 cm Geschütz leichter unterbringen, außerdem werden die für Drehstab-Laufwerke lebenswichtigen, aber empfindlichen Stoßdämpfer vermieden. Das 6-Rollenlaufwerk baut auf den bewährten Teilen des 8-Rollenlaufwerks auf, hat aber folgende Vorteile: Der Rollenhub und die Federweichheit werden wesentlich vergrößert, die Bodenfreiheit verbessert, da die Lager für Rollenaufhängung innerhalb der Wanne liegen, ferner wird der Abstand der Ketten von der Federeinspannung vergrößert und der Rollenwiderstand verkleinert. Einzubauen ist die neue Kette mit höheren Zähnen nach Zeichnung H 4254. A.K. legt ferner Leitradentwürfe SK 3428 und SK 3429 im Anschluß an Leitrad von Daimler-Benz nach Zeichnung 432560311 vor. Rohrförmige Ausführung nach SK 3429 kommt nicht in Frage, da voraussichtlich die Abnützung zu stark ist. Die Ausführung nach SK 3428 ist versuchsweise auszuführen.

Da bei der jetzigen Lage längere Fahrversuche nicht möglich sind, hält A.K. die Verwendung nur von Aggregaten, die sich bereits bei der Truppe bewährt haben, für wichtig und nimmt daher zu der Frage des Schalt- und Lenkgetriebes noch Stellung. Einbauzeichnung S 3649 für Lenk- und Schaltgetriebe VK 2001 werden von Wa Prüf übergeben.

Bei einer anschließenden Besprechung mit Herrn Dipl.-Ing. Exner (Wa Prüf 6/IVc) wurde die Bandagenbreite durchgesprochen. A.K. hatte für das 6-Rollenlaufwerk 84 mm Breite gewählt, wobei die größere Belastung gegenüber den Bandagen des 8-Rollenlaufwerkes durch die Erhöhung des Rollendurchmessers von 470 auf 630 mm Durchmesser ausgeglichen werden sollte. Dabei war auch angenommen, daß das größere Gesamt-Gummigewicht die Lebensdauer erhöht. Mit Rücksicht auf die Verwendung von Austauschwerkstoffen ist aber eine Bandagenbreite von 100 mm erwünscht.

Am 28. Oktober 1939 hatte Wa Prüf 6/III weitere Entscheidungen über die Laufrollen und Ketten für das *VK 2001 (B.W.)* (auch *B.W.40* genannt) gefällt:

Bei dem hierfür vorgesehenen 6-Rollenlaufwerk, Konstruktion AK, soll die Bandagenbreite auf 100 mm vergrößert werden, um auch bei Verwendung von Austauschwerkstoff genügende Lebensdauer zu erhalten. Bei Einbau der neuen Kgs.61/400/120 Kette mit 400 mm Breite ergeben sich nach anliegender Zeichnung SK 3507 folgende Werte: 83,3 kg/cm Liniendruck, 336 kg Gesamtgummigewicht. Da bei diesem 6-Rollenlaufwerk gegenüber dem bisherigen 8-Rollenlaufwerk die Bandagenbreite von 75 auf 100 mm, der Durchmesser von

B.W. 40 mit 6-Rollen-Laufwerk.

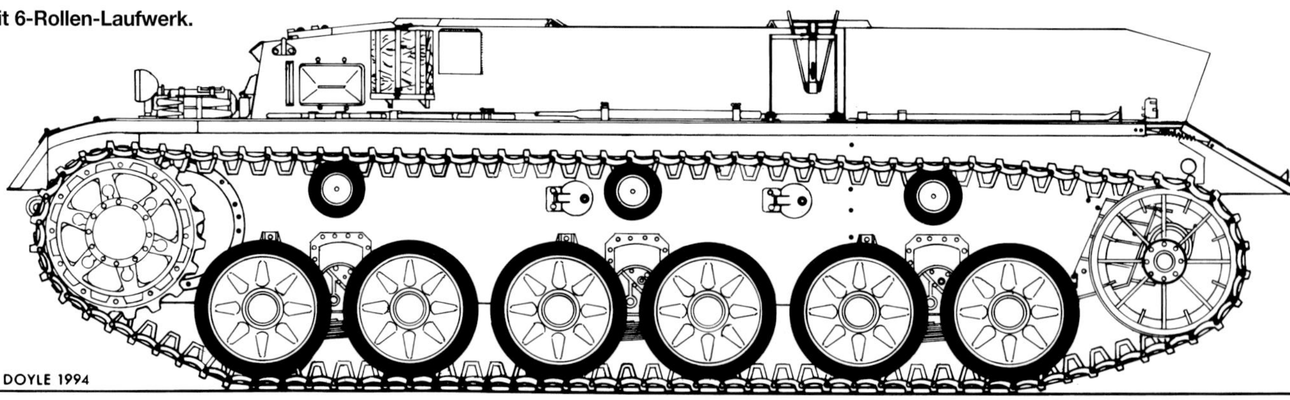

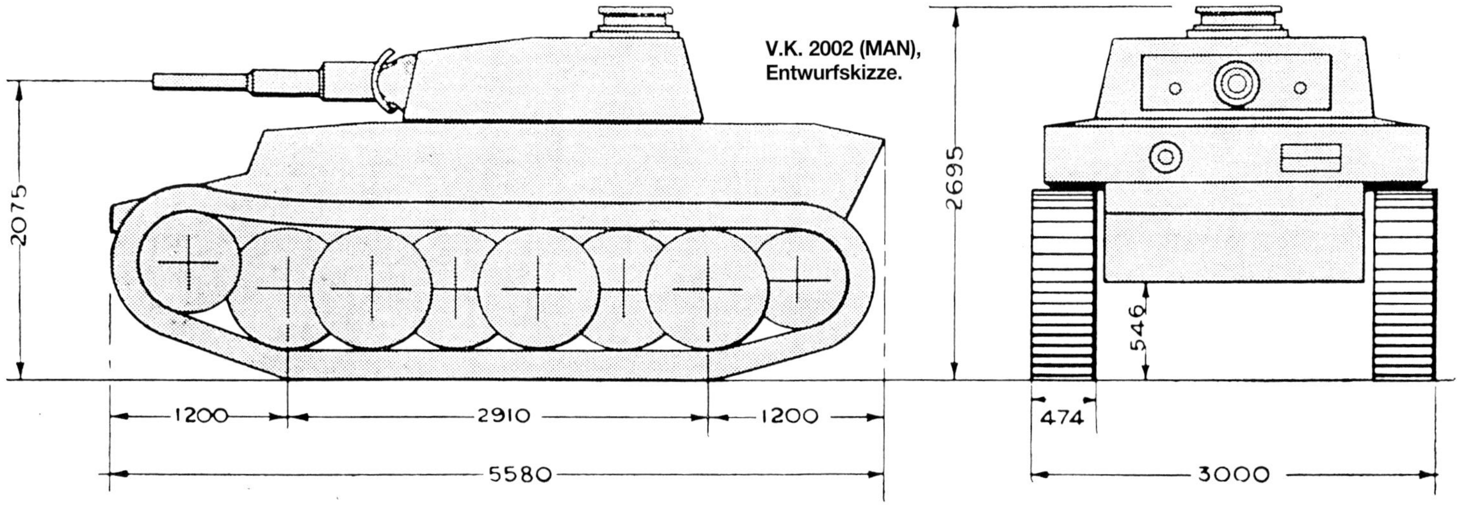

V.K. 2002 (MAN), Entwurfskizze.

470 auf 630 mm, und das Gesamtgummigewicht von 192 auf 336 erhöht wurde, läßt sich ein Mehrgewicht von etwa 90 kg für das Laufwerk und 130 kg für die neue Kette, zusammen also 220 kg nicht vermeiden. Dabei ist das Mehrgewicht durch Vergrößerung der Spurweite um 50 mm nocht nicht berücksichtigt.

Am 15. November 1939 war Zahnradfabrik Friedrichshafen bereit, vier Versuchsgetriebe SSG76 zum Versuchsfahrgestell *VK 2001 (B.W.)* fertigzustellen. Am 8. Dezember 1939 hatte Maybach-Motorenbau Zeichnungen für den Einbau des Motors HL 116 P für *VK 2001* eingereicht.

Bis 13. Dezember 1939 erteilte Wa Prüf 6 an E.H.W. (Eisen- und Hüttenverein A.G., Bochum) Aufträge für zwei Panzerwannen für *B.W.40*-Versuchsfahrgestelle mit der Wandstärke der Vorderwand von 50 mm statt 30 mm. Am 21. Dezember sandte E.H.W. die Rotpausen zurück an Krupp, Essen, da E.H.W. von der Ausführung des Auftrages für zwei Versuchswannen für *B.W.40* von Waffenamt entbunden wurde. Nach der Zeichnungliste war dieses Versuchsfahrgestell aus normalen Pz.Kpfw.IV-Fahrgestell-Bauteilen konstruiert, die Wanne wurde nur für Montage der neuen Laufwerk- und Motor-Komponenten geändert.

Am 4. Januar 1940 wurde durch Wa Prüf 6/III für B.W.-Versuchsfahrgestelle *B.W.40* bzw. *VK 2001* entschieden, daß zwei Wannen aus Panzerstahl, eine Wanne aus Flußeisen und drei Panzerkastenoberteile (Bug- und Heckpz.) aus Flußeisen bei Krupp gefertigt werden sollten. Am 16. Januar 1940 erklärte Dipl.Ing. Biersack (Wa Prüf 6 IId), daß die drei Panzerkastenoberteile für *B.W.40*-Versuchsfahrzeuge aus Panzerstahl zu fertigen seien. Bei weiteren Besprechungen am 15. Februar 1940 zwischen Oberbaurat Kniepkamp (Wa Prüf 6/III) und Herrn Woelfert (Krupp Abteilung A.K.) wurde über den Krupp-Entwurf für *B.W.40* berichtet:

A.K. legt Entwurf SK 3683 für die Gesamtanordnung vor, mit geteiltem 2-stufigen Lenkgetriebe nach SK 3670, 6 Rollen-Blattfederlaufwerk, HL 116 Motor und Querkühlung. Wa Prüf ist grundsätzlich mit der Anordnung einverstanden. A.K. nimmt aber noch zum Einbau einer hinten liegenden Kühlanlage mit 4 Kühlern nach Zeichnung 155059/8 von Maybach Stellung. Wa Prüf übergibt diese Zeichnung und teilt mit, daß zum Antrieb 14-15 PS erforderlich sind, und daß Maybach selbsttätige Nachstellung für den Riemenantrieb vorbereitet. Für die von A.K. vorgesehene Lenkkupplung muß bei dem Gewicht des vorliegenden Fahrzeuges eine Zusatzkraft verwandt werden. Betätigung nach Art der Argus-Luftbremse dürfte für den vorliegenden Fall ungeeignet sein, da die Buna-Abdichtungen durch die benachbarten Lenkbremsen zu stark erhitzt würden. Da erst jetzt eine endgültige Klärung der Gesamtkonstruktion möglich ist und mit der Durchkonstruktion zum Teil erst begonnen werden kann, dürfte die Lieferung des ersten Versuchsfahrzeuges erst Ende 1940 möglich sein. Dieser Termin könnte abgekürzt werden, falls nur die wichtigsten Verbesserungen durchgeführt werden.

Am 16. Mai 1940 teilte Wa Prüf 6 mit, daß der *B.W.40* mit Rücksicht auf die Kriegsverhältnisse zurückgestellt ist.

15.4 VK 2001 SERIE – PANZERKAMPF WAGEN III und IV NEUE ART

Weiterentwicklungen von Pz.Kpfw. in der *VK 2001*-Serie wurden von Daimler-Benz (*VK 2001 (DB)*), M.A.N. (*VK 2001 (M)*) und Krupp (*VK 2001 (K)*) in Konkurrenz ab 1940 betrieben. Die *VK 2001* der Firmen unterschieden sich hauptsächlich durch die Konstruktion von Laufwerk und Lenkgetrieben sowie durch Außenmaße und Panzerung. Das *VK 2001* bzw. *VK 2002* sollte von den Firmen M.A.N. und Daimler-Benz mit einem 7,5 cm Turm und von der Firma Krupp mit einem 5 cm Turm gebaut werden.

In dieser Periode wurden die Hauptspezifikationen nicht wie vorher durch In 6, sondern durch Berichte von höheren Heeres- und Wehrmacht-Stäben an Hitler für seine Entscheidung gesandt. Mit solchen Methoden wurden die technischen Regeln des Wa Prüf 6 (u.a. Begrenzungen an Fahrzeuggewicht wegen Brückenleistungen) umgeworfen. Die Kontrolle für die Konstruktion der *VK 2001*-Serie wurde aus den Händen von Wa Prüf 6 genommen durch die folgende Vortragsnotiz für Vereinheitlichung Pz.Kpfw.III und IV vom 6. September 1941 vom Chef der Heeresrüstung und Befehlshaber des Ersatzheeres, Stab Rüst IIa, die Hitler vorgelegt wurde:

1.) Pz.Kpfw.III n.A. und IV n.A. werden gepanzert:
(Kennzeichen große Laufrollen wie Zgkw.)

	Front	**Seite**	**Heck**
Pz.Kpfw.III n.A.	*50 mm*	*50 mm*	*50 mm*
Pz.Kpfw.IV n.A.	*50 mm*	*40 mm*	*40 mm*

Um das Höchstgewicht von 23,5 t bei beiden Pz.Kpfw. halten zu können, hat der Pz.Kpfw.III n.A. nur eine lichte Wannenbreite von 1,65 m gegenüber 1,8 m beim Pz.Kpfw.IV n.A.

2.) Das erstrebenswerte Ziel ist die völlige Vereinheitlichung auf einen Typ. Als Unterschiede bleiben nur noch die durch die Bestückung erforderlichen Abweichungen. Diese weitgehende Vereinheitlichung ist nur zu erreichen, wenn bei Verwendung der Wanne (1,8 m breit) des Pz. Kpfw.IV in der Seitenpanzerung des Pz.Kpfw.III n.A. zur Erhaltung des Gewichts von 23,5 t etwas nachgegeben wird und zwar in dem Sinne, daß diejenigen Flächen der Wannenseiten, die durch das Laufwerk abgedeckt sind, sowie das Heck anstelle jetzt 50 mm, nunmehr 40 mm stark gemacht werden. Dies erscheint mit Rücksicht auf die außerordentlichen erreichbaren Vorteile tragbar, da die Laufwerksteile vor der Seitenwand einen zusätzlichen Schutz bilden. (Die Praxis hat gezeigt, daß die überwiegende Zahl der Schüße oberhalb des Laufwerks liegt.)
Vorteile der weitgehenden Vereinheitlichung

- *Entlastung der Konstruktionsbüros*
- *Entlastung der Erprobung*
- *Entlastung hinsichtlich der Fertigung von Versuchsserien*
- *Völlige Baugleichkeit in allen Teilen (mit Ausnahme der Bestückung); damit erhöhter Ausstoß, vereinfachter Nachschub sowie vereinfachte und vereinheitlichte Ausbildung.*
- *Umsteuerbarkeit in der Fertigung; d.h. bei Bedarf können verhältnismäßig kurzfristig Pz.Kpfw.III statt Pz.Kpfw.IV gefertigt werden und umgekehrt; damit auch größere Beweglichkeit in der Organisation.*
- *Wesentlich gesteigerte Munitionsausstattung beim Pz. Kpfw.III (um ca. 40 % mehr als jetzt, obwohl die zukünftige Patrone größer ist als die jetzige).*
- *Möglichkeit, im Zuge der Entwicklung in dem Turm eine noch stärkere panzerbrechende Waffe einzubauen, als es die jetzt in der Entwicklung liegende 5 cm L/60 sein wird, z.B. die Waffe 0725 mit kon. Lauf.*
- *Hydraul. Schwenkbarkeit des Turmes auch bei Pz.Kpfw.III; dadurch geringere Belastung der Bedienung und größere Feuergeschwindigkeit.*
- *Zustimmung erbeten.*

Die Antwort kam am 14. September 1941 vom Chef des Oberkommandos der Wehrmacht an den Oberbefehlshaber des Heeres:

Zu Chef h.Rüst u.B.d.E. Stab Rüst IIa Nr. 2944/41 g. v. 6.9.1941 betr. Vereinheitlichung der Pz.Kpfw.III u. IV hat der Führer sich wie folgt ausgesprochen:

1.) Vereinheitlichung auf den einen Typ, den Pz.Kpfw.IV, sei zweckmäßig und durchzuführen (Abweichung nur durch Bestückung).

2.) Die Schwächung der Panzerung derjenigen Flächen der Wannenseite, die an sich schon durch das Laufwerk abgedeckt sind, sollte trotzdem unterbleiben.

3.) Es ist nicht berechtigt, jede Überschreitung des Gewichtes von 23,5 to zu Lasten der Panzerung so ängstlich zu vermeiden. Schon durch seinen Befehl, unter allen Umständen den Vorpanzer zum stärkeren Schutz der Stirnseite anzubringen, werde das bisherige Höchstgewicht überschritten werden müssen; das Gewicht von 23,5 to könne also sowieso nicht gehalten werden.

Die Bezeichnungen *Pz.Kpfw.III n.A.* und *Pz.Kpfw.IV n.A.* wurden beim Wa Prüf 6 nicht benützt, sondern *VK 2001, VK 2002, VK 2301,* usw.

Die Entwicklung des *VK 2002 (K)* ist ein Beispiel, wie diese und folgende Verordnungen durch Wa Prüf 6 auf die Konstruktionsfirmen umgelegt wurden:

Zunächst war ein 5 cm Turm mit 1350 mm Bedienungskreis ohne Drehbühne gefordert, dann (AK Nr.74898 vom 10.10.41) ein 5 cm Turm mit Bedienungskreis von 1400 mm, um den wahlweisen Einbau eines 7,5 cm Turmes zu ermöglichen; endlich wurde der 7,5 cm Einheitsturm mit KwK 44, Drehbühne und zunächst 1560 mm, und später mit 1600 mm Bedienungskreis verlangt. Infolge ständiger Vergrößerung der Türme mußten die Breite (1600 auf 1650 mm) und vor allem die Länge (ursprünglich 400 mm kürzer) der Wanne wiederholt vergrößert werden. Auch die Munitionslagerung änderte sich grundlegend. Hinzu kam, daß das Studium der erbeuteten Russenfahrzeuge zu einem Schrägliegen der Aufbauwände, insbesondere der Fahrerstirnwand, zwang.

Eine gekürzte Geschichte über das Schicksal der *VK 2001*-Serie wurde in dem Fried.Krupp A.G. Technischen Bericht Geschäftsjahr 1940/41 wie folgt festgehalten:

Der Pz.Kpfw.IV (B.W.) hat sich bei den verschiedenen Feldzügen außerordentlich bewährt und wird mit der bereits angegebenen stärkeren Bewaffnung in größeren Serien auch bei Ausweichfirmen gebaut. Er ist jedoch infolge der stärkeren Bewaffnung und der stärkeren Panzerung inzwischen von 17 auf 23 t Gewicht gestiegen. Ähnlich liegen die Verhältnisse bei

Pz.Kpfw.IV Ausf.E mit Schachtellaufwerk. Laufrollen gleicher Art wurden beim Versuchs-Flak-Wagen verwendet.

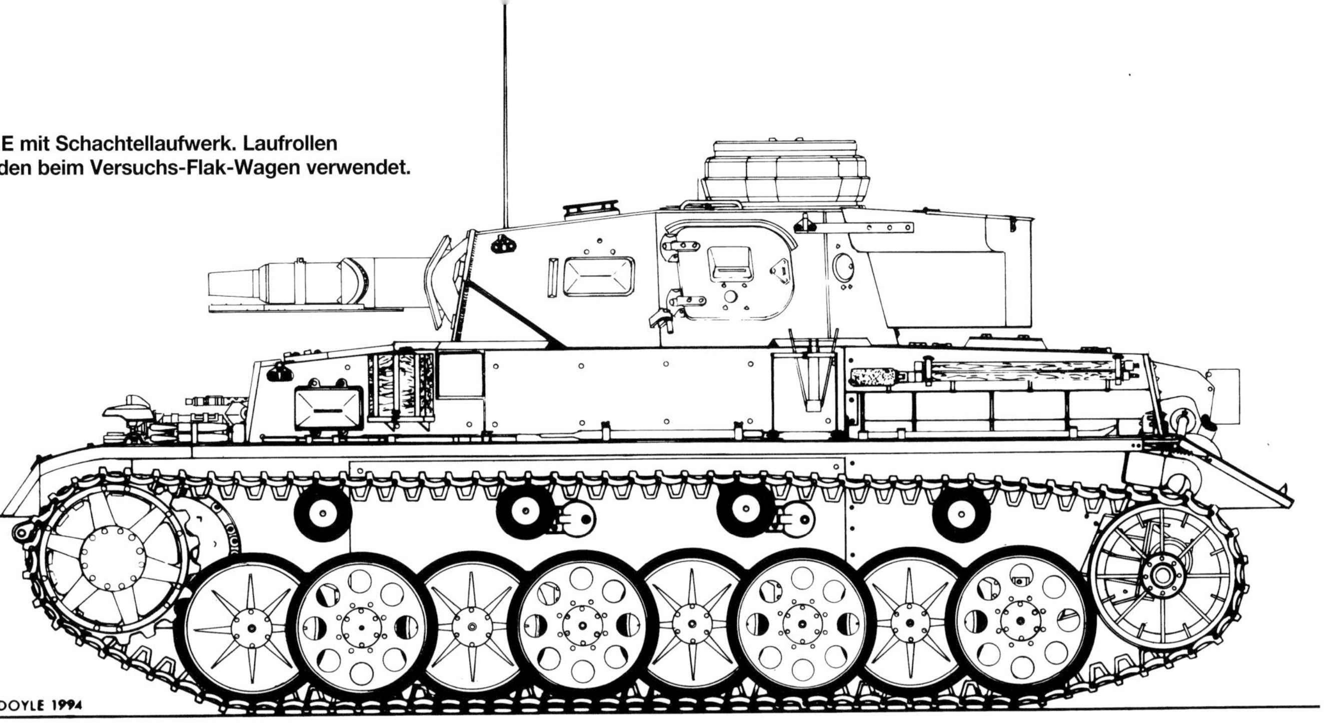

dem Kampfwagen III von Daimler-Benz. Es war daher beabsichtigt, beide Wagen in ihrer Ausführung, Panzerung und Gewicht gleich zu machen und lediglich die Bewaffnung, einmal mit 5 cm, das andere Mal mit 7,5 cm, beide Waffen von Krupp, zu unterscheiden. Die Kampfwagen wurden von Daimler-Benz, M.A.N. und Krupp in Konkurrenz entwickelt. Die Versuchsstücke sind fast fertig. Da aber durch die sprunghafte Entwicklung die Panzerung dieses Wagens schon wieder nicht ausreicht, wurde vom Führer angeordnet, diesen Wagen in der vorliegenden Form nicht in die Serienfertigung zu nehmen, sondern die Fertigung weiter zu verstärken, so daß das Gesamtgewicht auf 39 t kommen wird. Im Interesse einer rationellen Verwendung der technischen Kräfte hat der Führer gefordert, daß nur bei einer Firma eine Entwicklung laufen soll, wahrscheinlich wird damit M.A.N. betraut werden.

15.5 SCHACHTELLAUFWERK

Am 14. Dezember 1940 erteilte Wa Prüf 6 Krupp die Erlaubnis für die Konstruktion eines Schachtellaufwerks für Pz.Kpfw.IV. Zwei Versuchsfahrzeuge wurden von Wa Prüf 6 am 6. Februar 1941 wie folgt freigegeben:

Von den für 6./B.W. in Auftrag (Nr.210/5002/39(H) für Fahrgestell und 210-5902/39(H) für Aufbauten) gegebenen Pz.Kpfw.IV sind die letzten beiden Fahrzeuge nach erfolgter Abnahme, versuchsweisen Einbau eines Schachtellaufwerkes an WaPrüf6 abzugeben. Die Fahrzeuge verbleiben zur Durchführung der Versuche im Grusonwerk. Endgültige Auslieferung wird durch Wa Prüf 6 verfügt.

Eines dieser Fahrzeuge, *Pz.Kpfw.IV Ausf.E,* Fahrgestell-Nr.81005, wurde in Wunsdorf im Dezember 1942 bei der Schule für Heeresmotorisierung, 1./Lehr-Abteilung, für eine Erprobung mit dem Kühlwasserheizgerät Bauart *Fuchs* verwendet.

Am 1. August 1941 wurde berichtet, daß die Schachtellaufwerke aus acht 700 x 70 Laufrollen pro Seite mit eine Auflagelänge von 3517 mm auf 422 mm breiten Ketten bestehen sollten.

Aus der Niederschrift über eine Besprechung über Entwicklungs- und Versuchsfahrzeuge im Grusonwerk am 18. November 1941 und Anlieferung von Panzerteilen in Essen am 19. November 1941 betreffend die *...2 Fahrzeuge 6./B.W. mit Schachtellaufwerk, OKH Auftrag 006-6539/40 WaPrüf6, Grusonwerk fehlte der Termin für die Auslieferung der Panzernaben. Dazu teilte Essen mit, daß 4 Stück Panzernaben am 7. November 1941 an Grusonwerk geliefert werden.*

Am 21. November 1941 wurde berichtet, daß die Gleisketten für das *6./B.W.*-Schachtellaufwerk die Kgs.62/420/120 mit Gleitschutzstollen und für das *7./B.W.*-Schachtellaufwerk die Kgs.62/436/120 sein sollten.

Im Termin-Befehl Nr.8 vom 15. Juni 1942 von Wa J Rü (WuG) Stab V wurde betreffend Schachtellaufwerk berichtet:

Durch Verzögerungen bei der Baufirma beginnen die Versuche mit zwei Panzerkampfwagen IV erst Anfang Juni 1942. Erste Ergebnisse sind für zweite Hälfte Juni zu erwarten. Prüf 6 meldet Ergebnis weiterer Versuche zum 15. Juni 1942.

Die weitere Entwicklung wurde in einer Besprechung über *B.W.*-Laufwerke bei Krupp am 17. Juli 1942 berichtet:

Schachtellaufwerk mit 70 mm breiten Bandagen

Für die zwei Versuchsfahrzeuge sind 2 Satz = 4 Stück eisbrechende Leiträder von Gwk. zu fertigen. Ablieferungstermin 15.10.1942. Schachtellaufwerk mit 80 mm breiten Bandagen

Für das neue Laufwerk ist eine Kettenteilung von 120 mm statt 130 mm zu wählen. Die Triebradkörper sind so abzustimmen, daß die normalen B.W. Zahnradkränze verwendet werden können. Von A.K. ist zu untersuchen, ob ohne große Änderung für das Versuchsschachtellaufwerk wie für das Schachtellaufwerk der kommenden Serie die Kettenbreite auf 500 mm erhöht werden kann.

15.6 UK-VERSUCHSFAHRZEUG

(UK = Unterwasserkampffahrzeug)

Am 11. November 1941 rief Dipl.Ing. Blattmann (Wa Prüf 6/III H) Herrn Woelfert (Abteilung A.K.) betreffend *B.W.-UK* an:

Herr Blattmann teilt mit, daß die von Alkett angefertigten UK-Entwürfe von A.K. schnellstens in den Zeichnungssatz einzuarbeiten sind. Am 8. Januar müßen die Unterlagen für die Serienfertigung zur Verfügung stehen. Ich bestätigte auf Anfrage, daß Zeichnungen von Alkett bei uns eingegangen sind.

Bei einer Besprechung in Berlin am 12. November 1941 zwischen Dipl.Ing. Blattmann (Wa Prüf 6/III H) und Herrn Lanz (Abteilung A.K.) betreffend *Pz.Kpfw.IV UK* wurde berichtet:

Wa Prüf verlangt die Einarbeitung der von Alkett neu gefertigten Zeichnungen für UK-Fähigkeit in den Zeichnungssatz bis zum 8. Januar 1942. Die Serie soll dann UK-fähig weitergebaut werden. Ich machte darauf aufmerksam, daß es mit den vorhandenen Arbeitskräften auf Grund der vorliegenden Arbeiten und unter Berücksichtigung der besonders dringenden Arbeiten wie Vorpanzer, Schachtellaufwerk usw. nicht möglich sein wird, in der kurzen Zeit von ca. 6 Wochen, die nach Beendigung der Erprobung noch verbleiben, einen so umfangreichen neuen Zeichnungssatz, der fast alle Gruppen des Fahrzeuge erfasst, fertigzustellen.

Mit einem probeweisen vom Grusonwerk UK-fähig gemachten Fahrzeug beginnen am 17. November in Fallersleben Versuche. Versuchsdauer ca. 3 Wochen. Auf Grund der Versuche sind noch Änderung zu erwarten. Auch Grusonwerk gab bereits an, daß schon bei der Fertigung des Versuchsfahrzeuges Änderungen gegenüber den Alkett-Zeichnungen aus Fabrikationsgründen vorgenommen werden mußten.

Am 18. November 1941 wurde von Grusonwerk mitgeteilt, daß ein *UK*-Versuchsfahrzeug fertiggestellt sei und am 20. November nach Spandau gehen würde.

Am 22. Juli 1942 schrieb das Heeres-Waffenamt in einem Brief an Grusonwerk betreffend des Einbaues einer UK-Ausrüstung in Pz.Kpfw.IV:

Der Auftrag SS 006-6911/41 WaPrüf 6/III betr. Vorziehen eines Pz.Kpfw.IV aus der Serie zwecks Herrichtung für erhöhte Watfähigkeit wird hiermit zurückgezogen. Damit entfällt die Erteilung der Genehmigung für Freigabe dieses Fahrzeuges durch Wa J Rü (WuG6).

In einer Besprechung mit Oberst Fichtner (Wa Prüf 6) am 11. Juli 1942 wurde entschieden: *Für die Pz.Kpfw.IV Ausf.H (9./B.W.) fällt die Tauchfähigkeit und der Turm B.W.40 (hydraulischer Antrieb und neue Optik) fort.*

15.7 EINHEITSTURM B.W.40

In einer Besprechung bei Krupp, Essen, mit Wa Prüf 6 am 21. November 1940 wurde erstmals ein hydraulischer Turmantrieb für den *B.W.* durchgesprochen. In einem Brief an Abteilung A.K., Fried.Krupp A.G. erklärte das Oberkommando des Heeres, Wa Prüf 6/IId: *Wa Prüf 6 bestätigt, daß ab 8./B.W. der elektrische Turmantrieb durch hydraulischen Antrieb ersetzt wird.*

Bei einer Besprechung über Entwicklungs- und Versuchsfahrzeuge im Grusonwerk an 18. November 1941 wurde berichtet, daß das hydraulische Schwenkwerk ab Ende dieser Woche zur Besichtigung bereit stehe.

In einem Brief an Wa Prüf 6 vom 24. Februar 1942 erklärte Abteilung A.K. die folgenden Punkte über Veränderungen beim Pz.Kpfw.IV-Turmantrieb:

Es ist von Wa Prüf beabsichtigt, ab Herbst 1942 auf den Panzer III und IV den Einheitsturm »B.W.40« mit hydraulischem statt elektrischem Antrieb vorzusehen. Fahrgestellmäßig liegt bei uns noch kein offizieller Bescheid vor, die Konstruktion zu ändern.

Wir bitten, folgendes zu erwägen:

1) *Das elekrische Aggregat hat sich nach anfänglichen Schwierigkeiten bewährt. Einzylindermotor wurde durch Zweizylindermotor ersetzt. Die Verschmutzung der Gestänge für den Vergaser usw. wurde durch Abdeckung weitgehendst verhindert.*
2) *Der DKW-Motor läßt sich bei Kälte mit einfachen Mitteln zur Erwärmung des Hauptmotors benutzen und kann über das Aggregat zur Wärmeerzeugung ausgenutzt werden.*
3) *Der Hauptmotor braucht nicht dauernd in Betrieb zu sein, wenn der Turm geschwenkt werden soll. Benzinersparnis.*
4) *Die elektrische Kraftübertragung ist einfacher als die mechanische Übertragung von der Gelenkwelle aus.*
5) *Ungünstig ist der höhere Aufwand an Kupfer für das elektrische Aggregat.*
6) *Da das elektrische Aggregat aus räumlichen Gründen nicht in den Panzer III eingebaut werden kann, mußte der Einheitsturm für den Panzer III und Panzer IV verschiedene Antriebe erhalten.*

Es ergibt sich aus der obigen Zusammenstellung, daß für Fahrzeuge der Größenordnung des Panzer IV und aufwärts eine Turmschwenkung mit besonderer Kraftquelle und elektrischer Kraftübertragung günstiger erscheint. Wir bitten um Stellungnahme zu unseren Ausführungen.

In einem Brief vom 8. April 1942 an Abteilung A.K., Krupp, Essen, erklärte Oberst Fichtner (Wa Prüf 6) betreffend des hydraulischen Turmantriebs für den Turm *B.W.40*:

Unter Bezugnahme auf die Besprechung bei Fa.Krupp am 2. April 1942 zwischen Herrn Dir. Dorn und Herrn Obering. Woelfert (Fa. Krupp) und Oberstlt. Crohn (Wa Prüf 6) wird folgendes mitgeteilt:

Der hydraulische Antrieb des B.W.Turmes wird seitens der In 6 sowie der Truppe günstig beurteilt.

Auf Grund dieser Tatsache sowie der erheblich vereinfachten fabrikatorischen Möglichkeit gegenüber dem D.K.W.-Conz-Aggregat wird der neue Turm B.W.40 mit hydraulischem Antrieb ausgerüstet werden.

Hierdurch ist außerdem die zusätzliche Unterbringung von 16–19 Schuß 7,5 cm Munition möglich. Seitens Fa. Krupp sind sofort die notwendigen zeichnerischen Unterlagen für die Änderungen im Fahrgestell durchzuführen und vorab ein Termin für diese Zeichnungsänderung anzugeben.

Auf Grund der Termine für die Konstruktionsunterlagen wird dann gemeinsam mit Wa J Rü (WuG 6) ein Entscheid darüber herbeigeführt werden, ab wann der Turm B.W.40 mit hydraulischem Antrieb zum Ausstoß kommt.

Am 2. April 1942 wurde in einer Besprechung bei Krupp, Essen, erklärt:

Der neue B.W.40-Turm mit schmaler Front, organisch eingebauter Waffe und UK-Einrichtung kann frühestens Ende des Jahres geliefert werden. Serienmäßiger Anlauf evtl. Anfang 1943.

In der monatlichen Besprechung der Montagefirmen am 8. Juli 1942, teilte Oberamtmann Dösch (WuG 6) mit, daß der Turm *B.W.40* für *Pz.Kpfw.IV (7./B.W.)* nicht mehr in Frage kommt.

In einer Besprechung mit Oberst Fichtner (Wa Prüf 6) am 11. Juli 1942 wurde entschieden:

Für die Pz.Kpfw.IV Ausf.H (9./B.W.) fällt die Tauchfähigkeit und der Turm B.W.40 (hydraulischer Antrieb und neue Optik) fort. Die Verstärkung des Kegeltriebs der Seitenwellen und des Planetengetriebes ist jedoch beschleunigt durchzuführen. Es wurde festgelegt, daß der neue Turm B.W.40 mit der Stahlgußfront nicht mehr gefertigt werden soll, weil die Fertigung von B.W.-Panzergehäusen voraussichtlich Ende 1943 auslaufen wird.

15.8 B.W.-MODERNISIERUNG

Am 31. Dezember 1942 wurde zwischen Herrn Woelfert (Abteilung A.K.) und Oberstlt. Holzhaeuer (Wa Prüf 6) der Krupp-Entwurf für den *9./B.W. (Pz.Kpfw.IV Ausf.H)* wie folgt festgelegt:

Nach Entscheidung des Generalstabes soll das B.W.-Gehäuse nach A.K.-Vorschlag modernisiert werden und einen schrägen Bug nach der sogenannten »Schweren« Ausführung (Zeichn. W1462) erhalten. Mehrgewicht 880 kg mit 50 mm schräger Pultwand und 80 mm Stirnwand sowie von 10 auf 20 mm am vorderen Ende verstärktem Boden. Gleichzeitig sollen breitere Ketten und 3 statt 2 Laufrollen nebeneinander eingebaut werden, wie sie bereits versuchsweise gelaufen seien. Später kommen ein Laufwerk mit Russenrollen (gummigefederte Stahlband-Laufrollen) infrage.

Die Panzerwanne bestand aus Panzerplatten mit folgenden Stärken und Neigung (zur Horizontalebene geneigt).

Platte	Stärken	Neigung
Stirnwand, obere	50 mm	35°
Stirnwand, vordere	80 mm	76°
Stirnwand, untere	30 mm	29°
Seitenwand	30 mm	90°
Rückwand, obere	20 mm	80°
Rückwand, untere	14,5 mm	16°
Boden, vorn	20 mm	0°
Boden, hinten	10 mm	0°
Decke	16 mm	0°

Der Heckpanzer bestand aus miteinander verschweißten Panzerplatten mit folgenden Stärken und Neigung (zur Horizontalebene geneigt).

Platte	Stärken	Neigung
Decke	10 mm	2°
Seitenwand (schräg)	20 mm	55°
Seitenwand	20 mm	90°
Rückwand	20 mm	80°

Die Turmpanzerung bestand aus miteinander verschweißten Panzerplatten mit folgenden Stärken und Neigung (zur Horizontalebene geneigt).

Platte	Stärken	Neigung
Stirnwand	50 mm	80°
Blendenabdeckung	50 mm	Gebogen
Seitenwand	30 mm	65°
Rückwand	30 mm	75°
Decke, vorn	16 mm	7°
Decke, hinten	25 mm	0°

Weitere Entwicklungspunkte wurden zwischen Krupp und Wa Prüf 6/II am 5. Februar 1942 durchgesprochen:

Falls Forderung auf organische Verstärkung der Seitenwände und neuerdings auch Rückwand einschließlich Turm (Wände unter 63 bis 65 Grad Neigung) auf 45–50 mm aufrechterhalten wird, steigt das Fahrzeuggewicht bei 45 mm Stärke von etwa 25 t mit schrägem Bug auf etwa 27,2 t bei Annahme der alten Ketten.

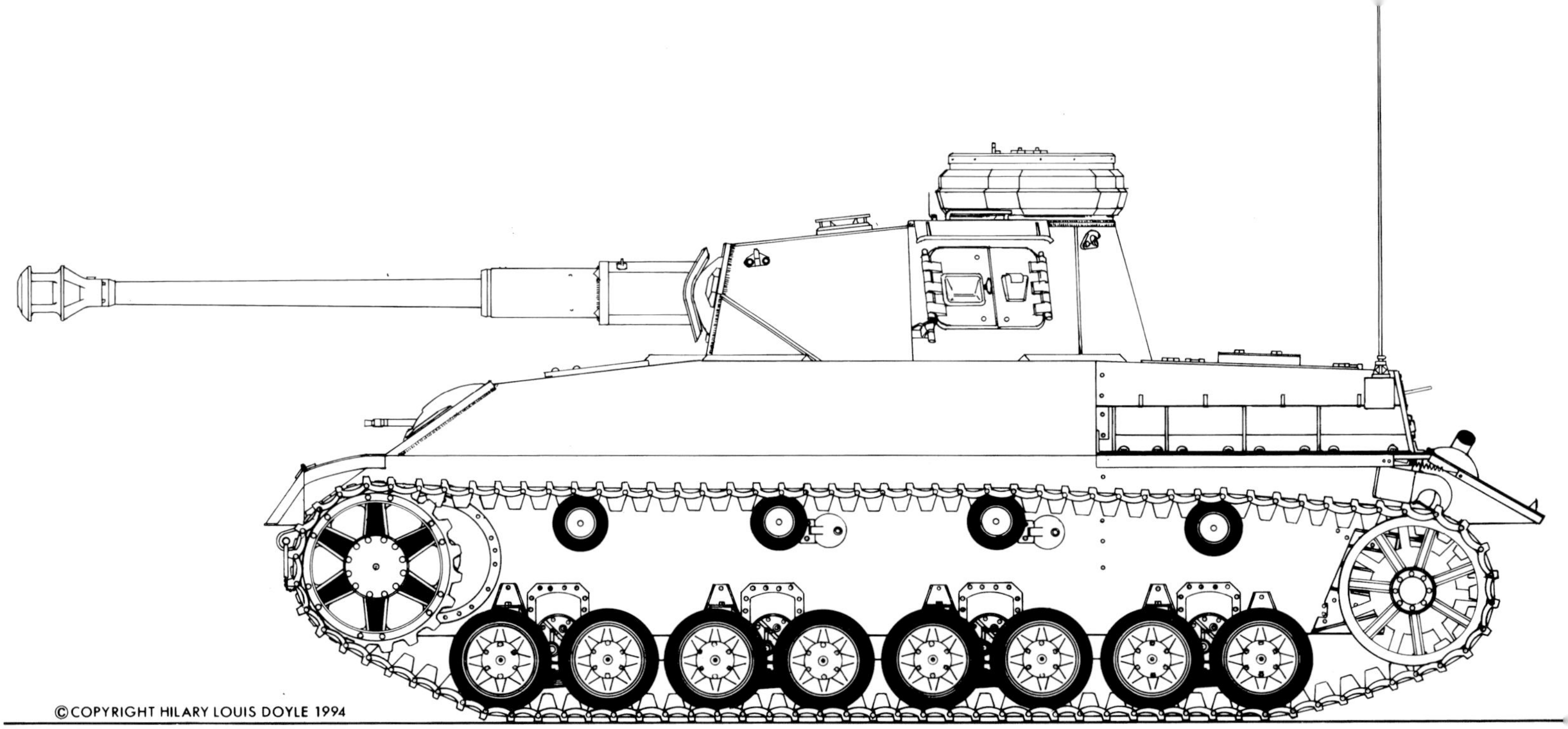

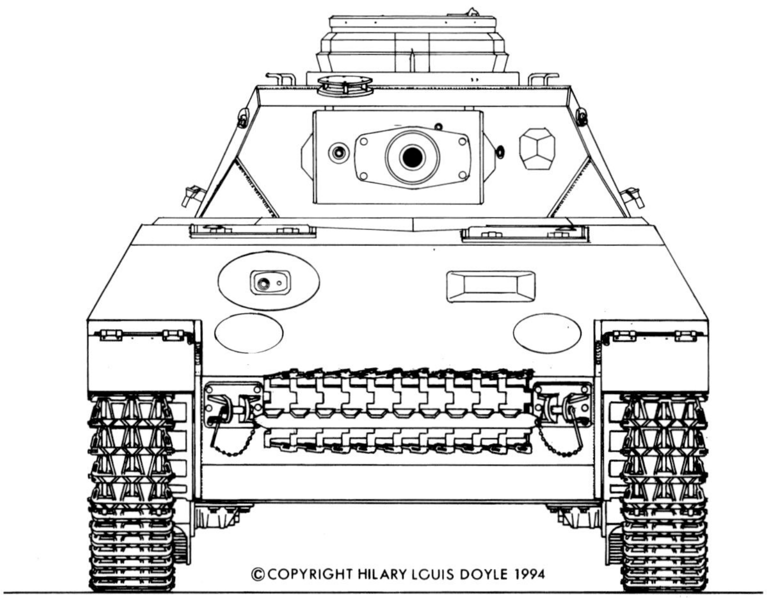

Krupp-Entwurf (Zeichnung W1466 vom 22. Januar 1943) für den 9./B.W. (Pz.Kpfw.IV Ausf.H). Diese Ausführung mit geneigten Panzerplatten galt offiziell als Ausführung H.

Dabei würde der Bodendruck 1 kg/cm² bzw. unter Berücksichtigung der geringeren tragenden Fläche bei dieser älteren Kettenausführung etwa 1,25 kg/cm² betragen, also zu hoch sein. Bei Einbau der beabsichtigten Winterketten von 560 mm Breite würde der Bodendruck 0,72 kg/cm² und das Fahrzeuggewicht in Verbindung mit einer dritten Gummibandage 28,2 t betragen. Bei Einführung der dritten Gummibandage für die breite Kette besteht aber die Gefahr des Auskochens der inneren Bandage besonders, da bei dem dauernd gesteigerten Fahrzeuggewicht evtl. die Laufwerkshebel etwas nachgeben. Wir schlagen daher vor, möglichst bald auf gummisparende Rollen überzugehen.

Bei einem Fahrzeuggewicht von 28,2 t bestehen naturgemäß die größten Bedenken gegen die wesentlich stärkere Belastung des Laufwerks und Lenkgetriebes. Unseres Erachtens ist aber keine andere Lösung möglich, um die Forderung der Truppe zu erfüllen. Eine Entscheidung muß sofort getroffen werden.

Gleichzeitig wäre umgehend ein Fahrversuch mit 28 t Gesamtgewicht zur Überprüfung der Lenkfähigkeit einzuleiten, da die Betätigung des ursprünglich für 18 t ausgelegten Lenkgetriebes immer schwieriger wird. Durch die Fahrversuche müßte auch die zulässige Höchstgeschwindigkeit sowie das Verhalten beim Bremsen, Nehmen von Steigungen und Gefällen usw. ermittelt werden.

Der Eile halber sehen wir bei den Zeichnungen für Ausführung H mit schrägem Bug und Leistungssteigerung sofort 45 mm starke Seiten- und Rückwände vor.

Wir bemerken noch, daß sich durch weitgehende Umkonstruktion und Neubeschaffung sowie das Vergüten und Richten stärkerer Bleche eine Terminverzögerung nicht vermeiden läßt. Dabei versteht sich, daß wir alle Mittel zur Verkürzung der Termine einsetzen.

In der Besprechung am 17. Februar 1943 im Ministerium für Bewaffnung und Munition wurde das Schicksal der weiteren Entwicklung der Pz.Kpfw.IV-Serie entschieden. Anwesend waren:

wickeln. Für eine solche Untersuchung käme eventuell die von Fa.Daimler-Benz für Panther schmal verwendete, neu in Entwicklung befindliche 7,5cm Kw.K.42, in Betracht.

Am 2. November 1944 wurden die Gewichte für neue vorgeschlagene Pz.Kpfw.IV mit 7,5 cm KwK L/70 errechnet:

Gewicht d. Fahrgest. ohne Bugp. m. 5 Mann	17.300 kg
Gewicht d. Panzerschürze	800 kg
Gewicht d. Bugpanzers	1900 kg
Gewicht d. Turmes (50/30 mm Pzrg.)	4.500 kg
Gewicht d. Munition	850 kg
Verschiedenes	50 kg
Gefechtsgewicht	25.400 kg
desgl.m.(8+1) ggf.Laufrolle	26.000 kg

15.11 Vereinfachter Turm

Abteilung A.K., Krupp, Essen, fertigte einen Entwurf für *B.W.* Weiterentwicklung eines vereinfachten Turmes nach Zeichnung AKF 31941 vom 19. Juli 1944. Die neue Turm-Konstruktion hatte eine Sechskannten-Turm-Form, einfache Geschütz-Blende, keine Sehklappen oder MP-Klappen, keine Kommandantenkuppel, zwei Lukendeckel im Turmdach, und vereinfachten Lukendeckel ohne Seh- und MP-Klappen an der linken Turmseite.

Das Turmgehäuse bestand aus Panzerplatten mit folgenden Stärken und Neigung (zur Horizontalebene geneigt).

Platte	Stärken	Neigung
Stirnwand	80 mm	80°
Blendenabdeckung	80 mm	–
Seitenwand	42 mm	65°
Rückwand	42 mm	65°
Decke	25 mm	0°

Am 19. Juli 1944 wurde entschieden, daß durch die neue Programm-Situation, nach welcher in den nächsten Monaten der Pz.Kpfw.IV auf den *Panzerjäger* mit L/70 umzustellen sei, die Einführung einer vereinfachten Turm-Konstruktion für den Pz.Kpfw.IV nicht mehr in Frage käme.

15.12 Sonderausführung des Pz.Kpfw.IV

Das Heereswaffenamt sah sich während des Krieges einem wachsenden Druck der Waffen-SS ausgesetzt, die für ihre Einheiten Waffen und Geräte forderte, die in den genehmigten Beschaffungsprogrammen nicht vorgesehen waren. Wie weit dieser Einfluß schon gediehen war, zeigt sich an folgenden Beispielen:

- Nach Übernahme der Böhmisch-Mährischen Maschinenfabrik in Prag 1939 sicherte sich die Waffen-SS bei Praga eine Schlepper-Fertigungskapazität (Vollkette), die einen Teil der Produktion bis Kriegsende beanspruchte.
- Um bei russischen Geländeverhältnissen mobil zu bleiben, schuf die Waffen-SS eine praktische und kostengünstige Lösung durch den Umbau handelsüblicher Lastkraftwagen in Halbkettenfahrzeuge, das bekannte *Maultier.* Der Umbau konnte notfalls bei der Truppe erfolgen.

Es ist deshalb nicht verwunderlich, daß sich die Waffen-SS auch an Verbesserungen ihrer Kampffahrzeuge interessiert zeigte. Dies geschah teilweise unter Umgehung der vom Heereswaffenamt vorgeschriebenen Amtsabläufe.

Am 6. April 1944 wurde ein Entwurf Nr. TE121 für einen hydrostatischen Panzerantrieb gefertigt, gefolgt von einer Skizze der Hauptkomponenten, konstruiert durch das Nibelungen-Werk, St. Valentin, am 18. Mai 1944.

Am 23. Oktober 1944 wurde im Auftrag des SS-Führungs-Hauptamtes T.-Amt VIII F.E.P. eine Schnitt-Zeichnung mit Erklärungen wichtiger Veränderungen für eine Sonderausführung des Panzerkampfwagen IV gefertigt. Die Hauptpunkte waren:

1) Die Höhen- und Seitenrichtmaschine war hydraulisch kombiniert mit einem Knüppel steuerbar bei gleichzeitiger mechanischer Begrenzung der Höhenrichtmaschine. Bei Loslassen des Knüppels automatisch mechanische Arretierung beider Richtmaschinen in dem jeweils angerichteten Richtwert. Elektrische Abfeuerung für Kanone und Turm-MG am Steuerknüppel. Mittels dieser kombinierten Waffensteuerung konnte der Turm in ca. 20 Sekunden um 360° geschwenkt werden, bei gleichzeitigem Einrichten aller Höhenwerte in beliebig kurzer Zeit, abhängig vom Ausschlag des Steuerknüppels, wodurch größte Richtgeschwindigkeit von Turm-MG und Kanone erreicht wurden. Im Falle einer Havarie dieser Kombinations-Waffensteuerung war je eine mechanische Kupplung vorhanden, welche es dem Richtschützen ermöglichte, sofort auf Handbetrieb alten Stils umzuschalten.
2) Druckölversorgung für Waffensteuerung für wahlweisen DKW- oder Maybach-Antrieb, mit elektrischer und hydraulischer Drehdurchführung zum Turm.
3) Hydrodynamischer Heckantrieb, welcher stufenloses Fahren von G bis max. Last ermöglichte, die durch Verwendung der überlangen 7,5 cm Kanone hervorgerufene Kopflastigkeit des Pz.Kpfw.IV beseitigte und außerdem neue Möglichkeiten in bezug auf Unterbringung von zusätzlichen Waffen, Munition und Treibstoff im Frontraum schuf.
   Die Vorteile der Hydrodynamik waren folgende:
   a) Einsparung des Stufengetriebes, der Lenk- und Stützbremsen sowie der Planetengetriebe.

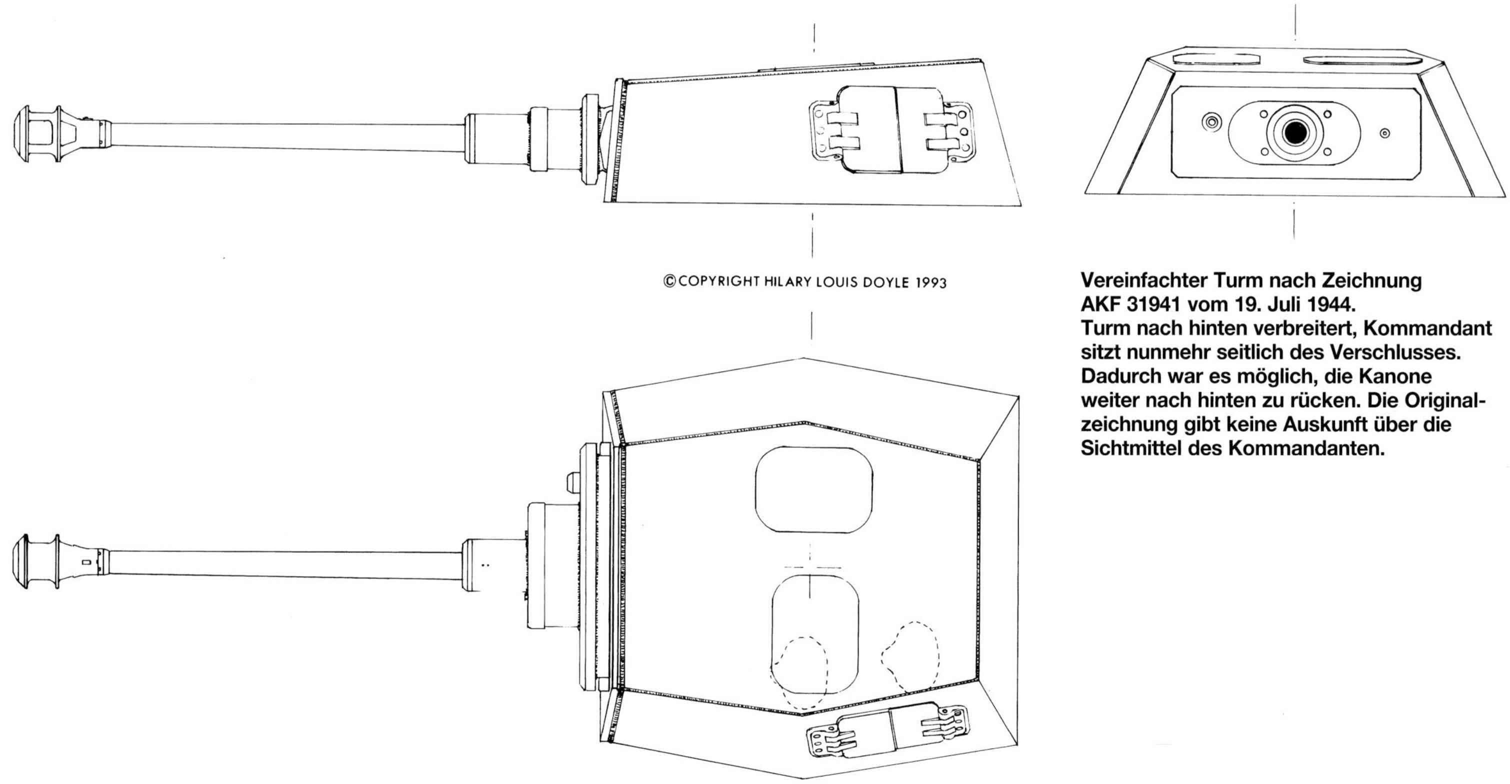

Vereinfachter Turm nach Zeichnung AKF 31941 vom 19. Juli 1944. Turm nach hinten verbreitert, Kommandant sitzt nunmehr seitlich des Verschlusses. Dadurch war es möglich, die Kanone weiter nach hinten zu rücken. Die Originalzeichnung gibt keine Auskunft über die Sichtmittel des Kommandanten.

b) Die Herstellung dieser Getriebe erforderte keinerlei Engpaß-Legierungen, wie Cr, Mn, Si, da neben 3 Kugellagern ausschließlich ein Stahlgußgehäuse sowie Triebflansch und Kolbenstangen aus Stahl gefertigt werden mußten und so alle übrigen Teile aus unlegiertem Grauguß gefertigt werden konnten. Von ausschlaggebender Bedeutung war, daß alle Teile dieser Getriebe runde Konturen aufwiesen, somit sämtlich in Automaten mit entsprechenden Vorrichtungen in Massen hergestellt werden konnten.

Von gleich wichtiger Bedeutung war, daß alle beim normalen Gleiskettenfahrzeug auftretenden Bremskräfte (Wenden) bei dieser Sonderausführung wegfielen, da vermittels Geschwindkeitsverlagerungen beider Ketten zueinander jeglicher unnützer Kraftaufwand vermieden wurde, was die Lebensdauer aller Antriebsorgane wesentlich erhöhte und eine Treibstoffersparnis von mindestens 20% garantierte.

4) Hydraulische Lenkung, welche die Handhabung dieses Fahrzeuges der eines normalen Kfz weitestgehend anglich. Wenden auf der Stelle oder während des Vorwärtsbzw. Rückwärtsfahrens in beliebiger Geschwindigkeit, abhängig vom Ausschlag der Fußpedale, bei gleichzeitiger Synchronisierung der Motordrehzahl. Durch Synchronisierung der Motordrehzahl mit dem Getriebelenkpedal (Vorwärts- und Rückwärtsfahren) wurde jegliches sinnlose Rasen des Motors vermieden und eine weitere Schonung des Materials bzw. Einsparung von kostbarem Treibstoff erreicht.

5) Kühlsystem doppelseitig wirkend für Maybachmotor und hydrodynamisches Getriebe (Lufteintritt bzw. Luftaustritt auf jeder Seite des Motors).

6) Die Neukonstruktion des Hecks erlaubte mühelos jegliche Reparatur durch Öffnen der Heckklappen.

7) Alle lebenswichtigen Teile des Motors waren vom Kampfraum aus zugänglich, ebenso war das Ankurbeln des Motors mittels Fliehkraftanlasser vom Kampfraum aus möglich, womit erreicht wurde, daß sich die Besatzung bei einschlägigen Havarien dem Beschuß nicht mehr zu exponieren brauchte.

8) Neu konstruiert waren außerdem die Leiträder, welche eine Kombination von Leitrad-Kettenspannvorrichtung ohne Exzenter sowie die Innenbackenbremsen in sich schlossen. Das Kettenspannen hatte keinerlei Einfluß auf die Bremsorgane und erübrigte somit jedes Nachjustieren derselben. Zur Lenkung dieser Sonderausführung Panzerkampfwagen IV waren keinerlei mechanische Bremsen erforderlich, da diese Funktionen ausschließlich vermittels hydraulischer Lenkung über die hydrodynamischen Getriebe ausgeführt wurden. Die in der Leitradkombination vorhandenen Innenbackenbremsen dienten ausschließlich Notfällen.

9) Abschrägung der Bugplatte war nun möglich.

Am 25. Oktober 1944 erfolgte im Auftrag des SS-Führungs-Hauptamtes T.-Amt VIII F.E.P. die Anweisung an die Zahnradfabrik Augsburg, eine Sonderausführung des Panzer-

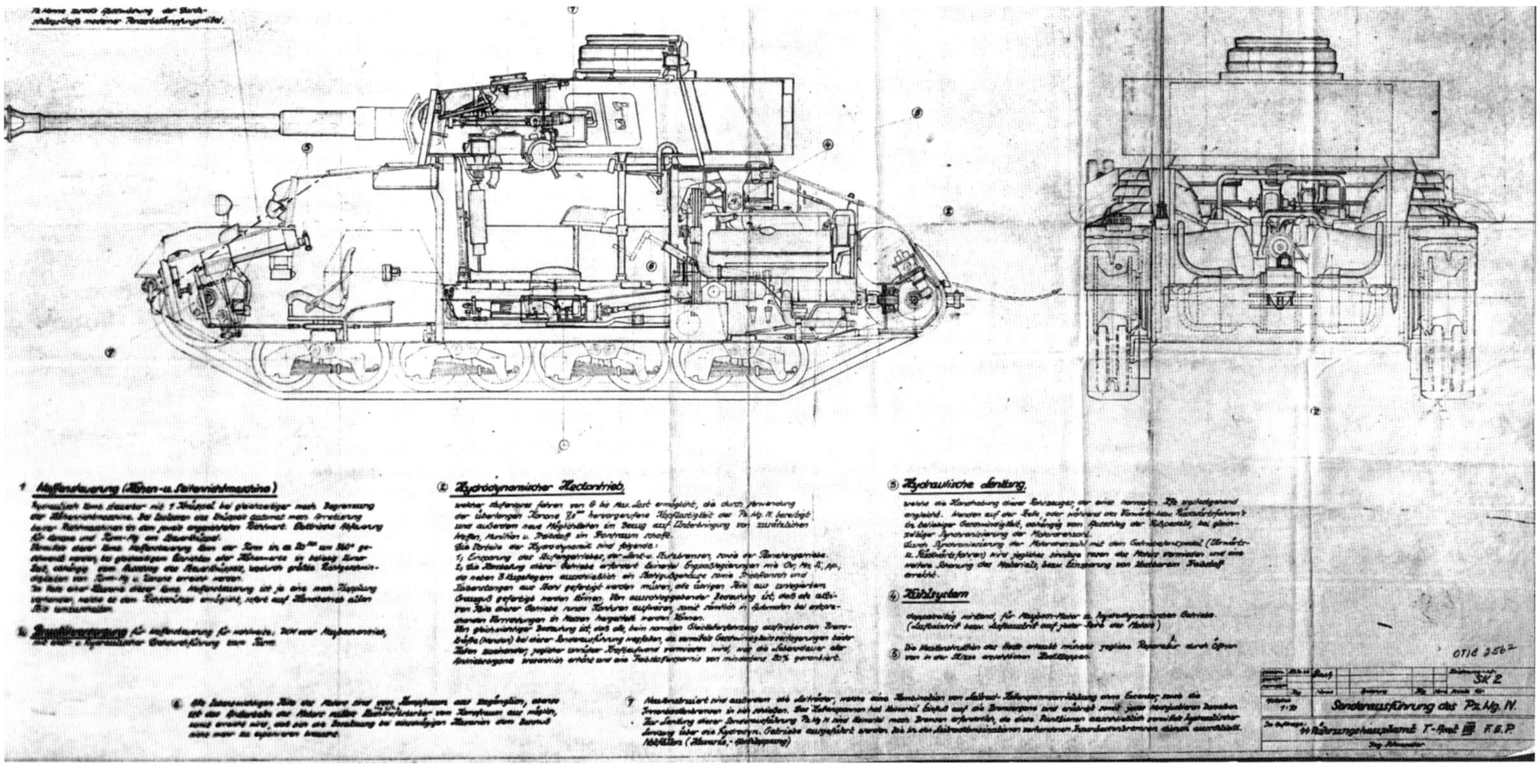

Sonderausführung des Pz.Kpfw.IV mit hydraulischem Antrieb.

kampfwagen IV mit hydrostatischem Antrieb in ihre Entwicklung aufzunehmen. Es handelte sich dabei nicht um ein Flüssigkeitsgetriebe, in Wirklichkeit fehlte im Versuchsfahrzeug das übliche Getriebe überhaupt. Der Thoma-Antrieb war so ausgelegt, daß der Hauptmotor (Maybach HL 120) direkt mit zwei Hochleistungs-Ölpumpen verbunden war. Diese Ölpumpen versorgten zwei Ölmotoren. Ein Taumelscheibenantrieb trieb über Übersetzungsgetriebe die hinten liegenden Antriebsräder an. Diese hatten einen Durchmesser von ca. 550 mm, während die vorne liegenden Leiträder einen solchen von ca. 780 mm hatten. Gleichzeitig mit dem hydrostatischen Antrieb erfolgte auch der Turmantrieb hydraulisch.

Das Versuchsfahrzeug (ein umgebauter *Pz.Kpfw.IV Ausf. G)* wurde nach Kriegsende 1945 im Auftrag der US-Armee zur Firma Vickers Inc., Detroit, Michigan, überstellt und dort eingehend untersucht. Ein abschließender Bericht der Firma Vickers trägt das Datum 12.4.1946. Das Versuchsfahrzeug steht noch heute in einem Panzermuseum in den Vereinigten Staaten.

Blick in den Fahrerraum mit allen Bedienungsorganen.

Motorraum mit eingebautem Maybach-HL 120-Motor. Der Antrieb zum Ölmotor ist als Flansch ausgebildet.

Das gesamte Öl-Antriebs-aggregat mit Hauptflansch einschließlich der beiden Ölmotoren.

Sonderausführung des Pz.Kpfw.IV mit hydraulischem Antrieb.

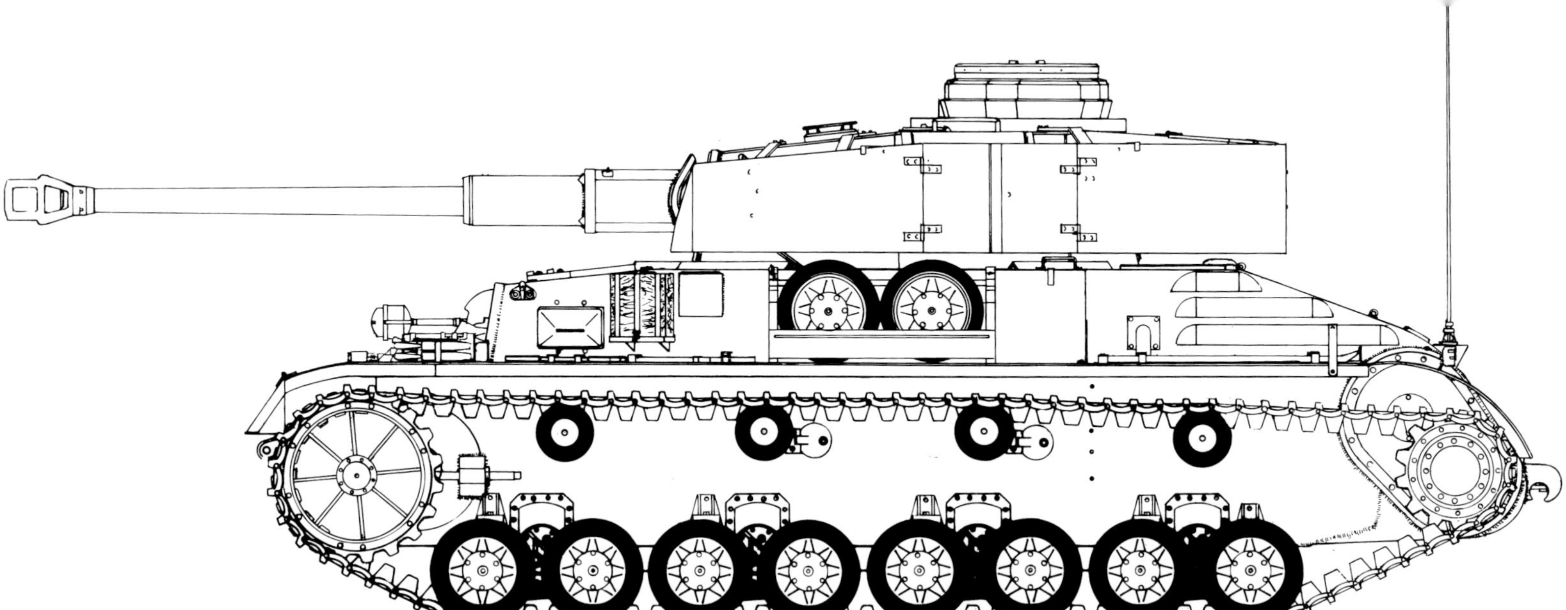

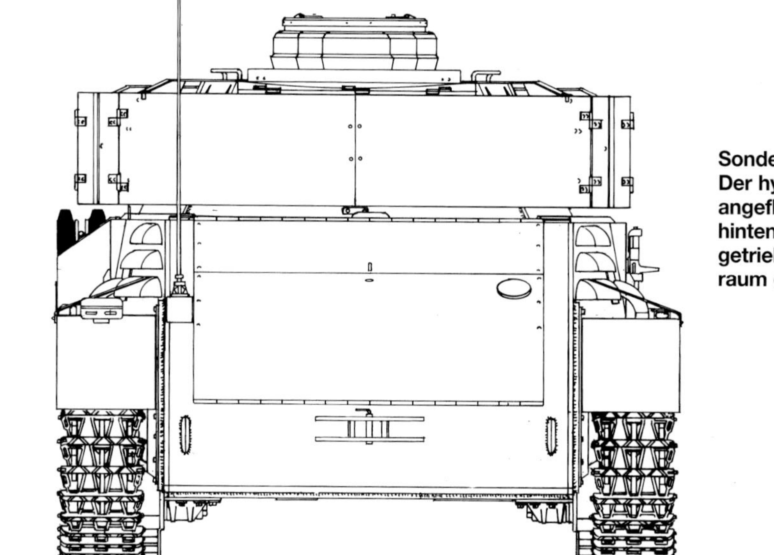

Sonderausführung des Pz.Kpfw.IV mit hydraulischem Antrieb. Der hydraulische Antrieb war hinten am Maybach-Motor HL 120 angeflanscht. Dadurch konnte der Antriebsmotor um 100 mm nach hinten versetzt werden. Der Raum, den früher das SSG 76-Schaltgetriebe eingenommen hatte, konnte nunmehr als zusätzlicher Stauraum genutzt werden.

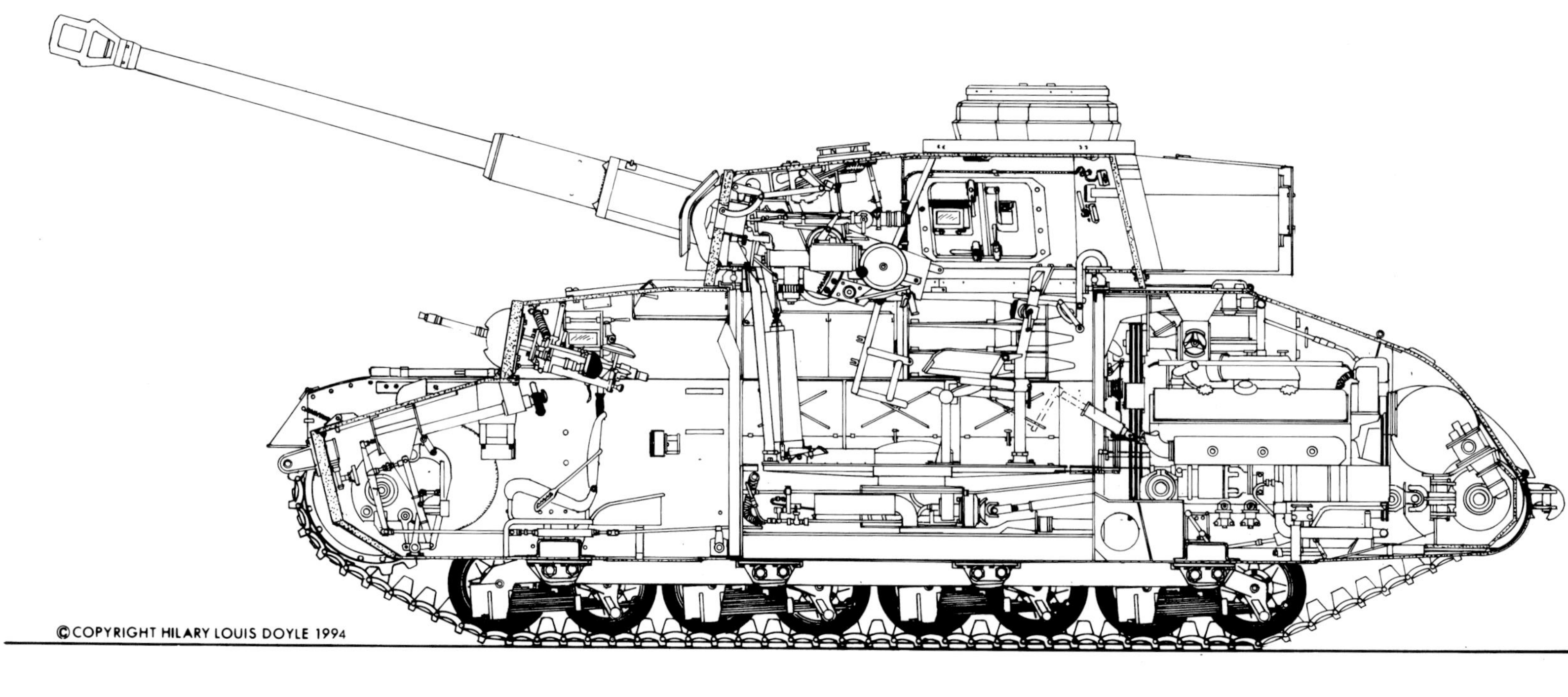

16. DER PANZERKAMPFWAGEN IV IM EINSATZ

16.1 Feldzug in Polen ab 1. September 1939

Bei Beginn des Polen-Feldzuges waren Pz.Kpfw.IV in der Gliederung der Panzer Abteilungen entweder in der *Leichten Panzerkompanie a* (K.St.N.1175 vom 1.3.1939) oder in der *Mittleren Panzerkompanie* (K.St.N.1175(Sd.) vom 1.9.1939) eingeordnet.

Zu diesem Zeitpunkt wurden die mittleren Panzerkompanien der Panzer-Regimenter 1, 2 und 11, sowie die I.Abteilung/Panzer-Lehrregiment und Panzer-Abteilung 65 mit je 14 Pz.Kpfw.IV ausgestattet. Infolge Mangels an Pz.Kpfw.IV hatten die restlichen Panzer-Abteilungen nur drei bis fünf Pz.Kpfw.IV in ihrer *Leichten Panzerkompanie a*.

Von den 211 Pz.Kpfw.IV, die bis Ende August 1939 gefertigt worden waren, wurden 198 im Polen-Feldzug eingesetzt. Der Rest war verstreut im Ersatzheer und bei den Schulen oder warteten auf Übergabe im Heeres-Zeugamt. Pz.Kpfw.IV wurden während des Feldzuges nicht als Ersatz den Panzer-Einheiten zugewiesen. 19 Pz.Kpfw.IV wurden in Polen derart beschädigt, daß sie ins Werk zur Generalüberholung überstellt werden mußten.

Pz.Kpfw.IV Ausf.A, taktische Nr. 434, während des Polen-Feldzuges 1939. Das weiße Kreuz als Hoheitsabzeichen diente nur während des »Feldzuges der 19 Tage« als Fahrzeug-Kennzeichnung und wurde bald danach durch das Balkenkreuz ersetzt.

Pz.Kpfw.IV Ausf.C, taktische Nr. 443, in Polen 1939. Die Besatzung säubert ihr Fahrzeug mit Hilfe eines Feuerwehrschlauches.

Der Kampfwert der Pz.Kpfw.IV in Polen wurde in einem Erfahrungsbericht des XIX. Armee Korps (Kommandeur Gen. Guderian) klar bestätigt:

Haupterfordernis beschleunigte Beschaffung der Pz.-Kpfw.IV und Aufstellung der mittleren Kompanie. Sie haben sehr starke tatsächliche und moralische Wirkung. Die Truppe hat besonderes Vertrauen zu ihnen.

16.2 Feldzug im Westen ab 10. Mai 1940

Vor dem Feldzug im Westen wurden, mit Ausnahme der Panzer-Abteilung 40, alle Panzer-Einheiten in 10 Panzer-Divisionen zusammengefaßt. Obwohl im Zeitraum Oktober 1939 bis April 1940 103 *Pz.Kpfw.IV Ausf.D* fertiggestellt wurden, reichten diese immer noch nicht aus, um die mittleren Panzerkompanien auf den genehmigten Stand von 14 Pz.Kpfw.IV zu bringen. Fast alle Panzer-Abteilungen hatten durch Befehl vom Februar 1940 ihre *Mittleren Panzerkompanien* nach K.St.N.1175(Sd.) vom 1.9.1939 umorganisiert. Jedoch wurde durch diesen Befehl die Genehmigung einer Gliederung von nur acht Pz.Kpfw.IV pro mittlerer Panzerkompanie gegeben. Die II. Abteilung/Panzer-Regiment 33 und die Panzer-Regimenter 5, 6, 35 und 36 untergliederten sich noch immer in *Leichte Panzerkompanien a* (K.St.N.1175 vom 1.3.1939). Von den insgesamt 290 Pz.Kpfw.IV beim Gesamtheer standen 279 Stück für den Feldzug im Westen bei den Panzer-Einheiten bereit.

Die folgenden Gefechtsberichte geben ausgezeichnete Beispiele über den Einsatz von Pz.Kpfw.IV in diesem und weiteren Feldzügen:

Gefechtsbericht der 4./Panzer Regiment 1 über das Gefecht bei Tourteron am 16.5.1940

Wegen der Möglichkeit eines fdl. Panzerangriffs aus der linken Flanke hat das Regiment in der Nacht vom 15. zum 16.5. ostw. Ort einen Igel gebildet. Die Schützen und andere Truppenteile kämpften am 15.5. um den Übergang bei Chagny. Da sich der Gegner in der Nacht gelöst hat, wird Abstand genommen von dem beabsichtigten Handstreich auf Louvergny am Morgen des 16.5..

Pz.Kpfw.IV Ausf.C, taktische Nr. 423, beim Abfeuern der 7,5 cm KwK L/24.

Pz.Kpfw.IV Ausf.D nach Beschuß durch eine französische 2,5 cm Pak. Der Treffer sitzt in der Mitte der Stirnplatte. Frankreich 1940.

Panzer IV Ausführung D bei einer Übung im März 1940. Foto: Bundesarchiv, Bild 101I-124-0211-18, Gutjahr, © CC-BY-SA-3.0

An einem zerstörten Bahndamm in Frankreich fährt 1940 ein Panzer IV der 5. Panzerdivision mit 7,5 cm Kwk L/24 vorbei.
Foto: Bundesarchiv, Bild 101I-124-0250-39, Hinz, © CC-BY-SA-3.0

Die Besatzung eines Panzer IV Ausführung D schaut aus ihren Luken heraus. Foto: Bundesarchiv, Bild 101I-124-0216-11, Huschke, © CC-BY-SA-3.0

leichte Panzerkompanie a

K.St.N.1175 v. 1.3.1939

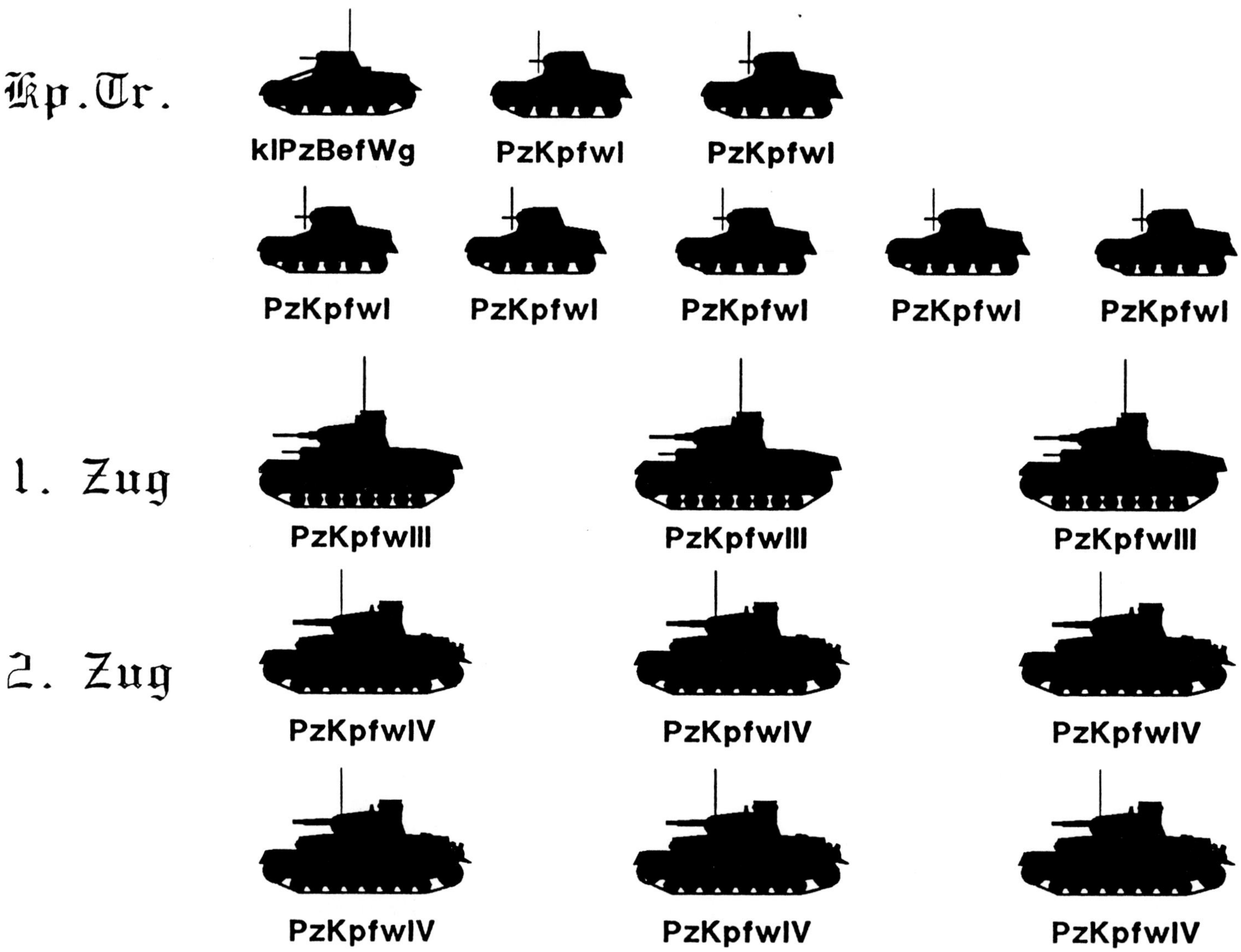

Gliederung der Leichten Panzerkompanie a, gemäß K.St.N.1175 v. 1.3.1939.

mittlere Panzerkompanie

K.St.N.1175(Sd.) v. 1.9.1939

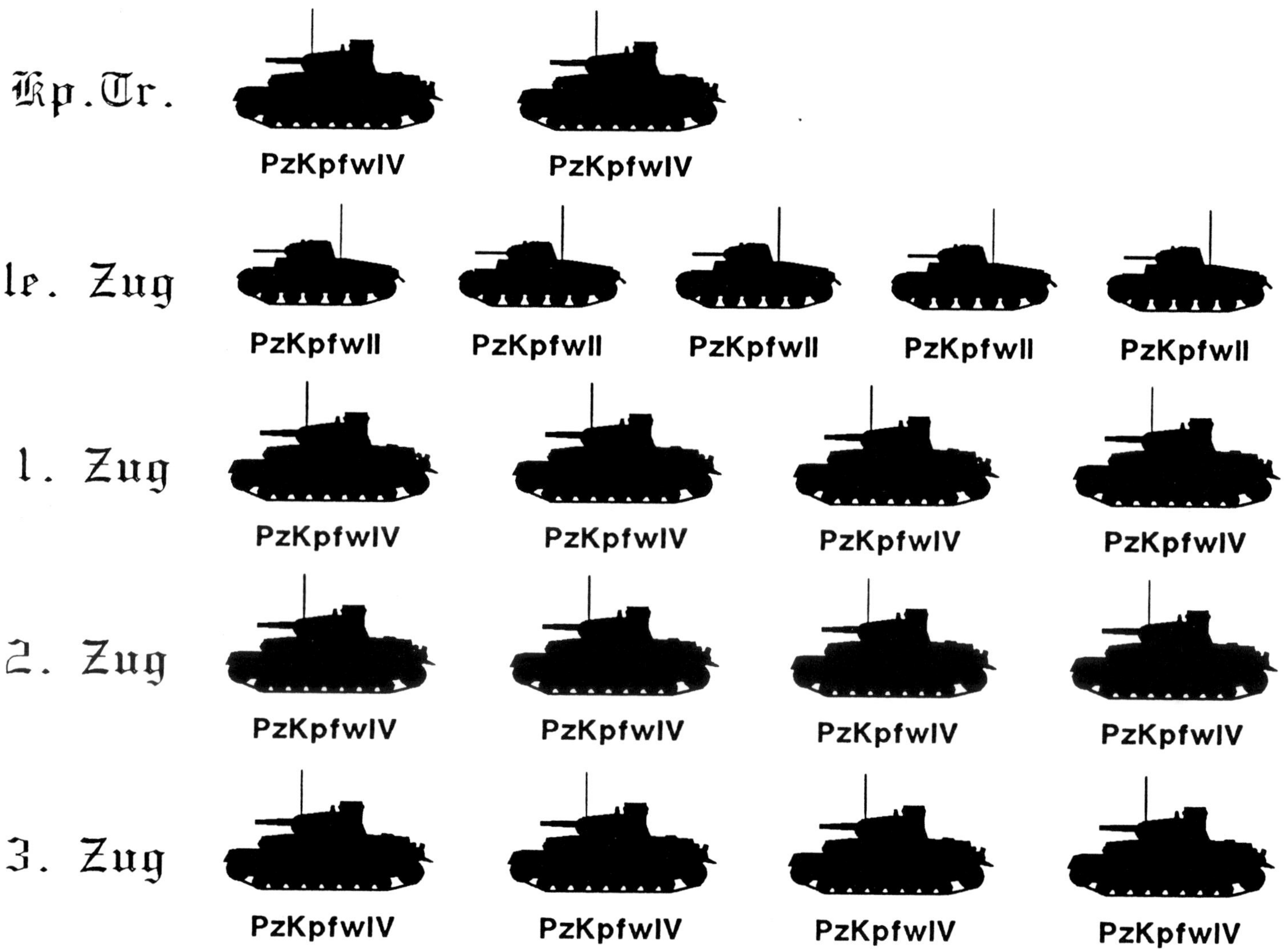

Gliederung der Mittleren Panzerkompanie, gemäß K.St.N.1175(Sd) v. 1.9.1939.

Foto: Bundesarchiv, Bild 101I-175-1267-31, Teschendorf, © CC-BY-SA-3.0

Panzer IV bei Operationen in Griechenland 1941/42 mit sommerlich gekleideten Besatzungen.

Foto: Bundesarchiv, Bild 101I-175-1267-09, Teschendorf, © CC-BY-SA-3.0

Panzerkampfwagen IV fahren durch den Hafen von Thessaloniki, Griechenland.

Auf Eisenbahnwaggons verladene Panzer IV der Ausführung G mit 7,5 cm KWK L/48 in Griechenland.
Foto: Bundesarchiv, Bild 101I-175-1264-06, Teschendorf, © CC-BY-SA-3.0

Auch diese Panzerkampfwagen IV sind mit der langen 7,5 cm KwK L/48 ausgerüstet. Foto: Bundesarchiv, Bild 101I-175-1268-06A, © CC-BY-SA-3.0

Im Schlamm steckengebliebener Panzer IV der Ausführung G wird von einem zweiten Panzer herausgezogen.
Foto: Bundesarchiv, Bild 101I-175-1268-20A, Teschendorf, © CC-BY-SA-3.0

Die Spitze für den Vormarsch dieses Tages bilden die 3./Kradschützen Btl.1 und die 4./Pz.Rgt.1, letztere bestehend aus 3 Pz.Kpfw.II und 3 Pz.Kpfw.IV (Kühne, Meier, Mattersteig, Komp.Chef, Lucas, Ewaldt). Von Chagny aus unternehmen die Pz. Lucas und Ewaldt eine Aufklärung in die linke Flanke, wo fdl. Pz.Fahrzeuge gesichtet worden sein sollen. Sie werden, nachdem sie keinen Feind mehr feststellen konnten, durch Funk zurückgerufen. Pz. Ewaldt fällt bei Chagny aus. Der Pz. Lucas erreicht die Spitze, die sich bereits wieder in Marsch gesetzt hatte, in La Sabotterie. Ein Zug marokk. Kradschützen, die in dem Ort von rechts kommend auf unsere Spitze stoßen, wird gefangengenommen. Der Vormarsch geht weiter. Bevor die Spitze die Wegespinne zwischen La Sabotterie und Tourteron erreicht, stießen von rechts 3 franz.Pz.Spähwagen und 2 Kräder mit Höchstgeschwindigkeit auf unsere Vormarschstraße und fliehen in Richtung Tourteron. Sie werden von den vordersten Fahrzeugen, anscheinend ohne Erfolg, beschossen.

Als sich die Spitze (2 Pz.Kpfw.II, 1 Pz.Kpfw.IV) Tourteron nähert, erhält sie Pak- und M.G.-Feuer aus Tourteron und von den Höhen jenseits Tourteron. Ein weiteres Vorgehen auf der Straße ist unmöglich. Die Panzer nehmem das Feuer auf erkannte Ziele auf, setzen dann aber langsam zurück. Mit dem Chef der Spitzenkomp. der Kradschützen wird vereinbart, daß die Pz.Kpfw.IV auf den Höhen von Tourteron in Stellung gehen und unter ihrem Feuerschutz die Kradschützen in die Stadt eindringen sollen. Die Pz.Kpfw.II sichern die Straße in Richtung Tourteron und La Sabotterie. Den Pz.Kpfw.IV gelingt es, die fdl. Pz.Spähwagen zu vertreiben. Ein l.Pz.Kpfw. und ein gep. Munitionsschlepper werden vernichtet. Nachdem Minen in dem Ort durch die Kradschützen weggeräumt sind, setzt die Spitze ihren Marsch weiter fort. Das Chef-Fahrzeug fällt aus, da es 2 Treffer bekommen hat; einer davon hat die Kanone beschädigt. Die Spitze besteht nun noch aus 3 Pz.Kpfw.II (l.Zug) und 1 Pz.Kpfw.IV (Lt. Lucas). Der Vormarsch geht in der alten Marschfolge weiter, Spähtrupp der Kradschützen, Panzer, Kradschützenkomp. Bei Sorcy-Bauthemont trifft die Spitze auf starken Widerstand. Ein Pz.Kpfw.II des 1. Zuges erhält mehrere Paktreffer. Die Besatzung muß ausbooten. Das Fahrzeug erhält dann noch mehrere Paktreffer, insgesamt 19. Der einzige Pz.Kpfw.IV der Spitze eröffnet das Feuer und kämpft mehrere Pak nieder. Nachdem sämtliche Brisanz- und Pz.Kopf-Granaten verschossen sind, werden noch Nebelgranaten auf den Dorfrand gelegt, um den Rückzug zu decken. Auch die Besatzung des Pz.Kpfw.IV muß ausbooten, da das Fahrzeug wegen techn. Mängel bewegungsunfähig geworden ist und auch bei den letzten Granaten die Kanone entzwei geht. Kradschützen übernehmen den Schutz des Panzer. Durch die Abteilung werden Fahrzeuge der 2.Komp. abgerufen, um die 4. Komp. herauszuholen. Nachdem der Feindwiderstand gebrochen ist, stellt sich heraus, daß eine Pak-Komp. mit Kradschützen im Ort in Stellung war.

Bericht der 8./Panzer Regiment 1
über das Gefecht bei St. Folouin am 24. Mai 1940

Aufgabe: Ein Zug der 4. Kompanie (2. Zug), der 8. Komp. unterstellt, soll den Schützen bei Erweitern des Brückenkopfes vorwärtshelfen. Die Erkundung für dieses Unternehmen wird am Vormittag durch Lt. v.Villebois und Lt. Lucas durchgeführt.

Durchführung: Der 1. Kanal, der schon am Tage vorher von uns genommen war, wird ohne Schwierigkeiten überwunden. Die Panzer geben den Schützen Feuerschutz, um sie an den zweiten Kanal herankommen zu lassen. Dann fahren die Panzer bis an den Kanal heran und geben den Schützen vom diesseitigen Ufer und zum Übersetzen und zum Erweitern des Brückenkopfes Feuerschutz. Der Angriff geht zunächst sehr flüssig vorwärts, stockt dann aber, da die Schützen in Floßsäcken über den Kanal setzen müssen. Die Pz.Kpfw.IV schießen inzwischen ein Haus nach dem anderen, in denen sich die Franzosen mit ihren M.G. eingenistet haben, mit Brisanz m.V. zusammen. In diesem Unternehmen haben die Pz.Kpfw.IV eine absolut artilleristische Aufgabe im engsten Zusammenarbeiten mit den Schützen übertragen bekommen. Die Aufgabe ist in vollem Umfange erfüllt worden, denn die Schützen haben ohne Verluste den Brückenkopf erweitern können.

16.3 Balkan-Feldzug ab 6. April 1941

Im April 1941 hatte jede Panzer-Division nur ein Panzer-Regiment. Die mittleren Kompanien bestanden zu dieser Zeit aus einem leichten Zug mit 5 Pz.Kpfw.II und entweder acht oder zehn Pz.Kpfw.IV beim Gruppen-Führer und zwei Zügen.

Nur wenige Pz.Kpfw.IV gingen während des Balkan-Feldzuges durch Minen oder feindliche Pak verloren. Das Hauptproblem waren mechanische Ausfälle (Bremsen und Lenkgetriebe) an fast allen Pz.Kpfw.IV, welche an den langen Märschen durch das Gebirge beteiligt waren.

16.4 Unternehmen Barbarossa ab 22. Juni 1941

Bei Beginn der Großoffensive gegen die Sowjetunion waren alle mittleren Panzerkompanien gemäß K.St.N.1175 vom 1.2.1941 organisiert. Die Fertigung hatte aber nur ausgereicht, jede mittlere Panzerkompanie mit 10 Pz.Kpfw.IV auszurüsten. Deshalb wurde der 3. Zug der mittleren Panzerkompanien nicht aufgestellt. Jede Einheit war vollständig mit der genehmigten Anzahl von 10 Pz.Kpfw.IV pro mittlere Kompanie ausgerüstet.

Anstelle von zehn standen bei der III.Abteilung/Panzer-Regiment 6 und bei allen drei Abteilungen des Panzer-Regi-

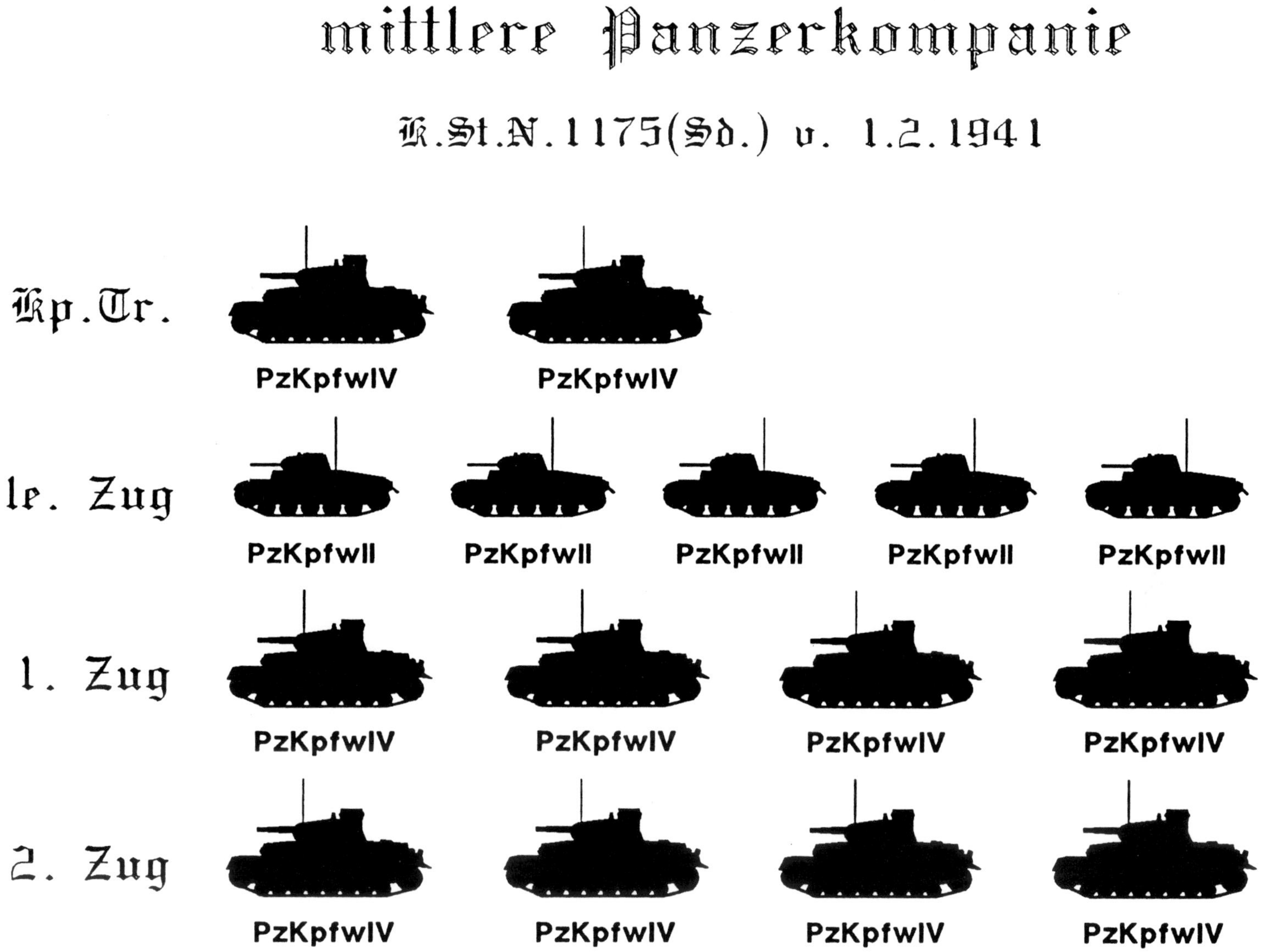

Gliederung der Mittleren Panzerkompanie, gemäß K.St.N.1175(Sd) v. 1.2.1941.

Ausgefallener Pz.Kpfw.IV Ausf.A im Osten. Ein typisches Beispiel für die Kampfwert-Erhaltung durch Zusatzpanzerung.

ments 18 zwölf Pz.Kpfw.IV zur Verfügung. Diese 48 *Pz.Kpfw.IV (Tauch)* wurden ursprünglich als *4 Pz.Kpfw.IV (7,5 cm) (T)* in den 3. Zügen jeder *leichten Panzerkompanie b* (K.St.N.1171b vom 16.7.1940) eingegliedert. Sie wurden jedoch in reguläre mittlere Panzerkompanien unter K.St.N.1175 vor dem Beginn des Rußland-Feldzuges umgegliedert.

Am 22. Juni 1941 wurde als Ausrückstärke der Panzer-Divisionen insgesamt 441 Pz.Kpfw.IV gemeldet.

16.5 Sommeroffensive im Osten ab Juni 1942

Nachdem der Winter 1941/42 überstanden war, wurden Panzer-Divisionen und Infanterie-Divisionen (mot) unter dem Befehl der Heeres-Gruppe Süd für die Sommeroffensive aufgefrischt. Die mittleren Panzerkompanien, gegliedert nach K.St.N.1175 vom 1.11.1941, sollten nur noch 10 Pz.Kpfw.IV erhalten (noch immer ohne den 3. Zug).

Bei den Panzer-Einheiten im Osten standen noch zahlreiche Pz.Kpfw.IV mit der 7,5 cm Kw.K. L/24 (ca. 222 im Juni 1942) zur Verfügung. Den Einheiten, welche die Offensive anführen sollten, wurden ursprünglich 8 bis 12 Pz.Kpfw.IV mit der 7,5 cm Kw.K.40 L/43 zugewiesen. Bei Beginn der Großoffensive am 28. Juni 1942 waren 135 Pz.Kpfw.IV mit der 7,5 cm Kw.K.40 L/43 bei den Panzer-Einheiten an der Ostfront vorhanden.

Die Panzer-Abteilungen *»Großdeutschland«* und *Leibstandarte SS »Adolf Hitler«* waren die ersten Einheiten, die mit drei mittleren Panzerkompanien aufgestellt wurden. Die normale Gliederung der Panzer-Abteilungen 1942 bestand aus 2 oder 3 leichten Panzerkompanien und einer mittleren Panzerkompanie. Jede dieser mittleren Panzerkompanien erhielt 10 Pz.Kpfw.IV und 3 Pz.Kpfw.II.

Die nächste Einheit, welche mit drei mittleren Panzerkompanien aufgestellt werden sollte, war die Panzer-Abteilung 138 im Dezember 1942. Sie erhielt immer noch nur 8 Pz.Kpfw.III für Stab und leichten Zug, sowie 30 Pz.Kpfw.IV mit der 7,5 cm Kw.K.40 (10 für jede mittlere Panzerkompanie).

Pz.Kpfw.IV Ausf.C im Osten am 29. Juni 1941 bei der 8 Kompanie des Panzer-Regiment 10 der 8. Panzer-Division.

Der Pz.Kpfw.IV, der gegenüber den etwa 14.000 russischen Kampfwagen der *BT* und *T 26*-Baureihen sich so überlegen zeigte, war nicht in der Lage, mit normaler Panzergranate die Panzerung des *T 34* und des *KW I* zu durchschlagen. Hitler gab im Februar 1942 endlich das Hohlraumgeschoß, die 7,5 cm Gr. Patrone 38, frei. Diese heute als *HEAT*-Granate bezeichnete Munitionsart war schon vor dem 1. April 1941 einsatzfertig, wurde aber von der Front zurückgezogen, um sie nicht vorschnell dem Gegner bekannt werden zu lassen. Ihr sofortiger Nachbau wurde befürchtet.

Das Panzer-Regiment 203 berichtete, daß die 7,5 cm Gr.Patr.38 die Wannenseite des *T 34* zwischen 5. und 6. Laufrolle auf eine Entfernung von 150 bis 800 m und die MG-Blende im Bug auf 150 bis 400 m durchschlagen konnte. Die 75 mm dicke Panzerung des *KW I* widerstand jedoch der Ausführung HL/A der Hohlraumgranate (Durchschlagsleistung vom 45 mm bei 60° Auftreffwinkel).

Die Panzer-Abteilung Ziervogel der 3. Panzer-Division berichtete Abschüsse von Feindpanzern in der Zeit vom 12. bis 22.5.1942: Sechs Pz.Kpfw.IV (7,5 cm Kw.K. L/24) erzielten mit 7,5 cm HL-Geschoß (verbesserte Typ 7,5 cm Gr.Patr.38 HL/B) folgende Ergebnisse: 5 *KW I* kampfunfähig geschossen (kein Durchschuß), dann gesprengt; zusätzlich 24 *T 34* und 2 *Infantry Tank Mark II* abgeschossen; eigene Totalausfälle 3 Pz.Kpfw.IV.

Die nachfolgende Schilderung stammt aus dem Gefechtsbericht von Unteroffizier Heinz Weller, Kommandant eines Pz.Kpfw.IV mit 7,5 cm Kw.K. L/24 bei der 8.Kompanie/Panzer-Regiment 3, vom 13. August 1942:

Ich bekam den Befehl, in einer Schneise, die auf eine dem Punkt 208 vorgelagerte Plane führte, bis an den Waldrand vorzufahren. Zur gleichen Zeit fuhren 2 Pz.Kpfw.III auf dem nach Norden führenden Waldweg weiter und schossen dort, wo die Feindpanzer auf Grund des Motorengeräusches vermutet wurden, in den Wald. Ein Panzergrenadier beobachtet, daß der den Punkt 208 beschießende T34 seine Kanone in der Richtung drehte, aus der er Feuer erhielt. Dies war für mich das Zeichen, auf die freie Plane vorzufahren und den von mir jetzt einwandfrei erkannten T34 mit Hohlraumgranaten auf eine Entfernung von etwa 25 Meter außer Gefecht zu setzen. Nach

Im Jahr 1942 lief die Großserienproduktion des Panzer IV an: Gegenüber dem Vorjahr hatte sich seine Jahresproduktion bereits verdoppelt.
Foto: Bundesarchiv, Bild 101I-216-0445-18, Seibold, © CC-BY-SA-3.0

Auch diese Panzer IV des Jahres 1942 sind noch mit der im Kampf gegen den T-34 unzureichenden kurzen 7,5 cm KwK L/24 ausgerüstet.
Foto: Bundesarchiv, Bild 101I-271-0301-30A, Heydrich, © CC-BY-SA-3.0

Eine Kolonne von Panzer IV Ausführung F wird über eine Brücke in Russland gelotst. Foto: Bundesarchiv, Bild 101I-748-0099A-38, Kempe,

Pz.Kpfw.IV Ausf.D (Tauch) im Winter 1940/1941 bei der 5. und 6. Kompanie des Panzer-Regiment 18 der 18. Panzer-Division.

Pz.Kpfw.IV Ausf.G im Sommer 1942 beim Panzer-Regiment 4 der 13. Panzer-Division.

Pz.Kpfw.IV Ausf.D, Fgst.Nr. 80512, gefertigt bei Krupp im Oktober 1939. Die Aufnahme entstand in Libyen im Sommer 1941.

Beendigung des Kampfes besichtigte ich den jetzt ausgebrannten Panzer und stellte unmittelbar neben diesem einen leichteren Panzer fest, der ebenfalls von einer meiner Hohlraumgranaten einen Treffer erhalten hatte und auch ausgebrannt war.

Die 5. Panzer-Division, die nur 4 Pz.Kpfw.IV mit 7,5 cm Kw.K.40 L/43 besaß (von denen einer im Einsatz verloren ging) berichtete:

In der Zeit vom 22.2.-20.3.1943 abgeschossene Feindpanzer im Raum nördlich Shisdra: Pz.Kpfw.IV mit 7,5 cm Kw. K.40: 17 KW I, 26 T 34, 1 T 26, 1 Mark II, 3 Mark III und 1 General Lee. Mit Pz.Gr.39 auf Entfernungen von 1200 – 1600 je Panzer 2 bis 3 Schuß, jeder Treffer vernichtende Brandwirkung. Mit Gr.HL/B Munition selten Brandwirkung, hier 1 bis 5 Schuß pro Panzer.

16.6 Feldzug in Nordafrika 1941 bis 1943

Im Februar 1941 verlegte das *Panzer-Regiment 5* nach Tripolis in Libyen und traf dort mit 17 seiner 20 Pz.Kpfw.IV ein (3 gingen durch ein Feuer an Bord des Schiffes verloren). Ihm folgten im April 1941 20 Pz.Kpfw.IV des *Panzer-Regiment 8* der 15. Panzer Division. Die Abt.Ia des Deutschen Afrikakorps berichtete am 11. August 1942:

Taktische Erfahrungen und Änderungsvorschläge für den Pz.Kpfw.IV mit der 7,5 cm Kw.K. L/43

1) *Vom ersten Einsatz ab hat sich die Kanone mit ihrer hohen Durchschlagskraft und Treffgenauigkeit allen bisher im Pz.Kpfw. eingebauten Waffen überlegen gezeigt. Die Pzgr.*

Pz.Kpfw.IV Ausf. F2(G), Fgst.Nr. 82440, Einsatz im Juni 1942 beim Deutschen Afrikakorps. Der Hauptmann bestaunt die auf dem Turm angebrachten Wasserkanister. Das Fahrzeug wurde bei Krupp im April 1942 gefertigt.

durchschlägt auf 1500 m sämtliche auf dem afrikanischen Kriegsschauplatz verwendeten amerikanischen und englischen Panzertypen – auch den »Pilot« – frontal. **(*Pilot* = amerikanischer *M3 Medium Tank*).** *Darüber läßt die Treffgenauigkeit nach (schlechte Zielbeobachtung infolge Flimmerns). Bei klarer Sicht wurde auch bis 2000 m gegen die leichten Panzertypen vernichtende Wirkung erzielt.*

2) *Sehr bald war der Wagen beim Gegner als besonders gefährlich bekannt und zog infolge seiner markanten Form das zusammengefaßte Feuer von Fliegern, Artillerie und Pak auf sich. Es ist daher notwendig, diese Pz.Kpfw. durch 5 cm Wagen abzudecken. Allgemein erst beim Auftreten lohnender Ziele, z.B. »Piloten«, soll er in den Feuerkampf eingreifen. Der Flankenschutz wird dann besonders wichtig. Es erscheint daher nicht zweckmäßig, die Wagen stets geschlossen einzusetzen.*
3) *Zuteilung zu Spähtrupps und Einsatz zum Flankenschutz ist zu unterlassen. Es kommen nur Schwerpunktaufgaben in Frage.*
4) *Es ist meist falsch, aus einer Stellung mehr als einige Schüsse abzugeben, weil das Mündungsfeuer und die besonders große Staubentwicklung das zusammengefasste Feuer der gegnerischen Artillerie sehr schnell auf sich zieht.*
5) *Der Pz.Kpfw.IV Spezial ist nicht als Führerfahrzeug einzuteilen, doch ist Ausstattung mit Empfänger und Sender anzustreben.*
6) *Solange die Wagen in dieser geringen Zahl vorhanden sind, ist es notwendig, ihnen während des Gefechts durch gepanzerte Fahrzeuge Munition zuzuführen. Die Divisionen prüfen die Möglichkeit der Mun.-Versorgung dieser Panzer mit Karetten, M.T.W. oder anderen gepanzerten Fahrzeugen.*
7) *Mündungsfeuer und Staub erschweren die Schußbeobachtung, besonders auf dem Wüstenboden.*
8) *Bisher hat sich das weit über den Bug hinausragende Rohr auch in durchschnittenem Gelände nicht als nachteilig erwiesen.*
9) *Für das Laufwerk ist eine weichere Federung erwünscht, um die groben Stöße in steinigem Gelände zu unterbinden.*
10) *Am Turmdach Verstärkung der Panzerplatten und Verstärkung des Panzerkasten-Oberteils. Geschoßabweiser auf dem Turmdach zum Schutze der Kommandantenkuppel.*
11) *Anbringen einer Vorderunterstützung für das Rohr in gesenktem Zustand. Nach Möglichkeit soll diese Rohrzurrung von innen lösbar sein, damit bis zum letzten Augenblick mit gezurrten Rohr gefahren werden kann.*
Grund: Durch ruckartige Stöße ist das Vibrieren des Rohres so stark, daß die Führungsringe im Panzerrohr ausschlagen.
12) *Anbringen eines weiteren Ventilators zum besseren und schnelleren Abzug der Pulvergase.*
Grund: Infolge der Pulvergase ist eine Beobachtung aus dem Sehschlitz fast unmöglich.
Außerdem belästigt der scharfe Geruch der abziehenden Pulvergase die Besatzung erheblich. Empfindliche Leute neigen zu Brechreiz (CO-Gefahr). Aus dem gleichen Grund ist eine schnelle Entfernung der Hülsen aus dem Kampfraum erforderlich.

Weitere Panzer-Einheiten,
die nach Nord Afrika verlegt wurden, waren:

Panzer-Abteilung 190 mit 4 Pz.Kpfw.IV (2 weitere wurden versenkt) im November 1942,

Panzer-Regiment 7 der 10. Panzer Division mit 8 Pz. Kpfw.IV (12 weitere wurden versenkt) im November und Dezember 1942 und

3. Kompanie/Panzer-Regiment »Hermann Göring« mit 8 Pz.Kpfw.IV.

16.7 Im Osten ab Juli 1943 in der Zeit »Unternehmen Zitadelle«

Vor dem 5. Juli 1943 waren alle Panzer-Regimenter, die in der Schlacht um den Kursker Bogen eingesetzt werden sollten, durch Zuteilung von Pz.Kpfw.IV verstärkt worden. Die Gliederung der mittleren Panzerkompanien sollte immer noch offiziell gemäß K.St.N.1175 vom 1.11.1942 mit 14 Pz.Kpfw.IV bestehen. In Wirklichkeit aber wurden bei fast allen Panzer-Abteilungen die Pz.Kpfw.IV gleichmäßig auf jede Kompanie (leichte oder mittlere) zusammen mit den Pz.Kpfw.III mit 5 cm Kw.K. L/60 und 7,5 cm Kw.K. L/24 verteilt.

Bis 5. Juli 1943 erhielten nur 3 Panzer-Abteilungen (die 4., 5., und 13. Panzer Division) die Genehmigung, gemäß der neuen *Mittleren Panzerkompanie a* (K.St.N.1175a vom 25.1. 1943) mit 22 Pz.Kpfw.IV pro Kompanie umzugliedern. Bei den Stärkemeldungen am 1. Juli 1943 standen 56 Pz.Kpfw.IV mit 7,5 cm Kw.K. L/24, 583 Pz.Kpfw.IV mit Kw.K.40 L/43 und 302 Pz.Kpfw.IV mit Kw.K.40 L/48 bei den Panzer-Einheiten im Osten zur Verfügung.

Das OKH hatte mit OKH Gen.St.d.H./Org.Abt.Nr.I/2614/43 g.Kdos. vom 14.6.1943 *»Umgliederung der Panzer Regimenter und Abteilungen des Ostheeres«* befohlen:

Bis zum Dezember 1943 wird es voraussichtlich möglich sein, bei sämtlichen Panzer Divisionen des Ostheeres je eine Panzer Abteilung zu 96 Pz.Kpfw. (Masse Pz.Kpfw.IV, einige Pz.Kpfw.III lang) aufzufüllen.

Daneben ist beabsichtigt, für die Masse der Panzer Divisionen im Heimatkriegsgebiet eine Panther-Abteilung aufzustellen. Umgliederung der Panzer Abteilungen des Ostheeres ist notwendig. Sämtliche Panzer Regimenter bzw. Panzer Abteilung des Ostheeres sind nach folgender Gliederung auszubauen bzw. umzugliedern:

Panzer IV mit langer Kanone überqueren im August des Jahres 1943 in Russland einen Wasserlauf. Dank der 7,5 cm KWK L/48 war der PzKpfw. IV seinen Gegnern wieder überlegen. Foto: Bundesarchiv, Bild 101I-087-3680A-09, Etzhold,

Während zwei Besatzungsmitglieder dieses Panzer IV mit Ferngläsern die Umgebung im Auge behalten, reinigen zwei weitere das Geschützrohr.
Foto: Bundesarchiv, Bild 101I-219-0561A-15, Dieck,

Nahaufnahme des Drehturms mit Kommandantenkuppel und Panzersoldat. Foto: Bundesarchiv, Bild 101I-297-1725-09, Kurth, © CC-BY-SA-3.0

Ein Panzer IV auf dem Rückzug in Folge einer Frontverkürzung Ende Februar 1944. Foto: Bundesarchiv, Bild 101I-725-0190-18, Reimers, © CC-BY-SA-3.0

mittlere Panzerkompanie a

K.St.N. 1175a v. 25.1.1943

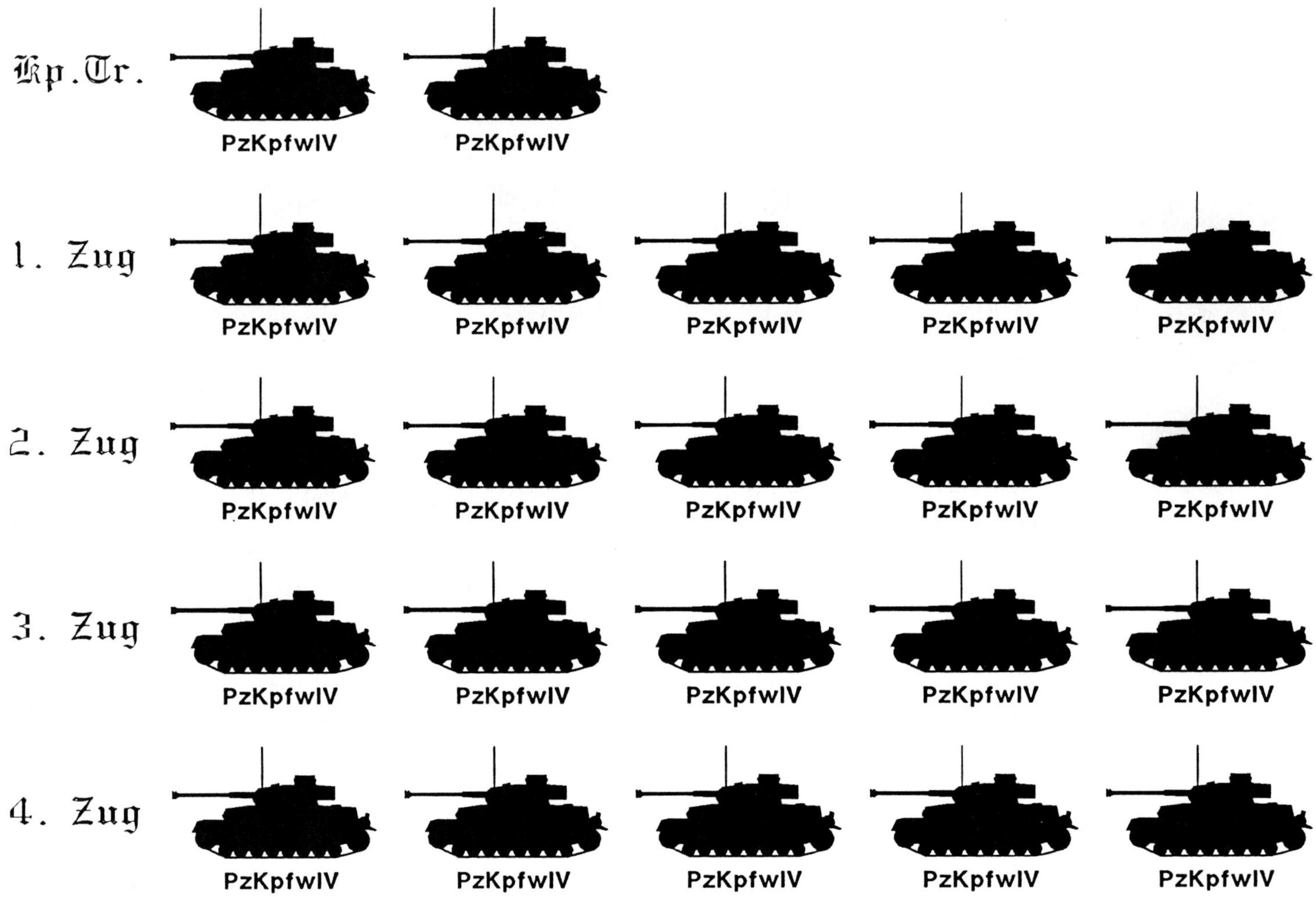

Gliederung der Mittleren Panzerkompanie a, gemäß K.St.N.1175a v. 25.1.1943.

Pz.Kpfw.IV Ausf.H bei der 2. SS-Panzer-Divsion »Das Reich« im Winter 1943/1944.

Regiments-Stab (soweit noch vorhanden)	*K.St.N.1103 v. 01.11.41*
Abteilungs-Stab	*K.St.N.1107 v. 01.04.43*
Stabs-Kompanie	*St.N.1150 v. 25.01.43*
Pz.-Flammzug (d. Stabs-Kp. unterstellt, Aufstellung nur auf besonderen Befehl)	*K.St.N.1190 v. 25.01.43*
4 mittlere Panzerkompanien	*K.St.N.1175a v. 25.01.43*
Werkstatt-Kompanie	*K.St.N.1187b v. 25.04.42*

Bis Dezember 1943 waren die meisten Panzer-Einheiten des Ostheeres auf die neue Organisation umgestellt, die nun 4 mittlere Panzerkompanien aufwies (einige davon nur mit Genehmigung für 17 Pz.Kpfw.IV per Kompanie). Ausnahme waren Einheiten wie die Panzer-Abteilung »Feldherrnhalle« mit 3 Kompanien zu je 14 Pz.Kpfw.IV, die III.Abteilung/Panzer-Regiment 24, die III.Abteilung/Panzer-Regiment 36 mit je 2 Kompanien mit 22 Pz.Kpfw.IV und 2 Kompanien mit 22 Sturmgeschützen.

16.8 Ab Juni 1944 im Osten und Westen

Am 1. Juni 1944 waren die 16 Panzer-Divisionen und 2 Panzergrenadier-Divisionen, die auf die Eröffnung der großen russischen Offensive warteten (die am 22. Juni 1944, dem 3. Jahrestag des Unternehmens »Barbarossa«) begann, mit 605 Pz.Kpfw.IV ausgestattet (Sollstärke von 1502 Pz.Kpfw.IV).

Auf die Alliierte Landung im Westen warteten ab 6. Juni 1944 die elf Panzer-Divisionen, die mit 863 Pz.Kpfw.IV ausge-

Panzer IV Ausführung H mit Seitenschürzen an einem Waldrand in Russland, 1944. Foto: Bundesarchiv, Bild 101I-695-0406-03, Möller, © CC-BY-SA-3.0

Im Januar 1944 durchqueren diese Panzerkampfwagen IV Ausf. J mit scheinbar schnell improvisiertem Tarnanstrich und tiefgehenden Seitenschürzen ein Gewässer in der Ukraine. Foto: Bundesarchiv, Bild 101I-711-0421-07, Beissel, © CC-BY-SA-3.0

Panzer IV mit abmontierter Kanonenblende und beschädigtem Turm im Juni 1944 in Russland. Foto: Bundesarchiv, Bild 101I-711-0421-07, © CC-BY-SA-3.0

Panzer IV Ausführung H mit Kettengliedern zur Verstärkung der Frontpanzerung in Polen, 1944. Foto: Bundesarchiv, Bild 101I-696-0427-04A, © CC-BY-SA-3.0

Pz.Kpfw.IV Ausf.H im Osten, Sommer 1944.

stattet waren (Sollstärke von 965 Pz.Kpfw.IV). Weitere Ersatzpanzer wurden den 9. und 11. Panzer-Divisionen, sowie den 1. und 2. SS-Panzer-Divisionen zugewiesen, bevor diese an die Front verlegten.

Am 26.6.1944 verteidigte der Generalinspekteur der Panzertruppen, General Guderian, die weitere Fertigung des Pz.Kpfw.IV wie folgt:

Notiz zum Führervortrag am 26.6.44
Umstellung Pz.Kpfw.IV auf Sturmgeschütz L/48 bzw. L/70

1) *Alle vorliegenden Truppenerfahrungen sprechen sich eindeutig dahingehend aus, daß der Panzerkampfwagen mit drehbarem Turm bei den Panzerverbänden zum Einsatz innerhalb der Pz.Rgt. dem Sturmgeschütz vorgezogen wird. Es ist keine Meldung bekannt, die sich gegenteilig ausspricht.*
2) *Alle bisher aufgetretenen feindlichen Panzer- und Sturmgeschütz-Typen sind mit unseren derzeitigen panzerbrechenden Waffen, einschließlich 7,5 cm L/48, abzuschießen.*
3) *Ein Umstellen der Fertigung Pz.Kpfwg.IV auf Sturmgeschütze würde zur Folge haben, daß der Nachschub für die bestehenden Pz.IV Abteilungen aus Sturmgeschützen bestehen müßte. Dies hätte zur Folge, daß wir innerhalb der Pz.IV Abteilungen wieder 2 verschiedene Fahrzeug-Typen, deren Einsatzgrundsätze grundverschieden sind, vereinen müßten. Generalinspekteur der Panzertruppe schlägt daher vor, die Fertigung der Pz.Kpfw.IV, die zur Zeit gerade ausreicht, um die Verluste der Feld-Abteilungen zu decken, solange weiterlaufen zu lassen, bis der Ausstoß an Pz.Kpfwg.V (Panther) so groß ist, daß mit der Ausstattung der 2. Panther Abteilung innerhalb des Panzer Regiments begonnen werden kann.*
   Im Endziel muß dann die Panther Produktion auf ungefähr 900 Panther im Monat gesteigert werden.
   Darüber hinaus wird vorgeschlagen, ab August beginnend je nach Ausstoß der 7,5cm Kanone L/70 dem le.Pz.Jg.IV und ab November alle Pz.Jg.III/IV (Einheitsfahrgestell) mit der 7,5cm Pak L/70 auszustatten.

S/Guderian

Der Pz.Kpfw.IV mit der 7,5 cm Kw.K.40 war zu jeder Zeit dem US M 4 »Sherman« mit der 7,5 cm M3 Kanone und dem russischen T 34/76 überlegen. Wie sich aber aus der folgenden Gegenüberstellung von Wa Prüf 1 vom 5.10.1944 abzeichnet, war er nach dem Auftreten der neuesten Feindpanzer T 34/85, KW 85 und JS 122 sowie dem Sherman mit der 76 mm Kanone M1A1 oder 17 Pfünder unterlegen.

16.9 16. Dezember 1944 im Westen

Auch für die letzte große Offensive im Westen mußte man wieder auf den Pz.Kpfw.IV zurückgreifen, wenn auch nur in begrenztem Umfang. In der neuen Organisation wurde die Anzahl der Pz.Kpfw.IV beschränkt. Die *Panzerkompanie »Panther« oder »IV«* (K.St.N.1177(fG) v. 1.11.44), *Ausführung A,* wies 17 Pz.Kpfw. pro Kompanie (2 für Gruppenführer und 5 pro Zug), *Ausführung B* 14 Pz.Kpfw. (2 für Gruppenführer und 4 pro Zug) aus. Die meisten Panzer-Divisionen wurden mit nur zwei Panzerkompanien mit Pz.Kpfw.IV ausgestattet. Als Ausrückstärke der 11 Panzer-Divisionen und 2 Panzer-Abteilungen wurden insgesamt 349 Pz.Kpfw.IV gemeldet.

Weitere Ausfälle in der Fertigung und steigende Verluste an allen Fronten brachten eine weitere Verminderung. Am Ende zeigte sich die Organisation der *Panzerkompanie »Panther« oder »IV«* (K.St.N.1177a(fG) v. 1.4.45) mit einer Gliederung von 10 Panzerkampfwagen (1 für Kompanieführer und 3 pro Zug).

Pz.Kpfw.IV Ausf. H bei der 6. Kompanie des SS-Panzer-Regiment 12 der 12. SS-Panzer-Division »Hitlerjugend«. Invasionsfront, Sommer 1944.

Panzer der Leibstandarte Adolf Hitler besetzen im September 1943 Mailand: Ein Panzer IV vor dem berühmten Mailänder Dom.
Foto: Bundesarchiv, Bild 183-J15480, Rottensteiner, © CC-BY-SA-3.0

Wrack eines Panzer IV aus der Schlacht in der Normandie 1944. Hinter ihm fährt ein US-amerikanischer GMC-Truck.
Foto: National Archives USA, © PD

Panzer IV der 12. SS-Panzerdivision mit langer 7,5 cm KWK L/48-Kanone in Rouen, Frankreich, 1944.
Foto: Bundesarchiv, Bild 101I-493-3355-23, Seidel, © CC-BY-SA-3.0

Doch auch 1944 waren noch Panzer IV mit der kurzen Kanone im Einsatz. Aufnahme aus französischer Ortschaft, 1944.
Foto: Bundesarchiv, Bild 101I-721-0378-28, Vennemann, © CC-BY-SA-3.0

Wehrmachtssoldaten bei Reparaturarbeiten an diesem Panzer IV, während dieser unter Beschuss steht, bei Monte Cassino in Italien, Januar 1944.
Foto: Bundesarchiv, Bild 101I-312-0998-27, Enz, © CC-BY-SA-3.0

Britische Soldaten nehmen diesen abgeschossenen Panzer IV in Besitz und inspizieren ihn.
Foto: Imperial War Museum, © PD

Gegenüberstellung

Pz.Kpfw.IV mit 7,5 cm Kw.K.40 L/48 gegen Feindpanzer

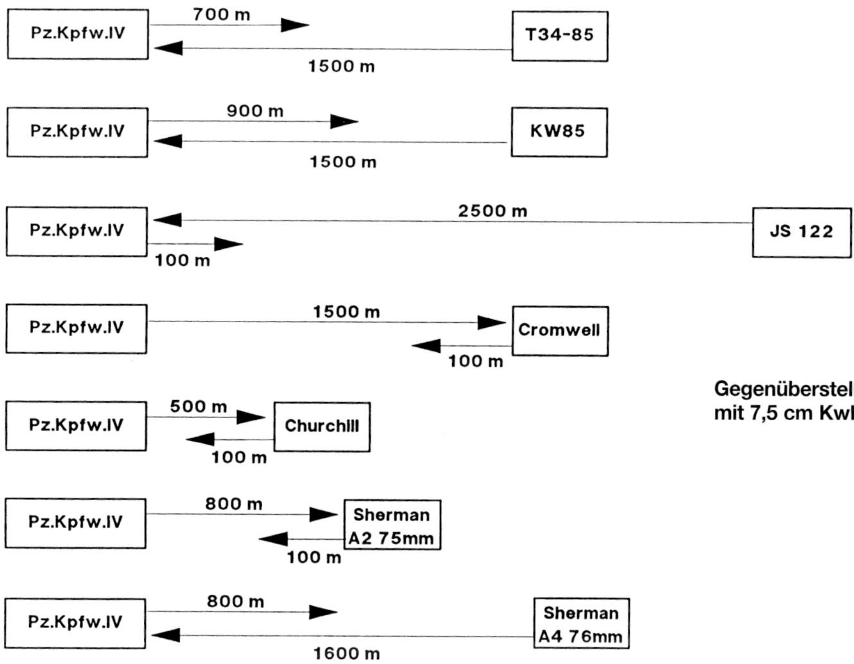

Gegenüberstellung der Durchschlagsleistungen von Pz.Kpfw.IV mit 7,5 cm KwK.40 L/48 und Feindpanzern.

Bemerkungen: Durchschlagsangaben sind berechnet für Seitenwinkel 60°, Frontbeschuss

Pz.Kpfw.IV Ausf.H begegnet einer Gruppe von Grenadieren. 1944 im Osten.

16.10 Pz.Kpfw.IV – Export

Im Austausch gegen Rohstoffe und um die Moral der mit dem Deutschen Reich verbündeten Truppen zu stützen, wurden Pz.Kpfw.IV wie folgt an folgende Staaten geliefert:

Zugewiesen	Land	Pz.Kpfw.IV	Auslieferung ab Heeres Zeugamt
Februar 1943	Bulgarien	3	
März 1943	Bulgarien	3	
April 1943	Bulgarien	6	
Mai 1943	Bulgarien	4	06.05.43
Juni 1943	Bulgarien	15	30.06.43
Juli 1943	Bulgarien	15	15.08.43
August 1943	Bulgarien	15	08.09.43
September 1943	Bulgarien	15	28.10.43
Dezember 1943	Bulgarien	12	31.12.43
Juli 1944	Bulgarien	3 Bef.	03.08.44
Summe:		91	
August 1944	Finnland	10	16.08.44
August 1944	Finnland	10	19.08.44
Summe:		15*	
Mai 1943	Italien	12	10.05.43
September 1942	Rumänien	11	
November 1943	Rumänien	4	20.11.43
Dezember 1943	Rumänien	24	28. u. 30.12.43
Januar 1944	Rumänien	19	04. u. 06.02.44
Februar 1944	Rumänien	2	26.02.44
März 1944	Rumänien	15	6.04.44
April 1944	Rumänien	15	11.05.44
Mai 1944	Rumänien	15	02.06.44
Juni 1944	Rumänien	15	04.07.44
Juli 1944	Rumänien	3 Bef.	26.07.44
August 1944	Rumänien	15	14.08.44
Summe:		138	
August 1943	Spanien	12	19.11.43
Oktober 1943	Spanien	8	21.11.43
Summe:		20	
März 1943	Türkei	7	
Mai 1943	Turkei	8	
Summe:		15	
Mai 1942	Ungarn	22 L/24	
September 1942	Ungarn	10 L/43	
August 1944	Ungarn	20	27.08.44
September 1944	Ungarn	10	16.09.44
Oktober 1944	Ungarn	10 *	10.10.44
Oktober 1944	Ungarn	10	17.12.44
November 1944	Ungarn	10 **	08.12.44
Dezember 1944	Ungarn	12	06.01.45
Summe:		84	

* nur 15 wurden als eingetroffen gemeldet

* an 1. Pz.Div. übergeben
** an 24. Pz.Div. übergeben

Pz.Kpfw.IV Ausf.G, abgegeben an die Türkei im März/Mai 1943.

Pz.Kpfw.IV Ausf.H, Fgst.Nr. 84611, gefertigt bei Krupp im September 1943, abgegeben an Spanien im November 1943. Zurück aus Spanien, steht das Fahrzeug heute in der Wehrtechnischen Studiensammlung in Koblenz.

Pz.Kpfw.IV Ausf.F, abgegeben an das ungarische Heer im Mai 1942.

Pz.Kpfw.IV Ausf.G, abgegeben an das ungarische Heer im September 1942.

Pz.Kpfw.IV Ausf.H, abgegeben an das bulgarische Heer 1943.

Pz.Bef.Wg.IV Ausf.J, abgegeben an das bulgarische Heer im August 1944.

Pz.Kpfw.IV im Einsatz beim rumänischen Heer.

Pz.Kpfw.IV Ausf.G, der zu Ausbildungszwecken der verbündeten kroatischen Armee überstellt wurde.

Pz.Kpfw.IV Ausf.J bei den tschechoslowakischen Streitkräften nach Kriegsende. Auch sonstige Ausrüstungsstücke erscheinen bekannt.

Pz.Kpfw.IV Ausf.J bei den syrischen Streitkräften nach 1945.

Pz.Kpfw.IV Ausf.J, Fgst.Nr. 91810, gefertigt bei Nibelungen-Werk im Juli 1944, abgegeben an Finnland im August 1944. Die Aufnahme entstand im Museum in Parola, Finnland.

Inhalt

Für ALEX

C-130T Fat Albert des U.S. Navy Kunstflugteams Blue Angels beim rasanten Start mit JATO-Raketen. (Foto: U.S. Marines/Mate 2nd Class Saul McSween)

Vorwort

Das unverkennbare Design dieses taktischen Transporters macht die Hercules weltweit bis heute zu einem der bekanntesten Flugzeugtypen. Mit der Auslieferung der 2.500. Maschine wurde auch gleichzeitig der größte Kunde der Hercules bedient: die US Air Force. Knapp 60 Jahre nach Erhalt der ersten Maschine (1956) war die Auslieferung der Nummer 2.500 (eine HC-130J Combat King für die 71st Rescue Squadron/347th Rescue Group) ein ehrwürdiges Ereignis. Diese Auslieferung markierte einen Meilenstein für die internationale Hercules-Nutzergemeinschaft und erfüllte den Lockheed Martin-Konzern mit sehr viel Stolz.

Im Folgenden soll die Entwicklungsgeschichte des »Standard-Transporters« sowie vor allem die Special Mission/Multi Mission-Varianten der C-130 dargestellt werden. Dementsprechend können nicht alle Varianten und Versionen der Hercules hier intensiv analysiert werden. Jedoch lohnt es sich für einen ersten Einblick, neben dem »normalen Transporter«, der Menschen und Material von A nach B bringt oder Fallschirmjäger absetzt, auch das Licht auf die ganz speziellen Sondermodelle zu werfen.

Die Sondermodelle für Spezialkräfte oder für ganz exotische oder geheime Aufgaben, wie etwa die AC-130-, MC-130- oder die EC-130-Reihe werden im Verlauf genauer betrachtet. Denn hier erhält man einen spannenden Einblick in die geheime Welt der Special Operations Forces. Komplexe Aufgaben erfordern komplexe Systeme. Daher ist die Vielfalt der Aufgaben in Anbetracht der so wenigen Maschinen immens. Da es sich bei der C-130 jedoch um eines der wichtigsten Flugzeugmodelle der gegenwärtigen Zeit sowie der vergangenen Luftfahrtgeschichte handelt, steht die Entwicklung des Basismodells zunächst im Vordergrund. Die Bewältigung von Sondermissionen zählt jedoch ganz klar ebenfalls zur Domäne der C-130 und ihrer unzähligen Abwandlungen.

Dieses Buch soll den Leserinnen und Lesern einen Einblick in die Entwicklungsgeschichte, die Einsatzchronik sowie einen Einstieg in die geheime Welt der Spezialkräfte vermitteln. Denn oftmals sind es die im Verborgenen agierenden Elemente, die dafür sorgen, dass gesamte Konflikte beeinflusst werden oder gar entschieden werden. Ob in den 1960er-Jahren in Südostasien oder 2020er-Jahren im Russland-Ukraine-Konflikt. Sowohl konventionell als taktischer Transporter oder Zubringer als auch als Überwacher, Aufklärer und Tanker – ja sogar als Waffenplattform und Bomber. Das System C-130 ist bis heute ein verlässliches und erfolgreiches Flugzeug, welches noch viele Jahre am Himmel zu sehen sein wird.

Im Zusammenhang mit der Realisierung dieses Projekts gilt mein größter Dank der United States Air Force, genauer gesagt den US Air Forces in Europe/Africa als Teil des US European Command und US Africa Command für das Vertrauen und die hervorragende Unterstützung bei der Recherche vor Ort. Hier ist vor allem der 86th Airlift Wing und ihrer 37th Airlift Squadron auf der Ramstein Air Base zu danken. Auch die Führung der US Army Europe and Africa in Wiesbaden konzertierten sehr professionell bei der Zugangsgewährung zu vielen Standorten der US Army, um Luftlandeoperationen begleiten zu dürfen. Vom Führungsstab in Ramstein und Wiesbaden bis hin zur Führung der 7. Army und zum Presse-Team der Standorte Hohenfels, Grafenwöhr wurde ich äußerst professionell und vor allem auch sehr freundlich bei meiner Arbeit unterstützt. Auch der Firma Lockheed-Martin sei hierbei herzlichst gedankt für die Öffnung der historischen Archive. Auch der deutschen Luftwaffe sowie der französischen Armée de l'Air vor allem am neuen Standort Base aérienne 105 Évreux-Fauville gilt mein herzlicher Dank für die tolle Unterstützung. Mein Dank gilt außerdem dem Motorbuch-Verlag für die hervorragende Abwicklung und Betreuung dieses Projekts – allen voran Alexander Burden und Günther Nord.

Ich wünsche den Leserinnen und Lesern viel Spaß bei der Lektüre.

Christian Rastätter
Nürnberg, den 16.08.2022

Eine C-130J Hercules des 153d Airlift Wing, Wyoming Air National Guard, überfliegt im Mai 2020 Cheyenne, Wyoming. Dieses Bild entstand während eines Überführungsfluges von COVID-19 Patienten im Rahmen der Amtshilfe. (Foto: U.S. Air National Guard/Staff Sgt. Jon Alderman)

Einleitung

Das berühmte Modell C-130 Hercules blickt ab dem Jahr 2024 auf über 70 Jahre des Bestehens des Grundmodells zurück. Vom Erstflug des Prototyps YC-130A 1954 bis zum heutigen Tag in der neuesten Variante als C-130J Super Hercules wurde diese Maschine zu einem historischen Begleiter unzähliger Höhen und Tiefen der internationalen Sicherheitspolitik. Auf der Grundlage einer Leistungsbeschreibung der USAF für ein taktisches Transportflugzeug mit Turbopropantrieb begann Lockheed 1951 die Entwicklung der C-130. Der erste von zwei Prototypen YC-130 flog 1954. Der stumpfnasige Hochdecker mit vier Allison T-56-A1-Propellerturbinen mit jeweils 3.300 PS als Antrieb für die Dreiblatt-Luftschrauben wurde schnell für die Serienfertigung freigegeben. Ein Wetterradar in der Bugnase sowie ein stärkerer Antrieb in Form der T56-A-1A mit knapp 3.800 PS (später bis zu A-15 Vierblatt bevor 1996 auf neue Sechsblatt-Luftschrauben umgestellt wurde) waren die einzigen Änderungen für die Erstserie C-130A. Ausschließlich für Transportzwecke dienten 145 C-130Bs mit größerer Treibstoffkapazität und neueren T56-A-7-Triebwerken (4.000 PS) als Antrieb für neuere Vierblatt-Propeller, über 400 C-130Es mit größerer Reichweite durch zwei 5.150 Liter-Tanks unter den Tragflächen statt der 1.700 Liter-Tanks der früheren Versionen sowie 142 C-130Hs mit Avco Lycoming/AllisonT56-A15-Triebwerken zu je knapp 5.000 PS. Mit einer Spannweite von 40,41 m und einer Länge von knapp 30 m konnte die Hercules der ersten Generation bis zur H-Variante etwa 620 km/h erreichen und über 90 Soldaten bzw. knapp 20 Tonnen Nutzlast verbringen. Die Reichweite betrug im Schnitt 3.800 km mit maximaler Nutzlast und ohne Luftbetankung. Der Rumpfquerschnitt wurde eigens für eine optimale Beförderung von sperriger Fracht entwickelt.

Eine C-130H der Missouri Air National Guard beim Absetzen von Fallschirmjägern der 173rd Airborne Brigade 2019 über dem Truppenübungsplatz Hohenfels während der Übung Saber Junction 2019. (Foto: Christian Rastätter)

Fast gleichbleibend und durchgängig im Querschnitt sowie mit einer Laderampe bzw. Heckklappe an der Heckunterseite als Direktzugang zur Frachtkabine, die mit 3,13 x 2,81 m fast rechteckig geformt ist und ein mehrrädriges Fahrwerk, dessen Hauptbaugruppen in angesetzten Rumpfseitenbehältern eingezogen werden, machten die Hercules zur perfekten Frachtmaschine für militärische Standard-Paletten, Fahrzeuge und Ausrüstungen jeglicher Art. Das Frachter-Grunddesign diente vielen Herstellern weltweit für eigene Konzepte als Vorlage (z.B. C-160 Transall, An-22 Antei, An-124 Ruslan, C-17 Globemaster III, IL-76 Candid, A-400M, KC-390, C-1, etc.). Die Rampe erleichtert auch das Absetzen schwerer Fallschirmlasten und Freifaller. Als taktischer Transporter fertigte man auch verlängerte Varianten (z.B. C-130H-30, später C-130J-30). Somit wurde der Laderumpf von 12,20 auf 16,79 m verlängert, sodass 128 Soldaten oder knapp 100 Fallschirmjäger Platz fanden. Durch das Hochdecker-Design und den somit hochliegenden Triebwerken sowie aufgrund des robusten mehrrädrigen Hauptfahrwerks konnte die Hercules auf unbefestigten Landepisten (vorgeschobene Landepisten/taktisch in Frontnähe) landen und starten. Einige Spezialversionen erhielten Winterausstattungen, wie etwa ein Skifahrwerk für arktische Zonen oder verschneite Pisten. Auch Starthilfe-Raketen, die sogenannte JATO-Ausstattung (Jet Assisted Take Off, JATO) am seitlichen Heckrumpf, zur Überbrückung sehr kurzer Startpisten gehörten zur Sonderausstattung. Heute nutzt vorwiegend das US Navy Kunstflugteam Blue Angels eine C-130 mit JATO zu Show-Zwecken, genannt »Fat Albert«. Die überwiegenden JATO-Sätze dienen als Kurzstart-Hilfen in arktischen Räumen. Ein früher und ebenfalls großer Kunde wurde Großbritannien. Bereits 1966 erhielt die Royal Air Force über 60 C-130 Maschinen (C-130H als Exportversion C-130K). Sie mussten die alten Blackburn Beverley und Handley Page Hastings ersetzen und dienten bei der RAF in mehreren Staffeln. 30 Maschinen wurden als Hercules C.Mk.3 auf das damalige Niveau der C-130H-30 gebracht, sechs zu Tankern (C.Mk.1K) und eine Variante zum Wetteraufklärer W.2 modifiziert. 24 weitere britische Hercules wurden mit Luftbetankungsstutzen (C.Mk.1P) ausgestattet. Letztere gingen teilweise an die österreichischen Luftstreitkräfte als die Briten ab Ende der 1990er-Jahre auf das C.130J-Modell (C.Mk.4/Mk.5) umstiegen. Die C-130E/H Varianten stellten den Standard der taktischen Transportfliegerei bis Ende der 1990er Jahre dar. Rund 55 Länder wurden bis dahin Kunden. Über 70 sollten es ab 2022 noch werden. Die H-Version wurde zur erfolgreichsten Variante und wurde in über 1.000 Stückzahlen produziert bzw. verkauft. Allein 300 an die USAF. Die seit 1992 laufende Produktion der C-130H endete im Sommer 1996 zu Gunsten der neuen Generation des Erfolgsmodells C-130J. Seitdem werden nach und nach alle Modelle der H-Generation auf das J-Modell umgestellt. Zumindest ist das das Verkaufsziel von Lockheed Martin, denn leisten können sich den Umstieg nur wenige Länder, wenn auch der Mehrwert, die besseren Leistungsparameter und der nachhaltige Spareffekt bei der C-130J verlockend sind. Die C-130E/H-Generation ist nach wie vor stark verbreitet und wird wohl bei vielen Nutzerstaaten noch viele Jahre in Dienst stehen. Vor allem die vielen Sonderversionen, die im Laufe der Zeit entstanden sind - teils von Lockheed, teils durch die jeweiligen Streitkräfte selbst modifiziert - leisten weiterhin wichtige Dienste. Mit der Einführung der H-Modelle 1965 wurde auch die zivile Frachter-Version ins Leben gerufen (L-100), die allesamt eine zivile FAA-Genehmigung besitzen. Auch zur Waldbrandbekämpfung wurden L-100 Maschinen genutzt. Selbst Deutschland besaß eine kurze Zeit eine zivile L-100 Hercules. Als LM-100 (J-Baureihe) wird auch heute die moderne Zivilversion angeboten. Auch hier sind die Strech-Versionen üblich (L-100-20 bzw. LM-100-30). Doch wie kam es zur Entwicklung eines derart erfolgreichen Flugzeugs? Welche Denkweisen und Konzepte wurden angewandt, um ein Fluzeugmuster so viele Dekaden bis heute und noch viele weitere mehr auf derart hohem Niveau zu halten und es in die Lage zu versetzen bis zum heutigen Tag das Rückgrat beim strategischen Transport und der Unterstützung von derart vielen Sonderaufgaben darzustellen? Im Folgenden soll ein kurzer Blick auf die Entwicklung sowie die Einsatzpremieren der C-130 Hercules geworfen werden. Die Übergänge von Entwicklung, Einsatz und Weiterentwicklung sind fließend und vollziehen sich wie sooft bei militärischen Luftfahrzeugen entlang der historischen Entwicklung der sicherheitspolitischen Rahmenbedingungen und der jeweiligen Paradigmen und Konfliktszenarien. Nur entlang dieser sicherheitspolitischen Zeitachse ist es möglich, die Evolution des Erfolgsmdolells C-130 näher zu beschreiben. Schließlich diktieren bis heute stets die Nöte und Zwänge zur Adaption an technologische Fortschritte, Digitalisierung, Konkurrenzentwicklungen sowie Krisenumfelder die Fortentwicklung eines erfolgreichen Grundkonzepts. Ob in den Wirren des Vietnamkriegs in den 1960er Jahren, dem instabilen asiatischen und arabischen Raum seit Ende der 1990er-Jahre, über den Krieg gegen den Terror Anfang der 2000er-Jahre bis hin zu den sicherheitspolitischen Verwerfungen in Europa im Gefolge des Auftretens Russlands und Chinas als Aggressoren gegen das westliche Bündnis. Die C-130 steht in allen Epochen und Krisenzeiten sinnbildlich für die Staaten der westlichen freiheitlich-demokratischen Hemisphäre und stellt in der politischen und militärischen Welt der Luftfahrt eine Art Gallionsfigur dar. Mehr noch als viele andere militärische Produkte westlicher Industrienationen.

Drei C-130J Super Hercules der 37th Airlift Squadron von der Ramstein Air Base fliegen 2019 in der Normandie in Formation hinter einer C-17 Globemaster III, um der allierten Invasion (D-Day) von 1944 zu erinnern. Man beachte daher auch die Invasionslackierung der Maschinen, welche an die C-47 bzw. DC-3 der damaligen Zeit anspielen. (Foto: U.S. Air Force/Senior Airman Kristof J. Rixmann)

Der Prototyp der YC-130 mit der markanten »Römernase«. Am 23. August 1954 startete der erste von zwei Prototypen zum Jungfernflug. (Foto: Archiv Lockheed)

Entwicklungsgeschichte

Die Erfolgsgeschichte der C-130 begann im Koreakrieg. Dort stellte die US Air Force fest, dass die von Kolbenmotoren angetriebenen Frachtflugzeuge aus dem Zweiten Weltkrieg nicht mehr zweckmäßig waren. In einer Ausschreibung im Februar 1951 lud sie daher die nationalen Flugzeughersteller ein, ein neues Transportflugzeug zu bauen. Der neue Flieger sollte von kurzen, unbefestigten Pisten starten und entweder 11,5 Tonnen Fracht, 92 Mann oder sperrige Güter wie Bulldozer oder Lastwagen transportieren können. Zudem sollte er über eine auch im Flug benutzbare Laderampe verfügen, für den Absprung von Fallschirmspringern auch bei Geschwindigkeiten von unter 125 Knoten oder rund 230 Kilometer pro Stunde noch fliegen können, und auch mit einem ausgefallenen Triebwerk in der Luft bleiben. In den Büros des Flugzeugherstellers Lockheed machte sich ein Team um den damals 37-jährigen Ingenieur Willis Hawkins daran, einen Entwurf zu erstellen, der diese Spezifikationen erfüllte. Nach nur zwei Monaten waren sie fertig. Die Ausschreibung umfasste gerade mal sieben Seiten, während der Entwurf von Lockheed auf 130 Seiten kam. Lockheeds Entwickler nahmen die Dimensionen des größten Frachtstücks, das Platz finden musste als Grundlage her. Sie zeichneten einen Kreis darum und streckten diesen Kreis zu einem Zylinder von der Länge eines Eisenbahnwaggons. Dann fügten sie nur noch die Flügel, Nase und Heck hinzu. Das Design war fertig.

Genannt wurde das Flugzeug erst L-206, dann Model 82. Die beiden Lockheed Testpiloten Stan Beltz und Roy Wimmer starteten am 23. August 1954 mit dem Prototypen der ersten flugfähigen Transportmaschine vom Typ C-130 Hercules. Das neue Flugzeug mit der Bezeichnung YC-130A war der zweite von zwei Prototypen, welche im Werk von Lockheed in Burbank gebaut wurden. Das Flugzeug

Anfangs noch etwas untermotorisiert und mit Dreiblatt-Propellern zeigte die Hercules jedoch ihre hervorragenden Eigenschaft im Flugverhalten. (Foto: Archiv Lockheed)

Die YC-130 während eines Überführungsflugs von Burbank, Kalifornien, zum Edwards AFB Testgelände im August 1954. (Foto: Archiv U.S. Air Force)

sah völlig anders aus als alle zeitgenössischen Modelle, die damals regulär für den militärischen Transport von Truppen und Material zuständig waren. Erstmals angetrieben von vier Turboprop-Motoren der General-Motors-Tochterfirma Allison und mit einem innovativen Hochdecker-Design, war die Maschine ein absoluter Hingucker. Das Heck war zugespitzt und verlief zu einem Keil, der von einer enormen vertikalen Seitenflosse gekrönt wurde. Gewöhnungsbedürftig war auch die Frontpartie mit der »Römer-Nase« und dem hochgelegenen Cockpit. Weit entfernt von der bis zu diesem Zeitpunkt von den von Lockheed konzipierten ästhetisch-anmutenden Flugzeugmodellen, wie Lightning, Con-stellation, Shooting Star oder gar der U-2, konnte man vom Prototypen des neuen taktischen Transporters YC-130A nicht gerade von einem schönen Flugzeug sprechen. Doch darauf sollte es dismal nicht ankommen. Viel wichtiger sollte das tiefe Brummen und die Performance dieses Transporters für folgende lebenswichtige Faktoren auf dem Schlachtfeld stehen: Verstärkung durch Truppen, Nahrung, Treibstoff, Medizin, Waffen, und Munition. Denn genau diese Konfliktsituationen waren der zeitgeschichtliche Hintergrund der Entwicklung eines modernen taktischen Transportflugzeugs C-130 Hercules. Der Konflikt in Korea war zu dieser Zeit im Gange. In diesem Konflikt, indem erstmals Jet-Kampfflugzeuge gegeneinander antraten und Nachschub und Versorgung der Truppen am Boden in unwegsamem Gelände zu einem entscheidenen Faktor wurden, zeigten sich die Unzulänglichkeiten der alten mit Sternmotoren ausgestatteten und völlig überforderten Tranportmaschinen beim Einsatz in umkämpften Gebieten, in Frontnähe sowie generell beim Überleben über feindlichem Gebiet. Auch wollte man von Seiten der US-Streitkräfte die strategisch Verlegbarkeit der Truppen dem kostspieligen Vorort-Stationieren vorziehen. Auf taktischer Ebene war die C-130 die Konsequenz der Wünsche nach einem Fronttransporter, der große Truppenverschiebungen samt Material in kurzer Zeit bewältigen konnte. Bereits am 2. Februar 1951 bat die US Air Force daher während des ersten Jahres des Koreakriegs ihre heimische Industrie um die Einreichung von Vorschlägen für einen Transporter. Gängige eingesetzte Modelle waren zum damaligen Zeitpunkt Modelle wie Fairchild C-119B Flying Boxcar, C-123 Provider sowie aus dem Zweiten Weltkrieg stammende C-47 und C-54. Langstreckentransporte wurden durch viermotorigen C-124A Globemaster II durchgeführt. Die Air Force bat um ein Flugzeug, das eine Nutzlast von etwa 15 t über einen Aktionsradius von 1.000 km transportieren konnte. Hawkins und sein Team dimensionierten das neue Flugzeug rund um die zu transportierende Ausrüstung. Daher auch

Die originäre Aufgabe des künftigen Standard-Transporters der US-Streitkräfte sollte der taktische Transport werden. Also der Transport von Nachschub und Personal an die vorderste Front eines Konfliktes, um mittelbar Einfluss auf die laufenden Kampfhandlungen auszuüben. Mensch und Material sollen genau dorthin gelangen, wo sie gerade benötigt werden. Dementsprechend gefährlich können solche Missionen auch sein. Dies galt damals in den 1960er-Jahren und gilt bis heute. (Foto: Archiv US Army)

der ungewöhnliche Ansatz, einen Eisenbahnwaggon als dimensionale Grundlage herzunehmen. Die Höhe und Breite des Frachtraums bot Platz für den M5A-3-Traktor samt Haubitze. Die Länge basierte auf dem, was ein 1,5-Tonnen-Lkw und Auflieger benötigen würde. Die Propeller der neuen Turbo-Props waren hoch, um die Triebwerke von Staub und Schmutz fernzuhalten. Ein schmales Fahrwerk wurde geplant, damit man von Straßen aus operieren konnte. Da Fallschirmjäger abgesetzt und Lasten verladen werden sollten, war durch diese künftigen Hauptaufgaben auch klar, wo die Türen und die Rampe angebracht werden mussten. An eine derartig praktische Laderampe am Heck war bei der C-124 nie zu denken, da dort eine Bugrampe eingesetzt wurde und das Cockpit und die Crew komplett außer Stande war, die Maschine zeitnah zu übernehmen. Mit seinem 130-seitigen Designvorschlag und einem ca. 1:72 maßstäblichen Modell des C-130 machte sich Hawkins auf zu Lockheeds Vizepräsidenten Hall Hibbard, der das Papier unterschreiben und der Luftwaffe zukommen lassen sollte. Hibbard bestand aber darauf, den Entwurf erst Lockheeds Star-Ingenieur Clarence J. »Kelly« Johnson zu zeigen, der unter anderem durch das Design der P-38 Lightning, der L-049 Constellation, der F-104 Starfighter oder später der SR-71 Blackbird ein hohes Ansehen genoss. Johnson wurde mit dieser Reaktion zitiert: »Hall, wenn du diesen Entwurf unterschreibst, wirst du Lockheed zerstören«. Der Entwurf überzeugte die US Air Force jedoch und sie stellte die Mittel für den Bau von zwei Prototypen zur Verfügung. Noch während der Designphase folgten die ersten Serienaufträge. Gut drei Jahre dauerte es, bis am 23. August 1954 der erste von zwei Prototypen der nun YC-130 genannten Maschine zum Jungfernflug startete. Als das Konzept dann zur Post gebracht wurde und es als Sieger-Projekt feststand, waren alle wieder begeistert. Am 2. Juli 1951 erhielt Lockheed einen Auftrag für zwei Prototypen. Etwas mehr als ein Jahr später forderte die Air Force sieben Serienflugzeuge an. Das Unternehmen verlagerte die C-130-Produktion von Burbank aus Platzmangel nach Marietta, Georgia. Der Zusammenfluss von Eisenbahnlinien in der Stadt, die William T. Sherman während des Bürgerkriegs als potenzielle Versorgungslinie zum Meer genutzt hatte, veranlasste die Planer des Zweiten Weltkriegs 1942, dort eine weitläufige Flugzeugfabrik zu errichten. In seiner Blütezeit beschäftigte das Werk 28.000 Mitarbeiter. Unter Lizenz von Boeing baute Bell Aircraft zwischen November 1943 und 1945 668 B-29 - welche von Insidern immer noch Bell Bomber genannt wurden. Innerhalb eines Monats nach dem Sieg im Pazifik wurde das Werk jedoch geschlossen und die Arbeiter kehrten in die Heimat zurück. Im Januar 1951 kam Lockheed in das Marietta-Werk, um zunächst mehr als 100 B-29 Superfortresses für den Einsatz in Korea zu warten und um dann 394 B-47 Stratojet-Bomber in Lizenz für Boeing zu bauen. Als die C-130A-Produktion begann, produzierte das Werk noch B-47 auf einem parallelen Fließband. Im April 1954 forderte die Luftwaffe 20 weitere C-130 und im September weitere 48 an. Ein Jahr später wurden weitere 84 bestellt. Ein Namenswettbewerb im Werk Marietta im Herbst 1954 brachte fast 10.000 Vorschläge ein, wobei der Favorit »Griffin« war. Ob sich dies auf den sagenumwobenen Adler-Löwen-Hybriden oder auf den damaligen Gouverneur von Georgia bezog, ist nicht bekannt, aber das Management von Lockheed entschied sich mit 160 Stimmen für Hercules, den starken Mann der griechischen Mythologie. Der Spittzname wurde schnell »Herk«, oder »Herky Bird«. Die erste Serien-C-130A startete am 7. April 1955 von einer Landebahn, die sich Lockheed und die Dobbins Air Force Base damals teilten. Auch Marietta, Edwards AFB und die Eglin AFB wurden bei den Erprobungen genutzt. Der schwerwiegendste Fehler, der damals schnell auftrat war die anfängliche Unabgestimmtheit der Allison T56-Motoren mit den turbo-elektrisch gestützten Propellern von Curtiss-Wright. Eine Umstellung auf hydraulisch betätigte Stützen löste das Problem. Im Laufe der Zeit wurden die Dreiblatt-Propeller durch Vierblatt-Hamilton-Standard – also die ursprünglichen Allisons durch stärkere Rolls-Royce-Allison-Triebwerke – und die »Römische« Bugnase der frühen A-Modelle durch die »Pinocchio«-Bugnase ersetzt. Auch wurden Modelle mit um bis zu 15 Fuß verlängerten Rümpfen eingesetzt sowie auch ein kommerzielles Gegenstück zur militärischen Hercules (die L-100) auf den Markt gebracht. Im Testbetrieb zeigte sich dann auch bald, dass das neue Flugzeug sehr gut performte, einiges leichter war als berechnet und die gestellten Anforderungen größtenteils übertraf. Die ersten von zuerst 219 bestellten Exemplaren der Lockheed C-130 Hercules wurden schließlich im Dezember 1956 an den 463rd Troop Carrier Wing in Oklahoma ausgeliefert.

In den zwei Monaten, die sie Zeit hatten, haben Hawkins und sein Team einen echten Alleskönner geschaffen. Neben den Stol-Eigenschaften überzeugt die Lockheed C-130 auch in puncto Geschwindigkeit und Wendigkeit. Dank nicht weniger als 23 Fenstern verfügt man vom Cockpit aus zudem über eine hervorragende Rundumsicht. Cockpit und auch Frachtraum sind trotz der großen Frachtluke als Druckkabine gestaltet, sodass die Hercules eine Dienstgipfelhöhe von knapp 10.000 Meter erreicht. Die Heckluke lässt sich bis zu einer Fluggeschwindigkeit von ca. 450 km/h im Flug öffnen, für das Laden am Boden verfügt sie über eine hydraulisch absenkbare Rampenauffahrt. Da sich der Frachtraum nur gut einen Meter über Boden befindet, ist das Beladen relativ einfach. Zentral für den Erfolg der Hercules war aber, dass das von der Allison Company speziell für die C-130 entwickelte Turboprop-Triebwerk T56 trotz anfänglicher Probleme gerade noch rechtzeitig fertig wurde. Aus den Basis-Varianten der Hercules wurden zudem über 70 Derivate für Spezialmissionen geschaffen. Zu den illustren Kreationen zählen C-130, die mit Skis ausgestattet sind oder mit acht Raketen zur besseren Start-Performance. C-130 mit speziellen Fangnetzen wurden im Kalten Krieg auch benutzt, um Aufklärungssatelliten nach ihrem Wiedereintritt in die Atmosphäre in der Luft abzufangen. Später wurden HC-130H mit einer Fangvorrichtung an der Nase ausgestattet, um im Flug Lasten einzufangen, die per Heliumballon in die Höhe geschickt wurden. Auch zahlreiche bewaffnete Varianten der C-130 gibt es, sie werden von der US Air Force als AC-130 Gunship bezeichnet. Zwei dieser Gunships halten auch den Rekord für den längsten Flug einer C-130 – sie flogen im Oktober 1997 innerhalb von 36 Stunden von Florida nach Südkorea, wofür sie insgesamt sieben Mal in der Luft aufgetankt wurden. Die C-130 ist auch das größte und schwerste Flugzeug, das je auf einem Flugzeugträger gelandet ist. Im Vietnamkrieg erlangte zudem im April 1975 eine C-130A Berühmtheit, als sie auf einem einzigen abenteuerlichen

Flug 472 Vietnamesen nach Thailand ausflog, obwohl sie damit um mehr als neun Tonnen überladen war. Auch wird die C-130 auf vielen Wetterbeobachtungsmissionen eingesetzt und sogar wiederholt in das Auge von Wirbelstürmen geflogen. Und einen Looping fliegen kann sie auch, wie die Testpiloten auf der Farnborough Airshow 2018 eindrücklich demonstrierten – gleichzeitig machten sie die Hercules damit zum schwersten Flugzeug, das je ein solches Manöver geflogen hat.

Es gibt also tatsächlich fast nichts, was mit einer C-130 nicht schon versucht bzw. erfolgreich absolviert worden wäre. Schon kurz nach der Auslieferung der ersten Exemplare wurden Verbesserungen und Änderungen an der ursprünglichen C-130A vorgenommen. Um die Reichweite aufzubessern, erhielt sie zum Beispiel bald Zusatztanks an den Flügelenden. Mit der Variante C-130B wurden diese wieder überflüssig, da die Hercules weitere im Flügel eingebaute Tanks erhielt. Ab der C-130B ersetzten auch Vierblatt-Propeller die Dreiblatt-Propeller der ersten Variante. Die C-130B hätte eigentlich auch ein spezielles aerodynamisches System erhalten sollen, das Luft mit hohem Druck über die Flügel bläst und so selbst im extremen Langsamflug noch für genügend Auftrieb sorgt. Mit Anfluggeschwindigkeiten von nur noch knapp über 100 km/h hätte sich die Landestrecke so halbieren lassen. Beim Start ließ sich der Effekt allerdings nicht im gleichen Ausmass reproduzieren. Dies wäre jedoch nur bei der Landung von Vorteil gewesen. Deshalb wurde auf das System verzichtet. 1961 wurde die strukturell verstärkte Variante C-130E entwickelt, die noch mehr Fracht oder Treibstoff aufnehmen und so über den »großen Teich« fliegen konnte. Die E-Version erhielt dafür auch leistungsfähigere Triebwerke. Es folgte die als Tankflugzeug ausgelegte C-130F – besser bekannt als KC-130 - sowie eine verstärkte Variante C-130G für die US Navy. Die nächste Weiterentwicklung, die C-130H wurde mit einem überarbeiteten Flügel sowie weiterentwickelten Triebwerken und Avionik ausgestattet. In den 1970er-Jahren schlug Lockheed der US Air Force eine Jet-Variante vor, doch diese lehnte ab – zu gut war die Startleistung des Turboprops. Gleichzeitig suchte die US Air Force unter dem Namen Advanced Medium Stol Transport AMST mit einer erneuten Ausschreibung nach einem Nachfolger für die C-130. Boeing und McDonnell Douglas erhielten 1972 den Zuschlag zu Prototypen. Die Flugerprobungen zeigten aber, dass deren Flugleistungen nicht so gut waren, wie angenommen. Ebenfalls wurde nach der Wahl von Jimmy Carter zum US-Präsidenten das Militärbudget gekürzt. So wurde es als die wirtschaftlichste Variante gesehen, das AMST-Programm einzustellen und stattdessen die C-130 weiter zu produzieren.

Feuertaufe Vietnam

Obwohl die Hercules für den Koreakonflikt geplant worden war, verpasste sie diesen Krieg. Die »Herk« sollte ihre militärische Blütezeit in Indochina erleben. Ein Jahrzehnt im Dienst in Vietnam führte dazu, dass sich das Flugzeug immer wieder neu erfand. Immer mehr Sondervarianten kamen hinzu als die US Soldaten ihr eigenes »Dien Bien Phu« in Khe San erlebten, wo aufgrund der Einkesselung der Einheiten nur noch der Luftweg als waghalsige Option in Frage kam. Viele der taktischen und überlebenswichtigen Luftfrachten kamen an Bord einer Hercules an. Als sie nicht mehr landen konnten, warfen die Hercules die Fracht per Fallschirm ab.

Das neue taktische Tiefflug-Abwurfverfahren namens LAPES (Low-Altitude Parachute Extraction System) wurde damals entwickelt und erstmals angewandt. Die Zugfallschirme wurden so eingestellt, dass sie Container nur wenige Meter über dem Boden im Flug aus dem Frachtraum ziehen und abwerfen konnten.

Die lange Karriere der Herk in Vietnam endete Ende April 1975, als die letzte C-130 Saigons Basis Tan Son Nhut verließ. Gegen 9 Uhr morgens machten sich Tim Nguyen, ein ehemaliger Offizier der vietnamesischen Luftwaffe (jetzt leitender Stabsingenieur bei Lockheed Martin) und einige Kameraden auf den Weg zur Flightline, wo sie die C-130 mit heruntergefahrener Rampe rollend vorfanden. Sie und viele andere eilten an Bord. Es war eine C-130A mit dreiblättrigen Propellern, kleineren Triebwerken und einer massiv überschrittenen Frachtkapatiätsgrenze. Mit sage und schreibe 452 Menschen an Bord und weiteren etwa 30 auf dem Cockpitdeck landete die letzte Hercules sicher in Thailand. Erst die überhastete Evakuierung Afghanistans im Jahre 2021 brachte diese Szenen aus Vietnam wieder in Erinnerung. Allerdings waren in Kabul 2021 die neueren C-17 Globemaster III eher bei der Evakuierung im Vordergrund.

Doch neben Vietnam gab es auch in anderen Konflikten und unter anderern Flaggen sogenannte »Hercules-Momente«. Am 3. Juli 1976 flogen vier C-130 der israelischen Streitkräfte, die an der Operation Thunderball beteiligt waren, über 3.000 Kilometer nach Uganda, wo Mitglieder der Volksfront für die Befreiung Palästinas etwa 100 israelische Passagiere eines entführten Air France-Flugs festhielten. Die Herks beförderten etwa 250 Kommando-Soldaten, mehrere gut ausgestattete Jeeps und eine schwarze Mercedes-Limousine, die dem persönlichen Fahrzeug des Diktators Idi Amin ähnelte. Gegen Mitternacht näherte sich

die führende Hercules der Stadt Entebbe und gab sich als afrikanisches Verkehrsflugzeug aus. Die anderen drei folgten dicht dahinter. Die vom Mercedes-Fahrzeug angeführten Kommandos rückten aus, überraschten die Wachen und Entführer und retteten die meisten Geiseln im Handstreich. Eineinhalb Stunden nach der Ankunft in Entebbe war die letzte der vier C-130 in der Luft und auf dem sicheren Weg zu einem Tankstopp in Nairobi. Der Heimflug erfolgte ebenso sicher.

Doch es gab auch Niederlagen und Rückschläge in der Ära Hercules. Im Jahr 1980 scheiterte die Operation Eagle Claw, ein Versuch, im Iran als Geiseln gehaltene Amerikaner zu retten, selbst, als ein staubgeblendeter Hubschrauber des Marine Corps einen von sechs Herks abfing, die auf einem abgelegenen Flugplatz mit dem Codenamen Desert One warteten. Ein nachfolgendes Rettungsprogramm, Operation Credible Sport, wurden drei C-130 mit Brems-, Hub- und Startraketen ausgestattet, mit der Idee, Kommandos in einem Teheraner Fußballstadion zu landen und die Geiseln herauszufliegen. Während des ersten Landeversuchs zündeten die Hubraketen nicht und der Bordcomputer löste die oberen Brems-Raketen vorzeitig aus und ließ die Maschine zu Boden fallen. Die Besatzung stieg aus, aber das Flugzeug wurde durch Feuer zerstört. Bevor ein zweiter Versuch unternommen werden konnte, erklärte sich der Iran bereit, die Geiseln frei zu lassen.

Eine Landung kann sehr gefährlich werden. Wenn ein Abwurf der Ladung aus mittleren Höhen auch nicht möglich ist, muss der Nachschub knapp über dem Boden durch Bremsfallschirme herausgezogen werden. Diese Verfahren und die Vorrichtung hierfür nennt man seither LAPES (Low Attitude Parachute Extraction System). Schnell rein – schnell raus lautet die Devise. (Foto: Archiv U.S. Air Force)

Eine C-130A verlädt südvietnamesische Luftlandetruppen auf dem Dong Ha Airfield (Foto: U.S. Air Force/ Bettmann)

C-130-Maschinen 1967 in Südvietnam. Die Transporter bringen frische Truppen und Material der 1st Infantry Division an eine vorgelagerte Landepiste. Die Truppen können von hier aus direkt mit ihren Einsätzen im Kampf gegen die Viet Cong beginnen. Meist werden sie noch von Hubschraubern abgeholt und in der noch heißeren Zone abgesetzt. (Foto: Rolls Press/Popperfoto)

Eine C-130 während des LAPES-Verfahrens in Khe San Mitte der 1960er-Jahre. (Foto: Archiv Lockheed)

Eine C-130 der U.S. Air Force versorgt U.S. Marines in Khe Sanh 1968 mit Nachschub. Das LAPES-Verfahren hat einen weiteren Vorteil: In kürzester Zeit können sehr viel mehr Nachschubgüter abgesetzt werden als es bei vollständigen Landungen möglich wäre. So erhalten die Truppen schneller mehr Material. Gerade in eingekesselten Abschnitten spielt Zeit eine bedeutende Rolle. (Foto: Archiv U.S. Air Force via Bettmann)

Eine C-130 1968 in Khe Sanh, Vietnam. Diese Marines-Basis war sehr umkämpft und hatte viel indirektes Feuer in Form von Mörser- und Raketenangriffen zu ertragen. Daher sind die Stellplätze oft mit AM-2 und mit Splitterschutzwänden ausgebaut worden. (Foto: Archiv U.S. Air Force via zu Bettmann)

Eine Special Mission HC-130 Hercules 1968 in Khe Sanh. Wenn aus einem temporären vorgeschobenen Posten ein Dauerstützpunkt wird, ergibt sich ein solches Bild, welches mehr einem Campingplatz ähnelt als einer ordentlichen Air Base. Doch bis heute sind derartige Forward Operating Bases Gang und Gebe. Der letzte große Behelfsflugplatz, der aus dem Nichts entstand war übrigens das Bagram Airfield bis 2021 in Afghanistan. Kabul und Kandahar waren dagegen reguläre Installationen. (Foto: Archiv U.S. Air Force)

Eine C-130 1968 in Khe San. Man beachte die gefährlichen Einsatzbedingungen. Jederzeit war mit Einschlägen von Granaten, Mörsern und Raketen zu rechnen. Viele Besatzungsmitglieder wurden damals schwer verwundet oder gar getötet. Der Einschlagskrater auf dem Mattenstellplatz zeugt von der Gefahr vor Ort. (Foto: Archiv U.S. Air Force)

Eine MC-130 versorgt einen Stützpunkt mit Munition für Spezialkräfte. Diese Unterstützung von Special Operations Forces (SOF) ist seit dem Vietnamkrieg die Aufgabe der MC-130. (Foto: Archiv Richard Sell via http://www.macvsog.cc/photo.htm)

Trägerlandung für das Rekord-Protokoll

Mit Versorgungseinsätzen für Flugzeugträger, dem Carrier-Onboard-Delivery (COD), hatte die US Navy nach dem Zweiten Weltkrieg ein neues Aufgabengebiet in ihren Flugzeugträgerverbänden eingeführt. Dadurch sollte die Versorgung mit Post, Fracht, dringend benötigten Teilen und ganzen Baugruppen wie etwa Triebwerken verbessert werden. Auch sollten Passagiere von Landstützpunkten zum Trägerschiff oder in die umgekehrte Richtung befördert werden. Die 1955 bis 1959 in Dienst gestellten, über 75 000 Tonnen verdrängenden Superträger der neuen »Forrestal«-Klasse, namentlich die USS »Forrestal«, »Saratoga«, »Ranger« und »Independence«, warfen die Frage auf, ob noch größere COD-Flugzeuge Transportaufgaben effektiver übernehmen könnten. Dazu sollte das Naval Air Test Center in Patuxent River, Maryland, und die dort beheimatete Transportstaffel VR-1 ein Verfahren entwickeln, das einer Lockheed C-130 Hercules die Landung auf und später auch wieder den Start von einem Flugzeugträger ermöglichte.

Eine Hercules war mit über 40 Metern Spannweite und einer Länge von knapp 30 Metern eine wirklich große Maschine, und bot eine hohe Nutzlast bei großer Reichweite. Die Idee des Super Carrier-Onboard-Delivery war geboren. Im Herbst 1963 landete Lieutenant Jim Flatley mit Lieutenant Commander »Smokey« Stovall als Copilot und Flugingenieur Ed Brennan eine KC-130F des US Marine Corps 18 Mal auf dem Flugdeck der USS Forrestal. Trotz des Fehlens eines Fanghakens (Tailhook / Arrestor hook) zählte Flatley seine Landungen mit der Hercules auf der USS Forrestal zu seinen Trägerlandungen mit Haken (sogenannte Traps), um seine Statistik zu verbessern. Das Projekt wurde eingestellt, die Hercules war einfach zu groß und konnte nur leer und bei komplett geräumtem Flugdeck auf dem Träger genutzt werden.

Die 1955 erstmals geflogene Grumman C-1 Trader vermochte als erstes Bordflugzeug sperrige Lasten sowie ganze Bauteile, sogar Triebwerke und Atombomben, zu transportieren. Bis Mitte der 1980er-Jahre spielte die Trader eine wichtige Rolle als COD-Flugzeug der US-Flugzeugträgerverbände. Sie wurde aber schon ab den 1960er-Jahren durch die größere Grumman C-2 Greyhound sukzessive ersetzt. Die ebenfalls zweimotorige, allerdings mit moderneren Turboprops ausgestattete Greyhound konnte 4.500 kg Nutzmasse im Flugzeugträgerbetrieb oder 39 Passagiere oder 20 Krankentragen aufnehmen und erreichte damit eine Flugweite von knapp 2000 km. Sie ist heute das einzige im Einsatz befindliche COD-Flugzeug der US-Marine. Zwischenzeitlich erfüllte auch die Lockheed US-3A diese Aufgabe und im Jahr 2013 fanden mit dem Tiltrotorflugzeug Bell-Boeing V-22 Eignungstests für ein zukünftiges Muster statt.

Seit dem Jahr 2018 ist die Zuführung der V-22 Osprey für das Carrier-Onboard-Delivery angelaufen und damit wurde die schrittweise Ablösung der C-2 Greyhound eingeleitet.

Das Team des Projekts »Trägerlandung« mit der KC-130F der VR-1 an Deck des Flugzeugträgers USS Forrestal. (Foto: Archiv U.S. Marines)

Der spannende Moment vom Start der KC-130 aus eigener Kraft vom Deck des Trägers. Viel hätte schief gehen können, doch in komplett ausgeräumtem Zustand und mit fast leeren Tanks war das Kunststück möglich. (Foto: Archive U.S. Navy)

Der Start vom Deck aus der Vogelperspektive. (Foto: Archiv Lockheed)

Landung an Deck der USS Forrestal. Mit dem Fanghaken kam die KC-130 knapp an der Belastungsgrenze des Fangseils zum Stehen. Der Rekord gilt bis heute. Dies war jedoch schon alles. Denn ein COD (Carrier Onboard Delivery) mit einer Hercules wurde nie umgesetzt. (Foto: Archiv Lockheed)

C-130 als Spionageflugzeug, elektronischer Kämpfer und Daten-Kollektor

Die Hercules sammelte auch Daten von Spionagesatelliten, allerdings nicht mit Telemetrie. In den 1960er-Jahren schossen US-Spionagesatelliten, die die Sowjetunion und China überflogen, ihre Bilder auf Film, den sie dann über dem Pazifik abwarfen. Besatzungen in JC-130B würden entlang der erwarteten Flugbahn kreisend, die fallende Kapsel, die die Größe einer Mülltonne hatte, mit ihrem Radar finden und den Fallschirm noch in der Luft mit Haken und einem großen Seilnetz fangen. Das Motto war »Catch a Falling Star«. Die Besatzungen vollzogen damals etwa 40.000 Bergungen, einschließlich Trainingsfängen.

Während des Projekts »Senior Bowl« fingen JC-130-Crews auch ein 800-Pfund-Datenpaket auf, das von der Mach 3 D-21-Aufklärungsdrohne mit Ramjet-Antrieb abgeworfen wurde und ursprünglich von einer modifizierten A-12 (Vorgänger der SR-71) sowie später von B -52 abgesetzt wurden.

Die mit Antennen geschmückte Commando Solo Hercules wird vom Air Force Special Operations Command eingesetzt, um Radio- und Fernsehsendungen zu überwachen oder außer Kraft zu setzen, um die Gegner durch psychologische Kriegsführung zum Aufgeben zu überreden.

Eine weitere Version ist die Compass Call, stationiert auf der Davis-Monthan Air Force Base in Arizona. Sie stellt die EC-130H dar, die mit einer Leiterantenne unter dem Heck modifiziert wurden, um die feindliche Bodenkommunikation zu stören.

Die Hauptaufgabe von Combat Shadow / Commando II wiederrum ist das Betanken von Hubschraubern für Spezialoperationen, niedrig und langsam sowie nachts und hinter den feindlichen Linien zu operieren.

Combat Talon ist ideal für sogenannte Special Mission Einsätze geeignet –verdeckte Infiltration, Versorgung, Bergung. Das Spektrum der geheimen Spezialeinsätze im Zusammenhang mit stark modifizierten Hercules-Maschinen wird im Verlauf des Buches genauer betrachtet.

Eine EC-130E Commando Solo der 193rd Tactical Electronic Warfare Group, Pennsylvania Air National Guard 1980. (Foto: Pennsylvania ANG; Tech. Sgt. Bob Kay)

Eine Lockheed HC-130 mit dem STARS-System (Surface-To-Air Recovery System von Fulton) in Khe Sanh, Vietnam 1968. Ab 1950 begannen die CIA und die US Air Force, einen an einem Seil befestigten Wetterballon mit einer modifizierten Lockheed P-2 einzufangen. Später wurden als Lufttransporter auch die C-130 Hercules und der MH-47-Chinook-Helikopter eingesetzt. Dabei wurde eine V-förmige Gabel an der Nase des Flugzeugs befestigt, um das Seil einzufangen. Außerdem wurde ein Seil zwischen der Nase und den Flügeln befestigt, um zu verhindern, dass der Ballon sich in den Propellern verfängt. Anschließend wurde das aufgenommene Objekt oder die Person über eine Seilwinde an Bord gezogen. Zunächst wurden Dummypuppen an Bord gezogen, dann wurde an Schweinen getestet, um die Auswirkungen des Pick-ups auf den menschlichen Organismus zu testen. Der erste Mensch, der an Bord gezogen wurde, war Staff Sergeant Levi W. Woods im Jahr 1958. Die Dauer des Fluges am Seil betrug dabei etwa sechs Minuten. Die körperliche Belastung war ähnlich hoch wie bei einem Fallschirmsprung. Zum Einsatz von STARS (Spitzname Skyhook) kam es bei dem Project COLD-FEET im Jahr 1962, bei dem zwei CIA-Agenten Informationen aus einer verlassenen sowjetischen Eisdriftstation bargen. Diese sprangen zunächst mit dem Fallschirm ab und wurden nach Beendigung der Mission durch STARS evakuiert. (Foto: Archiv U.S. Air Force)

1

Eine DC-130A in Vietnam 1967 mit AQM-34 Firebee-Drohnen an den Flügelpylonen. Die Firebee ist ein düsengetriebenes unbemanntes Luftfahrzeug (UAV) bzw. eine ferngesteuerte Drohne. Ihr Haupteinsatzgebiet ist die Zielerfassung aus der Luft für Kampfflugzeuge und bodengestützte Boden-Luft-Abwehrsysteme. Aufgrund ihrer Anpassungsfähigkeit konnte die Firebee auch zur Überwachung, zum Abwurf von Propagandaflugblättern hinter den feindlichen Linien, zur Erprobung neuer Systeme, für Offensivschläge und zum elektronischen »Stören« vor bemannten Kampfflugzeugen eingesetzt werden. (Foto: Archiv U.S. Air Force)

Die AQM-34 konnte entweder vom Boden aus mit einem abnehmbaren Raketenantrieb und einer Bodenstation gestartet werden oder aus der Luft von einem »Regie«-Flugzeug wie der DC-130 an einem Unterflügelmast. Ryan AQM-34-Drohnen haben über 50 Jahre lang wichtige Aufgaben erfüllt. Im Irak-Krieg 2003 flogen die Firebees vor der ersten Welle von Kampfflugzeugen nach Bagdad. Auf dem Weg dorthin warfen die Drohnen metallische Düppelstreifen ab, die Radarstationen effektiv blendeten und einen sicheren Korridor für amerikanische Flugzeuge schufen. (Foto: Archiv U.S. Air Force)

Eine sehr seltene EC-130E Coronet Solo II 1985. Die EC-Varianten der Hercules (Volant Solo, Coronet Solo, Commando Solo) gehören zum 193rd Special Operations Wing der Air National Guard, Standort Harrisburg International Airport, Middletown, Pennsylvania. Die PsyOps-Maschinen traten immer dann auf den Plan, wenn die Vereinigten Staaten irgendwo auf dem Globus Militäroperationen durchführten bzw. vorbereiten. Derzeit sind diese Maschinen unter anderen in der neuesten J-Version im Umfeld der Ukraine aufzufinden. (Foto: AFSOC; MSGT G. DENNIS PLUMMER)

Eine frühe Version der EC-130Q TACAMO. TACAMO (Take Charge and Move Out) ist ein amerikanisches luftgestütztes Kommunikationssystem im Längstwellenbereich zur Übermittlung von Nachrichten (Emergency Action Messages, EAMs) während oder nach Nuklearschlägen. Es sichert den überlebenswichtigen Informationsaustausch zwischen der US-Landes- bzw. Kriegsführung und den strategisch wichtigsten Streitkräften (U-Boote, Raketensilos usw.). Heute ist die Boeing E-6 Mercury dafür zuständig. Sie zieht dabei eine mehrere Kilometer lange Drahtantenne hinter sich her. (Foto: Archiv U.S. Navy)

Humanitäre Einsätze

Die Nutzlastkapazität, Robustheit, Autonomie und die Fähigkeit der C-130, überall landen zu können, hat bei Hilfsorganisationen weltweit Anklang gefunden. Das Welternährungsprogramm der Vereinten Nationen, das größte humanitäre Unterfangen, das es damals gab, verließ sich sehr schnell auf Kapazitäten der Herkules. Seit 2001 sind etwa 275.000 Tonnen Lebensmittel auf dem Luftweg verbracht worden, ein Großteil davon an Bord von C-130 Maschinen. Einige wurden von der UN gechartert, andere von Regierungen wie Japan, Portugal, Australien, Neuseeland, Venezuela, Großbritannien und den Vereinigten Staaten bereitgestellt. In der Bundesrepublik war dies die Aufgabe der C-160 Transall, welche jedoch international eine Rarität darstellte. Im Südsudan, wo eine Kombination aus endlosem Krieg und endloser Dürre zu einer der größten humanitären Krisen der letzten Zeit geführt hat, setzte die Welthungerhilfeorganisation bis zu acht C-130 ein.

Die Flugmuster wurden zum Standard: Zuerst wurden Spezialisten vorab an die Einsatzorte geflogen, um Abwurfzonen und Markierungen einzurichten und eine Infrastruktur am Boden zu schaffen. Die Flugzeuge wurden dann dorthin entsendet, um die Lebensmittel abzusetzen.

Neun Tonnen verpackte Lebensmittel werden mit Gurten an einer Palette befestigt. Sobald die Palette ausgefahren ist, zieht sie an einem Seil, das die Säcke beim Herunterfallen vom Gurtband befreit. Jede Tasche hat drei Schichten, die den Aufprall abdämpfen sollen. Die erste platzt beim Aufprall, die zweite darf beschädigt werden, die dritte jedoch muss halten, damit die Lebensmittel nicht beschädigt oder verunreinigt werden.

Ohne die C-130 wären viele weitere Menschen gestorben. Das Flugzeug, welches bis heute unverzichtbar bei militärischen und humanitären Einsätzen ist, läuft heute noch in Marietta bei Lockheed-Martin Aeronautical Systems vom Band , wo alle C-130 mit Ausnahme der beiden Prototypen gebaut wurden. Mit bald 70 Jahren ist die C-130 das Militärflugzeug mit der längsten ununterbrochenen Produktion in der Geschichte. Nur Raytheons Beechcraft Bonanza hat einen längeren ununterbrochenen Produktionslauf hinter sich.

Helfer aus Burma bilden eine Transportkette an einer C-130 am Yangon International Airport 2008 in Rangoon im Rahmen der humanitären Hilfsmission nach dem Zyclon Nargis. (Foto: U.S. Marine Corps/Sgt Andres Alcaraz)

Die C-130 ist perfekt an Cargo-Ops jeglicher Art angepasst und leistet im Rahmen humanitärer Hilfsmissionen gerade in entlegenen Gebieten der Erde eine sehr wichtige Arbeit. (Foto: U.S. Marine Corps/Sgt Andres Alcaraz)

Die Maschinen der New York Air National Guard (109th Airlift Wing) nutzen in den arktischen Regionen das sogenannte Jet-Assisted Takeoff. Das Modell LC-130 wurde extra mit Schneelandehilfen und Kufen konzipiert. Hier in der H-Version 2003 in Camp Summit in Grönland. (Foto: NY ANG/Dr. Todd Valentic)

Drei LC-130J stehen 2021 während der Operation Deep Freeze an der McMurdo Research Station (Williams Field), Antarktis. Das Besondere am Schneelandesystem ist, dass das Kufenfahrwerk eingezogen werden kann und dennoch auch auf regulären, schneefreien Start- und Landbahnen operiert werden kann. Das Räder-Fahrwerk kann auch ohne Schneelandehilfen ausgefahren werden. (Foto: U.S. Air Force/Senior Airman Dominic Tyler)

Eine weitere Spezialverwendung der C-130 ist die Brandbekämpfung. Eine C-130H der 302nd Airlift Wing Air Reserve Base auf der Jeffco Airtanker Base, Colorado 2021. Hier trainieren die 153rd AW und 302nd AW C-130 mit dem Modular Airborne Fire Fighting System (MAFFS), einem Brandlöschsystem, welches im Grunde als Modul in den Frachtraum geschoben werden kann. (Foto: U.S. Air National Guard/Tech. Sgt. Jon Alderman)

Das MAFFS-Brandlöschsystem gehört nicht zur Ausstattung der Air Force oder der ANG, sondern ist dem lokalen Arapaho/Roosevelt und Pike-San Isabel National Forests and Bureau of Land Management zugeordnet und ist vor Ort auf der Jeffco Airtanker Base eingelagert. (Foto: U.S. Air National Guard/Tech. Sgt. Jon Alderman)

Eine WC-130J Super Hercules der 53rd Weather Reconnaissance Squadron aka Hurricane Hunters, auf dem Taxiway während der Einsätze gegen Hurricane Dorian 2019 auf der Keesler Air Force Base, Mississippi. (Foto: U.S. Air Force/ Tech. Sgt. Christopher Carranza)

C-130H (Model L-382C/T)

Die Hercules C-130H war eine Weiterentwicklung der C-130E und dient zum Teil noch bis zum heutigen Tag bei der Air National Guard und der Air Force Reserve. Ihr Erstflug fand am 19. November 1964 statt. Diese Version der C-130 wurde zuerst nach Neuseeland ausgeliefert. Sie entwickelte sich zu einem großen Exporterfolg. Im Rahmen des Avionics Modernization Program (AMP) soll bei etwa 220 C-130H die veraltete Avionik ersetzt und auf einen etwa dem der C-130J entsprechenden technischen Stand gebracht werden. Dafür liefert Boeing entsprechende Umrüstsätze, die ein Glascockpit mit sechs 15×20-cm-Bildschirmen und zwei Head-up-Displays von Rockwell-Collins, ein ACR-210-Funkgerät und ein Satellitenkommunikationssystem SAT-2000, neue Missionsrechner und einige weitere modernisierte Systeme umfassen. Der Erstflug einer entsprechend umgerüsteten Maschine startete am 19. September 2006, wobei der Umbau 20 Monate gedauert hatte.

C-130K

Die Exportversionen der H-Baureihe für die Royal Air Force wurden als C-130K bezeichnet. Die Basisbaureihe war die Hercules C.1, von der aus die britischen Exemplare verschiedentlich umgerüstet wurden. Die Version Hercules W.2 umfasste ein einziges Flugzeug zur Wetterbeobachtung des britischen Wetterdienstes. Bei den Hercules C.3 war der Rumpf verlängert worden. Unterbaureihen waren die Tankerversion Hercules C.1K, die Hercules C.1P mit einem Positionierungssystem und die Hercules C.3A für Spezialeinsätze. Darüber hinaus erhielten die meisten Exemplare noch während oder im Anschluss an den Falklandkrieg einen Luftbetankungsstutzen.

Die Außerdienststellung des Typs war 2013 abgeschlossen. Die C-130 fliegt schon unter 70 Flaggen, aber dieser erste Job ist oft nur der Anfang einer jahrzehntelangen Karriere einer Maschine. Denn gebrauchte C-130 älteren Musters vervollständigen die Luftstreitkräfte der Dritten Welt oder schließen Lücken bei verbündeten Nationen, deren Verteidigungshaushalte nicht zu üppig ausfielen.

Eine C-130H in der »kurzen« Version. Hier im Anflug auf einen Fallschirmabsetzpunkt in Hohenfels, Deutschland 2019. (Foto: Christian Rastätter)

Eine C-130K Hercules C1 (L-382) der Royal Air Force. Die K-Version der RAF ist im Grunde eine C-130H-Exportversion speziell für die RAF. Zwar waren die Briten nicht die ersten Hercules-Kunden, jedoch die zahlenmäßig größten Nutzer nach den USA. Mit der Einmottung der K-Modell und der Übernahme der J-Version änderte sich dies, da die RAF auch stark auf A400M und C-17 setzt. (Foto: Archiv UK MoD)

Eine C-130K Hercules C3 mit dem verlängerten Rumpf, der erst später mit dem J-Modell zum Standard wurde. Die Basisbaureihe war die Hercules C.1, von der aus die britischen Exemplare verschiedentlich umgerüstet wurden. Unterbaureihen waren die Tankerversion Hercules C.1K, die Hercules C.1P mit einem Positionierungssystem und die Hercules C.3A für Spezialeinsätze. Darüber hinaus erhielten die meisten Exemplare noch während oder im Anschluss an den Falklandkrieg ab 1982 einen Luftbetankungsstutzen. (Foto: Archiv RAF/MoD UK)

Neue J-Generation

Bereits 1992 und nach 2.000 verkauften Modellen der E/H-Reihe erkannte Lockheed, dass nach 35 Jahren eine neue und für das 21. Jahrhundert gewappnete Hercules-Generation auf den Markt gebracht werden müsse. Ziel war die Kombination aus altbewährt-robuster Flugzeugzelle und der Technologie-Quantensprünge der späten 1990er-Jahre. Obwohl die Hercules den Versuch von Boeing, ihr das Wasser abzugraben überlebt hatte, blieben Lockheed beziehungsweise der Nachfolgerkonzern ab 1995 Lockheed-Martin nicht untätig.

Mitte der 1990er-Jahren entwickelte der Konzern die grundlegend überarbeitete Variante C-130J, auch Super Hercules genannt. Dank den neuen Allison-AE-2100-Triebwerken von Rolls-Royce und Sechsblattpropellern verfügt sie über viel bessere Leistungsdaten – so wurden die Reichweite und die Startrollstrecke um 40 Prozent verbessert, die maximale Geschwindigkeit um gut 20 Prozent. Das nun von mehreren Bildschirmen geprägte digitale Cockpit erlaubte es zudem, die Positionen des Navigators und des Bordingenieurs einzusparen. Mittlerweile sind schon über 500 C-130J ausgeliefert worden. Das Modell wird bis heute produziert. An ihrer Entwicklung war übrigens auch der ursprüngliche Designer Willis Hawkins wieder beteiligt – obwohl er sich eigentlich schon längst im Ruhestand befand. Wie er erzählte, erhielt er unerwartet einen Anruf: Auf einem Testflug mit dem Prototypen der C-130J verlangsamte die Crew die Geschwindigkeit bis zum Wert, der eigentlich für den Strömungsabriss berechnet worden war. Doch die Maschine flog munter weiter. Auch als sie die Geschwindigkeit weiter verringerten, flog die Hercules noch immer. Bis sie plötzlich mit einer Schnapprolle oder gerissenen Rolle reagierte und alle ziemlich erschreckte. Bei weiteren Tests hätten Hawkins und das Ingenieursteam dann herausgefunden, dass man die Maschine nicht in den Strömungsabriss bringen könne, weil die neuen Sechsblatt-Propeller die Flügelwurzel ideal anströmen. So ein Strömungsabriss-Verhinderungs-System hätte man nicht besser erfinden können! Sie hätten dann alle gängigen baulichen Methoden ausprobiert, um künstlich einen Strömungsabriss herbeizuführen – ohne Effekt.

Man kann dieses Flugzeug bis heute nicht stallen, also zu einem absichtlichen Strömungsabriss führen. Hauptelemente des Modernisierungsprogramms waren u. a. die fortschrittliche Propellerturbine Allison/Rolls-Royce AE2100D3 mit mächtigen jedoch geräuscharmen Sechs-

Eine C-130J Super Hercules der U.S. Coast Guard Air Station Elizabeth City. Die US Küstenwache war eine der ersten Nutzer der C-130 und flog bereits seit 1959 Hercules-Modelle. (Foto: U.S. Coast Guard/Dave Silva)

C-130J-Spezifikationen vom Hersteller Lockheed-Martin. Da der Konzern lediglich in englischer Sprache kommuniziert, hat man sich in Marietta, Ga., darauf verständigt, bildlichen Symbolen mehr Gewicht zu geben, um ein internationales Publikum besser zu erreichen.

One Aircraft, Many Capabilities

C-130J-Spezifikationen zur Varianten-Vielfalt vom Hersteller Lockheed-Martin.

C-130J Production Variants

This tactical transport aircraft has already proven itself in many kinds of missions, and in the harshest operating conditions possible, thanks to its uniquely adaptable platform available in the following configurations:

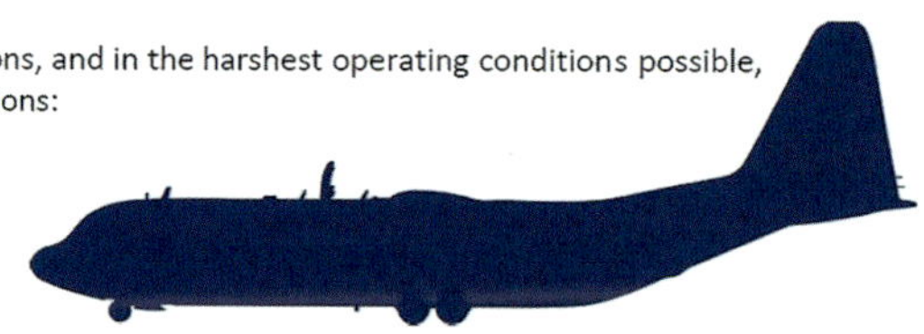

Current Production Variants

- C-130J and the longer fuselage C-130J-30 for combat delivery
- KC-130J for aerial and ground refueling
- LM-100J civil-certified multi-purpose air freighter
- MC-130J for special operations; aerial and ground refueling
- HC-130J for search and rescue/special operation support missions; aerial and ground refueling (U.S. Air Force variant)
- HC-130J for search and rescue/special operation support missions (U.S. Coast Guard variant)

Previously Delivered Variants

- WC-130J for weather reconnaissance
- EC-130J for electronic warfare

Future Variants & Aircraft Modifications

- C-130J-SOF for international Special Operations Forces missions
- LM-100J FireHerc, an FAA-certified air tanker
- Maritime Patrol roll-on/roll-off kit

C-130J-Spezifikationen und Vermarktungseckdaten vom Hersteller Lockheed-Martin.

August 2021

LOCKHEED MARTIN

C-130J Super Hercules Program Status and Fast Facts

Program Status

Watch *One Aircraft, Many Missions*

Super Hercules Advantages

The C-130J Super Hercules provides significant performance improvements and added operational capabilities that translate directly into increased ground and air combat effectiveness. Some of these attributes include the ability to:

- Operate out of 2,000 ft. long dirt strips in high mountain ranges.
- Carry tons of supplies more than 3,000 miles and deliver "the last mile" to remote operating bases, keeping trucks off dangerous highways.
- Perform in-flight refueling, ground fueling, weather reconnaissance, electronic warfare, medical evacuation, search and rescue, paradrop, maritime mission, special operations and many other missions.
- Generate much greater operational efficiencies. The C-130J outperforms older C-130s in combat operations by at least a 2:1 margin.
- Operate with only two pilots and one loadmaster for most missions, exposing fewer flight crew members to potential combat threats.
- Demonstrate reliability that far exceeds most other military aircraft with average mission capable rates routinely in the 80-to-90% range.

Triebwerkmechaniker der 193rd Special Operations Wing, Middletown, Pa., drehen die Blätter des gewaltigen Propellers einer EC-130J Commando Solo, nachdem sie ihn von der Maschine abmontiert haben. Die typischen 6-Blatt-Propeller sind die wohl deutlichsten optischen Merkmale der neuen J-Reihe, die seit Ende der 1990er-Jahren in Dienst gestellt wurde. Die mächtigen Rolls-Royce-Allison-AE-2100-D3-Propellerturbinen sind ein Quantensprung im Antrieb und in der Wartungsfreundlichkeit. (Foto: by U.S. Air Force/Tech. Sgt. Culeen Shaffer.)

Rückkehr mehrerer C-130J Super Hercules auf ihren Stützpunkt in Ramstein während der Übung Bayonet Resolve auf der Ramstein Air Base 2011. (Foto: U.S. Air Force/Staff Sgt. Tyrona)Lawson)

blatt-Propellern (R391 Propeller Durchmesser 4,12m), eine digitale Avionik (Glascockpit), mit deren Hilfe die Crew auf lediglich zwei Piloten und einen Lademeister reduziert werden konnte sowie eine computerbasierte Systemmanagement-Überwachung aller Elektronik- und Avionik-Elemente.

Auf vier großen LCD-Bildschirmen wird in der J-Version das gesamte automatisierte Flugdatenspektrum abgebildet. Zusätzlich werden erstmals zwei holographische Head-up Displays (HUD) für die Piloten verwendet. Die komplette Navigation, Kommunikation sowie die technischen Flugdaten werden elektronisch und digital angezeigt. Ein Datenbus (1553) sowie zwei redundante Missions-Computer sichern die Bordnetze vor etwaigen Ausfällen. Integrierte Fehler- und Status-Diagnosesysteme unterstützen die Piloten und ersetzen somit den Bordingenieur.

Die C-130J-30 ist um etwa 5 m länger (34,30 m) als gewöhnliche Hercules und kann dementsprechend wahlweise 128 Soldaten, 97 Krankentragen, 92 Fallschirmjäger, 24 Container Delivery System Bundles oder 8 Schwerlastpaletten befördern. SOF-spezifische System-Konsolen, MTAs oder ISR-Sensoren sowie generell der Transport von Sonderausrüstung sind mit den J-Modellen selbstverständlich abbildbar. Sie sind außerdem um SAT-COM, Wideband LOS Data-Link sowie sogar Waffen erweiterbar.

J-Modelle weisen hochmoderne Cockpitsysteme auf (u.a. NVG kompatible head-up primary flight display (HUD), Color, digital moving map, Ground Collision Avoidance System (GCAS), Traffic Collision and Avoidance System (TCAS), Terrain Awareness and Warning System (TAWS), computer monitored aircraft system, Flight Management System (FMS), Inertial Navigation System (INS), Dual Global Positioning System (GPS) systems, Low noise interphone system, Communications, Navigation, Surveillance/Air Traffic Management (CNS/ATM), Multi-mode Color Radar, Ground Map, Weather Mode, Wind Shear Detection, Auto Throttle) und sind speziell für die Special Mission Rolle bei Nacht und für unbefestigte Pisten ausgelegt. Konkret bedeutet dies, dass die Propeller über spezielle Dämpfungssysteme verfügen, die die Stauberzeugung reduzieren (sogenannter »Hotel«-Modus). Eine unbeleuchtete imaginäre Landebahn im Nirgendwo auf die Minute genau zu finden, ist ebenfalls kein Problem mehr.

U.S. Air Force Capt. Pete Wolber von der 37th Airlift Squadron bedient sein Pilot Control Panel der C-130J Super Hercules während eines Trainingsflugs über Polen 2018. Seit 2012 finden immer wieder Rotationsverlegungen nach Osteuropa statt. Seit der Krimannexion durch Russland 2014 wurden diese Flüge intensiviert und erreichten ihren Höhepunkt mit der Eskalation durch den russischen Angriff auf die gesamte Ukraine 2022. (Foto: U.S. Air Force/Senior Airman Joshua Magbanua)

U.S. Air Force Capt. Leland Quinter, ebenfalls von der 37th Airlift Squadron nutzt die Nachsichtbrillen in seiner C-130J (NVG, Night Vision Goggles) 2018 über Polen. (Foto: U.S. Air Force/Senior Airman Joshua Magbanua)

Seit Ende der 1990er-Jahre gibt es den Schulterdecker in der modernisierten Version C-130J Super Hercules. Die Flugzeuge sind mit leistungsstarken Triebwerken, modernster Avionik und einem Head-up-Display für die Piloten sowie einem hohen Automatisierungsgrad ausgestattet. Die C-130J unterscheidet sich grundlegend von den vorherigen Versionen. (Foto: U.S. Air Force/Senior Airman Joshua Magbanua)

Das Inspektionsteam der 86. Wartungsstaffel (Maintenance Squadron) führt im Mai 2010 eine Inspektion an einer C-130J auf dem Luftwaffenstützpunkt Ramstein in Deutschland durch. Dies war die erste Intervall-Inspektion einer C-130J im aktiven Dienst, die von der 86th Maintenance Squadron durchgeführt wurde. (Foto: U.S. Air Force/Airman 1st Class Caleb Pierce)

Verbesserter Selbstschutz

In früheren Einsätzen gingen viele Hercules aufgrund von Boden-Luft-Bedrohungen verloren. Dies wurde beim neuen J-Modell ebenfalls bedacht. Zur Standardausstattung zählen daher Selbstschutzsysteme wie das Raketenwarnsystem AN/AAR-47 sowie das dazu korrespondierende Gegenmaßnahme-System auf Basis von automatisch ansprechenden Düppel- und Hitzefackel-Auswurf-Systemen (Chaff/Flare Dispenser). Diese wirken ablenkend gegen infrarotgesteuerte bzw. wärmesuchende Flugkörper. Gegen feindliche Radarerfassung wurde ferner der Radarwarnempfänger AN/ALR-56M eingerüstet. Sämtliche Selbstschutzsensoren wurden rund um den Rumpf der Hercules angeordnet, um eine 360 Grad-Abdeckung zu erzielen. Das ATK AN/AAR-47 Raketenwarnsystem nutzt elektro-optische Sensoren zur Erkennung von Raketenabgasen und fortschrittliche Signalverarbeitungsalgorithmen und Spektralselektion zur Analyse und Priorisierung von Bedrohungen. Die Sensoren sind in der Nähe der Nase direkt unter dem zweiten Cockpitfenster und im Heckkonus angebracht. Der Radarwarnempfänger AN/ALR-56M von BAE Systems ist ein Superheterodyn-Empfänger, der im 2-GHz- bis 20-GHz-Band arbeitet. Eine Low-Band-Antenne und vier High-Band-Quadrantenantennen sind in der Nähe der Bugsektion unterhalb des zweiten Fensters des Cockpits und in der Heckspitze installiert. Das oben beschriebene AN/ALE-47-Gegenmaßnahmensystem von BAE Systems Integrated Defence Solutions (ehemals Tracor) ist in der Lage, zusätzlich zu den aktiven Täuschkörpern POET und GEN-X auch Düppel und Infrarot-Leuchtkugeln auszubringen. Das Lockheed Martin AN/ALQ-157 System für Infrarot-Gegenmaßnahmen erzeugt ein Infrarot-Störsignal mit variabler Frequenz und Agilität. Der Infrarotsender ist am hinteren Ende der Verkleidung des Hauptfahrwerksschachts auf der Oberfläche montiert. Die USAF wählte das LAIRCM-System (Large Aircraft Infra-red Countermeasures) von Northrop Grumman, ein zusätzliches EWSP-System (Electronic Warfare Self-Protection), für die Ausrüstung ihrer C-130-Flugzeuge aus. LAIRCM basiert auf dem AN/AAQ-24(V) NEMESIS. Das System hat im Dezember 2019 die endgültige Einsatzreife erreicht. Die USAF hat das System im Juli 2006 für fünf Jahre in Auftrag gegeben. Australien beantragte im Mai 2008 den Verkauf von LAIRCM zur Ausrüstung seiner Flotte von 12 C-130J. Das LAIRCM System wurde von AIR 5416 (Phase 4B2) zum Schutz der australischen Luftwaffe in C-130J-Flugzeuge eingebaut.

C-130J Specs	C-130J-30	KC-130J	LM-100J
Length	112 ft 9 in/34.37 m	97 ft 9 in/29.79 m	112 ft 9 in/34.37 m
Height	38 ft 10 in/11.84 m	38 ft 10 in/11.84 m	38 ft 10 in/11.84 m
Wingspan	132 ft 7 in/40.41 m	132 ft 7in/40.41 m	132 ft 7 in/40.41 m
Powerplant	Four Rolls-Royce AE 2100D3 engines; GE-Dowty Aerospace R391 6-blade propellers, all composite	Four Rolls-Royce AE 2100D3 engines; GE-Dowty Aerospace R391 6-blade propellers, all composite	Four Rolls-Royce AE 2100D3 engines; GE-Dowty Aerospace R391 6-blade propellers, all composite
Maximum take-off weight	164,000 lb/74,389 kg	164,000 lb/74,389 kg	164,000 lb/74,389 kg
Maximum payload*	46,700 lb/21,183 kg	47,000 lb/21,319 kg	47,000 lb/21,319 kg
Operating weight empty	88,252 lb/40,030 kg	87,961 lb/39,898 kg	80,350 lb/36,446 kg
Zero fuel weight**	129,000 lb/58,513 kg	128,500 lb/58,287 kg	124,000 lb/56,245 kg
Landing Distance (135,000 lb)	3,000 ft/914 m	3,200 ft/975 m	2,830 ft/863 m
Range (40,000 lb payload)	2,160 nm/4,000 km	1,980 nm/3,667 km	2,300 nm/4,260 km
Maximum Cruise Speed	365 KTAS/675 km/hr	365 KTAS/675 km/hr	360 KTAS/667 km/hr

Typenspezifika der J-Reihe laut Hersteller Lockheed-Martin. Trotz der englischen Sprache wurde erstmals das metrische System beachtet. Somit finden sich auch asiatische und europäische Interessenten-Nationen schneller zurecht.

Ein Wartungstrupp 58th Airlift Wing der Republik Korea wechselt hier die Flare-Kartuschen an einer ihrer C-130 aus. (Foto: RoKAF).

Ganz rechts: Eine MC-130J Commando II der U.S. Air Force von der 9th Special Operations Squadron, 27th Special Operations Wing, Cannon Air Force Base, N.M., führt auf der EAA Airshow einen massiven Flare-Ausstoß durch. Mehrere Flugzeuge waren vertreten, darunter die AC-130J Ghostrider, die MC-130J Commando II, die EC-130J Commando Solo. (Foto: U.S. Air Force/Staff Sgt. Peter Reft)

Eine C-130 Hercules der 107th Airlift Wing feuert während eines nächtlichen Formationsübungseinsatzes Flares ab. Eine Flare (Hitzefackel) stellt eine Infrarot-Gegenmaßnahme zur Abwehr von infrarotgesteuerten (wärmesuchenden) Boden-Luft- oder Luft-Luft-Raketen dar. Gegen Radargesteuerte Raketen werden Chaff-Kartuschen im selben Werfersystem verwendet um einen Aluminium-Grundriss eines Flugzeugs vorzutäuschen. (Foto: U.S. Air Force Foto/Senior Master Sgt. Ray Lloyd)

Das AN/AAQ-24 Nemesis-System. Als Directed Infrared Counter Measures (DIRCM, auch: Directional Infrared Counter Measures oder deutsch: geführte bzw. gerichtete Infrarot-Gegenmaßnahmen) wurde von Northrop Grumman entwickelt und ist bereits im Einsatz bei der USAF und den britischen Streitkräften. AC-130 und MC-130 von AFSOC sind ebenfalls damit ausgerüstet.

Das AN/ALR-56M- und AN/AAR-47-Raketenwarnsystem. Sämtliche Selbstschutzsensoren wurden rund um den Rumpf der Hercules angeordnet, um eine 360 Grad-Abdeckung zu erzielen. (Fotos: Christian Rastätter)

Das ALQ-157 Infrared Countermeasures (IRCM)-System an einer KC-130 der U.S. Marines. Fotografiert auf der Iwakuni Air Base. (Foto: U.S. Marines/MoD)

Ein AN/AAQ-24-Sensorpod der älteren Generation an einer AC-130H. (Foto: AFSOC)

DIRCM-Systeme sind seit vielen Jahren auf dem Markt. Hier im Bild verschiedene Modell-Generationen. (Foto: Archiv Northrop-Grumman)

Radar, Avionik und modernste IT

Das Northrop Grumman MODAR 4.000-Farben-Wetter- und -Navigationsradar ist in dem nach oben gerichteten dielektrischen Radom im Bug des Flugzeugs installiert. Das Wetterradar hat eine Reichweite von 250 nm. Die USAF vergab im Dezember 2011 einen Auftrag im Wert von 167 Mio. USD an Lockheed Martin, um die C-130J Hercules mit der Block 8.1-Konfiguration zu überholen. Dies war der zweite Modernisierungsschritt seit der Einführung des Modells in den 1990er-Jahren. Die sogenannte »Block 8.1-Konfiguration« umfasst Software- und Hardware-Erweiterungen wie modernisierte Freund-Feind-Erkennung (IFF), einen Datalink für Navigation und Luftverkehrsmanagement.

Optional gibt es weitere Systeme, die die Überlebensfähigkeit in feindlichen Lufträumen erhöhen. So kann der Small Arms Armor Kit, eine Zusatzpanzerung an den neuralgischen Stellen (Cockpit, Laderaum, Türen, Böden, Lademeisterstration, Fahrwerk, Tanks, etc.) verbaut werden. Gegen Treibstofftank-Treffer (ballistische Penetration, Blitzschlag) kann eine explosionsunterdrückender Schaum in den Tanks beigemischt werden.

Die Vorgängermodelle (C-130 E/H) waren sehr personalintensiv: zwei Piloten, ein Navigator, ein Bordingenieur, zwei Lademeister. Darüber hinaus waren Fallschirmeinsätze mit den alten H-Modellen eher mit zufriedenstellend zu beurteilen. Bei schlechtem Wetter kamen die alten Modelle ebenfalls an ihre Grenzen, wenn es um Präzision bei Frachtabwürfen oder bei Fallschirmjäger-Massenabsprüngen ging. Manche der H-Modelle waren dazu mit neueren Adverse Weather Areal Delivery-Systemen (AWADS) ausgestattet, um eine bessere Präzision bei Abwürfen zu erzielen. Die Masse der alten »Hercs« war dagegen mit veralteten APN-59 Formationshilfe-Radaren ausgestattet, die sich als unzulänglich und viel zu schwer erwiesen, wenn die Maschine voll beladen in schlechtem Wetter operierte.

Mit dem J-Modell wurde dies drastisch verbessert. Das Loadmaster Enhanced Cargo Handling System (ECHS) nahe der vorderen Crew-Einstiegstür war eine Bedienstation für das gesamte Fracht-Management. Die maximale Leistung der vier Triebwerke wurde jeweils von 6.000 auf 4.600 PS gedrosselt, um im Notfall (Triebwerksausfälle) über einen rettenden Reserveschub zum Ausgleich zu verfügen, aber auch, um die Lebensdauer der Triebwerke zu verlängern sowie um Treibstoff zu sparen. Eine übliche Methode in der Militärfliegerei in den Zeiten nach dem Kalten Krieg, die von Einsparmaßnahmen und somit von Innovationszwängen geprägt waren. Kaum ein europäischer Panavia Tornado hatte in den 1990er-Jahren noch »offene« Triebwerke in Friedenszeiten, während Geld in Hochzeiten des Ost-West-Konfliktes zehn Jahre zuvor scheinbar keine Rolle spielte. In diese Zeit fiel die Entwicklung der C-130J. Mit Hinblick auch auf europäische Käufer mussten Innovationen für nachhaltige Unterhaltskosten bei gleichzeitiger Technologieerweiterung gemeistert werden.

Im Gegensatz zu C-130E hat die J-Version etwa 40 % mehr Reichweite bei maximaler Nutzlast, eine 10 % höhere Geschwindigkeit und 40 % weniger Treibstoffverbrauch. Auch hier war Großbritannien 1999 der erste Kunde und beschaffte über 20 Maschinen. Auch Italien, Australien waren neben den Briten erste Kunden. 2018 waren bereits 400 Maschinen des Typs C-130J ausgeliefert worden. Über 70 Länder zählen insgesamt zu den Hercules-Kunden.

Auch Deutschland gehört bereits dazu. Die Beschaffung dreier C-130J-30 sowie dreier KC-130J macht Deutschland zu einem kleinen aber feinen Kunden. Die erste C-130J-30 der Luftwaffe wurden bereits im Frühjahr 2022 ausgeliefert und versieht ihren Dienst bereits in der deutsch-französischen Staffel in Evreux, Frankreich. Ihre folgte noch 2022 bereits die zweite deutsche Maschine. Die Stretch-Variante C-130J-30 wurde immer mehr zum Standard.

Die USAF verwendet ausschließlich die langen Versionen. Die kurzen C-130 wurden alle in die Pilotenschulung übergeben. Viele Kunden mischen ihre Kontingente jedoch in Abhängigkeit von den Aufgaben. So hatte Italien beispielsweise sowohl »kurze« als auch »lange« Varianten geordert, da die Maschinen auch für Kommando-Einsätze mit kleineren Truppen-Einheiten verwendet werden. Die Fertigung der C-130J ist bei Lockheed Martin indes bis zum Jahr 2026 avisiert. Die Maschinen in den Sonderrollen der USAF werden bzw. wurden größtenteils seit der Einführung des Standardmodells C-130J ebenfalls auf das Niveau der J-Generation gebracht.

U.S. Air Force Capt. Brian Shea und Capt. Joe Eastman, Piloten der 37th Airlift Squadron, bereiten sich auf den ersten Flug der 37th AS nach Liberia vor, um bei der Operation UNITED ASSISTANCE im Oktober 2014 auf der Air Base Ramstein, Deutschland, zu helfen. Da der Ebola-Ausbruch zu einer potenziellen globalen Bedrohung wird, arbeitet das U.S. Africa Command zur Unterstützung der U.S. Agency for International Development, der federführenden Bundesbehörde (LFA), als Teil einer umfassenden Anstrengung der US-Regierung, um so schnell wie möglich auf den Ausbruch des Virus in Westafrika zu reagieren und ihn einzudämmen. Dies war der erste C-130J Super Hercules-Flug von Ramstein nach Monrovia, Liberia, zur Unterstützung der OUA. Damals hatte man noch keine Vorstellung von einer wahren Pandemie, wie seit 2020 mit Sars-Cov2 Virus. (Foto: U.S. Air Force Foto/Staff Sgt. Sara Keller)

U.S. Air Force Capt. Bryant Bailey, Pilot der 37th Airlift Squadron, und Lt. Col. Alex Miller, 37th AS Director of Operations, fliegen eine C-130J Super Hercules über Rumänien, anlässlich der Übung Carpathian Summer im August 2018. Ziel der bilateralen Übung war die Verbesserung der Interoperabilität und der Einsatzbereitschaft durch die Durchführung kombinierter Luftoperationen mit den rumänischen Luftstreitkräften. (Foto: U.S. Air Force/ Senior Airman Devin Boyer)

U.S. Air Force Maj. Erik Svendsen, Pilot der 37th Airlift Squadron, fliegt eine C-130J Super Hercules über Belgien im März 2020. Die 37th AS fliegt und trainiert während der Coronavirus-Pandemie weiter, um die ständige Einsatzbereitschaft zu gewährleisten. (Foto: U.S. Air Force Foto/Staff Sgt. Kirby Turbak)

Nachtflug einer C-130J der 37th AS aus Ramstein während der Übung Thracian Summer in Rumänien 2015. (Foto: U.S. Air Force/ Nicole Sikorski)

Nahaufnahme der Cockpitkanzel einer französischen C-130J-30, 2018. (Foto: Christian Rastätter)

Hercules Chronik

August 1954: Erstflug YC-130A in Burbank, Kalifornien.

Dezember 1956: C-130A in Dienst gestellt (231 ausgeliefert).

November 1958: C-130B in Dienst gestellt (230 ausgeliefert).

Juni 1961: C-130E in Dienst gestellt (491 ausgeliefert).

Februar 1965: L-100 erhält FAA Zulassung (115 L-100 ausgeliefert, inklusive stretch Versionen).

März 1965: C-130H in Dienst gestellt (1.202 C-130H ausgeliefert).

Oktober 1968: L-100-20 in Dienst gestellt.

Dezember 1970: L-100-30 in Dienst gestellt.

September 1980: C-130H-30 in Dienst gestellt.

April 1996: Erstflug C-130J Super Hercules in Marietta, Ga.

Juni 1998: C-130J in Dienst gestellt.

Dezember 2015: 2.500. C-130 ausgeliefert.

März 2022: 500. C-130J ausgeliefert.

Modellserien A bis J

Varianten: C-130A/B/E/F/G/H/K/T
Taktischer Lufttransporter

C-130A-II Dreamboat
Frühe Version für EloKa (Elektronischer Kampf und Aufklärung) bzw. Electronic Intelligence/Signals Intelligence (ELINT/SIGINT)

C-130J Super Hercules
Taktischer Lufttransporter als verbesserte Version

C-130K
Exportversion für die Royal Air Force (RAF Hercules C1/W2/C3 bzw. heute C-130J Hercules C.4 und Hercules C.5)

AC-130A/E/H/J/U/W
Gunship Varianten

C-130D/D-6
Mit Schneelandehilfen ausgestattet Version für den arktischen Raum (United States Air Force / Air National Guard)

CC-130E/H/J Hercules
Kanadische Version (Canadian Armed Forces / Royal Canadian Air Force) Hercules aircraft. Die U.S. Air Force verwendete die Bezeichnung CC-130J, um die Standard- von den verlängerten C-130J Varianten zu unterscheiden (die Stretchversion wird vom Hersteller mit C-130J-30 bezeichnet).

C-130M
Exportvariante für Brasilien mit lokalem Up-grade der C-130H.

DC-130A/E/H
USAF- and US Navy-Drohnenmutterschiffe

EC-130
EC-130E/J Commando Solo – USAF / Air National Guard zur psychologischen Kriegsführung (PsyOps)

EC-130E Airborne Battlefield Command and Control Center (ABCCC)

EC-130E Rivet Rider – frühe Version der PsyOps-Hercules

EC-130H Compass Call – Version für den aktiven elektronischen Kampf

EC-130V - Airborne early warning and control (AEW&C) der US Coast Guard gegen Drogenkriminalität und Kartelle (Counter-Narcotics)

GC-130
Bodengerät ohne Flugfähigkeit zu Ausbildungszwecken

HC-130
HC-130B/E/H - Such- und Rettungsdienstversion/Kampfretter (CSAR, Combat Search and Rescue)

HC-130P/N Combat King - USAF Tanker und CSAR

HC-130J Combat King II - Neueste Version des USAF Tanker und CSAR

HC-130H/J - US Coast Guard Langstreckenaufklärer

JC-130
Flugtestvehikel und Aufnahmeflugzeug (aus der Luft) für am Fallschirm zurückkehrende US Spionagesatelliten

KC-130F/R/T/J
United States Marine Corps Tankflugzeug und Taktischer Transporter

LC-130F/H/R
Mit Schneelandehilfen ausgestattete Version für den arktischen Raum für die USAF / Air National Guard. Vormals LC-130F/R der US Navy.

MC-130
MC-130E/H Combat Talon I/II - Spezialkräftemaschine (Special Operations Infiltration/Extraction) des Air Force Special Operations Command (AFSOC)

MC-130W Combat Spear/Dragon Spear - Spezialkräftemaschine (Special Operations Tanker/Gunship) des Air Force Special Operations Command (AFSOC)

MC-130P Combat Shadow - Special Operations Tanker des Air Force Special Operations Command (AFSOC)

MC-130J Commando II (vormals Combat Shadow II) - Special Operations Tanker des Air Force Special Operations Command (AFSOC)

YMC-130H - Stark modifizierte Version für die geplante Operation Credible Sport im Iran-Geiseldrama

NC-130
Flugtestmaschine

PC-130/C-130-MP
Seefernaufklärer und U-Bootjagd

RC-130A/S
Aufklärer mit mehreren Spektren

HCSC-130J Sea Herc
Vorgeschlagenere Marine C-130J für küstennahe Kriegsführung und U-Bootabwehr

TC-130
Trainerversion zur Pilotenschulung

VC-130H
VIP transport

WC-130A/B/E/H/J
Wetteraufklärer (»Hurricane Hunter«) der USAF / Air Force Reserve Command's 53d Weather Reconnaissance Squadron zur Unterstützung des National Hurricane Center

Zivile Versionen auf Basis L-100 (L-382)
L-100 (L-382), 1 Prototyp gebaut

L-100 (L-382B), 21 gebaut

L-100-20 (L-382E), gebaut: 27, plus 9 umgebaut aus

L-100; 9 L-100-20 wurden zu L-100-30 umgebaut um 2,54 Meter gestreckt.

L-100-30 (L-382G), 69 gebaut um weitere 2,04 Meter gestreckt, also 4,58 Meter länger als die Basisversion L-100

LM-100J (L-382J), bis 2020 wurden zwei Prototypen gebaut. Gleiche Maße wie L-100-30.

LM-100J Fire Herc

US-Streitkräfte als Hauptnutzer

Die C-130J ist die jüngste Ergänzung der C-130-Flotte und ersetzt die in die Jahre gekommenen C-130E und einige der hochmodernen C-130H. Die C-130J ist mit modernster Technologie ausgestattet, die den Personalbedarf verringert, die Betriebs- und Unterstützungskosten senkt und im Vergleich zu früheren C-130-Modellen Einsparungen bei den Lebenszykluskosten ermöglicht. Im Vergleich zu älteren C-130 steigt das J-Modell schneller und höher, fliegt mit höherer Reisegeschwindigkeit weiter und startet und landet in kürzerer Zeit.

Bei der C-130J-30 handelt es sich um eine gestreckte Version, bei der der Rumpf um 15 Fuß verlängert wurde, um den nutzbaren Raum im Frachtraum zu vergrößern. Zu den wichtigsten Systemverbesserungen der C-130J/J-30 gehören die fortschrittliche Flugstation mit zwei Piloten und voll integrierter digitaler Avionik, multifunktionale Flüssigkristall-Farbdisplays und Head-up-Displays sowie ein hochmodernes Navigationssystem mit zwei Trägheitsnavigationssystemen und GPS. Darüber hinaus verfügt das Flugzeug über voll integrierte Verteidigungssysteme, ein leistungsarmes Farbradar, eine digitale Moving-Map-Anzeige, neue Turboprop-Triebwerke mit sechsblättrigen Vollkompositpropellern und einen digitalen Autopiloten. Die C-130J/J-30 verfügt außerdem über einen verbesserten Treibstoff-, Umwelt- und Eisschutz sowie ein verbessertes Frachtabfertigungssystem.

Die Air Force gab ihre ursprüngliche Konstruktionsspezifikation 1951 heraus, doch die bemerkenswerte C-130 wird weiterhin produziert. Das erste Produktionsmodell war die C-130A mit vier Allison T56-A-11 oder -9 Turboprop-Triebwerken. Insgesamt wurden 219 Maschinen bestellt, und die Auslieferung begann im Dezember 1956. Die C-130B wurde mit Allison T56-A-7-Turboprop-Triebwerken ausgestattet, und die ersten 134 Exemplare wurden im Mai 1959 in den Dienst der Luftwaffe gestellt. Im August 1962 wurden die 389 bestellten C-130E mit demselben Allison T56-A-7-Triebwerk eingeführt, jedoch mit zwei externen Kraftstofftanks mit einer Kapazität von 1.290 Gallonen und einem höheren maximalen Startgewicht. Im Juni 1974 wurde die erste von 308 C-130H mit dem leistungsfähigeren Turboprop-Triebwerk Allison T56-A-15 eingeführt. Äußerlich nahezu identisch mit der C-130E, brachte das neue Triebwerk erhebliche Leistungsverbesserungen für das Flugzeug.

Wartungsarbeiten am Triebwerk einer C-130J-30 in Ramstein. (Foto: U.S. Air Force/ Senior Airman Joshua Magbanua)

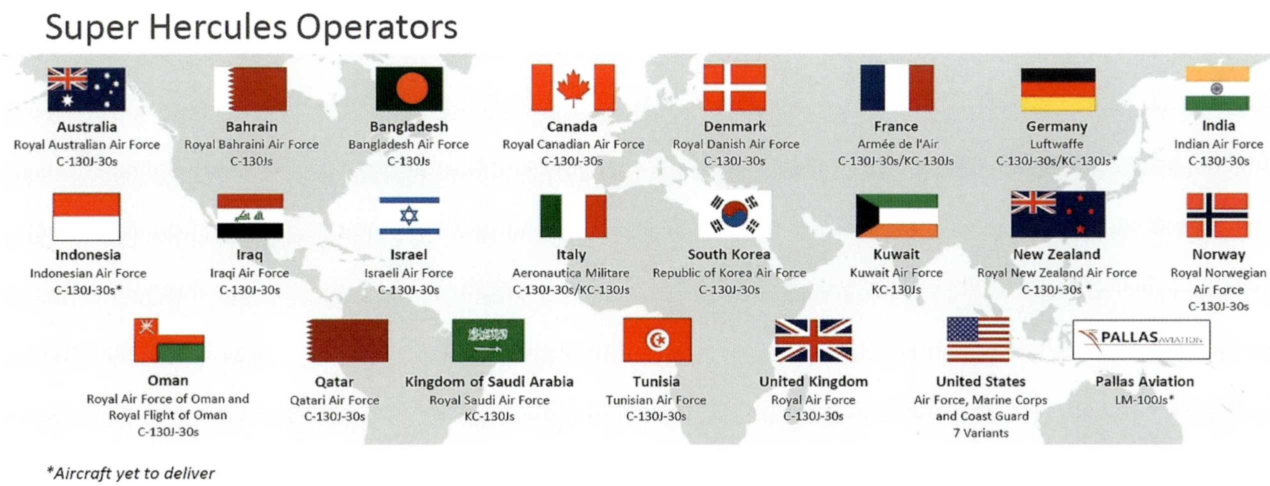

Nutzerstaaten der C-130J Hercules per Fiskaljahr 2022 laut Hersteller Lockheed-Martin.

Die letzte produzierte C-130, die C-130J, wurde im Februar 1999 in den Bestand aufgenommen. Die C-130J unterscheidet sich durch einen sechsblättrigen Propeller aus Verbundwerkstoff, der mit einem Rolls-Royce AE2100D3-Turboprop-Triebwerk gekoppelt ist, und bringt erhebliche Leistungsverbesserungen gegenüber allen früheren Modellen.

Die C-130J-30, eine gestreckte Version mit einer Rumpfverlängerung von 4,5 m, steigert die Fähigkeiten noch weiter. Bis heute hat die Air Force 121 C-130J-Flugzeuge von Lockheed-Martin Aeronautics Company übernommen. Im aktiven Dienst werden die C-130 und ihre Varianten auf der Dyess Air Force Base in Texas, der Little Rock AFB in Arkansas, der Ramstein Air Base in Deutschland und der Yokota AB in Japan eingesetzt. Standorte der Luftwaffenreserve für zugewiesene C-130-Modelle sind: Dobbins Air Reserve Base, Georgia; Keesler AFB, Mississippi; Maxwell AFB, Alabama; Minnesota-St. Paul Joint Air Reserve Station, Minnesota; Peterson AFB, Colorado; und Youngstown ARS, Ohio. Standorte der Air National Guard für die C-130 und ihre Varianten sind Bradley Air National Guard Base, Connecticut; Joint Reserve Base Carswell, Texas; Channel Island ANG Station, Kalifornien; Cheyenne Municipal Airport, Wyoming; Great Falls ANGB, Montana; Little Rock AFB, Arkansas; Louisville IAP, Kentucky; Mansfield Lahm ANG Base, Ohio; Minnesota-St. Paul ARS, Minnesota; Muñiz ANGB, Puerto Rico; New Castle County ANGB, Delaware; Greater Peoria Regional Airport, Illinois; Quonset State Airport, Rhode Island; Reno-Tahoe IAP, Nevada; Savannah IAP, Georgia; Schenectady MAP, New York; Rosecrans Memorial Airport, Missouri; und Yeager Airport, West Virginia. Inventar: Aktive Streitkräfte, 145; Air National Guard, 181; Air Force Reserve, 102.

Eine ausgebaute Rolls-Royce-Allison-AE-2100-D3-Propellerturbine einer C-130J-30 in Ramstein. (Foto: U.S. Air Force/Senior Airman Joshua Magbanua)

Eine C-130J-30 in der Wartungshalle der 86th Maintenance Group in Ramstein bei der sogenannten »Isochronal Inspection«, einer turnusgemäßen Überholung der gesamten Maschine. (Foto: U.S. Air Force/Senior Airman Joshua Magbanua)

RS
88603
37AS

Tankvorgang auf der Platte in Ramstein. Tanken bei laufenden Motoren ist für die Hercules keine Seltenheit. (U.S. Air Force/ Senior Airman Joshua Magbanua)

Eine C-130J Super Hercules über Belgien 2020. Die 37th AS aus Ramstein flog über die gesamte Zeit der Pandemie bis 2022 durchgehend sog. »Corona-Einsätze« und hielt sich dennoch in voller militärischer Alarmbereitschaft. (U.S. Air Force/Staff Sgt. Kirby Turbak)

U.S. Air Force Airman 1st Class Alexander J. Loberg von 37th Airlift Squadron ist der Ladungsmeister dieser C-130J Super Hercules. Er unterstützt die Airborne-Ausbilder beim Absetzen von Fallschirmjägern. (U.S. Air Force/Senior Airman Joshua Magbanua)

C-130J der U.S. Air Force aus Ramstein fliegen entlang der französischen Küste 2020 während einer Nostalgie-Tour anlässlich des Feiertags des D-Days. (U.S. Air Force/Staff Sgt. Jourdan Barrons)

Mechaniker der 86th Maintenance Group und Mediziner der 86th Medical Group auf dem Weg zu ihren Maschinen auf der Ramstein Air Base 2020. Die Desinfektion angekommener Maschinen war ein sehr großer aber notwendiger Aufwand zu Hochzeiten der Pandemie. (Foto: U.S. Air Force/Airman 1st Class John R. Wright)

Eine italienische KC-130J der Aeronautica Militare beim Absetzen von Fallschirmjägern 2019 über dem Truppenübungsplatz Hohenfels im Rahmen der Übung Saber Junction 2019. (Foto: Christian Rastätter)

Erstverwendung Transport

Taktische Transportflugzeuge dienen dazu, Truppen und Material direkt in Einsatzgebiete zu befördern, in denen mangels Infrastruktur häufig weder Instrumentennavigation möglich ist, noch befestigte Landebahnen vorhanden sind. Transportflugzeuge verfügen für Landungen in unbefestigten Landezonen meist über Niederdruckreifen. Falls keine Landebahn zur Verfügung steht, können Lasten oder Fallschirmspringer aus der Luft mit Fallschirmen abgesetzt oder Lasten ohne Schirm im Tiefflugverfahren abgeworfen werden. Taktische Transportflugzeuge werden in aller Regel von Propellern angetrieben. Hierdurch sind sie weniger anfällig für Beschädigungen durch angesaugte Fremdkörper wie Vogelschlag und besitzen gute Eigenschaften beim Starten und Landen auf kurzen Bahnen oder Pisten und bei langsamer Fluggeschwindigkeit, die für das Absetzen notwendig ist. Taktische Transportflugzeuge wie die Antonow An-26 werden auch als taktische Kampfzonentransportflugzeuge bezeichnet. Dieser Begriff wurde hauptsächlich vom russischen Militär verwendet und sollte Flugzeuge kennzeichnen, die durch ihre einfache Bauweise und teilweise auch durch Panzerung der Zelle relativ beschussfest waren, die auf unbefestigten Landezonen landen und starten konnten und die, allerdings nur in der Frühphase, bedingt mit Maschinenwaffen bestückt waren.

Strategische Transportflugzeuge befördern Truppen und Material über große Distanzen zu militärischen oder zivilen Flughäfen abseits des unmittelbaren Einsatzgebietes, von wo aus taktische Transportflugzeuge, Hubschrauber oder Transportfahrzeuge den weiteren Transport übernehmen. Sie nutzen befestigte Landebahnen und eine vorhandene Infrastruktur und sind generell nicht für den direkten Einsatz im Operationsgebiet vorgesehen. Sie werden heutzutage meist von Strahltriebwerken angetrieben,

Das revlutionäre Enhanced Cargo Handling System (ECHS) der C-130H/J-Serie ist neben den fliegerischen Eigenschaften der Maschine die Hauptinnovation des Systems C-130. Sicher, Präzision und Frachtplanung werden deutlich verbessert. Palettierung und Ladevorgänge werden von weniger Personal und in kürzester Zeit abgewickelt. (Fotos: Lockheed-Martin via Collins Aerospace)

Enhanced Cargo Handling System (ECHS)
The ECHS increases safety, air drop precision and reduces cargo bay reconfiguration time. Cargo pallets and ground handling equipment remain common.

Primary Components
- Electrically-actuated locks and vertical restraints
- Flip to show roller conveyors
- Under-floor variable speed winch
- Loadmaster console with Multi-function Control Display Unit (MCDU)
- Cargo door dual uplocks and actuators

verfügen über ein wesentlich größeres Transportvolumen als taktische Transportflugzeuge und erreichen eine höhere Reisegeschwindigkeit und Reichweite als diese.

Neben eigens entwickelten Transportflugzeugen mit Heck- oder Bugrampe werden auch umgebaute Passagierflugzeuge für den strategischen Lufttransport eingesetzt. Einige dieser Maschinen haben eine seitliche Ladeluke, über die Transportpaletten verladen werden können.

Seit einigen Jahren werden Transportflugzeuge entwickelt, die sowohl für den taktischen als auch für den strategischen Lufttransport verwendet werden können. Beispiele hierfür sind die Boeing C-17 und der Airbus A400M. Sie kombinieren die guten Landeeigenschaften taktischer Transportflugzeuge auf unbefestigten oder kurzen Landebahnen mit einer größeren Reichweite und einer erhöhten Lufttransportkapazität. Sie verfügen jedoch nicht über die Kapazität, mehrere Kampfpanzer transportieren zu können, wie dies bei einigen strategischen Transportflugzeugen der Fall ist. Eine Mehrfachlösung stellen VTOL-Transportflugzeuge wie u. a. die Bell-Boeing V-22 dar.

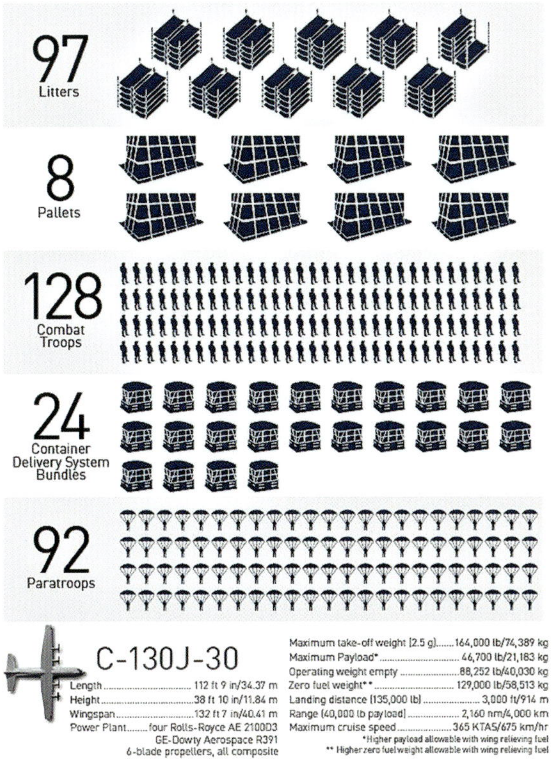

Frachtkapazitäten der C-130 laut Hersteller Lockheed-Martin.

Auch als fliegende Intensivstation und MedEvac kann der Frachtraum der C-130 verwendet werden. Die Umbauten hierzu sind in kurzer Zeit möglich. (Foto: U.S. Air Force/Senior Airman Tryphena Mayhugh)

Senior Airman Emily Mitchell und Staff Sgt. Joshua Nelson, beide Lademeister der 37th Airlift Squadron, sichern die Fracht vor dem Flug während der Übung Thracian Summer im Juli 2016 in Plovdiv, Bulgarien. (Foto: U.S. Air Force Foto/Senior Airman Nicole Keim)

U.S. Air Force Chief Master Sgt. Marc Gonsalves, ganz rechts, und Senior Airman Robert Hutton, Lademeister der 37th Airlift Squadron, befestigen während der Operation Stolen Cerberus VII in der Bucht von Megara, Griechenland, im September 2020 ein Hochgeschwindigkeits-Containersystem an einer C-130J Super Hercules, die dem 86th Airlift Wing zugeordnet ist. Diese Systeme sind so konzipiert, dass sie am Schirm schneller zu Boden fallen und einen harten Aufprall überstehen. (U.S. Air Force/Airman 1st Class Taylor D. Slater)

Staff Sgt. Jordan Callahan, Lademeister der 37th Airlift Squadron, wirft während der Übung Thracian Summer 2016 über Plovdiv, Bulgarien, einen Schnelllande-Container aus einer C-130J Super Hercules ab. (Foto: U.S. Air Force/Senior Airman Nicole Keim)

Eine C-130J-30 wirft eine volle Ladung von Nachschub-Containern punktgenau über einen vorberechneten Absetzpunkt in Hohenfels 2019 ab. Das ECHS-System an Bord ermöglicht den exakt gewünschten Abwurfzeitpunkt und taktet die Sequenz, wie sie vorher einprogrammiert wurde. (Foto: Christian Rastätter)

Ein prüfender Blick vor dem Sprung. Ein Springer bereitet sich auf den Ausstieg aus einer C-130J Super Hercules im Rahmen der International Jump Week über Deutschland vor 2014. (Foto: U.S. Air Force/ Airman 1st Class Jordan Castelan)

Ein Lademeister der 37th Airlift Squadron, zieht die »static lines« über der Ramstein Air Base, Deutschland, 2021 nach dem Verlassen der Fallschirmjäger ein. Ein Ausbilder der abgesetzten Luftlandetruppen hilft ihm dabei. (U.S. Air Force Foto von Staff Sgt. Kirby Turbak)

Automatensprung: Ausstieg aus einer C-130J Super Hercules im Rahmen der International Jump Week über Deutschland vor 2014. (Foto: U.S. Air Force/ Airman 1st Class Jordan Castelan)

Zum Gedenken an den 76. Jahrestag des D-Day flogen 2020 acht C-130J-Flugzeuge des 37. Lufttransportgeschwaders im Tiefflug über verschiedene Orte in Frankreich. (Foto: U.S. Air Force/Staff Sgt. Kirsten Brandes)

Fallschirmspringer des 435th Air Ground Operation Wing und der 16th Sustainment Brigade springen am 2. Juli 2019 aus einer C-130J Super Hercules über dem Luftwaffenstützpunkt Ramstein in Deutschland ab. (Foto: U.S. Air Force/Senior Airman Elizabeth Baker)

Soldaten der 1. Luftlandebrigade der Japanischen Bodenverteidigungskräfte steigen im April 2022 während einer bilateralen Luftlandeübung aus einer amerikanischen C-130J Super Hercules der 36th Airlift Squadron. (Foto: U.S. Air Force via Yasuo Osakabe)

Während die amerikanischen Fallschirmjäger noch in der Luft hängen, dreht die Absetzmaschine – eine C-130J-30 – ab, um mit einer weiteren Springerformation erneut einen Anflug zu starten. (Foto: Christian Rastätter)

Fallschirmjäger des 1. Bataillons, 501st Parachute Infantry Regiment, 4th Infantry Brigade Combat Team (Airborne), 25th Infantry Division, »Spartan Brigade«, führten im März 2022 eine gemeinsame Operation zum gewaltsamen Eindringen in die Donnelly Drop Zone durch. Der Schwerpunkt liegt auf groß angelegten Kampfeinsätzen (Large Scale Combat Operations, LSCO) und ist eine Kaltwetterübung, die eine Situationsübung (Situational Training Exercise, STX) und eine Schießübung (Live Fire Exercise, LFX) umfasst. (Foto: U.S. Air Force/Maj. Jason Welch)

Fallschirmjäger der U.S. Army (des 54th Brigade Engineer Battalion, 173rd Airborne Brigade) führen im April 2022 eine Luftlandeoperation auf der Juliet Drop Zone in Pordenone, Italien, durch. Die 173. Luftlandebrigade ist die Eingreiftruppe der US Army in Europa, die in der Lage ist, einsatzbereite Kräfte überall in den Zuständigkeitsbereichen der US-Kommandos in Europa, Afrika und Zentralafrika zu verlegen. Die C-130J aus Ramstein sind dabei ihre Hauptverbringer. (Foto: U.S. Army/Paolo Bovo)

Feuertaufe für die C-130 – Operation Junction City 1967 Vietnam

Im Rahmen der Operation Junction City im Frühjahr 1967 führte die 173. Luftlandebrigade den einzigen Fallschirmjägereinsatz während des gesamten Vietnamkriegs durch. Im Sommer und Herbst desselben Jahres kämpfte die Brigade dann im sogenannten »Eisernen Dreieck« nordwestlich von Saigon, einer undurchdringlichen Dschungelregion, die als Stützpunkt und Operationsbasis für nordvietnamesische Einheiten und Widerstandskämpfer des Vietcong diente. Die Eroberung des Hügels 875 im November 1967 war einer der blutigsten Kämpfe des gesamten Vietnamkriegs. Im Verlauf der Vietnam-Kriegs wurde die C-130 immer unverzichtbarer. Zwar meist als Cargo-Transporter und in der Rolle als Unterstützer von Spezialoperationen, aber von da an wurde die C-130 zu einem typischen Anblick in jedem der folgenden Konflikte weltweit. Auch ohne amerikanische Beteiligung, wohlgemerkt. Gegen Ende des Vietnam-Kriegs wurde erneut die C-130 in der Rolle als Aufklärer und Gunship zu einem unverzichtbaren Werkzeug heikler Operationen und nicht nur beim Abtransport oder der Evakuierung von Truppen und Personal.

Am 12. Mai 1975 – nur zwei Wochen nach dem Fall von Saigon und dem Zusammenbruch Südvietnams –enterten und beschlagnahmten kambodschanische Streitkräfte in internationalen Gewässern das US-Handelsschiff SS Mayaguez und nahmen dessen Besatzung als Geiseln. Diese Provokation war ein großer Test für die Präsidentschaft von Gerald R. Ford. Das Frühjahr 1975 war ohnehin keine gute Zeit für weitere Krisen. Präsident Nixon war im Sommer zuvor zurückgetreten, und die Nachwirkungen des Watergate-Skandals spielten sich noch immer vor Gericht und in den Medien ab. Mitte April evakuierten USMC- und USAF-Hubschrauber sowie HC-130 der USAF gemeinsam während der Operation EAGLE PULL fast 300 US-Bürger und Angehörige von Drittstaaten aus der US-Botschaft in Phnom Penh in Kambodscha, da das Land in die Hände der kommunistischen Roten Khmer fiel. Ende April führten die US-Streitkräfte die Operation FREQUENT WIND (Evakuierung von Saigon) erfolgreich durch und besiegelten damit das Ende der US-Beteiligung am Vietnamkrieg.

Blick auf eine Artillerie-Besatzung der US Army in der Nähe des A Shau-Tals, Vietnam 1968. Ein Soldat hält ein Feldtelefon. (Foto: Co Rentmeester/The LIFE Picture Collection)

Soldaten der US-Army untersuchen eine erbeutete Kiste mit nordvietnamesischen Waffen in der Nähe des A Shau-Tals, Vietnam 1968. (Foto: Co Rentmeester/ The LIFE Picture Collection)

US-Fallschirmjäger des 2. Bataillons, 503rd Airborne Infantry Regiment, 173rd Airborne Brigade, springen während der Operation Junction City im Vietnamkrieg in der Provinz Tay Ninh, Südvietnam, am 22. Februar 1967 aus einem C-130-Flugzeug in die Kriegszone C ab, drei Kilometer nördlich von Katum. Die C-130A Hercules hatte hierbei ihre erste Premiere: Es war der einzige Luftlandeeinsatz des Krieges und der erste US-Fallschirmangriff seit dem Koreakrieg. (Foto: Co Rentmeester/The LIFE Picture Collection)

Kartenansicht der Operation Junction City 1967-68. (Grafik: Archiv U.S. Army)

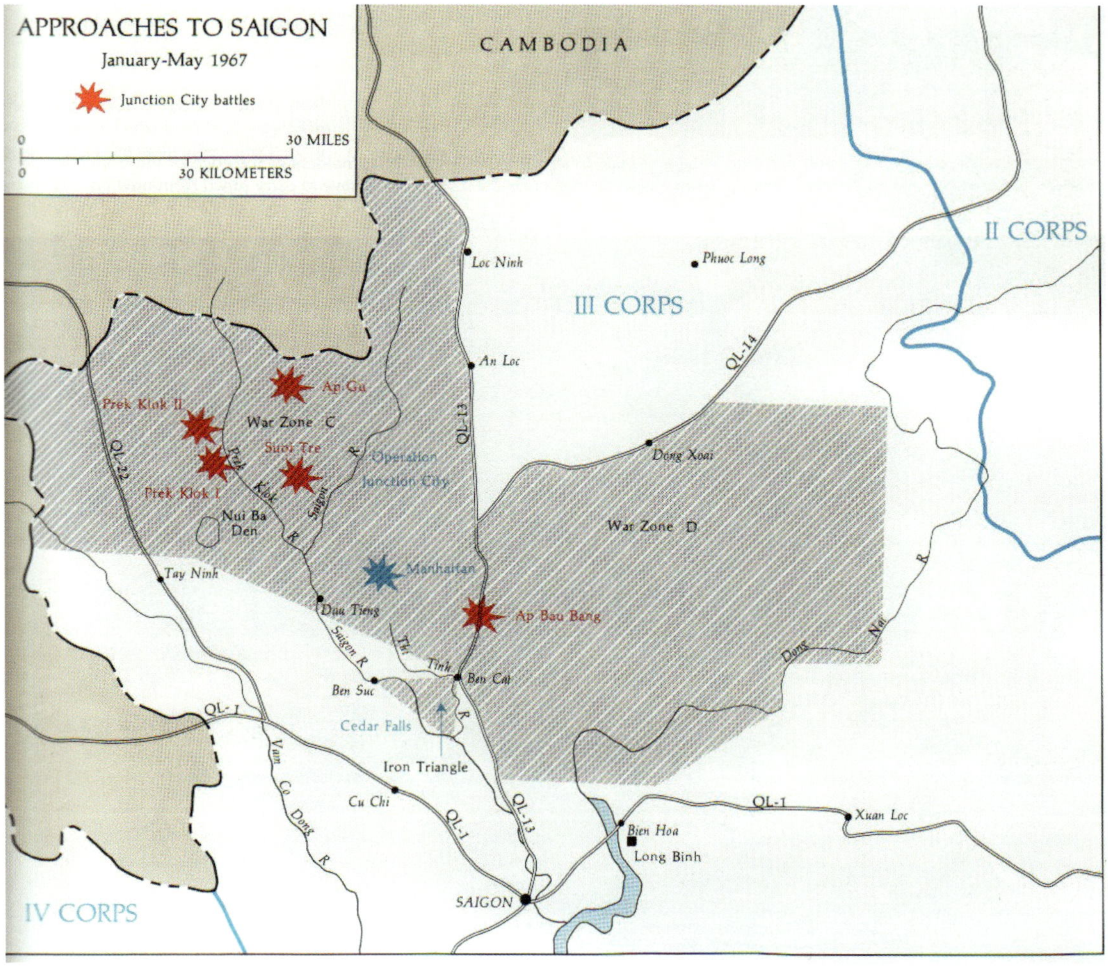

Am 12. Mai 1975, zwei Wochen nachdem in den US-Nachrichten berichtet wurde, dass wütende Südvietnamesen darum kämpften, an Bord von US-Hubschraubern zu gelangen und aus Saigon zu entkommen, wurde die SS Mayaguez, ein in den USA registrierter 10.000-Tonnen-Frachter, in den internationalen Gewässern des Golfs von Thailand von kambodschanischen Kanonenbooten beschlagnahmt. Präsident Gerald Ford, der neun Monate zuvor nach dem Rücktritt von Präsident Nixon als Präsident der Vereinigten Staaten vereidigt worden war, brauchte keine weitere Krise.

Nach den öffentlichen Demütigungen während EAGLE PULL und FREQUENT WIND sahen Außenminister Henry Kissinger und Verteidigungsminister James Schlesinger den Mayaguez-Zwischenfall als eine Gelegenheit, der Welt zu zeigen, dass die USA immer noch die Macht haben, sich durchzusetzen, wenn eine andere Nation ihre Souveränität bedroht (Anm.: ein Schiff gilt als souveränes Territorium der Nation, die das Schiff registriert hat).

Trotz begrenzter Geheimdienstinformationen und beeinträchtigt durch den Mangel an diplomatischen Beziehungen mit der kommunistischen Regierung Kambodschas bezeichneten der Präsident und seine Berater die Gefangennahme als einen Akt der Piraterie und verpflichteten sich, die 38-köpfige Besatzung zu retten und das Schiff zu bergen.

Daraus sollte sich jedoch eine historische, wenn auch von den Medien kaum beachtete Schlacht entwickeln, welche maßgeblich zur Entwicklungsgeschichte des US-SOCOM beitrug, auch wenn in diesem Zusammenhang in der Fachliteratur meist nur auf die gescheiterte Operation Eagle Claw einige Jahre später im Iran hingewiesen wird.

Eine vertiefte Betrachtung dieser kaum bekannten Operation aus der Rubrik »Special Operations« und »Combat Search and Rescue« erfolgt innerhalb der Special Operations-Kapitel im weiteren Verlauf des Buches.

Zivile Version

Was für die US-Luftwaffe und zahlreiche Militärs rund um den Globus gut genug ist, sollte auch eine Anwendung in der Zivilluftfahrt finden. Das dachte sich auch Lockheed und brachte schon ab den 1960er-Jahren mit der L-100 ein entmilitarisiertes Derivat der C-130 E auf den Markt. Ab September 1965 wurden die ersten Exemplare ausgeliefert, doch der Verkauf lief nur schleppend. Lockheed versuchte in der Folge mit der um 2,5 Meter gestreckten Variante L-100-20 und der nochmals um zwei Meter gestreckten L-100-30 eine bessere Wirtschaftlichkeit zu erzeugen. Dennoch blieb der große Run auf die L-100 aus. Bis zum Produktionsende im Jahr 1992 wurden nur gerade 114 Stück der zivilen Variante ausgeliefert – der Großteil davon übrigens auch an militärische Kunden oder Regierungen. Namhafte zivile Betreiber sind nur Lynden Air Cargo aus Alaska sowie Safair aus Südafrika, welche die L-100 bis heute einsetzen.

Nach der Entwicklung der modernen Super Hercules C-130J unternahm Lockheed-Martin Ende der 1990er-Jahre einige Anstrengungen, auch davon eine zivile Variante zu bauen. 1998 erhielt der Konzern gar die Zertifizierung dafür, ließ sie aber nach einer strategischen Neuausrichtung mit verstärktem Fokus auf militärische Projekte ungenutzt wieder verfallen. Am 3. Februar 2014 gab der Lockheed-Martin allerdings bekannt, das Unterfangen unter der Bezeichnung LM-100 J wieder aufzunehmen. Ohne militärische Technologie an Bord, aber mit denselben einzigartigen Flugeigenschaften, hoffe man vor allem bisherige L-100-Kunden, Regierungen, humanitäre Organisationen sowie Bergbau- und Ölkonzerne zu überzeugen. Im Gegensatz zur ursprünglichen L-100 soll die LM-100J 30 Prozent mehr Fracht aufnehmen können, eine 20 Prozent bessere Reichweite haben, 10 Prozent schneller sein und eine um 14 Prozent gesteigerte Treibstoffeffizienz bieten, erwartete der Hersteller. Ebenfalls kann sie im Gegensatz zur Vorgängerin vollbeladen auf einer wirtschaftlicheren Höhe von 28.000 Fuss fliegen statt nur auf 18.000 Fuss. Auch viele weitere Features wurden eingebaut, zum Beispiel das optionale »Enhanced Cargo Handling System (ECHS)«: Dieses erlaubt, via einer Computer-basierten Loadmaster-Station zum Beispiel die Seilwinde zu steuern oder den Boden per Knopfdruck entweder auf Paletten oder auf sonstige Fracht auszulegen. Auch einige wenige Gimmicks ihrer militärischen Schwestern durfte die LM-100 J behalten, so zum Beispiel das CARP: Das Computer-Aided-Release-Point-System soll den punktgenauen Abwurf von Gütern vereinfachen. Dank den neuen Triebwerken entspricht die LM-100 J – im Gegensatz zu den alten L-100 mit den Allison T56-Aggregaten – auch den Lärmvorschriften der FAA. Ende 2019 erhielt die LM-100J von der amerikanischen Luftfahrtbehörde die Zertifizierung, Lockheed verschob den ursprünglich auf 2019 angesetzten Auslieferungstermin allerdings auf dieses Jahr. Eine Sprecherin prognostizierte auf Anfrage von aeroTELEGRAPH eine Auslieferung in der ersten Jahreshälfte. Erstkundin wird die texanische Fracht-

Roll-Out der zertifizierten Serienmaschine 2019. Die LM-100J ist die von der FAA zugelassene kommerzielle Variante der C-130J Super Hercules und dient als ziviles Mehrzweck-Frachtflugzeug. Es sind mehrere Roll-on/Roll-off-Konfigurationen verfügbar, um die Fähigkeiten des Flugzeugs zu erweitern. (Foto: Archiv/Lockheed-Martin)

L-100J-30 FirceHerc: Das Retardant Aerial Delivery System (RADS) von Coulson Aviation USA bietet die bewährte und überlegene Leistung, bis zu 4.500 US-Gallonen Retardant mit einem Schwerkraftabwurfsystem auszubringen.

Modular Aerial Firefighting System II (MAFFS II). Für weniger einschneidende Flugzeugmodifikation kann die FireHerc das Roll-on/Roll-off Modular Aerial Firefighting System II (MAFFS II) nutzen. MAFFS II kann 3.000 US-Gallonen Löschmittel unter Verwendung einer Druckpumpe ausbringen.

gesellschaft Pallas Aviation, die fünf Exemplare bestellt hat. Absichtserklärungen über je zehn Stück haben auch Bravo Cargas aus Brasilien sowie die ASL Aviation Group aus Irland abgegeben – letztere will ihre LM-100 J durch Safair betreiben lassen. Ein zusätzlicher bisher ungenannter Kunde soll weitere fünf LM-100 J bestellt haben. Von Lynden Air Cargo wurde bisher noch keine offizielle Kaufabsicht registriert. Richard Zerkel, Präsident der Fluglinie aus Alaska, gab 2014 zu Protokoll, dass man sich während des Designprozesses der LM-100 J ab und zu mit Lockheed ausgetauscht habe. Auch sagte er, dass seine eigene bald 45-jährige L-100-Flotte altershalber fehleranfälliger und teurer zu betreiben werde. Allerdings habe man die eigenen Flieger über die Jahre stark modernisiert und zum Beispiel mit Glascockpits nachgerüstet. Daher wolle seine Firma zuwarten und die wirtschaftlichen Bedingungen dann analysieren, wenn das Flugzeug schliesslich auf den Markt kommt. Damit kommt die LM-100 J erst auf 30 auszuliefernde Exemplare. Ein Lockheed-Vertreter hatte auf der Paris Air Show 2017 gegenüber dem Magazin Air Cargo Week noch einen Bedarf von 75 bis 125 Flugzeugen skizziert. Zwei Jahre später an der Dubai Airshow 2019 sprach der Hersteller gegenüber dem Magazin Flightglobal noch von 25 bis 45 Stück.

Große Tankflugzeuge – darunter auch die C-130H und C-130J – spielen bei der Brandbekämpfung eine entscheidende Rolle. Sie verteilen Löschmittel in schwer zugänglichen Gebieten. Dazu muss ein Tankflugzeug in der Lage sein, sich in diesem schwierigen Gelände zurechtzufinden, nahe an den Flammen zu bleiben, unter schlechten Sichtbedingungen zu fliegen und die Besatzungen sicher nach Hause zu bringen. Die Flugzeuge müssen stabil bleiben und dürfen in ihrer Leistung nicht beeinträchtigt werden.

(Alle Fotos: Archiv Lockheed-Martin)

Die einzige Lockheed L-100-30 der deutschen WF-Gesellschaft. Wirtschaftsflug wurde 1972 durch Heinz Dieter Hoppenstaedt gegründet. Nachdem sie ihren Betrieb mit Geschäfts- und Lufttaxiflügen aufgenommen hatte, folgten 1979 IT-Charterflüge. Anfang 1980 plante man in das Frachtfluggeschäft einzusteigen. Hierfür setzte man drei Lockheed L-100-30 ein und vereinbarte eine Zusammenarbeit mit German Cargo. Die erste Maschinen traf im November 1981 ein und sollte nach Afrika, Europa und in den Nahen Osten fliegen. Ende 1982 meldete Wirtschaftsflug jedoch Insolvenz an. (Foto: Archiv/Alain Durand)

Eine Lockheed L100-30 Hercules (HZ-128) der Royal Saudi Air Force. Auch militärische Nutzer kauften das zivile Modell. (Foto: Archiv/Alan Wilson)

Eine L-100-30 L-382 der SFAIR-Gesellschaft. Diese französische Frachtchartergesellschaft wurde im Juli 1975 gegründet und hatte ihren Sitz in Nizza. SFAir war die sogenannte fliegende Abteilung der Société Secmafer Aviation. Im Mai 1981 nahm eine von letztendlich zwei Lockheed L-382 Hercules den erneuten Flugbetrieb auf. SF Air flog wiederum von Nizza, aber auch von Cherbourg nach Paris LBG, Tours, London Gatwick, Dublin, Basel, Stockholm, Zürich und Glasgow, aber auch Hilfsflüge in Krisengebiete Afrikas und dem Nahen Osten. (Foto: Archiv/MilborneOne)

Eine zivile Lockheed L-100-30 Hercules (L-382G) der Transportfirma Lynden Air Cargo. Lindon ist bis heute einer der größten zivilen Anbieter in den USA und hat sich vor allem auf die arktischen Regionen spezialisiert, wo weder Postdienstleister noch Industrie-Charter möglich sind. (Foto: Lindon Air Cargo)

Lockheed-Martin-LM-100J-Roll-out-Gruppenfoto bei Lockheed-Martin 2017. Die LM-100J startete am 27. Mai 2017 zu ihrem Erstflug. Ein zweiter Prototyp wurde erstmals 2018 zur Erprobung eingesetzt. Die hauptsächlichen Unterschiede zur militärischen C-130J sind ein Zweipersonen-Cockpit, moderne Triebwerke des Typs Rolls-Royce AE2100D3 mit Sechsblattpropellern, eine Tür zwischen Cockpit und Frachtraum (die C-130 hat dort nur eine Öffnung, keine Toilette, weil die zivilen Flüge laut Lockheed Martin meist »relativ kurz« seien. (Foto: Archiv/ Lockheed-Martin)

C-130 Hercules-Pilot werden

Wenn ein potenzieller Rekrut sein Interesse daran bekundet, Pilot oder CSO (Combat Systems Officer) zu werden, wird er mit einem Recruiting Office Supervisor und dem Designated Officer Recruiter (DOR) sprechen. Die Bewerber müssen den Air Force Officer Qualification Test (AFOQT) ablegen, bevor sie sich für das UPT (Undergraduate Pilot Training) oder UNT (Undergraduate Navigator Training) bewerben: Der AFOQT misst die Fähigkeiten, die für die Auswahl der Kandidaten für die Offiziersprogramme und spezielle Ausbildungsprogramme für Offiziere verwendet werden. Die Prüfung dauert etwa vier Stunden und besteht aus fünf Abschnitten: Pilot, CSO, verbale und quantitative Fähigkeiten sowie Eignung. Um Pilot oder CSO zu werden, muss man mindestens 15 Punkte im verbalen Teil und 10 Punkte im quantitativen Teil erreichen. Piloten müssen außerdem mindestens 25 Punkte im Pilotenteil und CSOs mindestens 25 Punkte im CSO-Teil erreichen. Die meisten Bewerber, denen ein Vorstellungsgespräch angeboten wird, erreichen im Pilotenteil durchschnittlich 75 Punkte und im CSO-Teil 60 Punkte. Ein Bewerber hat die Möglichkeit, den Test einmal ohne Einschränkung zu wiederholen, um eine höhere Punktzahl zu erreichen, benötigt aber eine Ausnahmegenehmigung, um ihn mehr als einmal zu wiederholen. Es wird nur die zuletzt erzielte Punktzahl anerkannt, und zwischen den Tests müssen sechs Monate liegen. Wenn eine Person daran interessiert ist, Pilot oder CSO zu werden und nicht bereits in der ANG ist, besteht der nächste Schritt nach dem AFOQT darin, einen Termin für die halbtägige medizinische Untersuchung bei der örtlichen Military Entrance Processing Station (MEPS). Alle Kandidaten, die nicht aus dem Militärdienst kommen, werden als Airman 1st Class (E-3) geführt, d.h. sie werden zum Zweck der Indienststellung angeworben. Um eingestellt zu werden, muss ein Kandidat entweder mit dem UPT- oder dem UNT-Auswahlgremium für Offiziere zusammentreffen. Jeder Ausschuss tritt mindestens einmal jährlich zusammen. Um für ein Gespräch mit dem Ausschuss in Frage zu kommen, muss ein Bewerber zum Zeitpunkt des Gesprächs jünger als 28 Jahre alt sein. Dies ist erforderlich, weil die Luftwaffe verlangt, dass ein Bewerber am Tag des Beginns von UPT oder UNT weniger als 30 Jahre alt ist, was ein bis drei Jahre nach dem Vorstellungsgespräch der Fall sein kann. Für die Ausbildung ist ein Bachelor-Abschluss von einem anerkannten vierjährigen College oder einer Universität erforderlich, oder der Bewerber

Der C-130J-Simulator verfügt über ein visuelles System, das den Piloten eine realistische Sicht aus dem Fenster bietet. Dies verbessert die Ausbildung, da die Piloten bei der Durchführung aller Einsätze visuelle Hinweise nutzen können. Auch die Bewegungen im Cockpit werden durch ein elektronisches Bewegungssystem realistisch wiedergegeben. Jeder Flugsimulator ist so konzipiert, dass er die Simulationsstandards des 14 Code of Federal Regulations (CFR) Teil 60 erfüllt. (Foto: Lockheed-Martin)

Drei Elemente der Pilotenausbildung und des Trainings: Flugsimulator, Fuselage Aircraft Systems Trainer (FAST) und Multi-Function Training Aid (MFTA). Der C-130J-Flugsimulator ist eine originalgetreue Nachbildung des C-130J-Cockpits. Dieser Simulator bietet Piloten und Lademeistern alle Möglichkeiten des Umgangs mit allen Bedienelementen und Instrumenten bei Start, Landung, Koordination der Besatzung, Transition, Instrumentenflug, taktischen Einsätzen, einschließlich Abwurf, Navigation im Tiefflug und Notfallverfahren. Der C-130J Fuselage Aircraft Systems Trainer (FAST) ist ein modifiziertes C-130-Flugzeug und bietet die notwendigen Funktionen zur Wartungsausbildung. Das C-130J Multi-Function Training Aid (MFTA) ist ein Pilotenverfahrenstrainer. (Fotos: Lockheed-Martin)

muss ein Semester vor dem Abschluss stehen. Wird der Bewerber ausgewählt, folgen etwa zwei Jahre der Vorbereitung und Ausbildung, bevor man als Pilot oder CSO voll qualifiziert ist. Danach müssen Bewerber eine Fluguntersuchung bestehen; die dreitägige Fluguntersuchung für UPT-Kandidaten muss auf der Wright-Patterson AFB in Dayton, Ohio, durchgeführt werden; UNT-Kandidaten können eine Fluguntersuchung vor Ort absolvieren. Diejenigen, die zum Zeitpunkt der Auswahl noch keine Offiziere sind, müssen am Offiziersausbildungsprogramm der US Air Force teilnehmen. Sie nehmen entweder an der achtwöchigen Academy of Military Science (AMS) oder dem neunwöchigen Basic Officer Training (BOT) teil, die beide auf der Maxwell AFB in Montgomery, Ala, stattfinden. Einen Tag vor der Abreise zum Offiziersprogramm werden alle UFT-Anwärter zum Staff Seargent/Stabsfeldwebel (E-5) befördert. Nach erfolgreichem Abschluss der Air Force Commissioning School werden die Mitglieder zum Second Lieutenant (O-1) befördert. Der nächste Schritt ist das viereinhalbwöchige Initial Flight Screening (IFS)-Programm am Pueblo Memorial Airport in Pueblo, Colo. Das IFS standardisiert die Flugüberprüfung in der gesamten Luftwaffe, sorgt für militärische Strenge und Kameradschaft und ist die einzige Möglichkeit der Flugüberprüfung für alle Kandidaten des Reserve Officer Training Corps und der Officer Training School. Ein IFS ist nicht erforderlich, wenn ein Bewerber eine Privatpilotenlizenz besitzt. Nach dem IFS folgen die UFT-Schulen. UPT findet in Mississippi (Columbus AFB), Texas (Laughlin oder Sheppard AFB) oder Oklahoma (Vance AFB) statt. UNT (für CSOs) findet auf der Pensacola Naval Air Station in Florida statt. Bei UPT und UNT lernen die Studenten Navigation, Kunstflug, Formationsflug und den Umgang mit Flugzeuginstrumenten, indem sie die T-6A Texan II, einen einmotorigen, zweisitzigen Primärtrainer, etwa sechs Monate lang fliegen. Anschließend wechseln die Studenten für weitere sechs Monate zur T-1A Jayhawk. Piloten und CSOs trainieren die gleiche Zeit auf demselben Flugzeug, aber die CSO-Kandidaten führen keine Alleinflüge oder Landungen durch. Künftige C-130-Piloten werden dann auf die Lufttransport-/Tankflugbahn versetzt, was fünf Monate spezielles UPT oder UNT, das so genannte C-130 Initial Qualification Training (IQT), bedeutet, bei dem die Kandidaten ihre Besatzungsposition lernen. Das IQT für C-130J-Besatzungen findet bei der 154th Training Squadron, 189th Airlift Wing, einer Arkansas ANG-Einheit auf der Little Rock AFB, Ark, statt. Nach dem IQT folgt ein einwöchiger Wasser-Überlebens-Trainingskurs auf der Naval Air Station Pensacola (Florida) und anschließend ein dreiwöchiger SERE-Lehrgang (Survival, Evasion, Resistance and Escape) der US-Luftwaffe auf der Fairchild AFB in Washington. Wenn die Umstände es zulassen, können die Überlebensschulen auch zu anderen Zeiten stattfinden. Neue Piloten und CSOs kehren mit ihren Fliegerflügeln nach Hause zurück, wo sie 90 Tage lang von erfahrenen Fluglehrern oder CSOs betreut werden, die ihnen helfen, die örtlichen Flugrouten zu erlernen und ihre fliegerischen Fähigkeiten zu verbessern. Alle ausgewählten Piloten und CSOs müssen ein hohes moralisches Niveau haben und aufrechterhalten. Rechtliche Probleme disqualifizieren eine Person nicht unbedingt, aber das Verschweigen von Straftaten ist disqualifizierend. Wenn sie ausgewählt werden, wird im Rahmen der Sicherheitsüberprüfung eine föderale Hintergrundüberprüfung durchgeführt.

Eine MC-130J Air Commando II (AFSOC) führt während der Übung Talisman Sabre 21 über Queensland, Australien, am 26. Juli 2021 eine Luft-Luft-Betankung mit einem MH-60 Black Hawk (USASOC) durch. Die Maschinen sind Teil des Special Operations Command Pacific. TS21 ist die größte Militärübung Australiens mit den USA. (Foto: U.S. Air Force/1st Lt. Joshua Thompson)

Zweitverwendung Special Mission/Special Operations

Unterstützung von Special Operations Forces (SOF) und Special Mission (SM)

Im konventionellen Denken sind Militärflugzeuge in zwei Hauptkategorien aufgeteilt. Die eine ist das Transportwesen, die andere sind die Kampfflugzeuge. Dass es daneben auch Aufklärer und andere Spezialflugzeuge gibt, ändert nichts daran, dass die beiden ersten Kategorien überall die militärischen Luftflotten dominieren. Zu den Ausnahmen von der Regel zählen die Special Mission (SM) bzw. Multi Mission (MM)-Flugzeuge, die jeweils von einem zivilen oder militärischen Standard-Flugzeug (Transporter, Business-Flieger, Passagier-Maschine) abgeleitet mit ganz speziellen Aufgaben betraut wurden. Diese Aufgaben beziehen sich meist auf militärische Anwendungen und unterliegen daher meist der Geheimhaltung.

Im folgenden Kapitel sollen vor allem eine Reihe von unbewaffneten Sondermaschinen vorgestellt werden, die entweder auf eine bestimmte Sonderdisziplin ausgelegt sind oder gar eine Fülle von verschiedenen Aufgaben bewältigen. Diese Aufgaben umfassen vor allem das Feld der Unterstützung von Spezialeinsatzkräften (SOF). Diese Unterstützung kann nur von speziell dafür umgerüsteten Flugzeugen erfolgen, welche durch besondere Taktiken, Ausstattungen und Technologien an die jeweiligen Aufgaben herangeführt werden können. Sondermaschinen dieser Art stellen eine verschwindend kleine Minderheit in der Masse der Standard-Flieger dar. Um so spannender gestaltet sich die Beleuchtung dieser Sonderzweck-Fliegerei. Bemannte SM/MM-Flugzeuge unterscheiden sich optisch oftmals kaum von dem Standard-Modell ihres ursprünglichen Baumusters und nur das geschulte Auge erkennt den Unterschied schnell. Des Weiteren bedeutet das Fehlen von einer Bewaffnung bei solchen Flugzeugen im klassischen Sinne (Rohr-, Raketen- und Abwurfwaffen) nicht, dass SM/MM-Flugzeuge harmlos wären. Das Gegenteil ist der Fall. SM/MM-Flugzeuge können verheerende Wirkung auf den Gegner haben, indem sie das tun, wofür sie vorbestimmt sind: das Ermöglichen von geheimen und verdeckten Operationen durch In- und Exfiltrierung von Spezialkräften, der Einsatz von Aufklärungs- und Überwachungstechnologie, die Versorgung mit Missionsausstattung, das Stören und Beeinflussen des Feindes, das Retten von Schlüsselpersonal, und vieles mehr.

Dieses Kapitel beschäftigt sich mit dem Thema Verbringung und Unterstützung von Spezialeinsatzkräften. Hierzu existieren unzählige Flugzeugmuster, die für den generellen Transport infrage kommen und durchaus in großer Vielzahl verwendet werden. Jedoch unterscheidet sich der taktische und strategische Transport von allgemeinen Standard-Truppen und deren Ausrüstung sehr von der hier behandelten Special Mission-Transportfliegerei für Spezialkräfte. Nicht, weil es sich bei Letzterer um eine andere Art des Fliegens handeln würde, denn Basic Flight ist Basic Flight – egal wo und egal womit. Jedoch unterscheiden sich die Umgebung, das Szenario sowie die Umstände der Flugparameter bei SM-Einsätzen. Sie finden im Geheimen statt, es werden oftmals sogenannte Game Changer – also Spezialisten - transportiert, die Umgebung ist meist tödlich und es muss stets mit Alternativszenarien gerechnet werden. Alles in Allem muss für alle Beteiligten eine höhere Stufe der Professionalität, der Einsatzplanung sowie der Priorität aufgrund der Wichtigkeit der Mission vorherrschen. Hinzu kommt oft auch die Kunst des verdeckten Operierens, wie zum Beispiel nächtliche Tief- und Konturflüge, elektronische Tarnung, Infiltrationen in zivile Flugverkehrssysteme, das Fliegen in außerordentlichen Lufthöhen zum Absetzen von Kommando-Einheiten sowie das Fliegen in kontaminierten oder umkämpften Gebieten. Kommando-Operationen erfolgen meist in sehr kleinen Einheiten mit strategischer Auswirkung, sodass man sich als SM-Crew oftmals in die Einsamkeit des feindlichen Hinterlandes oder über einem Gebiet, welches von Banden oder Aufständischen dominiert wird, begiebt. Crew und SOF bilden dabei eine Art Schicksalsgemeinschaft.

Eine MC-130 ist nicht nur Transport- und Begleitmaschine vieler SOF-Einsätze. Sie ist auch als Tanker mit eingebunden. Hier betankt die MC-130 eine CV-22B Osprey. Beide Maschinen gehören zum Air Force Special Operations Command (AFSOC). (Foto: USSOCOM)

Die C-130 hat eine lange Geschichte im Dienste der Spezialkräfte. Seit den 1960er-Jahren ist sie ein wichtiger Bestandteil bei verdeckten Operationen. Auch im modernen Umfeld der Special Operations Forces (SOF) übernimmt sie eine Vielzahl von Aufgaben, wie hier in der Grafik gezeigt. (Grafik: Lockheed-Martin)

Special Operations Forces sind in hohem Maße von der Luftverbringung abhängig. Um an die entlegensten Einsatzorte weltweit zu gelangen, müssen sie sich auf ihre Transporter verlassen. Die MC-130 ist hierbei das Mittel ihrer Wahl. (Foto: USSOCOM)

Freifaller im winterlichen Schweden 2017. Spezialkräfte von SOCOM sind auf die MC-130 angewiesen. Egal auf welchem Erdteil und unter welchen Bedingungen. (Foto: U.S. Army/Staff Sgt. Matt Britton)

Personal des 1st Special Operations Wing an einer mobilen Treibstoffleitung auf dem Utah Testgelände 2015 während der Übung Ultimate Archer. Eine Tankstelle heimlich und leise im Nirgendwo zu errichten gehört mit zu den Aufgaben des Spezialkräfte-Fliegers. (Foto: U.S. Air Force/ Airman Kai White)

Zwei MC-130J Commando II der U.S. Air Force führen Abwürfe des Maritime Craft Aerial Delivery über Dänemark 2016 durch. Nachdem die Schlauchboote abgeworfen wurden, folgten Besatzungsmitglieder der U.S. Navy Special Warfare Combat-Craft, um die Ausrüstung zu prüfen. Schließlich lud ein drittes Flugzeug amerikanische und dänische Kommandotruppen an der Abwurfstelle ab. (Foto: U.S. Air Force/Senior Airman Justine Rho)

CV-22 Osprey Kipprotorflügler des 352d Special Operations Wing und HH-60 Pave Hawks des 48th Fighter Wing flogen 2017 in einer gemeinsamen Formation über Südengland. Die Luftfahrzeugbesatzungen führten Flugmanöver durch, übten medizinische Evakuierungsverfahren und Abseiltechniken, um ihre Flugfertigkeiten aufrechtzuerhalten und ihre einzigartigen Fähigkeiten abzustimmen. (Foto: AFSOC/Staff Sgt. Philip Steiner)

U.S. Air Force Special Tactics Operator, die dem Air Force Special Operations Command (AFSOC) angehören, sorgen für Sicherheit während einer Demonstration zur Bergung von Personen auf dem Wittman Regional Airport, Wisconsin 2021. Die sog. Air Commandos übten dabei ihre Verfahren. (Foto: U.S. Air Force/Senior Airman Miranda Mahoney)

U.S. Air Force Staff Sgt. Caleb Nicola, Lademeister bei der 9th Special Operations Squadron, 27th Special Operations Wing, Cannon Air Force Base, New Mexico, und U.S. Air Force Senior Airman Albert Washington, Direct Support Operator bei der 9th SOS, 27th SOW, Cannon AFB, genießen den Ausblick von der offenen Heckrampe einer MC-130J Commando II während Emerald Warrior 2022. (Foto: U.S. Air Force/SrA Harrison Winchell)

ARMED ISR, CLOSE AIR SUPPORT, TROOPS IN CONTACT

Armed reconnaissance is flown with the primary purpose of locating and attacking targets of opportunity (i.e., enemy material, personnel and facilities) in assigned or general areas. Close air support (CAS) provides direct action against hostile targets that are in close proximity to friendly forces or troops in contact (TIC) with limited collateral damage. Air Interdiction destroys, neutralizes or delays the enemy's potential before it can be brought to bear effectively against friendly forces.

HELICOPTER, VERTICAL LIFT, FIGHTER AERIAL REFUELING

Aerial refueling helicopters, vertical lift and fighter aircraft is conducted utilizing a podded hose and drogue system. Aerial refueling allows the receiving aircraft to extend its range and time-on-station. Due to its enhanced propulsion systems, the C-130J-SOF offers aerial refueling at speeds 15 kts faster than previous versions — a benefit to fighter refueling.

INFILTRATION/EXFILTRATION

Through the use of an advanced flight management system (FMS) with integrated inertial navigation system (INS) and Global Positioning System (GPS), the C-130J-SOF can conduct precision low-level navigation infiltration/exfiltration of special operations forces via high/low-altitude airdrop or air-land operations utilizing austere airfields.

FORWARD AREA REFUELING POINT (FARP)

A FARP is a temporary facility that is organized, equipped and deployed by an aviation commander. It is normally located in the main battle area closer to the area where operations are being conducted to provide fuel and ammunition necessary for the employment of aviation maneuver units in combat. FARP operations with the C-130J-SOF enable combat aircraft and ground vehicles to rapidly refuel and re-arm simultaneously. FARP supports deep attack or special operations forces when distance covered exceeds the normal aircraft range.

IN-FLIGHT REFUELING

In-flight refueling employs either the aerial refueling probe installation system (ARPIS) or universal aerial refueling receptacle slipway installation (UARRSI) system to allow the receiving aircraft to extend its range or increase loiter time. In-flight refueling can allow a receiver aircraft to takeoff with a greater payload such as weapons, cargo, or personnel by carrying less fuel and refueling once airborne. Alternatively, a shorter take-off roll can be achieved due to a lower gross weight.

HIGH ALTITUDE MILITARY FREE FALL (MFF)

High-altitude MFF is a C-130J combat-tested method of delivering military personnel, equipment and supplies from a transport aircraft via free-fall parachute insertion. The C-130J-SOF is capable of both HALO (high altitude – low opening) and HAHO (high altitude – high opening) operations.

Einsatzoptionen der MC-130J im Rahmen der Unterstützung von Special Operations Forces (SOF). Die in englischer Sprache gehaltene Übersicht des Herstellers gibt dennoch einen sehr guten Überblick der besonderen Fähigkeiten der Spezialversion MC-130 und C-130J-SOF. (Grafiken: Lockheed-Martin)

ADVANCED C-130J-SOF COCKPIT

Large display for mission situation awareness with color, digital moving map and multi-mode color radar

- Ground Collision Avoidance System (GCAS)
- Traffic Collision and Avoidance System (TCAS)
- Night vision compatible Head-Up Display (HUD)
- Terrain Awareness and Warning System (TAWS)
- Computer monitored aircraft system
- Flight Management System (FMS)
- Inertial Navigation System (INS)
- Dual Global Positioning System (GPS) systems
- Low-noise interphone system

MICROVANES

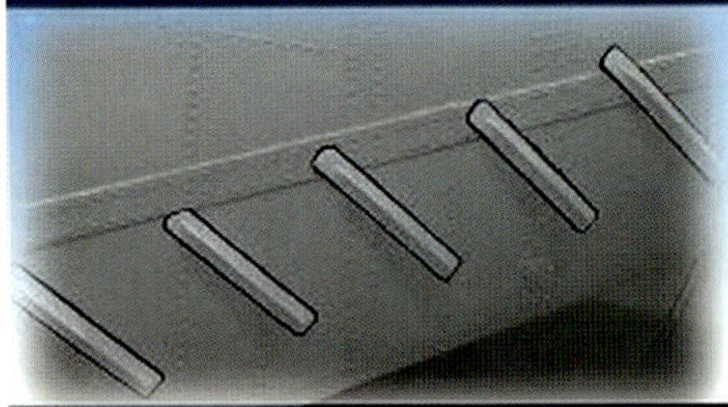

Microvanes are small 3D-printed, adhesively bonded devices, approximately 10 inches long and one inch tall, that reduce the drag penalty associated with upswept aft fuselages present on military transport aircraft like the C-130. Flight testing has proven these devices reduce drag significantly and can provide a four percent fuel savings at cruise conditions with no impact on air drop or cargo handling.

SCANNER SEATS

Two 9g crashworthy seats located at the left and right paratroop doors with a design weight limit of 275 lbs. person with gear. The seats are aft-facing for increased survivability and improved field-of-view (FOV) for the aft observers during refueling and ISR missions. They allow for comfortable viewing positions for all personnel from 5 percent female to 95 percent male and includes a zippered back for gear/parachute and an adjustable footrest. The seats can be stowed or deployed in less than 15 seconds and not interfere with the C-130 cargo envelope when stowed.

LOWER FUSELAGE PROTECTION SYSTEM (LFPS)

The lower fuselage protection system protects the aircraft from damage on the lower fuselage for C-130J operators that are frequently operating in rugged conditions. This system includes a combination of guards, covers, and removable specialized protective material to prevent damage to the aircraft paint, fuselage skin, antennas and other critical systems. The system improves the resistance to corrosion and reduces downtime for repairs.

EO/IR IMAGING SYSTEM

The EO/IR Imaging System is a chin-mounted turret at the nose of the aircraft that provides day and night enhanced imagery to improve situational awareness and targeting capability. The turret sensors are capable of 360 degree field of regard in azimuth and +30 to −120 degrees field of regard in the horizontal plane. Displays are mounted in the CSO station and the pilot front panel.

30 MM GUN

Courtesy of Orbital ATK

The GAU-23 Bushmaster® Automatic Cannon is a next-generation Chain Gun® weapon available and in use today. It continues the Bushmaster tradition of excellence with its design simplicity, external power, positive round control, ease of maintenance, and constant velocity ammunition feed. It incorporates all of the battle-proven features of the 25mm M242 and Mk44 Bushmaster cannons, with significant system commonality for low-risk, proven performance.

MISSION SYSTEM PALLET

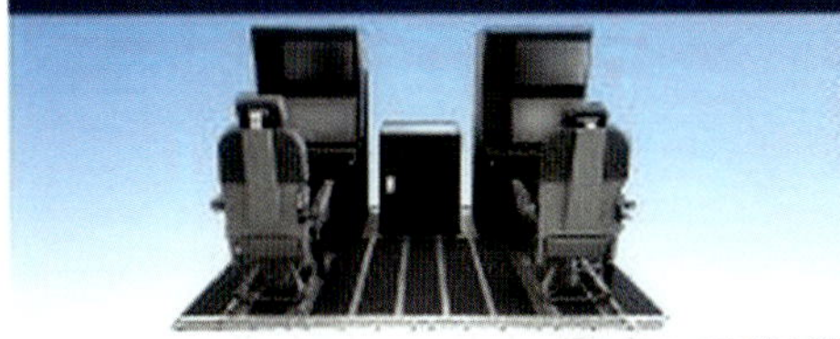

Courtesy of Orbital ATK

Orbital ATK has developed a roll-on/roll-off (RORO) pallet and weapons mount that integrates with the GAU-23 cannon. The resulting weapons package allows the C-130J-SOF the ability to install the system in less than four hours.

HELLFIRE

The AGM-114 Hellfire is an air-to-surface missile (ASM) that provides a multi-mission, multi-target precision-strike capability that can be launched from the C-130J-SOF aircraft. The Hellfire missile is the primary 100-pound (45 kg) class air-to-ground precision weapon for armed forces around the world.

AERIAL REFUELING PROBE INSTALLATION SYSTEM (ARPIS)

The ARPIS modification provides the capability for receiving fuel from hose and drogue tanker aircraft for added mission performance capability. This system can be used to extend the effective range and the effective time-on-station and/or fuel off-load of the C-130J-SOF aircraft.

REFUELING PROBE AND DROGUE

The C-130J-SOF is capable of refueling tactical aircraft, helicopters and tilt-rotors. The refueling pods have been designed to provide Single Point Refueling receptacles to expedite ground refueling operations.

ARMOR PROTECTION SYSTEM (APS)

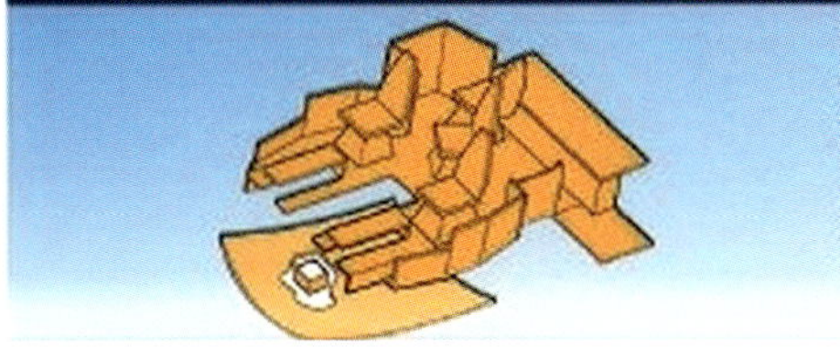

The APS is the first line of protection against conventional ballistic threats. The system protects the aircrew in the cockpit, the under-deck area of the cockpit, the Augmented Crew Station (ACS) area on the flight deck, the loadmaster station, and the liquid oxygen (LOX) converter. APS is designed to protect against a 7.62mm x 54R LPS projectile and small arms fire.

DIRCM

The directional infrared countermeasure (DIRCM) defensive system suite uses a combination of baseline components (ALR-56M, ALE-47) and the Terma Defensive Aids Controller (DAC) and Cassidian AAR-60 Missile Warning System. This configuration supports the Elettronica DIRCM configuration, which uses the ELT-572 configuration to provide the aircraft protection against infrared guided missiles. Export requires approval from the U.S. government.

UARRSI

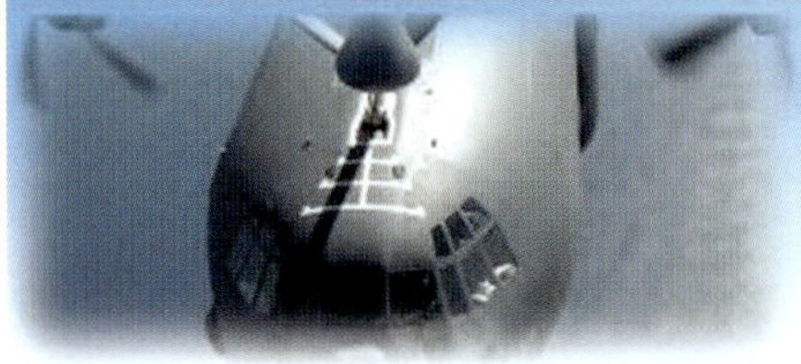

The universal aerial refueling receptacle slipway installation (UARRSI) consists of a receptacle in the top of the aircraft which allows the aircraft to receive fuel from a boom-type tanker aircraft. The UARRSI system can be used to extend the effective range of the Special Mission airlift aircraft. Additionally, it can be used to extend the effective time-on-station and/or fuel off-load of the C-130J-SOF.

BLOCK 8.1

Block 8.1 provides the following Operational and Mission Performance Enhancements:

- Enhanced Communication/Navigation/Surveillance – Air Traffic Management (CNS/ATM)
- New ground power modes to power only selected systems and reduce wear
- Enhanced intercommunication system (ICS) and improved public address (PA) system
- Covert infrared (IR) Loading Lights aft of the ramp

COMBAT SYSTEM OPERATOR STATION

The standard configuration comes with a single combat system operator (CSO) station on the flight deck. An additional CSO station can be added as missions dictate. C-130J-SOF CSO Station allows a third or fourth crew member to perform important mission functions, freeing the pilots to fly the airplane. These functions include monitoring and controlling the operation of the EO/IR and radar systems, Defensive Systems, and Fuel Operations. The functions at the CSO Station includes ICS, color multipurpose display units (with moving map and NAV radar pages), radar cursor control, EO/IR system operations with a widescreen display for enhanced viewing of the EO/IR image and the common operator picture.

SINGLE REPLACEABLE BLADE (SRB)

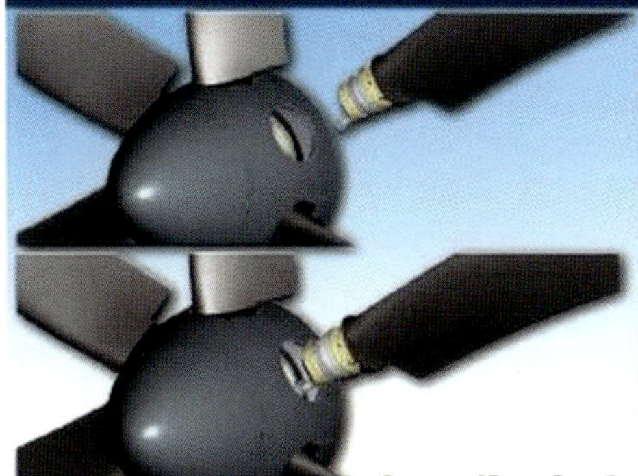

Courtesy of Dowty Propellers

The single replaceable blade propeller system (SRB) is a new propeller option designated by Dowty Propellers as the R432 propeller system. It will allow for the exchange of a single blade on wing in the event of propeller damage or need for repair. This capability is being developed by Dowty/Lockheed Martin for commercial use and will be initially certified by Dowty to EASA/FAA standards under its type certificate as the propeller OEM. Designed to have identical performance and interface requirement with the current R391, users will be able to mix propellers on wing if required to support a fleet retrofit program. Users of this system will see a reduction in overall provisioning costs driven by the capability to provision for blades and hubs separately, additionally there will be recurring cost savings throughout the life of the system driven by reduced shipping costs.

ENHANCED CARGO HANDLING SYSTEM (ECHS)

The enhanced cargo handling system (ECHS) provides increased levels of safety, greater air drop precision, and faster cargo bay reconfiguration times. Cargo pallets and ground handling equipment remain common.

Primary Components

- Electrically-actuated locks and vertical restraints
- Flip-to-stow roller conveyors
- Under floor variable speed winch
- Loadmaster console with multi-function control display unit (MCDU)
- Cargo ramp and door opening at 250 knots
- Cargo door dual uplocks and actuators
- Integral container delivery system center rails
- Recessed tow plate

INCREASED INTERNAL FUEL CAPABILITY

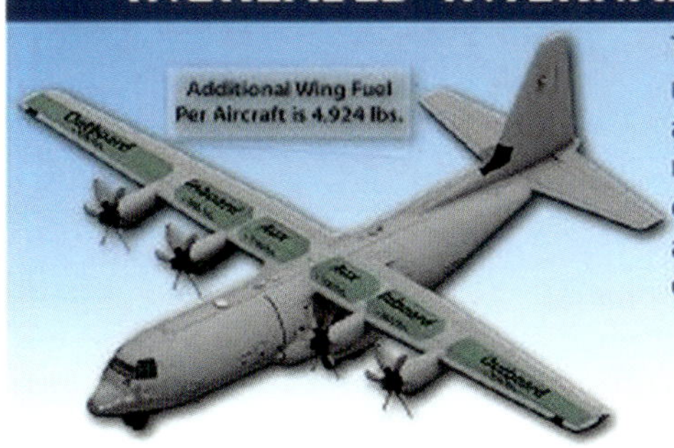

The ability to carry additional internal fuel in the wings can be accomplished by reducing the excess air gap (ullage). This provides improved mission capability by adding 4,924 pounds of fuel while providing maintainability and life cycle cost reductions. Depending upon the mission, this additional fuel can provide one-to-one-and-a-half hours of additional time on station or 300-400 nautical miles of additional range. For aircraft that offload fuel to other platforms, additional fuel capability translates directly to increased offload capability.

TERRAIN FOLLOWING (TF)

Lockheed Martin Advanced Development Programs (ADP) has demonstrated passive terrain following (TF) for low-level flight enabled by TERPROM®.
The solution provides low probability of intercept/detection (LPI/LPD) passive TF vertical guidance, status and alerts to the head up and head down primary flight displays. This TF solution provides tactical functionality to enhance situational awareness, safety and platform capability by utilizing aircraft navigation data with the stored digital terrain elevation, obstruction and wire data.

Sondermodell Special Mission Rescue: HC-130

Eine Sonderversion innerhalb der C-130-Reihe stellt die HC-130 für den Kampfrettungseinsatz dar (Combat Search and Rescue/CSAR). Die frühen Modelle HC-130B/E/H stellten die Pioniere des Großraum CSAR-Dienstes dar und unterstrichen die Vielseitigkeit des Grundmodells C-130 bereits in den 1970er-Jahren. Neben der USAF war auch die US Küstenwacht (US Coast Gard/USCG) sehr an einem Langstrecken-Rettungsflugzeug interessiert. Die Vietnamkriegszeit zeigte unter anderen diese Notwendigkeit auf. Als Modifizierung einiger Sondermaschinen zu diesem Zweck entstand aus der C-130H die HC-130P/N Combat King für die USAF. Sie wurde für die Luftbetankung von Hubschraubern der Special Operations Forces (SOF) mit zwei 6.180-Liter-Tanks im Frachtraum ausgestattet. Das stabile Flugverhalten und die niedrige Mindestgeschwindigkeit der HC-130 P/N eigneten sich hervorragend für die Hubschrauberbetankung in der Luft. Mit Unterflügelluftbetankungsbehältern (HDU) samt Leitungen und Tankschlauchauslegern konnten zwei Hubschrauber oder weitere Slow Mover bedient werden. Das Betanken in der Luft wurde mittels Probe and Drogue-Verfahren durchgeführt (das Flight Boom-Verfahren wurde vorwiegend für die Fast Jet-Flieger eingeführt. Hierbei muss das Tankerflugzeug die Öffnung am Rumpf des zu betankenden Flugzeugs treffen und den Tankstift darin einklinken. Die USAF basiert stark auf diesem Verfahren, während die US Navy das Probe and Drogue-Verfahren bis heute bevorzugt), wobei die HC-130 den korbähnlichen Ausleger am Ende des Schlauchs hinter sich herzog während die zu betankenden Hubschrauber oder auch andere Flugzeuge mit ihren ausfahrbaren Betankungsstutzen (Probe) durch das Einführen in den Korb (Drogue) eine akrobatische Verbindung zum Tanker herstellen mussten. Zusammen mit den Innentanks konnten die HC-130 somit über 20.000 kg Treibstoff mitführen. Die HC-130P/N Combat King konnte auch im Flug mit Fallschirm abgeworfene Fracht aufnehmen oder gar während des Fluges Personen oder Frachtelemente, deren Tragseil mittels eines Ballons in die Luft gehoben wurde, einfangen und in den Frachtraum – während des Fluges wohlgemerkt – aufnehmen.

Der Erstflug der HC-130J der USCG fand 2003 statt, jene der USAF fand am 29. Juli 2010 bei Lockheed Martin in Marietta (Georgia) statt. Die HC-130J basiert auf der HC-130H in Kombination mit dem Rumpf der C-130J Super Hercules. Im Bug befindet sich ein EL/M-2022(V)3-Mehrzweckradar und darunter ein kreiselstabilisierter Sensor-Drehturm (elektro-optisch) mit Wärmebild- und Tageslicht-Digitalfilmkamera (FLIR) des Typs Star SAFIRE III. (Foto: Lockheed-Martin)

Vor allem die USAF Rescue Groups nutzen die Combat King, auch in Verbindung mit dem Air Force Special Operations Command (AFSOC). Die Hercules-Flieger der Rescue Groups sind mit den hubschraubergestützten Pararescue Jumper Teams (PJ) vergleichbar, nur dass sie für größere Reichweiten und schwere Fracht auf die Hercules angewiesen sind anstatt auf die sonst üblichen MH-60 Blackhawk-Hubschrauber.

Mit der Combat King II wird die HC-130J seit der J-Reihe auch für die Langstreckenüberwachung eingesetzt und hat die alten HC-130Ps und Ns nach und nach ersetzt. Die HC-130J Combat King II sind das Rückgrad der Rettungsflieger der USAF und spielen oft eine wichtige Rolle bei der Unterstützung von SOF-Operationen. Special Mission beginnt dort, wo Standardfliegerei aufhört.

Die Einsatzspektren der HC-130 gehören eindeutig zu den speziellen Aufgaben, auch wenn sie nicht zur Spezialflotte des US Air Force Special Operations Command (AFSOC) und somit auch nicht dauerhaft zum US Special Operations Command (SOCOM) gehören.

Die HC-130 wurde speziell für Missionen zur Rettung abgestürzter Piloten entwickelt. Hierfür wurde sie mit einem speziellen Bug- und Rumpfradar sowie vier Unterflügel-Zusatztanks für eine größere Reichweite ausgestattet. Eine Hauptaufgabe beinhaltet zudem die Luftbetankung von mitfliegenden Rettungshubschraubern. (Foto: U.S. Coast Guard)

US-Luftwaffenangehörige verladen 2017 auf der Tyndall Air Force Base in Florida Ausrüstung in eine HC-130J Combat King von der Moody Air Force Base in Georgia. (Foto: U.S. Air Force/Senior Airman Cody R. Miller)

Special Mission und Tankermodell für US Marines: KC-130

Eine KC-130J der Special-Purpose Marine Air-Ground Task Force Crisis Response (SP-MAGTF Crisis Response) der Marine Aerial Refueler Transport Squadron-352 fliegt 2014 über das Mittelmeer. KC-130J der SP-MAGTF Crisis Response flogen zur USS Bataan, um Luftbetankungsübungen mit den CH-53E der 22nd Marine Expeditionary Unit durchzuführen. (Foto: 2nd Marine Division Combat Camera/ Staff Sgt. Tanner M. Iskra)

Eine weitere für den Special Mission-Bereich interessante Version ist die KC-130. Man könnte das »K« auch als »Kerosin« typisieren, werden doch bei den US-Luftteilstreitkräften sämtlicher Tankerflugzeuge mit einem »K« in der Bezeichnung versehen (KC-135, KC-130, KC-10, KA-6, etc.). Die KC-130 Hercules stellt jedoch eine interessante Variante dar, da sie nicht nur für die Luftbetankung, sondern auch für Sondereinsätze sowie für den taktischen Transport eingesetzt wird. Vorwiegend das US Marines Corps setzt dieses Muster ein. Neben der HC-130 als klassische Kampfrettungsmaschine und Lufttanker für Hubschrauber gab es im Verlauf der Entwicklung der C-130-Sondermodelle weitere Varianten für die Luftbetankung. Als DC-130F, die für das US Marine Corps unter der Bezeichnung GV-1 entwickelt wurde, trat 1962 die erste Tanker-Hercules bei den US Marines ihren Dienst an. Sie wurde aus der C-130B abgeleitet und hatte die knapp 5.000 PS starken T56-A15/16-Triebwerke sowie ebenfalls zwei HDUs unter den Flügelstationen und zusätzlich Treibstofftanks im Rumpf. Die KC-130H wurde später ihr Nachfolger (bei den Marine DC-130R genannt). Auch Brasilien, Israel, Saudi-Arabien, Japan und Spanien beschafften unter anderen die KC-130H. Neu waren die zusätzlichen Treibstofftanks (je 5.150 Liter) an den Flügelinnenstationen sowie der mächtige 13.600 Liter-Einbautank im Frachtraum, was die Maschine schwerer machte.

Die britische Version wurde Hercules C.Mk.1K genannt und verfügte lediglich über vier 4.000 Liter Tanks im Frachtraum und nur über eine aus dem Frachtraum ausgerollte HDU. Die KC-130 wurde bis zur Einführung des J-Modells immer wieder modernisiert (KC-130F/R/T). Die Mehr-Rollen-Fähigkeit der KC-130 war für die US Marines ausschlaggebend für den Einsatz bei Anlandungsoperationen, Sonderunternehmen sowie beim taktischen Transport und Betanken vor allem der Hubschrauberflotte der Marines. Die Flugeigenschaften (langsam und stabil) eigneten sich hervorragend für Unterstützung von Langstrecken-Expeditions-Operationen. US Marines waren stets dafür be-

Eine KC-130F der VMGR-152, 1967 in Vietnam. Dieses Modell der U.S. Marines landete auch versuchsweise auf dem Träger USS Forrestal. (Foto: Archiv Lockheed-Martin)

US Marines der Marine Aerial Refueler Transport Squadron (VMGR) 352 der Special Purpose Marine Air-Ground Task Force-Crisis Response-Central Command (SPMAGTF-CR-CC) bereiten die Treibstoffschläuche einer KC-130J Super Hercules während eines Einsatzes an einem Forward Aerial Refueling Point (FARP) im Verantwortungsbereich des US Central Command 2020 vor. Die SPMAGTF-CR-CC ist eine Krisenreaktionstruppe, die darauf vorbereitet ist, eine Vielzahl von Fähigkeiten in der gesamten Region einzusetzen. (Foto: U.S. Marine Corps/Sgt. Kyle C. Talbot)

kannt, eine eigene Sicht der Dinge zu haben und handhaben ihr Material teilweise etwas eigenwillig und teilweise sehr innovativ. So ist es nicht außergewöhnlich, dass auch im Falle der KC-130 neue Wege gegangen wurden. Die Materialnot und die Zwänge zu Einsparungen haben dazu geführt, dass die KC-130 auch als modulares Gunship modifiziert wurde. Diese Version (KC-130J Harvest Hawk) wird im entsprechenden Kapitel (Gunships) näher durchleuchtet. Für den Special/Multi Mission-Ansatz ist die KC-130 sicherlich ein wichtiger Protagonist, wenn man bedenkt das die Spezialkräfte der US Marines (Marines Special Operations Command/MARSOC) nicht über eigene Flugzeuge oder Hubschrauberstaffeln verfügen, sondern auf das Inventar der US Marines, welches im Grunde fiskalpolitisch US Navy-Inventar darstellt, zurückgreifen müssen. Hierbei ist die KC-130 in ihrer Rolle als Special Mission-Alleskönner ein gefragtes Modell für Infil-/Exfil-Operationen.

Das Sondermodell MC-130 im Dienst des US Air Force Special Operations Command (AFSOC)

Die MC-130 wurde speziell für die Unterstützung von SOF-Kräften entwickelt. Die USAF hatte das Entwicklungsprogramm intern und in strenger Geheimhaltung lanciert. Sie sollte für die Kommando Operation, für die Infiltrierung sowie für die Exfiltrierung von Spezialeinheiten zuständig sein und letztere auch mit allen Ausrüstungsgegenständen versorgen. Der Einsatzraum befand sich stets in gefährlichen und umkämpften Regionen oder hinter feindlichen Linien. Die Verbringung von SOF in gefährliche Kampfzonen sollte von Beginn an die Hauptaufgabe der MC-130 darstellen. Ob es sich dabei um maritme bzw. amphibische (oder gar triphipsche) Operationen (Absetzen von Tauchern, Abwurf von Booten und Tauchgeräten), verdeckte Operationen über bewaldetem Terrain oder Dschungelgebieten, Tiefflugabsetzung oder das Absetzen von Fallschirmspringern aus sehr großen Höhen bei Nacht (HAHO-/HALO) oder in Wüsten- und Steppenregionen (Landung auf unbefestigten Pisten) handelt, alle Disziplinen muss die MC-130 qua Vorsehung bewältigen können. Und tut dies auch auf beeindruckende Weise.

Neben den oben genannten Primäraufgaben dient die MC-130 in manchen Fällen auch der psychologischen Kriegsführung (PsyOps), indem sie über feindlichem Gebiet Flugblätter zur psychologischen Manipulation der Gegner oder der dortigen Bevölkerung abwerfen kann. Auch die Tanker-Rolle für fliegende Einheiten (Hubschrauber, weitere MC-130, Gunships, etc.) sowohl in der Luft als auch als Feldtankstelle und provisorisches Munitionsdepot (Forward Arming and Refueling Point, FARP) am Boden gehören zu den Sonderverwendungen einer MC-130.

Die MC-130 selbst wird über das Flight Boom-Verfahren in der Luft betankt. Die für die Einführung des starren Tankstutzen durch einem bemannten Heckausleger des Tankerflugzeugs gesteuerten Flight Boom einer KC-135 oder KC-10 vorbereitete Öffnung befindet sich oberhalb der Cockpitkanzel der MC-130. So kann die Reichweite der MC-130 erhöht, aber auch die Tanks zu Weitergabe an die SOF-Heli-Empfänger durch Standard-Tankflugzeuge können gefüllt werden. Das spezielle Fulton Vertikalaufnahmegerät (Surface To Air Recovery System/STARS), wie es bereits bei den Rescue-Maschinen HC-130 verwendet wurde, kam bei der MC-130 nur noch bis etwa 1998 zum Einsatz. Das J-Modell verzichtet soweit auf diese Methode. Im Grunde kann heute keine verdeckte SOF-Operation ohne die Unterstützung einer MC-130 vonstattengehen.

Die erste Variante der MC-130 war die MC-130E Combat Talon I aus dem Jahr 1966. Die Combat Talon sah eine extensive Nutzung in Südostasien und im Vietnam-Krieg. 1970 waren zwölf Combat Talon in drei Einheiten zu je drei Maschinen im Einsatz (7th Special Operations Squadron, Ramstein Air Base, Deutschland; 15th Special Operations Squadron, Nha Trang Air Base, Südvietnam; Detachment 2, 1st Special Operations Wing, Pope Air Force Base, North Carolina, ab 1971 318th SOS; ab 1974 8th SOS). Die noch unvollendete Entwicklung der SOF-Fliegerei zeigte sich in den vielen Umstrukturierungen dieser Zeit. So wurde die 15th SOS 1970 zur 90th SOS und auf die Cam Ranh Bay Air Base und danach auf der Kadena Air Base, Okinawa stationiert als der Vietnam-Truppenabzug startete. Während der Vietnamkriegszeit hatte die Combat Talon I 1966 ihren ersten Einsatz bzw. ihr erstes Deployment. Von der Nha Trang Air Base aus wurden die MC-130 eingesetzt. Die MC-130-Einsätze in Vietnam nannte man Combat Spear, während die in Europa stationierten Combat Talons den Code-Namen Combat Arrow bzw. Combat Knife für die in den USA stationierten MC-130-Maschinen erhielten. Die Namen bezogen sich auf die Einsatzorte und nicht auf die Maschinen. Combat Spear (also die MC-130 in Vietnam waren administrativ als Detachment 1 dem 314th Troop Carrier Wing und operativ dem Military Assistance Command, Vietnam – Studies and Observation Group, unterstellt. MACV-SOG war eine Spezialeinsatztruppe für unkonventionelle

»Nasenunterschiede«: Die MC-130-Modelle lassen sich bis zum H-Modell leicht unterscheiden. Erst mit dem einheitlichen »Look« der J-Serie wurde das »Spotten« eine Profiangelegenheit. Hier eine MC-130H Combat Talon II. (Foto: AFSOC)

Im Vergleich das E-Modell MC-130E Combat Talon I. (Foto:AFSOC)

Operation »Eagle Claw« und die MC-130-Evolution

Ein weiterer Meilenstein der SOF-Evolution, indem MC-130-Maschinen eine wichtige Rolle spielten, war ebenfalls ein Fehlschlag. Jedoch wurden spätestens seit dem folgenden Ereignis die Weichen für eine moderne SOF-Fliegerei – und generell für eine strukturierte SOF-Architektur für die US-Streitkräfte – gestellt. Gemeint ist die Operation »Eagle Claw«. 1980 landete eine MC-130E Combat Talon in der iranischen Wüste im Rahmen der Unterstützung der US-Geiselbefreiungs-Operation in der Teheraner Botschaft. Ein weiteres Sondermodell, (EC-130E Commando Solo) welches im Verlauf des Buches separat vorgestellt wird, war ebenfalls involviert. Drei EC-130E Commando Solo sowie drei MC-130E Combat Talon waren für die Operation eingesetzt und waren für die Infiltrierung der SFO-D (»Delta Force«)-Trupps vorgesehen, wobei die MC-130 die Logistik sowie die Ausstattung der Deltas einfliegen sollten. Auch RH-53D Sea Stallion (von US Marine Corps-Piloten geflogen) waren bei »Eagle Claw« eingesetzt.

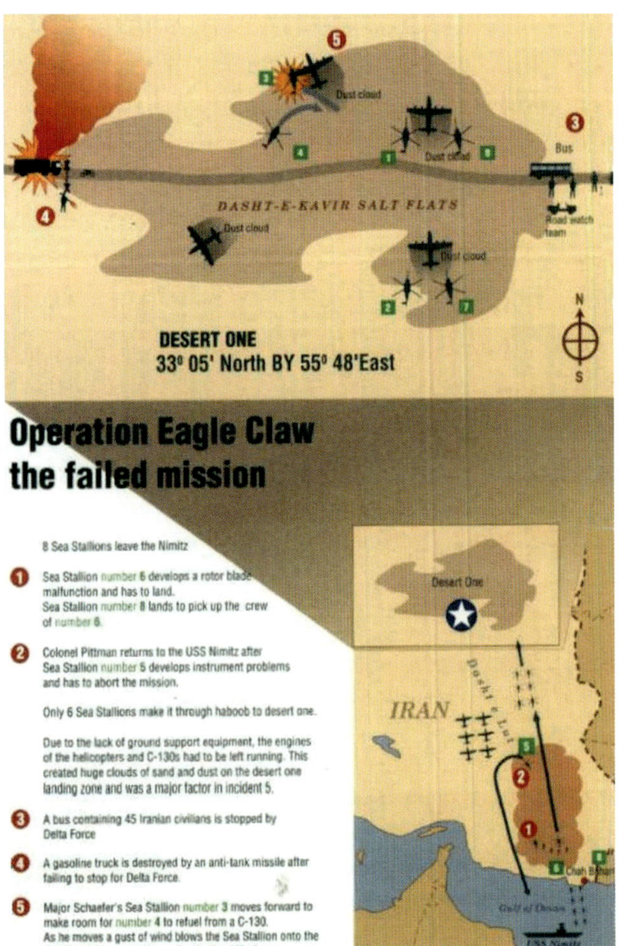

Übersichtsgrafik zur gescheiterten Mission »Eagle Claw« aus den 1980er-Jahren. (Grafik: Archiv U.S. Air Force)

Die USAF/US Marines-Operation wurde zu einem weltberühmten Desaster. Jedoch traten damals sehr interessante Details aus Sicht der Special Mission-Fliegerei hervor, die sich heute wie ein spannender Kriegsroman lesen lassen. Um die US-Bürger aus ihrer Geiselhaft in der US-Botschaft in Teheran befreien zu können, musste eine lange Strecke überbrückt werden, um in einer unbewohnten und kargen Wüstenlandschaft nahe Teheran in Zentral-Iran vorgeschobene Treibstoff- und Ausrüstungs-Camps zu schaffen. Der Überraschungszugriff unter Feuerschutz auch aus der Luft durch AC-130 Gunships hätte gelingen können, wären nicht derart viele Unzulänglichkeiten in Planung und Ausbildungsstand der teilnehmenden Akteure vorgelegen. Die MC-130 und EC-130 mussten vom Omanischen Masirah aus und die RH-53D vom US Träger USS »Nimitz« (ebenfalls im Persischen Golf) aus ins Landesinnere des Iran einfliegen, während US Rangers (75th Ranger Regiment) von Kuwait aus eingeflogen worden wären. Auf halber Strecke (Desert One) war ein erster Treffpunkt für Logistik und Treibstoff angedacht (MC-130 und RH-53), um dann in Richtung Teheran den Assault zu starten. In zwei Nächten sollte die Operation abgeschlossen sein. Crews aus Hurlburt Field sowie der Kadena-Stützpunkte übten mit Ihren Combat Talons die Befreiung der 53 Geiseln bereits Monate zuvor. Luftbetankbare MC-130 waren damals noch in der Minderheit (nur sieben Maschinen) der SOS-Flotte. Sie übten die Infiltration der Deltas und Rangers unter Nachtflugbedingung mit Nachtsichtgeräten (Night Vision Goggles, NVG) und studierten die Treibstoffübergabe an die RH-53, welche letztendlich die Geiseln hätten evakuieren sollen. Als am 24. April dann die erste Phase der Evakuierungsmission begann, gelangte die Combat Talons erfolgreich an den Treffpunkt Desert One und sicherten ihn. Aus Sicht der MC-130-Operation lieferten die Talons eine hervorragende Leistung ab. Leider waren die Hubschrauber-Elemente nicht in der Lage, die erste Etappe erfolgreich zu absolvieren. Am Ende wurde die Mission abgebrochen. Sieben RH-53 (fünf wurden in der Wüste zurückgelassen, zwei wurden zerstört) und eine EC-130 waren durch Unfälle zerstört. Acht Soldaten kostete der Einsatz das Leben. Alle Kräfte (CCT-Trupps, Deltas, Rangers, Übersetzer) wurden mit verbleibenden EC-130-Maschinen aus der Wüste an dem omanischen Stützpunkt zurücktransportiert. Zu einem zweiten Versuch kam es nicht mehr, da sich die politische Lage änderte und der neue US Präsident Reagan keinen Einsatz freigab. Verhandlungen führten 1981 zur

Die MC-130H Combat Talon II alias YMC-130 Credible Sport: Sequenzen der ersten Flugversuche des Projekts »Credible Sport« mit der massiv modifizierten MC-130. Die Operation Credible Sport war ein gemeinsames Projekt des US-Militärs in der zweiten Hälfte des Jahres 1980 zur Vorbereitung eines zweiten Rettungsversuchs für die im Iran festgehaltenen Geiseln. Das Konzept sah den Einsatz eines Lockheed C-130 Hercules-Luftfahrzeugs vor, das mit zusätzlichen Raketentriebwerken zu einem STOL-Flugzeug (Short Take Off and Landing) umgebaut wurde, um auf dem Spielfeld eines Fußballstadions in Teheran landen zu können. Die Operation Credible Sport wurde beendet als das iranische Parlament am 2. November einen algerischen Plan zur Freilassung der Geiseln akzeptierte und zwei Tage später Ronald Reagan zum Präsidenten der USA gewählt wurde. Das letzte Bild unten rechts zeigt die Überreste der zerstörten Maschine nach der zuvor gescheiterten Operation »Eagel Claw« und gehört nicht zur »Credible Sport«-Serie. (Fotos: Screenshot via Youtube)

Freilassung der Geiseln. Die US Spezialkräfte erlitten einen massiven Imageverlust. Für die Combat Talons war jedoch die Analyse militärtaktisch ein Meilenstein. Sie wurden im Gefolge der Reorganisierung der Spezialkräfte (SOCOM) zu einem zentralen Bestand der künftigen AFSOC-Aufstellung. Die Combat Talon II resultierte direkt auf den Erfahrungen aus Operation »Eagle Claw«. Wovon die Öffentlichkeit lange nichts wusste, war, dass die Combat Talons nach dem Eagle Claw-Desaster (aufgrund der unzulänglichen Hubschrauber-Performance) mit einem sehr geheimen und technisch innovativen Kurzlande- und Start-System ausgestattet wurden, um für den angedachten zweiten Versuch in einem Fußballstadion in Teheran landen zu können. Hierzu wurde das Credible Sport-Projekt aktiviert, ein (Short Take Off Or Landing) STOL-System, dass an den Combat Talons angebracht werden sollte. Es war streng geheim und wäre wohl ähnlich, wie bei den nebulösen modifizierten Hubschraubermodellen, die beim Bin Laden-Raid 2011 (Operation »Neptune Spear«) zum Einsatz kamen, im Nachgang verschleiert worden.

So, wie die Hubschrauber, die bis heute der Öffentlichkeit vorenthalten wurden, abgesehen von den bekannten Heckfragmenten, die vor Ort aufgrund einer Crash-Landung in den Medien kursierten, tauchte später jedoch auch ein Video im Internet auf, das eine missglückte Raketenbremslandung einer MC-130 zeigte (JATO/ASROC). Raketen (Antriebe von Luft-Luft-Raketen) sorgten dafür, dass der 60-Tonner mit nur gut 100 statt 600 Metern Startbahn auskam. So sollte die Maschine aus einem Stadion in Teheran starten. Damit sie da auch landen konnte, bekam das Flugzeug nach vorne gerichtete Raketen angebaut. Korrekt getaktet und im richtigen Moment gezündet, bremsen die gegen die Flugrichtung ausgerichteten Raketentriebwerke das Flugzeug abrupt ab. Ausgleichend wurden auch nach unten gerichtete Raketentriebwerke angebracht, damit die Zelle den Ruck einer harten Landung durch die schnelle Geschwindigkeitsreduzierung aushält. Für den Start wären dann die üblichen JATO-Raketen am Heckrumpf zum Einsatz gekommen. Ergänzt durch nach unten zündende Raketen für den schnellen Höhengewinn, hätte die Raketen-Herc die Maschine mit ihren vier Propellertriebwerken weiter beschleunigt und wäre dann aus dem Stadion hinausgeflogen. Doch bei einem Test (im Internet veröffentlicht) zündete die Crew die Bremsraketen zu früh und die Hercules verwandelte sich in einen Feuerball. Wie durch ein Wunder entkam die Mannschaft.

Eine der Hercules-Crews der Operation »Eagle Claw« vor ihrer Maschine. (Foto: Archiv U.S. Air Force)

Operation »Urgent Fury« 1983

Die 8th Special Operations Squadron (SOS) wurde bereits drei Jahre nach dem »Eagle Claw«-Desaster mit fünf MC-130 Combat Talon für die Invasion der USA auf Grenada involviert. Dies geschah jedoch ohne Trainingsvorlauf. Die Combat Talons infiltrierten US Army Ranger des 1. und 2. Bataillons, um in einem Nachteinsatz den Flughafen von Point Salines zu erobern. Im Tiefflug setzten sie die Truppen ab und gerieten unter heftigen Beschuss der verteidigenden grenadischen und kubanischen Einheiten am Boden. Nachdem aufgrund der starken Luftabwehr eine Kurzlandung zum konventionellen Absetzen der Rangers auf der Rollbahn nicht möglich war, entschied man kurzerhand, die Soldaten im Tiefflug per Fallschirm abzusetzen. Dies gelang zwar reibungslos, jedoch führte dies zu Unstimmigkeiten und zum Gegenteil dessen, was eine Kommando-Operation auszeichnet, der lautlose Handstreich. Unter Schutz der beteiligten AC-130 Gunships (siehe Kapitel Gunships) wurde keine Combat Talon abgeschossen. Aufgrund von Navigationsproblemen mit dem APQ-122 Radar verzögerte sich die Operation der Rangers um 30 Minuten und brachte die über das Wasser anlandenden US Marines in Bedrängnis. Der Überraschungseffekt war zwar dahin, dennoch wurde der Flugplatz eingenommen. Doch in Fachkreisen reihte sich Grenada in die Unzulänglichkeitsserie der Spezialkräfte seit »Eagle Claw« ein. Es musste gehandelt werden. Eine neue Kommunikations- und Zuständigkeitsstruktur musste entstehen. Das US Special Operations Command (USSOCOM oder SOCOM wurde im Ergebnis 1987 als teilstreitkraftübergreifende Führungskommandoeinrichtung geschaffen. Als sogenanntes Unified Combatant Command wurden sämtliche US-Miltärspezialeinheiten der US Army, der US Air Force, der US Navy sowie später des US Marine Corps unter ein zentrales Kommando gestellt. SOCOM wurde gemäß dem Nunn-Cohen Amendment am 16. April 1987 aufgestellt und hat sein Hauptquartier seitdem auf der MacDill Air Force Base in Florida. Für die USAF bedeutete dies einige Jahre später die Geburt von AFSOC.

Operation »Just Cause« Panama 1989

Auch die Invasion Panamas war ohne Combat Talons nicht denkbar. Drei MC-130E der 1st Special Operations Wing wurden erneut mit der Infiltrierung von Rangers betraut (2nd Battalion, 75th Ranger Regiment) und brachten die Soldaten zum Rio Hato-Flugplatz. Eine Maschine konnte nur mit drei Triebwerken von Rio Hato starten, da eines ausgefallen war. Aufgrund der nächtlichen Funkdisziplin wurde daraus keine große Sache gemacht. Eine weitere MC-130E blieb als FARP zurück und versorgte die MH/AH-6 Hubschrauber vor Ort mit Treibstoff und Munition. Als der gesuchte Staatschef General Noriega schließlich aufgab und sich der US Armee stellte, wurde er sogleich in einer MC-130E Combat Talon in die USA geflogen, um dort auf seinen Prozess zu warten.

»Desert Storm« 1991 und die Geburtsstunde von AFSOC

Vier MC-130E Combat Talon waren für die Invasion im Irak 1990 abgestellt und waren maßgeblich involviert. Ein Drittel aller Luft-Anlandungen wurden in den ersten Einsatzwochen der Kampagne durch Combat Talons durchgeführt. Nach der ersten Welle der Infiltrierung von SOF und regulärer Infanterie ging man zur psychologischen Kriegsführung (PsyOps/Flugblattabwürfe und Funkinfiltrierung) sowie zum Einsatz von BLU-82B Daisy Cutter über. Letztere waren massive Spreng-Großbomben, die über die Heckrampe palettiert an Fallschirmen über große Feindansammlungen am Boden abgeworfen wurden. Aufgrund ihrer in die Breite wirkenden Sprengkraft (keine Penetratoren) wurden sie bereits in der Vietnamkriegszeit ursprünglich zum Schaffen von Hubschrauberlandeplätzen in Dschungelgebieten genutzt. Insgesamt warfen die MC-130E elf dieser Großbomben über irakische Stellungen ab, um den Vormarsch der US-Bodeneinheiten vorzubereiten. Ein Daisy Cutter-Einsatz fand sogar in konzertierter Aktion mit dem Schlachtschiff USS »Wisconsin« (BB-64) statt. Man kann sich kaum vorstellen, welche Gewalten durch derart massive Wirkmittel erzeugt wurden. Bis dato war dies das Maximum an Sprengkraft, was konventionelle Waffen aufbieten konnten. Eine sieben Tonnen schwere Daisy Cutter von einer MC-130E abgeworfen, gepaart mit den zwölf Turmgeschützen der USS »Wisconsin« im Kaliber 406 mm, stellten eine massive Küstenbeschießung dar.

Aber auch die Kampfrettung abgeschossener Piloten gehörte zu den Aufgaben der Combat Talons im Golfkrieg von 1991. Das Air Force Special Operations Command (AFSOC) selbst existierte erst seit dem 22. Mai 1990 als eigenständiges Führungskommando der USAF. Zuvor waren die Spezialeinheiten den Luftstreitkräften der 23rd Air Force

Im 2. Golfkrieg 1991 waren zunächst hauptsächlich strategische Transporter (C-5, KC-10, C-141) gefragt, um die massiven Truppenverlegungen zu stemmen. Im Verlauf der Einnahme von vielen Landeplätzen im Irak kamen immer mehr C-130 zum Einsatz, um den taktischen Transport auf meist beschädigten Plätzen zu gewährleisten. Spezialkräfte nutzten ohnehin die Hercs zuvor. Truppen des XVIII. Luftlandekorps warten nach der Befreiung Kuwaits im Rahmen der Operation Desert Storm darauf, an Bord einer C-130H des 1630th Tactical Airlift Wing für den Transit nach Fort Bragg, N.C., zu gehen. Hinter den Truppen steht eine weitere C-130H Hercules. (Foto: Archiv U.S. Air Force)

unter dem Military Airlift Command (MAC) zusammengefasst. Seit der Operation »Desert Storm« und vor allem im Nachgang begann die strukturierte Konsolidierung aller der USAF unterstellten Spezialkräfte. Nach »Desert Storm« wurde die Luftwaffenbasis Hurlburt Field in Florida zur Zentrale für AFSOC. Von dort aus starteten im Verlauf unzählige Missionen (medizinische Rettungseinsätze, verdeckte Operationen, Kampfrettung und humanitäre Missionen). Seit 2003 wurde auch das USAF Combat Rescue (CSAR) von AFSOC übernommen und erweitert. Als zweites Drehkreuz für AFSOC wurde die Moody AFB in Georgia in die Struktur übernommen.

Nach und nach wurde das E-Modell (Combat Talon I), welches sich im Gegensatz zu den regulären Transportgeschwadern der US Air Force wesentlich länger im Dienst befand, vom H-Modell ergänzt oder abgelöst. Aufgrund der massiven Modifikationen der Sondermodelle MC-130 unterlagen die SOF-Flieger einem völlig anderen Umstellungsintervall. Das heißt, die E-Modelle wurden deutlich länger im Dienst gehalten als bei den regulären Transportgeschwadern, die bereits auf das H-Modell umstellten. Die erste MC-130H Combat Talon II flog erst 1991 operationell. Die Combat Talon II wies eine verstärkte Rumpfzelle und neue Frachtluken und Seitentüren auf. Durch automatisierte Prozesse beim Fallschirmjäger- und Fracht-Management erfolgte auch eine erste Reduzierung des Bordpersonals, was sich letztlich auf das Frachtvolumen positiv auswirkte. 1995 wurden die ersten H-Modelle im Balkankrieg über Bosnien-Herzegowina eingesetzt (Operation »Joint Endeavor«/«Deliberate Force«). Eine MC-130H wurde von der serbischen Luftabwehr beschädigt, bis die NATO/UN 1995 mit dem Daytoner Friedensabkommen vorerst Ruhe auf den Balkan brachte. 1996 wurden die MC-130Hs nach Liberia entsandt und hatten dort im Rahmen der Operation »Assured Response« die Aufgabe, 2.000 US-Bürger aus dem chaotischen Bürgerkriegsland zu evakuieren. Eine US Navy Seal-Infiltrierung nach Monrovia wurde kurz vor dem Einsatz abgesagt. 1997 musste eine ähnliche Evakuierungs-Aktion in Zaire durchgeführt werden. Auch hier waren MC-130H involviert.

Die Einsätze in Asien und Afrika sollten sich häufen, da weltweit regionale Konflikte losbrachen, nachdem mit dem Wegfall des Eisernen Vorhangs zwischen der ehemaligen Sowjetunion und der NATO-Staaten viele Regionen nun sich selbst überlassen wurden.

Ende der 1990er-Jahre waren bereits vier Combat Talon-Staffeln eingerichtet (15th Special Operations Squadron, Hurlburt Field, Florida; 1st Special Operations Squadron, Kadena AB, Okinawa; 7th Special Operations Squadron, RAF Mildenhall, UK; 550th Special Operations Squadron, Kirtland AFB, New Mexico). Im Kosovo-Krieg (Operation »Allied Force«) waren vor allem zwei Kampfrettungseinsätze publik geworden: die abgeschossenen Piloten einer amerikanischen F-117 sowie einer F-16. Die Hauptaufgabe der MC-130H Combat Talon II war jedoch zusammen mit der EC-130E Commando Solo die Durchführung von PsyOps über Serbien mittels Funk- und TV-Propaganda-Einspeisung (EC-130) sowie durch den klassischen Flugblattabwurf (Leaflet Drop).

Operation »Enduring Freedom« in Afghanistan

Im October 2001 infiltrierten vier Combat Talon II fast 200 Ranger vom 3rd Battalion 75th Ranger Regiment sowie taktische PsyOP-Teams in die Kandahar-Provinz, um eine SOF-Basis für weitere Einsätze zur Jagd auf Osama bin Laden sowie auf hochrangige Talibanführer zu etablieren. Einen Monat später brachten MC-130H Mitglieder des U.S. Navy SEAL Team Three und vier HMMWV-Geländefahrzeuge in die Nähe des späteren Camp Rhino. Das SEAL-Team musste einen Beobachtungsposten in der Nähe einer Landepiste errichten, um zusammen mit CCT-Teams (Combat Controller/Beobachtungsoffiziere für das Luft-Boden-Management) den Einzug der 15th Marine Expeditionary Unit (MEU) sowie der Charlie Company des BLT 1/1 (Battalion Landing Team) vorzubereiten. Die US Marines der 15th MEU landeten schließlich mit CH-53 Hubschraubern im November 2001 und eröffneten mit Camp Rhino die erste permanente FOB (Forward Operating Base) der US-Streitkräfte in Afghanistan im Gefolge der Anschläge in New York vom 11. September 2001 (War on Terror/«Enduring Freedom«). Operationen in den Provinzen Helmand und Kandahar konnten von da an von Camp Rhino aus initiiert werden. Die Combat Talon II der 7th SOS flogen von da an aus dem türkischen Incirlik permanent Nachschubmissionen für am Boden und in den Bergen operierende Special Forces Operational Detachments-Alpha (ODAs) in Afghanistan. Die Flugmanöver der MC-130Hs mussten an die kargen Höhen und Tiefen des Hindukusch-Gebirges angepasst werden. Oftmals mussten in kürzester Zeit zwischen 4.000 m und 150 m Höhenunterschied Frachtabwürfe praktiziert oder Nachschubgüter punktgenau auf Plateaus abgesetzt werden, um dann im Steilflug nach oben einer Kollision mit dem Gebirge zu entgehen. Auch Anflüge auf Tal-Wadis aus 3.000 m Höhe mussten teils akrobatisch gemeistert werden.

Operation »Iraqi Freedom«

In der Anfangsphase der Irak-Invasion 2003 wurde auch die 7th SOS mit ihren MC-130 der Joint Special Operations Task Force – North (bekannt als Task Force Viking) zugeteilt, um dabei zu helfen, die massiven irakischen Verbände am nordöstlichen Rand der Gefechtsfeldlinie (Green Line) daran zu hindern, sich den Bodenkräften weiter südlich anzuschließen. Dort fand der Hauptvormarsch der US Marines statt und hätte dadurch gefährdet werden können. Vom rumänischen Schwarzmeerhafen Constanza aus flogen die Combat Talons die 2. und 3. Battaillone US Army 10th Special Forces Group (eigentlich für Osteuropa zuständig) sowie das 3. Battaillon der 3rd Special Forces Group (eigentlich für die Karibik und Afrika zuständig) in die irakischen Kurdengebiete (Operation »Northern Delay«). Da die Türkei hierfür mal wieder keine Überfluggenehmigungen aussprach, mussten die Combat Talons der 7th SOS die ersten ca. 300 Green Berets über Umwege nach Jordanien und von dort aus in den Irak einfliegen. Die Operation war jedoch ein voller Erfolg. Im weiteren Verlauf der OIF-Kampagne waren es wieder die MC-130, die als erste

Eine MC-130P Combat Shadow vom japanischen Luftwaffenstützpunkt Kadena hebt 2004 ab. Die Besatzungen der 17th Special Operations Squadron von Kadena flogen täglich nach Indonesien, um nach der Tsunami-Katastrophe humanitäre Hilfsgüter nach Banda Aceh zu transportieren. (Foto: U.S. Air Force/ Master Sgt. Michael Farris)

in Bagdad (Bagdad International Airport) landeten und den invasorischen Part der Irak-Mission (Mission Accomplished) besiegelten.

Seit 2001 sind die Combat Talon im Dauereinsatz weltweit. Dabei sind neben den bekannten militärischen auch viele humanitäre Einsätze zu verbuchen gewesen (»Enduring Freedom«, »Odyssee Dawn«, »Inherent Resolve«, »Resolute Support«, »Tomodachi« in Japan, »Unified Response« in Haiti, »Sahayogi Haat« in Nepal).

MC-130 im neuen SOF-Umfeld weltweit

Um die Terrororganisation Islamischer Staat gemeinsam zu bekämpfen, haben sich unter Führung der USA rund 40 Staaten zu einem Bündnis zusammengeschlossen, um gemeinsam gegen den Terror und die Expansion des IS vorzugehen. Mit gezielten Luftanschlägen auf IS-Stellungen ist es 2017 gelungen, den Islamischen Staat territorial weitgehend zu besiegen und besetzte Gebiete wieder zurück zu erobern. In diesem Stellvertreterkrieg hat SOCOM sowohl syrische als auch kurdische Fraktionen als Stellvertreter im Kampf gegen den IS an sich gebunden. Die irakische Armee wurde ebenfalls von US SOF aufgebaut und trainiert. Sie konnte darauf hin auch die Schlacht um Mosul gewinnen. In all diesen Konflikten spielten US SOF-Einheiten, wenn auch in der Minderzahl, eine wichtige Rolle. MC-130 Maschinen wurde auch hier eingesetzt.

Bis heute sind seit 2001 in über 130 Ländern der Erde US SOF-Einheiten bei verdeckten Einsätzen beteiligt. Stellte Aghanistan 2001 sowie Irak 2003 noch die zentralen Hauptbetätigungsfelder von amerikanischen SOF-Operationen dar, so wurden mit den beginnenden Aufständen in den besetzten Gebieten ab 2006 bereits 85 % aller US SOF-Kräfte dort gebunden. 2010 waren immer noch 81 % aller US-SOF-Einheiten in dieser Region gebunden. Bis 2018 waren immer noch 54 % aller Einheiten im Nahen und Mittleren Osten im Einsatz, obwohl der IS als besiegt galt. Die Einsatzräume weiteten sich stetig aus. In Afrika und auf der arabischen Halbinsel, in Lateinamerika, im Pazifikraum sowie in Europa kam es verstärkt zu Aktivitäten von SOCOM. US Special Operations Forces (SOF) befinden sich somit weltweit im Einsatz. Fast 70 % aller Staaten der Welt standen zeitweise und stehen dauerhaft im Einsatzfokus des SOCOM in geheimer oder weniger geheimer Mission.

Eine MC-130H Combat Talon II führt am 11. September 2021 einen Überflug während einer 9/11-Gedenkfeier in Hurlburt Field, Florida, durch. (Foto: U.S. Air Force/Senior Airman Miranda Mahoney)

In der Hochphase der Auslastung von US SOF wurden über 130 Länder der Erde zum Einsatzgebiet. Ob für Kill/Capture-Einsätze mitten in der Nacht oder bei Übungen mit befreundeten Nationen – SOCOM befindet sich seit über 15 Jahren in einem globalen, verdeckten Krieg, von dem nur wenige Operationen nach außen gedrungen sind. Meistens erst, wenn etwas schiefgegangen ist. Seit 9/11 wuchsen sowohl das Personal der US SOF als auch das Budget sowie deren Stellenwert in Washington kontinuierlich. Analog zum personellen Aufwuchs stiegen auch die Anzahl der Einsätze sowie der Einsatzorte. Die Personalstärke des SOCOM erreichte noch in der Obama-Administration eine Stärke von etwa 70.000 Mann. Das sind heute etwa doppelt so viele Spezialisten aller US SOF-Branchen als es noch vor dem 11. September 2001 waren. Rangers und Green Berets stellen hierbei quantitativ den Löwenanteil der US SOF am Boden, gefolgt von den US Air Force Commandos (AFSOC), DEVGRU und SEALs sowie Special Warfare-Kampfboot-Besatzungen der US Navy (SWC), gefolgt von den Sondereinheiten der US Marines (MARSOC). Im Post-9/11-Konzept treten SOF in einer konzertierten Aktion der verschiedenen Branchen auch zusammen als flexibles SOF-Element auf (Joint Special Operations Command, JSOC, mit u. a. »Delta« und DEVGRU). Vor allem die Zeit nach dem Konflikt in der Ost-Ukraine ab 2014 und der Krim-Übernahme durch Russland versetzte SOCOM in die Situation, verstärkt bis an die russischen Grenzen zu operieren und mit den NATO-Partnern in Mittel- und Ost-Europa Kapazitäten und Verteidigungsfähigkeiten aufzubauen (»Strong Europe«/«Atlantic Resolve«). Nicht zuletzt deshalb wurden die im britischen Mildenhall stationierten AFSOC-Flieger näher an das Szenario verlegt und versehen ihren Dienst nun schon teilweise auf der Spangdahlem AFB in Deutschland. Vor allem aber die Nähe zu in Afrika stattfindenden Operationen sowie das neue Stationierungskonzept der US-Streitkräfte in Europa waren der Grund für die Verlegung der MC-130J sowie der Kipprotorflügler (Tilt Rotor) vom Typ CV-22A/B Osprey.

Die 352nd Special Operations Wing (SOW) in Mildenhall untersteht dem teilstreitkräftespezifischen Verbundkommando AFSOC bzw. dem Europakommando der US-Streitkräfte (EUCOM) sowie der operationellen Kontrolle des Special Operations Command Europe (SOCEUR) in Stuttgart. Es verfügt über einen Personalumfang von ca. 1.000 Soldaten. Es handelt sich um die einzige Sondereinheit der US-Luftwaffe in Europa. Die Einheit verfügt über fünf Staffeln für den Transport von Spezialeinsatzkräften und die Luftbetankung bei Spezialoperationen. Insgesamt zehn MC-130J Commando II (67th Special Operations Squadron) sowie

Der faltbare 500-Gallonen-Gummitank (Collapsable Drum) wird zur Treibstoff-Versorgung von Bodentruppen oder auch anderen Flugzeugen verwendet. Der Falttank kann auch zur Treibstoff-Lagerung verwendet werden. Gefüllte Tanks können geschleppt oder von Hand über eine kurze Strecke zu einem Ausgabestandort gerollt werden. Mit einem Befestigungssatz können Lastwagen in Kraftstofftransporter umgewandelt und per Flugzeug ausgeliefert werden. Mit den nötigen Pumpen kann direkt neben der MC-130 Treibstoff an Fahrzeuge abgegeben werden. (Foto: U.S. Air Force/Staff Sgt. Jason Robertson)

Das Gegenteil zu Unterstützungsflügen in Katastrophengebiete ist der Gefechtsflug in Kriegs- und Krisengebieten. Hier prüft gerade ein Lademeister der 774th Expeditionary Airlift Squadron mit Nachtsichtbrille, ob der Cargo Airdrop in der Ghazni-Province in Afghanistan unter Gefechtsbedingungen erfolgreich durchgeführt wurde. Die Ladungsmeister haben bei SOF-Einsätzen eine essentielle Funktion. Präzision und Timing sind hier gefragt, damit eine Operation gelingt. (Foto: U.S. Air Force/ Master Sgt. Benjamin Bloker

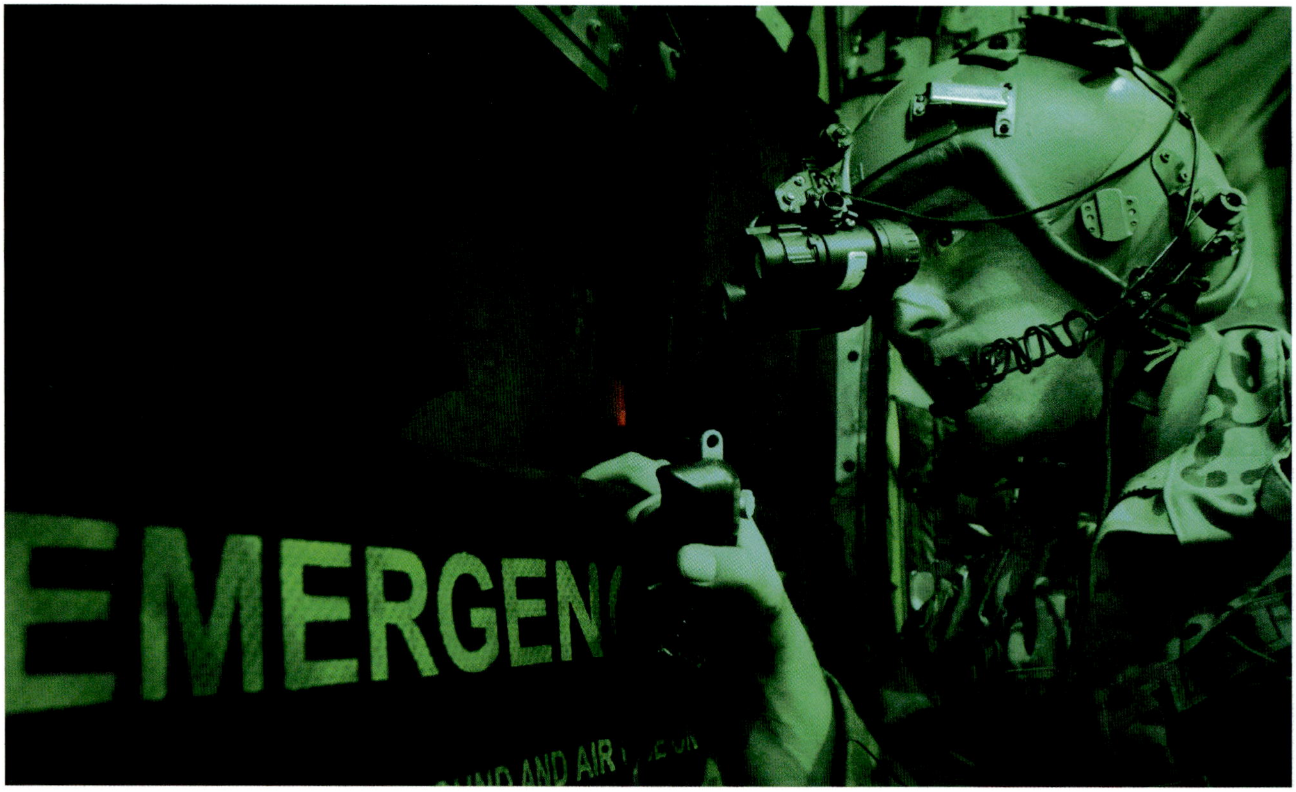

zehn CV-22 (7th Special Operations Squadron) unterstehen der Einheit. Nach der Einführung der ersten neuen MC-130J Commando II gingen seit 2011 alle alten MC-130P/N Combat Shadows sowie die ersten MC-130H Combat Talon II nach und nach in den Ruhestand. Manche Maschinen dienten bereits 50 Jahre. Die Umstellung auf die modernere Lockheed Martin MC-130J Commando II hatte bei der 17th SOS 2014 begonnen, als man die MC-130P abgegeben hatte. Die MC-130P/N aus Mildenhall wichen bereits 2013 den J-Modellen. Die letzten MC-130E Combat Talon I wurden ebenfalls 2013 außer Dienst gestellt. Auch die letzten MC-130H Combat Talon II wurden bereits 2015 aus Mildenhall ab- und in Hurlburt Field zusammengezogen. Nachdem die letzten MC-130E und P/N-Modelle prioritär eingemottet wurden, kamen die neueren H-Modelle an die Reihe. Zuletzt sind es noch ein Dutzend einsatzbereiter MC-130H gewesen, die in Hurlburt Field der Ausbildung dienten. Die neue Ära der J-Modelle wurde somit nun auch bei den Sondermaschinen eingeläutet. Das J-Modell ist angekommen. Der Übergang musste fließend sein, da die MC-130-Flotte (maximal 60 Stück) von höchster strategischer Wichtigkeit ist.

MC-130J Commando II

Ihren Erstflug hatte die MC-130J (zunächst als Combat Shadow II bezeichnet) 2011, nachdem die Produktion 2009 bei Lockheed Martins Standort in Marietta, Georgia begonnen hatte. Sie besitzt verstärkte Flügelwurzel (Enhanced Service Life Wing), eine Bucht (Universal Serial Refueling Receptacle Slipway Installation) oberhalb des Cockpits für die Luftbetankung mit dem Flight Boom-System. Im Bug befindet sich ein Mehrzweckradar und darunter ein kreiselstabilisierter Sensor-Drehturm mit Infrarotbild-(Forward Looking Infrared; FLIR) und Tageslicht-Digitalfilmkamera des Typs Raytheon AN/AAS-52. Für die Kommunikation werden digitalisierte Satellitenfunkgeräte mit zusätzlichen Antennen zur Übertragung von Sprach- und Datennachrichten verwendet. An Heck und Rumpf sind Radar- und Raketenwarnsensoren installiert. Die Heckklappe wurde mit stärkeren Hydrauliksystemen und Windbarrieren versehen, damit die Rampe auch noch bei 460 km/h geöffnet werden kann. Zusätzlich zu den beiden Standard-Zusatztanks sind an zwei zusätzlichen Unterflügelstationen Korb-Luftbetankungsbehälter (Typ Sergeant-Fletcher) zur Luftbetankung von Hubschraubern mitführbar. Damit verlängert sich die maximale Flugzeit auf 21 Stunden. Bei SOF-Missionen können über die Rampe auch mitgeführte Kleinfahrzeuge oder Schlauchboote mit Fallschirmen abgeworfen werden. Zur Selbstverteidigung wurde im Bug pro Seite je ein zusätzlicher Flare/Chaff Dispenser installiert. Zur Kommunikation mit dem Lademeister ist ein viertes Intercom-Funkgerät installiert. Zur Versorgung von Spezialeinheiten am Boden sind 60-Hz-Steckdosen neben den Täuschkörperwerfern frontal installiert. Zur Minimierung der Sichtbarkeit wurde die Verkabelung eines weniger sichtbaren Formationsflug-Kollisionswarnlichtes (Beacon) im Seitenleitwerk eingerichtet. Im Vorderrumpf ist ein zusätzliches Regal mit lebenserhaltenden Geräten sowie eine Arbeitsstation für den Combat Systems Officer (CSO) im Laderaum installiert worden. Zum Einbau eines modernen Infrarot-Selbstverteidigungssystems (Direct Infra Red Counter Measures, DIRCM) ist alles vorverkabelt und beidseits der Rampe sowie im Heckausleger von Beginn der Produktion an vorbereitet. Die LAICS-Anlage (Large Aircraft Infrared Countermeasures System) zählt zu den fortschrittlichsten Ablenk-Systemen weltweit. Der Lademeister und eine weitere Person können an auf den Hecktüren angebauten Sitzen die Umgebung beobachten. Eine Panzerung der neuralgischen Flächen am Rumpf ist ebenfalls möglich. Das AFSOC-Training Center bündelt das MC-130J Crew-Training mit den Einheiten der Pennsylvania Air National Guard (193rd Special Operations Wing), welche ihrerseits ein Sondermodell (EC-130J Commando Solo) betreiben und zu AFSOC gehören. Das Haupttraining findet jedoch seit 2011 bei der 415th Special Operations Squadron, welche zur 58th Special Operations Group auf der Kirtland AFB, New Mexico gehört. Die 522nd Special Operations Squadron war 2012 die erste Einheit, die mit MC-130J Commando II combat ready anmeldete. Die ursprüngliche Zahl von 37 geplanten MC-130J wurde auf 57 erhöht. Alle Maschinen wurden bis 2018 ausgeliefert. Zuletzt wurden ab 2015 auch die auf der Kadena AB, Okinawa stationierten MC-130P/N durch sechs neue MC-130J ersetzt. Die neuen Commandos II fliegen alle bei der 17th SOS, welche zur 353rd Special Operations Group (SOG) gehört. Mit dem J-Modell verfügen die USA nun über die modernsten Special Mission Cargo-Maschinen weltweit. Die MC-Serie ist exklusiv für die US Air Force gefertigt worden. Neu war, dass erstmals auch von der Industrie (Lockheed Martin) ein originäres Special Mission-Großflugzeug vom Band lief und nicht anschließend von den Streitkräften in Eigenregie modifiziert werden musste. Andere Hersteller sollten es gleichtun. Der Trend zum modularen Alleskönner hat sich weltweit bei den führenden Luft- und Raumfahrtkonzernen abgezeichnet. Lockheed Martin war jedoch wie gewohnt einen Schritt voraus.

Eine MC-130J Commando II im Landeanflug. Man beachte die für die SOCOM bzw. AFSOC typische Tarnfabe. Dunkelgrau mit hellem Unterbauch. (Foto: U.S. Air Force via Steve Lynes)

Ein Schlauchboot wird auf der Air Base Stuttgart auf eine MC-130J Commando II verladen, um den Abwurf eines Maritime Craft Aerial Delivery vorzubereiten. Zwei von drei MC-130J Commando II der 67th Special Operations Squadron wurden für die sog. Maritime Craft Aerial Delivery (MCADS)-Abwürfe im Rahmen der Übung Night Hawk 2016 beladen. (Foto: U.S. Air Force/Senior Airman Justine Rho)

Abwurfsequenzen: Zwei MC-130J Commando II der U.S. Air Force führen Boots-Abwürfe mithilfe des Maritime Craft Aerial Delivery Systems über Dänemark durch, 2016. (Foto: U.S. Air Force/Senior Airman Justine Rho)

Abwurfsequenzen: Das Maritime Craft Aerial Delivery Systems ist computergesteuert und kann auf den Punkt genau in Koordination mit dem programmierten Absetzpunkt des Flugrechners der Piloten-Crew arbeiten. Präzision ist wichtig, damit nicht etwa Taucher zu lange Entfernungen überbrücken müssen, falls die Boote zu weit entfernt auf das Wasser auftreffen. Der kleine Zugschirm löst die Ladung über das Förderband aus und trennt sich von dem Paket, sobald der Hauptschirm auslöst, der die Boote langsam nach unten befördert. (Foto: U.S. Air Force/Senior Airman Justine Rho)

Ukraine-Konflikt – Neue Verfahren für die SOF-Hercules MC-130J

Abnehmbare Schwimmer für die MC-130J würden Startbahn-unabhängige Operationen ermöglichen, die laut Oberstleutnant Josh Trantham, stellvertretender Leiter der Abteilung Wissenschaft, Systeme, Technologie und Innovation des AFSOC die globale Reichweite und Überlebensfähigkeit des Flugzeugs und der Kommandotruppen erweitern würden. Seeoperationen bieten nahezu unbegrenzte Wasserlandezonen und damit eine erhebliche Flexibilität für die Joint Force. Da sich die nationalen strategischen Ziele auf die Küstenregionen verlagern, arbeitet das Air Force Special Operations Command an neuen Ansätzen, um die Landebahnunabhängigkeit und die Expeditionskapazität der Multimissionsplattform zu erweitern, heißt es.

Eine Task Force von Industriepartnern arbeitet eng mit dem AFSOC und dem AFRL-SDPE (Air Force Research Lab's Strategic Development Planning and Experimentation) zusammen, um die Vision in die Tat umzusetzen. Ein fünfstufiger Zeitplan für das Rapid Prototyping wird in nur 17 Monaten zu einer Demonstration der Einsatzfähigkeit führen und gleichzeitig die Risiken für ein künftiges potenzielles MAC-Programm verringern, das MAC für MC-130Js einsetzen könnte, aber auch eine ähnliche amphibische Fähigkeit für andere C-130-Varianten mit nur geringfügigen Variationen ermöglichen würde. Das AFSOC und seine Partner aus der Privatwirtschaft testen derzeit MAC-Prototypen durch digitales Design, Virtual-Reality-Modellierung (VR) und computergestützte Entwürfe (CAD) in einer virtuellen Umgebung, die als Digital Proving Ground (DPG) bekannt ist, und ebnen damit den Weg für digitale Simulationen, Tests und den Einsatz fortschrittlicher Fertigungsverfahren für Rapid Prototyping und physische Prototypentests.

Ein MC-130J Commando II der 9th Special Operations Squadron wird während eines Trainingseinsatzes zur Unterstützung von Emerald Warrior 2017 von einem KC-135R Stratotanker des 121st Air Refueling Wing der Ohio Air National Guard betankt. Emerald Warrior ist eine Übung des U.S. Special Operations Command, bei der NATO-Spezialeinsatzkräfte trainieren, um auf verschiedene Bedrohungen im gesamten Konfliktspektrum zu reagieren. Die MC-130J ist der 9th Special Operations Squadron und die KC-135R dem 121st Air Refueling Wing der Ohio Air National Guard zugewiesen. (Foto: U.S. Air National Guard/ Senior Airman Ashley Williams)

Eine MC-130J Commando II der 9th Special Operations Squadron wirft über dem Golf von Mexiko ein Airdrop Maritime Craft Aerial Delivery System ab. Erstmalig konnte auch das 9th SOS dieses MCADS Airdrop-Verfahren erfolgreich anwenden. Die abgeworfenen Boote dienen z.B. US Navy SEALs (Sea, Air, Land) nach einem HALO-/HAHO-Freifallsprung in offene Gewässer oder nach der Verbringung mit einem U-Boot als weiteres amphibisches Einsatzmittel, um ihr Ziel verdeckt und mit geringer Radarsignatur zu erreichen. (Foto: U.S. Air Force/Staff Sgt. Matthew Plew)

Innovation für maritime SOF-Einsätze: eine MC-130 mit modularen Schwimmern. Auf diese Weise können SOF-Operationen auch in den Weiten des pazifischen Raumes oder in entlegenen Inselgruppen unterstützt werden. (Grafik: USSOCOM)

Rapid Dreagon mit AGM-158 JASSM

AFSOC arbeitet auch mit dem Air Force Research Lab an Rapid Dragon, einem System, mit dem ein Frachtflugzeug eine Palette von AGM-158 JASSM-Raketen von seiner hinteren Rampe abwerfen, in der Luft abfeuern und 450 Kilogramm schwere Sprengköpfe auf Ziele in mehr als 150 km Entfernung abschießen kann. C-130-Flugzeuge erhalten Pakete mit sechs JASSMs, C-17-Flugzeuge Pakete mit neun JASSMs. Bei einem erfolgreichen Test im Dezember 2021 wurde ein Lastkahn im Golf von Mexiko versenkt. Im Gegensatz zu anderen Teilen des US-Militärs, vor allem im Bereich Forschung und Entwicklung, wird das Budget für SOCOM nicht aufgestockt, da sich das Pentagon vom Einsatz von Spezialkräften in Gebieten wie dem Nahen Osten entfernt und sich bemüht, die konventionellen Komponenten der Streitkräfte zu verstärken, um China und Russland besser zu begegnen. AFSOC muss sich daher auf die Anpassung bestehender Flugzeuge und Ausrüstung konzentrieren.

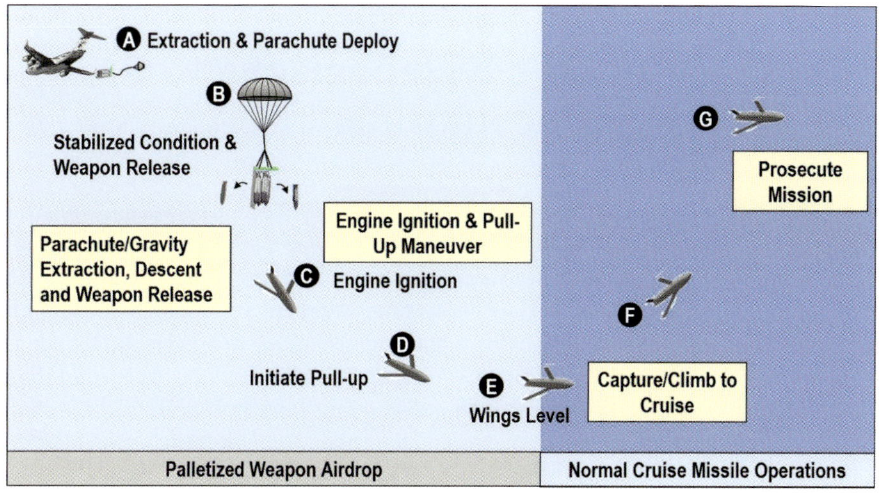

Unkonventionelle Waffenplattform: Mit der MC-130J kann ein Waffensystem zum Einsatz gebracht werden, welches hochpräzise und kostengünstig verbracht wird. Die AGM-158 JASSM (AGM = Air-launched Surface-attack Guided Missile, JASSM = Joint Air-to-Surface Standoff Missile) ist ein Luft-Boden-Marschflugkörper der US-Streitkräfte, ein preiswerterer Langstrecken-Flugkörper mit hoher Zielgenauigkeit, Tarnkappentechnik und konventionellem Gefechtskopf. (Grafik: Lockheed-Martin)

Über das vorhandene Cargo-System der Commando II kann das Waffenpaket ausgestoßen werden. Die MC-130 wird somit zu einer Präzisionswaffe bzw. deren Träger. Eine B-1B Lancer ist hierfür nicht mehr nötig bei SOF-Einsätzen. (Animation: Lockheed-Martin)

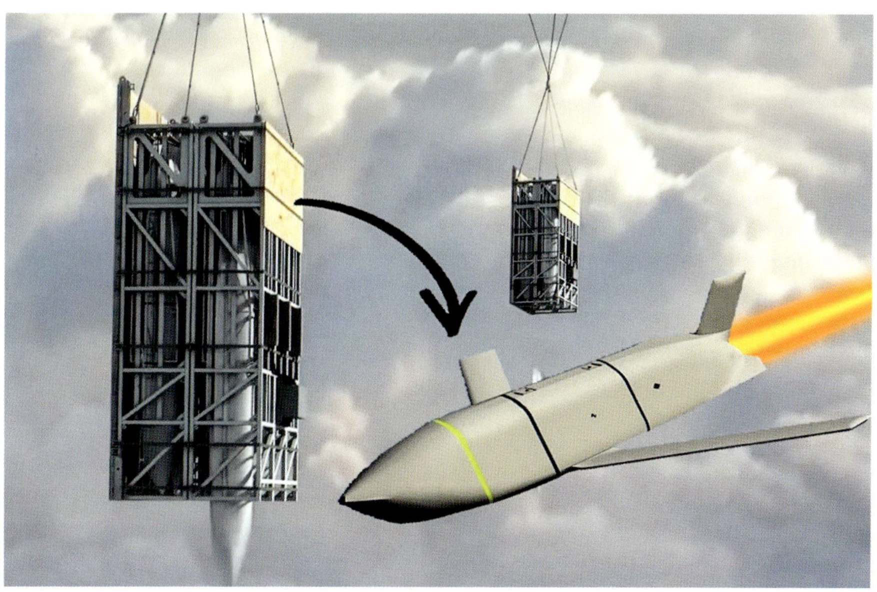

Kanister- und Paket-Lösung: Die Steuerung der Waffe erfolgt über ein Navigationssystem mit störfester GPS-Unterstützung und wirkt auf nach dem Start ausklappende Tragflächen und eine Seitenflosse. Zur Zielerfassung dient ein Infrarotsucher mit Mustererkennung. Der Marschflugkörper kann noch während des Fluges umprogrammiert werden. (Grafik: Lockheed-Martin)

Elektronische und psychologische Kriegsführung

Strategisch, taktisch, operationell: Ohne elektronische Aufklärung und nachrichtendienstliche Informationsbeschaffung aus der Luft ist heute kein Einsatz von Spezialeinsatzkräften denkbar. Informationen über den Feind müssen allen an einer militärischen Operation beteiligten Kräften vorliegen. Entweder vorab (strategisch) oder in Echtzeit während des Einsatzes (taktisch) muss permanent die Wissenshoheit über das Geschehen, den Gegner sowie die Einsatzoptionen (operationell) der eigenen Kräfte vorliegen. Die permanente militärische Wissenshoheit der NATO-Streitkräfte über ihren damaligen Feind Warschauer Pakt war einer der Hauptgründe der militärischen Balance zwischen zwei Blöcken.

Oberstes Ziel der strategischen Aufklärung war es, den nationalen Kommandoautoritäten zu ermöglichen, die militärische Stärke einer Zielnation in Friedenszeiten abzuschätzen und eine solche Aufgabe fortzusetzen, wenn ein Krieg ausbricht. Diese Art von Mission, die über einen langen Zeitraum kontinuierlich ausgeführt wurde, ist eher unter den Begriff Überwachung (Surveillance) zusammen zu fassen. Strategische Aufklärungsplattformen zur Überwachung konnten daher nur Flugzeuge sein, welche sehr hoch fliegen konnten. Mit der Lockheed SR-71 Blackbird sowie der U-2/TR-1 Dragon Lady (ebenfalls Lockheed) wurde diese Domäne damals schon von den USA angeführt. Damals waren bis auf die ersten Spionage-Satelliten alle Aufklärer bemannt. Heute stammen die allermeisten Daten zur strategisch-geheimdienstlichen Nachrichtengewinnung von Satelliten. Jedoch können via Satellit lediglich optisch-geografische Lagebilder vermittelt werden – die sogenannte Bildaufklärung. Die moderne Aufklärung (Intelligence Gathering) hat sich seit dem kalten Krieg in zwei große Bereiche geteilt: Strategische Aufklärung soll das »große Bild« vermitteln, für Oberbefehlshaber und nationale Autoritäten. Die taktische Aufklärung soll die Bodenstreitkräfte inklusive der an Operationen beteiligten Flugzeuge, Schiffe, U-Boote, Landstreitkräfte und nicht zuletzt die Spezialkräfte mit operativen und taktischen Informationen versorgen. Für die Beschaffung, Sammlung sowie Auswertung von Aufklärungsdaten, sind vor allem die Geheimdienste zu-

Eine EC-130J Commando Solo des U.S, Air Force Special Operations Command (AFSOC) präsentiert sich anlässlich eines Flugtages. Diese Maschinen sind sehr selten anzutreffen und unterliegen strengster Geheimhaltung. (Foto: AFSOC via PA Air National Guard/ Senior Airman Rachel Loftis)

ständig. Bei der Art und Weise, wie die nachrichtendienstliche Datenbeschaffung durchgeführt wird, unterscheidet man drei Arten von Nachrichtendiensten (Intelligence): HUMINT (human Intelligence) ist oftmals Inhalt von Spionageromanen, wobei Agenten in Zielgebieten und -ländern eine Bandbreite von Informationen sammeln, was aber wenig mit Luftaufklärung zu tun hat. Imagery beinhaltet fotografische, Infrarot- oder Radaraufnahmen von bestimmten Gebieten. Hauptquelle solcher Informationen sind Satelliten und Flugzeuge. Die bedeutendste und komplizierteste taktische Intelligence-Methode heutzutage ist SIGINT (Signals Intelligence). Das Feld der SIGINT umfasst unter anderem kommunikations- (COMINT), elektronische (ELINT), telemetrische (TELINT), technische (TECHINT), vermessungs- und signaturische (MASINT) Datenerfassung. SIGINT ist somit ein weiter und ständig wachsender Bereich der Aufklärung, der das Sammeln von Informationen über das gesamte elektromagnetische Spektrum umfasst. Sämtliche oben genannten SIGINT-Unterbereiche beschäftigen sich mit der willkürlichen und zufälligen Transmission. Der Bereich COMINT (Communications Intelligence) ist beispielsweise ein reiner Abhördienst, welcher den feindlichen Funkverkehr mithört und aufzeichnet. Mittlerweile besitzen viele Länder spezielle SIGINT/COMINT-Flugzeuge. Zu Zeiten des Ost-West-Konflikts war der SIGINT-Club ein sehr kleiner Kreis von Ländern. Heutzutage sind viele Länder in Besitz moderner SIGINT-Plattformen zu Lande, zu Wasser und in der Luft. Führend sind sicherlich die USA, wobei auch Russland, Israel und Großbritannien über hochentwickelte Systeme verfügen und diese weltweit auf dem Militärmarkt anbieten. Selbstverständlich ist ein Großteil der gesammelten Informationen codiert. Deshalb arbeiten COMINT-Teams eng mit Kryptologie-Experten zusammen. TELINT (Telemetry Intelligence) ist wiederrum eine weitere Form der COMINT. Genauer gesagt eine sehr spezielle Form des COMINT-Nachrichtendienstes. TELINT nennt man das Aufzeichnen von Anweisungen und Datenübermittlungen zwischen einer Rakete und der Bodenkontrolle im Verlauf eines Abschusses oder Tests. Die Analyse dieser Daten kann präzise Informationen über die Leistung der Rakete erbringen, die wertvoll sind, wenn man Waffenabkommen verhandelt oder diese verletzt werden. Aber auch der sehr spezielle, wenn auch aktuell leider sehr oft verwendete RADINT-Flieger (Radiological Intelligence) runden die SIGINT-Community ab. Der RADINT-Bereich ist ein sehr geheimer und äußerst spezieller Bereich. Hier sind die USA ohne Zweifel führend, denn mit der WC-135 Constant Phoenix besitzen sie ein sehr seltenes Flugzeug zur Messung von Radioaktivität (oberirdisch/atmosphärisch

Psychologische Kriegsführung (PsyOps) bezeichnet im Militärwesen alle Methoden und Maßnahmen zur Beeinflussung des Verhaltens und der Einstellungen von gegnerischen Streitkräften sowie fremder Zivilbevölkerungen im Rahmen oder im Vorfeld militärischer Operationen. Dabei wird z.B. durch gezielte Falschinformation Einfluss auf die strategischen Erwägungen des Gegners genommen oder kontinuierlich wahre Meldungen abgesetzt, die die eigene Position stärken. (Foto: Archiv U.S. Army)

oder unterirdisch/sensorisch). Im Grunde ein TPZ »Fuchs« ABC-Spürpanzer in der Luft. Ausgestattet mit einer Aktivkohle-Filteranlage und HEPA/ULPA-Filter sowie mit reiner Sauerstoffdruckversorgung kann die Sicherheit der Crew im Falle eines Durchfliegens von kontaminierter Luft gewährleistet werden. Denn genau diese Bereiche soll diese Maschine aufspüren, durchfliegen und messen. Wenn also Nord-Korea illegal Nuklear-Raketen testet, wissen die USA vermeintlich sehr genau, über welche Flugleistung das Trägersystem verfügt (TELINT) und, ob oder wie viel Radioaktivität freigesetzt wurde – letztendlich auch, um wie viel Kilotonnen Sprengkraft es sich gehandelt haben könnte. Diese Daten geben Aufschluss über den Status der Nuklearwaffen eines vermeintlichen Aggressors, egal was die Massen- und Boulevardmedien behaupten.

Eine weitere spezialisierte Form der SIGINT ist ELINT (Electronic Intelligence). ELINT-Flugzeuge sind mit hochsensiblen Empfängern bestückt, welche auf die Frequenzen der Radarabwehr eines potentiellen Feindes eingestellt sind. Ihre Aufgabe besteht in der Aufzeichnung und Analyse von feindlichen Signalen, um zu berechnen, wie man sie am besten stören oder umgehen kann. Die meiste Zeit bleiben sie ihnen sehr nahe, um die feindliche Abwehr in Bewegung zu bringen. Das liefert eine Unmenge nachrichtendienstlich verwertbarer Daten, wie Empfindlichkeit und Reichweite des Abwehrnetzes oder die Reaktionszeit der Abfangjäger. Man kann dieses Verfahren aktuell wieder bei den Luftraumaufklärungsmaßnahmen der USA im Pazifik verfolgen. Dort werden die chinesischen Streitkräfte derzeit wieder massiv beschattet, was zu regelmäßigen Spannungen führt, die an längst vergessene Zeiten des Kalten Krieges erinnern. Nur, dass die vermeintlichen Gegenseiten ebenfalls den Fortschritt einläutete. So verfügt auch die VR China mittlerweile über hochentwickelte Aufklärungs- und Störsysteme in der Luft - ganz zu schweigen von Russland. Daher ist es ein riskantes Unterfangen für amerikanische »Spürhunde«, zu nah an Chinas oder Russlands Luftraumgrenzen zu operieren. Aber auch russische ISR-Flieger haben bereits einen teuren Preis bezahlt, in dem Glauben, sie wären in sicherem oder behütetem Luftraum. So zeigt sich, dass trotz modernster Technologie, dennoch mit der menschlichen Intelligenz zu rechnen ist, wie die israelischen Piloten es eindrucksvoll und zum Leid der russischen Streitkräfte 2018 im heiklen syrischen Luftraum gezeigt haben. Es gilt als sehr wahrscheinlich, dass sich israelische F-16 Jets in der Luft absichtlich sich hinter einem russischen IL-20 ELINT-Aufklärer versteckt hatten, als die syrische Luftabwehr im Begriff war, die Israelis abzuschießen. Getroffen wurde jedoch die Il-20 der als Schutzmacht für das syrische Regime eintretenden russischen Streitkräfte.

Die Zeiten des Überfliegens mit nur U-2 Aufklärern sind ebenfalls lange vorbei. Im Folgenden soll ein kurzer Einblick in die Welt der elektronischen Kriegsführung aus der Luft gewährt werden. Dabei sollen sowohl die Aufklärungs-, und Überwachungs- als auch die Spionage-, Angriffs sowie PsyOps-Varianten der elektronischen Kriegsführung (EloKa/EW, Electronic Warfare) aus der Luft dargestellt werden.

Elektronische Kampfführung und Aufklärung aus der Luft / Airborne C4ISR

Das Hineinhorchen vom grenznahen internationalen Luftraum hat etwas historisch-nostalgisches, wenn auch Gefährliches zu verheißen. Das Temperament des vermeintlichen Gegners darf dabei nicht unterschätzt werden. Bereits 2001 mussten die SIGINT Spezialisten der US Navy das chinesische Temperament zu spüren bekommen, als ihre Lockheed EP-3E ARIES II SIGINT-Maschine zu nah an der Grenze »horchten« und nach einem Rammstoß der chinesischen Abfangjäger auf der chinesischen Insel Hainan landen musste und konfisziert wurde. Neben der Sammlung (passiv) von ELINT-Daten, ist selbstverständlich auch die taktische (aktive) Variante ein wichtiges Element

Eine Lockheed EC-121R im Jahr 1969. Die Constellation wurde in Vietnam als Zielzuweiser, Funkralaisstation und für den elektronischen Kampf genutzt, bis immer mehr C-130-Modelle diese Funktion übernahmen. (Foto: Archiv Lockheed-Martin)

in der Kriegsführung. Wurden im 20. Jahrhundert klassische Radarbatterien, Funkanlagen sowie weitere technische oder kommunikative Installationen des Gegners anvisiert, so ging es beim aktiven Stör-SIGINT im Rahmen der elektronischen Kampfführung (Electronic Warfare/dt. EloKa) vor allem um das Stören (Jamming) der Handy-Netze von vermeintlichen Terroristen oder um das Abschalten technischer Funktionen durch elektromagnetische Impulse (EMP). Dieses Feld der EloKa ist ebenfalls zu Lande, zu Wasser und in der Luft möglich. Hier spielen aus taktischer Sicht Satelliten offiziell noch keine Rolle. Wie so ein klassischer militärische EW/EMP-Angriff aussehen kann, bewies eine EW-Variante der russischen Su-24 Fencer (MR) über dem Schwarzen Meer, als Russen Schiffen der NATO quasi zu Übungszwecken einige Kostproben ihrer EloKa-Fähigkeiten gaben. Selbstverständlich verfügen die NATO-Kräfte und hier vor allem die USA ebenfalls über EW-Plattformen (Sonderbehälter oder Einbauten in Kampfflugzeugen). Der Themenbereich EloKa bedeutet aber nicht nur Jamming (Stören), sondern vor allem im Bereich Niederhaltung gegnerischer Luftabwehr (als wichtigstes Primärunterfangen bei Luftangriffen, Supression of Enemy Air Defence – SEAD). Hier geht es darum, festzustellen, wo sich Luftabwehrradare und -raketen befinden, um diese für die Dauer der Angriffe zu stören oder zu neutralisieren. Entweder durch eigens mitgeführte Waffen (z. B. AGM-88 Harm) oder durch Zielweitergabe an andere »Shooter«.

Die deutsche Version des Tornado IDS in seiner umfunktionierten Rolle als ECR (Electronic Combat and Reconaissance) war in dieser Disziplin der gleichzeitigen Detektion als auch Bekämpfung von Radarstellungen weltweit sehr gefragt. Er kann nach Entdeckung der Radarsignatur durch sein bordeigenes Emitter Locator System sowie den IR-Line Scanner genau bestimmen, woher die Radaraufschaltung herkam und konnte quasi auf demselben Pfad eine HARM-Rakete zur Sendequelle verschießen. Ein Aufschalten auf NATO-Flieger wurde somit für feindliche Luftabwehrtruppen zum Himmelfahrtskommando. Manche Gegner waren jedoch sehr gut ausgebildet (siehe serbische Luftabwehr 1999 bei »Allied Force«), wodurch sich oft ein Katz- und Mausspiel beim Auf- oder Abschalten des Radars entwickelte. Die Expertise der serbischen Luftabwehr führte sogar zum Abschuss einer unsichtbar geglaubten F-117 Nighthawk. Nach der Einmottung der EA-6B Prowler der US Navy und US Marines übernahmen die US Streitkräfte das deutsche Prinzip im Grunde und bauten ein neues SEAD/EW-Kampfflugzeug auf Basis der F-18 Hornet/Super Hornet. Ähnlich dem kompletten Neubau durch MBB der 35 Tornados 1988 hin zu ECR Versionen (ohne Bordkanonen, dafür mehr Sensorik) wurde für die Navy und die US-Marines die EA-18G Growler eingeführt. Ein reines EW/EloKa-Kampfflugzeug. Verlassen wir nun das Feld der EloKa-Fliegerei und kehren zurück zur Königsdisziplin der Intelligence-Fliegerei zu Gunsten der effizient eingesetzten Spezialeinheiten am Boden.

Exkurs: Kollektoren

Die SIGINT-Sammler (Collectors) stellen eine hochentwickelte Fliegerebene dar, die sich von jeglicher Militärfliegerei unterscheidet und einen kurz vor der Einmottung stehenden ECR Tornado wie einen alten C64-Computer wirken lässt. Denn hier geht es nicht mehr um das Flugzeug und seine Flugeigenschaft, obwohl die SR-71 Blackbird auch das schnellste Flugzeug der Welt war (in den 1960er-/70er-Jahren), sondern um die Aufklärungsfähigkeiten und deren Auswirkungen auf das gesamte Bild. Es sei jedoch noch erwähnt, dass SIGINT nicht nur von der Luft aus gesammelt wird. Es finden sehr viele Bodenmaßnahmen mit SIGINT-Technik statt. Diese sind kaum noch wegdenkbar bei modernen Einsätzen. Des Weiteren sind bis heute die meisten SIGINT-Schaltzentralen und Datensammelpunkte am Boden stationiert. Die mächtigsten SIGINT-Sammler sind immer noch die massiven nationalen Abhörstationen. Mit ihren leistungsstarken Großanlagen, teilweise weltweit und transkontinental vernetzt, sammeln viele Staaten nach wie vor weit über ihre eigenen Landesgrenzen hinaus nachrichtendienstliche Informationen. Um nationale Sicherheitsdoktrinen umzusetzen, bedarf es sowohl im Inland als auch im Ausland einer Menge an Daten und Informationen, um stets ein Gesamtlagebild, aber auch in speziellen Einzelfällen (Terrorlagen, Auslandseinsätze, nationale Sicherheit, taktische Unterstützung laufender Operationen) Sonderlagebilder oder Suchprofile zu erhalten. Ob Mitglieder terroristischer Vereinigungen (aktuelle Beispiele: Türkei, Deutschland, Frankreich- und Belgien-Attentate), eines Drogenkartells (z.B. Counter-Narcotics in Lateinamerika) oder Aufständische in Regionalen Konflikten (Counter Insurgency) mittels SIGINT-Aufklärung gesucht werden und mit welchen Mitteln (HUMINT-Agenten, SIGINT-Flugzeuge, Satelliten-Imagery, Spür-Drohnen, etc) vorgegangen wird, entscheidet man von Fall zu Fall. Die große Technologie-Kunst liegt jedoch darin, sämtliche Akteure in Echtzeit zu vernetzen und die gewonnenen und für den Einsatz relevanten Daten zu distributieren. Jeder Akteur (Flugzeuge, Schiffe, Bodentruppen) muss auf dem aktuellsten Stand sein und permanent ein Update erhalten

Eine EC-130E Commando Solo fliegt über Harrisburg, USA,1980. (Foto: PA ANG/Tech. Sgt. Bob Kay)

Die Fairchild NC/AC-123K Black Spot. Die Black Spot war eine Variante der klassischen C-123 Provider, die mit entsprechenden Sensoren sowie einem Abwurfsystem für Splitterbomben in Vietnam erprobt und eingesetzt wurde. (Foto: Archiv U.S. Air Force)

können. Dies stellt eine weitere große Herausforderung bei der vernetzten Kriegsführung (NCW Network Centric Warfare) dar. Hier spielen Verteiler- und Verknüpfungszentren eine sehr wichtige Rolle: Ob sie als fliegende Plattform inklusive der SIGINT-, AWACS- oder andere C4ISR Akteure (Command, Control, Communications, Computers, Intelligence, Surveillance and Reconnaissance) im Einsatz die gewonnenen Informationen und Befehle gut verteilen, hängt von der gemeinsamen Computersprache ab. Denn viele Flugzeuge innerhalb wie außerhalb der NATO-Community sind nicht vernetzt. So fehlt die Echtzeit-Informationsfähigkeit im bordeigenen Computersystem (Situational Awareness) so vieler Militärjets. Die gemeinsame LINK 16-Sprache ist nach wie vor noch nicht sehr weit verbreitet. Daher müssen deswegen sogenannte Übersetzungs-SIGINTs bei kombinierten Einsätze dabei sein. Selbst die US Air Force kann nicht alle Flieger vernetzen, ohne die nötigen digitalen Dolmetscher in der Luft zu haben. Es gibt viele NATO-Computerplattformen, welche in Flugzeugen, Hubschraubern, Raketenbatterien, Panzern oder Schiffen eingebaut sind (Situational Awareness Data Link SADL, FDL, LINK 16, etc.).

Elektronischer Kampf

Der elektronische Kampf, also das aktive Vorgehen gegen gegnerische Installationen mittels Störmaßnahmen, Täuschmanövern oder psychologischer Kriegsführung stellt den aggressiven Part der elektronischen Kriegsführung dar. Im militärischen Einsatz ist zwar Wissen Macht und wenn man seinen Gegner kennt und weiß, was er tut oder tun kann, kann man ihn besiegen. Doch der Angriff ist ebenfalls eine gute Verteidigung. Einem vorrausgehenden Angriff jedoch vorab durch Chaos und Störmaßnahmen zu begleiten, stellt einen wichtigen Teil des Angriffs dar. Im späteren Verlauf sind vor allem psychologische Maßnahmen an der Reihe. Hierfür sind Flugzeuge ein sehr wichtiges Mittel. Dies galt für die Zeit des Kalten Krieges genauso, wie es heutzutage aktuell bei der Bewältigung der permanenten Terrorgefahren, Low Intensity-Konflikten sowie während Counter Insurgency-Maßnahmen bei Auslandseinsätzen oder es im Kampf gegen organisierte Drogen-Kriminalität gilt.

Die EC-130J Commando Solo ist wie ihr Vorgänger EC-130E primär ein psychologisches Waffensystem und fungiert als fliegende Radio- und Fernsehstation. Ausgerüstet mit einer großen Anzahl an verschiedenen Sendern in den Standard AM, FM, HF, TV und militärischen Kommunikationsbändern. Neben den an der Außenhülle des Flugzeuges angebrachten Antennen, eine X-förmige Antenne am Leitwerk und je eine blattförmige Antennenplatte unter den Flügeln, kann auch eine horizontale Schleppantenne sowie eine vertikale Antenne, die mittels Gewicht in Position gehalten wird, ausgefahren werden. Auf diese Art können wahlweise zivile und/oder auch militärische Kanäle überlagert und durch eigene Nachrichten ersetzt werden. Ein Anzeichen dafür, dass die Commando Solo zum Einsatz kommt, ist das Abwerfen von Transistorradios gemeinsam mit Nahrungsmitteln. Wenn also in der Wüste plötzlich ein Radio und eine Mittagessen herabregnen hat dies meist nichts mit einem Wunder zu tun, sondern gehört zur Psy Ops-Strategie des State Department. (Foto: Archiv AFSOC)

EC-130H Compass Call

Als herausragend im elektronischen Störangriff gilt die amerikanische EC-130H Compass Call. Die EC-130H-Flotte von 14 Flugzeugen besteht aus einem Mix von zwei Flugzeugversionen: Basislinie 1 und 2. Das erste Baseline 2-Flugzeug wurde am 20. Februar 2014 auf der Davis-Monthan Air Force Base (AFB), Arizona, in Dienst gestellt. Die Block-35 (Baseline 1) Version der EC-130H wies bereits eine verbesserte Störelektronik, ein Frühwarn- und Erfassungsradar sowie effizientere Navigationssysteme auf. Die erweiterten Frequenzbereiche und digitale Signalverarbeitung waren im Vergleich zu früheren EC-130H der 1970er-Jahre deutlich kampfstärker. Die aktuellste Version (Baseline 2) ist jedoch deutlich verbessert worden und gilt in Fachkreisen als das effektivste EloKa-Modell der Welt. Die Systeme sind natürlich Verschlusssache. Fest steht aber, dass die Baseline 2-Compas Call in der fünften Technologie-Generation mitspielt. Als die USAF in den späten 1970er-Jahren ihre SEAD-Triade entwickelte, war die Rolle eines Jammers oberste Priorität. In den späten 1970er-Jahren definierte die USAF den Bedarf nach einem ECM (Electronic Counter Measures)-Flugzeug, welches aus der Ferne Störmaßnahmen gegen feindliche Luftabwehrsysteme einleiten konnte, um die eigenen angreifenden Bomber zu schützen. Fehlende finanzielle Mittel verhinderten, dass die Arbeit an einem solchen System bis Anfang des folgenden Jahrzehnts begann. Erst 1980/1981 erhielt das damalige Unternehmen Lockheed Aircraft Service (LAS) aus Ontario, Kalifornien, den Auftrag zum Design, zur Integration, zur Installation und zum Flugtest einer C-130-basierten EloKa-Maschine. Unter dem Codenamen Rivet Fire (später Compass Call) wurden die EC-130 dann ab 1983 in den Dienst gestellt und leistet bis heute wertvolle Arbeit. Heute fliegen die EC-130H in zwei Verbänden der USAF (41st ECS und 43rd ECS des Air Combat Command, ACC) und bilden zusammen mit den E-11A BACN sowie den EQ-4B Global Hawk der 430th ECS (USAFCENT) und den EA-18G Growler der 390th ECS/VAQ-129 (USAF/US Navy) die mächtigen EloKa-Kräfte der USAF. Andere Länder versuchen, die unverkäuflichen Modelle von AFSOC dennoch in abgespeckter Form zu imitieren. Hierbei helfen die USA sogar gerne, sofern es sich um wichtige strategische Partner handelt. Allerdings werden AFSOC-EloKa- und ISR-Maschinen niemals in der US-Rüststufe weitergegeben. Ein innovatives Beispiel eines gelungenen Umbaus einer älteren C-130 ist der Firma Airdyne gelun-

Eine EC-130H Compass Call fliegt über Lake Mead, Arizona. Compass Call ist die Bezeichnung für eine besondere Version der C-130 Hercules für Tactical Command, Control and Communications Countermeasures der elektronischen Kampfführung (EloKa). Dabei werden Signale der Gegenseite massiv gestört und/oder unterdrückt. (Foto: US Air Force/ Santos)

gen. 2018 stellte sie ertmals den Special Airborne Mission Installation and Response (SABIR) Kit als Baumodul für eine C-130 der philippinischen Luftwaffe vor. Was die spezifische Anwendung auf den Philippinen betrifft, so zeigte Airdyne Ausstattungen wie den elektro-optischen MX-15 HDi-Pod von L-3 Wescam und eine Variante des X-Band (8 bis 12,5 GHz) EL/M-2022 Radars (Synthetic Aperture) von Elta Systems.

Exkurs: Psychologische Kriegsführung & Propaganda aus der Luft/Airborne PsyOps

Informationsstreuung unter Einbeziehung der menschlichen Psyche des Informationsempfängers ist eine hohe Kunst. Die Anwendung psychologischer Tricks kann gerade in zwischenmenschlichen Konfliktsituationen sogar kriegsentscheidend sein. Deswegen ist die psychologische Kriegsführung so alt wie der Krieg selbst. Bereits im 5. Jahrhundert v. Chr. haben sich chinesische Strategen mit der Psychologie bei der Beeinflussung des Gegners befasst. Sun Tzu hatte bereits im 6. Jahrhundert v. Chr. als Militärstratege und Philosoph sein Werk »Die Kunst des Krieges« sehr stark der psychologischen Kriegsführung gewidmet. Auch Homer stellt das kriegsentscheidende trojanische Pferd in den Vordergrund einer erfolgreichen psychologischen Kriegsführung in seinem Werk »Odyssee«. Durch die Jahrhunderte vollzog sich diese Linie der berühmten Anwender psychologischer Kriegstaktiken bis hin zu großen Generälen im 20. Und 21. Jahrhundert, wie Generalfeldmarschall Rommel (Afrikakorps 1941-43), Gen. Westmoreland (Vietnamkrieg 1960er-/1970er-Jahre), Gen. Schwarzkopf (2. Irakkrieg 1991) oder Gen. Petraeus (3. Irakkrieg 2003). Unabhängig vom Erfolg oder Misserfolg großer Generäle wurden in den westlichen Streitkräften – und hier vor allem in den USA – Psychological Operations (PysOps) kontinuierlich taktisch und technologisch revolutioniert und erfahren heute in einer völlig undurchsichtigen und chaotischen Epoche der Staatszerfalle, des islamistischen Terrorismus sowie der Neuauflage des Kalten Kriegs nach dem Ukraine-Krieg ihren Höhepunkt.

PsyOps Leaf Drop über den Irak. Flugblätter mit manipulierendem Inhalt sind Teil eines jeden Konflikts oder Kriegs. (Foto: Archiv: U.S, Army/SPC Leslie Angulo)

PsyOps Definition

In sämtlichen Konflikten der letzten Jahrhunderte war die psychologische Kriegsführung unentbehrlich. In den 1920er-Jahren prägte der britische Miltärwissenschaftler J.E.C. Fuller den Begriff Psychological Warfare. Hiermit meinte er die psychologische Wirkung von Panzern im Ersten Weltkrieg, welche operativ und waffentechnisch kaum erfolgreich waren, jedoch im sinnlosen Stellungskrieg eine wichtige psychologische Rolle spielten. Der Begriff »PsyOps« wurde letztlich kurz vor dem Ende des Zweiten Weltkrieges vom US-Rear Admiral Zacharias eingeführt, als dieser eine schnelle Kapitulation Japans durch PsyOps, der Zermürbung und Verängstigung der Bevölkerung und Soldaten Japans anregte. Je länger Kriege oder Einsätze dauerten, desto stärker wurde der Einsatz von PsyOps eingebunden. Dabei haben PsyOps bis heute verschiedene Ziele und Funktionen. Zum einen soll die Widerstandskraft der feindlichen Streitkräfte, Kombattanten oder die Zivilbevölkerung systematisch untergraben werden (offensive PsyOps). Auf der anderen Seite hat die psychologische Kriegsführung auch das Ziel, das eigene Volk, die eigenen Streitkräfte im Sinne der militärischen und politischen Zielsetzung zu beeinflussen (defensive PsyOps) und gegen Wirkungen von außen resilient zu machen. Das Gewinnen der Herzen, also der Gewinn der Sympathie und Kooperation neutraler Staaten, Volksgruppen oder Bevölkerungsteile ist die dritte Zielsetzung (konsolidierende PsyOps).

Die psychologische Kriegsführung versteht sich als ein Unterbegriff eines weitaus bekannteren und aktuell in aller Munde befindlichen Begriffs der Propaganda. Wie aktuell bemerkbar besteht derzeit weltweit eine Übersättigung propagandistischer Meldungen und Nachrichtenerstattung, sodass die Bevölkerungen in vielen Ländern der Erde ihren eigenen Medien und öffentlichen Verkündungen der Regierungen sowie Parteien, oftmals kein Vertrauen mehr schenken (overnewsed but underinformed). In Deutschland stand sogar der historisch belastete Begriff »Lügenpresse« sehr lange im Vordergrund. Der Propaganda-Begriff ist dementsprechend im heutigen Sprachverständnis sehr negativ belegt und wird als Manipulation oder gar Desinformation der wahrheitsgemäßen Information gegenübergestellt. Hier verschwinden die militärischen Ursprünge, wenn es um Propaganda geht. Politik, Wirtschaft, Militär sowie Medien und Lobby-Organisationen können sich der Propaganda bedienen und kämpfen um die Deutungshoheit von Ergeignissen. Nachdem das militärische Handeln

Ein Besatzungsmitglied der 193rd Special Operations Squadron arbeitet während des Fluges im hinteren Teil einer EC-130J Commando Solo. (Foto: AFSOC/ Senior Airman Claire Behney)

jedoch im demokratischen Sinne stets im Auftrag und als Fortführung der Politik (mit anderen Mitteln) verstanden wird, ist die politische von der militärischen Propaganda kaum zu unterscheiden. Besonders im Zeitalter der neuen sozialen Medien muss man scheinbar alternative Fakten nur so lange als Realität quantitativ gebetsmühlenartig auf allen Kanälen wiederholen und gegenüberstellen, bis es die Masse der User als Wahrheit annimmt (siehe »Fall Lisa«).

Der Begriff Propaganda stammt aus der katholischen Kirche (Congregatio de propaganda fide) und wurde 1622 durch Papst Gregor VI eingeführt. Zur Weiterentwicklung und Perfektionierung der Propaganda trug vor allem der Erste Weltkrieg bei. Hier waren die Westalliierten den Deutschen konzeptionell und organisatorisch weit überlegen. Im Dritten Reich während der nationalsozialistischen Herrschaft in Deutschland wurde Propaganda schließlich als Waffe Wort über alle damaligen Medien (Film, Funk und Presse) eingesetzt. Das einzige Ziel wurde die totale Manipulation der Bevölkerung im Sinne des Systems. Hierbei wurden alle Mittel der PsyOps bis zur Perfektion angewandt. Zudem bedurfte die Propaganda keiner tatsächlichen Wahrheit, da diese kurzerhand zur Kunst erklärt wurde. Aber auch von den Alliierten wurde in dieser Zeit des Zweiten Weltkrieges die Propaganda zu einer wichtigen Waffe. Sowohl offensiv als auch defensiv wurden hier die PsyOps-Taktiken verfeinert. Einen Höhepunkt in der Geschichte nach dem Zweiten Weltkrieg erhielt die strategische Propaganda im Ost-West-Konflikt (Kalter Krieg), als sich die Westalliierten der NATO mit dem Warschauer Pakt um die Sowjetunion bis zum Zusammenbruch des Ostblocks eine erbittere Propagandaschlacht lieferten.

PsyOps im taktischen Bereich wurden vor allem während der Vietnamkriegszeit perfektioniert und in allen Bereichen der militärischen PsyOps offensiv wie defensiv durchgeführt. In dieser Zeit wurde die amerikanische Expertise zur Weltelite der militärischen PsyOps. PsyOps anderer Staaten wirkten seitdem plump und unprofessionell im Vergleich zur amerikanischen Oberliga der PsyOps. Beispielgebend sei hier das brilliante US-Konzept mit der repetitiven Behauptung, die US-amerikanische Lebensart sei die beste der Welt. Nur die russischen Spezialisten und Strategen konnten den USA das Wasser reichen. Russland verstand es seit jeher, vor allem die offensiven Propaganda-PsyOps gegen den damaligen Klassenfeind bis 1989/1990 sowie in der post-sowjetischen Zeit als Russische Föderation bis zum heutigen Tag effektiv und professionell einzusetzen. Zivil-militärisches Geschick beim Einsatz zeitgemäßer propagandistischer PsyOps-Methoden zeigt Russland aktuell im Umfeld sehr gespannter geostrategischer Regionalmachtbestrebungen in vielen Teilen der Erde und im Gefolge der Krim-Krise. Die Aufgabe operativen Informationsmanagements in Form von PsyOps der Streitkräfte, ist das Umfeld in einem Einsatz zu beeinflussen. Durch spezielle Information und Argumentation soll zum einen eine Deeskalation der gegnerischen Streitkräfte, Kombattanten sowie Bevölkerung im Einsatzgebiet herbeigeführt werden. Sowohl während einer Krise oder eines Krieges als auch danach im Zuge einer Stabilisierungsmission. Die Kooperationsbereitschaft von Konfliktparteien soll durch PsyOps gesteigert werden. Daher sprechen die USA mittlerweile nicht mehr von PsyOps, sondern von Military Information Support Operations (MISO), da der Begriff PsyOps mit US-Geheimdiensten verbunden wird und somit emotional ziemlich belastet ist durch die mehr oder weniger geglückten Versuche, Gegner der USA im Sinne der eigenen Interessen zu beeinflussen oder die eigenen Tätigkeiten positiv herauszustellen. Der Propaganda-Begriff sollte ebenfalls stets vermieden werden.

Auch die Bundeswehr rückte mit den Jahren vom aggressiven Begriff der Psychologischen Verteidigung (PSV) bzw. Psychologische Kampfführung als ehemaliger Aufgabenbereich im Kalten Krieg ab. Damals lag der Aufgabenschwerpunkt der Bundeswehr PsyOps in der Abwehr ideologischer Angriffe der Warschauer Pakt-Staaten auf die Bundeswehr und in speziellen Informationseinsätzen, die sich an die Grenztruppen und an die Bevölkerung der damaligen DDR wandten.

Ähnlich wie heute noch an der Demarkationslinie (38. Breitengrad) zwischen Nord- und Südkorea massive Lautsprecheranlagen ins Feindesland hallen und Flugblätter per Ballons abgeworfen werden (seit 2018 jedoch kaum mehr praktiziert). Heute steht der Begriff Operative Information bzw. seit 2014 das Zentrum Operative Kommunikation der Bundeswehr (ZOpKomBw) für das Einwirken auf Streitkräfte des militärischen Gegners und Konfliktparteien, aber auch auf die Bevölkerung fremder oder gegnerischer Staaten. Offiziell sind hierbei aber nur nachprüfbare Informationen erlaubt, was mit der NS-Zeit und der Sensibilisierung der deutschen Bevölkerung zusammenhängt. Das ZOpKomBw betreibt auch den Radiosender »Radio Andernach« und den Fernsehsender »BwTV« als Truppenbetreuungssender für deutsche Soldaten in den Einsatzgebieten der Bundeswehr (Psy-Ops im Inneren). Darüber hinaus stellt es der militärischen Führung Einsatzkameratrupps (EKT) zur Verfügung, die jederzeit in die Einsatzgebiete geschickt werden können. Sie übertragen dann aufbereitete visuelle Beiträge direkt an Stellen wie das Einsatzführungskommando, um diesen die Lagebeurteilung zu erleichtern.

So mancher K-FOR Soldat hat somit bereits in den 1990er-Jahren unbewusst die PsyOps- bzw. Propaganda-Werkzeuge der Bundeswehr in Anspruch genommen, indem er oder sie einen Gruß in die Heimat über Radio Andernach senden ließ. Das (defensive) PsyOps-Vehikel war somit voll im Gange und wurde sogar als angenehm und hilfreich empfunden. Eine erfolgreiche und wichtige PsyOps-Methode zur Stärkung des Wir-Gefühls und der Akzeptanz der Bevölkerung/Angehörigen in der Heimat. Insgesamt stellt die Bundeswehr-Version der Psy-Ops eine vergleichsweise harmlose Variante dar. Wenn man die US-amerikanische bzw. russische Methodik betrachtet, so kommen z. B. bei den US-Streitkräfte ganze PsyOps-Verbände zum Tragen, die an sich schon eine Teilstreitkraft darstellen könnten. Die Methoden der militärischen PsyOps sind jedoch im Grunde unverändert:

- Soft PsyOps: Köpfe und Herzen im Einsatzland gewinnen (Bau von Brücken, Krankenhäusern, Schulen, Infrastruktur, Hygiene- und Lebensmittel bereitstellen) ähnlich der zivil-militärischen Zusammenarbeit (civil-military co-operation, CIMIC), Verteilung von Schulbüchern und Ratgebern aller Art.
- Offensive PsyOps: Verängstigen (Death Cards, Shock and Awe-Fotos, Waffenwirkung).
- Verführen zur Aufgabe und Desertation (Versprechung einer gefahrlosen Aufgabe des Kampfes, Flyer, Lautsprecher, Radio, TV).
- Demütigung, Verspottung.
- Täuschen, Manipulieren.
- Gezielte Information und Einschüchterungsmaßnahmen nach Erreichen des Ziels (PsyOps-Soldaten betreiben POW-Management, wie zum Beispiel 1991 nach massivem Aufkommen von irakischen Kriegsgefangen. Gefahr der Gefängnis-Revolte wegen Überfüllung).
- Moderne PsyOps im Zeitalter von Internet, Cyberwar und Social Media sehen hierbei auch den Email-Verkehr, Tweets, digitale-TV-Sender, SMS, MMS, Kurznachrichtendienste, Push-Meldungen, SPAM, Trolle und Video-Kanäle uvm. vor. Bei laufenden Operationen sind Begriffe, wie Einschüchtern, verführerisches Beruhigen oder panisches Verängstigen sehr wichtige Einsatz-Optionen für PsyOps-Soldaten.

Als die Lage zum Beispiel 1991 in den POW-Gefangenenlagern im Gefolge der Operation »Desert Storm« aufgrund der Überfüllung zu eskalieren drohte, kamen die MP-Kräfte der USA kaum hinterher, für Ruhe zu sorgen. Der Abtransport der Prisoners of War (POWs) verzögerte sich. So mussten die PsyOps-Kräfte wieder anrücken, nachdem ihre Aufgabe scheinbar bereits erfüllt war und sie die irakischen Soldaten während des Vorrückens der US-Kräfte zum massenhaften Desertieren unter anderem durch PsyOps gebracht hatten. Nun wurden die High Mobility Multipurpose Wheeled Vehicle (HMMWV) mit Lautsprechern und Radiosendern zur Beruhigung und Information der teils aufgebrachten POWs wieder herangezogen, um die Informationen auch auf Arabisch an alle Gefangenen weiter zu geben. Als dies zunächst nichts brachte, wurden A-10 Erdkampfflugzeuge als PsyOps-Maßnahme bestellt. Diese machten nur wenige donnernde Überflüge über die POW-Camps, sodass in kürzester Zeit Ruhe einkehrte.

Diese Muster konnte man sowohl in der Ukraine 2014 (Donbass) als auch beim Putschversuch der türkischen Armee 2015 beobachten. Auch im Gefolge des russichen Angriffs auf die Ulraine im Februar 2022 konnte man PsyOps-Techniken beobachten. Tieffliegende Kampfjets in stark besiedelten Metropolen verursachen massive Verängstigungen in der Bevölkerung. Daher sind solche PsyOps-Maßnahmen sehr umstritten und oftmals auch erfolglos im Sinne des beabsichtigten Effekts. In entlegenen Einsatzgebieten ohne große Bodentruppenpräsenz muss jedoch beim Verteilen von Wurfzetteln und Geschenkartikeln mit integrierten Botschaften auf Hubschrauber, Kampfflugzeuge und Transportmaschinen zurückgegriffen werden. Die US-Streitkräfte können mittels umgebauter Abwurfbehälter sogar Kampfflugzeuge mit Wurfzetteln befüllte Streubombenbehälter (z. B. PDU-5B Dispenser Unit Leaflet Bomb) einsetzen. Die meisten PsyOps-Truppen sind der US-Army zugeteilt. Hier kommen die klassischen Methoden der Beschallung sowie der Funk- und Radioinfiltration zum Einsatz.

Mit der Military Information Support Group (MISG) (Airborne) verfügt die US Army über Spezialisten, die auf jahrzehntelange Erfahrung zurückgreifen können. Sogenannte Radio Broadcasting- und Leaflet-Battalions sind für die Einspeisung und Sendung von Radio- und Funkvorlagen in gegnerische Mediennetzwerke zuständig. Auch beim Verteilen von Goodies und Werbematerial an die Bevölkerung unterstützen sie die Kräfte vor Ort und unterhalten ein Logistiknetzwerk zur zielorientierten Verteilung. Je nach Auftrag und Lage variieren die gesendeten Informationen an Freund und Feind – höflich oder unhöflich, störend oder beschwichtigend warnend oder bedrohend. Man hatte bereits in den 1990er-Jahren herausgefunden, wie wichtig der Einsatz von modernem PsyOps mit state of the art-Medientechnik ist. Etwa 40% aller Deserteure, Ergebenen sowie Überläufer der letzten großen Militäreinsätze, in denen massive reguläre Truppen zum Einsatz kamen (z. B. Grenada, Falkland, »Desert Storm«, OIF, OEF, »Odyssee Dawn«, »Inherent Resolve«, etc.) gingen auf das Konto der PsyOps-Aktivitäten. Man fand weiter heraus, dass das wichtigste bei PsyOps-Einsätzen war, dass flächendeckend und über einen längeren Zeitraum vorgegangen werden muss. Eine Beeinflussung der Zielpersonen kann nur durch Omnipräsenz gelingen. Eine sogenannte Dauerberieselung muss gut geplant und qualitativ überzeugend sein. Im Grunde befindet man sich in diesen Fragen bereits im Kerngeschäft von breitaufgestellten Werbeagenturen. Flächendeckend, mit ausgeklügelten Kernbotschaften, soziologisch und psychologisch durchdacht und letztendlich mit modernsten Medienmethoden an die Zielgruppe herangetragen: Das geht allerdings nur aus der Luft. 100 PsyOps HMMWV können wahrscheinlich nicht ansatzweise das leisten, wofür die einzigartige Commando Solo in der Lage ist: PsyOps-Medien im Einsatzland flächendeckend zu verbreiten und dabei mit SIGINT- und Nachrichtendiensten interoperabel im Kontakt zu stehen.

EC-130J Commando Solo – Airborne PsyOps

Da die bodengebundene Reichweite der PsyOps-Maßnahmen oftmals begrenzt ist, kommen luftgebundene Plattformen zum Einsatz. Der Schlüssel liegt hierbei bei einem sehr seltenen und streng geheim gehaltenen Psy-Ops-Flieger: Die Lockheed-Martin EC-130J Commando Solo. Die EC-130J Commando Solo ist ein speziell für Informations- und PsyOps-Operationen umgebauter Hercules-Transporter. Die Commando Solo kann ganze TV-Sender und Radiostationen im Einsatzgebiet »feindlich« übernehmen und auf AM, FM und H-Frequenzen senden. TV-Programme im Einsatzland werden zu Sprachrohre der US-Streitkräfte. Transistorradios, Internetseiten, Soziale Medien, Emails sowie Militärkanäle können dabei ebenso zwangsbespielt werden. Zuständig für die EC-130J ist das U.S. Air Force Special Operations Command (AFSOC) mit der 193rd Special Operations Wing der Pennsylvania Air National Guard (ANG). Dieses Geschwader ist einmalig in der US Air Force und sucht weltweit seinesgleichen. Die USAF besitzt lediglich drei Modelle, womit die exotische Reservisteneinheit der Nationalgarde (ANG) automatisch

Eine EC-130J Commando Solo im Landeanflug. Zusammen mit der EC-130H Compass Call ist sie optimiert um auch die gegnerische Funkübertragung nachhaltig zu stören oder gar zu unterbrechen. Dazu zählen sowohl Funkverbindungen, wie sie von Kommando- und Kontrollstellen benötigt werden, als auch Einrichtungen wie Radaranlagen oder Raketenstellungen, die elektromagnetische Wellen zur Zielerfassung benötigen. Beide Flugzeugmodelle können durch die für Sendeanlagen enorme Höhe (7.000 bis 10.000 m) die kabellose Kommunikation in weiten Gebieten beeinflussen, oder wie im Fall der Commando Solo, auch eigene Radio- und TV-Sendungen einspeisen. Aktive und passive Sensoren bieten den Maschinen Schutz vor feindlicher Radarerfassung und Luftabwehr. (Foto: Archiv AFSOC)

Die US-Luftwaffe betreibt mehrere EC-130-Modelle. Die Commando Solos dienen nicht ausschließlich der psychologischen Medien-Penetration, sondern können ihre hochentwickelte Funk- und Signal-Technologie auch für sogenannte Doomsday-Einsätze zum Einsatz bringen. Also als Kommunikationszentralen im Kriegsfall. Die EC-130J ist seit dem russischen Überfall auf die Ukraine 2022 verstärkt in der Grenzregion der NATO im Einsatz. (Foto: U.S. Air Force/AFSOC)

Piloten der 193rd Special Operations Squadron (Teil der 193rd SOW) unter NBC-/R-Vollschutz (Aircrew Eye Respiratory Protection System) an Bord einer EC-130J Commando Solo. So können Radio- und Fernsehprogramme auch über verseuchten, verstrahlten oder vergifteten Gebieten gesendet oder Durchhaltesendungen ausgestrahlt werden. (Foto: ANG/Staff Sgt. Tony Harp)

in das USSOCOM bzw. in das AFSOC eingegliedert ist. Es existieren bei der USAF tatsächlich sehr wenige ANG Einheiten, die aufgrund ihrer Funktion bei AFSOC gelistet sind. Mit der Commando Solo auf Basis der neuesten Lockheed Martin C-130J Hercules steht den USA das perfekte Instrument für die moderne, allumfassende PsyOps zur Verfügung. Military Information Support Operations (MISO) finden seit 2004 somit mit einem hochmodernen Medienzentrum der Lüfte statt. Idealerweise wird tagsüber oder in den Abendstunden geflogen, wenn die Menschen am Arbeitsplatz z. B. Radio hören können oder z. B. mit der Familie beim Abendessen sitzen. Das Einsatzgebiet ist meist ein gegnerischer oder politisch sensibler Luftraum.

Neben der Luftbetankungsfähigkeit, der erweiterten Einsatzdienstgipfelhöhe sowie verbesserten Navigationsavionik verfügt das J-Modell der Commando Solo über moderne Selbstschutzausstattungen. In einem feindlichen oder von vielen weiteren Nationalstaaten genutzten Luftraum, wie etwa derzeit in Syrien oder im Südchinesischen Meer können jederzeit Luftbedrohungen stattfinden. Aber auch das Durchfliegen atomar, biologisch oder chemisch kontaminierter Kampfgebiete muss gewährleistet sein, wenn sich eine Commando Solo auf »Doomsday«-Mission befindet. Notfalls auch unter ABC-Vollschutz muss die Nachrichteneinspeisung oder die Psy-Ops-Mission durchgeführt werden. Dabei ist die Idee, aus der Luft TV- und Radioübertragungen – ähnlich einem Piratensender – vorzunehmen, um den Zielpersonen offensichtliches oder subtil verborgenes Propagandamaterial zu zuspielen, überhaupt nicht neu.

Im Vergleich zu bodengestützten PsyOps, welche auf mobilen oder statischen Funk- und Lautsprecherstationen beruhen, ist die Luftvariante jedoch eine ganz junge Disziplin. Während des Vietnamkriegs in den 1960er-Jahren wurde erstmals eine luftgestützte (Airborne) Broadcast-Zentrale zum Einsatz gebracht. Hierzu modifizierte man auch damals schon ein bestehendes Transportflugzeug hin zu einer PsyOps-Sendezentrale. Die berühmte Lockheed C-121 Super Constellation wurde hierfür zur EC-121 Coronet Solo umgebaut. Versehen mit dem damaligen neuesten Stand der Medientechnik konnte die Coronet Solo wichtige PsyOps-Nachrichten über das Einsatzgebiet legen. Als dann 1980 erstmals die Hercules die Coronet Solo als EC-130H/E Volant Solo bzw. mit der reinen E-Version als Volant Solo II ablösten, war der Kalte Krieg beinahe vorbei und es wurde still um die PsyOps-Fliegerei. Mit ihrem großvolumigen Innenraum, ihrer hohen Zuladekapazität und großen Reichweiten bot sich die C-130 zum Umbau zu elektronischen Kampfplattformen an.

Die Luftfahrzeugbesatzung des Commando Solo war mit Aufgaben der militärischen Informationsunterstützung betraut und arbeitete mit anderen Nachrichtendienst-, Überwachungs- und Aufklärungseinheiten zusammen, um die feindliche Kommunikation während der Emerald Warrior-Übung zu verhindern. (Foto: AFSOC/Senior Airman Claire Behney)

Drei Versionen wurden, wie bereits angedeutet, auf Basis der C-130 bis heute gebaut: EC-130E Volant Solo II, EC-130H Compass Call II und die aktuelle auch als Psy-Ops-Sendeplattform verwendete EC-130J Commando Solo. Zwar gab es bereits auf Basis andere Modelle (z. B. die EC-121) sogenannte EC (Electronic Combat/Attack). Varianten, jedoch sind hier die Hercules-basierten Versionen interessanter. Die erste Version (EC-130E Volant Solo II) war äußerlich sehr stark verändert und war ebenfalls bei der 193rd SOS der Pennsylvania ANG unterstellt (als Vorgänger zur jetzigen Commando Solo II) und verfügte über große Rückenausrundungen und eine große »Bile Cop«-Antenne unter den Tragflächen zur Aufnahme feindlicher Elektro-Strahlungen. Dies Version wurde während viele Operationen, Invasionen sowie beispielsweise zum Aufspühren von improvisierten Sprengstofffallen (Improvised Explosive Device, IED) eingesetzt. Die weniger auffallende EC-130H nahm ebenfalls eine wichtige Rolle in der elektronischen Kampfführung ein und wurde daher noch während des Kalten Krieges zum Beispiel zur Überwachung des Flugkorridors nach Berlin eingesetzt und ist heute noch im Dienst. Die 66th Electronic Combar Wing, damals in Sembach stationiert, unterstand der 17th Air Force für Aufgaben der Gefechtsfeldüberwachung und Unterstützung der EF-111 Raven (seit 1994 außer Dienst)

Ein Pilot der 193rd Special Operations Squadron (Teil der 193rd SOW) unter NBC-/R-Vollschutz (Aircrew Eye Respiratory Protection System). (Foto: ANG/ Staff Sgt. Tony Harp)

Ein EC-130E Coronet Solo II Flugzeug im Flug. (Foto: U.S, Air Force/MSgt G. Dennis Plummer)

Der wulstige und mit Antennen befrachtet Heckkonus der EC-130 sowie die X-förmige Hochleistungssendeanlage am Leitwerk sind typische Erkennungsmerkmale der Commando Solo. Weltweit verfügt nur die USAF (AFSOC) über diese Flugzeuge. (Fotos: USAF)

der 42nd ECS bei Angriffseinsätzen gegen Ziele in der Tiefe des gegnerischen Territoriums. Die Hauptversion war die EC-130H Compass Call II-Störplattform mit blasenförmigen Verkleidungen beidseits des Hauptrumpfs und zwei großen Antennen unter dem Leitwerk. Diese Flugzeuge stören die gegnerische Führungs- und Fernmeldenetze (C3 Jamming) auf dem Gefechtsfeld. Gegen Ende des Ost-West-Konflikts wurde die Commando Solo oftmals auch als reine Informationsplattform in feindlichen Lufträumen genutzt, um die eigenen Staatsbürger auf dem Laufenden zu halten. So geschehen zum Beispiel 1983 bei der Invasion in Grenada (Operation »Urgent Fury«). Hier mussten viele US-Bürger über das weitere Geschehen und deren Evakuierung per Commando Solo-Radio und -Funk informiert werden, da sonst alle Stationen des Landes ausgefallen waren. Mittels primitiver Transistorradios konnten somit die neuesten Informationen übermittelt werden. Auch bei der US-Invasion Panamas 1989 (Operation »Just Cause«) kam die Commando Solo zum Einsatz. PsyOps waren hierbei sehr wichtig, um den Zuspruch der Bevölkerung bei der Auslieferung des damals gesuchten Regimeführers Noriega zu erhalten. Auf diese Weise, so geht man davon aus, hatten es die US-Bodentruppen in den Straßenkämpfen mit deutlich weniger Sympathisanten Noriegas zu tun.

Erst im Zweiten Golfkrieg 1991 (Operation »Desert Shield-/Storm«) erlebte die Commando Solo ihre Large Scale War-Renaissance. Hier konnte sie zum ersten Mal in einer massiven militärischen Großoperation ihre Dienste leisten. Airborne PsyOps wurde seitdem zu einer immer wichtigeren Komponente bei der Kriegsführung im Verbund. Das Zusammenspiel mit Nachrichtendiensten, welche letzten Endes die Inhalte, Methoden und Taktiken der militärischen PsyOps vorgeben, wurde in Desert Storm zum ersten Mal zur Perfektion gebracht. Aus dieser Zeit – und dies gilt für sehr viele weitere Taktiken und Modernisierungen des US-Militärs – erhielt die Commando Solo bis heute (in der neuen J-Version) ihren Feinschliff. Zahlreiche weitere Operationen, viele davon mandatiert im Rahmen der Vereinten Nation, sollten seitdem folgen (Balkankriege, Somalia, Haiti, OEF, OIF, »Odyssee Dawn«, »Counter IS« Irak, »Counter IS« Syrien, etc.). Gerade während der laufenden Operationen im Luftkrieg gegen Libyen 2011 wurden zahlreiche PsyOps-Einsätze der Commando Solo medial bekannt. Eine der veröffentlichten PsyOps-Sendebotschaften war folgende vom März 2011 (über Hochfrequenz- Radiofunk HF) höchstwahrscheinlich von einer USAF EC-130J Commando Solo der 193rd SOW gesendet. Damals war eine Commando Solo in Souda Bay auf Kreta stationiert. Auf diese Weise wurden libysche Marineangehörige auf Kriegsschiffen sowohl auf Englisch als auch auf Arabisch zur Aufgabe überredet.

Airborne PsyOps wird in der nächsten Zeit wohl oft zum Einsatz kommen. Alle Zeichen – nicht zuletzt der Ukraine-Krieg sowie die Spannungen der USA mit China – verheißen eine instabile Epoche. Die Technologien und verbesserten elektronischen Applikationen und Sensoren werden weiter streng geheim gehalten, dafür sorgt auch das Big Safari-Programm der US Air Force, das seit 1952 über alle Modifikationen, Einkäufe, Umbauten sowie High-Tech-Anwendungen wacht, wenn es um die geheime Flotte der EC- oder RC-Flugzeugreihe von AFSOC geht. Auch bei Drohnen und dem Einkauf von neuesten Sensoren aller Art ist BIG SAFARI, genauer gesagt die 645th Aeronautical Systems Group der 303rd Aeronautical Systems Wing zuständig. Sie erhält die Order direkt vom National Air and Space Intelligence Center (NASIC). Stationiert auf der Wright-Patterson und der Hanscom AFB, laufen alle Sondermodelle unter der Ägide dieser Organisation. Man erkennt Projekte, die aus dem BIG SAFARI-Programm stammen schnell an den unüblichen Doppelnahmen vieler geheimer EloKa-Flieger bei AFSOC (Rivet Joint, Cobra Ball, Commando Solo, Volant Solo, Constant Phoenix, Compass Call, Global Hawk, Combat Talon etc.).

Bewaffnete Transportflugzeuge zur Unterstützung für Spezialkräfte am Boden - Gunships

Die Idee ist nicht neu. Schon 1927 erkannte ein Pilot, dass man mit einem an der Seite eines D.H.4. Doppeldeckers montierten Maschinengewehr ein kleines Ziel am Boden treffen konnte, solange man kreisförmig um einen imaginären Turm flog. Trotz des Erfolgs lag die Idee bis in die 1960er-Jahre auf Eis. Erst dann entdeckten die im Vietnam-Krieg eingebundenen Militärplaner, dass man aus einer nach Backbord geneigten C-47 mit Hilfe der Sicht aus dem Cockpit mit seitlich feuernden Waffen ein kleines Ziel mit höchster Genauigkeit treffen konnte, wenn man auf einer Kreisbahn flog. Ein modernes Hochleistungs-Maschinengewehr mit 6.000 Schuss pro Minute kann innerhalb von vier Sekunden 400 Geschosse in einem Kreis von 10 m Durchmesser platzieren. Man verglich diesen feurigen Regen mit dem heißen Atem eines Drachens. Damals war Puff the Magic Dragon ein populärer Schlager und die Maschine erhielt den Decknamen Puff. Diese ersten Model-

Eine AC-119K Stinger feuert ihre Seitengeschütze ab. Mit vier 7,62-mm- und zwei 20-mm Gatling-Kanonen und den dazu gehörigen Zieloptiken ausgestattet, war die AC-119 eine gefürchtete Waffenplattform. Sie war als Zwischenlösung bis zur Einführung der C-130 in der Gunship-Rolle vorgesehen. (Foto: Archiv U.S. Air Force)

Eine AC-47 Spooky aus Topeka (Kanada) und eine AC-130J Ghostrider der 4th Special Operations Squadron in Hurlburt Field (USA) fliegen 2021 in Formation um Topeka, um sich auf einen Gunship-Legacy-Flug vorzubereiten. Zu den Highlights des EAA AirVenture Oshkosh 2021 gehörten Flugzeuge und Piloten des Air Force Special Operations Command. Die AC-47 gehört dem American Flight Museum in Topeka und wird restauriert. Die Hauptaufgaben der AC-130J sind Luftnahunterstützung, Luftabwehr und bewaffnete Aufklärung. (Foto: U.S. Air Force/ Master Sgt. Christopher Boitz)

Die AC-47 hatten drei General Electric GAU-2 (M134) Miniguns montiert, die aus sechs rotierenden Rohren 2.000 7,62-mm-Geschosse pro Minute abfeuerten. Die Miniguns waren in SUU-11/A-Flugzeuggeschützkästen montiert, die jeweils 1.500 Schuss fassen. Die Piloten feuerten in der Regel etwa fünf Sekunden lange Salven ab, während sie sich kreisend um das Ziel bewegten. (Archiv Steve Birdsall)

Staffelabzeichen und künstlerische Werke (sog. »Nose Art«) waren bei US-Fliegern sehr üblich. Bis heute wird das praktiziert, obwohl es offiziell nicht erlaubt bzw. stark eingeschränkt wurde. Aus Gründen der politischen Correctness. Man beachte das mächtige Black Crow-Radar an alten Lockheed AC-130A. (Foto: Archiv U.S. Air Force)

le waren allerdings nicht modern bewaffnet. Man bohrte einfach Löcher in Fenster und Türen und schoss mit Maschinengewehren durch. Obwohl sie nicht sehr zuverlässig waren, bestätigten sie die Gunship-Flugzeug-Theorie. Im Deutschen auch Schlacht- oder Schützenflugzeug genannt. Da es nur eine einzige dieser Maschinen gab, waren die Puff-Crews voll im Einsatz. In einem Krieg, der aus vielen lokalen Kampfschauplätzen bestand, war die Zielsicherheit ein großes Plus. Kommandanten bevorzugten oft die Hilfe der ersten Gunships anstelle von Jagdbombern. Man benötigte dringend mehr AC-47, sodass 1965 eigens eine neue Staffel (4th Air Combat Squadron, ACS) mit dem Training begann. 20 C-47 wurden zu Gunships umgebaut. Die 4. ACS verteilte ihre Flugzeuge über ganz Südvietnam, um Soldaten an Boden rund um die Uhr aus der Not zu helfen. Auf Luftwaffenstützpunkten wie Da Nang, Pleiku, Bien Hoa und Binh Tuy klingelten die Telefone permanent bei den Gunship-Einsatzstellen. Nach einem kurzen, fast selbstmörderischen Versuch, den Ho Chi Minh-Pfad zu unterbinden, der von tödlichem Bodenfeuer geschützt wurde, blieben die AC-47 im Süden. Die 4. ACS wurde in die 14. SOS eingegliedert. Letztere bestand fast ausschließlich aus damals schon überalterten Sondermaschinen. Gunships, die 1966 die Kennung Spooky erhielten, flogen gerne in Tandem-Formation hintereinander her. Ein bewährter Trick war, zuerst eine mit Lautsprechern ausgestattete Standard-Maschine voraus zu schicken, um die feindlichen Kräfte am Boden davor zu warnen, das Feuer zu eröffnen, da ansonsten die sprichwörtliche Hölle über sie hereinbrechen sollte. Denn oberhalb der Transportmaschine flog eine dunkellackierte AC-47 und eröffnete sodann das Feuer, da sich die Feindkräfte selten an die Warnung hielten. 1967 kam ein zweites Geschwader, die 3. SOS, nach Vietnam. In den zwei Jahren

Das Lockheed AC-130A Ur-Cockpit im National Museum of the United States Air Force. MIthilfe des Black Crow S-Band-Radarsensors sowie dem LORAN C/D ARN-92 TV-System in der Seitentür war die Crew bei späteren Modellen viel besser entlastet bei der Zielermittlung. Der markante rundliche Black Crow-Sensor konnte durch Wolken Mikrowellen erkennen, die von den Zündspulen der Lkw-Anlasser ausgingen. Die Avionik des Flugzeugs wurde um ein Trägheitsnavigations- und Zielsystem erweitert. Eine völlig neue Feuerleitanlage, die auf einem digitalen Feuerleitcomputer basierte, ersetzte die bestehenden Systeme ab den 1970er-Jahren. (Foto: Archiv U.S. Air Force)

Hohe Feuerkraft – große Zerstörungskraft. Die Nachtjäger der Special Operations-Staffeln waren meist auf den berühmten Nachschubweg der Viet Cong aus – dem Ho Chi Minh-Pfad. (Fotos: Archiv U.S. Air Force)

darauf tat die AC-47 (ehem. DC-3 Dakota bzw. CH-47) ihren Dienst als Gunship, bis sie dann vollständig von der AC-119 ersetzt wurde. Die Flying Boxcars, wie die C-119 genannt wurden, kamen kurz vor Indienststellung der bis heute bekannten und immer noch aktiven C-130-Gunships. Die AC-47 war nicht nur zu langsam, klein und veraltet, es gab auch nicht genügend davon. Die C-130 löste all diese Probleme. Ihr Innenraum war groß genug für die Black Boxes und Sensoren, die zur Jagd nach Truppen, Nachschubfahrzeugen und Waffen bei Tag oder Nacht benötigt wurden. Mit der ersten C-130A zog man ins Gefecht. An Bord waren bereits die ersten Seitenbewaffnungen, ein Star Light-Scheinwerfer sowie der erste Prototyp eines Bordcomputers zur Berechnung der Zielkoordinaten zur Bekämpfung von Nachschub-Lastwagen der Viet Cong. Diese Missionen waren sehr gefährlich, auch wenn sie nachts stattfanden, daher mussten Kampfjets als Geleit eingesetzt werden, um die Bodenkräfte nieder zu halten. Unterdessen flogen bereits zwei Varianten der AC-119 und hatten die AC-47 erfolgreich abgelöst. Unter der Bezeichnung AC-119 Shadow flogen sie bis zur Einführung der AC-130. Das Modell AC-119G war mit vier Miniguns, einem Xenon-Scheinwerfer, einem Nachtteleskop sowie einem Leuchtraketenwerfer ausgestattet, während das Model K (Codename Stinger) mit zwei zusätzlichen J85-Düsentriebwerken in Gehäusen sowie mit einer stärkeren Bewaffnung ausgestattet das eigentliche Gunship darstellte. Sie hatte zwei zusätzliche Miniguns (insgesamt sechs, 4x 7,62 mm, 2x 20 mm Gatling), ein Geländefolge- und Suchradar, einen vorwärts gerichteten Infrarotsensor (Forward Looking Infrared, FLIR) und weitere damals geheime Aufspürgeräte. 1968 wurden zwei AC-119-Geschwader bei der 14. SOW in Na Trang combat ready gemeldet. Bis Ende 1971 flogen sie Missionen jeder Art, bei Tag und bei Nacht. Alle acht AC-130, die 1968 eingesetzt waren, unterschieden sich voneinander. Nummer 9 war der Prototyp für das künftige Standard-Gunship auf Hercuels-Basis. Mit einem FLIR, einem LLLTV (sehr lichtempfindliche Videokamera), einem Leuchtfeuersucher, mit seitwärts gerichtetem Radar, Laserzielerfasser und einer Damage-Assessment-Kamera für den Nachgang, war die AC-130 Spectre eine wahrliche Kampfmaschine. Ein erster digitaler Feuerleitcomputer berechnete die besten Angriffsprofile. Und um für diese Geräte Platz zu schaffen, wurden

Die 105-mm-Haubitze als Bordwaffe in einem Flugzeug zu sehen – an diesem Anblick mussten sich zunächst viele Soldaten gewöhnen. Wer sich jedoch nicht daran gewöhnen konnte, waren diejenigen, welche damit beschossen wurden. (Foto: Archiv Clemens Vasters)

Die Arbeit der Bordschützen gehörte viele Jahre zu den wohl anstrengendsten Aufgaben bei der U.S. Air Force. Mit der Zeit wurden die Verfahren und Tätigkeiten immer weiter automatisiert. (Foto: Archiv U.S. Air Force/ u.a. Capt. Denise Boyd)

Die Arbeitsplätze der Richtschützen und Radar-Beobachter waren anfangs sehr spartanisch und zweckmäßig. Mit den neueren AC-130-Versionen wurde es zwar nicht »gemütlicher«, aber deutlich erträglicher. (Foto: Archive U.S, Air Force)

zwei Miniguns durch 40 mm-Bofors-Kanonen ersetzt. Doch für den Gegner kam es noch schlimmer. Der Erfolg der früheren Spectre-Gunships ebnete den Weg für das Pave Pronto-Programm und die Einführung der AC-130E und AC-130H, welche sich sehr modifiziert bis heute im Einsatz befinden. Die letzten AC-130 in Vietnam waren mit einer 105 mm-Haubitze bestückt, damit sie außer Reichweite von Bodenfeuer, Lastautos mit 20 kg-Geschossen beschießen konnten. Alle Pave Spectre hatten Haubitzen, und leisteten als AC-130H wichtige Arbeit. Auch bei der Panzerbekämpfung waren sie unverzichtbar. In der Endphase des Krieges in Vietnam konnten AC-130 auch Lasermarkierungssysteme einsetzen, um Ziele für Jagdbomber zu beleuchten, die mit den ersten Präzisionsbomben-Modellen der Pave Way LGBs (Laser Guided Bombs) ausgestattet waren.

Die erfolgreiche Heimkehr der 16. SOS bedeutete 1975 nicht das Ende der Geschichte. Die Gunships haben sich etabliert. Bis heute ist diese Philosphie ein fester Bestandteil bei vielen Luftstreitkräften und vor allem bei deren SOF-Verbänden. Auch hier sind jedoch die US-Streitkräfte führend, wenn es um Gunship-Technologie und -Taktik geht, jedoch sind heute viele weitere Flugzeug-Hersteller und Technologiefirmen in diese Nische getreten und bieten alternative Gunship-Varianten auf dem Markt an.

Zieleinrichtung. Der Pilot war im Grund der Schütze im Gunship. Er hatte zwar eine halbe Kompanie an Soldaten in seiner Maschine, die sehr beschäftigt mit Nachladen, Abhören, Beobachte und Kommunizieren waren, doch das Fadenkreuz musste der Pilot anfangs optisch ins Ziel lenken. Mit der automatischen und radargesteuerten Zielerfassung wurde dieser Vorgang jedoch bald erleichtert. (Foto: Archive U.S. Air Force)

Heute sind die Modelle von AIRBUS, Leonardo oder Basler zwar eher modular und nicht in einer derart ausgeprägten Art und Weise, wie es Lockheed Martin mit den C-130 Modellen von AFSOC anbietet, erhältlich. Jedoch hat sich die Gunship-Konfiguration von Transportmaschinen als äußerst nützlich erwiesen, blickt man auf all die unzähligen Low Intensity-Konflikte der Gegenwart. Dass Gunships lediglich in letzterem Szenario eine Überlebenschance haben, zeigt sich auch an der Zahl der beschafften Gunships. Es ist und bleibt eine ganz spezielle Disziplin.

Die mächtige M102 105-mm-Haubitze von Rock Island Arsenal mit 100 Schuss Munition (10 verschiedene Artilleriegranaten) bringt seit dem E-Modell (AC-130E Pave Aegis) eine massive Feuerkraft ins Spiel. Auch das neueste J-Modell (Ghostrider) behielt dieses Kaliber bei. (Foto: Archiv U.S. Air Force)

Sondermodelle als Waffenplattform: AC-130 / KC-130

Als die US Air Force die mächtigen AC-130A Spectre Gunships 1969 zum Einsatz nach Vietnam brachte, erwiesen sie sich als effektive Waffen zum Ausschalten der befürchteten Nachschub-Konvois auf dem Ho Chi Minh-Pfad. Jeder Lastwagen, der zerstört wurde, war ein wichtiger Etappensieg im Kampf, der keiner sein durfte. 1972 waren AC-130 in Ubon (Thailand) stationiert und teilten ihre Einsätze mit den dort stationierten F-4 Phantom II-Jagdbombern der 8. TFW. Zusammen bildeten sie Hunter Killer-Teams. Die Startzeit der Gunships war für kurz nach 20 Uhr angesetzt. Es dauerte ungefähr eine Stunde, um das Zielgebiet zu erreichen. Als die dröhnenden Maschinen die Grenze zu Laos überquerten, reichten hochempfindliche Sensoren in die Nacht, um Anzeichen von Bewegung entlang des Netzwerkes aus Straßen und Wegen - Adern, die den Krieg versorgen - zu lokalisieren. Abgesehen von gelegentlichem Scheinwerferlicht eines nordvietnamesischen Lastwagens, der zu scharf um die Ecke biegt, würde ein gewöhnliches Flugzeug, das nachts über dem Pfad fliegt, absolut nichts sehen. Sobald die Spectre einen verdächtigen Platz erreicht, konzentrieren sich die Operateure der hoch spezialisierten Flugelektronik auf ihre Bildschirme. Sie sitzen in der Kabine, einem kleinen Raum in der Mitte des Frachtraums. Vor ihnen sind das Black Crow-Radar und Infrarot-Konsolen, dahinter der Bildschirm. Black Crow, die Abhöreinrichtung der Spectre, ist in der Nase der Maschine untergebracht, damit ihr Empfangsbereich möglichst groß ist. Wenn sie laufende Lastwagenmotoren entdeckt, erscheinen grüne Punkte in einer Kathodenröhre. Ein Koordinatengitter über der Röhre zeigt Distanz und Winkel zur Signalquelle an. IR- und TV-Sensoren sehen durch fast alles hindurch, auch durch Wolken. In der Mitte der Bildschirme befindet sich ein elektronisches Fadenkreuz, das mittels eines Joysticks bedient wird - einer der Gründe, warum die Spectre von den Besatzungen als das tollste Videospiel bezeichnet wird. Infrarotsensoren registrieren Wärme, was allein nutzlos wäre. Die Wärmequelle muss übersetzt bzw. verstärkt werden, damit die Crew von ihren Schirmen etwas lesen kann. Weiße Flächen bedeuten Wärme, graue und schwarze Flächen bedeuten kühlere Bereiche. Die dunkelste Nacht wird durch die 60.000-fache Verstärkung in eine Tageshelligkeit umgewandelt. Sogar aus einer Höhe

Die AC-130A-Serie nutze zwei laffettierte 40-mm-Maschinenkanonen vom Typ Chrysler M1 (Bofors 40 mm L/60) mit je 256 Schuss Munition in 8er-Stangenmagazinen. Ab dem E-Modell verblieb nur noch eine M1-Kanone. (Foto: Archiv U.S. Air Force)

Die beiden M1/Bofors 40-mm-Kanonen aus dem Innenraum der AC-130A gesehen. (Foto: Archiv U.S. Air Force)

von mehr als 2.000 Metern kann man Personen als Punkte in Ameisengröße erkennen. Alle in der Kabine gesammelten Daten werden an zwei Cockpitkonsolen übermittelt, wo Navigator und Waffensystemoffizier ihre eigenen CRTs, Radars, Computer, Teleprinter, Anzeigen und Instrumente haben. Sie müssen jederzeit die relative Position der Spectre zu möglichen Zielen kennen.

Lage: Ein Lastwagenkonvoi wird plötzlich gesichtet. Der Waffenkommandant füttert den Computer mit den richtigen Zahlen, damit die Geschütze dorthin treffen, wohin IR- und TV-Sensoren zeigen. Der Pilot neigt die Maschine und fliegt mit konstanter Geschwindigkeit im Kreis. Die Waffenläufe müssen etwas tiefer zielen, auch das erledigt der Computer. Ist das Ziel erfasst, sind die feindlichen Laster praktisch zerstört. Auf dieser Mission entdeckt der Mann am Schirm ein Ziel mit Priorität: Einen Tankwagen. Der Pilot befiehlt, eine Vulcan-Kanone feuerbereit zu machen. Die Spectre fliegt 30 Grad geneigt im Kreis. Während der Mann am Schirm das Ziel im Fadenkreuz hält, justiert der Pilot seine Optik, auf der ein elektronischer Diamant als Zeichen für den Tanker erscheint. Ein drei Sekunden langer Druck auf den Knopf für den Kanonenabzug schickt 100 Schuss auf ihren Weg. Der Lärm in der Spectre gleicht einer riesigen Kettensäge. Alle Gunship-Piloten waren auf die Operateure der Spähgeräte angewiesen. Nur in Ausnahmefällen sehen sie das Ziel selbst – das heißt, bevor ihr Feuer es traf. Manchmal riefen sie »Secondary« und meinen damit die Explosion des Ziels aufgrund des direkten Treffers. Wenn die Crew mehr Licht am Boden brauchte, konnte der Xenonscheinwerfer aktiviert werden, der Schwarzlicht verwendete. Normale Punktstrahler mit Weißlicht waren ebenfalls montiert. Das einzige, das in einem Gunship bis heute nicht automatisch passiert, ist das Laden der Kanonen und der Haubitze. Diese Aufgabe übernehmen Gunners, die die schwere Munition tragen, während sie versuchen, auf dem schrägen Boden das Gleichgewicht zu halten. Spectre führten zu dieser Zeit noch keinen Sauerstoff mit sich, und es kam öfter vor, dass Männer in Flughöhen über 3.000 Metern ohnmächtig wurden. Die schnelle Verringerung der Flughöhe brachte jedoch eine sofortige Besserung. Man rüstete die Spectre mit den besten verfügbaren Nachtsicht- und Sensorgeräten aus und machte so die AC-130 zum ultimativen Gunship. Ein typischer Airborne SD-Einsatz (Search and Destroy) lief anfangs noch so ab: Mit Infrarotsensoren ausgerüstete B-57 Canberra patrouillierten über die bekannten Pfadrouten und warfen aus mitgeführten Behältern hochsensible pfeilartige Sensoren über dem Gebiet ab, welche in der weichen Erde stecken blieben und dadurch fast unsichtbar für am Boden operierende Feindkräfte waren. Diese Pfeilsensoren melden die Anwesenheit von Fahrzeugen und Menschen, da die zielsuchenden Flugzeuge auch nicht ständig in der Luft bleiben und auch nicht hunderte Kilometer des Pfades in Vietnam ständig überwachen konnten. Die automatischen akustischen und Bewegungssensoren wurden über den Hauptpfaden abgeworfen. Akustische Sensoren wurden durch das Geräusch von pas-

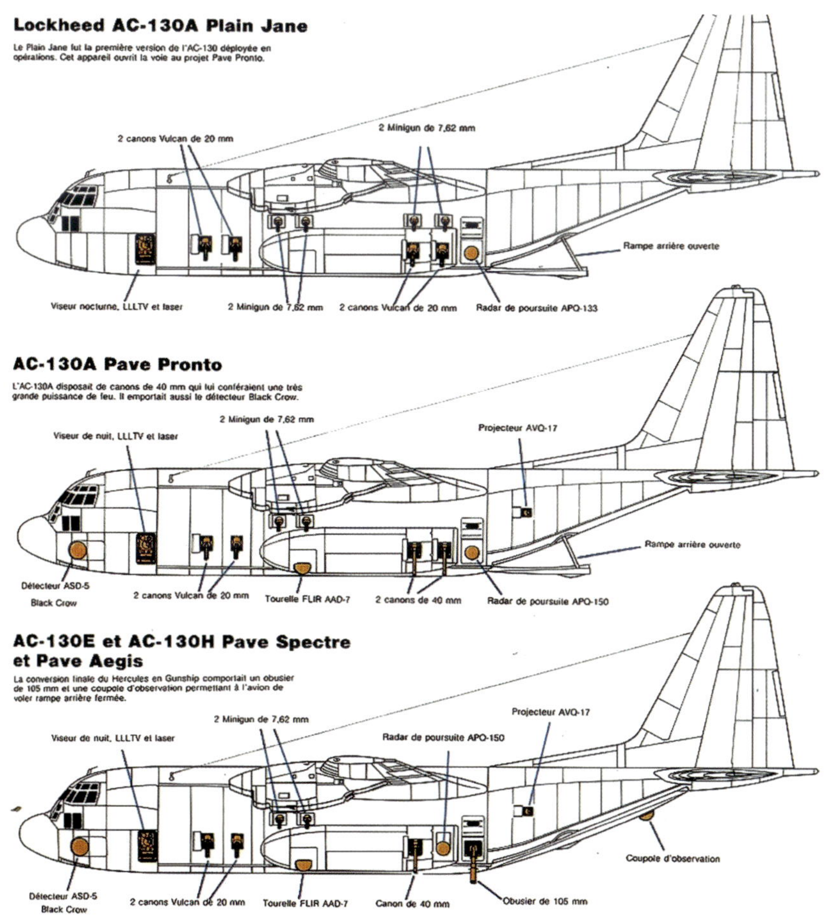

sierenden Fahrzeugen ausgelöst, Bewegungsmelder durch deren Vibrationen. Ähnlich kleiner Tsunami-Warnbojen im Meer. Das Project Igloo White war der Codename für sämtliche EloKa-Operationen entlang des Pfades, die diese Lücke schließen sollten. Das Problem beim Lokalisieren von Zielen entlang des Ho Chih Minh- Pfads war, dass der Feind nicht gefunden werden wollte. Truppenbewegungen fanden stets nachts statt und der Pfad war größtenteils mit dichter Vegetation überwuchert. Die Losung hieß Technologie. Die Flugzeuge wurden mit den fortschrittlichsten Sensoren ausgerüstet, die damals erhältlich waren. Das Sensorenpaket umfasste für gewöhnlich FLIR, lichtempfindliche TV-Kameras und Laser-Zielbestimmer (Designator) für die Erkennung von vorher unsichtbaren Bewegungen. Als Black Spot bezeichnet, wurden C-123-Frachter in Sensorplattformen umgebaut, um Ziele zu erkennen und sie den Gunships zuzuweisen. Als aber die Fliegerabwehr des Feindes entlang des Pfades verstärkt wurde, kamen Tropic Moon-Umbauten der schnelleren Martin B-57 Canberra Düsenbomber zum Einsatz für die Sensor-Dart-Ausbringung und die Aushorchung des Dschungelbodens. Wurde die Luftabwehr auch den Canberras zu undurchdringlich, kamen die schnellen Phantoms zum Einsatz und warfen die Sensor Darts ab. Wurden die Igloo White-Dartsensoren durch Verkehr ausgelöst, sendeten sie Signale an eine EC-121R (umgebaute zivile Constellation-Linienflugzeuge) oder bei zu dichter Luftabwehr an zwischengeschaltete, teils unbemannte Beech QU-22. Die Beech Bonanza Kleinflieger gaben dann die Daten an die EC-121R weiter, die sich in sicherer Entfernung aufhielt. Die Kollektoren-Flugzeuge dienten somit als Ralaisstation für die Zieldatenverarbeitung. In etwa 3 km Höhe blickten scharfe Gunship-Operator-Augen auf einen Bildschirm. Die Elektronik, mit der die AC-130 Spectre ausgerüstet ist, beleuchtet die Szene, als wäre es taghell. Die Geschütze stellen ihr Ziel auf den führenden Lastwagen ein. Das Pulsdoppler-Radarsystem sichert die klare Anzeige der Bodenziele und mit dem Laserentfernungsmesser werden die Waffen eingestellt. Die Search and Destroy-Kette war abgeschlossen.

Auf diese Weise konnte man mit Hilfe der Gunships auch gegen Panzer und Truppenverbände vorgehen und auch den lebenswichtigen Perimeterschutz bei eigenen Stützpunkten leisten. Letzteres war zwar den aus den operativen Einsätzen abgezogenen AC-47 Spooky vorbehalten, doch die Spectre konnte notfalls auch herannahende Offensiven abwehren, falls der Viet Cong wie so oft kurz vor dem Einfall in einer US Air Base stand. Die erste Generation dieser Gunships vom Typ Lockheed AC-130A Plain Jane, AC-130A Pave Pronto und die Version AC-130E/H Pave Spectre (kurz Spectre) entwickelten sich während der Vietnam-Kriegszeit bis etwa 1973. Das H-Modell leistete bis sage und schreibe 2015 ihren Dienst bei AFSOC und hat im Grunde alle Konflikte seitdem mitgestaltet. Die A-Modelle gehörten zum sogenannten Surprise Package-Projekt und wurden durch Verbesserungen als Pave Pronto bis 1995 im Dienst gehalten. Die Bewaffnung der A-Modelle bestand aus zwei General Electric GAU-2B/A (M134 Miniguns in 7,62 mm), zwei General Electric M61A1 Gatlings in 20 mm und zwei Chrysler M1 (Bofors L/60) 40 mm-Geschützen. Die Sensoren wurden durch einen Zündungsdetektor ASD-5, ein FLIR AAD-7, einen Suchscheinwerfer AVQ-17 und ein Leuchtfeuerverfolgungsradar APQ-150 ergänzt. Der ASD-5-Sensor war derart konzipiert, dass er laufende Lastwagenmotoren im dichten Urwald orten konnte. 19 Modelle waren gebaut worden. Die am schwersten bewaffneten Flugzeuge zur Luftnahunterstützung in Vietnam waren jedoch die elf unter dem Pave Spectre Programm hergestellten AC-130E. Dabei wurde bei den fabrikneuen Maschinen (Seriennr. 69-6567 bis 69-6577) eines der beiden 40 mm-Geschütze durch eine M102-105 mm-Haubitze ersetzt. Die Flugzeuge wurden ab Oktober 1971 in Dienst gestellt und erwiesen sich als sehr geeignet für die ihnen zugedachten Aufgaben. Die Variante wurde zur AC-130H Spectre, als sie im Jahr 1973 mit stärkeren Allison-T56-A-15-Triebwerken versehen wurden und schon bald alle E-Modelle auf H-Standard gebracht wurden. Das H-Modell kam 1989 während der US-Invasion in Panama (Operation »Just Cause«) sowie während des Zweiten Golfkrieges im Jahr 1991 zum Einsatz. Während der Schlacht um Khafdschi wurde eine Spectre von der irakischen Flugabwehr abgeschossen, da sie unsinnigerweise bei Tageslicht eingesetzt wurde. Dies war der einzige dokumentierte Verlust im Gefecht einer dieser Maschinen seit dem Vietnamkrieg. 1994 ging eine weitere AC-130H Spectre der 16th Special Operations Squadron über Somalia (Operation »Continue Hope«/«United Shield«) verloren. Nur ein Jahr später nach dem desaströsen Militär-Fehlschlag während der Operation »Gothic Serpent« (Mogadishu 1993) stürzte die Gunship-Maschine 69-6576 (Codename Jockey 14) nach einer Mündungsdetonation beim Verschuss der 105 mm-Haubitze an der Küste Kenias ab. Die AC-130H schleppte sich noch aus dem somalischen Luftraum, war jedoch zu stark beschädigt und schmierte gnadenlos ab. Acht Crew-Mitglieder starben dabei. Die M61 Vulcan (20 mm) wurde bei den H-Modellen ab den 2000er-Jahre durch die General Dynamics GAU-12/U Equalizer Gatling in 25 mm ersetzt, die zum neuen Standard der neueren Gunships wurde. Die letzten H-Modelle wurden zwar 2015 eingemottet, doch sie wurden durch modernisierte

U-Modelle ergänzt und abgelöst oder umgebaut (AC-130U Spooky II). Die U-Modelle fliegen bis heute noch und sollen von dem J-Modell abgelöst werden. Als Zwischenlösung wurden auf Basis der MC-130J Dragon Spear die AC-130W Stinger II eingeführt, um den langsamen Transfer zur AC-130J Ghostrider zu überbrücken. Derzeit verfügt AFSOC somit noch über drei Gunship-Typen (bis 2015 im Grunde vier): AC-130U Spooky II, AC-130W Stinger II und die im Zulauf befindliche AC-130J Ghostrider. Sie unterscheiden sich hinsichtlich der Bewaffnung, der Multi-Mission-Fähigkeiten sowie in ihren leicht unterschiedlichen Rollen (bewaffnete Aufklärung, Close Air Support, Präzisionsangriffe). Eines haben sie jedoch alle gemeinsam: Sie dienen den SOF-Kräften bei Sondermissionen und zählen neben den MC-Schwesterschiffen zu den wichtigsten Schlüsselelementen einer Sonderoperation.

Exkurs: Der Mayaguez-Vorfall 1975 und die unverzichtbare Arbeit der AC-130

Ein Einsatzbericht, der sich wie ein Kriegsroman liest. Am 12. Mai 1975 enterten und beschlagnahmten kambodschanische Streitkräfte in internationalen Gewässern das US-Handelsschiff SS Mayaguez und nahmen dessen Besatzung als Geiseln. Die SS Mayaguez, ein in den USA registrierter 10.000-Tonnen-Frachter, wurde in den internationalen Gewässern des Golfs von Thailand von kambodschanischen Kanonenbooten beschlagnahmt. Präsident Gerald Ford, der neun Monate zuvor nach dem Rücktritt von Präsident Nixon als Präsident der Vereinigten Staaten vereidigt worden war, brauchte keine weitere Krise. Nach den öffentlichen Demütigungen während EAGLE PULL und FREQUENT WIND sahen Außenminister Henry Kissinger und Verteidigungsminister James Schlesinger den Mayaguez-Zwischenfall als eine Gelegenheit, der Welt zu zeigen, dass die USA immer noch die Macht haben, sich durchzusetzen, wenn eine andere Nation ihre Souveränität bedroht (Anm.: ein Schiff gilt als souveränes Territorium der Nation, die das Schiff registriert hat). Trotz begrenzter Geheimdienstinformationen und beeinträchtigt durch den Mangel an diplomatischen Beziehungen mit der kommunistischen Regierung Kambodschas bezeichneten der Präsident und seine Berater die Gefangennahme als einen Akt der Piraterie und verpflichteten sich, die 38-köpfige Besatzung zu retten und das Schiff zu bergen. Daraus sollte sich jedoch eine historische, wenn auch von den Medien kaum beachtete Schlacht entwickeln, welche maßgeblich zur Entwicklungsgeschichte des USSOCOM beitrug, auch wenn in diesem Zusammenhang in der Fachliteratur meist nur auf die gescheiterte Operation Eagle Claw einige Jahre später im Iran hingewiesen wird. Als die Kanonenboote der Roten Khmer die Mayaguez beschlagnahmten, gelang es dem Kapitän, ein MAYDAY-Signal zu senden: »Wurden bei 9° 48' N, 102° 53' E von den kambodschanischen Streitkräften beschossen und geentert. Das Schiff wird in einen unbekannten kambodschanischen Hafen geschleppt«. Kopien der Nachricht wurden an den Kommandeur der US-Streitkräfte im Pazifik sowie an das Weiße Haus, das Nationale Militärkommandozentrum, die CIA und die DIA gesandt. Der nationale Sicherheitsberater Henry Kissinger (zu der Zeit, als er beide Ämter innehatte, Außenminister und nationaler Sicherheitsberater) weckte Präsident Ford mit der Nachricht, der dann für später am Morgen eine Sitzung des Nationalen Sicherheitsrates anordnete. Im Nationalen Sicherheitsrat wurde die Zeit als kritischer Faktor betrachtet. In Washington gab es viele, die sich daran erinnerten, was sieben Jahre zuvor geschah, als die Nordkoreaner 1968 die USS Pueblo, ein Geheimdienstschiff der US-Marine, beschlagnahmt hatten. Bei diesem Vorfall wurde die Besatzung von dem Schiff getrennt, an Land gebracht und gefoltert. Es dauerte 11 Monate, bis die USA sich entschuldigten und zugaben, dass sie sich in nordkoreanischen Hoheitsgewässern befanden (was nicht der Fall war), bevor die Besatzung der Pueblo in ihre Heimat zurückgeführt wurde. Präsident Ford und seine Berater wollten keine Wiederholung des Pueblo-Zwischenfalls, und so ordnete er an, dass kein Schiff die Insel Koh Tang verlassen oder sich ihr nähern dürfe, bis das Schiff und die Besatzung geborgen seien. Während in aller Eile eine gemeinsame Task Force gebildet wurde, wurde der Flugzeugträger USS Coral Sea in den Golf von Thailand befohlen, der jedoch erst am 15. Mai eintreffen sollte. Am 13. Mai waren alle verfügbaren Schwerlasthubschrauber der USAF noch in Thailand: 14 CH-53-Hubschrauber des 21. SOS, Rufzeichen »Knife«, und die 40. ARRS, Rufzeichen »Jolly«, wurden auf der U-Tapao Royal Thai Air Force Base (RTAFB) südlich von Bangkok stationiert. Einer der 21. SOS CH-53 (Knife 13) stürzte auf dem Weg zur Verlegung nach U-Tapao ab. Die 5-köpfige Besatzung und 18 Passagiere an Bord (Mitglieder der USAF Security Forces). Darüber hinaus wurden zwei der HH-53 der 40. ARRS als das CSAR-Element bestimmt und hätten keine direkte Rolle bei dem Luftangriff. Somit blieben fünf CH-53 und sechs HH-53 zur Durchführung des Luftangriffs übrig. Am 13. Mai lokalisierten Aufklärungsflugzeuge der USAF die Mayaguez, die vor Koh Tang etwa 90 Meilen südöstlich des Hafens von Kompong Som vor Anker lagen.

AC-130 Spectre Gunships als Nachtwache und Lagezentrum vor Ort

Am Abend des 13. Mai begannen die AC-130 Spectre Gunships mit der nächtlichen Überwachung des Schiffes, beobachteten die kambodschanischen Kanonenboote in dem Gebiet und überwachten das Lager im Nordteil der Insel. Tagsüber übernahmen Jagdflugzeuge der USAF und der USN die Überwachungsaufgaben. Am Morgen des 14. Mai wurde ein Fischtrawler gesehen, der in Begleitung kambodschanischer Patrouillenboote Koh Tang verließ. Die F-4D Phantoms und A-7D Corsairs der USAF begannen Schüsse über den Bug der Schiffe abzugeben und Tränengas auf die Boote abzuwerfen, um die Boote am Verlassen der Insel zu hindern. Drei der Patrouillenboote kehrten um. Das vierte wurde von einer A-7D Corsair II versenkt. Der Fischtrawler fuhr jedoch in Richtung Kompong Som weiter. Der A-7-Pilot erkannte die vermeintliche Mayguez-Besatzung an Bord und griff das Fischerboot nicht weiter an. Da der Bericht des Lotsen über die Anzahl der Besatzungsmitglieder der Mayaguez auf dem Fischerboot nicht schlüssig war, beschlossen der Präsident und seine Berater so zu verfahren als ob sich die Besatzung noch auf der Insel befände. Am Tag des 14. Mai wurden mehrere kambodschanische Kanonenboote von USAF-Kämpfern versenkt oder beschädigt. Während die Luftoperationen auf Koh Tang andauerten, wurden einige hundert Marinesoldaten von Stützpunkten auf Okinawa und den Philippinen gegen den Willen der thailändischen Regierung zur U-Tapao RTAFB entsandt. Weitere Schiffe der US-Marine, der Zerstörer USS Harold E. Holt, der Lenkwaffenkreuzer USS Henry B. Wilson und die Fregatte USS Schofield wurden in den Golf entsandt, um bei der Operation zu helfen und um zu verhindern, dass weitere Streitkräfte der Roten Khmer die kambodschanischen Truppen auf Koh Tang verstärkten.

AC-130 Gunship - Feuer frei

In dieser Nacht zerstörten und beschädigten die AC-130 weitere feindliche Kanonenboote. Der Plan sah vor, dass drei HH-53 die Marineinfanteristen, die Kampfmittelbeseitiger der Marine, zivile Seeleute des Military Sealift Command und einen Kapitän der US Army, der kambodschanisch sprach, an Bord bringen sollten, wo sie dann die Mayaguez und alle Besatzungsmitglieder an Bord durch einen Assault befreien sollten. Die anderen acht Hubschrauber würden die erste Welle von 180 Marines an den Ost- und Weststränden am Nordende von Koh Tang anlanden. Sobald die erste Welle am Boden war, sollten alle elf Hubschrauber zurück nach U-Tapao fliegen, auftanken und mit der zweiten Welle von Marines zurückkehren. Der Plan war unnötig kompliziert - er ging davon aus, dass keine Hubschrauber durch feindliche Aktionen oder technische Probleme verloren gehen würden und dass die ersten Marineinfanteristen an den Stränden über vier Stunden auf sich gestellt sind, bis die zweite Welle eintreffen sollte. Trotz der Tatsache, dass die US-Streitkräfte seit mehr als zehn Jahren im Golf von Thailand operierten, mangelte es an Karten, die Koh Tang überhaupt verzeichneten. Aufklärungsflüge über die Insel brachten nicht rechtzeitig ausreichende Fotografien der Insel und der geplanten Landungsstrände, die für die Planer nützlich gewesen wären. Auf der Grundlage von Berichten thailändischer und kambodschanischer Fischer, die mit dem Gebiet vertraut waren, stellten Geheimdienstanalytiker fest, dass auf der Insel nicht mehr als ein paar Dutzend Zivilisten lebten und dass es keine dauerhaften Strukturen oder Befestigungen gab. Wie sich jedoch herausstellte, war ein ganzes Bataillon der Roten Khmer aus 200 bis 300 gut ausgebildeten, gut bewaffneten Soldaten auf der Insel stationiert. Aus Angst, dass die Vietnamesen, die lange Zeit ein traditioneller Feind der Kambodschaner waren, nach dem Fall von Saigon versuchen würden, die Kontrolle über umstrittene Inseln im Golf von Thailand zu übernehmen, wurden heimlich Truppen dort disloziert. Die Kambodschaner auf Koh Tang hatten befestigte Stellungen mit geräumten, sich überlappenden Schussfeldern über die Strände hinweg für schwere und leichte Maschinengewehre geschaffen. Sie hatten auch Flugabwehrartillerie aufgestellt, um eine maximale Zerstörungswirkung zu erzielen. Aber die amerikanische Führung im US-Pazifik-Kommando auf Hawaii und im Pentagon in Washington DC, wusste das alles zu diesem Zeitpunkt nicht. Am Morgen des 15. Mai wurde der Befehl erteilt, die Mayaguez zu beschlagnahmen und alle Besatzungsmitglieder zu retten, die auf die Insel Koh Tang verlegt worden waren. Um 8.30 Uhr hatte ein USMC Boarding Team der USS Holt die Mayaguez gesichert. Es befanden sich jedoch keine amerikanischen Besatzungsmitglieder an Bord. Im Gegenteil: Ohne Wissen der US Task Force oder des Präsidenten hatte die kambodschanische Regierung die Entscheidung getroffen, die Besatzung freizulassen und diese Nachricht zwei Stunden vor Beginn des Angriffs über das nationale kambodschanische Radio gesendet. Da die Nachricht vom Propagandaminister der Roten Khmer gestreut wurde, hatte der US Geheimdienst den Bericht nicht verifizieren können. Während die Marines das Schiff bergen wollten, war die Besatzung der Mayaguez wieder an Bord des thailändischen Fischtrawlers und machte sich auf den Weg nach Koh Tang. Aufgrund unvollständiger Informationen, fehlerhafter Annahmen und eines Gefühls der Dringlichkeit wurde die Entscheidung getroffen, mit dem Angriff auf Koh Tang fortzufahren. Bei Tagesanbruch am 15. Mai begannen die Assault-Einsätze der Marines an den Ost- und Weststränden. Knife 21 und Knife 22 begannen ihre Anflüge am Weststrand. Doch als sie landeten und die Marineinfanteristen über die Heckrampen ausbooten wollten, eröffneten die kambodschanischen Verteidiger das Feuer. Als alle Marines den Hubschrauber verlassen hatten, versuchte Knife 21 zu starten, aber der Hubschrauber wurde schwer getroffen und ein Triebwerk war funktionsunfähig. Als Knife 22 Unterdrückungsfeuer legte, warf Knife 21 seine externen Treibstofftanks ab und begann, seinen internen Treibstoff abzulassen, um möglichst leicht mit nur einem Triebwerk abzuheben. Etwa eine Meile vom Strand entfernt verlor Knife 21 schließlich an Leistung, und der Pilot musste den Hubschrauber notwassern. Dem Piloten und den beiden Flugmechanikern gelang die Flucht, aber der Kopilot saß in der Falle. SSgt Rumbaugh, einer der Flugmechaniker, befreite den Kopiloten aus dem Hubschrauber, tauchte aber nicht wieder auf. Er war der erste Gefallene des Einsatzes. Die Besatzung wurde von Knife 32 gerettet, der gerade mit einer vollen Ladung Marines zum Weststrand anlanden wollte. Als Knife 32 am vorgesehenen Strand landete, wurde der Hubschrauber von einer RPG getroffen. Alle Marines konnten den CH-53 zwar sicher verlassen, Knife 32 kämpfte sich jedoch mit unzähligen Löchern im Rumpf, Schäden am Hydrauliksystem und beschädigten Triebwerken vom Strand weg. Als Knife 32 es zurück nach U-Tapao geschafft hatte, waren nur noch wenige Minuten Treibstoff in den Tanks und die verwundeten Besatzungsmitglieder entkamen dem Tod nur knapp. Auf der östlichen Seite näherten sich unterdessen Knife 23 und Knife 31 ihrer LZ. Als sich Knife 23 der Landezone näherte, wurde der Rotorkopf durch Beschuss schwer beschädigt, ein Triebwerk wurde abgerissen und das Heck regelrecht weggeschossen. Als der Pilot den schweren Hubschrauber (Knife 23) zu Boden brachte, explodierte er in einem Feuerball. Dennoch konnten 20 Marines und 5 Flugzeugbesatzungen sicher aus dem Hubschrauber gelangen. Knife 31 wurde ebenfalls beim Anflug von schwerem Maschinengewehrfeuer und RPGs getroffen. Dem Piloten gelang es, den brennenden Hubschrauber in seichtem Wasser notzulanden. Den Flugmechanikern und vielen der Marines war es gelungen, aus dem Wrack zu kommen, aber einige saßen dennoch darin fest. 18 der 26 Personen an Bord von Knife 31 gelang die Flucht, aber die meisten hatten Verbrennungen und standen unter Schock. Die Überlebenden versammelten sich im Wasser und versuchten, sich trotz des schweren feindlichen Feuers vom Strand zu entfernen. Vier der 18 US Soldaten wurden in den Stunden, die sie in der Nähe des Wracks verbrachten und auf ihre Rettung warteten getötet oder ertranken. Jolly 41, Jolly 42 und Jolly 43 wurden von ihren ursprünglichen Landezonen am Oststrand in Richtung Weststrand umgeleitet. Der erste Versuch von Jolly 41, Marinesoldaten anzulanden wurde durch schweres Feuer abgewehrt. Minuten später waren auch Jolly 42 und 43 gezwungen, ihre Assault-Versuche abzubrechen. Beim zweiten Versuch gelang es beiden Jollys, ihre Marines am Strand abzusetzen. Jolly 42 erlitt schwere Schäden und schaffte es gerade so zurück nach U-Tapao. Jolly 41 versuchte noch zweimal zu landen, wurde aber jedes Mal durch Beschuss zurückgedrängt. Jolly 41 musste im Gefolge der vielen Anflüge dann von einem HC-130-Tanker in der Luft betankt werden, um ans Festland zurück zu gelangen. Eine Stunde nach Beginn des Angriffs befanden sich somit nur 109 Marineinfanteristen und 5 Besatzungsmitglieder der USAF auf Koh Tang. Nachdem sie ihre Marineinfanteristen an Bord der USS Holt abgesetzt hatten, kehrten Jolly 11 und Jolly 12 nach U-Tapao zurück, um die zweite Welle von Marineinfanteristen aufzunehmen. Jolly 13 blieb als Rettungselement in dem Gebiet. Mit einer A-7 Corsair II als Feuerunterstützung flog Jolly 13 dann zum Weststrand, um die Marines und die Besatzungsmitglieder von Knife 23 zu retten. Obwohl Jolly 13 am Strand landen konnte, hatten die Kambodschaner die 25 Überlebenden derart festgenagelt, dass sie den Hubschrauber nicht mehr erreichen konnten. Jolly 13 musste den Rettungsversuch abbrechen. In der Zwischenzeit kehrte Jolly 41 vom Tanker zurück und versuchte erneut seine Marines am Strand anzulanden, während eine AC-130H (Spectre 61) vom 16. SOS die Roten Khmer mit 20 mm und 40 mm Kanonen eindeckte. Die Landung von Jolly 41 wurde dennoch verhindert. Aber die Marines auf der Insel hatten die feindlichen Stellungen nun aufklären können und gaben die Positionen an die AC-130. Einige Spectre Gunships waren damals bereits mit der 105 mm-Haubitze ausgerüstet, sodass diese Waffe nun zum Game Changer werden konnte. Die kambodschanischen Befestigungen in unmittelbarer Nähe der Marines wurden somit zerstört. Jolly 41 kam für einen letzten Versuch zurück, wieder zusammen mit Spectre 61 als Flügelmann. Als der HH-53 die Marines auf den Weststrand entladen wollte, begannen kambodschanische Mörser mit dem

Steilfeuer auf die Landezone. Ein Geschoss landete innerhalb von 5 m vom Heckrotor entfernt. Jolly 41 brach das Entladen der Marines vorübergehend ab, kam jedoch zurück, um die letzten fünf Marines am Strand abzusetzen. Dies sollte nicht mehr gelingen, da Jolly 41 Bingo Fuel meldete und sich durch Schäden kaum noch in der Luft halten konnte. Sie flog zurück nach U-Tapao. Die erste Phase des Angriffs war vorbei. 131 Marineinfanteristen und 5 Besatzungsmitglieder der USAF befanden sich auf Koh Tang. Acht der neun Hubschrauber, die nach Koh Tang geflogen waren, wurden zerstört oder so schwer beschädigt, dass sie für die Operation nicht mehr zur Verfügung standen. Somit blieben fünf Hubschrauber für die zweite Phase verfügbar. Zurück bei U-Tapao wurden Jolly 11, Jolly 12 und Jolly 43 durch Knife 51 und Knife 52 um zwei weitere CH-53 verstärkt, die später eintrafen. Und während Jolly 41 versucht hatte, die letzten fünf Marinesoldaten am Weststrand einzusetzen, lieferte ein thailändischer Fischtrawler die Besatzung der Mayaguez an die USS Wilson ab. Da sich die Schiffsbesatzung und die Mayaguez nun in amerikanischer Hand befanden, wurde aus dem Assault eine klassische CSAR-Mission. Denn 136 US-Soldaten, die sich noch auf der Insel befanden, mussten unter schwierigsten Bedingungen aus dem Kampfgeschehen extrahiert werden. Alles Kampfflugzeuge und Hubschrauber aller Teilstreiktäfte im Gebiet mussten hierzu an einem Strang ziehen. Die Besatzungsmitglieder der Marines und der USAF wurden in drei Gruppen aufgeteilt: 82 am Weststrand, 29 südlich des Weststrandes und 25 am Oststrand. Alle fünf verbleibenden flugfähigen Hubschrauber waren bereits mit einer weiteren Ladung Marines von U-Tapao aus auf dem Weg, um zunächst die Truppenstärke zu erhöhen und zu stabilisieren, bevor der Rückzug stattfinden konnte. Der Träger USS Coral Sea war glücklicherweise auch eingetroffen, um als maritime Plattform vor der Insel zu dienen. Die Strecke der CHs wurde somit deutlich kürzer und sicherer. Natürlich standen nun auch US Navy-Kampfflugzeuge zu Verfügung. Gegen Mittag am 15. Mai begann sogleich auch die zweite Welle der US Marines mit dem Angriff auf die Insel. Knife 52 näherte sich dem östlichen Strand, wurde aber angeschossen und musste den Anflug abbrechen. Da Treibstoff auslief und keine Luftbetankungsmöglichkeit bestand, kehrte Knife 52 nach Thailand zurück, ohne die Marines auszuliefern. Knife 51 und Jolly 43 näherten sich dem Weststrand. Trotz Mörser- und Maschinengewehrangriffen gelang es beiden Hubschraubern, ihre Marines erfolgreich abzuliefern. Knife 51 evakuierte fünf verwundete Marines, bevor er den Strand verließ. Nachdem er die Marines am Strand abgesetzt hatte, unternahm Jolly 43 den Versuch, am östlichen Strand eine Rettung der dort gestrandeten 25 Marines durchzuführen. Als Knife 51 und Jolly 43 den westlichen Strandbereich evakuierten. Nachdem auch die Marines aus Jolly 11 und Jolly 12 an Land waren, konnte weiter Marines der ersten Welle evakuiert werden und nach U-Tapao gebracht werden. Aber die 25 Marines am östlichen Strand waren noch immer festgesetzt. Nachdem Kampfflugzeuge der USAF den Oststrand angriffen hatten, konnten Jolly 43 und Jolly 11 zur Evakuierung einfliegen. Die CHs gaben sich gegenseitig Deckung.

Die Crews haben schnell gelernt, dass immer nur eine Maschine hineinfliegt, während die andere Maschine als Gunship fungiert. Dennoch wurde Jolly 43 schwer getroffen und konnte sich auf den Flugzeugträger Coral Sea retten. Am Nachmittag trafen schließlich zwei OV-10-Broncos der 23. TAS (Tactical Air Support Squadron) ein, um als Forward Air Controller das Geschehen über Insel zu steuern. Ihr Rufzeichen war »Nail«. Nail 68 begann auch sofort damit, F-4, A-7 und die AC-130H Gunships anzufordern, um den Bereich um den östlichen Strand aufzulockern. Zu diesem Zeitpunkt waren Jolly 12 und Knife 51 bereit für die letzten Extrakionsversuche der Marines vor Einbruch der Dunkelheit. Jolly 11 landete unter Absicherung durch Knife 51, Jolly 12, Spectre 11 und Knife 68 am Strand und nahm die 25 Marines auf und brachte sie zur USS Coral Sea. Auch der letzte Verbliebene Soldat am notgewasserten Wrack von Jolly 23 wurde erfolgreich gerettet. Dies war nur durch massiven Feuerschutz aus allen weiteren CHs und ihren Miniguns möglich. Nun standen noch etwa 200 Marines am Weststrand unter Feuer.

Die Roten Khmer wurden jedoch durch eine massive Explosion derart eingeschüchtert, dass sie die Marines nicht weiter unter Druck setzten.

C-130 wirft eine BLU-82 Daisy Cutter Bombe

Denn an diesem Nachmittag warf eine C-130 der 50th Tactical Airlift Squadron eine massive BLU-82 Daisy Cutter Bombe auf den Süden der Insel ab. Nachdem die Schockwellen der ersten Bombe über die Marines am Weststrand hinweggefegt waren, wurde es etwas stiller auf der Insel. Am frühen Abend konnte Knife 51 die ersten 41 Marines aufnehmen, während in der Luft die Nachwache der AC-130 (Spectre 11) begann. Die Gunships nutzten ihre Sensoren und FLIR Systeme während der gesamten Operation und waren die einzigen Informationsgeber an die Operationsführer während der gesamten Mayaguez-Krise. Auch die Broncos leisteten wichtige Dienste bei der Zielkoordination. In völliger Dunkelheit landete sodann Jolly 43 am Strand, um weitere Marinesoldaten aufzunehmen. Mit 54 Marines an Bord hob Jolly 43 ab und brachte sie zum Flugzeugträger. Die USAF-Besatzungen flogen damals nicht mit Nachtsichtbrillen. Da die Situation am Boden gefährlich wurde, gab der Ground Commander den Befehl »Go for broke«, und Bronco Nail 69 gab Spectre 11 Zieldaten, die gefährlich nahe an die Marines gesetzt wurden, denn die Khmer schossen permanent auf die Marines. In dieser Dunkelheit kehrte Jolly 44 zum Strand zurück, nur durch einen Marine an den Strand gelotst, der seine Taschenlampe an- und ausschaltete. Und lud 34 der letzten 73 verbliebenen Marinesoldaten auf. Da sich nun noch 39 Marinesoldaten am Strand befanden, war die Situation brisant. Zu diesem Zeitpunkt waren keine Hubschrauber verfügbar, um die Marines von der Insel abzuziehen. Die Luftwaffe müsste den Feind so lange aufhalten, bis Knife 51 aufgetankt und verfügbar war. Knife 51 wurde schließlich aufgetankt und machte sich auf den Weg zum Weststrand. Nach drei Versuchen ließ der Pilot schließlich die Heckrampe der CH-53 auf den Strand ab und die übrigen Marines kletterten an Bord. Mehr als zehn Minuten lang blieb der Hubschrauber am Strand, während die Besatzung und die Marines sicherstellten, dass keine weiteren Überlebenden auf der Insel verblieben. Der Pararescue-Spezialist (PJ) an Bord verließ den Schutz des Hubschraubers und rannte zur Baumgrenze, um nach Marines zu suchen, die möglicherweise in der Dunkelheit zurückgelassen worden waren. Am Rande der Bäume fand der PJ noch zwei Marines. Alle drei kehrten zum Hubschrauber zurück. Nachdem er sich beim Ground Commander vergewissert hatte, dass alle Marines gezählt worden waren, hob Knife 51 ab und machte sich auf den Weg zur Coral Sea. Nail 69 ließ dann die AC-130A die Strände mit den Infrarot- und LLTV-Sensoren absuchen, um zu bestätigen, dass keine Amerikaner mehr auf Koh Tang waren. Die Mayaguez-Krise war somit beendet, obwohl in dieser noch bekannt wurde, dass drei Marines versehentlich zurückgelassen worden waren. Am nächsten Morgen leitete die USS Wilson eine Suche ein, aber das Pentagon wies alle US-Streitkräfte an, die kambodschanischen Gewässer zu verlassen. Die drei Marines wurden zunächst als im Einsatz vermisst (MIA) eingestuft und im Juli 1976 für im Einsatz getötet (KIA) erklärt. Jahre später wurde bekannt, dass sie von den Roten Khmer gefangen genommen und hingerichtet worden waren.

Könnten die gleichen Fehler erneut gemacht werden? Sicherlich ist die gegenwärtige Betonung der gemeinsamen Doktrin und der gemeinsamen Ausbildung eine gewisse Hilfe. Die Pläne, die das Verteidigungsministerium während des Zwischenfalls von Mayaguez präsentierte, waren das Ergebnis eines embryonalen gemeinsamen Planungsprozesses, der sich unter dem Stress der kurzlebigen Planungsbemühungen auflöste. Ebenso haben sich in den letzten 35 Jahren wichtige Veränderungen innerhalb der Geheimdienstgemeinschaft vollzogen. Die nachrichtendienstliche Unterstützung von Operationen hat sich zweifellos verbessert, und die Lehren, die unter anderem aus den Terroranschlägen vom 11. September 2001 gezogen wurden, haben zu gemeinschaftsweiten Bestrebungen geführt, ressortübergreifende Querelen zu zerschlagen. Ebenso hat die 1987 erfolgte Aufstellung des US-Kommandos für Spezialoperationen (USSOCOM) und dessen Weiterentwicklung, die ihren Ursprung in der katastrophalen Operation »Eagle Claw« zur Rettung amerikanischer Geiseln, die im April 1980 im Iran festgehalten wurden, hatte, die Fähigkeit des Militärs zur raschen und wirksamen Planung solcher Operationen erheblich verbessert. In den letzten Jahren haben USSOCOM und das Joint Special Operations Command gezeigt, dass sie in der Lage sind, Informationen schnell aufzunehmen und Risiken zu bewältigen, um kurzzeitige Operationen durchzuführen.

Einschlag einer BLU-82 auf einem Dschungelboden. Eigentlich zur Schaffung von Hubschrauberlandeplätzen in bewaldetem Gebiet, war es dennoch die größte nicht-nukleare Bombe der USA bis in die 1980er-Jahre. (Foto: Archiv U.S. Air Force)

Mayaguez war eine kleine aber brisante Vorstufe zu diesem Prozess, auch wenn es sich 1975 um keine reine SOF-Operation handelte. Man hatte im Nachgang der Mayaguez-Krise erkannt, dass Special Operations Team aller Teilstreitkräfte benötigt werden, um eine derart eskalierende Lage zu meistern. Nicht nur die US Army und die Navy sollten über Spezialkräfte verfügen, sondern auch die US Marines und die US Air Force. Die Test-Phase des Vietnam-Kriegs in Form des Military Assistance Command Vietnam – Studies und der Observation Group (MACV-SOG) sollte von nun an zu festen Strukturen auch in der SOF-Fliegerei führen. Doch bis 1987 sollte dies noch dauern.

AC-130U Spooky II

Die AC-130U stellt die dritte Generation der Gunship-Serie auf C-130-basis dar. Die Hauptaufgaben der AC-130U sind Luftunterstützung, Luftabwehr und bewaffnete Aufklärung. Zu den Luftunterstützungseinsätzen gehören Luftnahunterstützung (CAS), Konvoi-Geleitschutz und bewaffnete Eskort-Einsätze. Als Abriegelungsplattform sichert sie laufende SOF-Operationen und geht gegen vorselektierte Punktziele vor. Lockheed Martin und Boeing, die beiden Hauptauftragnehmer, nutzen die neuesten Sensortechnologien und Feuerkontrollsysteme. Diese Systeme ermöglichen einen größeren Waffenabstand und eine verbesserte Treffergenauigkeit. Modernste Infrarot- und elektronische Gegenmaßnahmen erhöhen die Überlebensfähigkeit der AC-130U gegen moderne Feinde. Die AC-130U besitzt dieselbe Waffenausstattung, wie die H-Modelle. Anstatt der M61 Vulcan (20 mm) wurde jedoch von Anfang an die GAU-12/U (25 mm) Gatling verwendet. Auch das neue Radar stellt einen Quantensprung in der Navigationsausstattung dar. Das APG-70 ist eine Neukonstruktion der APG-63-Variante. Wie bei allen neuen Technologien soll die Wartung vereinfacht und kostengünstiger gestaltet und die Zuverlässigkeit erhöht werden. Des Weiteren wurden neue Radarmodi hinzugefügt. Um die Kosten zu reduzieren wurde ebenfalls auf Teile des AN/APG-73 zurückgegriffen. Eine besondere Eigenschaft dieses Radars ist der sogenannte LPI-Modus. Dies bedeutet so viel wie »geringe Entdeckungswahrscheinlichkeit« und bezeichnet einen Betriebsmodus, in dem Techniken angewandt werden, um die Erfassung durch feindliche Radarwarnanlagen zu verhindern. Dies wird unter anderem durch die gezielte Regelung der Sendeleistung und -länge sowie durch schnellen Frequenzwechsel erreicht. Neu eingeführt wurde auch ein NCTI-Modus zur Identifizierung von Luftzielen. Das Computersystem wurde umfassend modernisiert, wobei der damals (1980) neue MIL-STD-1750A-Prozessor über zehnmal mehr Speicher und über fünfmal mehr Rechenkapazität (40 Millionen komplexe Operationen pro Sekunde) verfügt. Im Ground Mapping-Betriebsmodus erreicht das Radar in einer Distanz von 35 km eine Auflösung von 2,6 m. Sowohl das Infrarot-Erfassungssystem als auch das All-Light-Level-System scannen ganze 360 Grad und finden die Ziele viel schneller als frühere Versionen der C-130-Familie. In das Fernsehgerät sind ein Laserzielfinder und ein Entfernungsmesser integriert. Dies ermöglicht der AC-130U, Ziele für andere Kampfhubschrauber, Flugzeuge über lasergesteuer-

Ein AC-130U Gunship der 4th Special Operations Squadron stößt zur Irritation und Ablenkung von Hitzesuchköpfen von Flugabwehrraketen Täuschkörper in Form von Hitzefackeln (Flares) aus. (Foto: U.S. Air Force/Senior Airman Julianne Showalter)

Der weiße Bauch: die Unterseite einer AC-130U Spooky, während das Flugzeug über uns hinwegfliegt. Man erkennt die 25-, 40- und 105-mm-Kanonen sowie die Sensorsysteme, das AN/APG-70-Radar, die elektro-optischen Behälter mit ALL-TV-Sensor, die DIRCM-Sensoren am Rumpfheck und die Radarwarnempfänger hinter der Bugnase. Die beiden M-61 Vulcan Gatlings wurden durch eine einzelne GAU-12-MK ersetzt. (Foto: Archiv U.S. Air Force)

Eine AC-130U Spooky der 4th Special Operations Squadron. (Foto: U.S. Air Force/ Senior Airman Andy M. Kin)

Ein AC-130U Spooky Gunship der U.S. Air Force von der 4th Special Operations Squadron in Hurlburt Field, Florida, bereitet sich darauf vor, während eines Angriffs- und Evakuierungsfluges im Rahmen der Übung Emerald Warrior 2019 Luftunterstützung zu leisten. (Foto: U.S. Air Force/Tech. Sgt. Gregory Brook)

Bewaffnet und gefährlich – Bushmaster 30-mm-Kanonen (GAU 23/A) ragen aus den Kanonenöffnungen eines AC-130 Spooky-Gunships bei Tests in Hurlburt Field, Florida, heraus. Die 30-mm-Kanone löste sowohl die 40-mm-Kanone als auch die 25-mm-Kanone bei den U-Modellen ab. Nach Außerdienststellung der Spookies waren sie auch in den J-Modellen eingesetzt. (Foto: U.S. Air Force/ Chief Master Sgt. Gary Emery)

Auf der Cannon Air Force Base, New Mexico werden durch Wartungspersonal des 27th Special Operations Maintenance Squadron AC-130 armament shop Wirkmittel bereitgestellt. In diesem Fall ein Vierer-Rack mit Northrop Grumman/MBDA GBU-44/B Viper Strike (Laser und GPS-gelenkte 20-kg-Gleitbomben für eine AC-130. Das Bündel (MER, Multiple Ejector Rack) wird an den äußeren Unterflügelstationen der Hercules mitgeführt. (Foto: AFSOC/Staff Sgt. Alexxis Mercer)

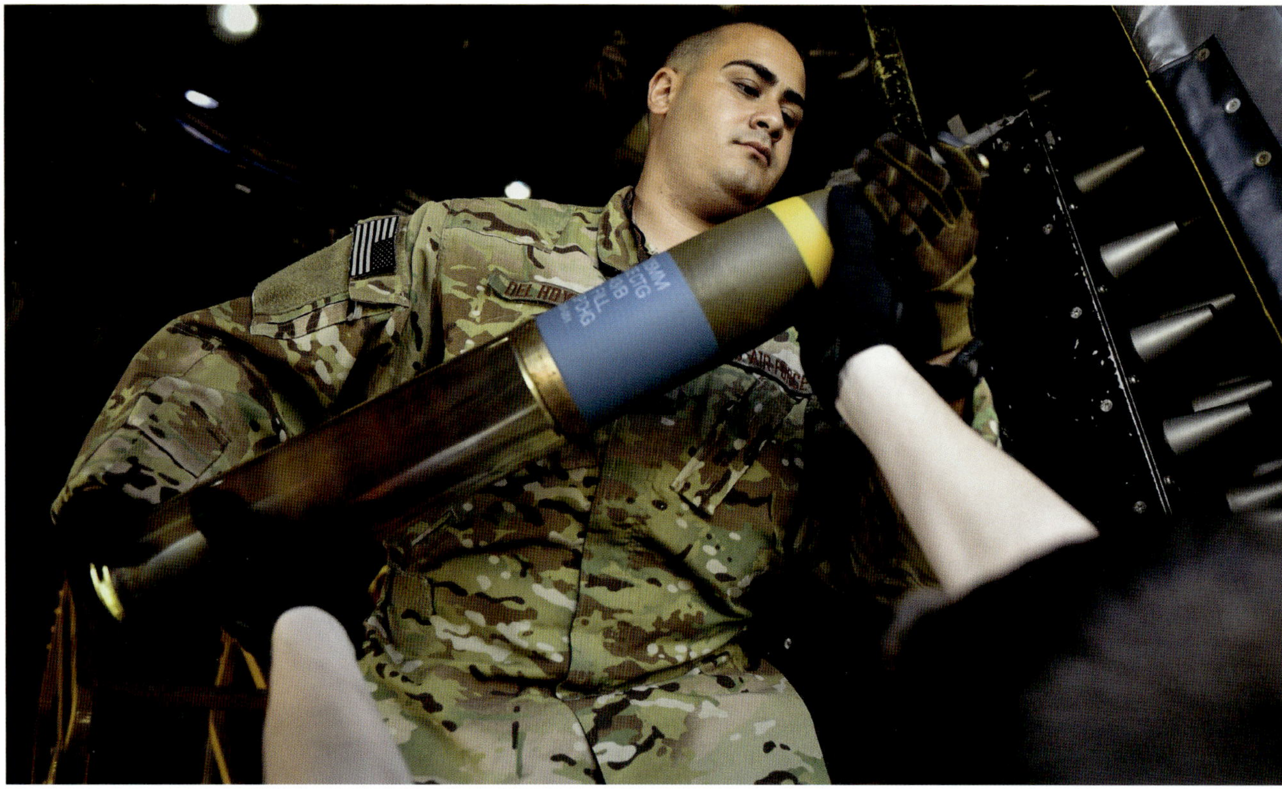

Ein Gunner der 4th Special Operations Squadron mit einer 105-mm-Granate in Hurlburt Field, Florida, 2017. (U.S. Air Force/ Airman 1st Class Joseph Pick)

105-mm-Granaten werden fein säuberlich in einer AC-130U Spooky in Hurlburt Field, Florida, aufbewahrt. Der Umgang mit Munition ist ein heikles Thema an Bord eines Flugzeugs, daher werden die Großgeschosse in Kassettenschränken verstaut. Auch die Hülsen werden sauber recycled und sofort wieder in Säcke gepackt. Es liegen also keine Hülsen auf dem Frachtboden herum. Das wäre zu gefährlich. (Foto: U.S. Air Force/Airman 1st Class Joseph Pick)

Trotz der vielen Modifizierungen und der computergesteuerten Feuerleitanlage blieb in all den Jahrzehnten der Gunship-Evolution eine Sache bis heute manuell: das Nachladen der 105-mm-Haubitze. Ein sechsstündiger Einsatz mit nahezu permanentem Feuereinsatz kann für die Kanoniere sehr anstrengend werden. Frauen sind heutzutage keine Seltenheit mehr in diesem Knochenjob. (Foto: Archiv U.S. Air Force)

Zwei Gunship Aerial Gunner innerhalb einer AC-130U der 4th Special Operations Squadron laden das 105-mm-Geschütz. Das AC-130U Spooky Gunship ist die Hauptwaffe (Primary Weapon) des Air Force Special Operations Command. Das U-Model ist ein Upgrade der H-Version und verfügt über Bewaffnungsoptionen 25-mm und 40-mm sowie 105-mm. (Foto: U.S. Air Force/Master Sgt. Jeremy T. Lock)

Eine 105-mm-Haubitze wird an Bord einer AC-130W Stinger II abgefeuert (1st Special Operations Group, 27th Special Operations Wing, 4th Special Operations Squadron), Cannon Air Force Base, New Mexico, 2017. Der gelb lackierte Stahlkorb deutet die Gefahrenzone des zurückschnellenden Verschlusses an. Innerhalb des gelben Kastens sollte man sich lieber nicht aufhalten, wenn gefeuert wird. (Foto: U.S. Air Force/Staff Sgt. Michael Washburn)

Ein Bordschütze bereitet 25-mm-Munition für die GAU-12/U Gatling einer AC-130U Spooky II vor. (Foto: Archiv U.S. Air Force)

Verbrauchte 105-mm-Hülsen werden gestapelt, nachdem sie von einer AC-130U während eines Trainingseinsatzes in Hurlburt Field, Florida, abgefeuert wurden. (Foto: U.S. Air Force/ Master Sgt. Jeremy T. Lock)

Eine AC 130 »Whiskey« parkt 2017 auf der Robins Air Force Base. Generalmajor Eugene Haase, damaliger stellvertretender Befehlshaber des Air Force Special Operations Command, flog mit dem Flugzeug während eines besonderen Besuchs ein, bei dem er den Mitarbeitern des C-130 System Program Office in Robins für ihre wichtige Unterstützung dankte. (Foro: U.S. Air Force/ Tommie Horton)

Eine AC-130W Stinger II kehrt von einem Trainingseinsatz während Red Flag-Alaska 2019 auf der Joint Base Elmendorf-Richardson in Alaska zurück. RF-A ist eine von den Pazifischen Luftstreitkräften geleitete Übung für US-amerikanische und internationale Streitkräfte, die unter simulierten Luftkampfbedingungen geflogen wird. Sie wird auf dem Joint Pacific Alaska Range Complex durchgeführt, wobei die Luftoperationen von der Eielson Air Force Base und 2019 von Elmendorf aus geflogen werden. (Foto: U.S. Air Force/Staff Sgt. Westin Warburton)

Nachtschicht als Standard. Ein Bordschütze einer AC-130 lädt 40-mm- und 105-mm-Munition in die Kanonen zur Unterstützung der Bodentruppen während der Operation Enduring Freedom in der Provinz Parwan, Afghanistan, 2010. (Foto: U.S. Army/ Staff Sgt. Billie J. Nelson Jr.)

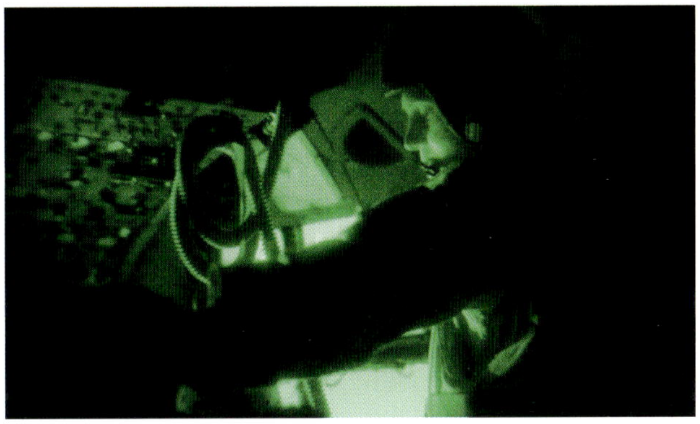

Das 30-mm-Waffensystem ist jedoch als sogenanntes Roll-on/Roll-off-System (RoRo) adaptiv montierbar, damit die Maschine auch für andere Zwecke verwendet werden kann, wie es bei MC-130-Maschinen üblich ist. So, wie die AC-119K Stinger-Gunships im Vietnamkrieg als Zwischenlösung für den Übergang von der AC-47 zu AC-130 eingesetzt wurde. Stinger II verweist auf eine Interim-Lösung, die sich ähnlich wie die Stinger I zu erfolgreichen Modellen entwickelten. Alle AC-130W wurden um eine Precision Strike Package erweitert, um die Gunship-Rolle durchführen zu können. Zu den Modifikationen der AC-130W gehören eine Missionsmanagementkonsole, eine Kommunikationssuite, zwei elektrooptische Infrarotsensoren, Feuerleitgeräte, die Fähigkeit zu Präzisionsangriffen und eine seitlich abfeuernde, elektrisch lafettierte 30-mm-Kanone und dem dazugehörigen Munitionslager. Das Missionsmanagementsystem fast Sensor-, Kommunikations-, Umgebungs-, Befehls- und Bedrohungsinformationen in einem gemeinsamen Betriebsbild zusammen. Die AC-130W Stinger II Precision Strike-Paket-Modifikation bietet Bodentruppen im Überseeeinsatz die nötige Luftnahunterstützung gerade auch im Orts- und Häuserkampf und ähnlichem urbanem Gelände. Das haben die COIN-Einsätze im Irak und in Afghanistan gezeigt. Eine Gunship-Plattform ist eine unverzichtbare Komponente zur Bewältigung solcher Aufstandsszenarien, wie sie bis heute in vielen Teilen Afrikas und in der arabischen Welt vorkommen. SOCOM musste handeln und die Gunships auf einer kurz bis mittelfristigen Zeitachse aufstocken. Die AC-130W war die Lösung. Bereits bei der Operation »New Dawn« standen die ersten Stinger II zur Verfügung. Mit dem Ende der Haupt-Operationen im Irak und in Afghanistan gerieten die Stinger II dennoch in die Situation, als Ersatz für ausgemusterte H-Modelle zu dienen. Doch dies war vorerst möglich, da die Großeinsätze im Irak und Afghanistan auf ein Minimum heruntergefahren wurden. Aus der Ergänzung wurde ein Ersatz, sodass schließlich anstatt mehr Gunships, eher ein Gunship-Mangel herrschte, als die Situation ab 2015 in Syrien und im Irak erneut außer Kontrolle geriet. Ausgestattet mit einer ATK Mk.44 Bushmaster II-Kanone in 30 mm sowie seit 2017 mit einer 105-mm-Haubitze, konnte die AC-130W vor allem Präzisionswaffen, wie die Raytheon AGM-176 Griffin oder AGM-114 Hellfire-Raketen einsetzen. Auch gelenkte Bomben, wie zum Beispiel die 20 kg schwere Northrop Grumman GBU-44/B Viper Strike (Laser/GPS) oder die modernen GBU-39 Small Diameter Bomb (SDB) konnten über spezielle BRU-61/A Startschienen untern den Flügeln mitgeführt werden. Ein Novum für Gunships, auf welches die AC-130J Ghostrider unter anderen anknüpfen wird.

Zwei AC-130 Stinger II der 16th SOS rollen auf dem Luftwaffenstützpunkt Cannon in New Mexico zu ihren Hallen zurück, nachdem sie einen Spirit 03-Gedenkflug über den Stützpunkt durchgeführt haben. Spirit 03 ist das Gunship, das zuletzt im Einsatz verloren gegangen ist. (Foto: U.S. Air Force/Staff Sgt. Maxwell J. Daigle)

D

AC-130J Ghostrider

Die vierte Gunship-Generation wird durch die AC-130J Ghostrider vertreten. Die AC-130J steht kurz vor der weitflächigen Auslieferung. Bis 2019 sollen alle Tests für die Oparational Conversion abgeschlossen sein. Seit 2013 wird das J-Modell bei AFSOC getestet und entwickelt. Viele Neuheiten, System-Upgrades sowie vor allem neue Waffensysteme müssen von der Theorie in die Praxis umgesetzt werden. Das Projekt steht 2018 kurz vor dem Abschluss. Die 32 bestellten Maschinen sollen alle alten U-Modelle ablösen. Die AC-130J wird nicht direkt von Lockheed Martin gebaut, sondern kommt als MC-130J aus dem Werk und wird dann nach Hurlburt Field zu AFSOC gebracht. Dort werden die Maschinen der Reihe nach zum Gunship konvertiert. Die Gunship-Modifizierung obliegt der US Air Force bzw. AFSOC. Das Flugzeug ist auch mit dem Large Aircraft Infrared Counter Measures (LAIRCM)-System bestehend aus einem AN/ALR-56M-Radarwarnempfänger, einem AN/AAR-47(V)-2-Raketenwarnsystem und einem AN/ALE-47-Gegenmaßnahmen-Dispensersystem (Flare/Chaff/Darkflares) ausgestattet. Die Sicherheits- und Schutzsysteme des Flugzeugs umfassen ein Treibstoffschutzsystem aus Ullage Explosion, redundante flugkritische Komponenten und das Komposit-Panzerungs-System von QinetiQ zum Schutz von Crew und Sauerstoffanlagen vor 7,62-mm-Geschossen. Das J-Modell verfügt auch über zwei L3/Wescam MX-20 e/o-Pods mit Infrarot-Ausstattung. Die AC-130J orientiert sich was die Waffen anbelangt im Grunde an dem Dragon Spear-Programm. Die ersten AC-130J erreichten am 30. September 2017 die vorläufige Einsatzreife. Die AC-130J wird in zwei geplanten Stufen modifiziert: die Block 10-Konfiguration umfasst die Integration der 30-mm-Kanone, Bomben und lasergesteuerte Raketen, die von der Heckrampe gestartet werden sowie die Block 20-Konfiguration, welche die Integration der 105 mm-Kanone, das LAIRCM-System, flügelmontierte Hellfire-Raketen und Hochfrequenz-Gegenmaßnahmen beinhaltet. Die Integration von Laser-Energiewaffen (Tactical Air Borne Laser, TABL) in die AC-130J ist vor 2030 nicht realisierbar aufgrund der hohen Kosten. Das Mitführen einer Hochleistungs-Laserwaffe würde der AC-130J eine massive Fähigkeitserweiterung bescheren. Ein Beispiel wird hierzu immer verwendet: Die Festnahme Manuel Noriegas in Panama 1990 wurde vorab durch Navy SEALs vorbereitet. Die SEALs zerstörten und manipulierten mögliche Fluchtflug und -fahrzeuge. Eine AC-130J könnte dies mit einem Überflug und dem Einsatz der Laserwaffe erledigen, »indem sie einfach ein Loch in den Motor brennt«, heißt es in

Eine AC-130J Ghostrider in der Last Chance Area. Die AC-130J führt nicht mehr so viele Rohrwaffen mit. Vielmehr wird auf Präzision und zusätzliche Raketenpakete gesetzt. Dennoch führt sie jeweils eine lafettierte 30-mm-Chaingun ATK Mk.44 »Bushmaster II« sowie die lafettierte 105-mm-Haubitze Rock Island Arsenal M102 mit. (Foto: U.S. Air Force/Senior Airman Miranda Mahoney)

Eine AC-130J Ghostrider der 4th Special Operations Squadron in Hurlburt Field (Florida) führt während des EAA AirVenture Oshkosh 21 auf dem Wittman Regional Airport (Wisconsin) 2021 eine Flugvorführung durch. Mit den verschiedenen Flugzeugen und dem Personal des Air Force Special Operations Command bringt das AFSOC spezialisierte Luftstreitkräfte und Wettbewerbsvorteile in das künftige Kriegsgeschehen ein. (Foto: U.S. Air Force/ Senior Airman Miranda Mahoney)

Eine AC-130J Ghostrider. Ohne die seitlichen Rohrwaffen ist sie von einer HC-130J oder der MC-130J kaum mehr zu unterscheiden. (Foto: U.S. Air Force/ Senior Airman)

Drei AC-130J Ghostrider fliegen über Hurlburt Field während einer Gedenkfeier für Spirit 03 in Hurlburt Field, Florida, 29. Januar 2021. Spirit 03, ein AC-130H Spectre mit 14 Besatzungsmitgliedern, wurde während der Schlacht um Khafji abgeschossen, was den größten Einzelverlust einer Air Force-Einheit während der Operation Desert Storm bedeutete. (Foto: U.S. Air Force/Senior Airman Miranda Mahoney)

Die Besatzung eines AC-130J Ghostrider der bedient die 105-mm-Haubitze während eines Schießtrainings zur Unterstützung von Trojan Footprint 21 in Rumänien, 2021. TFP 21 ist die jährliche Übung des Special Operations Command Europe zur Demonstration von Fähigkeiten, zur Bewertung der Einsatzbereitschaft und der Durchschlagskraft der jeweiligen Streitkräfte sowie zur weiteren Verbesserung der Interoperabilität mit Verbündeten und Partnern. (Foto: U.S. Air Force/Staff Sgt. Brandon Nelson)

Die 105-mm-Haubitze der AC-130J Ghostrider ist zwar von Grund auf dieselbe geblieben, jedoch ist sie heute auf einer sehr hochentwickelten Lafette montiert. Diese Lafette ist hochpräzise und computergesteuert. Mit dem Zielen haben die Bordschützen nichts zu tun. Sie kümmern sich nur darum, dass die Waffe stets geladen und störungsfrei ist. Im Flug kann man die gyrostabilsierte Waffe dabei beobachten wie sie selbstständig alle Flugbewegungen ausgleicht und stets im Ziel bleibt. (Foto: U.S. Air Force/ Staff Sgt. Brandon Nelson)

Hurlburt Field. Denn der Laser-Strahl würde etwa 120-200 kW erzeugen, die Waffe selbst ein Gewicht von etwa 2.300 kg haben. Gegen herannahende Flugabwehrraketen, Boote, Autos und Flugzeuge gerichtet wäre die Laserwaffe ein Quantensprung der Waffentechnologie. Allerdings kann die Laserbewaffnung nur an einigen wenigen Flugzeugen anstelle der gesamten AC-130J-Flotte installiert werden und würde anstelle der 30 mm-Kanone montiert. Auch können durch der AC-130J kleine Drohnen abgesetzt werden, die den Luftraum oberhalb des Gunships überwachen und Ziele bei schlechtem Wetter auch unterhalb des Flugzeugs (durch die Wolkendecke hindurch fliegend) als Off-Board-Sensor (TOBS) erfassen und beobachten können. Hier sind Coyote UAV angedacht, die in vorprogrammierten Umlaufbahnen kreisen können und somit der Gunship-Crew eine verbesserte Sicht verschaffen. Das J-Model wird wahrlich eine beeindruckende Waffenplattform, die den US Streitkräften wertvolle Dienste leisten wird.

Kabul Evakuierung 2021 »Operation Allies Refuge«

Mehr als 45 Jahre lang war die Evakuierung Vietnams aus der Luft - Operation Frequent Wind - die größte ihrer Art in der Geschichte der USA. Zwischen dem 4. April und dem 16. September 1975 flohen mehr als 50.000 amerikanische Zivilisten und »gefährdete« Vietnamesen aus Saigon auf dem Luftweg, die meisten von ihnen mit Lockheed C-130 Hercules und C-141 Starlifter der United States Air Force (USAF), mittelschweren und schweren Lufttransportern. Doch im August dieses Jahres wurde ein neuer, nicht zu beneidender Rekord bei der humanitären Hilfe aufgestellt. Die Zahl der im Rahmen der Operation Allies Refuge aus Kabul evakuierten Menschen war mehr als doppelt so hoch wie in Vietnam - aber dieses Mal wurden sie schneller und ohne Probleme mit der Betriebsfähigkeit der Flugzeuge gerettet. Der Einmarsch der Taliban in Afghanistan und schließlich in die Hauptstadt des Landes war schnell erfolgt. Da keine Verlängerung der Frist bis zum 31. August für die Beendigung aller ausländischen Evakuierungen aus dem Land in Sicht war, drängte die Zeit für die US-Streitkräfte auf das Wesentliche. Die US-Luftwaffe (USAF) setzte für die Evakuierung von Kabul, Afghanistan, Boeing C-17A Globemaster III und Lockheed Martin C-130 Hercules anstelle ihres Lockheed C-5M Super Galaxy ein, obwohl die C-5M das größte Flugzeug in der Flotte der USAF ist.

Schutz von oben

Während die Truppen am Boden waren, deckte die USAF den Flughafen aus der Luft - sechs schwere Langstreckenbomber vom Typ Boeing B-52H Stratofortress des 5. Bombergeschwaders, bewaffnet mit GBU-38 Joint Direct Attack Munition (JDAM), vier Lockheed Martin AC-130J Ghostrider vom 73. Special Operations Squadron (SOS) und zwei AC-130W Stinger II Kanonenboote vom 16; die US-Marine stellte Boeing F/A-18F Super Hornets der USS Ronald Reagan, die derzeit im Indischen Ozean im Einsatz ist, als Eskorte zur Verfügung. Am 26. August 2021 bekannte sich ISIS-K (Islamischer Staat im Irak und in der Levante - Provinz Chorasan) zu einem Selbstmordanschlag am Nordtor des Flughafens Kabul, bei dem 170 afghanische Zivilisten und 13 Angehörige des US-Militärs getötet wurden. Daraufhin beschleunigte das CENTCOM die Evakuierungsaktion und begann einen Tag später mit der Verlegung von US-Truppen, während die Taliban-Spezialeinheit 313 Badri die Bewachung mehrerer Bereiche des Flughafens übernahm. Um weitere Selbstmordattentate zu verhindern, setzte die USAF eine ihrer beiden in Al Udeid stationierten Boeing RC-135W Rivet Joint SIGINT (Signals Intelligence)-Plattformen ein, um den Funk- und Telefonverkehr des ISIL-K zu überwachen; das Flugzeug wird vom 55th Wing (55. Geschwader) der Offutt Air Force Base, Nebraska, betrieben. Auf diese Weise konnten die Besatzungen das Versteck des Urhebers des Selbstmordattentats vom 26. August ausfindig machen und ihn am frühen Morgen des 28. August durch einen Luftangriff mit einem unbemannten Luftfahrzeug des Typs MQ-9 Reaper der USAF General Atomics töten. Die von den RC-135 gesammelten Informationen wurden auch für den letzten Luftangriff der USAF in Afghanistan am 29. August verwendet, bei dem ein Fahrzeug angegriffen wurde, von dem das CENTCOM annahm, dass es von einem Selbstmordattentäter benutzt wurde. Spätere Untersuchungen ergaben jedoch, dass es von einem afghanischen Entwicklungshelfer und acht Mitgliedern seiner Familie benutzt wurde. Alle neun wurden getötet.

KC-130J Harvest Hawk

Aufgabe der KC-130J ist es, dem US Marine Corps eine Plattform mit langer Flugdauer zur Verfügung zu stellen, die mit ihren diversen Sensoren Aufklärung und Überwachungsdienste leistet und bei Bedarf gleich die

Bekämpfung von Bodenzielen übernehmen kann. Das Harvest Hawk Plus (HHPlus) ist ein Upgrade des Original Harvest HAWK RoRo-Präzisionswaffen-Systems. 2018 wurden erstmals auch Hellfire-Lenkwaffen von KC-130J mit dem Harvest HAWK Plus-Kit verschossen. Die ersten Testschüsse ohne HHPlus-Kit wurden bereits 2016 durchgeführt. KC-130J Harvest Hawk basiert auf der C-130J Super Hercules. Die derzeit in Beschaffung befindlichen KC-130J-Tanker sollten in einer sekundären Rolle bewaffnet werden. Die Bewaffnung soll dabei modular sein und so nur den Flugzeugen zur Verfügung stehen, die sich im Einsatz befinden. Alle KC-130J des USMC sind mit der für den Waffeneinsatz notwendigen Verkabelung ausgerüstet. Zudem werden Roll-on/Roll-off-Bedienkonsolen sowie ebenfalls zwischen den Maschinen austauschbare AN/AAQ-30-TSS-Aufklärungssysteme von Lockheed Martin verwendet. Anstatt eines Betankungsbehälters werden im Harvest Hawk-Modus unter der linken Tragfläche eine M299-Raketenhalterung für vier AGM-114 Hellfire mitgeführt. Der Betankungsbehälter unter der rechten Tragfläche bleibt erhalten. Als weitere Bewaffnung ist eine 30 mm-Kanone eingerüstet (M230 Chain Gun bzw. wahlweise eine M44 Bushmaster II). Die Waffe kann mit geringem Aufwand in verschiedenen KC-130J-Flugzeugen eingesetzt werden. Auch andere Typen von Lenkwaffen werden im Laderraum mitgeführt (GBU-44 Viper Strike und AGM-175 Griffin).

Das einzigartige Harvest-Hawk-System umfasst eine Version des Zielsichtsensors des Angriffshubschraubers AH-1Z Cobra sowie vier AGM-114 Hellfire- und zehn Griffin-Raketen. (Foto: Archiv/U.S, Marines)

Der elektro-optische Zielsichtsensor des AH-1Z Viper wurde an einem Außenbehälter unter dem Flügel montiert. Im Hintergrund sieht man die druckbelüfteten Ausschussrohre in der hinteren Seitentüre. Dort wurden die in Druckbehältern isolierten Griffin-Raketen ausgebrascht. Später auch an der Heckrampe. (Foto: Archiv/U.S. Marines)

Im Frachtraum musste eine Sensor Operator Anlage mit mehreren Bedienplätzen eingerichtet werden, um die Sensorik und die Waffen samt der Kommunikation zu nutzen. Das System sollte modular und schnell umrüstbar sein, da die wenigen Maschinen der Marines viele Aufgaben bewältigen müssen. (Foto: U.S. Marines/Lance Cpl. Scott L. Tomaszycki)

Das modulare Denken auch bei der Multi-Mission-Plattform KC-130J war ein wichtiger Schritt in eine moderne Welt der Kampfführung. Im heutigen Konfliktfeld mit Russland oder China kommt es auch auf schnelles und angepasstes Handeln an. Ein Alleskönner wie die C-130 ist dabei sehr wichtig. (Foto: U.S. Marines/Lance Cpl. Scott L. Tomaszycki)

Lance Cpl. Lorenzo P. Villarreal, Kampfmitteltechniker der Marine Aerial Refueler Transport Squadron 252, befestigt ein Gestell, das bis zu zehn Griffin-Raketen aufnehmen kann an der Laderampe einer KC-130J. Das Raketengestell musste die unter Druck stehenden Abschussrohre aufnehmen, da die Maschine selbst nicht als Druckkabine eingesetzt wurde. Dies war ein Nachteil und ein Grund für die Einstellung des Programms mit Griffins. (Foto: U.S. Marines/Lance Cpl. Scott L. Tomaszycki)

Innenansicht der umgebauten Harvest Hawk. Die Griffin-Raketen werden an der umgebauten Tür ausgestoßen und zünden dann erst, wenn sie die Maschinen verlassen und sich im Freifall ausgerichtet haben. (Foto: U.S. Marines/Lance Cpl. Scott L. Tomaszycki)

Experimantal-Gunship Harvest Hawk: Marines waren vieles gewohnt. Jedoch selbst ein Transporter-Gunship im Inventar zu haben, war neu. (Foto: Archiv/ U.S. Marines)

Feuertaufe in Afghanistan. Die AGM-114 Hellfire, die sonst meist nur von den Kampfhubschraubern eingesetzt wurde, war ein wirksames Mittel gegen Bodenziele. (Foto: Archiv/ U.S. Marines)

Allerdings hatte das Verfahren einen Nachteil: die Hellfire ist sehr laut. Den Abschuss von einer kreisenden Hercules konnte man meilenweit hören, sodass für Gegner am Boden oft noch Zeit zum flüchten war. Griffin-Raketen oder Small Diameter Bombs (SDB) waren dagegen fast lautlos. (Foto: Archiv/ U.S. Marines)

Testpiloten der Air Test and Evaluation Squadron 20 mit einer KC-130J Super Hercules. Das Luftfahrzeug gehört zur Marine Aerial Refueler Transport Squadron 352, wurde aber erstmals mit dem Harvest Hawk Mission Kit ausgerüstet. Die Umrüstung erfolgte am Air Force Plant 42 durch Lockheed Martin. Damals sollten bis 2010 zwei weitere Harvest Hawk Mission Kits ausgeliefert werden. (Foto: USMC/Cpl. Christopher O'Quin)

C-130 als Bomber: BLU-82/B und GBU-43/B

Die BLU-82/B (Bomb Live Unit-82) war eine 15.000 Pfund schwere Bombe, die ursprünglich zur Räumung von Hubschrauberlandeplätzen in Vietnam entwickelt wurde. Der Gefechtskopf enthielt 12.600 Pfund GSX (Gelled Slurry Explosive) Füllstoff namens DBA-22M. Die Bombe wird einige Meter über dem Boden von einem 38-Zoll Zünder-Extender gezündet, der für eine saubere Vegetation optimiert ist und keinen Krater erzeugt. Die Waffe mit dem Spitznamen »Big Blue [BLU] 82« wird häufig und fälschlicherweise als Daisy Cutter bezeichnet, ein Begriff, der eher für die Zünderanordnung für oberirdische Explosionen gilt. Zu groß für den Transport mit konventionellen Jagdflugzeugen oder Angriffsflugzeugen und nicht für den Einsatz mit konventionellen Höhenbombern geeignet, war das Trägersystem für die BLU-82/B das Flugzeug C-130, hauptsächlich Spezialeinsätze MC-130. Dieses BLU-82/C-130-System war abhängig von der genauen Positionierung des Flugzeugs durch ein festes Bodenradar oder ein Navigationsgerät an Bord. Der Bodenradarlotse oder gegebenenfalls der Flugbesatzungsnavigator war für die Positionierung des Flugzeugs vor dem endgültigen Countdown und der Freigabe verantwortlich. Es wurde eine Anforderung an einen konventionellen Hochexplosivstoff entwickelt, der in Entwicklung der BLU-82/B im Rahmen des Project Commando Vault verwendet, das Systeme für die schnelle Räumung von Hubschrauberlandeplätzen in Vietnam entwickeln sollte. Als Teil der in SEAOR 168 beschriebenen Anforderungen wurde eine Waffe benötigt, um eine 5-Hubschrauber-Zone zu räumen, wobei die Anzahl der Hubschrauber, die als optimal eingestuft wurden, Berichten zufolge »zufällig aus der Luft genommen wurde und nicht das Ergebnis sorgfältiger Schätzungen und Berechnungen ist«. Nach dem Ende des Konflikts in Südostasien behielt die US-Luftwaffe die restlichen BLU-82/Bs. Elf BLU-82/Bs wurden anschließend während des »Wüstensturms« abgeworfen, alle von Special Operations MC-130s aus der 8th Special Operations Squadron. Die ersten Abwürfe sollten die Fähigkeit der Bombe testen und Minen räumen. In der Folgezeit wurde keine zuverlässige Abschätzung der Bombenschäden hinsichtlich der Wirksamkeit der Minenräumung vorgenommen. Später wurden die Bomben wegen ihrer psychologischen Wirkung ebenso abgeworfen, wie wegen ihrer zerstörerischen Kraft. Bis zum 13. Dezember 2001 hatten die USA mindestens vier BLU-82/B-Bomben in Afghanistan abgeworfen, hauptsächlich an Tunneln, die Berichten zufolge die Führungsmitglieder von al-Qaida beherbergten. Flieger der 711st SOS ließen am 15. Juli 2008 auf der Utah Test and Training Range die letzte einsatzbereite BLU-82/B von einem MC-130E Combat Talon I fallen. Die einzigen verbleibenden inaktiven Bomben wurden für das Training der Lademeister und für statische Ausstellungen in Museen verwendet.

Eine BLU-82, wie sie früher von Loadmastern der Special Operations Squadrons verladen wurden. Hier in einem Museum ausgestellt. (Foto: U.S. Air Force/ Capt. Patrick Nichols)

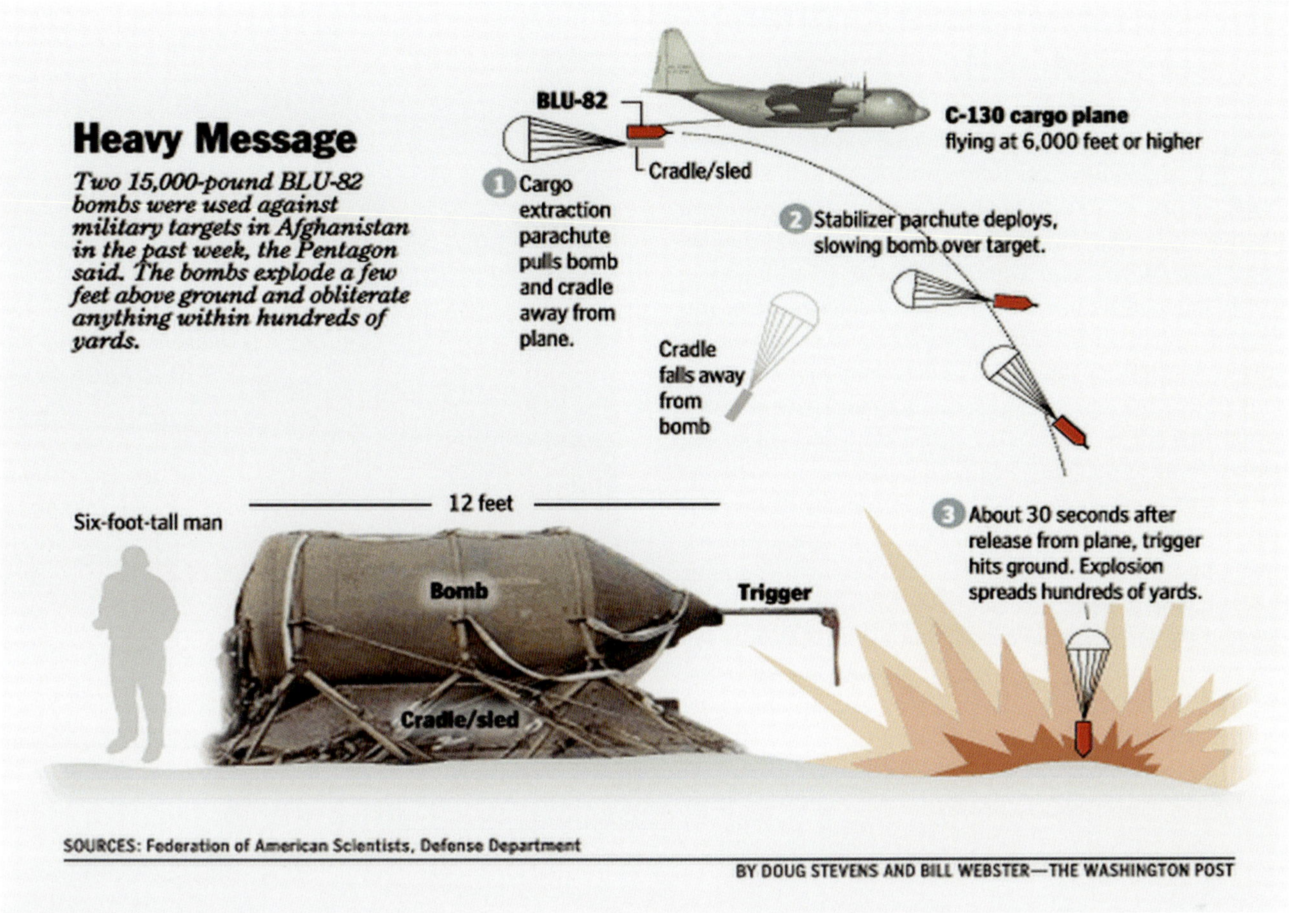

Der BLU-82-Einsatz vereinfacht grafisch dargestellt. (Grafik: Washington Post via Twitter)

Eine 15.000-Pfund BLU-82 Bombe detoniert wirkungsvoll nach dem Abwurf aus einer MC-130E der 711th Special Operations Squadron 2008. (Foto: U.S. Air Force/Capt. Patrick Nichols)

GBU-43/B Massive Ordnance Air Blast (MOAB)

Die USA haben 2017 eine Bombe auf ein ISIS-Lager in Afghanistan geworfen, welche bis dato noch nie zuvor im Krieg eingesetzt wurde. Die GBU-43/B Massive Ordnance Air Blast, die wegen ihres Akronyms manchmal »Mutter aller Bomben« (Mother of all Bombs – MOAB) genannt wird, wurde auf eine Palette geladen, von einer MC-130 über das Ziel geflogen und dann mit einem Fallschirm samt Palette aus dem Flugzeug über die Heckrampe ausgebracht. Die fast zehn Tonnen schwere Bombe fiel frei auf die Erde. Die MOAB ist jedoch nicht die schwerste nicht-nukleare Bombe im US-Arsenal – das ist der 13.000 Tonnen schwere Massive Ordnance Penetrator (MOP). Die USAF soll bis zu 20 MOABs in ihrem Arsenal haben. Im freien Fall löst sich die MOAB schnell von ihrer Palette und entfaltet kursanpassende Gitterlamellen. Diese Flossen, die an einen Computer und ein GPS-System angeschlossen sind, haben den Kurs des MOAB auf ein vorgewähltes Ziel ausgerichtet. Im jüngsten Fall war dieses Ziel ein unterirdischer ISIS-Tunnelkomplex.

Ein seltener Anblick: die MOAB existiert nur in sehr kleinen Mengen. Der Einsatz dieser massiven Bombe ist meist streng geheim. Bis dato können nur Kernwaffen die Sprengkraft dieser Bombe übertreffen. (Fotos: Archiv U.S. Air Force)

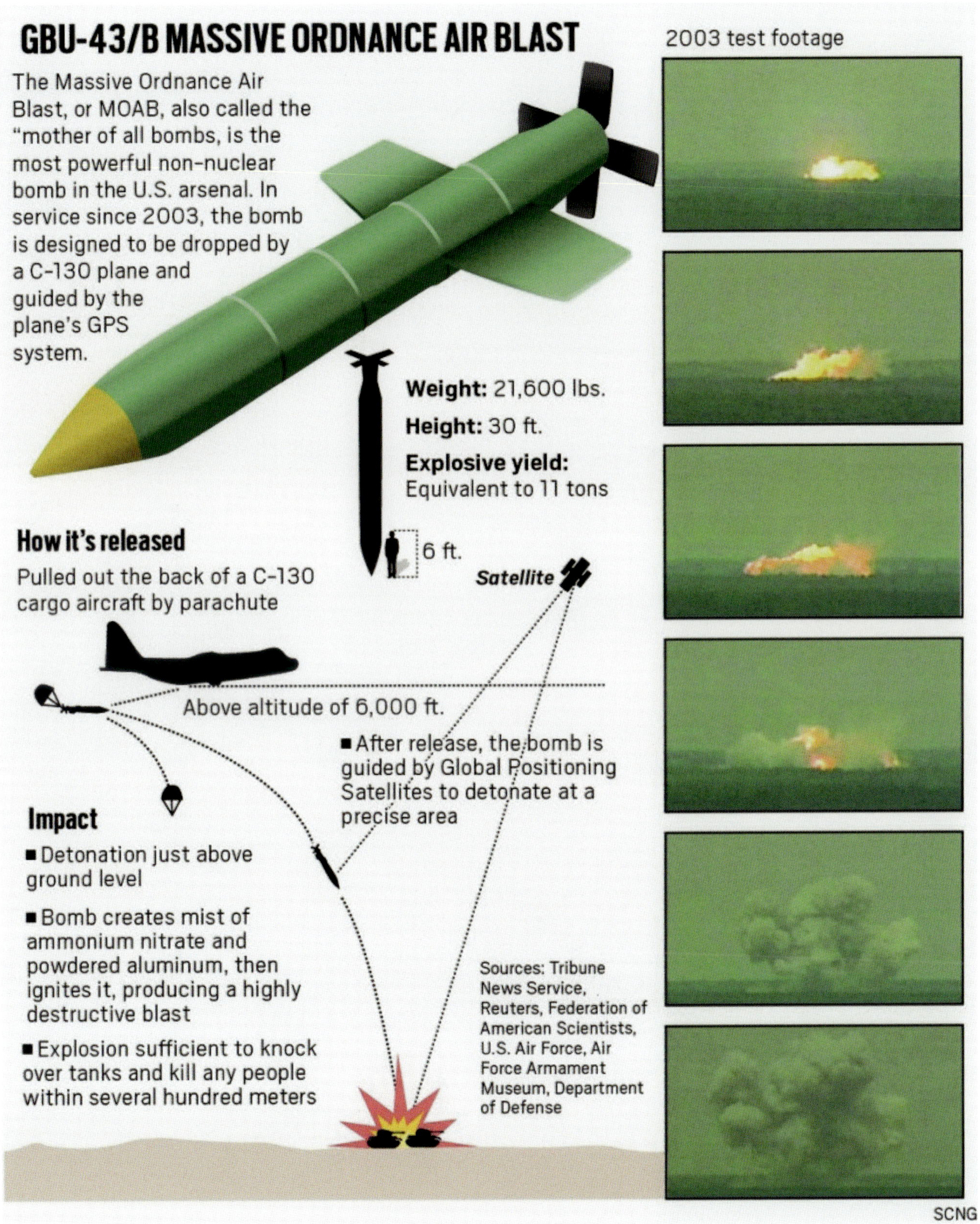

GBU-43/B MOAB grafisch dargestellt. (Grafik: SCNG Media via Youtube)

Die erste deutsche C-130J-30 hebt ab. Die 55+01 verlässt das Lockheed-Martin Werk in Marietta, Ga., und macht sich auf den Weg zu ihrer neuen Eigentümerin: der deutschen Luftwaffe. (Foto: Lockheed-Martin/ Thinh D. Nguyen)

Die C-130J bei der deutschen Luftwaffe

Die erste für die Luftwaffe bestimmte C-130J-30 Super Hercules hat am 22. Juli 2021 die Fertigungshallen von Lockheed Martin in den USA verlassen. Das meldete die Luftwaffe über ihren Twitter-Account. Kurze Zeit später am 21. August wurde auch die bereits für die Luftwaffe lackierte erste Maschine via Twitter präsentiert, bevor sie wieder in das interne Prüfungsprogramm bei Lockheed-Martin abtauchte.

Die Maschine mit der Seriennummer 5930 weist die für die Luftwaffe spezifischen äußeren Merkmale auf: ein starrer Luftbetankungsstutzen über dem Bug für das Probe and Drogue Air to Air Refueling Verfahren, die schwarzgummierte Bugradom-Nase sowie die bereits standardmäßig angebrachten EWS-Sensorgondeln samt den hinteren Flare/Chaff-Dispensern. Der Betankungsstutzen deutet auf eine »Sonderausstattung« hin, wie sie beim C-130J-SOF-Modell vorgesehen ist. Es handelt sich jedoch nicht um reine SOF-Modelle, die die Bundeswehr bestellt hat. Die vier nagelneuen Rolls-Royce AE 2100D3 Turbinen mit den für die J-Reihe typischen geschwungenen GE-Dowty Aerospace R391 Composite Propellern sind ebenfalls standardmäßig verbaut.

Die deutsche Version der Hercules soll ab dem kommenden Jahr auf dem Luftwaffenstützpunkt in Évreux (Base Aerienne 105 Evreux-Fauville) in Frankreich zum Einsatz kommen. Vier französische Maschinen sind bereits im Einsatz, zwei davon in der Konfiguration als Tankflugzeug KC-130J. Bis 2024 soll die Staffel mit sechs deutschen Super Hercules (3 KC-130J Tanker und 3 C-130J-30 Super Hercules) vervollständigt werden. Insgesamt fünf Flugzeuge werden als Tanker betrieben. Für den geschützten taktischen Lufttransport unterhalb der Größe des Airbus A400M beschafften Frankreich und Deutschland mit

Noch ist die Aufschrift »Luftwaffe« anfangs noch überdeckt, solange es nicht offiziell eine militärische und deutsche Maschine ist. (Foto: Luftwaffe)

Impressionen ungewohnter Art: die berühmte Hercules mit deutschen Hochheitsabzeichen. (Foto: Luftwaffe/Birte Chilcott)

Bundestagsbeschluss (Haushaltsausschuss 2018) in nationaler Verantwortung vier bzw. sechs Transportflugzeuge des Typs Lockheed-Martin C130J Hercules. Diese Luftfahrzeuge werden – einschließlich eines gemeinsamen Ausbildungszentrums – ab ursprünglich 2021 (Vor-Corona-Planungsstand) am französischen Standort Évreux von beiden Luftwaffen in einer gemeinsamen Lufttransportstaffel betrieben werden.

Für Special Operations Verfahren ist die Lösung C-130J ein Segen, wenn es darum gehen soll, einigermaßen eigenständige Operationen durchführen zu können. Wohlgemerkt, das C-130J-30 als auch die Tankerversion KC-130J sind maßgebliche Garanten für Verlegungen von SOF-Komponenten. Vor allem Special Mission-CSAR- sowie SOF-Operationen aller Art können nur durch eine taktische Unterstützung bis kurz vor das Einsatzgebiet durchgeführt werden.

Ähnlich wie die MC-130 Commandos von AFSOC, können künftig Material, Waffen und Treibstoffe, aber auch Luft- und Bodenbetankungen (beispielsweise in Form einer FARP) sowie vor allem Soldaten können im Zusammenspiel mit anderen Verbringungsmittel kurzer und langer Reichweite konzentriert ins Spiel gebracht werden. Die USA hat es mit SOCOM bzw. AFSOC vorgemacht. In Europa konnte bisher lediglich Frankreich eine vollständig autonome Airborne SOF-Operation abbilden. Sei es als CSAR (RESCO) oder als SOF-Infiltration: ohne taktischer Versorger, die tief ins Operationsgebiet, bei Nacht und in feindlichem Terrain SOF-Operationen unterstützen, sind kaum Einsätze ohne US-Unterstützung leistbar.

Drei Schutz-Kategorien sind für die C-130J in der deutschen Variante vorgesehen: Selbstschutz durch Radar- und Raketenwarnsysteme in Verbindung mit den Flare/Chaff-Werfern sowie DIRCM-Systeme zur aktiven Gegenmaßnahme bei Gefahren. Zweitens hilft das Fuel Tank Inert durch Explosionsunterdrückenden Schaum in den Treibstofftanks gegen ballistische oder Sprenggefahren. Drittens, der ballistische Schutz der Piloten/Co-Piloten Sitze, der Crew Station Sitze, des Cargo-Raums, der Loadmaster Station sowohl vorne als auch hinten und schließlich auch die gepanzerten Türen der Fallschrimspringertüren an den Seiten und des Sauerstoffvorrattanks. Hinzu kommt das Enhanced Cargo Handling System (ECHS), welches die Abwicklung verschiedener Be- und Entladevorgänge automatisiert. Deshalb ist die Crew im Grunde nur noch auf zwei Piloten und einem Loadmaster im Grundbetrieb reduziert.

Über 21 Tonnen Ladung schafft die C-130J-30 und kann insgesamt mit 74 Tonnen Gewicht abheben und mit maximal 675 km/h zu ihrem Zielort starten. Letzterer kann dank der Luftbetankungsfähigkeit im Grunde überall auf der Welt sein. Im Verbund mit der KC-130 ist die

Die zweite deutsche Hercules mit der Kennung 55+03 hat ebenfalls 2022 den Betrieb aufgenommen. (Foto: Luftwaffe/Birte Chilcott)

Einblicke in das Werk und bei der Entstehung der deutschen »Hercs«. Bug-Radom, Cockpit, Triebwerke, Kabelbaum und alle weiteren Baugruppen wurden allesamt in Marietta gefertigt und bis zum Roll-Out aus einer Hand montiert. (Fotos: Lockheed-Martin)

RED FLASHING LIGHT
AIRCRAFT ELECTRICAL POWER IS ON
MECHANICAL SYSTEMS ARE ON

5930
60JI
32020

Der Laderaum, der Arbeitsbereich der Ladungsmeister. (Foto: Bundeswehr/ Jane Schmidt)

So sieht die erste deutsche C-130J von innen aus: Der Arbeitsplatz der Piloten. (Foto: Bundeswehr/ Jane Schmidt)

Tankerkette mit einigen Maschinen somit geschlossen. Treibstoff für den Transfer und für die Einheiten in der FARP am Zielort oder für die selbstmitgeführte SOF-Komponente ist somit gesichert ins Zielgebiet dislozierbar.

Vom Quad bis zum Kleinhubschrauber, vom STH (Schwerer Transporthubschrauber) bis zum LUH (Light Utility Helicopter), von Wirkmitteln und Munition und von der ISR- und HQ-Relais-Funktion kann ein C-130J Verband nahezu alles leisten, was man sich lange auch in der deutschen SOF-Community erträumt, aber mit der Transall nie leisten konnte.

Der In-Service Support und die Bevorratung bzw. Bereitstellung von Ersatzteilen erfolgen unter französischer Führung. Ebenso werden die Trainingsmittel und die Infrastruktur für die neue Lufttransportstaffel sowie das Ausbildungszentrum unter französischer Führung beschafft. Hauptaufgabe der C-130J Super Hercules (C-130J) ist der geschützte taktische Lufttransport unter Abstützung auf Flugplätze mit eingeschränkter Infrastruktur. Sie bietet die Fähigkeit zu Einsätzen über Land sowie im maritimen Umfeld bei Gewährleistung maximaler, auch nationaler Autarkie und Handlungsfreiheit. Das deutsch-französische Regierungsabkommen über die Modalitäten für die Organisation und den Betrieb der Lufttransportstaffel befindet sich nach wie vor im Abstimmungsprozess. Die Ersatzteilversorgung der deutschen Luftfahrzeuge wird bis voraussichtlich 2024 auf bestehende Lagerbestände des französischen Partners angewiesen sein, da Verspätungen bei der Erstellung und Umsetzung entsprechender Foreign Military Sale (FMS)-Verträge Auswirkungen auf die Lieferungen insbesondere der Langläuferteile haben.

Die Ausbildung und Qualifizierung des technischen Personals bis zur Ankunft des ersten deutschen Flugzeuges ist aufgrund fehlender Lehrgangsplätze in den USA mit einem hohen Risiko behaftet. Der mit den USA abgeschlossene Beschaffungsvertrag sah eine vertragliche Erstauslieferung im zweiten Quartal 2022 vor. Eine vorgezogene Auslieferung bis Februar 2022 auf Basis einer gestrafften Planung wurde fast planmäßig erreicht. Die Beschaffung der Luftfahrzeuge befindet sich im vertraglich vereinbarten Zeitplan. Insgesamt befindet sich das Programm allerdings in einem angespannten Zustand, da vor dem Hintergrund der COVID-19-Pandemie die meisten, vor allem binationalen, Zeitlinien deutliche Verzögerungen aufzeigen. Bis zur Indienststellung der gemeinsamen Staffel mit Frankreich galt es den Fokus auf die rechtlichen und logistischen noch zu schaffenden Voraussetzungen auszurichten, um die Grundlagen für das Personal und den Fähigkeitsaufbau zu erwirken. Mit der Beschaffung von sechs C-130J durch die Bundeswehr wird aus Sicht der Fähigkeitslage die nach Außerdienststellung der Transall entstehende Fähigkeitslücke im taktischen Lufttransport bei Einsätzen auf Flugplätzen mit eingeschränkter Infrastruktur mit Schwerpunkt Nationales Risiko- und Krisenmanagement (NatRKM) und Unterstützung Spezialkräfte verhindert/geschlossen.

Vor dem Hintergrund der Kleinstflottenproblematik ist die französisch-deutsche Kooperation zum gemeinsamen Betrieb der C-130J das geeignete Mittel, um zum einen Synergieeffekte bestmöglich zu nutzen und zum anderen dem Aspekt des wirtschaftlichen Handelns gerecht zu werden.

Mit Abschluss des parlamentarischen Billigungsprozesses für die Beschaffung der sechs Luftfahrzeuge (inklusive Herstellung der Einsatzreife) durch die Bundeswehr wurde am 26. September 2018 eine wesentliche Grundlage zur Kompensation der ab Ende 2021 auftretenden Fähigkeitslücke geschaffen. Der mit Frankreich zusammen vereinbarte Meilensteinplan ist ambitioniert und fokussiert im aktuellen Zeitraum auf die Schaffung der rechtlichen und logistischen Grundlagen zur frühestmöglichen Aufnahme des gemeinsamen Flugbetriebs beginnend mit der Erstbefähigung im zweiten Quartal 2022. Schwierigkeiten zeichnen. Die erste deutsche C-130J ist am 21. Februar 2022 in Évreux gelandet.

Geschützter Taktischer Transport – MILDS Block 2

Im Zuge der Anschaffung von jeweils drei Flugzeugen des Typs Lockheed C-130J-30 und KC-130J »Hercules« entschied sich die Bundeswehr für die Ausrüstung aller Maschinen mit der neuesten Generation von Abwehr-Sensorik durch HENSOLDT. Die erste »Hercules« für die Bundeswehr wurde Anfang 2022 in Évreux/Fauville (Frankreich) an die deutsch-französische Lufttransportstaffel übergeben.

Mit MILDS Block 2 liefert HENSOLDT insgesamt 35 Sensoren (fünf pro Flugzeug, sowie fünf Sensoren für Testanlagen) im Gesamtwert von 2,9 Millionen Euro an das dänische Unternehmen Terma A/S, das über Terma Inc. die Integration der Systeme bei Lockheed Martin betreut. Bislang wurden bereits 20 Sensoren und die bestellten Trockenpatronen-Kits geliefert. Bis Januar 2023 werden die übrigen 15 Sensoren ausgeliefert werden. Mit MILDS Block 2 hilft das Unternehmen auch beim

Dem Jungfernflug folgten weitere Tests und Flüge, bevor die C-130J im Februar 2022 der Bundeswehr übergeben wurde. (Foto: Lockheed-Martin/Thinh D. Nguyen)

Schließen der Fähigkeitslücke, die durch die Stilllegung der C-160 »Transall« entstanden war. MILDS Block 2 ist ein passives, bildgebendes Sensorsystem, das für die Erkennung von Emissionen im Solar-Blind UV-Spektralband optimiert ist, die von dem Abgasstrahl des Raketenmotors einer (anfliegenden) Rakete ausgeht. MILDS Block 2 ist als Nachfolger des bekannten MILDS AN/AAR-60 konzipiert und bietet neben einer höheren Empfindlichkeit auch zusätzliche Funktionen. MILDS Block 2 erkennt ankommende Raketenbedrohungen und zeigt die Ankunftsrichtung mit maximaler Vorwarnzeit an. Die hohe räumliche Auflösung von MILDS Block 2 in Verbindung mit modernster zeitlicher Verarbeitung ermöglicht eine sehr hohe Erkennungsrate bei gleichzeitig weitgehender Vermeidung von Fehlalarmen. MILDS-Block-2-Systeme bestehen typischerweise aus vier bis sechs identischen Sensoren, die im Verbund in das übergeordnete EW-System eingebunden sind. Weiterhin sind weder eine Kühlung, noch eine zentrale Recheneinheit erforderlich.

Ein hoher Prozentsatz der Flugzeugverluste in aktuellen und jüngsten Konflikten wurde durch bodengestützte Abwehrsysteme mit IR SAM (Infrared Surface-to-air-missile) verursacht. Um mit dieser Entwicklung auf der Bedrohungsseite Schritt zu halten, hat HENSOLDT Sensors das Raketenwarnsystem MILDS AN/AAR-60 Block 2 entwickelt, eine Selbstschutzlösung speziell für Hubschrauber und Großraumflugzeuge, die eine höhere Leistung erlaubt und zusätzliche Funktionen wie z. B. sensorinterne Datenaufzeichnung und Hostile-Fire-Indication (Erkennung von Beschuss durch Handfeuerwaffen) ermöglicht. Die schnelle Erkennung und Deklaration von Bedrohungen in Verbindung mit der automatischen Auslösung von Gegenmaßnahmen und der Alarmierung der Besatzung unterstützt den Missionserfolg und die sichere Rückkehr von Besatzung und Flugzeug.

Staffelbetrieb seit 2022

Zehn Flugzeuge, zwei Nationen, ein Team: So etwas hat es in Europa noch nie gegeben. Am 9. März 2022 hat die erste deutsch-französische Lufttransportstaffel offiziell ihren Dienst in Évreux in der Normandie aufgenommen. Gestartet wird zunächst mit vier französischen Super Hercules C-130J, zwei davon in der Tankerversion, und mit einer deutschen C-130J. 2024 ist die Staffel mit zusätzlich fünf deutschen Maschinen komplett. Zum Verband werden dann insgesamt rund 300 Soldatinnen und Soldaten beider Nationen gehören.

Großes Antreten bei der Armée de l'Air in Frankreich 2018 als die erste französische C-130J-30 ausgeliefert wurde. Im Hintergrund steht auch das ältere H-Modell. Zu diesem Zeitpunkt existierte das deutsch-französische Vorhaben einer gemeinsamen Staffel nur auf dem Papier. (Foto: Bundeswehr)

Der Fliegerhorst

Die Base aérienne 105 Évreux-Fauville (BA 105) ist ein Militärflugplatz der französischen Luftstreitkräfte (Armée de l'Air et de l'Espace). Der Flugplatz liegt in der Region Normandie im Département Eure auf dem Gebiet dreier Gemeinden: Fauville, Gauciel und Huest etwa fünf Kilometer östlich von der Stadt Évreux. Die BA 105 wurde nach Major (Commandant) Jules Louis Viot benannt, einem französischen Piloten, der 1947 in Französisch-Indochina während eines Luftkampfes gefallen ist. Der Fliegerhorst beherbergt mehrere, unterschiedliche Geschwader und Staffeln:

- 64e escadre de transport – 64. Transportgeschwader
- L'escadre aérienne de commandement et de conduite projectable
- Le groupe aérien mixte 56 »Vaucluse« – gemischte Lufttransportstaffel 56 »Vaucluse«
- La 62e escadre »Franche-Comté« – Lufttransportgeschwader 62 »Franche-Comté«
- Escadron électronique aéroporté 1/54 »Dunkerque« – Aufklärungsstaffel 1/54 »Dunkerque«

Der Auftrag der binationalen Staffel beinhaltet folgende Schwerpunkte:

- Gemeinsamer Lufttransport im gesamten logistischen und taktischen Spektrum
- Unterstützung von Spezialkräfteoperationen
- Gegenseitige Unterstützung im Krisenfall und bei der Durchführung nationaler Aufträge

Die deutsch-französische Lufttransportstaffel führt taktische Lufttransporteinsätze auf Flugplätzen oder unbefestigten Landezonen mit stark reduzierter Infrastruktur durch. Sie schließt damit die Fähigkeitslücke im taktischen Lufttransport, die aufgrund der Außerdienststellung der C-160 Transall im Jahr 2021 durch einen Untersuchungsbericht von 2016 identifiziert wurde. Gleichwohl ist die »Super Hercules« kein direkter Nachfolger der C-160 Transall. Die binationale Lufttransportstaffel »Rhein/Rhin« ist beauftragt, Einsätze im Rahmen des nationalen Krisenmanagements zum Schutz deutscher Staatsangehöriger im Ausland und für die Unterstützung von Spezialoperationen durchzuführen. Außerdem kann sie mit ihren KC-130J andere Luftfahrzeuge, auch Hubschrauber, in der Luft betanken. Die weltweiten taktischen Lufttransporte koordiniert das European Air Transport Command.

Die Flotte der deutsch-französischen Lufttransportstaffel wird künftig aus zehn Super-Hercules-Maschinen der Firma Lockheed Martin bestehen:

- 5 C-130J-30
- 5 KC-130J (Tankerversion)
- Frankreich stellt zwei C-130J-30 und zwei KC-130J.
- Deutschland stellt drei C-130J-30 und drei KC-130J.

Die vier französischen Flugzeuge wurden zwischen Januar 2018 und Februar 2020 ausgeliefert und waren zwischenzeitlich in Orléans-Bricy stationiert. Die erste deutsche Super Hercules wurde am 19. Februar 2022 übergeben. Zwei weitere folgten noch in 2022.

Pilotenausbildung

Piloten, die für die Luftwaffe nach Orléans kommen, haben eine längere Vorbereitungszeit. Dazu gehört ein Französisch-Lehrgang sowie die Ausbildung auf der C-130J in den USA. Die U.S. Air Force Base in Little Rock, Arkansas, ist dafür zuständig. Etwa sechs Monate dauert diese Ausbildung zunächst. Selbststudium, Unterricht in einer Kleinst-Klasse mit einem amerikanischen Kameraden und einem Fluglehrer, Simulator-Training und richtige Flüge – insgesamt 120 Flugstunden auf der C-130J, die jetzt nach und nach die Transall ersetzt. Noch gibt es viele erfahrene Transall-Piloten, die nur umschulen und ab 2023 auch direkt in Evreux/Orléans ausgebildet werden.

Ladungsmeister

Nach dem Französisch-Lehrgang müssen auch die Unteroffiziere, die für die Ladungsmeistertätigkeit ausgebildet werden elf Monate in die USA. In San Antonio, Texas, erfolgt erst der Abschluss als amerikanischer Ladungsmeister und dann in Little Rock, Arkansas, der Abschluss als Ladungsmeister für die C-130J. So wie die Piloten einen Simulator haben, gibt es für Ladungsmeister die Nachbildung eines Laderaums, wo verschiedene Beladungen geübt werden, von Paletten über Autos bis zu Triebwerkscontainern. Auch Abwürfe, sogenannte »Drops«, werden geübt. Das ist wichtig, denn Ladungsmeister müssen alles so verknoten und abbinden, dass die Schirme in der richtigen Reihenfolge und in der richtigen Zeit das Flugzeug verlassen. Und das muss bei der C-130J anders gemacht werden als bei der Transall.

Mechanikerausbildung

Neben insgesamt etwa neun Monaten Sprachausbildung muss das Mechanikerpersonal eine CAT-B-Ausbildung, also die Ausbildung zum Flugzeugmechaniker duchlaufen. Ob als Auffrischung oder als Neueinstieg. Die Materialien und Systeme haben sich binnen der letzten 30 Jahre einfach geändert; da ist die Auffrischung auch für altgediente Mechanikerinnen und Mechaniker hilfreich. Im Anschluss führte der Weg der Ausbildung in die USA. In Little Rock und Albuquerque geht es dann das erste Mal direkt um die C-130J. Bis dahin war die Ausbildung eher allgemeiner Natur. Eine Grundlagenausbildung zu dem amerikanischen Transporter und eine Spezialausbildung zum »Inflight Refueling«, also der Luftbetankung und Triebwerksbodenläufe folgen. Die Bodenläufe der Triebwerke sind deren Abschlussprüfung, bevor sie ihre jeweils gut 4.600 PS auf die Startbahn bringen dürfen. Die Transall war der Hercules sehr ähnlich. Die Technik und die Systeme sind miteinander vergleichbar. Die Bauart, die Maße und die Ausstattung sind nahezu identisch, auch wenn man, dem Trugschluss unterlaufen konnte, dass die zweimotorige Transall kleiner war als die Hercules.

Kooperation mit Zukunft

Das Besondere an diesem Verband ist die komplette Integration: Zum allersten Mal leben, trainieren und arbeiten hier französische und deutsche Piloten, Mechaniker, Avioniker und technische Ladungsmeister gemeinsam. Binationale Crews fliegen die Einsätze und am Boden werden deutsche und französische Maschinen ebenfalls gemeinsam gewartet. Die neue binationale Staffel ist ein Meilenstein für die weitere Zusammenarbeit der deutschen Luftwaffe und der französischen Armée de l'Air et de l'Espace. Hier profitieren beide Seiten von den bereits vorhandenen Erfahrungen der anderen. Um diese in Europa einmalige Kooperation zu verwirklichen, entstanden einheitliche Grundlagendokumente, zum Beispiel für den gemeinsamen Flug- und Instandhaltungsbetrieb. Diese können als Blaupause für weitere Kooperationen in Europa genutzt werden.

Auch dies kommt auf die deutschen Warte zu: Ein Soldat der 86th Aircraft Maintenance Squadron wäscht die Unterseite einer C-130J Super Hercules auf dem Luftwaffenstützpunkt Ramstein, Deutschland. Das Waschen von Flugzeugen ist ein wichtiger Bestandteil des Flugbetriebs. Wenn die Flugzeuge nicht regelmäßig gewaschen werden, beginnen sie zu korrodieren und es entstehen Schäden, die ihren Betrieb gefährden. (U.S. Air Force Foto/ Staff Sgt. Sara Keller)

Zur Ausstattung eines Hercules-Geschwaders gehören auch viele Sondervehikel, Spezialfahrzeuge und jede Menge Werkzeuge. (U.S. Air Force Foto/Staff Sgt. Sara Keller)

Eine C-130H der Air National Guard wartet im September 2014 auf der Air Base Ramstein in Deutschland um die Übung Steadfast Javelin II zu unterstützen. An dieser von der NATO geleiteten Übung nahmen mehr als 2.000 Soldaten aus mehreren Nationen teil, die in Estland, Deutschland, Lettland, Litauen und Polen stationiert waren. Im Mittelpunkt der Übung stand die Verbesserung der Interoperabilität und die Synchronisierung komplexer Operationen zwischen verbündeten Luft- und Bodenstreitkräften durch Luftlande- und Luftangriffseinsätze. (U.S. Air Force Foto/ Airman 1st Class Jordan Castelan)

Schlussbetrachtung

Die neuen C-130 sehen so aus wie seit Jahrzehnten gewohnt. Aber das vertraute Äußere birgt ein völlig neues Flugzeug. Die Reichweite des C-130J ist 50 Prozent größer als die des A-Version. Das Bruttogewicht ist um 25 Prozent gestiegen. Dank der weiterentwickelten Verteidigungssysteme, sind Hercules-Maschinen auch nicht mehr all zu leicht abzuschießen. In Bezug auf die verfügbare Leistung sagte Lockheed-Cheftestpilot Bob Hill 2014: »Wenn Sie einen Piloten nehmen und ihn in ein A-Modell setzen, nachdem er ein J-Modell geflogen ist, würde er denken, er hätte keine Triebwerke.« Die Triebwerke liefern fast 30 Prozent mehr Schub als die des H-Modells. Alles in allem waren die Unterschiede so groß, dass Lockheed beim J-Modell auf den Namen »Super Hercules« kam. Im Inneren ist wenig vom Erbe des Flugzeugs aus den 1950er-Jahren übriggeblieben. Das in der nicht-digitalen Vergangenheit konzipierte Design wurde für das neue Jahrhundert maßgeschneidert. Die winzigen Anzeigen sind verschwunden und wurden durch LCD-Bildschirme ersetzt, ebenso wie der Flugingenieur und der Navigator. Ein Pilot fliegt, der andere spricht mit den Computern und nennt sich Combat Systems Officer (CSO). Alles wird permanent durch den Computer überwacht. Das Flugzeug teilt den Piloten jede Kleinigkeit, die passiert, in aufsteigender Dringlichkeitsstufe mit. Nachdem beide Hauptcomputer ausgefallen sind, sind sie für einen Instrumentenflug immer noch besser gerüstet als das H-Modell mit laufendem Computer. Als der britische Premierminister Tony Blair im Mai 2003 Basra betrat, geschah dies von der Rampe einer C-130J der Royal Air Force aus. Eine italienischer C-130J brachte den im Exil lebenden König von Afghanistan im April 2002 zurück nach Kabul. Was die Zukunft angeht, scheint kein Konkurrent in Sicht. Seit dem russischen Angriffskrieg gegen die Ukraine im Februar 2022 sind die C-130-Sondermaschinen wieder an einen europäischen Kriegsschauplatz zurückgekehrt. Die Spezialmaschinen des Special Operations Command der USA sowie viele Standard-Transporter des gleichen Typs vieler NATO-Partnerländer sind seit der Ukrainekrise ganz nah am Geschehen und bewegen sich gefährlich nahe an einer sehr heiklen Zone. Einer Zone, die jederzeit einen desaströsen Konflikt verheißen könnte, welche weltweite Ausmaße annehmen könnte. Auch die Späher-, Störer- und Aufklärer-Versionen der C-130 wurden so nah wie nie zuvor an einen Konfliktherd herangezogen. Es bleibt zu hoffen, dass die Hercules nicht auch noch auf dem europäischen Schlachtfeld ein Zeitzeuge wird. Die US-Luftwaffe testet seit 2022 sogar eine neue Technologie, um zu erproben, ob eine C-130J Super Hercules autonom geflogen werden kann. Also ohne Piloten. Das Luftfahrt-Technologie-Unternehmen Merlin Labs hat nach eigenen Angaben eine Vereinbarung mit der USAF getroffen, um die Erprobung seiner kommerziellen autonomen Pilotentechnologie auf dem taktischen Transportflugzeug zu testen. Die Software kann Berichten zufolge den Kurs eines Flugzeugs während des Flugs steuern und beibehalten, selbst bei Turbulenzen und schwierigen Wetterbedingungen. Sie kann auch autonom starten und landen. Das Unternehmen erklärte, dass die Technologie eine Reduzierung der Besatzung an Bord der Super Hercules ermöglichen würde, da keine Piloten mehr benötigt würden. Allerdings ist die Software nicht in der Lage, Hindernisse wie Vögel am Himmel oder Autos auf einer Landebahn zu erkennen. Vertrauen in Computer-Algorithmen ist jedoch in vielen weiteren Bereichen des Militärs längst keine Ausnahme mehr. Der Schritt, autonome Pilotentechnologie in Militärflugzeuge zu integrieren, erfolgt vor dem Hintergrund des anhaltenden Pilotenmangels in den Streitkräften. Dies ist auch auf die Bemühungen der USAF zurückzuführen, sich stärker auf Computeralgorithmen verlassen, um die Zahl der Flugzeugbesatzungen während der Einsätze zu verringern. Die Initiative ist jedoch schnell auf Kritik gestoßen. Die Zukunft wird es zeigen. Auch wenn sie für meist brutale Bedingungen konzipiert wurde, glaubt Lockheed-Martin, dass die Hercules-Produktionslinie in Marietta ein diamantenes Jubiläum feiern wird. Rund um das U.S. Air Materiel Command heißt es, dass, wenn sie den letzten Boeing C-17-Transporter zum Flugzeugfriedhof (Boneyard) fliegen, die Besatzung an Bord in einer Hercules zurückfliegen wird. Many happy landings.

Anhang

C-130-Staffeln im Dienst der USAF

Squadron	Shield	Location	Nickname	Aircraft Flown	Note
2nd Airlift Squadron		Pope Field	Lancers	C-130 Hercules	(inactive)
30th Airlift Squadron		Cheyenne Regional Airport		C-130 Hercules	(inactive)
36th Airlift Squadron		Yokota AB	Eagle Airlifters	C-130J Super Hercules	
37th Airlift Squadron		Ramstein AFB	Blue Tail Flies	C-130J Super Hercules	
39th Airlift Squadron		Dyess AFB	Trailblazers	C-130J Super Hercules	
40th Airlift Squadron		Dyess AFB	Screaming Eagles	C-130J Super Hercules	
41st Airlift Squadron		Little Rock AFB	Black Cats	C-130J Super Hercules	
48th Airlift Squadron		Little Rock AFB		C-130J Super Hercules	(Inactive)

50th Airlift Squadron	Little Rock AFB	Red Devils	C-130 Hercules	
52rd Airlift Squadron	Petersen AFB		C-130H	
53rd Airlift Squadron	Little Rock AFB	Black Jacks	C-130 Hercules	
61st Airlift Squadron	Little Rock AFB	Green Hornets	C-130J Super Hercules	
62nd Airlift Squadron	Little Rock AFB	Blue Barons	C-130J Super Hercules	
95th Airlift Squadron	Pope AFB	Flying Badgers	C-130 Hercules	(inactive)
96th Airlift Squadron	Minneapolis-	Flying Vikings	C-130 Hercules	
105th Airlift Squadron	Tennessee ANG	Music	C-130H Hercules	
109th Airlift Squadron	Minnesota ANG		C-130H Hercules	
115th Airlift Squadron	California ANG		C-130 Hercules	
118th Airlift Squadron	Connecticut ANG		C-130 Hercules	
130th Airlift Squadron	Yeager Airport West Virginia ANG	Mountaineers	C-130H Hercules	

135th Airlift Squadron	Warfield Air National Guard Base Maryland ANG	Balimore's Best	C-130J Super Hercules	(inactive)
136th Airlift Squadron	Niagara Falls IAP New York ANG	»New York‘s Finest«	C-130 Hercules	(inactive)
139th Airlift Squadron	Stratton ANGB		LC-130H Hercules	
142nd Airlift Squadron	Delaware ANG		C-130H Hercules	
143rd Airlift Squadron	Rhode Island ANG		C-130J Super Hercules	
144th Airlift Squadron	Joint Base Elmendorf-Richardson		C-130H Hercules	
156th Airlift Squadron	Charlotte/Douglas IAP North Carolina ANG	First in Flight	C-130 Hercules	
158th Airlift Squadron	Savannah/Hilton Head IAP Georgia ANG	Savannah Guard Dogs	C-130 Hercules	
164th Airlift Squadron	Ohio ANG		C-130 Hercules	
165th Airlift Squadron	Louisville IAP Kentucky ANG	Thoroughbred Express	C-130H Hercules	
169th Airlift Squadron	Illinois ANG		C-130 Hercules	
180th Airlift Squadron	Rosecrans Memorial Airport Missouri ANG	Pony Express	C-130 Hercules	

181st Airlift Squadron		Texas ANG		C-130H Hercules	
187th Airlift Squadron		Wyoming ANG		C-130 Hercules	
189th Airlift Squadron		Gowen Field Idaho ANG		C-130 Hercules	
192d Airlift Squadron		Reno/Tahoe IAP Nevada ANG	High Rollers	C-130 Hercules	
198th Airlift Squadron		Luis Muñoz Marin IAP Puerto Rico ANG	Buccaneros	C-130 Hercules	
327th Airlift Squadron		Little Rock AFB		C-130 Hercules	Activated 2014
328th Airlift Squadron		Niagara Falls IAP		C-130 Hercules	
357th Airlift Squadron		Maxwell AFB	Deliverance	C-130 Hercules	
700th Airlift Squadron		Dobbins ARB		C-130 Hercules	
701st Airlift Squadron		Charleston AFB	Turtles	C-17 Globemaster III	
731st Airlift Squadron		Peterson AFB		C-130 Hercules	
732nd Airlift Squadron		Joint Base McGuire-Dix-Lakehurst	Rams	C-17 Globemaster III	

757th Airlift Squadron	Youngstown ARS	Blue Tigers	C-130 Hercules
758th Airlift Squadron	Pittsburgh IAP		C-130 Hercules
772nd Expeditionary Airlift Squadron	Kandahar AB, A Afghanistan		C-130J
773rd Airlift Squadron	Youngstown ARS	Fleagles	C-130 Hercules
774th Expeditionary Airlift Squadron	Bagram AB, Afghanistan		C-130
815th Airlift Squadron	Keesler AFB	Jennies	C-130

Anmerkung:
Die C-130-Einheiten in Kandahar, Bagram und Kabul sind seit dem Rückzug aus Afghanistan 2021 aufgelöst worden. Dafür wurden ab 2021 und 2022 auf der Louisville Air National Guard Base (Kentucky), der McLaughlin ANGB, (West Virginia) sowie auf der Naval Air Station Joint Reserve Base (Texas) und auf Savannah ANGB (Georgia) neue C-130J-Einheiten aufgestellt oder werden bis 2024 ausgerüstet.

LOCKHEED MARTIN C-130J
CLAIMS 54 WORLD RECORDS

The following records have been certified as world records:

Class C-1.N Turboprop, Group II, Heavy Airplanes
(132,276 to 176,368 lb)

Records broken	15
Records set	6
Total	21

Closed Circuit (Speed and Distance)

NEW RECORD USA, 396.17 mph; Lockheed Martin C-130J, 4/20/99

Breaks old record by 8 percent while carrying twice the payload

BREAKS these existing records:
1,000 km speed with following payloads:
0 kg; 1,000 kg; 2,000 kg; 5,000 kg; 10,000 kg

ESTABLISHES these records:
1,000 km speed with 15,000 and 20,000 kg payloads

NEW RECORD USA, 394.87 mph; Lockheed Martin C-130J, 4/20/99

Breaks old record by 16 percent while carrying twice the payload

BREAKS these existing records:
2,000 km speed with following payloads:
0 kg; 1,000 kg; 2,000 kg; 5,000 kg; 10,000 kg

ESTABLISHES these records:
2,000 km speed with 15,000 and 20,000 kg payloads

Altitude

NEW RECORD USA, 36,560 feet; Lockheed Martin C-130J, 4/20/99

Breaks old record by 18 percent while carrying twice the payload

BREAKS these existing records:
Altitude with following payloads: 0 kg; 1,000 kg; 2,000 kg; 5,000 kg; 10,000 kg

ESTABLISHES these records:
Altitude with 15,000 and 10,000 kg payloads

Entwicklungs-Stammbaum der C-130 Hercules Gunships

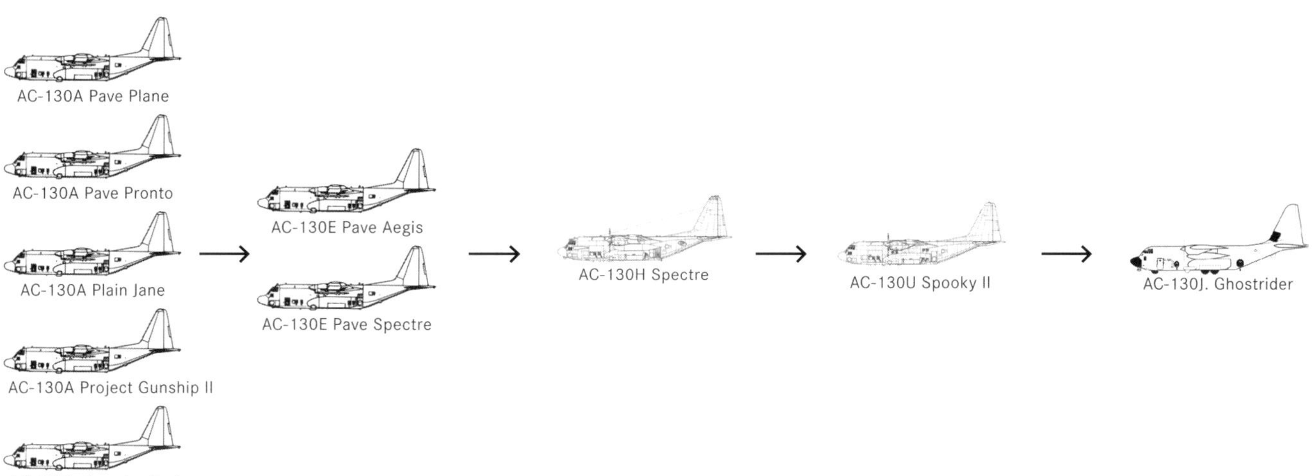

Entwicklungs-Stammbaum der C-130 Hercules

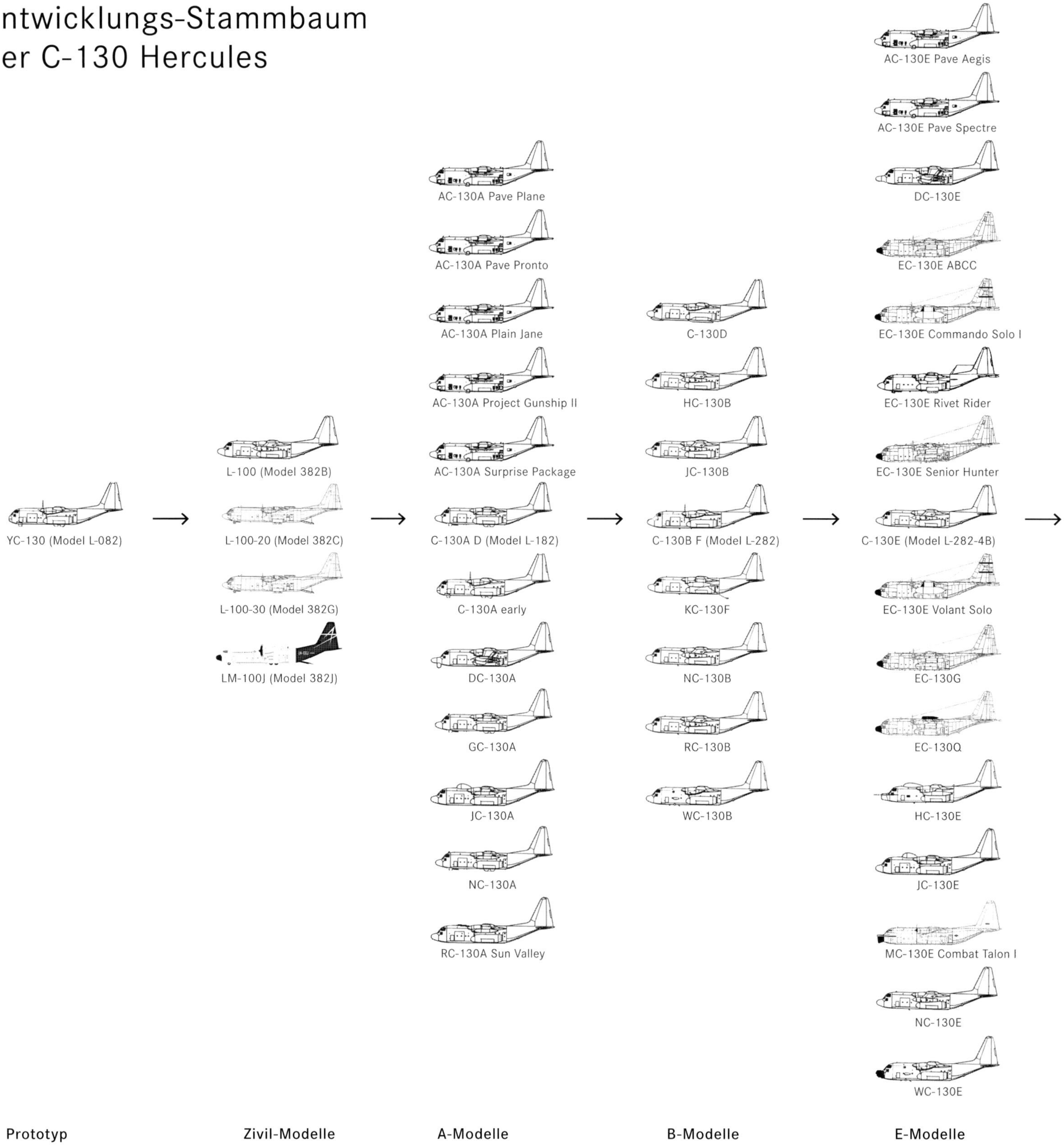

AC-130H Spectre
AC-130JW Dragon Spear/Stinger II
AC-130U Spooky II
C-130 Air Cussion
C-130 Seaplane
C-130H-30
C-130H (Model L-382CT)
CC-130H (CAN)
EC-130H Compass Call
EC-130Q U.S. Navy TACAMO
EC-130V Coast Guard Drug Interdiction
HC-130H
HC-130N Combat King I
HC-130P Combat Shadow
KC-130H
KC-130R
KC-130T-30H
KC-130T
LC-130R Arctic
LC-130R
LC-130RH Arctic
MC-130H Combat Talon II
NC-130H Space Command
RC-130S Sun Valley II
TP-84 (SWE)
VC-130H
WC-130H
YMC-130H Credible Sport_SUPER STOL II
AC-130J Ghostrider
C-130J-30
C-130J-30 Luftwaffe
C-130J-30 standard
C-130JSOF INT
EC-130J Commando Solo III
HC-130J Combat King II
C-130J (Model L-382UV)
Hercules C.Mk4 (UK)
Hercules C.Mk5 (UK)
KC-130J
MC-130J Amphibious SOF
MC-130J
SC-130J-30 Sea Hercules
WC-130J
C-130W2 Snoopy
Hercules C.Mk 4 (J-30) UK
Hercules C.Mk 5 (J) UK
Hercules C.Mk1
Hercules C.Mk1K
Hercules C.Mk1P SOF
Hercules C.Mk3 (H-30 strech)
Hercules C.Mk3A SOF (H-30 strech)
H-Modelle
J-Modelle
UK-Modelle

Maße und Dimensionen der C-130J Super Hercules laut Hersteller.

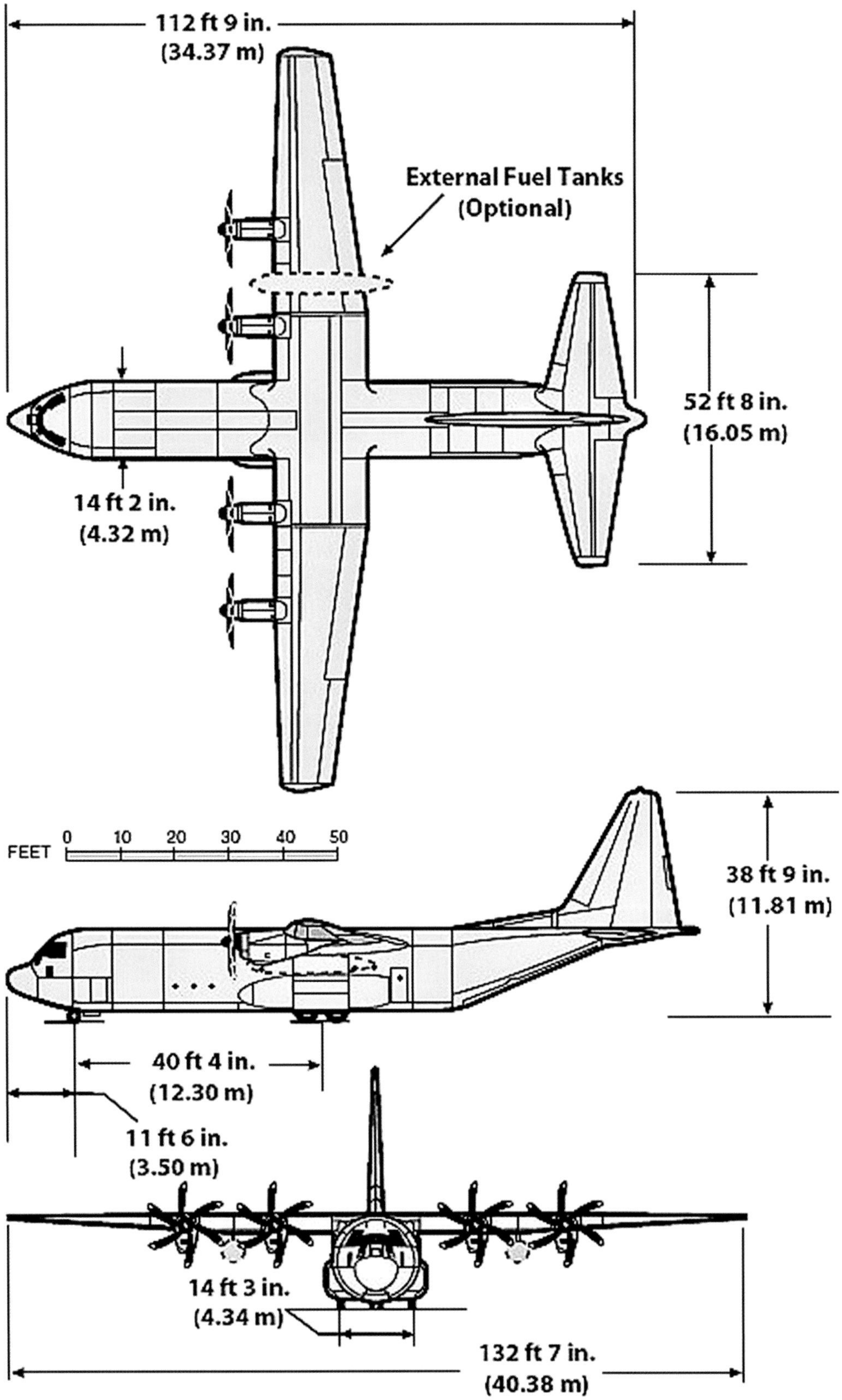

Zugangspunkte zu den wichtigsten Systemen und Verortung der Flüssigkeiten, Betriebs- und Schmiermittel laut Hersteller.

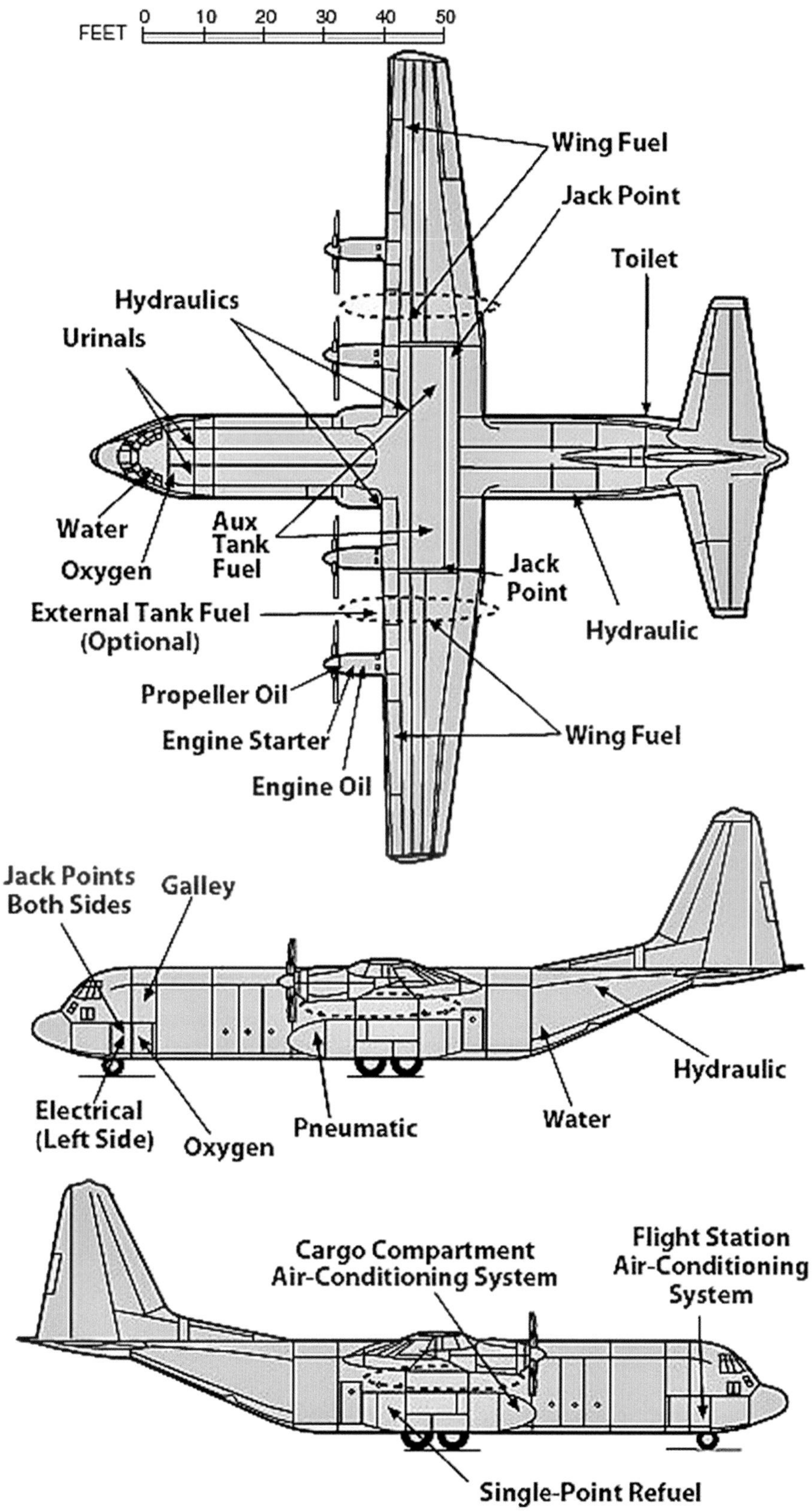

Die Fliegereisprache ist Englisch: Die Cockpit-Bedienelemente listet Lockheed-Martin dementsprechend stets in englischer Sprache.

Instrument Panel

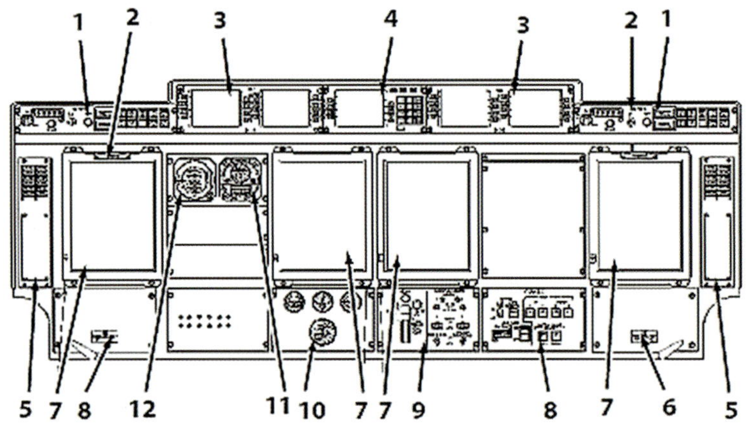

1. Reference Set/Mode Select Panel (Two Places)
2. Inclinometer (Two Places)
3. Avionics Management Unit (Two Places)
4. Communication/Navigation/ Electronic Circuit Breaker Panel
5. Mode Annunciator Panel (Two Places)
6. Air Diverter Handle (Two Places)
7. Color Multipurpose Display Unit (CMDU)
8. Hydraulic Control Panel
9. Landing Gear/Landing Lights Panel
10. Flap and Trim Indicator Panel
11. Standby Altimeter/Airspeed Indicator
12. Standby Attitude Indicator

Center Console

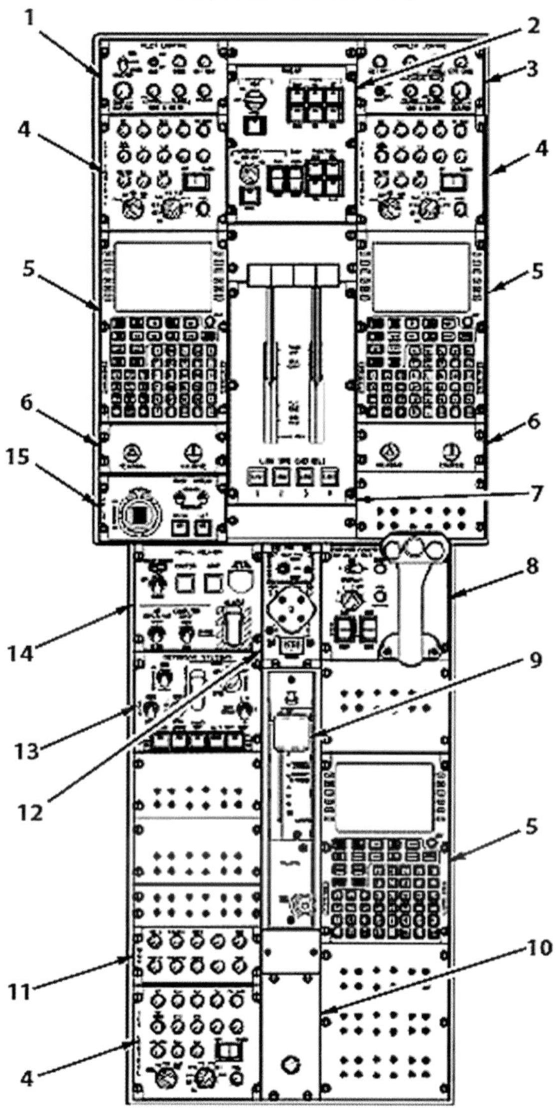

Overhead Panel

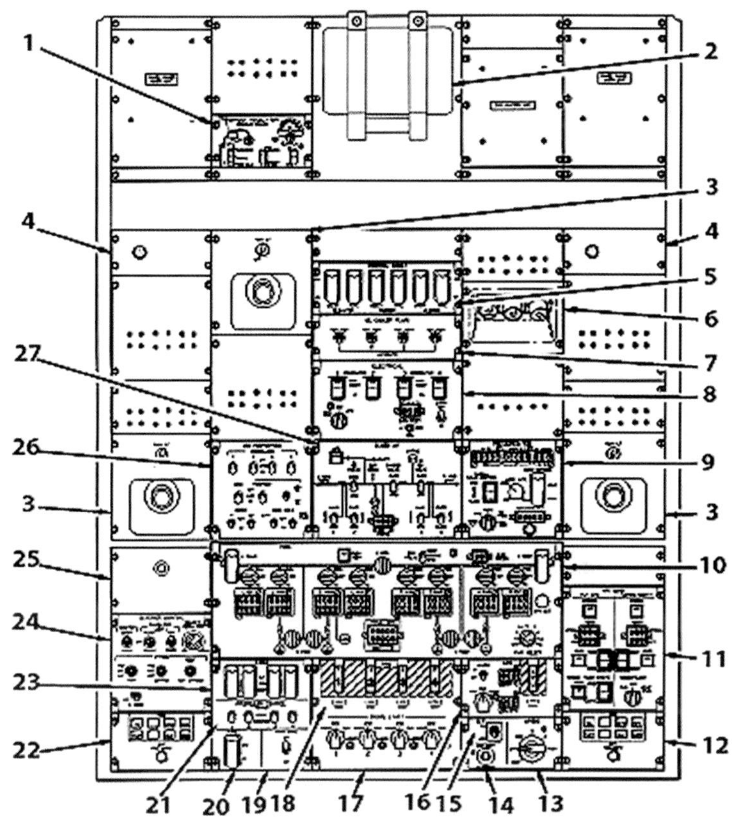

1. Pilot Lighting Panel
2. Radar Control Panel
3. Copilot Lighting Panel
4. Intercommunications System Control Panel (Three Places)
5. Communication/Navigation/Identification Management Unit (Three Places)
6. Remote Heading and Course Selector (Two Places)
7. Throttle Quadrant Assembly
8. Cursor Control Panel
9. Wing-Flaps Control Quadrant Panel
10. Headset Interface Unit Panel
11. Intercommunications System Monitor Panel
12. Trim Panel
13. Defensive Systems Panel
14. Aerial Delivery Panel
15. Automatic Flight Control System Panel

1. Oxygen Regulator
2. Oxygen Mask Stowage Box
3. Reading Light Control
4. Headset Interface Unit
5. Control Boost Panel
6. Console Light
7. Oil Cooler Flaps Panel
8. Electrical Panel
9. Pressurization Panel
10. Fuel Management Panel
11. Air Cond Panel
12. Copilot HUD Panel
13. Wipers Panel
14. Emergency Exit Lights Extinguish
15. ELT Panel
16. APU Panel
17. Engine Start Panel
18. Fire Panel
19. Prop Sync Panel
20. ATCS Panel
21. Propeller Control Panel
22. Pilot HUD Panel
23. FADEC Panel
24. Exterior Lighting Panel
25. Voice Recorder Microphone Panel
26. Ice Protection Panel
27. Bleed Air Panel

Beladungskapazitäten je nach Frachtart laut Hersteller.

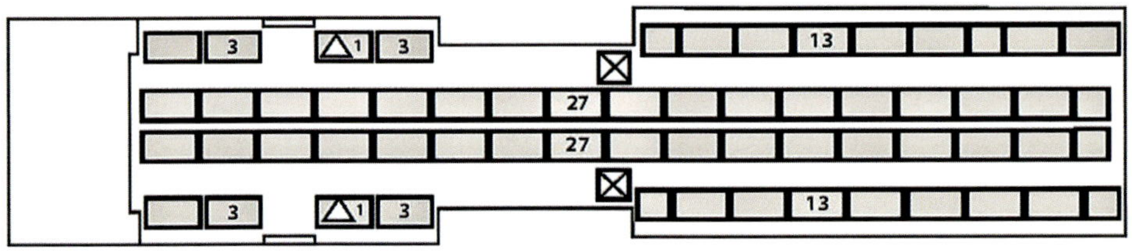

△ **Loadmaster Seats**

☒ **Safety Men**

92 Paratroops
24-Inch Seating

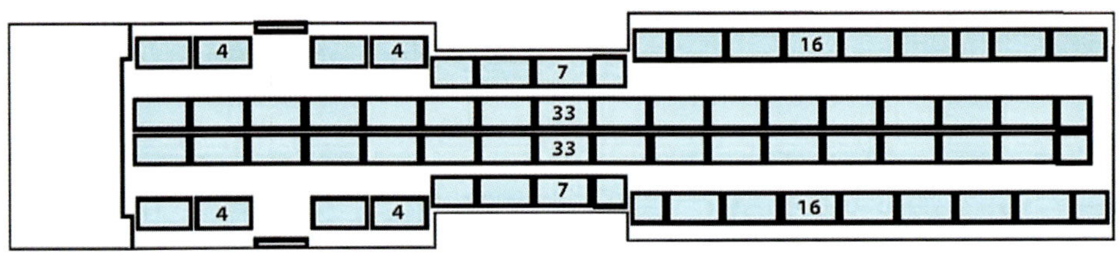

128 Ground Troops
20-Inch Seating

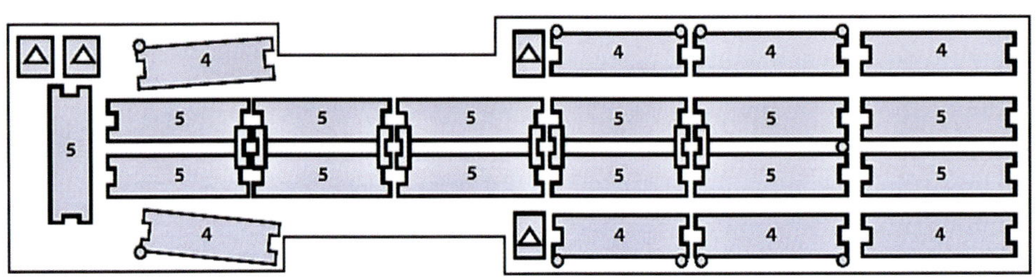

△ **Attendants**
97 Litters

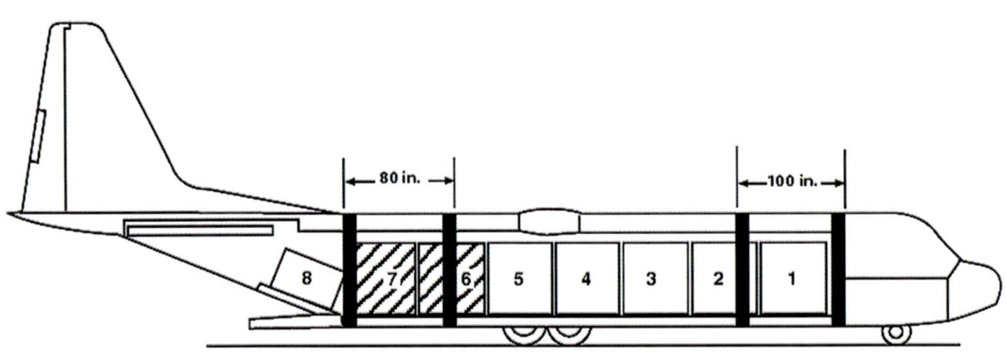

Model	Cargo Floor	#463L Pallets	Litters	CDS Bundles	Combat Troops	Para-troops
C-130J	55 ft	8	97	24	128	92

Vertical Clearances

Wingtip	12 ft
Vertical Stabilizer Tip	38 ft 9 in.
Inboard Propeller	5 ft 9 in.
Outboard Propeller	8 ft 5 in.

Minimum Space Required for Turning is 179 Feet 4 Inches With the Nose Gear Turned to the Maximum of 60 Degrees at Taxi Speeds Under 5 Knots

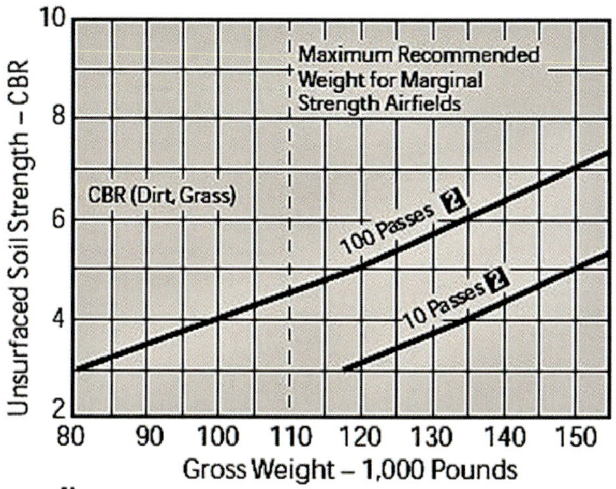

Note
1. Number of Passes Is Based on Main Landing Gear Tire Inflation Pressure for Marginal Strength Airfields

2 A Pass Is Defined as One Landing and One Takeoff

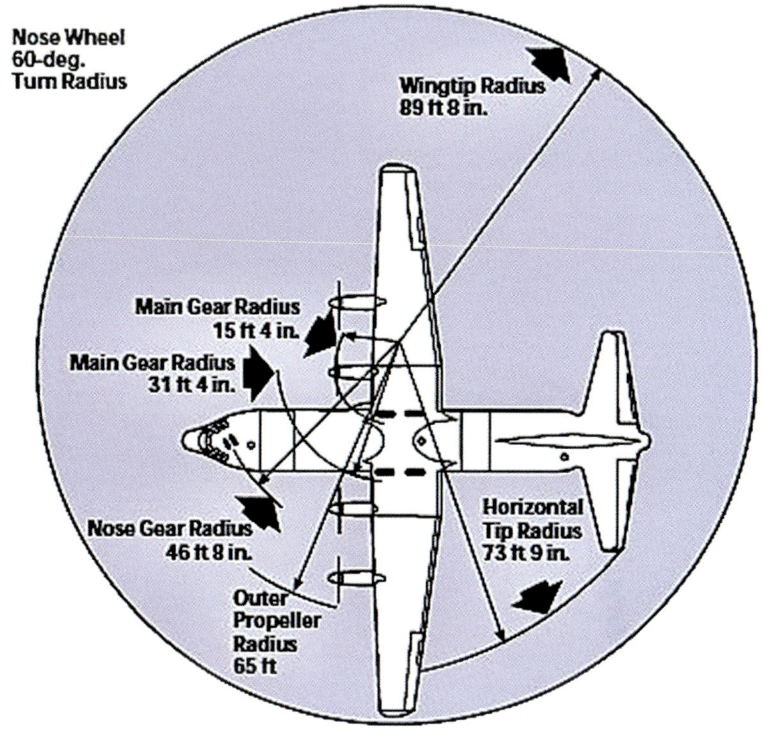

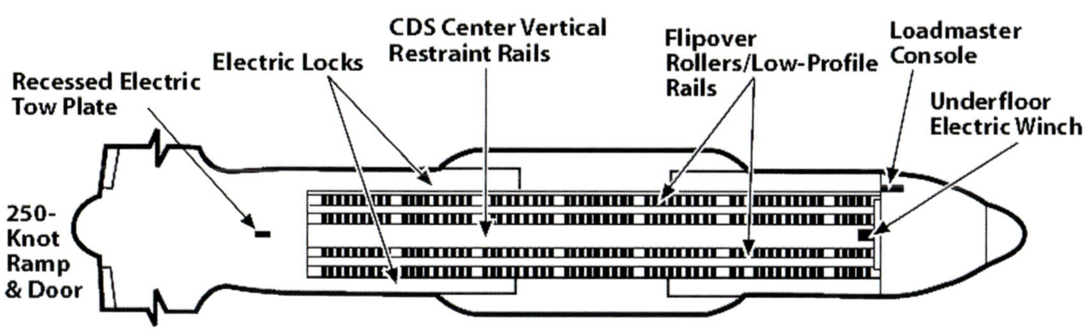

RECONFIGURATION TIME IN MINUTES

Aircraft	Slick Floor to Pallets	Pallets to Slick Floor	Winching	Centerline Vertical Restraint	Tow Plate
C-130E/H	15	24	24	10	21
C-130J	5	5	8	1	1
Improvement	67%	79%	67%	90%	95%

MAXIMUM EFFORT TAKEOFF ROLL
(Standard Day)

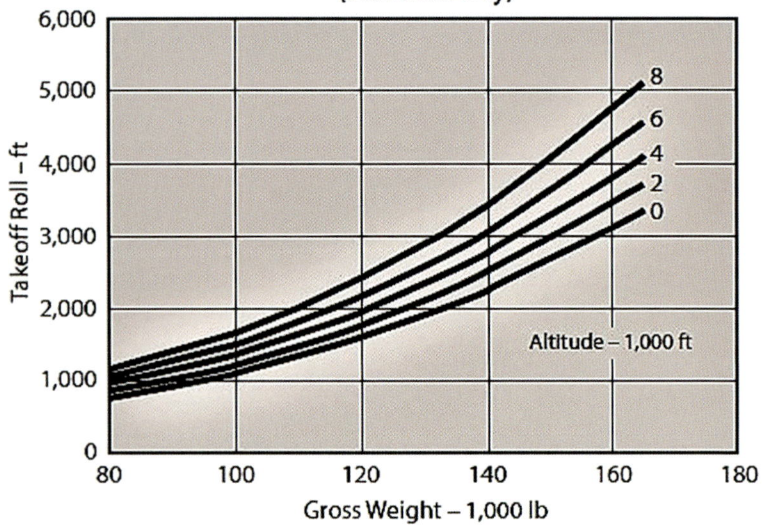

MAXIMUM EFFORT LANDING ROLL
(Four Engines/100 Percent Flaps/Standard Day)

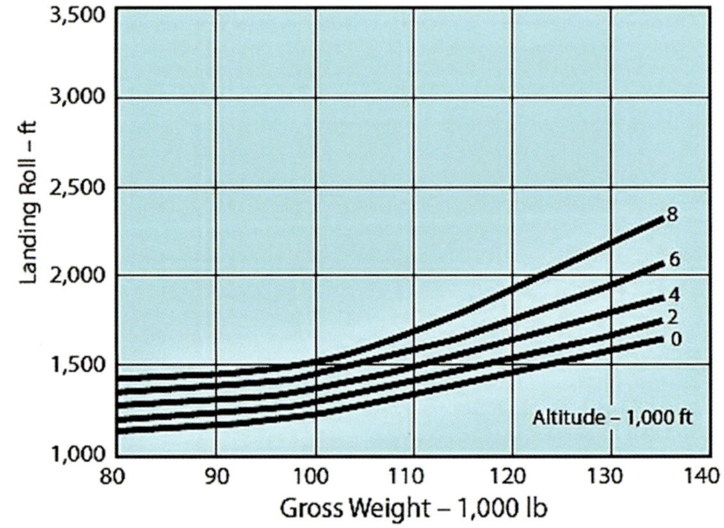

NORMAL TAKEOFF DISTANCE (Over 50 Feet)
Takeoff Distance
Over 50-Foot Obstacle
(Four Engines/50 Percent Flaps/Standard Day)

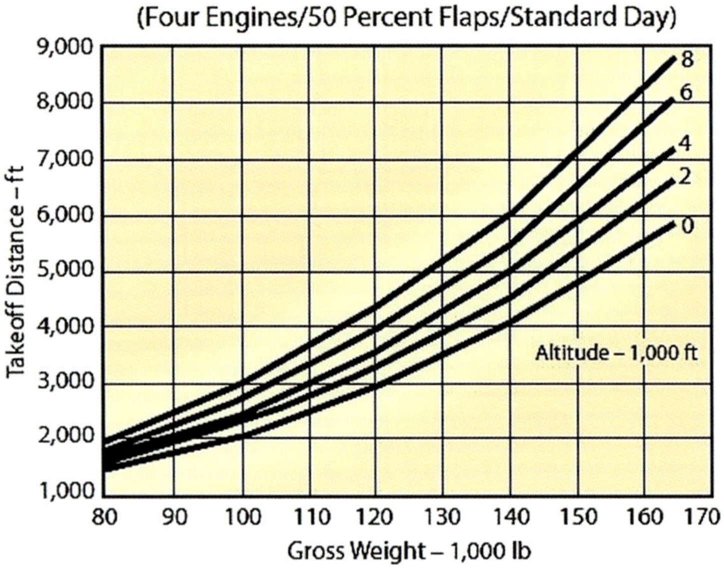

NORMAL LANDING DISTANCE (Over 50 Feet)
(100 Percent Flaps/Standard Day)

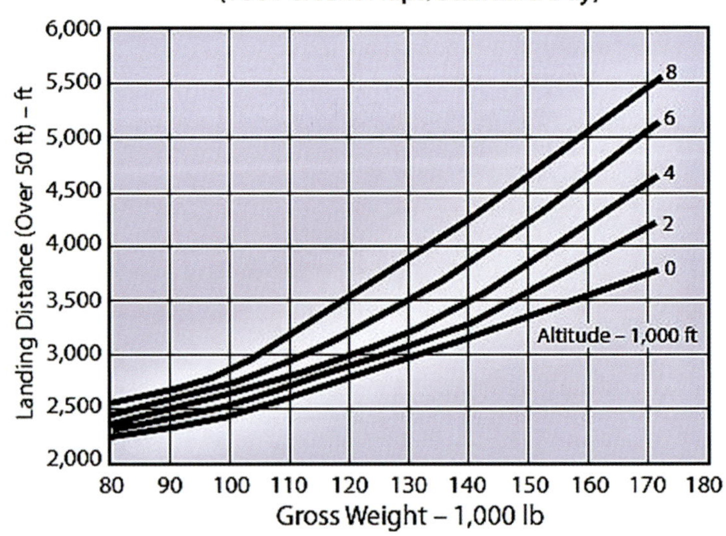

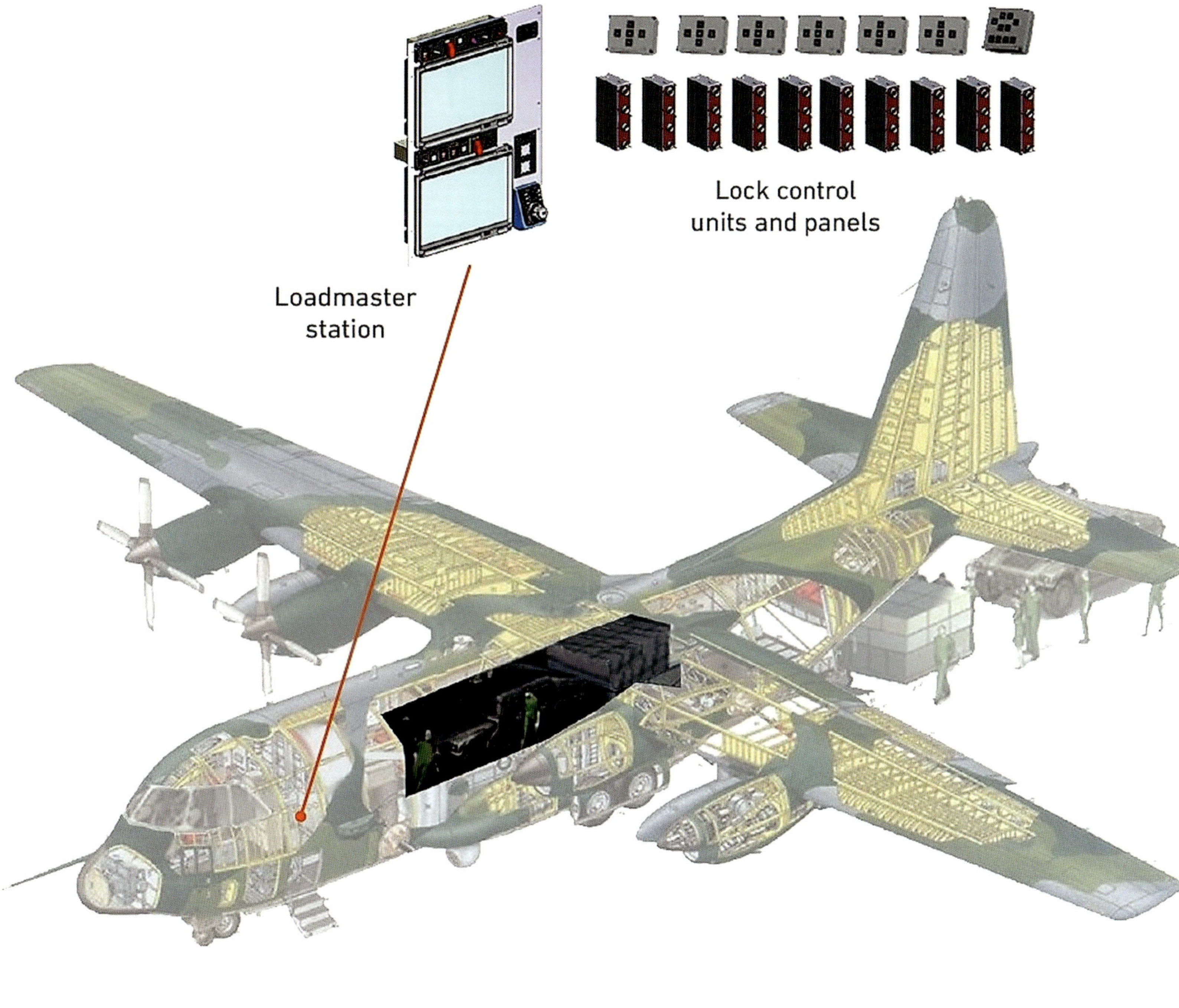
Loadmaster
station
Lock control
units and panels

Für den Ladungsmeister besteht der Arbeitsplatz an Bord aus einem zentralen Bedienelement und einer präzisen Überwachung und Steuerung aller Frachtbewegungen in jedem Modus (militärisch-taktische Bedingungen – also »C für Combat« oder den Fallschirmjägerbetrieb). Zu jedem Zeitpunkt wird der Status Quo jedweder Ladung angezeigt. Jeder Prozess und jedes Verfahren kann vorab geplant und voreingestellt werden. Je nach Mission. (Fotos: Lockheed-Martin)

Enhanced Cargo Handling System

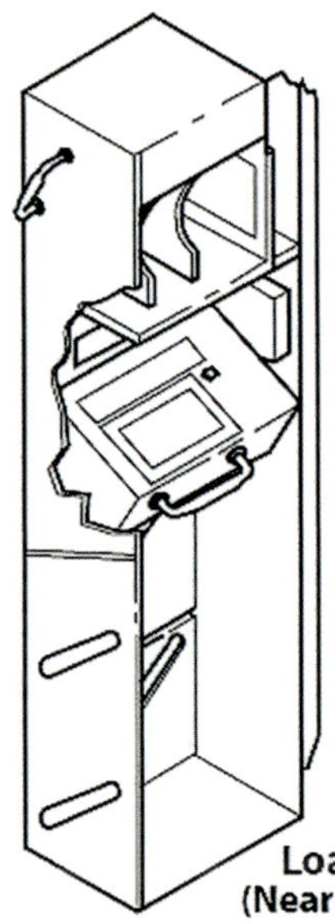

Loadmaster Station
(Near Crew Entrance Door)

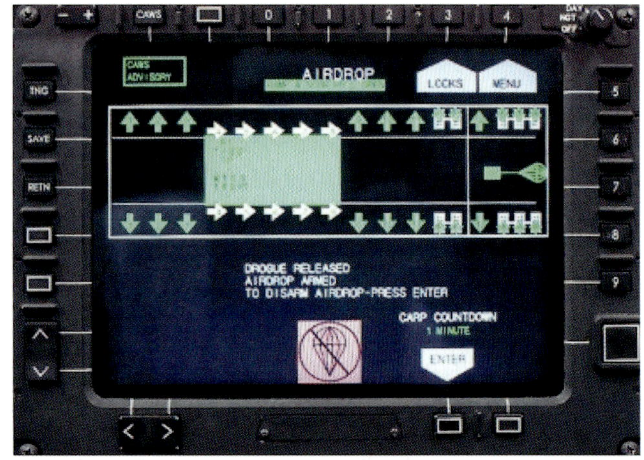

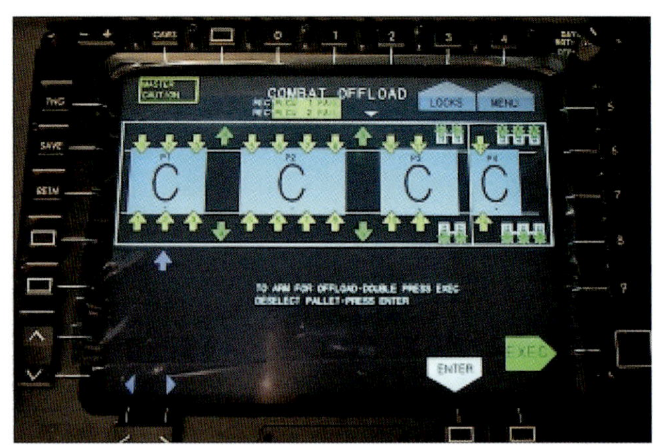

Die Förderlogistik im Frachtraum der C-130J ist bis ins Detail ausgeklügelt und absolut modular konzipiert. (Fotos: Lockheed-Martin)

Model	Cargo Floor	#463L Pallets	Litters	CDS Bundles	Combat Troops	Para-troops
C-130J	55 ft	8	97	24	128	92
A400M (Proposed)	58 ft	9	66	24	120	120
C-17	65 ft	18	36	40	102	102
C-130E/H C-130J (Short)	40 ft	6	74	16	92	64

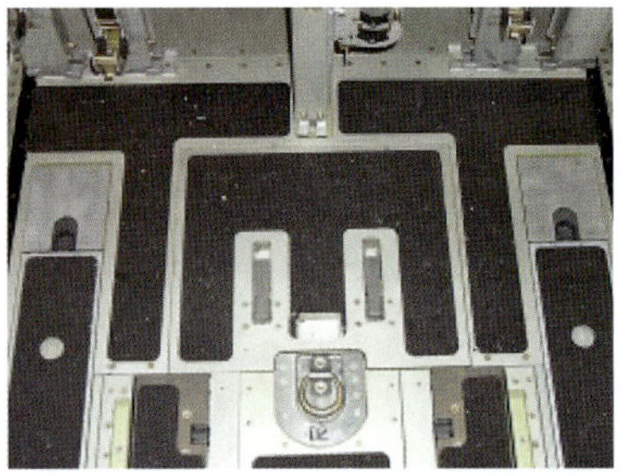

Die Cargo-Winde wird unter einer Bodenplatte im vorderen Frachtraum verstaut. (Foto: Lockheed-Martin)

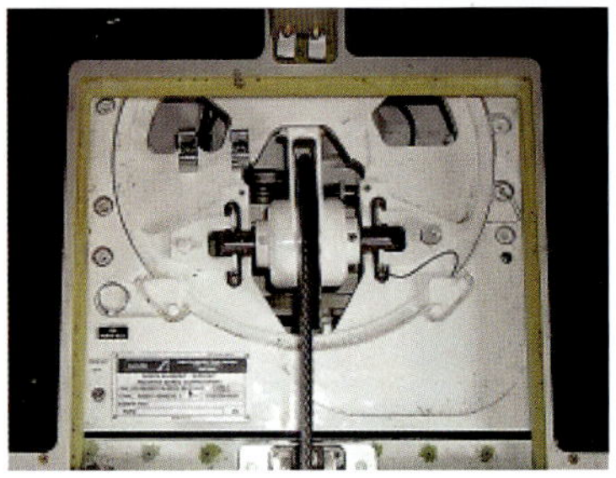

Die Winde im eingesetzten Zustand, bereit für die Nutzung. (Foto: Lockheed-Martin)

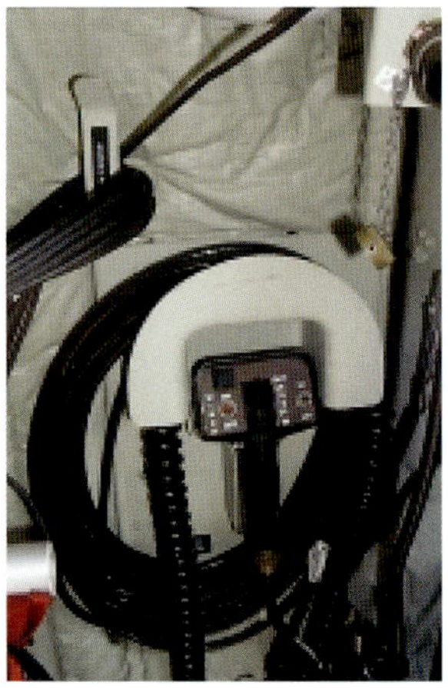

Links: Die Steuerung der Cargo-Winde wird im vorderen Bereich des Frachtraums verstaut. Rechts: Nahaufnahme des Winden-Bediengriffstück. Sie ist ähnlich einer Hubschrauberwinde konfiguriert. (Fotos: Lockheed-Martin)

US Air Force Master Sgt. Douglas Benton, ein Lademeister bei der 187th Airlift Squadron, steht innerhalb »Southern Strike« am 21. April 2021 im Laderaum einer C-130 Hercules, die dem 153d Airlift Wing, Wyoming Air National Guard zugewiesen wurde. »Southern Strike« ist eine jährliche Trainingsübung, die von der Mississippi National Guard veranstaltet wird, um die Kampfbereitschaft in allen Zweigen des US-Militärs zu erhöhen. Die vorübergehende Demaskierung der Besatzung ist Teil der Missionsanforderungen. (U.S. Air National Guard Foto von Tech. Sgt. Jon Alderman)

Abkürzungen

Abkürzung	Begriff/Bedeutung
A	
ACBRN	Aircrew Chemical, Biological, Radiological and Nuclear
AC	Aircraft Commander
ACFP	Advanced Computer Flight
AC-130A/H Spectre	Bei der AC-130 handelt es sich um ein sogenanntes »Gunship« der U.S. Air Force, das im Zuge des Vietnamkrieges entwickelt und eingesetzt wurde. Die ersten Versionen waren umgebaute C-130-Transporter, die mit M134-Miniguns und M61-Gatlinggeschützen ausgestattet wurden.
AC-130U Spooky II	Die in den 1990er-Jahren produzierten AC-130U sind dagegen komplett neugebaut und auch mit schweren 105-mm-M102-Haubitzen ausgestattet (die bei den älteren Maschinen nachträglich eingebaut worden sind). Sie wurden bis 2020 außer Dienst gestellt.
AC-130J Ghostrider	Inzwischen befindet sich die neueste Variante AC-130J im Zulauf, sie basiert auf der »Super Hercules«.
ADI	Attitude Director Indicator
ADF	Automatic Direction Finder
ADIZ	Air Defense Identification Zone
ADE	Airdrop Damage Estimate
AE	Aeromedical Evacuation
AECM	Aeromedical Evacuation Crew Member
AETC	Air Education and Training Command
AFE	Aircrew Flight Equipment
AFI	Air Force Instruction
AFJI	Air Force Joint Instruction
AFLCMC	Air Force Life Cycle Management Center
AFMAN	Air Force Manual
AFPD	Air Force Policy Directive
AFRC	Air Force Reserve Command
AFTO	Air Force Technical Order
AFTTP	Air Force Tactics, Techniques, and Procedures
AGE	Aerospace Ground Equipment
AGL	Above Ground Level
AGU	Autonomous Guidance Units
AIR	Aviation Into-Plane Reimbursement
Allison T56	Wellenturbine des US-amerikanischen Herstellers Allison Engine Company (Zivilversion Model 501), die seit Mitte der 1950er Jahre vor allem in der Lockheed C-130 Hercules eingesetzt wird. Mit Produktionsbeginn in 1954 ist das T56 von allen großen Turboproptriebwerken das am längsten in Serienfertigung befindliche Muster. Es wurden vier Hauptserien entwickelt, die eine Leistung zwischen 3250 und 5250 WPS liefern. Nach der Übernahme von Allison durch Rolls-Royce wird das Triebwerk unter der Bezeichnung »Rolls-Royce Allison T56« vermarktet.
ALS	Approach Lighting System
ALZ	Assault Landing Zone
AMC	Air Mobility Command
AMCC	Air Mobility Control Center
AMD	Air Mobility Division
ANG	Air National Guard
AOC	Air and Space Operations Center
AOR	Area of Responsibility
APU	Die APU (Auxillary Power Unit) ist eine kleine Hilfsturbine. Diese versorgt die Maschine am Boden mit Strom, Luft für die Klimaanlage und hydraulischem Druck der dann u.a. dafür genutzt wird um die richtigen Triebwerke zu starten.
ARA	Airborne Radar Approach
ARC	Air Reserve Component
ARMS	Aeromedical Readiness Missions; Aviation Resource Management System
ARTCC	Air Route Traffic Control Center
ASR	Auto Start Relay
ASRR	Airfield Suitability and Restrictions Report
ATA	Actual Time of Arrival
ATC	Air Traffic Control (ATC): Flugverkehrskontrolle – die Hauptaufgabe des Fluglotsen. Hierbei wird sichergestellt, dass zwischen zwei Luftfahrzeugen die vorgeschriebenen vertikalen sowie horizontalen Abstände eingehalten werden. Wichtigstes Hilfsmittel der Fluglotsen sind dabei Radar sowie UKW- Sprechfunk zur Kommunikation mit den Piloten. Der Fluglotse steuert den Flugverkehr im Wesentlichen mittels Anweisungen an die Piloten bezüglich der Flughöhe des Steuerkurses und seltener der Fluggeschwindigkeit der Luftfahrzeuge. Man unterscheidet drei Hauptbereiche der Flugverkehrskontrolle: Flugplatzkontrolle, Anflugkontrolle, Streckenkontrolle.
ATIS	ATIS bzw. A utomatic Terminal Information Service – auf einer bestimmten Funkfrequenz – oft in Verbindung mit einem VOR-Frequenz – ständig wiederholte Ansage über das Wetter und der in Betrieb befindlichen Landebahnen. ATIS wird bei Veränderung der Flughafen- bzw. Wetterbedingungen bzw. alle 30 Minuten aktualisiert dient zur Information der Piloten für die Landung oder für Streckenflugwetter und ist auf vielen Flughäfen mit besetztem Kontrollturm verfügbar.
ATOC	Air Terminal Operations Center
ATTLA	Air Transportability Test Loading Agency
AVIONIC	Kürzel aus den Begriff en Aviation und Elektronik (Luft- und Raumfahrtelektronik). Als Avionik wird im Allgemeinen die elektronische KommunikationNavigation und Flugsteuerungsanlagen an Bord eines Luftfahrzeugs bezeichnet. Oberbegriff für alle Sicht-, Navigations- und Abwehrsysteme, beim Kampfhubschrauber auch Zielerfassungssysteme.
AWACS	Airborne Warning and Control System; Flugzeug-gestütztes Warn- und Leitsystem
B	
BDHI	Bearing Distance Heading Indicator
BSU	Bus Switching Unit
BOEING	Neben Airbus einer der größten Luft- und Raumfahrzeughersteller. 1916 in den USA von William Boeing gegründet.
C	
C-130A/D (Model L-182)	Die C-130A war als Basisvariante mit Triebwerken des Typs T56-A-1A oder T56-A-9 ausgestattet. Die ersten 27 Maschinen hatten noch ein kleineres Radom mit einer flacheren, als römische Nase (roman nose) bezeichneten Verkleidung. Später wurde das größere Radom nachgerüstet. Ab 1978 wurden Vierblattpropeller verwendet.
C-130B/F (Model L-282)	Die C-130B war für größere Reichweite mit zusätzlichen Treibstofftanks im Flügelkasten ausgerüstet, weshalb sie auf die Zusatztanks verzichtete. Als Turboprop-Trieb werk wurde das stärkere T56-A-7 mit dem Hamilton-Standard-Vierblattpropeller verwendet.
C-130E (Model L-282-4B)	Die bereits 1961 ausgelieferte C-130E war strukturell verstärkt worden, um 8 Tonnen mehr Treibstoff und 10 Tonnen mehr Fracht über den Ozean transportieren zu können. Hierzu wurden auch die leistungsstärkeren T56-A-7A-Triebwerke verwendet. Weiter wurden wieder die externen Treibstofftanks montiert.

Abkürzung	Begriff/Bedeutung
C-130H (Model L-382C/T)	Die C-130H war eine Weiterentwicklung der C-130E und dient zum Teil noch heute bei der Air National Guard und der Air Force Reserve. Ihr Erstflug fand am 19. November 1964 statt.
C-130K	Die Exportversionen der H-Baureihe für die Royal Air Force wurden als C-130K bezeichnet. Die Basisbaureihe war die Hercules C.1, von der aus die britischen Exemplare verschiedentlich umgerüstet wurden. Die Version Hercules W.2 umfasste ein einziges Flugzeug zur Wetterbeobachtung des britischen Wetterdienstes und bei den Hercules C.3 war der Rumpf verlängert worden. Unterbaureihen waren die Tankerversion Hercules C.1K, die Hercules C.1P mit einem Positionierungssystem und die Hercules C.3A für Spezialeinsätze. Darüber hinaus erhielten die meisten Exemplare noch während oder im Anschluss an den Falklandkrieg einen Luftbetankungsstutzen.
C-130J (Model L-382U/V)	Die C-130J ist die bisher jüngste Weiterentwicklung der C-130 und die einzige Version, die derzeit gebaut wird. Trotz der geringen äußeren Unterschiede zu den bisherigen Varianten ist sie das Ergebnis einer umfassenden Modernisierung, die vor allem das Cockpit und die Triebwerke umfasste. Die zunächst auf Eigeninitiative von Lockheed Martin modernisierte Variante der C-130 unterscheidet sich durch digitale Avionik mit Glascockpit (vier Bildschirme + Head-Up-Display), FADEC für die Allison-AE2100D3-Triebwerke mit 3425 kW Leistung und sechsblättrige Luftschrauben R391 aus Verbundwerkstoffen vom Ausgangsmuster. Darüber hinaus wurde der Laderaum mit einem enhanced cargo handling system (dt.: verbessertes Beladungssystem) ausgerüstet, das es der Besatzung über Fernbedienung ermöglicht, die Unterflurwinschen zu bedienen und den variablen Ladeboden von Palettenrollen auf Flachboden umzustellen. Die Höchstgeschwindigkeit erhöht sich auf etwa 650 km/h und die Reichweite auf 3300 km (6435 km bei WC-130J). Wesentlich ist auch die Verbesserung der Steigleistung auf 5500 m von 29 Minuten bei der 130H auf 17 Minuten bei der 130J. Infolge dieser Verbesserungen hat sich die Leistungsfähigkeit der C-130J gegenüber ihren Vorgängern bei der Reichweite um 40 %, bei der Höchstgeschwindigkeit um 21 % erhöht. Der Erstflug fand am 5. April 1996 statt und die Zulassung wurde 1998 erteilt.
C2	Command and Control
CA	Convergence Angle
CARA	Combined Altitude Radar Altimeter
CARP	Computed Air Release Point
CB	Center of Balance
CBRN	Chemical, Biological, Radiological, and Nuclear
CDS	Container Delivery System
CDT	Crew Duty Time
CFL	Critical Field Length
CFP	Computer Flight Plan
CFPS	CFP System
CFR	Code of Federal Regulations
CG	Center of Gravity
CH	Compass Heading
CMG	Combat Mission Guide
CMT	Charge Medical Technician
CODEL	Congressional Delegations
COMSEC	Communications Security
CONOPS	Concept of Operations
CONUS	Continental United States
CORR	Correction
CRG–	Contingency Response Group
CRM	Crew Resource Management
CRRC	Combat Rubber Raiding Craft
CSAR	Combat Search and Rescue (CSAR; englisch »bewaffnete Suche und Rettung«) bezeichnet in Nato-Staaten die militärische, bewaff nete F orm von Such- und Rettungsaktionen in Krisen- und Kriegsgebieten. Es darf nicht mit der Beteiligung des Militärs an zivilen Notfallrettungdiensten oder dem Katastrophenschutz verwechselt werden. CSAR soll nicht nur der Rettung isolierter oder verwundeter Personen dienen, sondern diese auch vor (Kriegs-) Gefangen schaft und Ermordung schützen.
CVR	Cockpit Voice Recorder; Centerline Vertical Restraint
CVAM	Office of the Assistant Vice Chief of Staff of the Air Force, Special Air Missions Division
D	
DA	Decision Altitude; Drift Angle
DAFI	Department of the Air Force Instruction
DAFIF	Digital Aeronautical Flight Information File
DAFMAN	Department of the Air Force Manual
DCS	Decompression Sickness
DDO–	Deputy Director of Operations
DELTA FORCE	Das 1st Special Forces Operational Detachment-Delta (Airborne), kurz auch 1st SFOD-D (A) oder Delta Force genannt, ist eine Spezialeinheit der US Army mit den Einsatzschwerpunkten Terrorismusbekämpfung und Geiselbefreiung. Als Bestandteil des Joint Special Operations Command (JSOC) ist sie dem US Special Operations Command (US SOCOM) unterstellt, als einem der zehn höchsten Kommandostäbe der US-Streitkräfte.
DGH	Desired Grid Heading
DH	Decision Height
DME	Distance Measuring Equipment
DoD–	Department of Defense
DODI	Department of Defense Instruction
DR	Dead Reckoning
DSN	Defense Switching Network
DTC	Distance to Climb
DV	Distinguished Visitor
DZ	Drop Zone
E	
ECGW	End of Cruise Gross Weight
EC-130	Für die elektronischen Kampfführung wurden Maschinen des Typs EC-130H/J »Compass Call« eingesetzt. Neben Aufklärungsvarianten existiert eine Modifikation, die speziell für ECM- oder Stör-Aufgaben ausgestattet ist. Bei dieser Version sind Richtantennen in die Tragflächen integriert, die quer zur Flugrichtung senden und empfangen können. Einsatzszenario war beispielsweise, parallel versetzt hinter der Front fliegend gegnerischen Funkverkehr zu stören.
EFB	Electronic Flight Bag
EFI	Electronic Flight Instrument
EOD	Explosive Ordinance Disposal
EOS	Electro Optical Sensor; ein gyro-stabilisiertes elektro- optisches Sensorensystem, das in einem Behälter verbaut (EO Sensor Pod) am Hubschrauber montiert werden kann.
ELOKA	Elektronische Kriegsführung (System zur elektronischen Kriegsführung). Die Fernmeldetruppe EloKa ist eine Truppengattung der Bundeswehr, die für die elektronische Kampfführung (EloKa) zuständig ist. Als Teil des Kommando Cyber- und Informationsraum stellen die Bataillone Elektronische Kampfführung allen Organisationsbereichen der Bundeswehr EloKa-Fähigkeiten zur Verfügung.
EMCON	Emissions Control
EPA	Evasion Plan of Action
EPJS	Extraction Parachute Jettison System
EPOS	Emergency Passenger Oxygen System
ERO	Engine Running Onload/Offload
ESA	Emergency Safe Altitude
ETA	Estimated Time of Arrival
ETE	Estimated Time Enroute
ETP	Equal Time Point

EWS	Electronic Warfare System. Gegenmaßnahmen, Maßnahmen nach sensorischer Erkennung zur Abwehr, Irreleitung eines feindlichen Flugkörpers (z.B. Rakete). Entweder in Form von Düppel, meist kleiner mit weiteren Metallen beschichteter Aluminiumstreifen, der die Radarstrahlen in hohem Maße refl ektiert und kann so durch Veränderung des Radarbildes einen feindlichen Flugkörper ablenken (Chaff) oder Infrarot-Täuschkörper (IR), erzeugt eine extreme Hitzequelle und kann so IR-gelenkte Raketen ablenken (Flare) kommen zur Anwendung.
EUCOM	U.S. European Commana
EXT	External

F

FA	Flight Authorizations, Flight Attendant
FAA	Federal Aviation Administration
FAR	Federal Aviation Regulation
FCB	Flight Crew Bulletin
FCF–	Functional Check Flight
FCG	Foreign Clearance Guide
FCI	Flight Command Indicator
FDP	Flight Duty Period
FDR	Flight Data Recorder
FE–	Flight Engineer
FHR	Fuel Holding Relay
FIH	Flight Information Handbook
FL	Flight Level
FLIP	Flight Information Publications
FLIR	Forward Looking Infra Red; vorwärtsgerichtetes Infrarotgerät zur Nachtsicht
FM	Flight Manager
FN	Flight Nurse
FOB	Forward Operating Base
FOD	Foreign Object Damage
FOM	Figure Of Merit
FOUO	For Official Use Only
FPC/FPQ	Mobility Pilot Graduate
FPM	Feet Per Minute; Flight Plan Management
FRAG	Fragmentation Order
FS	Flight Station
FSS	Forward Supply System
FSAF	First Suitable Airfield
FTC	Fuel to Climb
FTU	Formal Training Unit

G

GC	Grid Course
GCAS	Ground Collision Avoidance System
GCU	Generator Control Unit
GDSS	Global Decision Support System
GMRS	Ground Marked Release System
GMT	Greenwich Mean Time
GP	General Planning
GPS	Global Positioning System
GPS-RTS	Global Positioning System Retransmit System
GPWS	Ground Proximity Warning System
GRADS	Ground Radar Aerial Delivery System
GRIV	Grivation
GTC	Gas Turbine Compressor
GW	Gross Weight

H

HAA	Height Above Aerodrome
HALO/HAHO	High Altitude Low Opening. Die beiden Freifallvarianten HALO (High Altitude Low Opening) und HAHO (High Altitude High Opeening) gehören zum Fallschirmspringer-Profil von Spezialkräften.
HARP	High Altitude Release Point
HAT	Height Above Touchdown
HATh	Height Above Threshold
HAT	Hazardous Air Traffic Report
HC-130H/N/P Combat King	Die HC-130 wurde speziell für Missionen zur Rettung abgestürzter Piloten entwickelt. Hierfür wurde sie mit einem speziellen Bug- und Rumpfradar sowie vier Unterflügel-Zusatztanks für eine größere Reichweite ausgestattet. Eine Hauptaufgabe beinhaltet zudem die Luftbetankung von mitfliegenden Rettungshubschraubern.
HC-130J Combat King II	Der Erstflug der HC-130J der USCG fand 2003 statt, jene der USAF fand am 29. Juli 2010 bei Lockheed Martin in Marietta (Georgia) statt. Die HC-130J basiert auf der HC-130H in Kombination mit dem Rumpf der C-130J Super Hercules. Im Bug befindet sich ein EL/M-2022(V)3-Mehrzweckradar und darunter ein kreiselstabilisierter Sensor-Drehturm mit Wärmebild- und Tageslicht-Digitalfilmka mera (FLIR) des Typs Star SAFIRE III. Weiter sind im Bugrumpf zwei aerodynamisch verdeckte Doppel-Täuschkör perwerfer Bar AN/ALE-47 montiert. Die USAF-Variante hat in den rumpfnäheren Unterflügelstationen je einen wei teren Täuschkörperwerfer installiert. An Heck und Rumpf sind Radar- und Raketenanflugswarnsensoren installiert. Zusätzlich zu den beiden Standard-Zusatztanks sind an zwei zusätzlichen Unterflügelstationen Korb-Luftbetan kungsbehälter Sargant-Fletcher zur Luftbetankung von Hubschraubern mitführbar. Damit verlängert sich die maxi male Flugzeit auf 21 Stunden. Bei solchen Such- und Ret tungsflügen können über die Rampe auch mitgeführte Hilfspakete, Rettungsinseln oder Schlauchboote mit Fall schirmen abgeworfen werden. Der USAF wurde die erste Maschine am 24. September 2011 auf der Davis-Monthan AFB der USAF übergeben.
HERK	Hostile Environment Repair Kit
HERP	Hostile Environment Repair Procedure
HF	High Frequency
HH	Handheld
HQ	Headquarters; HaveQuick
HSI	Horizontal Situation Indicator

I

IAS	Indicated Airspeed
ICAO	International Civil Aviation Organization. Die internationale Zivilluftfahrt-Organisation ICAO (International Civil Aviation Organisation) ist eine Sonderorganisation der Vereinten Nationen. Sie hatte die Aufgabe einheitliche Regelungen für die Sicherheit Regelmäßigkeit und Wirtschaftlichkeit des internationalen Luftverkehrs zu erarbeiten und weiter zu entwickeln. Mittlerweile in Europa von der EASA weitergeführt.
ICDS	Improved Container Delivery System
IDCU	Integrated Display Computer Unit
IF	Instructor Flight Engineer
IFF	Identification Friend or Foe. Freund/Feind Erkennung
IFM–	Integrated Flight Management
IFR	Instrument Flight Rules. Instrument Flight Rating – Berechtigung ein Luftfahrzeug nur unter Zuhilfenahme von Fluginstrumenten zu führen. Eine Instrumentenflugberechtigung ist eine Erweiterung des Pilotenscheines und wird benötigt wenn ein Flug nur nach IFR möglich ist z.B. Fliegen in Wolken bzw. wenn Wolkenuntergrenze und Sicht die für Fliegen unter Sichtfl ugbedingungen erforderlichen Werte nicht erreichen.
IGH	Initial Grid Heading
ILS	Instrument Landing System
IMC	Instrument Meteorological Conditions
IN	Instructor Navigator
INOP	Inoperative
INS	Inertial Navigation System
INU	Inertial Navigation Unit
IOAT	Indicated Outside Air Temperature
IP	Instructor Pilot

Abkürzung	Begriff/Bedeutung
J	
JA/ATT	Joint Airborne/Air Transportability Training
JFC	Joint Force Commander
JMD	Jumpmaster Directed
JMPS	Joint Mission Planning Software
JOSAC	Joint Operational Support Airlift Center
JPADS	Joint Precision Airdrop System
JPADS-MP	Joint Precision Aerial Delivery System Mission Planner
JFSOCC	Joint force special operations component commander
JSOA	Joint special operations area
JSOACC	Joint force special operations air component commander
JSOC	Joint special operations command
JSOTF	Joint special operations task force
JTCB	Joint targeting coordination board
JTF	Joint task force
K	
KC-130	Bei der KC-130 handelt es sich um die Tankerversion der Hercules. Eingesetzt wird diese Version vor allem vom US Marine Corps (USMC), da sie über einzigartige Fähigkeiten für Betankungen von Hubschraubern verfügen – größere Tankflugzeuge wie die KC-10 Extender können zwar die für Jets benötigten großen Mengen Treibstoff liefern, sind für die Betankung von Hubschraubern aber zu schnell.
Knot	Geschwindigkeit von einer Seemeile pro Stunde (1 Knoten = ca. 1,852 km/h).
LAR	Launch Acceptability Region
L	
LB	Pound
LBS	Pounds
L-100 (Model 382B)	Die Lockheed L-100 Hercules ist die zivile Version des erfolgreichen C-130E-Militärtransportflugzeugs von Lockheed. Sie verzichtet im Vergleich zu den Militärvariante C-130E auf sämtliche militärische Navigations- und Kommunikationsausrüstung. Der Erstflug erfolgte 1964. Von der L-100, die mit verlängertem Rumpf auch in der Versi onen L-100-20 (Model 382C) und L-100-30 (Model 382G) gefertigt wurde, wurden bis 1992 insgesamt 115 Maschinen ausgeliefert, einige davon auch an Luftwaffen. Der Hersteller hat in Eigeninitiative eine zivile Variante, die LM-100J (Model 382J), vorgeschlagen, da bei der Zulassung durch die Air Force bereits zivile Zulassungskriterien ein bezogen wurden. Der Rollout der ersten LM-100J erfolgte am 9. Februar 2017.
LCADS-LV	Low Cost Aerial Delivery System, Low Velocity
LCLA	Low Cost Low Altitude
LED	Light Emitting Diode
LHLeft Hand	
LHA	Local Hour Angle
LM	Loadmaster
LONG	Longitude
Lockheed-Martin	Die Lockheed Martin Corporationist ein US-amerikanischer Rüstungs- und Technologiekonzern, der vor allem in der militärischen sowie zivilen Luftfahrt als auch in der Raum fahrt aktiv ist. Fast 70 % des 2019 erreichten Umsatzes von 46 Milliarden US-Dollar wurden durch Käufe der US-amerikanischen Regierung erzielt.Die Lockheed Martin Corporation entstand im März 1995 durch Zusammen schluss der Unternehmen Lockheed Corporation und Martin Marietta Corporation. 1996 wurde das Unternehmen Loral Corporation für 9,1 Milliarden US-Dollar aufgekauft. Infolge der Fusion sowie schwerer finanzieller Probleme in den späten 1990er-Jahren wurden große Anteile des Konzerns an den britischen Konkurrenten BAE Systems verkauft. Dieser löste dadurch Lockheed Martin vorübergehend als größten Rüstungskonzern der Welt ab. Nach einer umfangreichen Sanierung konnte Lockheed Martin diesen Titel jedoch bereits 2004 wieder für sich beanspruchen. Am 20. Juli 2015 gab Lockheed Martin den Kauf der Sikorsky Aircraft bekannt. Nach eigenen Angaben bezahlte der Konzern 9 Milliarden US-Dollar (beziehungsweise 7,1 Milliarden US-Dollar unter Berücksichtigung der aus der Übernahme resultierenden Steuervorteile).[8][9] Für Lockheed stellte dieser Schritt nach rund 45-jähriger Abstinenz den Wiedereinstieg in das Helikoptergeschäft dar. [10] Damit gehört auch der zuvor von Sikorsky gekaufte polnische Flugzeughersteller PZL Mielec zum Lockheed-Martin-Konzern. Einige Produkte der ursprünglichen Firma Lockheed befinden sich seit über 50 Jahren (C-130, P-3) in Produktion oder werden weiterhin von Lockheed Martin betreut und modernisiert und zählen somit neben der Boeing B-52 und der Tupolew Tu-95 zu den langlebigsten militärischen Flugzeugmustern.
LPU	Life Preserver Unit
LSAF	Last Suitable Airfield
LZ	Landing Zone
M	
MAC	Minimum Altitude Capable
MAF	Mobility Air Forces
MAFFS	Modular Airborne Fire Fighting System. Modularer interner Löschbehälter Rüstsatz für C-130 Maschinen.
MAJCOM	Major Command
MAP	Missed Approach Point
MC	Mission Commander; Mission Contributing
MCAD	Mission Computer Airdrop
MC-130E/H Combat Talon/ Combat Talon II	Ursprüngliche Versionen für die luftgestützte Verbringung von Spezialeinsatzkommandos und derer Fortbewegungsmittel ins Kampfgebiet.
MC-130P Combat Shadow	Modernisierte Ausführung für Spezialeinsätze
MC-130W Combat Shadow/ DragonSpear	Bei der MC-130W handelt es sich um seit 2006 als Interimslösung für Spezialeinsätze umgerüstete C-130H. Wie alle C-130 der MC-Serie sind sie bislang nicht bewaffnet, verfügen aber über spezielle Avionik und auch über Fähigkeiten zur Luftbetankung. Zwei MC-130W wurden zur Unterstützung der humanitären Hilfe nach der Erdbebenkata–strophe in Haiti für nicht näher genannte Aufgaben eingesetzt. Das United States Special Operations Command (SOCOM) arbeitet an einem Programm, das zum Ziel hat, die MC-130W Combat Spear mit weitgehend denselben Modifikationen wie im Programm Harvest Hawk (siehe: Lockheed KC-130) vorgesehen auszustatten. Das SOCOM hat sich für die 30-mm-Waffe M44 Bushmaster II entschieden (siehe auch AC-130W).
MC-130J Commando II	Der Erstflug der auf der KC-130J basierenden MC-130J (anfangs als Combat Shadow II bezeichnet) für Spezialeinsätze fand im April 2011 statt. Sie besitzt eine verstärkte Flügelwurzel für strapaziöse Tiefflüge und eine Universal Serial Refueling Receptacle Slipway Installation (UARRSI; eine Bucht oberhalb des Cockpits für die Luftbetankung). Im Bug befindet sich ein Mehrzweckradar und darunter ein kreiselstabilisierter Sensor-Drehturm mit Infrarotbild- (Forward Looking Infrared; FLIR) und Tageslicht-Digitalfilmkamera des Typs Raytheon AN/AAS-52. Für die Kommunikation werden digitalisierte Satellitenfunkgeräte mit zu sätzlichen Antennen zur Übertragung von Sprach- und Datennachrichten verwendet. An Heck und Rumpf sind Radar- und Raketenanflugswarnsensoren installiert. Die Heckklappe wurde mit stärkeren Hydrauliksystemen und Windbarrieren versehen, damit die Rampe auch noch bei 463 km/h (250 kt) geöffnet werden kann. Zusätzlich zu den beiden Standard-Zusatztanks sind an zwei zusätzlichen Unterflügelstationen Korb-Luftbetankungsbehälter Sar-

	gant-Fletcher zur Luftbetankung von Jets und Hubschraubern mitführbar. Damit verlängert sich die maximale Flugzeit auf 21 Stunden. Bei solchen Such- und Rettungsflügen können über die Rampe auch mitgeführte Geländewagen oder Schlauchboote mit Fallschirmen abgeworfen werden. Zur Selbstverteidigung wurden im Bug pro Seite je ein zusätzlicher Düppelwerfer installiert. Zur Kommunikation mit dem Lademeister ist ein viertes Intercom-Funkgerät installiert. Zur Versorgung von Spezialeinheiten am Boden sind 60-Hz-Steckdosen neben den Täuschkörperwerfern frontal installiert. Zur Minimierung der Sichtbarkeit wurde die Verkabelung eines weniger sichtbaren Formationsflug-Kollisionswarnlichtes (Beacon) im Seitenleitwerk eingerichtet. Im Rumpf ist ein zusätzliches Regal mit lebenserhaltenden Geräten wie AED im Vorderrumpf platziert. Zum Einbau von modernen DIRCM ist alles vorverkabelt beidseits der Rampe und im Heckausleger. Der Lademeister und eine weitere Person können an den Hecktüren auf an den Türen angebauten Sitzen die Umgebung beobachten.
MDA	Minimum Descent Altitude
MDS	Mission Design Series
ME	Mission Essential
MEA	Minimum Enroute Altitude
MEFF	Maximum Endurance Fuel Flow
MEL	Minimum Equipment List
MEP	Mission Essential Personnel
MH	Magnetic Heading
MILDS	MILDS (AN/AAR-60) von der Firma Hensoldt. MILDS (Missile Launch Detection System) besteht aus passiven Bildsensoren, welche UV-Signaturen detektieren, die von sich annähernden Raketen entstehen. In der Bugnase sowie im hinteren Seitenbereich positioniert, ermöglichen die Sensoren einen optimalen Rundumschutz.
MILGPS	Military Grade Global Positioning System
MISREPS	Mishap Reports
MLG	Main Landing Gear
MMD	Moving Map Display
MMO	Mission Mobility Observer
MOB	Main Operating Base
MPD	Mobility Pilot Development
MPI	Multiple Points of Impact
MPP	Most Probable Position
MR	Mission Ready
MSL	Mean Sea Level
MSA	Minimum Safe Altitude
MSE	Mission Support Equipment
MSN	Mission
MTR	Military Training Route
MXG/CC	Maintenance Group Commander

N

NAF	Numbered Air Force
NAS	Naval Air Station / National Air Space
NAT/HLA	North Atlantic High Level Airspace
NATO	North Atlantic Treaty Organization
NDB	Non-Directional Beacon
NGB	National Guard Bureau
NLT	Not Later Than
NM	Nautical Mile
NMR	Non-Mission Ready
NOTAM	Notices to Airmen
NSN	National Stock Number
NVG	Night Vision Goggles. Geräte mit denen man trotz Dunkelheit sehen kann. IFR, IR oder Infrarot; langwellige Strahlen des Lichtes, die sehr energiereich sind und bei Kontakt auf der Erde Wärme erzeugen. Infrarotstrahlen sind für das menschliche Auge nicht sichtbar, können jedoch durch moderne Geräte aufgefangen, graphisch dargestellt werden und somit ein Abbild der Wärmestrahlung erstellen. Heiße Wärmequellen werden rot, mittlere grün und kalte blau dargestellt, je nach Intensität gibt es weitere Abstufungen unter den Farbtönen. Der Vorteil des auf Infrarotstrahlen basierenden Nachtsichtsystem liegt in der Tatsache, dass (fast) jeder Körper Wärme bzw. IR-Strahlen abstrahlt und das System so selbst bei völliger Dunkelheit, in Räumen beispielsweise, im Gegensatz zum anderen Nachtsicht gerät, angewendet werden kann. Der Nachteil ist, daß sich das Objekt von der Wärme des Hintergrundes bzw. der Umgebung unterscheiden muss, da er sich sonst in der Farbe nicht abhebt und so nicht erkannt werden kann. Das zweite System basiert auf der Verstärkung des Restlichtes in der Dunkelheit um einen vielfachen Faktor. Da selbst in der Nacht der Mond oder die Sterne Licht reflektieren, kann dieses System in der Nacht angewandt werden. Bei völliger Dunkelheit, in einem abgedunkelten Raum beispielsweise, funktioniert das System nicht, da kein Restlicht zur Verfügung steht.
NVIS	Night Vision Imaging System

O

OAP	Offset Aim Point
OAPs	Offset Aim Points
OAT	Outside Air Temperature
OATC	Outside Air Temperature Corrected
OCONUS	Outside the Continental United States
OCF	Operational Check Flight
OG/CC	Operations Group Commander
OGV	Group Stan Eval
OI	Open Item; Operating Instructions
OPCON	Operational Control
OPORD	Operations Orders
OPLAN	Operations Plan
OPR	Office of Primary Responsibility
OPREP	Operational Report
OPSEC	Operational Security
ORM	Operational Risk Management
OSA	Operational Support Airlift
OWS	Operational Weather Squadron

P

PA	Public Address
PACAF	Pacific Air Forces
PAH	Primary Assigned Hours
PAR	Precision Approach Radar
PAPI	Precision Approach Path Indicator
PBE	Protective Breathing Equipment
PBN	Performance Based Navigation
PCM	Passenger Compartment Monitor
PF	Pilot Flying
PFPS	Portable Flight Planning Software
PI	Point of Impact
PIC	Pilot in Command
PMSV	Pilot to Metro Service
PM	Pilot Monitoring
PO	PADS Operator
POC	Point of Contact
POL	Petroleum/Oils/Lubricants
PPI	Plan Position Indicator
PRM	Precision Runway Monitor
PT	Physiology Technician

R

RA	Resolution Advisory
RADAR	Radio Detecting And Ranging: Gerät zur Erfassung entfernter Objekte durch Refl ektion elektromagnetischer Wellen von deren Flächen. Als erste integrierten die Briten das Radar in ihre Militärverteidigung und sein Wert während der Luftschlacht um England war enorm. Heute ist Radar das Hauptmittel der Flugsicherung. Manche Luftfahrzeuge

Abkürzung	Begriff/Bedeutung
	haben auch Wetterradar das mit Gewittern einhergehenden Niederschlag und Windscherungen sowie andere Gefahren erfassen soll.
RAMZ	Rigging Alternate Method Zodiac
RAS	Retriever Assist Strap
RCR	Runway Condition Reading; Reverse Current Relay
RDS	Records Disposition Schedule
RF	Radio Frequency
RNAV	Area Navigation
RNP	Required Navigation Performance
ROC	Rate Of Climb; Required Obstacle Clearance
Rolls-Royce AE 2100	Das AE 2100 ist ein Turboprop-Triebwerk, das von der Allison Engine Company (heute Teil von Rolls-Royce North America), entwickelt wurde. Es ist eine Turboprop-Variante des Turbofan-Triebwerks Rolls-Royce T406 (AE 1107C-Liberty) und teilt sich mit ihm und dem Rolls-Royce AE 3007 den gleichen Hochdruckteil. Es war das erste, welches für Triebwerk- und Propellersteuerung jeweils eine volldigitale Steuerung (FADEC) einsetzte.
RON	Remain Over Night
RPM	Revolutions Per Minute
RRFL	Required Ramp Fuel Load
RSC	Runway Surface Condition
RVAD	Radar Verified Airdrop
RVR	Runway Visual Range
RVSM	Reduced Vertical Separation Minimum
RWR	Radar Warning Reciver; Radarwarnempfänger, passive Radarstrahlenempfänger, der alle von einem anderen Objekt ausgehenden Radarstrahlen empfängt und die Position des Objektes auf einem Bildschirm wiedergibt. Der RWR zeigt ferner, ob das Objekt sie erfasst oder sogar eine Rakete abgefeuert hat. Da das RWR passiv und nicht aktiv ist, das heißt es strahlt keinerlei Radarstrahlung aus, kann es Objekte orten ohne selber geortet zu werden.
S	
SAAM	Special Assignment Airlift Mission 190 AFMAN11-2C-130HV3 27 SEPTEMBER 2021
SAASM	Selective Availability Anti-Spoofing Module
SATB	Simulated Airdrop Training Bundle
SCA	Self-Contained Approach
SCNS	Self-Contained Navigation System
SECOMP	Secure Enroute Communications Package
SERE	Survival Evasion Resistance Escape
SF	Standard Form
SID	Standard Instrument Departure
SIF	Selective Identification Feature
SIGINT	Fernmelde- und Elektronische Aufklärung (Fm/EloAufkl; englisch Signals Intelligence - SIGINT), auch signalerfassende Aufklärung genannt, ist die Gewinnung von Erkenntnissen aus elektromagnetischen Ausstrahlungen mit Kommunikationsinhalt (Fernmeldeaufklärung - FmAufkl; englisch Communication Intelligence - COMINT) und ohne Kommunikationsinhalt (Elektronische Aufklärung - EloAufkl; englisch Electronic Intelligence - ELINT). Unter den Begriff der elektronischen Aufklärung fällt auch die Foreign Instrumentation Signals Intelligence (FISINT) und die Measurement and Signature Intelligence (MASINT).
SII	Special Interest Item
SKE	Station Keeping Equipment
Special Forces	In der Diktion der US-Streitkräfte steht der Begriff Special Forces (SF) traditionell ausschließlich für die US Army SF (Green Berets). Die anderen Sondereinsatzkräfte des Heeres, zum Beispiel das 75th Ranger Regiment oder das 160th SOAR, sowie die Spezialeinheiten der anderen Teilstreitkräfte werden als Special Operations Forces bezeichnet.
SOCOM, USSOCOM	Special Operations Command. Vorbild für viele Länder der westlichen Demokratien; SOCOM ist im Hinblick auf eine Bildung von militärischen Spezialeinsatz- Kommandostrukturen sicherlich die US-Streitkräfte gewesen, die mit ihrem System des Special Operations Command (SOCOM) und seinen Unterabteilungen bestehend aus SOF-Elementen aller Teilstreitkräfte bereits in den 1990er-Jahren eine bis heute geltende SOF-Architektur realisiert haben.
SPINS	Special Instructions
SPR	Single Point Refueling
SM	Statue Mile
SOWT	Special Operations Weather Team
SQ/CC	Squadron Commander
STAR	Standard Terminal Arrival Routes
STT	Special Tactics Team
SV	Secure Voice
T	
TACAN	Tactical Air Navigation
TACC	Tanker Airlift Control Center
TAS	True Airspeed
TC	True Course
TCAS	Traffic Collision and Avoidance System
TDY	Temporary Duty
TDZE	Touchdown Zone Elevation
TEM	Threat and Error Management
TERPS	Terminal Instrument Procedures
Tier-1	In der US Spezialkräfte-Architektur wird von 3 Tier-Stufen ausgegangen. Die höchste ist das Tier-1 Segment. Es besteht aus den Einheiten Special Operation Detachement Alpha (Delta Force) und die Naval Special Development Group (DEVGRU auch bekannt als Seal Team 6). Die anderen Navy Seal Teams sowie die Special Forces der US Army (Green Berets) bzw. MARSOC (US Marines) wären demnach im Tier-2 Segment eingeordnet. Das Tier-3 würden beispielweise das 75th Ranger Regiment bilden.
TFF	Terminal Fuel Flow
TFM	Tactical Formation Maneuvering
TH	True Heading
THRE	Threshold Elevation
TIT	Turbine Inlet Temperature
TO	Technical Order
TOA	Time of Arrival
TOGW	Takeoff Gross Weight
TOLD	Takeoff and Landing Data
TOT	Time Over Target
TPRS	Towed Parachutist Retrieval System
TR	Transformer Rectifier
TTC	Time to Climb
TTP	Tactics, Techniques and Procedures
TWCF	Transportation Working Capital Fund
TWS	Track While Scan
U	
UAB	Underwater Acoustical Locator Beacon
UHF	Ultra High Frequency
UHF-DRS	Ultra High Frequency Dropsonde Receiver Subsystem
USAFE	United States Air Forces Europe
USMC	United States Marine Corps
UV	Ultra-Violet
V	
VASI	Vertical Approach Slope Indicator
VAR	Variation
VFR	Visual Flight Rules
VIRS	Verbal Initiated Release System
VMC	Visual Meteorological Conditions
VMCA	Air Minimum Control Speed

VMCG	Ground Minimum Control Speed
VMETO	Maximum Effort Takeoff Speed
VOR	VHF Omni–directional Range
VR	Refusal Speed
VTO	Takeoff Speed
VVI	Vertical Velocity Indicator
VVOD	Vector Vertical Obstruction Database
VSI	Vertical Speed Indicator
W	
WC-130 Weatherbird	WC-130B, WC-130E, WC-130H, WC-130J Spezialversion des US-amerikanischen Air Weather Service zur Wetteraufklärung
WG/CC	Wing Commander
WHMO	White House Military Office
WRF	Wing Relieving Fuel
WX	Weather
Y	
YC-130 (Model L-082)	Die beiden Prototypen waren die einzigen in Burbank gebauten. Sie hatten keine äußeren Zusatztanks und wurden durch Triebwerke des Typs Allison T56-A-1 mit Dreiblattpropellern angetrieben.
Z	
ZN	Azimuth Angle

Literaturverzeichnis

Bücher / Monographien

Rastätter, Christian: Helicopters in Special Operations – Hubschrauber im Spezialeinsatz. S.Ka-Verlag. Nürnberg, 2017.

Rastätter, Christian: Special Operations & Special Missions Aircraft – Flugzeuge im Spezialeinsatz. S.Ka-Verlag. Nürnberg, 2018.

Reed, Arthur: C-130 Hercules. Modern Combat Aircraft 17. Motorbook International. Ian Allan Ltd. Osceola, Wisconsin, USA. 1984.

Williamson, Justin: Operation Eagle Claw 1980: The disastrous bid to end the Iran hostage crisis. RAID 52. Osprey Publishing, Oxford, UK, 2020.

Periodika

Air Forces Monthly. Key Publishing, Stamford, Lincolnshire, United Kingdom.

Europäische Sicherheit & Technik. Mittler Report Verlag GmbH, Bonn.

Kommando – International Special Operations Magazine (K-ISOM). S.Ka.-Verlag, Nürnberg.

wt-WEHRTECHNIK. Mönch Verlagsgesellschaft mbH, Bad Neuenahr - Ahrweiler.

Aufsätze in Fachzeitschriften

Rastätter, Christian: SIGINT Aufklärung: Airborne Signal Intelligence im 21. Jahrhundert. In: Kommando – International Special Operations Magazine (K-ISOM). S.Ka.-Verlag, Nürnberg. Ausgabe Nr. 3/ 2016 Mai / Juni. S. 30-34.

Rastätter, Christian: SOF Fixed Wing: C-130J-30 »Super Hercules« für die Luftwaffe (SOF). In: Kommando – International Special Operations Magazine (K-ISOM). S.Ka.-Verlag, Nürnberg. Ausgabe Nr. 6 / 2021 November / Dezember. S. 64-66.

Internet-Quellen

www.airforce.mil
www.army.mil
www.baesystems.com
www.bundeswehr.de
www.defense.gov/
www.dvidshub.net
www.janes.com
www.lockheedmartin.com
www.northropgrumman.com